普通高等教育"十一五"国家级规划教材

高分子材料设计与应用

顾　宜　李瑞海　主编

化学工业出版社

·北京·

全书共分3章：材料设计和应用的基本原理；高分子材料的主要品种；高分子材料的选用。围绕高分子材料的应用。全面介绍主要聚合物品种的制备方法、结构特点、成型加工方法、宏观性能和应用领域；并从材料科学与工程和材料经济学的基本原理出发，按照材料在不同使用环境下的性能要求，结合典型实例分析，系统讲述高分子材料设计和应用的基本原理，以及材料评价和选材的基本原则和方法。

本书供高分子材料类专业本科学生使用，同时可供研究生、教师和工程技术人员阅读参考，也可供材料类其他专业的学生选读。

图书在版编目（CIP）数据

高分子材料设计与应用/顾宜，李瑞海主编．—北京：化学工业出版社，2011.5（2023.5重印）

普通高等教育“十一五”国家级规划教材

ISBN 978-7-122-10799-2

Ⅰ．高…　Ⅱ．①顾…②李…　Ⅲ．高分子材料-高等学校-教材　Ⅳ．TB324

中国版本图书馆CIP数据核字（2011）第044996号

责任编辑：杨　菁　　　文字编辑：徐雪华

责任校对：周梦华　　　装帧设计：杨　北

出版发行：化学工业出版社（北京市东城区青年湖南街13号　邮政编码100011）

印　　装：天津盛通数码科技有限公司

787mm×1092mm　1/16　印张$17\frac{3}{4}$　字数473千字　2023年5月北京第1版第7次印刷

购书咨询：010-64518888　　　售后服务：010-64518899

网　　址：http：//www.cip.com.cn

凡购买本书，如有缺损质量问题，本社销售中心负责调换。

定　　价：48.00元

前　言

高分子材料是材料家族中的一个重要成员，它的品种繁多、性能差别很大，能适应各种不同用途对材料的需求。然而，正是由于高分子材料品种和性能的多样性，及其性能对使用环境有很强的选择性，它一方面给工程应用提供了很多可用的材料选择，另一方面也给材料的使用和选择提出了更高的要求。正确、恰当地使用高分子材料、充分发挥其固有的优异性能，避免其性能上的某些缺陷，是工程设计中面临的一个越来越突出的重要课题。从学科的内涵来看，组成与结构、制备与加工、性质及使用效能（应用）是材料科学与工程的四个基本要素，而应用是所有要素的集中体现。从社会的需求来看，近十年来，我国设置本科高分子材料与工程专业的学校数量和招生人数均大幅增加，而毕业生中从事高分子材料应用相关领域的人数在50%以上。因此，为高分子材料与工程专业的本科生开设一门高分子设计与应用方面的专业课程，并编写与之配套的教材。从材料科学与工程的基本原理出发，围绕高分子材料的应用，按照材料使用环境的要求，系统讲述材料设计和应用的基本原理，以及材料评价和选材的基本原则，使本专业的学生熟悉和掌握高分子材料的主要品种、应用形式和应用领域，是十分必要的。

四川大学是国内最早设置本科高分子材料专业的高校之一。顺应材料学科和专业的历史发展潮流，于1988年在国内本科高分子材料专业中率先开设了《高分子材料导论》课程，并编写了相应的讲义。在讲述材料科学与工程基本原理的同时，从应用出发介绍高分子材料的主要品种和选材原则。在此基础上，于1999年正式开设了《高分子材料设计与应用》课程，并编写了相应的讲义。经过十余年的教学实践和改革，逐渐形成了本课程和教材的特色。本教材共由三章组成。第一章从材料科学与工程和材料经济学的概念出发，围绕材料及其制品的应用环境（功能和工作条件）的要求，讲述材料的使用性能—加工性—组成和结构—宏观性能指标—失效（可靠性）—经济性之间关系的基本原理，讲述材料设计和选用的基本原则，材料的科研和管理等内容。使学生掌握材料设计和应用的基本理论。第二章从聚合物的结构、性质和应用形式出发，按照塑料、橡胶、化学纤维、涂料和胶黏剂、聚合物基复合材料进行分类，讲述主要聚合物品种的制备方法、结构特点、成型加工方法、宏观性能和主要应用领域。使学生全面了解各类高分子材料的基本特性，为高分子材料的设计和选用奠定基础。第三章从高分子材料的工程应用实际出发，按照日用塑料、结构材料、电绝缘材料、防腐蚀材料（防护材料）、摩擦材料、建筑材料、包装材料、阻尼材料、光学材料、光电磁功能材料、生物医用材料、化学功能材料、汽车用高分子材料等领域进行分类，讲授高分子材料的应用特点、使用环境对材料性能和成型工艺的要求，比较不同领域中常用的聚合物品种。通过典型的实例分析，使学生在理论与实际相结合的基础上，进一步掌握高分子材料设计和选用的基本原则和方法。

本教材在1999年顾宜、王文云、谢美丽、樊渝江和欧阳庆等人编写的《高分子材料设计与应用》讲义的基础上，经过十余年的教学实践，不断修改、不断完善。在教材的内容上，引入了高分子材料发展中的新品种、新原理、新方法；在教材的组织上力求做到系统性、科学性、新颖性和可读性，注重选材实例和案例分析，为学生提供了解决实际问题的样板。本教材由顾宜教授提出编写大纲，李瑞海教授组织实施。顾宜教授编写第1章和第3章3.1、3.3、3.9、3.10节，李瑞海教授编写第2章2.1节和第3章3.2、3.14节，刘向阳教授编写第 2 章 2.5 节和第 3 章 3.4、3.5、3.6 节，孙树东副教授编写第 2 章 2.2 节和第 3 章 3.11、3.13 节，谢兴益副教授编写第 2 章 2.4 节和第 3 章 3.12 节，姜猛进博士编写第 2 章 2.3 节和第 3 章 3.7、3.8 节。

本教材虽然经过了一定时期的教学实践，但内容上讲仍然是一个新的体系，尚未能将材料科学与工程和材料经济学的基本原理很好地融入到设计和选材的过程中。另外，本教材内容涉及的知识领域非常广泛，鉴于我们的学识水平和知识面的局限，教材中难免有疏漏之处，诚望广大读者批评指正。

编者

2011 年 3 月

目　录

第 1 章　材料设计和应用的基本原理

随着社会的发展和科技的进步，人类对材料的需求和依赖度正在不断地增加，因此也极大地促进了材料科学与工程学科的发展。材料的发展日新月异，品种繁多，其应用已经渗透到人们生活和生产的各个方面，成为国民经济发展的重要支柱之一。在学习了解材料科学与工程学科基本原理的基础上，如何在实际应用中正确设计、选择和使用材料是一个十分复杂的问题，既涉及材料的微观性能、宏观性能，还涉及材料的加工工程和经济性等方面。把材料用好，真正做到物尽其用，让材料发展最大的经济效益和社会效益，是材料专业工程技术人员面临的一个十分重要的任务。

1.1 材料设计的基本要素

1.1.1 概述

从图 1.1 中我们可以看到，人们从地球上开采出矿物、石油或收获植物等原料，然后经过提取、精炼、合成等手段获取得到金属、水泥、纸、纤维、聚合物等初料，然后通过挤出、注射、烧结、纺织、复合等工艺技术加工得到晶体、合金、混凝土、陶瓷、塑料、橡胶、纺织品、复合材料等品种材料制品和产品，或通过结构和外形的设计通过制造和装配等手段，得到各类装置、机器等产品。然后，各类产品在服役使用过程中，发挥其使用功能服务于人类的生活和生产活动，直至材料被破坏或丧失其使用功能，最后作为垃圾废料弃置或进行回收利用再次进入加工——应用循环。上述过程构成了材料的大循环。

在这一循环过程中，材料的服役（应用）是最高目标，是材料价值的最充分体现，而材料制品的制备、合成、加工、装配过程则直接反映了与材料应用相关的材料设计基本思想。

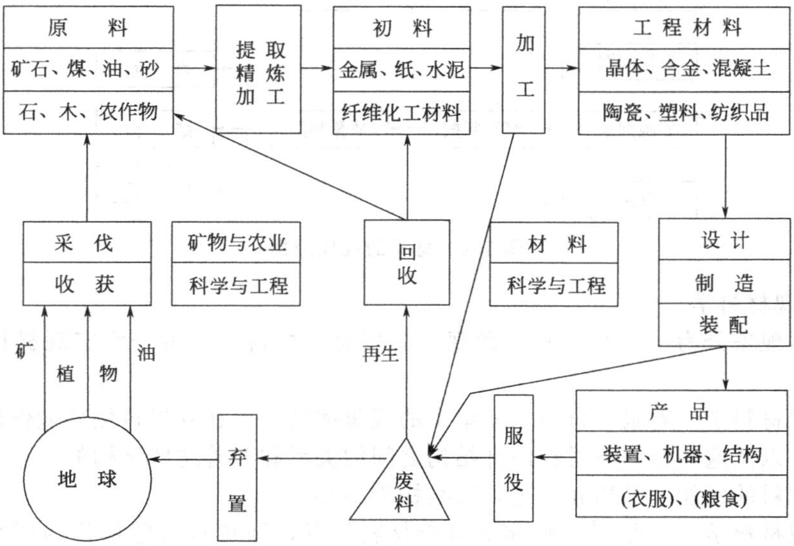

图 1.1　材料大循环

按照材料科学与工程学科的四大基本要素的相互关系，材料设计的基本功能就是从材料的制备和合成入手，通过材料的组成和结构的调控，赋予材料不同的性能，从而满足不同应用环境对材料使用性能的要求。然而，这样的设计只是与材料的自然属性相关，而没有考虑到材料在循环和应用过程中的社会属性问题。例如，在原料采伐过程中的地球资源问题，废弃物的环境污染问题，与材料制备过程中的能源问题，以及材料在使用过程中的失效，即可靠性问题，这四个方面构成了所谓材料经济学问题。

因此，对于材料工程师来讲，如何从应用的需求出发，从为数众多的材料中选择出为社会所接受的、最经济的、性能最佳的材料品种或设计出新材料，是一项重要的任务。要实现这一目标，必须考虑到以下的几个基本要素。①材料判据；②材料科学与工程原理；③材料的失效与可靠性分析；④材料经济学；⑤材料选用方法；⑥材料的管理；⑦材料的科研。

1.1.2 材料的判据与问题

1.1.2.1 材料的判据及战略问题

在人类的生活和生产中，材料是必需的物质基础。历史学者曾将人类的历史按石器时代、铜器时代、铁器时代来划分。为此，人们给材料下了一个定义，即材料是人类社会所能接受的、经济的制造有用器件（物品）的物质。如图 1.2 所示，其中，“人类社会所能接受的”，就是从人类社会发展的战略层面上讲，材料的使用和发展必须满足资源、能源和环保三方面的要求；“经济的”，则是对材料的制造工艺过程和使用过程的效益问题提出了要求；“制备有用器件（物品)”，则是从技术层面对材料的工艺性能、最终应用形态（外观和结构）和使用价值（性能）提出了要求。在五个判据中，资源、能源、环保和经济四个判据所反映的是社会的宏观要求；而质量判据，所反映的是材料应用的微观要求，与材料科学与工程的内容相联系。随着人类社会进入 21 世纪，自然资源和能源的减少，材料工业的发达，以及环境污染对人类生存的严重威胁等因素的影响，致使资源、能源、环保问题的重要性已被提到空前高的地位。当今社会，除了国家政府层面需要制定材料政策，对于资源、能源、环境保护三方面提出限制或要求外，无论是材料的使用者、生产者、研究者还是管理者，都必须服从战略总目标的要求，在充分发挥材料使用功能满足高新技术和人类生活对新材料需求的同时，积极促进材料的循环利用，节约能源，减少“三废”排放和环境污染。

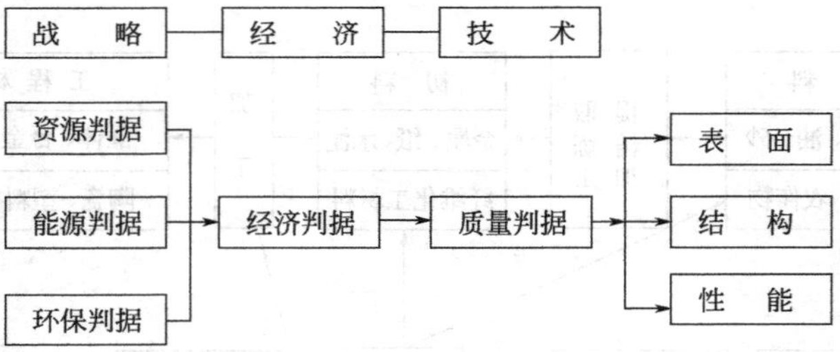

图 1.2 材料的现代判据

1.1.2.2 宏观材料学

按照自然现象分为“宏观”和“微观”的概念，材料学也可分为宏观材料学和微观材料学。

（1）微观材料学 着眼于材料——单个的或集体的——在外界自然环境作用下，所表现的各种行为，以及这些行为与材料内部结构之间的关系和改善这些结构的工艺。它所包含的主要内容是材料的性能、结构和工艺，以结构为中心。

（2）宏观材料学 着眼于从整体上分析材料问题，即将材料整体作为研究对象——系统，考察它与社会环境之间的交互作用，分析在环境的影响下材料内部宏观组元（各种材料）的自组织问题。它所包含的主要内容：以经济为线索，研究材料的社会现象，是微观材料学与社会科学之间的交叉科学。

图 1.3 比较了宏观和微观材料学以及它们之间的关系。

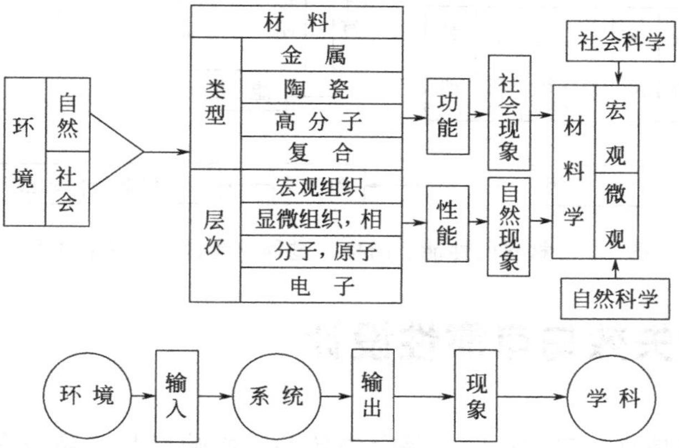

图 1.3　材料和材料学

1.1.2.3　材料科学与工程的思路

材料的生产、使用和科研单位，一般是依据质量和经济这两个判据，选择目标函数及约束条件，从而进行材料设计并确定工艺流程。材料科学与工程的工作人员惯于采用图 1.4 的思路：①依据工程构件服役的行为确定所需的材料性能；②依据性能要求，确定所需的材料结构；③制定生产工艺，获得所需的材料结构；④采用必要的设备，保证工艺的实施。或逆向思考；⑤只有适当的设备才能保证工艺；⑥只有通过工艺才能保证结构；⑦结构决定性能；⑧材料的性能决定工程构件的行为。

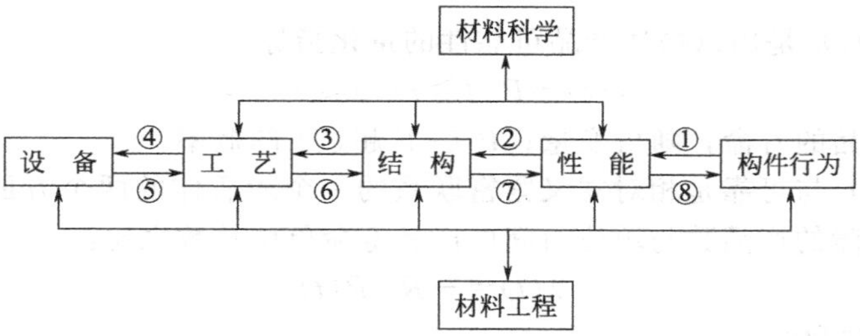

图 1.4　材料科学与工程的惯用思路

图 1.4 表明，为了保证工程构件安全而有效地运行，要求图中各个环节密切配合。既有生产材料和使用材料单位的配合，也有材料科学与材料工程的结合，共同构成一个整体。其中，材料工程是工程的一个领域，其目的在于经济地、而又为社会所能接受地控制材料的结构、性能和形状，它涉及图 1.4 中的各个环节。而材料科学是一门科学，它从事与材料本质的发现、分析和了解方面的研究。其目的在于提供材料结构的统一描绘或模型，以及解释这种结构与材料性能之间的关系。因此，材料科学的核心问题是结构和性能。在深入地理解和有效地控制性能和结构的过程中，都涉及能量。性能、结构、过程及能量之间的关系见图 1.5。它包括：①从外界条件引起材料内部结构的变化过程，去理解性能和新结构；②能量控制结构和过程；③从结构可以计算能量。性能是重要的工程参量，过程是理解性能和结构的重要环节；结构是深入理解性能和计算能量的中心环节；能量则控制结构的形成和过程的进行。

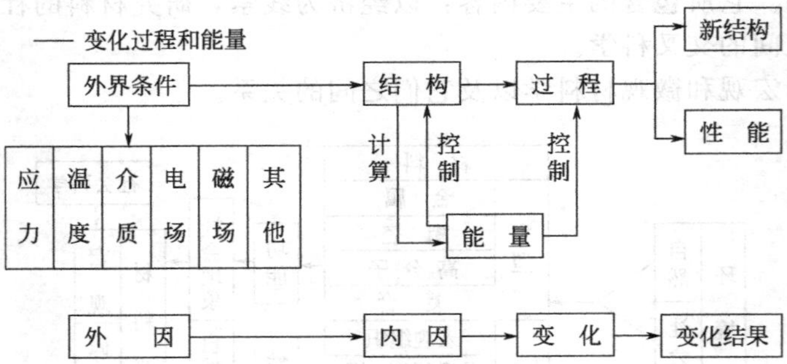

图 1.5 材料的性能、结构、过程、能量之间交互关系

1.2 材料的失效与可靠性设计

材料的服役过程是有一定寿命的，是会失效的。影响材料产品寿命的因素是很复杂的，既有材料内部的组成和结构的影响，也有外部使用环境（如温度、受力状态等）的影响；既有必然的因素，也有偶然的因素。对于材料的设计和使用者来讲，学习了解评估材料失效的方法是很重要的。

1.2.1 产品的可靠性

1.2.1.1 可靠性

可靠性指的是产品在规定的条件下和规定的时间内，完成规定功能的能力。所谓规定条件，即环境条件，指的是所有外部和内部条件，如温度、湿度、辐射、磁场、电场、冲击、振动等或其组合；是自然的、人为的或自身引起的，影响到产品的形态、性能、可靠性或生存力。

可靠性参数 $R(t)$ 是用以描述产品可靠性的量化指标：

$$R(t)=P(T>t),\ 0\leqslant t<\infty \tag{1.1}$$

式中，T 为产品的寿命，随机变量；P 是 T 超过 t 的概率。

而失效（故障）与可靠是相对立又紧密联系的一个矛盾体的两个方面。故障率 $\lambda(t)$ 是单位时间内出现故障的产品数与单位时间内产品寿命单位总数之比：

$$\lambda(t)=-R'/R(t) \tag{1.2}$$

当 $\lambda(t)=\lambda$ 为常数时：

$$R(t)=e^{-\lambda t} \tag{1.3}$$

1.2.1.2 产品在工作时破坏的基本类型

① 原始破坏 质量控制未发觉的制造错误或因使用不合格的材料而引起；

② 偶然破坏 在产品的使用期限内由于偶然因素造成的无规律的破坏；

③ 产品过度超载，超过其安全能力；

④ 磨损破坏。

1.2.2 材料的失效

1.2.2.1 材料的应用和失效

材料的失效，指的是材料在应用过程中，产品功能失去效果的现象（对可修复产品，失效也称故障）。更一般地讲是系统的组元在制造、试车、储运或服役过程中伤亡，使系统无法或低效工作，或提前退役的现象。图 1.6 说明了材料的工程结构失效与各环节之间的关系。

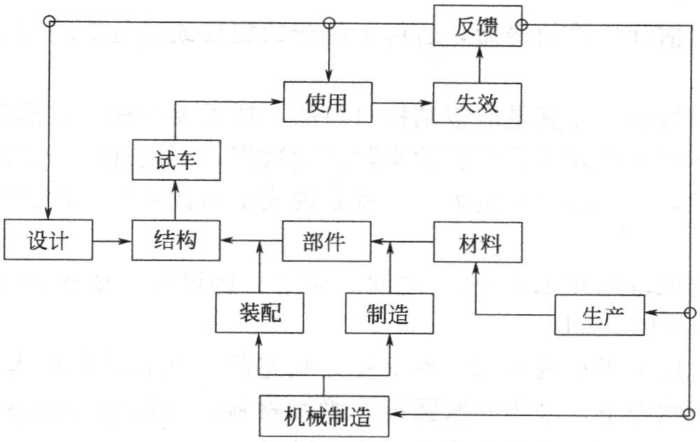

图 1.6　与工程结构失效有关的各个部门之间的工作关系

1.2.2.2　材料失效形式和机理

表 1.1 列出了材料在使用环境中的主要失效形式、影响因素和失效机理。主要失效形式包括断裂、变形、腐蚀、磨损及物理性能下降等现象。在一般情况下，正确设计的构件不易出现静载过载断裂，但疲劳破坏、脆性断裂等隐蔽性大、事前年不易察觉，危害性也大。

表 1.1　材料失效形式和机理的分类

失效形式	主要因素	协助因素	失效机理
断裂	力学	恒载 交变载荷 化学、恒载 化学、交变载荷 热学(化学)	韧断及脆断 疲劳断裂 应力腐蚀断裂 腐蚀疲劳断裂 蠕变断裂
变形	力学	—	变形
腐蚀	化学	—	腐蚀 氢损伤
磨损	力学	— — 化学	磨损 微动磨损、液体冲刷失效 腐蚀
物理性能降低	电、磁、声或光学	—	物理性能降级

1.2.3　可靠性设计

1.2.3.1　使用寿命

产品的故障率低于指定值的这一段使用时间叫作产品的耐用寿命，或称产品的使用寿命。使用寿命的单位随要求而异。例如，某种导弹的使用寿命为 10 年，某种汽车的使用寿命为 10 万公里，某种扳钮开关的寿命为 2 万次开关等。对于一次性使用的产品，没有必要把某些材料或组成部分设计得特别经久耐用，应该将各材料或组成部分的使用寿命设计得比产品所要求的使用寿命略长一些。对于一般的耐久性产品，不可能把所有组成部分的使用寿命度设计得都大于产品的使用寿命，成本太高且得不偿失。通常，将影响产品关键性能的材料和产品主体的使用寿命设计得大于要求的使用寿命。一般来讲，产品的耐用性主要取决产品耐磨损的能力、耐疲劳的能力及耐腐蚀的能力。它们与产品的原材料选择有密切关系。而对于电器产品来讲，材料的电绝缘性的产品耐用性的重要指标。

1.2.3.2　安全系数

对于结构材料，使用过程中的可靠性具有十分重要的意义。而安全性设计是可靠性设计的一个重要组成部分。

安全期判据——估计构件的寿命，适用于隐蔽的裂纹或其他缺陷引起结构发生灾难性破坏的那些构件。

安全系数是结构材料，尤其是航空结构材料的一项重要指标，它是破坏应力与设计应力的比值。其中，破坏应力体现的是材料的实际强度数据，而设计应力是产品使用条件下所需要的强度值。很显然，二者的比值越大，也就是说安全系数越高，产品的可靠性越高，越有保障。

通常安全系数选取范围在1.2～2.0之间。对于一些可靠性要求特别高的应用场合，安全系数取值高达1.5～10之间。

在实际应用中，应力类型视应用条件下受力状态的不同和材料种类的不同而定。例如，塑性材料，在静载荷状态下，采用屈服强度；脆性材料，在静载荷状态下，采用断裂强度；而在动态载荷状态下，则可采用疲劳强度（疲劳极限）。

1.2.3.3 设计准则

为了提高产品在使用过程中的可靠性，通常有以下的方法。

（1）简化设计

① 尽可能减少产品组成部分的数量，尽量做到整体加工及整体铸造。

② 尽可能标准化、系列化、通用化，控制非标准材料、零、组、部件的百分比率。实现零、组部件多功能转化。

③ 尽可能采用已经过实践考验的，可靠性具有保证的材料、零、组、部件及整机。

（2）尽早发现及确定可靠性关键项目　通过调研、分析，发现材料及产品在安全性方面的薄弱环节。

（3）留有余量　选用安全系数较大、可靠性较高的材料或零部件、元器件。

（4）降低故障率　在产品设计时，要将故障率降低到最小程度。通过调查、研究、试验和分析，提出满足企业研制生产需要，而生产厂家、品种、规格又尽可能少的材料、元器件、另组部件名单，供设计选用，并确定适当的筛选方案。

1.3 材料经济

1.3.1 材料经济学

材料经济学是一门材料科学与经济学的交叉科学。是对材料的生产、消费（即应用）、交换、分配、科研、发展、规划等活动进行经济效益的分析和评价的学科。是技术经济学在材料工业中的应用。

在1.1.2.1节已经讨论到，经济判据位于宏观的资源、能源、环保判据与微观的质量判据之间，超着联系的纽带作用。也就是说，材料工作者是在材料战略判据的限制及在保证质量的前提下，降低生产成本及其他费用，以求得整个社会经济效益的最优化；或者在经济上可靠的条件下，求得材料和产品质量的最优化。

从宏观上讲，材料经济学是以经济为线索，研究材料的社会现象，涉及的内容有：①材料的大循环；②材料工业的布局；③材料工业的技术政策；④材料科研的发展规划；⑤材料生产结构和消费结构的经济评价等。

从微观上讲，材料经济学是用价格论和厂商理论分析单个经济体的经济活动。涉及的内容有：①经济合理地利用资源、能源、设备、工具等；②工艺流程和材料产品的成本分析；③原料供应和产品销售的经济评价；④材料科研和发展的经济评价；⑤材料选择和应用的经济分析；⑥产品的标准化、系列化、通用化等。

显然，除了材料的生产环节，对于材料选用和材料科研环节，经济因素同样具有十分重要的作用。

1.3.2　材料的循环与材料经济

图 1.1 示出材料从生到灭的循环。从经济的角度看，在这个循环中，材料消费者的需求拖动整个社会的经济活动和材料的流动，而这种流动的速度又限制了社会的需求，在商品经济的社会里，这种关系是十分重要的。除了图 1.1 的物质循环外，在商品经济中，材料企业的信息循环和反馈具有同样的重要性。如图 1.7 所示，框内是材料企业内部与生产有关的主要部门，他们之间必须进行经常而有效的信息流动，才能保持为一个有机联系的整体。其中，“销售”和“服务”是两个触角，通过他们捕获市场基本企业产品的信息，为“生产”、“发展”、“研究”部门提供反馈。

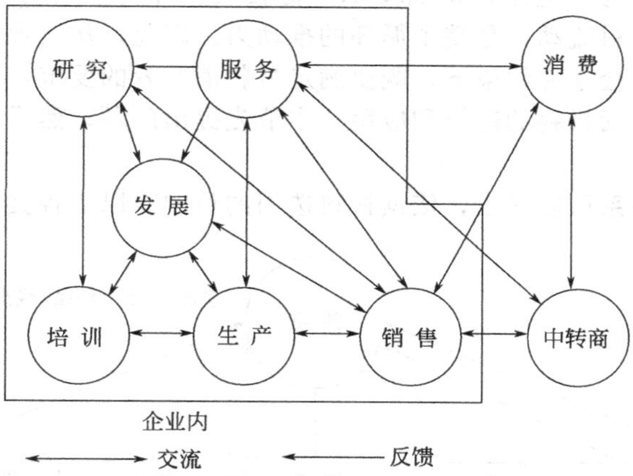

图 1.7　材料企业的信息循环和反馈

1.3.3　材料的管理

为了有效地发挥正确选择和使用材料的作用，对材料消费企业来讲，材料的管理是一个十分重要的中间环节。从经济的角度讲，材料管理的目的是以最低的成本在适当的时候提供适合质量和数量的材料，过少及过多的库存或冒风险或致浪费。材料管理涉及如图 1.8 所示的各种活动或功能，包括以下内容。

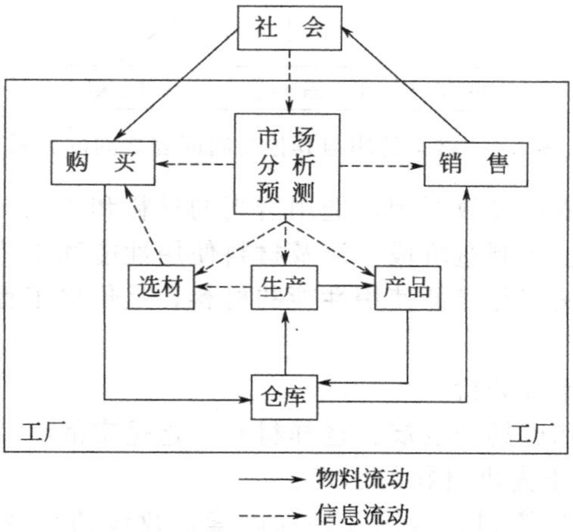

图 1.8　材料管理与材料选用

① 市场分析和预测　对原材料的供应及产品的销售市场进行分析和预测，对材料的选用提供现在及未来的资料。

② 购买　依据市场供需，适时地以最低价格购买所选择的原材料。

③ 库存　既不过多而积压资金，又不太少而冒影响生产的风险。

④ 运输　物料在厂内有效而经济地流动，是降低生产成本的重要措施。

⑤ 销售　拖动整个循环流动的动力。

作为一个整体，材料的选用必须纳入或配合材料的管理，才能发挥更大的作用。

1.4 材料的选用

生产材料的目的是为了应用，正如图 1.1 材料大循环所指出的那样。材料消费者的需求，拖动整个循环的材料流动，是整个循环的推动力。因此，从宏观材料学考虑，材料生产者的任务是在自然和社会条件约束下，既要满足材料消费者的要求，也要激发材料消费者的新需求。材料的选用包括材料的选择和应用。本节先提出问题，然后讨论选择材料的方法。

1.4.1 选用问题

从图 1.9 所示的关系可以看出，依据材料选用的目的有以下各类材料的选用问题。

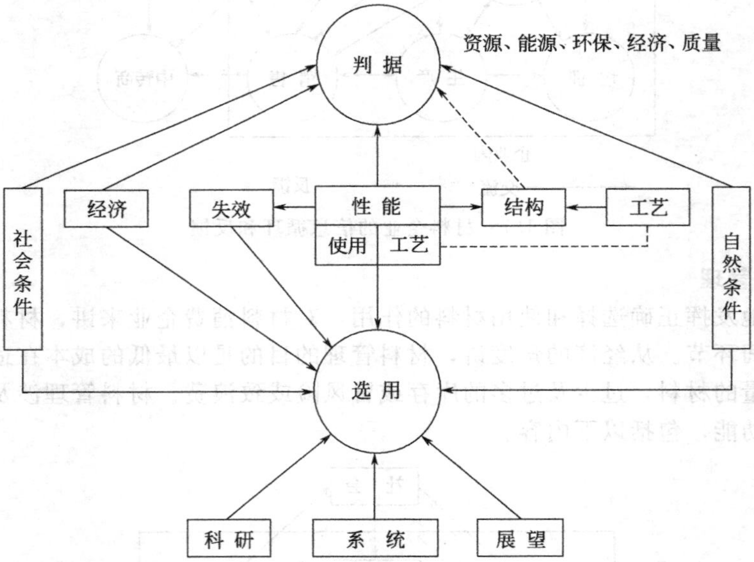

图 1.9　材料选用与其他材料问题之间的关系

（1）防止失效事故　依据失效原因，选用恰当的材料和工艺。这类失效既可能发生在材料使用阶段，也可发生在生产制造阶段，涉及材料使用性能和工艺性能。

（2）选择成本最低而又满足最低使用性能的材料，是价格工程在材料问题的应用，也是多目标的决策问题。

（3）材料生产成本的比较分析。

（4）适应科技、社会和市场的发展：选择材料，这是带战略性的选材问题。如：

① 高技术的发展有赖于先进材料的出现。

② 社会条件限制：包括资料、能源及环保因素，政策的指令性法规等，限制某些材料的使用，材料的质量成为选材的重要条件。

③ 市场预测：消费者对产品式样的嗜好和购买力影响了产品的档次，从而影响了对材料的选用。这些问题有赖于对市场要求的判断，涉及心理学、美学、预测学等方面的知识。

1.4.2 性能选材法

（1）使用性能　首先依据应用的要求，从材料手册或材料性能数据库中查阅和比较各种材料的性能，然后选用。

若有两种主要性能，可采用坐标分类法，以应用或设计要求的两个性能的数值为坐标原点，再将手册查出或实验测定的不同材料的这两个性能数据绘图，位于第1象限的材料即满足设计要求。

（2）工艺性能　首先从产品的外形出发，确定加工方法和加工设备，然后结合材料的物理和化学性质提出产品成型的工艺参数，最后确定选用材料的牌号。

（3）性能递增选材法　首先考虑供选择材料的性能是否满足使用及工艺要求；对于性能都满足要求的各种材料，选用价格或成本最低的材料。

1.4.3 成本选材法

对于使用及工艺性能都满足要求的各种材料，就需要选用价格或成本最低的材料。对于材料应用的单位，一般有以下三种方法。

（1）材料成本法　该法是针对材料制造工艺的费用没有差异的情况，此时材料应用单位主要需要考虑的是从材料的成本或购买费用入手选择材料。

（2）生产成本法　该法是从原材料制成部件（零件）全过程的成本分析入手，进行选材的一种方法。该方法的步骤如下。

① 市场调查　从市场上已有的多种材料中，挑选使用性能可满足要求而价格较低的几种作为候选。

② 工艺分析　对候选材料可能采用的工艺进行分析，抽出影响成本的因素。

③ 成本计算　对材料、工艺的各种组合，应用计算机及适当公式计算。

④ 敏感性分析　对影响成本的主要项目进行单项分析。

⑤ 决策。

（3）多目标选材法　该法将多方面因素集成在一起进行材料的选用分析，例如，将性能与成本综合考虑有三方面趋势。

① 在使用性能不变的情况下，尽量减少费用。

② 在费用不变的情况下，提高其性能。

③ 提高性能而费用降低。

1.5 材料的科研

材料的科研涉及材料内部在自然环境中所表现的各种自然现象，以及材料对于促进经济及社会发展的作用；前者是微观材料学的科研内容，后者是宏观材料学的科研内容。

材料的设计和选用与材料的科研是紧密联系在一起的。本节主要讨论材料科研的类型。包括以下三方面。

（1）基础研究　探索自然界和社会基本规律的基本活动，涉及材料科学的基础问题，没有特定商业目的。

（2）应用研究　针对应用相关的特定产品或工艺所进行的研究，应用前景很明确。在材料领域内，它运用基础研究的成果，探索新的材料或生产材料的新工艺，可以导致技术上的重大突破，甚至开辟新的工艺领域。

其成果形式是新材料和新工艺，具有商品性，具有使用价格和交换价值，具有技术保密性。

(3) 发展　发展更接近于实际生产，一般包括两个阶段：一是早期的实验室研制工作，在实验室解决生产技术问题；二是后期的中间试验和小批量生产即推广工作，解决正式投产前的技术问题。

参考文献

[1] 肖纪美．材料的应用与发展．北京：宇航出版社［M]，1988.

[2] 唐志玉，徐佩玹．塑料制品设计师指南．北京：国防工业出版社［M]，1993.

[3] 何国伟．可靠性设计．北京：机械工业出版社［M]，1993.

[4] 倪德良，张其辉．塑料特性与选用．上海：华东理工大学出版社［M]，1994.

[5] 王文广，田雁晨，吕通建．塑料材料的选用．北京：化学工业出版社［M]，2001.

[6] ［日］由井浩著．复合塑料的材料设计．朱韶男译．上海：上海科学技术文献出版社［M]，1986.

第2章 高分子材料的主要品种

2.1 塑料

2.1.1 塑料概述

随着塑料工业的发展，目前世界上已经商品化的塑料有五十余类。同时，在现有品种的基础上，人们经过共聚、接枝、嵌段等技术来变换分子组成、改变分子结构、调整聚集态结构，或是进行聚合物共混改性以及灵活配用添加剂等方法制得许多不同性能和用途的塑料，其品种已达数百种。

2.1.1.1 塑料概述

塑料一般指以合成或天然的高分子化合物为基本成分，在一定条件（温度、压力等）下可塑成一定形状并且在常温下保持其形状不变的材料。塑料是一类重要的高分子材料，具有质轻、电绝缘、耐化学腐蚀、容易成型加工等特点。某些性能是木材、陶瓷甚至金属所不及的。各种塑料的相对密度大致为0.9～2.20，密度的大小主要决定于填料的用量。其密度一般仅为钢铁的1/4～1/6。

所有的塑料均为电的不良导体，表面电阻约为10^9～$10^{18}\Omega$，因而广泛用作电绝缘材料。塑料中加入导电的填料，如金属粉、石墨等，或经特殊处理，可制成具有一定电导率的导体或半导体以供特殊需要。塑料也常用作绝热材料。许多塑料的摩擦系数很低，可用于制造轴承、轴瓦、齿轮等部件，且可用水作润滑剂。同时，有些塑料摩擦系数较高，可用于配制制动装置的摩擦零件。塑料可制成各种装饰品，制成各种薄膜型材、配件及产品。塑料性能可调范围宽，具有广泛的应用领域。

塑料的突出缺点是，力学性能比金属材料差，表面硬度亦低，大多数品种易燃，耐热性也较差。这些正是当前研究塑料改性的方向和重点。

2.1.1.2 塑料的发展历史

塑料已经成为了人们现代生活不可分割的一个部分，渗透到了人们生活与工作的每一个角落。从人们最初使用天然高分子材料到现在，塑料也经历了一个比较漫长的发展过程。

(1) 第一种人造塑料的诞生　在1862年于伦敦的国际大展上，Alexander Parkes展示了他所制备的第一种人造塑料。这是一种以纤维素为基础的高分子材料。这种人造塑料当时人们称之为Parkesine。这是一种可以通过加热模塑，冷却定型的材料。Parkes说，这是一种可以被模塑成任意形状的材料，而且成本低廉。但是，事实上由于制造这种材料需要价格很高的原材料，这种材料也就难以产业化和发展了。在此之后的若干年里，人们针对纤维素改性做了很多的研究工作。当时撞球是一种非常时髦的运动，为了生产这种运动所需的球，人们杀死了很多大象，以猎取它的牙齿。为了取代象牙，一位美国人，名字叫做John Wesley Hyatt，用一种纤维素溶胶制备出了一种有一定柔韧性的薄片，随后他用该材料制备了撞球。但是人们发现这种撞球很脆，在撞击过程中，球容易破裂。为了解决这个问题，人们在其中加入樟脑油。加入樟脑油后，材料变得有韧性，并且可以在温度和压力下成型。这是形成真正应用的第一种热塑性塑料。该材料被用于生产照相和电影的胶片。

1907年，美国化学家Leo Baekeland制备了人类第一种完全合成的人造塑料，他采用了一种能够准确控制温度和压力的设备，来研究挥发性物质的化学反应，在此设备中，他制备出了一种液体树脂，这种液体树脂能够很快硬化和成型，并且，这种液体树脂一旦成型后就不会再融化，也不再溶于一般的溶剂。该树脂固化后不会燃烧，也不会软化变形，这使它完全有别于以前的材料。同时，Baekeland发现，可以在这种液体树脂添加各种其他物质，如木粉和其他填料，从而降低材料价格和改善材料性能。自此之后，人们开始用这种高分子材料生产各种产品，对此材料最为感兴趣的是美国军方，他们用此材料大幅度降低各种武器装备的重量。当然Baekeland也将该材料用于了其他民用产品的生产，这里面最具代表性的产品就是各种电器产品。这种高分子材料就是目前仍然广泛使用的酚醛塑料。

(2) 尼龙问世　20世纪的20年代，由于各种改型纤维素的大量应用，使这个世界变得“为塑料而疯狂”，而杜邦公司也成了各种发明的温床。Wallace Hume Carothers，一位年轻的化学家成为了杜邦公司研究室的负责人，该公司当时正负责开发防潮用的玻璃纸，实际上，他们当时也正致力于开发一种尼龙材料，也主要用于制备纤维，在当时，他们称之为66纤维。Carothers看到了66纤维可能拥有的巨大的市场潜力，这种66纤维材料可以代替动物的毛发用于制备牙刷以及丝袜。丝袜于1939年问世，并获得了巨大的成功。H. Staudinger是现代高分理论的奠基人，他揭示了高分子材料的结构，而Carothers是第一个将这种理论付诸实践并获得成功的高分子材料科学家。因此，尼龙的出现不仅是一种新材料的问世，也是对高分子理论的巨大推动。在Carothers的带动下，人们对于利用化学方法制备新材料产生了更加强烈的兴趣。于是在20世纪的40年代，相继出现了各种尼龙、聚丙烯酸酯、聚异戊二烯、丁苯橡胶以及聚乙烯等多种高分子材料。

(3) 聚氯乙烯系列的出现　1933年，一位古德里奇的有机化学工作者Waldo Semon，在尝试将橡胶粘贴在金属表面上时偶然发现了聚氯乙烯。Semon进一步研究发现，这种材料价格比较低廉，还具有坚韧、不易燃烧、容易模塑等优点。在这之后的几年时间里，聚氯乙烯得到了迅速的发展，并很快在家装市场占据主导地位。差不多也就在相同的时期，Dow Chemical的研究人员Ralph Wiley发现了聚偏氯乙烯。这种材料最初被用于武器装备的保护，后来人们发现这是一种非常好的食品包装材料。1938年，杜邦公司的化学工作者Roy Plunkett发现了聚四氟乙烯，也就是人们常说的特氟隆。特氟隆的发现是非常偶然的，当时Roy Plunkett在用泵抽氟利昂时发现，部分氟利昂变成了白色固体，而这种白色固体具有非常独特的性质，能耐酸、耐碱以及耐高温和低温。

(4) 聚乙烯的发现　1933年，Imperial Chemical Industries Research Laboratory的两位化学工作者正致力于研究各种物质在高压条件下的化学反应。E. W. Fawcett and R. O. Gibson，他们就连做梦也不会想到，最具世界影响力的一种新材料在他们手中诞生了。他们研究苯甲醛和乙烯在数千个大气压下的化学反应，试验进行得并不顺利，试验开始后不久他们就发现这些压力很快就消失了。打开反应釜以后，他们发现了一种白色的蜡状固体，很像是一种塑料。他们再次经过仔细的研究发现，这种压力的突然降低，只有一小部分是因为反应釜漏气，更加重要的原因是乙烯的聚合。1936年，Imperial Chemical Industries建立了更大的装置来对这种材料进行批量的生产。聚乙烯的大规模工业化生产很快就产生了很大的社会影响以及很多重要的历史事件。比如，在第二次世界大战中，聚乙烯首先作为水下电缆的剧院材料，以及雷达的绝缘材料。聚乙烯作为雷达绝缘材料使雷达的重量大幅度下降，从而使雷达可以装载于飞机之上，这为二战时期盟军抗击德军做出了重要的贡献。聚乙烯真正大规模工业化生产以及逐步走向人们生活是在二战结束以后的时期。在此后聚乙烯得到大规模的发展，使其在随后的年代里一直稳居生产量及消费量的首位。

(5) 聚丙烯的发现　差不多也在同一个时期，人们也发现了聚丙烯。然而，聚丙烯在其刚被人们发现的初期，并为给人们带来太多的惊喜。因为在那个时候，乙烯的聚合反应主要是依靠自由基聚合，而利用自由基聚合的聚丙烯完全是一种无规结构的聚合物，基本上没有什么强度和实用价值。直到 20 世纪 50 年代，对高分子材料工业具有重大影响的齐格勒-纳塔催化剂的出现，才使得聚丙烯得以真正地被人们重视。在齐格勒-纳塔催化剂的作用下，丙烯发生配位聚合，生成具有良好立构规整性的聚丙烯。这种聚丙烯具有良好的物理力学性能和电性能。1957 年实现规模化生产。之后聚丙烯是发展最快的塑料品种之一，今天也是应用最为广泛的塑料品种之一。

2.1.1.3　塑料的组成

简单组分的塑料基本上是由聚合物组成的，典型的是聚四氟乙烯，不加任何添加剂。但多数塑料品种是一个多组分体系，除基本组分聚合物之外，尚包含各种各样的添加剂。聚合物的含量一般为 40%～100%。通常最重要的添加剂可分成四种类型：有助于加工的润滑剂；改进材料力学性能的填料、增强剂、抗冲改性剂、增塑剂等；改进耐燃性能的阻燃剂；提高使用过程中耐老化性的各种稳定剂。

(1) 树脂　树脂是塑料中最主要的组分，起着胶黏剂的作用；能将塑料其他组分胶结成一个整体，它不仅决定塑料的类型而且决定塑料的主要性能。一般而言，塑料用聚合物的内聚能介于纤维与橡胶之间，使用温度范围在其脆化温度和玻璃化温度之间。应当注意，同一种聚合物，由于制备方法、制备条件及加工方法的不同，常常既可作塑料用，也可作纤维或橡胶用。例如，尼龙既可作塑料用，也可作纤维用。

(2) 填料与增强材料　为提高塑料制品的强度和刚性，可加入各种纤维状材料作增强材料，最常用的是玻璃纤维、石棉纤维。新型的增强材料有碳纤维、石墨纤维和硼纤维。填料使用的最初功能是降低成本，但是随着技术的发展，填料也在很大程度上起到了改善塑料某些性能的作用，如增加模量和硬度，降低蠕变和提高材料的耐热温度等。主要的填料种类有：硅石（石英砂）、硅酸盐（云母、滑石、陶土、石棉）、碳酸钙、金属氧化物、炭黑、玻璃珠、木粉等。在聚乙烯中使用最多的填料是碳酸钙，而在聚丙烯中应用最多的填料是滑石和云母。在聚氯乙烯中主要使用碳酸钙作为填料。增强材料和填料的用量一般为 20%～50%。

增强材料和填料的增强效果取决于它们和聚合物界面分子间相互作用的状况。采用偶联剂处理填料及增强材料，可增加其与聚合物之间的作用力，通过化学键偶联起来，更好地发挥其增强效果。常见的偶联剂有有机硅烷、有机钛酸酯等。

(3) 增塑剂和增韧剂　对一些玻璃化温度较高的聚合物，为制得室温下的软质制品和改善加工时熔体的流动性能，就需要加入一定量的增塑剂。增塑剂一般为沸点较高、不易挥发、与聚合物有良好混溶性的低分子油状物。增塑剂分布在大分子链之间，降低分子间作用力，因而具有降低聚合物玻璃化温度及成型温度的作用。通常玻璃化温度的降低值与增塑剂的体积分数成正比。同时，增塑剂也使制品的模量降低、刚性和脆性减小。

增塑剂可分为主增塑剂和副增塑剂两类。主增塑剂的特点是与聚合物的混溶性好、增塑效率高。副增塑剂与聚合物的混溶性稍差，主要是与主增塑剂一起使用，以降低成本，所以也称为增量剂。

在工业上使用增塑剂的聚合物，最主要的是聚氯乙烯，80%左右的增塑剂是用于聚氯乙烯塑料。此外还有聚醋酸乙烯以及以纤维素为基的塑料。主要的增塑剂品种有邻苯二甲酸酯类如邻苯二甲酸二辛酯（DOP）、邻苯二甲酸二丁酯（DBP），脂肪族二酸酯类如己二酸二辛酯，癸二酸二辛酯，以及磷酸酯类等。邻苯二甲酸酯类增塑剂与聚氯乙烯具有良好的相容性，是常用的主要增塑剂品种。脂肪族增塑剂赋予聚氯乙烯良好的耐低温性能，常用于耐寒制品。而磷酸酯具有良好的阻燃性能。此外还有环氧类、磷酸酪类、癸二酸酯类增塑剂以及氯化石蜡类增量剂。樟脑是纤维素基塑料的增塑剂。

增塑剂的缺点是能降低塑料制品的机械性能和耐热性等，所以选择增塑剂种类和加入量应根据塑料的使用性能来决定。另外，增塑剂易从塑料中迁移、挥发，从而使其失去柔性。

增韧剂是使塑料获得稳定的韧性而不会降低太多刚性的一类添加剂。一般是具有反应性基团的橡胶或弹性体，常用于热固性塑料中。

(4) 稳定剂　为了防止塑料在光、热、氧等条件下过早老化，延长制品的使用寿命，常加入稳定剂。稳定剂又称为防老剂，它包括：抗氧剂、热稳定剂、紫外线吸收剂、变价金属离子抑制剂、光屏蔽剂等。

能抑制或延缓聚合物氧化过程的助剂称为抗氧剂。抗氧剂的作用在于它能消除老化反应中生成的过氧化自由基，还原烷氧基或羟基自由基等，从而使氧化的链锁反应终止。抗氧剂有取代酚类、芳胺类、亚磷酸酯类、含硫酯类等。一般而言，酚类抗氧剂对制品无污染和变色性，适用于烯烃类塑料或其他无色及浅色塑料制品。芳胺类抗氧剂的抗氧化效能高于酚类且兼有光稳定作用。缺点是有污染性和变色性。亚磷酸酯类是一种不着色抗氧剂，常用作辅助抗氧剂。含硫酯类作为辅助抗氧剂用于聚烯烃中，它与酚类抗氧剂并用有显著的协同效应。

热稳定剂主要用于聚氯乙烯及其共聚物。聚氯乙烯在热加工过程中，在达到熔融流动之前常有少量大分子链断裂放出 HCl，而 HCl 会进一步加速分子链断裂的链锁反应。加入适当的碱性物质中和分解出来的 HCl 即可防止大分子进一步发生断链，这就是热稳定剂的作用原理。常用的热稳定剂有：金属盐类和皂类，主要的有盐基硫酸铅和硬脂酸铅，其次有钙、镉、锌、钡、铝的盐类及皂类；有机锡类，是聚氯乙烯透明制品必须用的稳定剂，它还有良好的光稳定作用；环氧化油和酯类，是辅助稳定剂也是增塑剂；螯合剂，是能与金属盐类形成络合物的亚磷酸烷酯或芳酯，单独使用并不见效，与主稳定剂并用才显示其稳定作用，最主要的螯合剂是亚磷酸三苯酯。

波长为 290～350nm 的紫外线能量达 365～407kJ/mol，它足以使大分子主链断裂，发生光降解。紫外线吸收剂是一类能吸收紫外线或减少紫外线透射作用的化学物质，它能将紫外线的光能转换成热能或无破坏性的较长光波的形式，从而把能量释放出来，使聚合物免遭紫外线破坏。各种聚合物对紫外线的敏感波长不同，各种紫外线吸收剂吸收的光波范围也不同，应适当选择才有满意的光稳定效果。常用的紫外线吸收剂有多羟基苯酮类、水杨酸苯酯类、苯并三唑类、三嗪类、磷酰胺类等。

变价金属离子如铜、锰二铁离子能加速聚合物（特别是聚丙烯）的氧化老化过程。变价金属离子抑制剂就是一类能与变价金属离子的盐联结为络合物，从而消降这些金属离子的催化氧化活性的化学物质。常用的变价金属离子抑制剂有醛和二胺缩合物、草酰胺类、酰肼类、三唑和四唑类化合物等。

光屏蔽剂是一类能将有害于聚合物的光波吸收，然后将光能转换成热能散射出去或将光反射掉，从而对聚合物起到保护作用的化学物质。光屏蔽剂主要有炭黑、氧化锌、钛白粉、锌钡白等黑色或白色的能吸收或反射光波的化学物质。

(5) 润滑剂　在塑料加工过程中，为了提高塑料的加工流动性或者为了更好脱模和提高塑料制品表面的光洁度，常需用润滑剂。根据润滑剂的作用，一般分为内润滑剂与外润滑剂两类。外润滑剂主要作用是使聚合物熔体能顺利离开加工设备的热金属表面，降低高分子材料与加工设备之间的黏附性能，这有利于它的流动和脱模。外润滑剂一般不溶于聚合物，只是在聚合物与金属的界面处形成薄薄的润滑剂层。内润滑剂与聚合物有良好的相溶性，能降低聚合物分子间的内聚力，从而有助于聚合物流动并降低内摩擦所导致的升温。使用润滑剂最多的塑料是聚氯乙烯。最常用的外润滑剂是硬脂盐类如硬脂酸钙、硬脂酸钡、硬脂酸铅以及低分子蜡类。内润滑剂是硬脂酸或者十八醇，以及氧化聚乙烯蜡等。润滑剂的用量一般为0.5%～1.5%，润滑剂量，尤其是外润滑剂量使用过多会造成严重的润滑过度。

(6) 阻燃剂　塑料大多数都容易燃烧。而塑料的使用安全性越来越受到人们的关注。高分子材料的阻燃性就成为了人们关注的重点。在很多领域内使用的高分子材料都把阻燃性提到了重要的位置上。尤其是在电子电器行业、建筑行业等领域阻燃性是材料的重要检验指标。提高高分子材料阻燃性的主要方法就是在高分子材料中添加各种阻燃剂。阻燃剂主要有以下几类。

卤系阻燃剂以溴化芳烃为主要成分，辅以三氧化二锑。这一类阻燃剂是目前使用最广的阻燃体系。溴化芳烃中最为常用的产品包括十溴二苯醚、四溴双酚A、十溴二苯乙烷、溴化聚苯乙烯等。卤系阻燃剂对于大多数高分子材料均具有良好的阻燃效果。阻燃体系对材料力学性能影响较小。但是由于被认为燃烧分解产物可能对环境的臭氧层产生破坏，很多国家和地区因此对这一体系限制使用。

无卤阻燃体系顾名思义就是不含卤素的阻燃体系。无卤阻燃体系被人们认为是环保的，近年来受到了广泛的重视。这一大类阻燃剂含有很多品种，主要包括：①磷氮化合物类，以聚磷酸铵为主要代表产品，燃烧时产生大量的气体，从而使体系膨胀，因而又叫做膨胀型阻燃剂。在磷系阻燃剂中另一个代表就是红磷，直接用红磷作为阻燃剂也对一些聚合物具有良好的效果，但是由于红磷本身有较深的颜色，因此无法制备浅色制品，应用受到限制。②以氧化镁、氢氧化铝为代表的金属氧化物和氢氧化物也被用来作为高分子材料的阻燃剂，他们能够在聚合时放出水，水蒸发吸热，降低聚合物的温度，从而达到阻燃的目的。水没有毒性，也几乎没有腐蚀性，因此这是一种最为环保的阻燃方法。然而这种方法阻燃效率低，需要添加大量的阻燃剂才能达到较好的阻燃性能，而添加大量的金属氧化物或者氢氧化物会对高分子材料的物理力学性能造成较为严重的损失，应用因此受到限制。③其他盐类可用于阻燃剂或者辅助阻燃剂的品种还很多，包括硼酸锌、锡酸锌等盐类，它们大多作为辅助阻燃剂，有一定的抑烟效果。

(7) 着色剂　有些工业用的和作为装饰用的塑料，要求有一定的色泽和鲜艳美观，故着色剂的选择颇为重要。着色剂一般分为有机染料和无机颜料。

对着色剂的要求是：色泽鲜明、着色力强、分散性好、耐热耐晒、与塑料结合牢靠，在成型加工温度下不变色不起化学反应，不因加入着色剂而降低塑料性能等。

(8) 固化剂　固化剂又称硬化剂。其作用是在聚合物中生成横跨键，使分子交联，由受热可塑的线型结构，变成体型的热稳定结构。如环氧、聚酯等树脂，在成型前加入固化剂，才能成为坚硬的塑料制品。

固化剂的种类很多，通常随着塑料的品种及加工条件不同而异。作为酚醛树脂的固化剂有六次甲基四胺；作为环氧树脂的固化剂有胺类、酸酐类化合物；作为不饱和聚酯树脂的固化剂有有机过氧化物等。

(9) 抗静电剂　塑料用品的特点是电气特性优良，但其缺点是在加工和使用过程中由于摩擦而容易带有静电。静电的存在给材料的使用安全带来了巨大的隐患，尤其是在像矿井、纺织厂这样的环境，由于存在易燃易爆的气体或者尘埃，或者由于高速摩擦、静电的存在都是十分危险的，在这些环境使用的高分子材料都有严格的抗静电要求。为了消除静电，常用的方法是在高分子材料中掺入抗静电剂，其根本作用是给予导电性，即在塑料表面上排列、形成连续相，以提高表面导电度，使带电塑料迅速放电，防止静电的积聚。抗静电剂一般是具有导电性的低分子物质，常用的抗静电剂多为季铵盐类化合物，常温下为液态，在塑料中，这一类型的抗静电剂容易向塑料表面迁移，形成良好的表面导电性能，从而达到抗静电的目的。获得抗静电塑料的另一种常用的方法就是在塑料中添加炭黑。炭黑具有良好的导电性，添加适量的炭黑可以使塑料具有一定的导电性从而达到抗静电的目的。应当注意，要求电绝缘的塑料制品，不应进行防静电处理。

(10) 其他添加剂　树脂本身是电绝缘体，在塑料里加进适量的银、铜等金属微粒就可制成导电塑料；在组分中加进一些磁铁末，就可制成磁性塑料；加入特殊的化学发泡剂就可制造泡沫塑料；在普通塑料中掺进一些放射性物质与发光材料可以制造一种能射出浅绿、淡蓝色柔和冷光的发光塑料；加入香酯类物品，即可制得经久发出香味的塑料制品；为了阻止塑料制品的燃烧并具有自熄性，可加入阻燃剂等等。由此可知塑料是一种极为复杂的合成材料，性质取决于其组分结构方式和加入添加剂分量的相对比例。所以其最大优点是根据使用要求，合理地选择添加剂，配制成各种特异性能的塑料制品。

2.1.1.4 塑料的分类

作为高分子材料主要品种之一的塑料，目前大批量生产的已有20多种，少量生产和使用的则有数十种。对塑料有各种不同的分类。例如，根据组分数目可分为单一组分的塑料和多组分塑料。单一组分塑料基本上是由聚合物构成或仅含少量辅助物料（染料、润滑剂等），如聚乙烯塑料、聚丙烯塑料、有机玻璃等。多组分塑料则除聚合物之外，尚包含大量辅助剂（如增塑剂、稳定剂、改性剂、填料等），如酚醛塑料、聚氯乙烯塑料等。

根据受热后形态性能表现的不同，可分为热塑性塑料和热固性塑料两大类。热塑性塑料受热后软化，冷却后又变硬，这种软化和变硬可重复、循环，因此可以反复成型，这对塑料制品的再生很有意义。热塑性塑料占塑料总产量的79%以上，大吨位的品种有聚氯乙烯、聚乙烯、聚丙烯等。

热固性塑料是由单体直接形成网状聚合物或通过交联线型预聚体而形成，一旦形成交联聚合物，受热后不能再回复到可塑状态。因此，对热固性塑料而言，聚合过程（最后的固化阶段）和成型过程是同时进行的，所得制品是不溶不熔的。热固性塑料的主要品种有酚醛树脂、氨基树脂、不饱和聚酯树脂、环氧树脂等。

按塑料的使用范围可分为通用塑料和工程塑料两大类。通用塑料是指产量大、价格较低、力学性能一般、主要作非结构材料使用的塑料，如聚氯乙烯、聚乙烯、聚丙烯、聚苯乙烯等。工程塑料一般是指可作为结构材料使用，能经受较宽的温度变化范围和较苛刻的环境条件，具有优异的力学性能、耐热、耐磨性能和良好的尺寸稳定性。工程塑料的大规模发展只有二十几年的历史，主要品种有聚酰胺、聚碳酸酯、聚甲醛等。最初，这类塑料的开发大多是为了某一特定用途而进行的，因此产量小、价格贵。近年来随着科学技术的迅速发展，对高分子材料性能的要求越来越高，工程塑料的应用领域不断开拓、产量逐年增大，使得工程塑料与通用塑料之间的界限变得模糊，难以截然划分了。某些通用塑料，如聚丙烯等，经改性之后也可作满意的结构材料使用。

另外，工程塑料按产量和使用范围又可分为通用工程塑料和特种工程塑料。通用工程塑料指那些可作为结构材料使用，但较之于特种工程塑料来说产量相对大些，价格便宜些的产品，如聚酰胺、聚碳酸酯、聚甲醛、超高分子量聚乙烯等。特种工程塑料性能更加优异，但产量小，价格贵，通常指带有芳环、杂环等的聚合物，如聚酰亚胺、聚苯硫醚、聚芳酯、聚醚醚酮、聚砜等。

在以后的讨论中，将按热塑性和热固性进行分类介绍。

2.1.1.5 塑料的成型加工方法

塑料制品通常是由聚合物或聚合物与其他组分的混合物，加热制成一定形状，并经冷却定型、修整而成，这个过程就是塑料的成型加工。热塑性塑料与热固性塑料受热后的表现不同，因此其成型加工方法也有所不同。塑料的成型加工方法已有数十种，其中最主要的是挤出、注射、压延、吹塑及模压。前四种方法是热塑性塑料的主要成型加工方法。热固性塑料则主要采用模压、铸塑及传递模塑的方法。

(1) 挤出成型　挤出成型又称挤出模塑或挤塑，是热塑性塑料最主要的成型方法，有一半左右的塑料制品是挤出成型的。挤出法几乎能成型所有的热塑性塑料，制品主要有连续生产等截面的管材、板材、薄膜、电线电缆包覆以及各种异型制品。挤出成型还可用于热塑性塑料的塑化造粒、着色和共混增强等。

热塑性聚合物与各种助剂混合均匀后，在挤出机料筒内受到机械剪切力、摩擦热和外热的作用使之塑化熔融，再在螺杆的推送下，通过过滤板进入成型模具被挤塑成制品。图 2.1 是一种单螺杆挤出机结构。

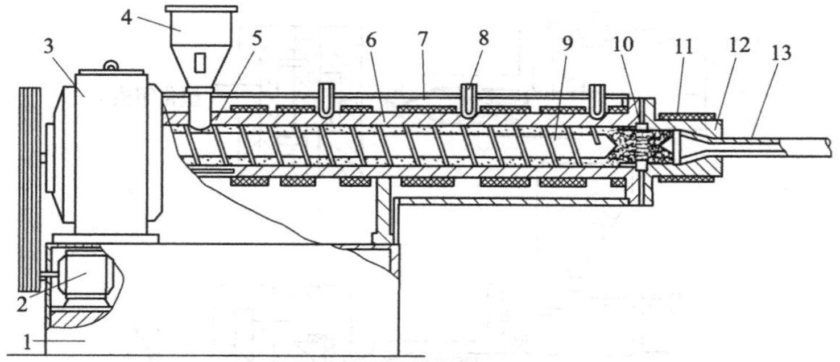

图 2.1　单螺杆挤出机结构

1—机座；2—电动机；3—传动装置；4—料斗；5—料斗冷却套；6—料筒；7—料筒加热器；8—热电偶控温点；9—螺杆；10—过滤板；11—机头加热器；12—机头及芯棒；13—挤出物

挤出机的特性主要取决于螺杆数量及结构。料筒内只有一根螺杆的称为单螺杆挤出机，它是当前最普遍使用的挤出机。料筒内有同向或反向啮合旋转的两根螺杆则称为双螺杆挤出机，根据螺杆数量还有三螺杆和四螺杆挤出机。双螺杆、三螺杆以及四螺杆挤出机统称为多螺杆挤出机。多螺杆挤出机的塑化能力及质量均优于单螺杆挤出机。对于物料的输送原理多螺杆挤出机也不同于单螺杆挤出机。单螺杆挤出机是利用螺杆泵的原理向前输送，产量不仅与螺杆的转速有关，也与物料的特性有关。而多螺杆挤出机是采用齿轮泵的原理向前输送，产量只与螺杆转速有关，因此在产量上比单螺杆挤出机更稳定。

挤出机最重要的参数是螺杆的直径。挤出机的规格都是以螺杆直径（mm）表示。挤出机螺杆直径直接关系到挤出机的产能。挤出机的第二参数是螺杆长度与直径之比称为长径比 L/D，是关系物料塑化好坏的重要参数，长径比越大，物料在料筒内受到混炼时间就越长，塑化效果越好。按螺杆的全长可分为加料段、压缩段、计量段，物料依此顺序向前推进，在计量段完全熔融后受压进入模具成型为制品。重要的是挤出物熔体黏度要足够高以免挤出物在离开口模时塌陷或发生不可控的形变，因此对于挤出成型，原材料必须具有很高的熔体黏度，或者说聚合物必须具有很高的分子量。同时挤出物在挤出口模时应立即采取水冷或空气冷却使其定型。对结晶聚合物，挤塑的冷却速率影响结晶程度及晶体结构，从而影响制品性能。

(2) 注射成型　注射成型又称为注射模塑或注塑，此成型方法是将塑料（一般为粒料）在注射成型机料筒内加热熔化，当呈流动状态时，在挂塞或螺杆加压下熔融塑料被压缩并向前移动，进而通过料筒前端的喷嘴以很快速度注入温度较低的闭合模具内，经过一定时间冷却定型后，开启模具即得制品。

注射成型是根据金属压铸原理发展起来的。由于注射成型能一次成型制得外形复杂、尺寸精确，或带有金属嵌件的制品，因此得到广泛的应用，也成为了塑料成型中一种发展最快的加工方法。目前占成型加工总量的 30%以上。注射成型应用广泛，可以成型一些非常小的制件，如非常小的螺钉、小齿轮，大到如汽车保险杠、大型电视机外壳等制件。这些大型制件单个质量可以达到 10kg。

注射成型过程通常由塑化、充模（即注射）、保压、冷却和脱模五个阶段组成，如图 2.2 所示。

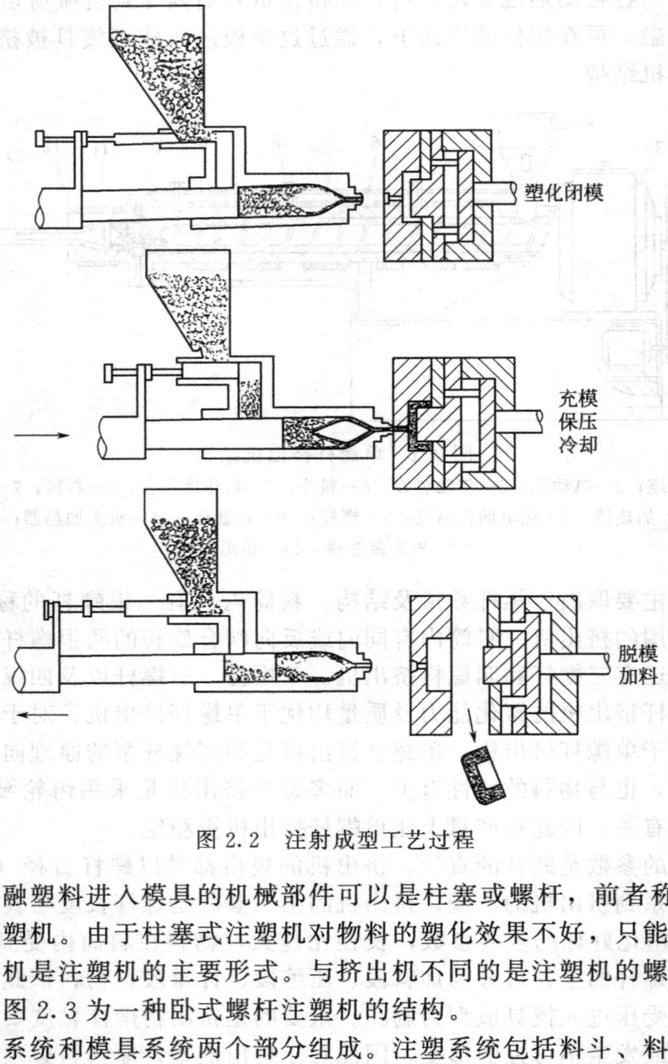

图 2.2 注射成型工艺过程

注射料筒内熔融塑料进入模具的机械部件可以是柱塞或螺杆，前者称为柱塞式注塑机，后者称为螺杆式注塑机。由于柱塞式注塑机对物料的塑化效果不好，只能用于注射量很小的注射。螺杆式注塑机是注塑机的主要形式。与挤出机不同的是注塑机的螺杆除了能旋转外还能前后往复移动。图 2.3 为一种卧式螺杆注塑机的结构。

注塑机由注塑系统和模具系统两个部分组成。注塑系统包括料斗、料筒、螺杆、加热元件和液压系统等。主要功能是实现物料的塑化以及注塑过程。模具系统包括成型元件和锁模装置。成型元件包括型腔、流道、浇口等部件。功能是赋予产品特定的形状和冷却制件。锁模装置是保证在成型过程中模具不在熔体的压力下打开，以便顺利完成成型过程。注塑机的锁模装置有曲轴锁模和液压锁模两种。

塑料原料（通常是粒料）通过料斗进入料筒。在旋转螺杆的带动下向前推进。通过料筒外加热元件产生的热量和螺杆运动产生的剪切热的共同作用而熔融。熔体汇聚于螺杆的前端，对螺杆产生压力，螺杆在前端熔体压力的作用下，在旋转的同时后退。为保证塑化效果，必须在螺杆尾部施加一个反压力，也称为背压（back pressure）。背压越高，螺杆对熔

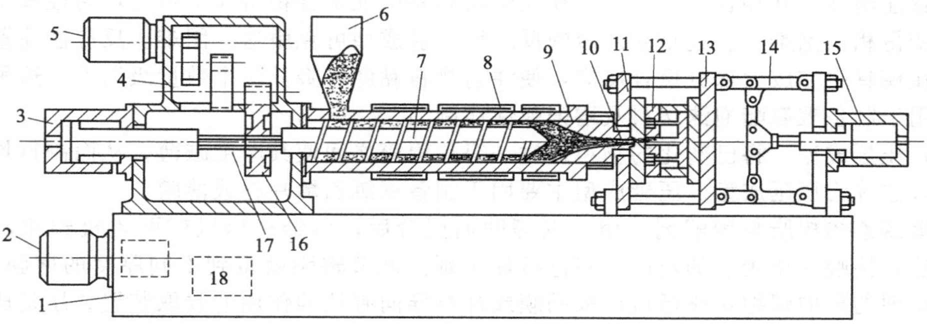

图 2.3　卧式螺杆注塑机结构

1—机座；2—电动机及油泵；3—注射油缸；4—齿轮箱；5—齿轮传动电动机；6—料斗；7—螺杆；8—加热器；9—料筒；10—喷嘴；11—定模板；12—模具；13—动模板；14—锁模机构；15—锁模用（副）油缸；16—螺杆传动齿轮；17—螺杆花键槽；18—油箱

体的压力越大，螺杆后退速度越慢，螺杆对物料的剪切力越大，塑化效果越好。等到螺杆前端的熔体足够一次注射所需的量时，螺杆停止旋转和后退。

当塑料塑化完成以后，螺杆尾部的液压装置或者机械装置给螺杆施加一个压力，在压力的推进下，螺杆将熔体通过喷嘴、流道、浇口而进入模具，而完成注塑过程。由于流道、浇口以及模具的温度都远远低于熔体温度，熔体进入流道后实际上就开始了冷却，为了顺利完成充模，注射压力必须足够大，充模速度必须很快。充模完成后，型腔内的熔体开始冷却并收缩，为了形成良好的制件注塑系统必须对型腔内的熔体进行补充，以减少制件的收缩。在此期间螺杆必须对熔体施加足够的压力，以保证对收缩的补充，也防止型腔内熔体向流道方向形成倒流。直到浇口凝固后，螺杆停止对熔体施压，后退开始下一次塑化。从完成充模到浇口凝固这一段时间在注塑过程中称为保压。

熔体进入型腔以后，开始冷却，冷却主要是靠模具冷却，在生产性设备中，为了保证生产的正常进行，在模具中通常要开设冷却水（油）道，以保证冷却速度。冷却速度是决定生产速度的重要因素。但是对于结晶性聚合物，由于冷却速度要影响结晶性能，因此也需要适当控制。等到聚合物冷却到不变形时，即可开模，顶出制件，准备下一次注射。

注射成型主要应用于热塑性塑料。近年来，热固性塑料也采用了注射成型，即将热固性塑料在料筒内加热软化时应保持在热塑性阶段，将此流动物料通过喷嘴注入模具中，经高温加热固化而成型。这种方法又称喷射模塑。如果料筒中的热固性塑料软化后用推杆一次全部推出，无物料残存于料筒中，则称之为传递模塑或铸压塑型。图 2.4 为传递模塑成型原理。

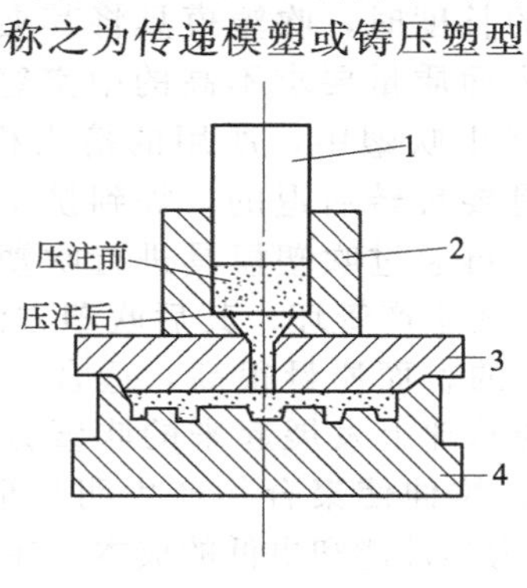

图 2.4　传递模塑成型原理

1—注压活塞；2—加料套；3—阳模；4—阴模

随着注塑件尺寸和长径比增大，在注塑期间要保证聚合物熔体受热的均匀性和足够的合模力就变得相当困难了。近年来发展的反应性注射成型可克服这一困难。反应性注塑实质上是通过在模具中完成大部分聚合反应，使注射物料黏度可降低两个数量级以上。这种方法已被广泛用于制备聚氨酯泡沫塑料及增强弹性体制品。

(3) 压延成型　将已塑化的物料通过一组热辊筒之间使其厚度减薄，从而制得均匀片状制品的方法称为压延成型。压延成型主要用于制备聚氯乙烯片材或薄膜。

把聚氯乙烯树脂与增塑剂、稳定剂等助剂捏合后，再经挤出机或两辊机塑化，得塑化料，然后直接喂入压延机的辊筒之间进行热压延。调节辊距就得到不同厚度的薄膜或片材。再经一系列的导向辊把从压延机出来的膜或片材导向有拉伸作用的卷取装置。压延成型的薄膜若通过刻花辊就得到刻花薄膜。若把布和薄膜分别导入压延辊经过热压后，就可制得压延人造革制品。图 2.5 为压延成型法生产软质聚氯乙烯薄膜的生产工艺流程。

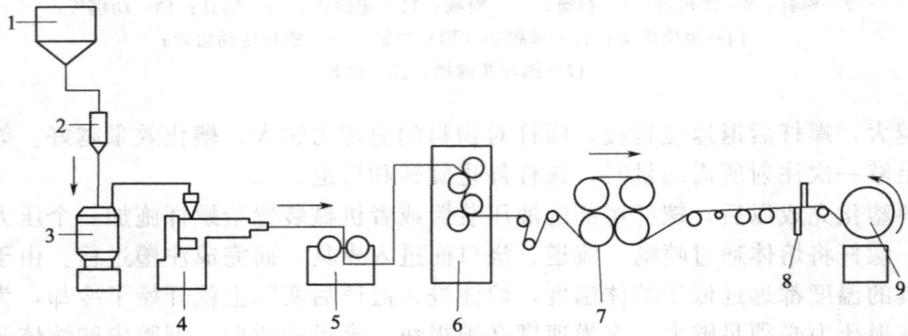

图 2.5　软质聚氯乙烯薄膜生产工艺流程

1—树脂料仓；2—计量斗；3—高速捏合机；4—塑化挤压机；5—辊筒机；6—四辊压延机；7—冷却辊群；8—切边刀；9—卷取装置

(4) 模压成型　在压延机的上下模板之间装置成型模具，使模具内的塑料在热与力的作用下成型，经冷却、脱模即得模压成型制品。对热固性塑料，模压时模具应加热。对热塑性塑料，模压时模具应冷却。

(5) 吹塑成型　吹塑成型只限于热塑性塑料中空制品的成型。该法是先将塑料预制型坯(通常情况是管坯)，或先将塑料预热吹入冷空气，使塑料处于高度弹性变形的温度范围内而又低于其流动温度，即可吹制成模型形状的空心制品。根据型坯的成型方法，吹塑成型可以分为注塑吹塑和挤出吹塑两类。在挤出吹塑中，型坯的成型方法是挤出成型。挤出设备通常是单螺杆挤出机。而在单螺杆挤出机的机头上采用直角机头，形成的管坯在重力的作用下向下流动。到管坯具有足够的长度时，吹塑模具将其夹断并吹塑成型。普通的挤出吹塑成型适合于生产小型的、对表面质量要求不高的中空容器。对于大型的中空容器，采用间歇式挤出吹塑。在间歇式挤出吹塑中，所用的挤出机在工作原理上类似于注塑机，即在物料的塑化过程中，螺杆是要旋转后退的。等到挤出机前端的熔体量足够时，螺杆向前推进，通过口模形成管坯。再通过吹塑模具进行吹塑，这种方法可以生产大型中空容器。注塑吹塑是通过注塑的方式生产管坯。其后吹塑方法和挤出吹塑基本上差别不大。注塑吹塑与挤出吹塑相比，制件的表面质量很高，适合于生产小型的但是对于表面质量要求较高的制件。在注塑吹塑的基础上发展起来的吹塑方法有注塑拉伸吹塑。即在普通的吹塑工艺上加上了拉伸过程。拉伸使聚合物产生明显取向，而且可以使生产的制件更薄，透明性更好，也具有更好的力学性能和更低的成本。在挤出吹塑的基础上发展起来的吹塑方法有多层吹塑。即在型坯的成型过程中通过多台挤出机进行共挤出，生产多层型坯，然后进行吹塑。多层吹塑生产的中空制品具有良好的阻隔性能，常用于食品保鲜，也用于包装某些化学品，防止泄漏。

(6) 滚塑成型 把粉状或糊状塑料原料计量后装入滚塑模中，通过滚塑模的加热和纵横向的滚动旋转（见图 2.6），聚合物塑化成流动态并均匀地布满塑模的每个角落；然后冷却定型、脱模即得制品。这种成型方法称为滚塑成型法或旋转模塑法。

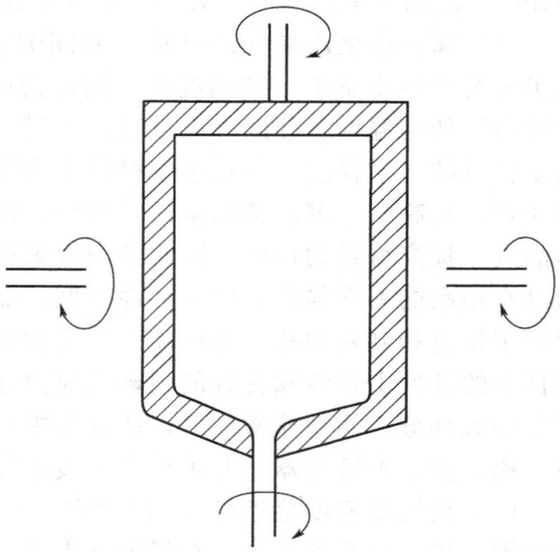

图 2.6 滚塑成型设备工作原理

(7) 流延成型 把热塑性或热固性塑料配制成一定黏度的胶液，经过滤后以一定的速度流延到卧式连续运转着的基材（一般为不锈钢带）上，然后通过加热干燥脱去溶剂成膜，从基材上剥离就得到流延薄膜。流延薄膜的最大优点是清洁度高，特别适于作光学用塑料薄膜。缺点是成本高、强度低。

(8) 浇铸成型 将液状聚合物倒入一定形状的模具中，常压下烘焙、固化、脱模即得制品。浇铸成型对流动性很好的热塑性及热固性塑料都可应用。

(9) 固相成型 在熔融温度以下成型塑料的方法称为固相成型。其中，在高弹态成型时称为热成型，例如真空成型等。在玻璃化温度以下成型则称为冷成型。固相成型属于二次加工，所采用的工艺和设备类似于金属加工。

塑料制品的二次加工，一般都可采用同金属或木材加工相似的方法进行，例如，切削、钻、割、刨、钉等加工处理。此外，还可进行焊接（粘接）、金属镀饰、喷涂、染色等处理，以适应各种特殊需要。

2.1.2 热塑性塑料

热塑性塑料在工农业生产和日常生活中应用十分广泛。其中聚烯烃类（聚乙烯、聚丙烯、聚氯乙烯等）约占塑料总产量的 50%以上，这类塑料大量制成管材、棒材、板材和薄膜制品，也用于制造结构零件。

2.1.2.1 聚乙烯（PE）

聚乙烯（PE）是由乙烯聚合而成的，其分子式为：$\mathrm{\leftarrow CH_2-CH_2 \rightarrow_n}$。聚乙烯是目前化学结构最为简单的高分子材料。由于聚乙烯的原料来源充足，而且聚乙烯具有优良的电绝缘性能、耐化学腐蚀性能、耐低温性能和良好的加工流动性，因此，聚乙烯及其制品生产发展非常迅速，自 1966 年以来，PE 的产量一直居世界塑料产量的首位。

聚乙烯由于分子链中没有固定的大侧基，分子链旋转相对容易，而且分子链中没有极性基团，分子间作用力相对比较弱，因此，在力学性能方面表现出力学强度较低，分子链的柔顺性较好。同时，由于聚乙烯基本上是完全非极性的，而且分子具有良好的对称性，因此具有良好的电绝缘性能和很低的介电损耗值，尤其是在高频下，具有很低介电损耗值，使得聚乙烯近年来被广泛应用于通讯电缆的绝缘材料。

按生产压力的高低将聚乙烯分为高压、中压、低压聚乙烯，但目前利用低压法也可以生产出与高压聚乙烯相类似的线性低密度聚乙烯。目前，按密度的不同来分类，即分为高密度、低密度、线性低密度和超低密度聚乙烯等类别。

(1) 低密度聚乙烯（LDPE） LDPE 通常用高压法（147～196.2MPa）生产，故又称为高压聚乙烯。由于用高压法生产的聚乙烯分子链中含有较多的长短支链，所以结晶度较低，相对密度较小（0.91～0.925），质轻，力学强度低，柔韧性好，耐寒性，耐冲击性较好。

LDPE广泛用于生产薄膜、管材、电缆绝缘层和护套。

(2) 高密度聚乙烯（HDPE） HDPE主要是采用低压法生产的，故又称为低压聚乙烯。HDPE分子中支链少、结晶度高、相对密度0.941～0.965。由于其很高的结晶度，使其具有较高的使用温度、硬度、机械强度和耐化学药品性能。结晶度的提高虽然在很大程度上提高了材料的力学强度，但是也给材料带来了韧性差和不耐环境应力开裂等缺点。为了克服这些缺点，在高密度聚乙烯的生产过程中，常常添加一些短支链单体，以降低高密度聚乙烯的结晶度，提高材料的韧性。因此高密度聚乙烯存在均聚和共聚两种类型。均聚的高密度聚乙烯具有很高的力学强度，但是韧性较低，如5000S就属于这一类型。这一类高密度聚乙烯主要用于拉丝和制备捆扎带等产品。共聚型的高密度聚乙烯具有相对较低的力学强度，但是具有良好的抗冲击韧性和良好的耐环境应力开裂的能力。共聚型的高密度聚乙烯占高密度聚乙烯的绝大部分，用途非常广泛，适宜用中空吹塑、注射和挤出法制成各种制品。例如：各种瓶、罐、盆、桶等容器，并可用作电线电缆覆层、管材、板材和异型材料等。

(3) 线性低密度聚乙烯（LLDPE） LLDPE是近年来新开发并得到蓬勃发展的一种新类型聚乙烯，它是乙烯与α-烯烃的共聚物。由于LLDPE是采用低压法在具有配位结构的离子型催化剂作用下，使乙烯和α-烯烃共聚而成的，合成方法与HDPE基本相同，因此，与HDPE一样，其分子结构呈直链状。但因单体中加入α-烯烃，致使分子结构链上存在许多短小而规整的支链，其支链数取决于共聚单体的摩尔数，一般分子链上每1000个碳原子有10～35个短支链。支链长度由α-烯烃的碳原子数来决定。不过LLDPE的支链长度一般大于HDPE的支链长度，支链数目也多。而与LDPE相比，却没有LDPE所特有的长支链。

HDPE、LDPE和LLDPE分子结构如图2.7所示。

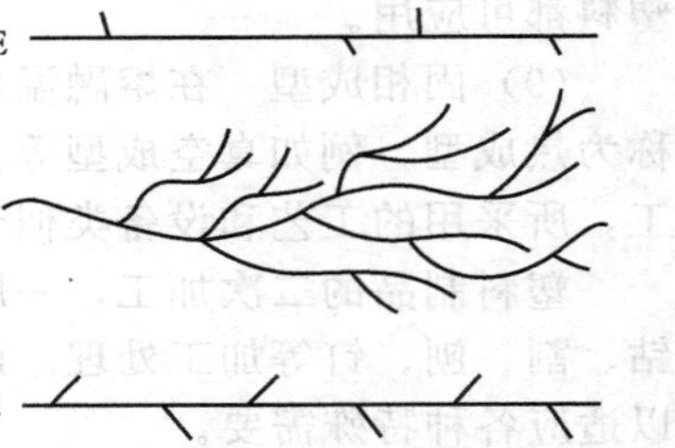

图2.7 HDPE、LDPE和LLDPE分子结构

由上可知，LLDPE的分子链是具有短支链的结构，其分子结构规整性介于LDPE和HDPE之间，因此，密度也介于HDPE和LDPE之间，而更接近于LDPE。三者的密度和结晶度范围对比如下：

	密度/(g/cm^3)	结晶度/%
LDPE	0.910～0.940	45%～65%
LLDPE	0.915～0.935	55%～65%
HDPE	0.940～0.970	85%～95%

另外，LLDPE分子量分布比LDPE窄，平均分子量较大，故而熔体黏度比LDPE大，加工性能较差。

正是由于LLDPE结构上的上述特点，其性能与LDPE近似而又兼具HDPE的特点。表2.1及表2.2对三者各项性能进行了全面的对比。

表2.1 LLDPE与LDPE和HDPE性能比较

性能	与LDPE比较	与HDPE比较	性能	与LDPE比较	与HDPE比较
拉伸强度	高	低	加工性	较困难	较容易
伸长率	高	高	浊度	较差	较好
冲击强度	较好	相近	光泽性	较差	较好
耐环境应力开裂	较好	相同	透明性	较差	—
耐热性	高15℃	较低	熔体强度	较低	较低
韧性	较高	较低	熔点范围	小	小
挠曲性	较小	相近	—	—	—
挠屈性	较小	—	—	—	—

表 2.2　LLDPE、LDPE、HDPE 加工特性比较

项　目	LDPE	LLDPE	HDPE
薄膜吹塑	最容易	一般	最难
注射	软质	有刚性翘曲小	刚性好
管材挤出	软质	耐圆周应力好	刚性好
线缆挤出	挤出速度快	耐热耐环境应力开裂性好	耐热性很好可交联
中空成型	型坯强度好	型坯强度较差	刚性好
旋转成型	流动性好	流动性最高	难以流动
粉体涂覆	低温软化	需较高温度	适宜条件
挤出被覆	缩颈现象小	缩颈现象大	适宜条件窄
交联发泡	性能易控制	难以控制	性能易控制

(4) 超低密度聚乙烯（VLDPE）　1984 年美国联合碳化物公司崭新的低压聚合工艺，由乙烯和极性单体，如乙酸乙烯酯、丙烯酸或丙烯酸甲酯共聚制成了一种新型的线型结构树脂—超低密度聚乙烯（VLDPE），商品名称为“Ucar FLX”树脂。该共聚物的密度低于普通 PE 密度的最低极限 0.912。由于密度很低，故具有其他类型 PE 所不能比拟的柔软度、柔顺度，仍具有高密度线型聚乙烯的力学及热学特性。

目前，Ucar FLX 树脂只有两个牌号：DFDA-1137 和 DFDA-1138。前者是窄分子量分布产品，后者是宽分子量分布产品。

VLDPE 可用于制造软管、瓶、大桶、箱及纸箱内衬、帽盖、收缩及拉伸包装膜、共挤出膜、电线及电缆料、玩具等。在某些方面可与热塑性聚氨酯相竞争。

上述两种牌号均可用一般 PE 的挤出、注塑及吹塑设备成型加工。

(5) 超高分子量聚乙烯 ultra high molecular weight polyethylene（UHMWPE）　超高分子量聚乙烯的分子结构和普通聚乙烯完全相同，在分子主链上带有$\left[CH_2-CH_2\right]_n$的链节，但普通聚乙烯的分子量较低，约在 5 万～30 万范围内，而超高分子量聚乙烯则具有 10^6 以上那样大的分子量，因此具有普通聚乙烯所没有的独特性能，如优异的耐磨性，自润滑性和耐冲击性等（见表 2.3、表 2.4，图 2.8、图 2.9），广泛应用于工程机械及零部件的制造。超高分子量聚乙烯可以用通常生产普通高密度聚乙烯的方法经过改变工艺条件控制分子量来制得。

表 2.3　超高分子量聚乙烯与普通高密度聚乙烯的性能比较

项　目	超高分子量聚乙烯	普通高密度聚乙烯	项　目	超高分子量聚乙烯	普通高密度聚乙烯
密度/(g/cm^3)	0.939	0.945	热变形温度(4.6×10^5Pa)/℃	79～83	63～71
熔体指数/(g/10min)	0	0.05	维卡软化点/℃	138	122
重均分子量$\overline{M}_w$	2×10^6	5×10^5	冲击强度(缺口)/(kJ/m^2)		
熔点/℃	130～131	129～130	23℃	81.6	27.2
洛氏硬度	R38	R35	−40℃	100	5.4
负荷下变形(50℃,14×10^6Pa,6h)/%	6	9	环境应力开裂/h	>4000	2000

表 2.4　超高分子聚乙烯和其他一些工程塑料的动摩擦系数

名　称	动摩擦系数		
	自润滑	水润滑	油润滑
超高分子量聚乙烯	0.10～0.22	0.05～0.10	0.05～0.08
聚四氟乙烯	0.04～0.25	0.04～0.08	0.04～0.05
尼龙-66	0.15～0.40	0.14～0.19	0.02～0.11
聚甲醛	0.15～0.35	0.10～0.20	0.05～0.10

超高分子量聚乙烯的流动性差，黏度极高。它在熔融时为橡胶状的高黏弹性体，以往只能用压制和烧结的方法进行成型加工，自20世纪70年代以来，通过对成型机械的改进和成型工艺的不断摸索，目前超高分子量聚乙烯已能用注射和挤出等方法进行成型。

超高分子量聚乙烯在挤出机中的挤出过程，可以看成是由固体的粉料变成熔融的橡胶状高黏弹性体的过程；而不像普通聚乙烯那样，由料斗加入的固态物料，因加热、螺杆转动对其的剪切、以及向前的推力，一边前进一边混炼，逐步变为黏性流体的过程。

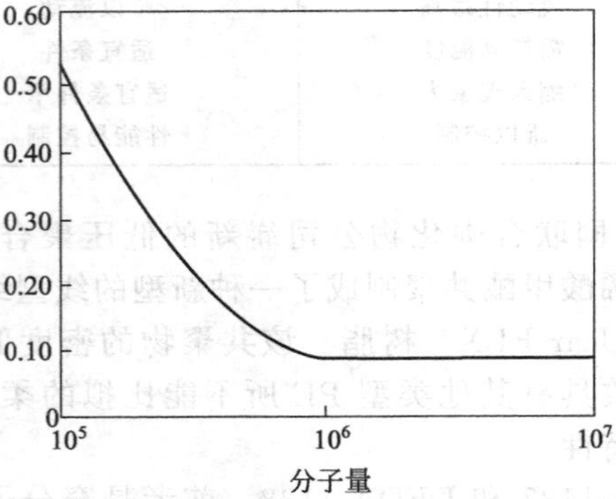

图2.8　超高分子量聚乙烯磨耗量与分子量的关系（砂浆磨耗试验法测定）

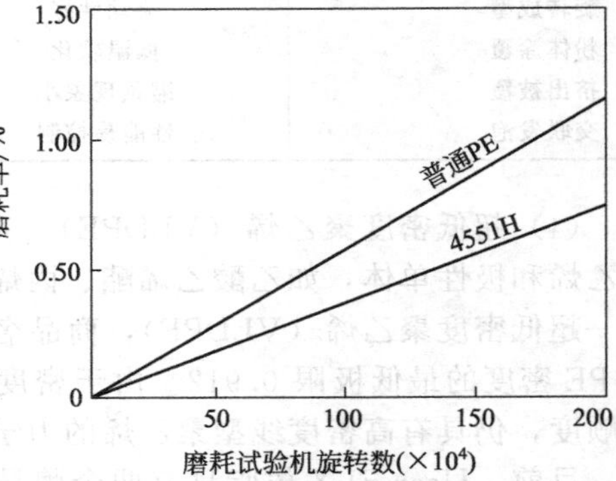

图2.9　超高分子量聚乙烯SUPER4551H和普通聚乙烯的耐磨性（砂浆磨耗试验法测定）

超高分子量聚乙烯具有较低的临界剪切速率。它在剪切速率很低（0.01/s）时就可能产生熔体破裂现象；而普通聚乙烯则要在100/s（挤出用普通聚乙烯）和1000/s（注射用普通聚乙烯）时才出现熔体破裂现象。所以，在用超高分子量聚乙烯进行挤出成型时，常会遇到由于熔体破裂而引起的裂纹现象；而在进行注射成型时，又会由于出现喷流状态而引起气孔和脱层现象。

另外，超高分子量聚乙烯的高分子量，又决定了它的熔体具有较大的熔融张力，这就使它在成型加工时，当物料从口模挤出后，因弹性回复而产生一定的收缩，并且几乎不发生下垂现象，这就使超高分子量聚乙烯能用于大型吹塑制品的生产。

聚乙烯无臭、无味、无毒，所以目前市场上供应的塑料食品袋及各种食品容器等生活日用品多系聚乙烯制成。

(6) 交联聚乙烯　为提高聚乙烯的耐热性、拉伸强度、耐候性和尺寸稳定性等性能，可采用辐射交联、化学交联（加入有机过氧化物之类的引发剂）使聚乙烯交联，制得交联聚乙烯。交联聚乙烯主要用作电线电缆的包覆层、衬里、管材、零部件及泡沫塑料。

(7) 氯化聚乙烯　聚乙烯可进行氯化反应而制得氯化聚乙烯（CPE）。在光或自由基引发剂作用下，Cl_2与聚乙烯大分子反应，放出HCl，生成氯化聚乙烯。采用的方法有溶液氯化法、悬浮氯化法及嵌段氯化法（溶液和悬浮法相结合的方法）。不同的方法和工艺条件，制得产品的结构和性能亦不同。氯化破坏了聚乙烯的结晶性，使其变软，玻璃化温度降低（若氯含量不过高时）。CPE优异的性能是能填充大量的填料，例如100份可填充400份三氧化钛或300份皂土或炭黑。CPE的主要用途是制造电绝缘材料、片材、板材，与PVC共混改善抗冲击性能和提高阻燃及耐油性能。

(8) 乙烯共聚物

① EVA树脂　为乙烯、乙酸乙烯酯的共聚物，分子结构可表示为：

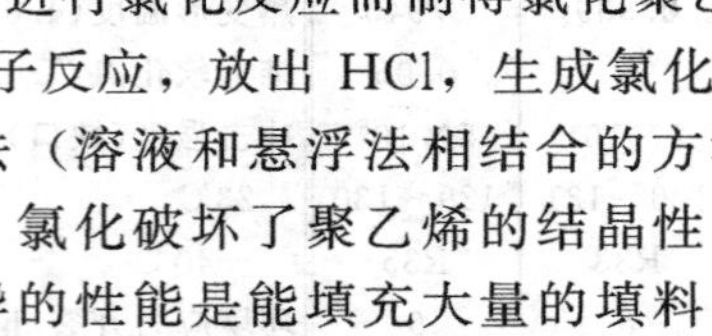

EVA 可采用类似于高压法低密度聚乙烯的生产方法制得，分子量（即相对分子质量，下同）约 2 万～5 万。其性能随乙酸乙烯在大分子中所占比例的不同，表现出很大的差异，并可分别适应多种用途的要求。

EVA 具有优良的柔韧性、耐寒性、弹性、耐应力开裂性，与许多助剂均有较好的相容性。它除可单独使用作为热熔胶以及用以制造垫片、医疗用品外，主要用途是作为聚氯乙烯的增韧改性剂，以制造抗冲和耐寒性好的聚氯乙烯建材、管材、薄膜、日用品等。

② E-VA-CO 树脂　为乙烯、乙酸乙烯、一氧化碳三元共聚物，分子结构为：

$$\begin{matrix} & & O & & & & \\ & & \| & & & & \\ \text{+}C & \text{—}CH_2 & \text{—}CH_2 & \text{—}CH_2 & \text{—}CH\text{+}_n \\ & & & & & | & \\ & & & & & O & \\ & & & & & | & \\ & & & & CH_3 & \text{—}C\text{=}O & \end{matrix}$$

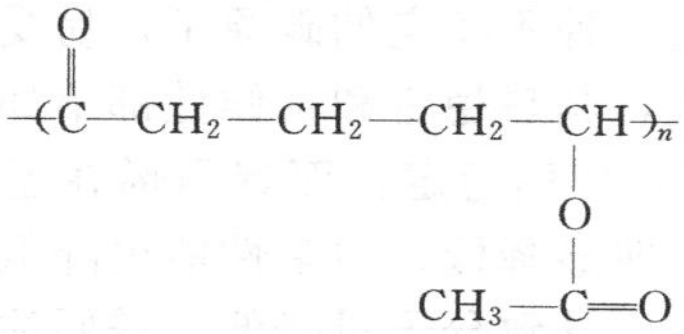

E-VA-CO 树脂是美国杜邦公司 20 世纪 70 年代开发的新型聚合物，商品名为 ELALOY。它主要用作聚氯乙烯的改性剂，可提高聚氯乙烯的弹性、韧性、柔性。

与 EVA 相比，此种树脂分子结构单元中引入了酮羰基，使极性提高，因而大大改善与聚氯乙烯的相容性。

ELVALOY 的分子量高达 25 万以上，玻璃化温度－32℃，商品形式为半透明粒料或粉料，前者牌号为 741，后者牌号为 742，ELVALOY742 为更柔软的品级。

③ EPM 树脂（乙丙树脂）　是一种乙烯的嵌段共聚物，分子结构可表示为：

$$\text{+}CH_2\text{—}CH_2\text{+}_x\text{+}CH\text{—}CH_2\text{+}_y$$
$$\qquad\qquad\qquad\quad |$$
$$\qquad\qquad\qquad CH_3$$

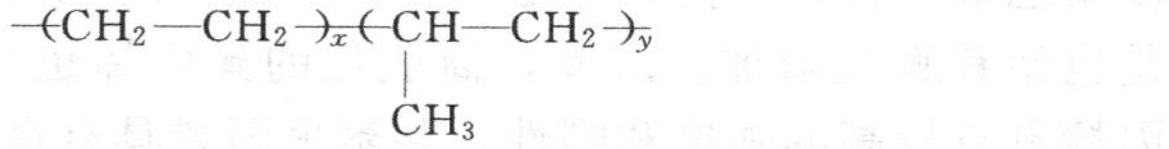

EPM 树脂由乙烯和丙烯在齐格勒-纳塔催化剂存在下采用淤浆聚合法制得。此种共聚物的性能与两种单体链节的比例有关，通常为具有高结晶度，兼有聚乙烯和聚丙烯两者特点的树脂。与高密度聚乙烯相比，耐热性、表面硬度较高，成型收缩率较低，且有较好的抗应力开裂性；与聚丙烯相比，其抗冲性能、耐低温性能较好。

EPM 树脂主要用于制造吹塑制品、挤出制品以及电线、电缆包覆，也可制造薄膜。

（9）茂金属聚乙烯　茂金属催化剂因为活性高，而且合成的聚合物具有立构规整度高，分子量分布窄，聚合物结构可设计性强等优点，成为 20 世纪 90 年代的一项重要突破，并形成了与齐格勒-纳塔催化剂、后过渡金属催化剂等多种催化剂共同发展的局面。目前世界各国对茂金属催化剂的开发都十分的重视，各大树脂制造商也投入大量的人力、物力进行研究，以期在该领域占有一席之地。茂金属催化剂的活性是传统的齐格勒-纳塔催化剂 10～100 倍。用茂金属催化剂生产的聚乙烯的分子量分布约为 2 左右，在平均 1000 链节上只有 0.9～1.2 个支化点。由于支链少，分子量分布较窄，因此，茂金属聚乙烯的性能优于传统意义上的聚乙烯，尤其是在刚性、耐光性能和耐热性能方面具有明显的优势。熔点也高于普通的聚乙烯，大约为 139～140℃。在茂金属聚乙烯中，由于分子量分布很窄，所以显现出来的主要问题是加工比较困难。为了解决茂金属聚乙烯的加工问题，目前的茂金属聚乙烯的分子量及分子量分布为双峰型，即具有两种主要的分子量分布。由于茂金属催化剂之间的活性也有明显的差异，为了制备不同分子量的聚乙烯，可以采用不同的茂金属催化剂进行混合。在应用方面，茂金属聚乙烯几乎渗透到了传统聚乙烯的每一个应用领域。

2.1.2.2　聚丙烯（PP）

聚丙烯是由丙烯单体聚合而成，分子结构式为：$\begin{bmatrix} CH\text{—}CH_2 \\ | \\ CH_3 \end{bmatrix}_n$ 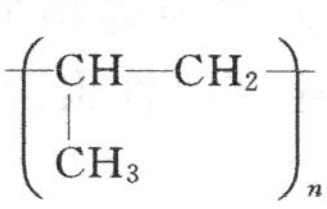，分子量约为 10 万～50 万。1957 年开始工业化生产，主要以石油和天然气为原料，经裂解、分离提纯而得。也可

从废气中提取，其价格便宜，用途广泛，故也是产量较大的塑料品种之一。目前生产的聚丙烯95%皆为等规聚丙烯，无规聚丙烯是生产等规聚丙烯的副产物。间规聚丙烯是采用特殊的齐格勒-纳塔催化剂并于－78℃低温聚合而得。

聚丙烯的聚合工艺一般和低压聚乙烯相同。但从分子结构上看，聚丙烯分子链上挂有侧基—CH_3，而且实际上侧基在空间的排列情况不尽相同，因此影响了分子排列的规整性（即空间位阻大），对单键内旋转不利，使链的柔性降低，刚性增加，所以聚丙烯的强度、硬度、弹性均高于聚乙烯，而呈现刚硬的性能。同时，由于聚丙烯每个链段中都有一个与—CH_3相连的叔碳原子，而叔碳原子是一种不稳定的碳原子，易受自由基或者氧的进攻，产生自由基而降解。因此，与聚乙烯相比，其热稳定和耐候性都不如聚乙烯。在受热的状态下，聚乙烯即使是在接近300℃的情况下，依然稳定，而聚丙烯在温度超过230℃的情况下就会明显降解。聚丙烯降解后，熔体黏度明显降低，力学性能也降低。同样在紫外线或者过氧化物的作用下，聚丙烯也会迅速降解，而导致分子量降低。需要注意的是，聚乙烯在这样的条件下产生的是交联。因此，在普通的条件下，聚丙烯是不适合户外使用的。聚丙烯塑料在性能上的另一个特点是相对密度仅为0.9～0.91，能漂在水中，是常用塑料中最轻的一种。聚丙烯耐热性也较好，长期使用温度为100～110℃，在无外力作用下加热到150℃仍不变形，是常用塑料中唯一能在水中煮沸并经受消毒（130℃）的品种。聚丙烯分子结构中无极性基团，是绝缘的好材料。且化学稳定性也好，常温下耐酸、碱的腐蚀，几乎没有一种有机化学溶剂能使它溶解。聚丙烯还具有耐曲折的特性，甚至可以反复弯折100万次以上。

和高密度聚乙烯一样，聚丙烯也是一种高结晶性的聚合物。结晶使其力学强度，耐热性能提高，但是也使其脆性增加。因此，商业化的聚丙烯也存在均聚聚丙烯和共聚聚丙烯之分。均聚聚丙烯具有较高的强度和刚性，共聚聚丙烯具有良好的韧性。

聚丙烯由于分子侧链上存在甲基，使得它与聚乙烯相比，具有刚性高，力学强度好，耐热性好等优点。高密度聚乙烯的熔点在128～130℃之间，而聚丙烯的熔点在165～170℃之间。聚丙烯的热变形温度可以达到90～110℃。同时由于聚丙烯的力学强度高，其力学强度经过改性后可以进一步提高。因此聚丙烯在经过改性后可以代替ABS、PET以及尼龙广泛应用于工程技术领域，尤其是在汽车制造，家用电器等领域，随着人们环保意识的增强，在这些领域内使用的高分子材料有逐步统一的趋势，以便这些产品在使用后的回收。而这种趋于统一的材料，聚丙烯就是最好的选择。聚丙烯经过近年来的不断发展，产生了很多的改性品种，这些改性产品很大程度上拓宽了聚丙烯的工业用途。其改性产品主要有以下几种。

（1）PPR　PPR是20世纪90年代发展起来的一种聚丙烯的改性产品。聚丙烯具有良好的物理力学性能。但是由于其高结晶度，使其在使用过程中往往因为后期结晶而产生形变，从而限制了聚丙烯的应用，尤其是在建筑领域的使用。在丙烯的聚合过程中，引入少量（大约5%）的乙烯单体，通过特殊的聚合工艺使乙烯单体无规（R是Random的缩写）分布于聚丙烯的分子链中，从而降低聚丙烯的结晶度。提高聚丙烯的使用稳定性。PPR的结晶熔点大约在145℃左右。其力学性能与共聚聚丙烯接近。目前主要用于建筑热水管的生产。具有无毒、耐温性好，使用过程不变形的优点，是建筑热水管生产的首选材料。

（2）PPB　和PPR类似，PPB也是丙烯和乙烯的共聚物，所不同的是在PPR中，乙烯是无规分布于聚丙烯中的，而在PPB中，乙烯是以嵌段形式（B是block的缩写）分布在聚丙烯中的。PPB具有和普通聚丙烯相近的熔点，但是具有非常高的抗冲击强度，其抗冲强度可以达到$40kJ/m^2$。是生产改性聚丙烯弹性体的主要原材料。也有部分的PPB直接用于汽车保险杠的制造。

（3）滑石粉改性聚丙烯　滑石粉改性聚丙烯在工业制造领域得到广泛的应用。聚丙烯通过滑石粉改性以后，其耐热性和力学强度尤其是弯曲强度和模量明显提高，而且产品的成型收缩率显著下降，使用过程中的尺寸稳定性提高。聚丙烯的成型收缩率在1.5%～2%制件，通过加入20%～30%的滑石粉可以使聚丙烯的成型收缩率降低到0.8%～1%，热变形温度也可以从大约95℃提高到120℃。弯曲模量从大约1000MPa提高到大约2000MPa。这种改性产品目前广泛应用于家电行业代替ABS和HIPS生产如电视机外壳和计算机外壳。该产品也大量用于汽车内饰件的生产，主要产品包括汽车的杂物箱、工具箱、暖风机壳体以及汽车的仪表台板、汽车轮毂等部件，目前世界上大部分的家用汽车的内饰件都采用滑石粉改性聚丙烯制造。

(4) 云母粉改性聚丙烯　云母粉改性聚丙烯在很多性能上和滑石粉改性聚丙烯相似。相比之下，云母粉改性聚丙烯具有更高的力学强度和耐热性能。但是由于云母粉具有更加明显的各向异性特征，所以在生产制件时容易出现各向异性。目前云母粉改性聚丙烯主要是在日系汽车中用于汽车内饰件的生产。

(5) 弹性体改性聚丙烯　聚丙烯具有良好的韧性，通过和弹性体（如乙丙橡胶，POE）共混可以进一步提高聚丙烯的抗冲击韧性。弹性体改性聚丙烯主要用于汽车保险杠的制造和汽车门板的制造。目前经济型小轿车的保险杠几乎全部用弹性体改性聚丙烯生产。

(6) 其他改性聚丙烯　由于聚丙烯力学性能优异，应用领域广泛，因此各种改性聚丙烯层出不穷。主要包括阻燃聚丙烯、玻璃纤维增强聚丙烯。前者应用于电器制造领域和交通领域。后者应用于机械制造行业和家具制造行业以及体育用品行业。

聚丙烯塑料用途非常的广泛，可以作为通用塑料用于制造塑料硬管、硬板、绳索等，聚丙烯制成的扁丝可代替竹片、藤条，用来纺织箩筐、篮子等。除此之外，经过改性的聚丙烯作为结构材料使用，可制作齿轮、泵叶轮、播种机槽轮、法兰、把手、接头、仪表盒、罩、壳体等各种机械零件，尤其是近年来，改性聚丙烯广泛应用于汽车内饰件的制造以及代替ABS和HIPS用于家用电器外壳的制造。此外，还可制作薄膜、纤维、耐热和耐腐蚀的管道及装置，煮沸杀菌用的容器和医疗器械，无线电与电视等绝缘件和电线包皮、电器材料等。

(7) 茂金属聚丙烯　茂金属催化剂是20世纪90年代发展起来的一种新型的催化体系。它具有单活性中心的特性，可以更加准确地控制聚合物的分子量、分子量分布、晶体结构以及共聚单体在聚合物分子链上的加入方式以及共聚单体的排列方式。所以，采用茂金属催化剂生产的聚合物具有分子量分布窄、微晶较小、透明性和光泽度优良、耐冲击性能好等特点。与普通的聚丙烯相比，茂金属聚丙烯还具有优良的耐辐射和绝缘性能，与其他树脂的相容性较好等优点。近年来该催化剂在聚丙烯生产中得到了较快发展，目前采用茂金属催化剂生产的聚丙烯树脂已经实现了工业化生产。

茂金属和单活性中心催化剂技术使聚丙烯产品性能显著改进，并进一步扩大了的应用领域。目前，埃克森美孚公司、巴塞尔公司、三菱化学公司、陶氏化学公司、北欧化工公司、阿托菲纳公司、三井化学公司等均有采用茂金属催化剂技术生产高能等规聚丙烯、抗冲共聚聚丙烯、无规聚丙烯以及弹性均聚聚丙烯等产品的技术。

用茂金属催化剂制备聚丙烯也是聚丙烯的重要发展方向之一。用这种方法可以制备许多采用齐格勒-纳塔催化剂难以制备的新型聚合物。如丙烯与苯乙烯的无规共聚物以及嵌段共聚物，丙烯与长链烯烃的共聚物，也可以制备高共聚单体含量的共聚物。

茂金属催化合成的聚丙烯分子量可通过催化剂的种类来调节。单一的催化剂合成的聚丙烯分子量分布较窄，不容易加工。现在一般采用复合催化剂，制备双峰型的聚丙烯，可以解决加工问题和力学性能的统一。利用茂金属催化剂可以合成很多性能独特的聚丙烯产品。如高透明型的聚丙烯产品，其透明性达到了聚碳酸酯的透明性。也可以合成高抗冲击的聚丙烯。因此，茂金属催化剂合成的聚丙烯应用非常广泛，也非常有前途。

(8) 后过渡金属催化聚丙烯　近年来，后过渡金属催化体系也迅速发展。镍、钯等后过渡金属，镧系金属络合物，硼杂六元环和氮杂五元环等催化剂也表现出和茂金属催化剂类似的特点，在聚合物的分子量、分子量分布、立体结构规整性、支化度和组成以及单体排列方式等方面可以进行精密控制和预设计。非茂单活性中心催化剂与茂金属催化剂有相似之处，可以根据需要定制聚合物链，目前主要包括镍-钯催化剂体系和铁-钴催化剂体系。由于非茂单活性中心催化剂与茂金属催化剂相比具有合成相对简单、产率较高、有利于降低催化剂成本，且成本低于茂金属催化剂，助催化剂用量较低，可以生产多种聚烯烃产品的特点，预计在 21 世纪将成为烯烃聚合催化剂的又一发展热点，与传统催化剂和茂金属催化剂一起推动聚丙烯工业的发展。

2.1.2.3　聚氯乙烯 (PVC)

聚氯乙烯 (PVC) 由氯乙烯聚合制得，其分子式可表示为 $\left[\mathrm{CH_2}-\underset{\displaystyle\mathrm{Cl}}{\overset{}{\mathrm{CH}}}\right]_n$。PVC 应用范围极广，是最重要的塑料品种之一。

聚氯乙烯的生产以悬浮聚合法为主，其产量约占 PVC 总产量的 85%，国内则占 95%。除了悬浮法外，还有部分树脂利用乳液法生产。现在，本体法生产聚氯乙烯的技术也不断成熟，已经在部分公司投入生产。悬浮聚合时，采用不同的分散剂能制得颗粒结构不同的两种聚氯乙烯树脂。一种是紧密型树脂，俗称"玻璃球树脂"，其颗粒表面光滑，内部无孔，呈实心球状结构；另一种是疏松型树脂，俗称"棉花球树脂"，颗粒表面粗糙，内部疏松多孔。两者相比，疏松型树脂易于塑化，吸油性好，浸润性好，成型时间短，制品性能较优。在我国，这两种形态的树脂分别以汉语拼音字头"XJ"、"XS"表示。目前生产的聚氯乙烯树脂几乎都是疏松型的。随着我国近年来大量引进国外的聚氯乙烯生产技术，在产品牌号和命名方面已经逐步采用国外公司的命名方法，通常以 TK 或者 TS 开头后面的数字表示平均聚合度，如 TS1000 表示平均聚合度为 1000。

乳液聚合是我国最早使用的生产方法，它的特点是单体分散好，可制出 0.2～5μm 的 PVC 细粒，因而特别适用于制造 PVC 糊、人造革等。乳液聚合 PVC 的缺点是树脂杂质较多，电性能较差，故乳液法 PVC 应用范围不如悬浮法 PVC。

本体法 PVC 虽有纯度高、热稳定好、透明及易吸收增塑剂等优点，但目前合成工艺尚较难掌握，故产量很少。我国目前只有少数公司掌握本体法生产聚氯乙烯的技术。

从分子结构上看，聚氯乙烯分子链中存在极性氯原子，增加了分子间的作用力，而且大侧基上的这种氯原子阻碍单链内旋转，和聚乙烯相比，分子链柔性降低而刚性增加。所以聚氯乙烯制品的抗压强度和表面硬度高，刚性好，但延伸率小。同时，由于分子链的活动受限，再加上氯原子在空间上成无规排列，所以聚氯乙烯在通常的情况下是无定形结构，只有很少量的结晶 (低于 5%)。

聚氯乙烯化学稳定性好，常温下能耐任何浓度的盐酸、90%以上的硫酸、50%～60%的硝酸和 70%的氢氧化钠，但它能溶于某些有机溶剂，如醋酸乙酯、醋酸丁酯和甲苯、三氯甲烷等，在使用聚氯乙烯制品时应予以注意。

聚氯乙烯的耐热性和热稳定性差。在 75～80℃变软，在空气中超过 150℃就会缓慢释放出 HCl，而 HCl 会对聚氯乙烯的降解起自催化作用。若超过 180℃则快速分解，急剧地放出 HCl，产生大量的双键，双键在热的作用下逐步交联，使制品的颜色变深。制品颜色由白色逐步变为发黄、发红、最后变黑。颜色的深浅可以表明聚氯乙烯降解的程度。由于降解是自催化过程，因此，当聚氯乙烯变为深黄色时，急剧降解实际上已经变得不可控制。紧接着必然是大量含氯化氢的浓烟和聚合物的碳化。产生的氯化氢会严重腐蚀设备，所以在加工过程中严格控制聚氯乙烯的降解是非常重要的。而当使用温度低于 0℃时，制品会变硬，温度再降低，制品就容易脆裂，这也是使用中应予以注意的问题之一。

聚氯乙烯的热稳定性比较差，加工温度高于其分解温度，因此加工过程中必须进行稳定化。由于聚氯乙烯的降解过程是一个自催化过程，因此其稳定化主要是通过添加酸吸收剂，降低氯化氢对聚氯乙烯降解的催化，从而降低降解速率。常用的稳定剂包括各种碱式铅盐，如三盐基硫酸铅，二盐基亚磷酸铅，这一类稳定剂能够有效吸收氯化氢，对聚氯乙烯具有良好的稳定效果。各种金属皂盐如硬脂酸铅，硬脂酸钡和硬脂酸钙既可以作为聚氯乙烯的润滑剂，也可以作为稳定剂，但是稳定效果一般，仅能用于软制品或者辅助稳定剂。对于软制品和透明制品还可以选择锡类稳定剂，这类稳定剂无毒，可以生产与食品接触的聚氯乙烯产品。生产中当加入少量增塑剂、稳定剂及填料等，可制得硬质聚氯乙烯塑料。它具有较高的机械强度，且不怕酸、碱腐蚀，在常温下使用不变形，而且硬质聚氯乙烯制品也具有良好的耐候稳定性。可用于代替一些贵重的不锈钢材和其他耐腐蚀材料制造储槽、离心泵、通风机、各种上下水管、接头。特别是由于塑料的密度轻，管子内壁光滑，摩擦阻力小，因而较同样的钢管流量多 30%，在农业排灌、城市上下水管和通风排气等方面得到广泛应用。目前硬质聚氯乙烯在建筑行业中的应用迅速增加。建筑水管、建筑门窗迅猛发展，聚氯乙烯门窗由于隔热效果好，正取代金属门窗成为建筑节能的新趋势。

当增塑剂加入量大于 40%以上时，便可以制得软质聚氯乙烯。虽然拉伸强度、弯曲强度等均较硬质聚氯乙烯为低，但延伸率高，故制品柔软。主要用于制做薄膜（农用薄膜、包装薄膜）、薄板、耐酸碱软管以及电线电缆包皮、绝缘层、密封件等。

加入适量发泡剂则可制得聚氯乙烯泡沫塑料。它质轻、富有弹性、不怕挠折、像海绵一样松软。用于隔音、防震，可做各种衬垫和包装之用。

聚氯乙烯塑料根据软、硬程度的不同，可以进行压延、模压、挤出、注射、吹塑等成型加工。聚氯乙烯薄膜通常是用吹塑、压延法制得；板材、管材、棒材、线材及型材以挤出法生产为主；大型板材、层合材料采用模压法成型；工业零件则多用注射成型。

硬 PVC 塑料的主要缺点是加工性、热稳定性和耐冲击力差，在硬质聚氯乙烯的生产过程中通常都要进行增韧，聚氯乙烯常用的增韧剂包括氯化聚乙烯、MBS 以及丁腈橡胶等。

软 PVC 塑料的主要缺点是在使用过程中存在增塑剂挥发迁移、抽出等现象。为改变聚氯乙烯加工成型和使用上的不足，可以通过共聚、共混或寻找合适的稳定剂、增塑剂等助剂来降低熔体黏度、降低加工温度和改进加工性能。

2.1.2.4　聚苯乙烯及其共聚物

聚苯乙烯（PS）是由苯乙烯聚合而成的，其分子式为：

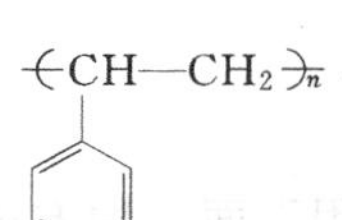

，分子量 20 万左右。目前聚苯乙烯主要是通过自由基聚合方式来制备的。具体合成方法有本体聚合、溶液聚合、悬浮聚合和乳液聚合。各种聚合方法制成的聚苯乙烯，其性能略有不同。例如：以透明度而言，本体聚合制成的最好，悬浮聚合次之，而乳液聚合制成的聚苯乙烯不透明，呈乳白色。

由聚苯乙烯的分子结构得知，主链为饱和链烃，其上含有苯环。这种分子结构的不规整性增加了位阻（使内旋转不易进行，分子间不易相互移动），因而聚苯乙烯具有较大的刚性。而且取代基苯环体积较大，又不对称，也影响分子的有序排列，故不易结晶。所以聚苯乙烯是典型的线型（带侧基）、无定型（非晶态）高聚物。

聚苯乙烯的制备也可以茂金属催化剂催化进行定向配位聚合。采用这种方法合成的聚苯乙烯具有很规整的空间结构，是结晶性的。其结晶熔融温度高达270～280℃。

聚苯乙烯表面富有光泽、无味、无毒、易着色、密度小，在常温下是透明的坚硬固体，其透光率（88%～92%）仅次于有机玻璃，敲击时可发出清脆的金属声，这是它的特点之一。

极微小的吸水性是聚苯乙烯的又一特点。常温下几乎不吸水（据实验，经过水中浸泡三百小时以上的样品，仅吸水万分之五），因此制品的形状尺寸在通常条件下不起变化。

聚苯乙烯有优良的耐蚀性能和电性能。它对许多矿物油、有机酸、碱、盐等抗蚀能力强，特别是其分子结构中不存在极性基团，体积电阻、表面电阻高，介电损耗很少，且随温度和湿度的变化极小，因而是很好的高频绝缘材料。

聚苯乙烯最大的缺点是耐冲击性差，易脆裂，它不耐沸水（最高使用温度不能超过80℃），耐油性也有限。聚苯乙烯溶于苯、甲苯及苯乙烯。

聚苯乙烯是最耐辐射的聚合物之一。大剂量辐射时发生交联而变脆。聚苯乙烯的成型温度远低于分解温度，熔体黏度低，具有高度透明、易染色、尺寸稳定性好的特点，最宜采用注射成型方法，是一种容易成型加工的塑料品种，聚苯乙烯也可采用挤出、吹塑进行成型加工。聚苯乙烯自黏性好，表面容易上色、印刷和金属化处理。按PS塑料制品的不同使用要求，可添加染色剂、增塑剂、光稳定剂、阻燃剂、防静电剂等添加剂。

由于聚苯乙烯具有透明、价廉、刚性大、电绝缘性好、印刷性能好等优点，所以广泛应用于工业装饰、照明指示、电绝缘材料以及光学仪器零件、透明模型、玩具、日用品等。另一类重要用途是制备泡沫塑料。如给聚苯乙烯加上发泡剂，可制成质轻的泡沫塑料，应用于建筑工业所需的隔音、隔热、防震、防潮的材料，可用于电冰箱、火车、船等的绝热材料。又因密度小（只有水的1/30），可用它制成救生艇、救生圈，其浮力大而安全。

为了改善聚苯乙烯的某些性能，特别是脆性和耐热性能，以满足使用要求，可对其进行改性，扩大其应用。例如，在聚苯乙烯中加入15%～20%的丁苯橡胶，利用橡胶高弹性改性聚苯乙烯，改性后的聚苯乙烯，保持了电绝缘性、耐腐蚀和易加工等长处，提高了韧性和冲击强度，可用于制造纺织工业中的纱管、纱锭、线轴，电子工业中的无线电设备外壳、各种仪表零件，同时还可用于制造小农具、各种管道以及日用小商品等。

为克服聚苯乙烯脆性大、耐热温度低的缺点，发展了一系列改性聚苯乙烯，其中主要的有ABS、MBS、AAS、ACS、AS、EPSAN等。

(1) ABS树脂　ABS树脂为丙烯腈、丁二烯、苯乙烯的共聚物，其分子结构可表示为：

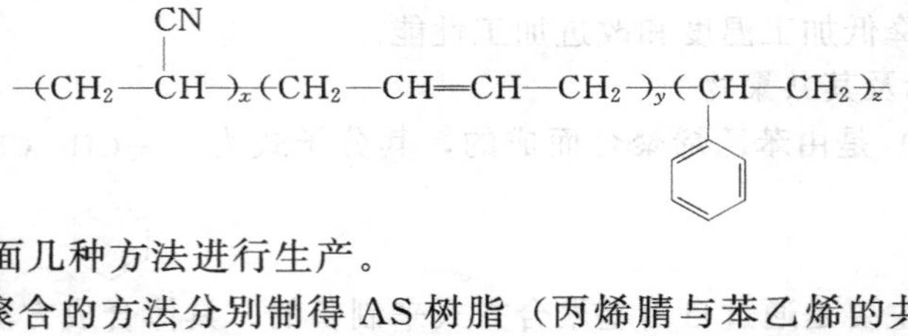

ABS树脂采用下面几种方法进行生产。

混炼法。用乳液聚合的方法分别制得AS树脂（丙烯腈与苯乙烯的共聚物）和BA（丁腈橡胶），然后将65份AS塑化再加入35份BA一起混炼即得。也可用丁苯胶（BS）代替BA。这种方法制得的ABS实际上是塑料与橡胶的共混物。

接枝法。接枝法又分不均匀接枝法和均匀接枝法两种。不均匀接枝法亦称乳液聚合法，是在聚丁二烯（PB）橡胶乳液中加入丙烯腈和苯乙烯两种单体在50～90℃进行聚合而制得ABS。根据聚合实施方法的不同，均匀接枝法又分为本体聚合法、悬浮聚合法和本体悬浮聚合法三种情况。将PB溶于丙烯腈和苯乙烯中，然后使两者进行本体聚合即为本体聚合法，若进行悬浮聚合即为悬浮聚合法，若首先进行本体预聚合，再将预聚体进行悬浮聚合则称为本体悬浮聚合法。

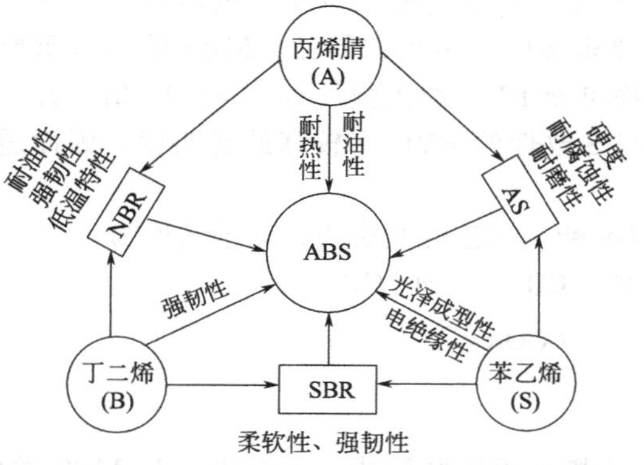

图 2.10　三种单体对 ABS 树脂性能的贡献

接枝混炼法。由不均匀接枝法制得的 ABS 乳胶与 AS 聚合物胶乳混合、凝固、脱水、干燥即得接枝混炼法的 ABS。

ABS 共聚树脂表现出三种单体均聚物的协同性能，协同效果如图 2.10 所示。丙烯腈使聚合物耐油、耐热、耐化学腐蚀；丁二烯使聚合物具有卓越的柔性、韧性；苯乙烯赋予聚合物以良好的刚性和加工熔融流动性。ABS 树脂则兼有高的韧性、刚性和化学稳定性，并具有一定的耐热性和耐油性。改变三种单体的比例和相互的组合方式，以及采用不同的聚合方法和工艺，可以在较宽范围内使产品性能产生极大变化，因而可获得各种不同规格的产品以适应多方面的用途。

ABS 塑料具有良好的综合性能。和聚苯乙烯相比，耐热性好（可在 100℃以上的条件下应用），有极其优良的抗冲击强度和抗拉强度，其硬度和耐磨性也较高，并有一定的化学稳定性，温度和湿度对 ABS 的电性能影响很小。制品尺寸稳定性好，同时易于成型和机械加工，可采用挤出、注射及冷加工的方法进行成型加工，而且可通过控制三者的比例调节其性能。因此，ABS 塑料的应用范围甚广，根据几种单体的比例不同，可以制备出各种不同级别的 ABS。包括高光 ABS、高刚性 ABS、高抗冲 ABS 以及可电镀的 ABS 等。可用于制造齿轮、泵叶轮、轴承、把手、管道、电机外壳、仪表壳、冰箱衬里、汽车零部件、电气零件、纺织器材、容器、家具等。也可用作 PVC 等聚合物的增韧改性剂。

ABS 塑料表面还可镀上一层金属（如铬、镍等），使之变得银光闪闪，似金属制品，而且镀层牢，经久耐用，既可节约金属，又能减轻零件自重，还可起绝缘作用，用来制作仪器、仪表旋钮和刻度盘等。

(2) HIPS 树脂　HIPS 的中文名称是高抗冲聚苯乙烯。是目前改性聚苯乙烯中商业化非常成功的一个品种。制备方法是将苯乙烯在聚丁二烯的溶液中进行自由基聚合。通过这种方法形成的聚合物是聚丁二烯接枝在聚苯乙烯的链上。聚丁二烯和聚苯乙烯形成实际上的相分离。聚丁二烯相以小球形式分散于聚苯乙烯相之中。小球直径大约在 1μm 左右。在受到冲击应力作用的时候，小球起到了吸收冲击能的作用，因此大幅度提高了聚苯乙烯的抗冲击强度。

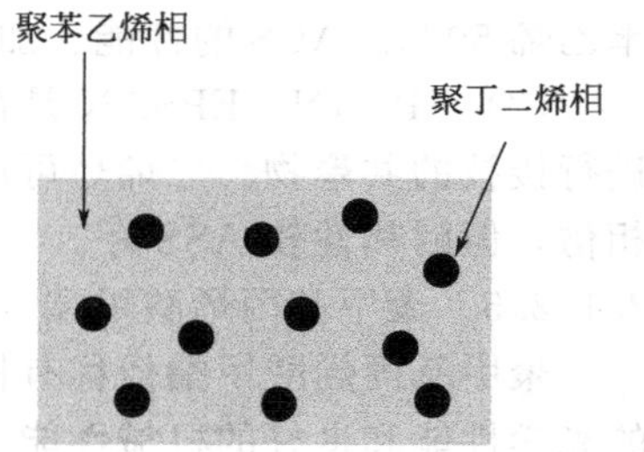

高抗冲聚苯乙烯提高了聚苯乙烯的抗冲击性能，同时保持了聚苯乙烯的良好的加工性能和良好的外观，以及良好的物理力学性能。在应用方面高抗冲聚苯乙烯主要用于代替 ABS 生产各种电器外壳，也可用于各种机械零件的制造。在成本方面低于 ABS。

(3) MBS 树脂　MBS 树脂为甲基丙烯酸甲酯、丁三烯、苯乙烯的共聚物，其分子结构可表示为：

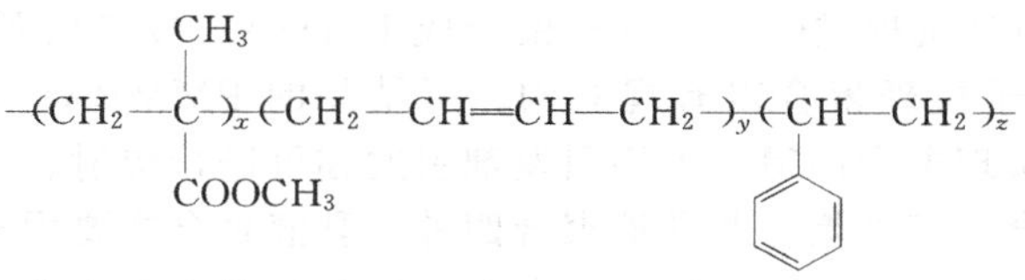

此树脂可采用乳液聚合法或本体聚合法生产。MBS 树脂的突出优点是透光率、耐紫外

线性能优于ABS，其他性能与ABS类似。MBS常用于制造电讯设备、电器外壳、汽车零件、仪表透明罩、玩具等既要求较高强度，又要求透明、美观的制品。MBS的另一重要用途是作为PVC的改性剂，它与PVC的共混产物可使PVC冲击强度提高6～15倍，并可改进PVC的耐寒性、耐老化性和加工性能，比ABS改性的PVC有较高的透明度，因而适宜制造透明管材、片材、仪表外壳等透明制品。

(4) AAS树脂　AAS树脂是丙烯腈、丙烯酸酯、苯乙烯共聚物，分子结构为：

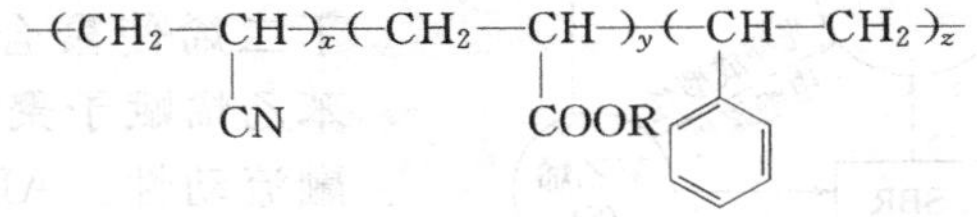

式中，R为烷基，一般指乙基或丁基。

AAS树脂是用聚丙烯酸酯为骨干，接枝苯乙烯和丙烯腈制成。聚合方式与MBS类似。此种树脂耐候性优良，在室外露置9～15个月后冲击强度和伸长率几乎不变，防静电性也很好，因此不易沾灰尘。它可在－20～70℃环境下长期使用。作为一种性能优良的工程塑料，AAS树脂常用于制造耐光照老化的汽车车身、机械部件、电气仪表罩、路标牌以及家具等。

(5) AS树脂　AS树脂为丙烯腈与苯乙烯的共聚物，分子结构：

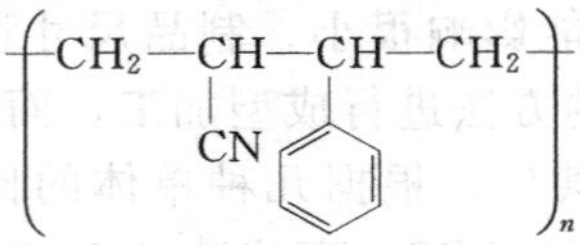

AS树脂通常采用两种单体经本体法聚合制得。AS树脂无色透明，透光率与聚苯乙烯相当，但韧性、强度，超过聚苯乙烯。它有良好的刚性、尺寸稳定性，熔融流动性好，可用通常的塑料成型方法生产各种制品。

AS树脂的用途广泛，例如电话机、接线箱、电池箱等电气制品；笔杆、渔具、玩具等文教用品。近年来玻璃纤维增强的AS树脂被广泛应用于各种空调的排风叶轮，由于其良好的刚性，排风量非常好。

(6) ACS　ACS是丙烯腈、氯化聚乙烯和苯乙烯构成的热塑性塑料，是将氯化聚乙烯与丙烯腈、苯乙烯一起进行悬浮聚合而得。其一般组成为丙烯腈20%，氯化聚乙烯30%，苯乙烯50%。ACS的性能、加工及应用与AAS相近。

(7) EPSAN　EPSAN是在乙烯-丙烯-二烯烃（简称EPDM）橡胶上用苯乙烯与丙烯腈进行接枝的共聚物。二烯烃可用乙叉降冰片烯、双环戊三烯、1,4-己二烯等。其性能与ABS相仿，但耐热性较ASS好。

2.1.2.5　聚甲基丙烯酸甲酯（PMMA）

聚甲基丙烯酸甲酯俗称有机玻璃，是由单体甲基丙烯酸甲酯经聚合而成的。它具有极好的光学性能和良好的机械性能，是一种理想的透明材料。其分子结构式为：

$$-\!\!\left[CH_2-\underset{\displaystyle COOCH_3}{\overset{\displaystyle CH_3}{\underset{|}{\overset{|}{C}}}}\right]_n\!\!-$$

MMA可按自由基机理或阴离子机理聚合成PMMA。按自由基聚合机理聚合得无规立构PMMA，按阴离子机理聚合得有规立构、可结晶的PMMPA。当前工业生产的PMMA都是按自由基聚合机理聚合而得，可用引发剂引发亦可进行辐射、光及热聚合，聚合方式分本体聚合、悬浮聚合、溶液聚合及乳液聚合四种。乳液聚合主要用来制造胶乳，用于皮革和织物处理。

PMMA 是典型的线型大分子结构。其主链上带有两个取代基，其一是甲基（$—CH_3$），另一个是体积较大的甲酯基（$-\overset{\displaystyle O}{\overset{\|}{C}}-O-CH_3$），它们的存在限制了大分子的柔性，特别是后者，使大分子链具有较大的极性。

PMMA 性能特点与应用如下。

（1）高的透明性　聚甲基丙烯酸甲酯是典型的无定形结构，分子水平的无定形结构，因此具有非常好的透光性。有机玻璃的透光率可达 91%～93%，比无机玻璃还高（普通玻璃只能透过 87%～89% 的光线）。对紫外线，有机玻璃透光率为 73%，而普通玻璃仅为 0.6%。普通玻璃厚六寸以上颜色则呈绿色而不透明，而有机玻璃厚为三尺时，仍然清晰透明。所以，有机玻璃是目前最高级的透明材料。

（2）机械强度较好　有机玻璃是具有大约 200 万分子量的长支链线型高聚物，其比抗拉强度较无机玻璃高 7～18 倍。如进行多轴定向拉伸后，其冲击强度还可提高 1.5 倍，显著改善它的韧性，用钉子或子弹穿透时，不产生裂纹和锐角，可用于飞机座舱和防弹玻璃。

（3）质轻　有机玻璃相对密度为 1.18。同样大小材料，其重量仅为无机玻璃的一半，为铝的 43%。

（4）易于成型加工　有机玻璃能用吹塑、注射、挤压等加热成型大至飞机座舱，小至假牙等各种制件。还可进行各种切削加工以及用丙酮、氯仿等溶剂自体黏合。

缺点是表面硬度不够理想，耐磨性差，易老化等。

有机玻璃主要用来制造具有一定透明度和强度的零件，如油标、油杯、光学镜片、设备标牌、透明管道、飞机、航船、汽车的座窗和仪器、设备防护罩、电气绝缘材料以及各种文具、日用装饰品等，也用于大型水族馆的修建，尤其是各种观赏鱼池。

聚甲基丙烯酸甲酯中若含有定向排列的珠光粉（即碱式碳酸铅片状晶体）时即可产生珠光效果，因而用挤出法、注射法可生产出各种五光十色的珠光制品——俗称珠光有机玻璃。

2.1.2.6　聚乙烯醇及其衍生物塑料

（1）聚乙烯醇　聚乙烯醇（PVA），其分子结构式为：$\left[\begin{array}{l}CH—CH_2\\ |\\ OH\end{array}\right]_n$ 工业上的 PVA 中总是含有少量水解的醋酸乙烯酯。我国聚乙烯醇牌号中前面两位数表示平均聚合度，后面两位数表示水解度，如 1799 表示平均聚合度为 1750，水解度为 99%，而 1788 表示平均聚合度为 1750，水解度为 88%。PVA 为白色或奶黄色粉末，是结晶性聚合物，熔点 220～240℃，T_g 为 85℃，吸湿性大。PVA 能溶于水，160℃开始脱水，发生分子内或分子间的醚化反应，醚化的结果使水溶性下降，耐水性提高。用醛处理生成缩醛而丧失水溶性。用含有 5% 磷酸的 PVA 水溶液制成的薄膜加热至 110℃变为淡红色，并完全不溶于水。聚乙烯醇的性能主要取决于水解度、含水量和分子量。

PVA 可用浇铸法及挤出法制成薄膜，用于产品包装，特别在食品包装方面应用前景很大。由于 PVA 本身具有可生物降解性能，因此，用 PVA 作为包装材料是目前人们研究的重要课题。PYA 的主要用途是用以制聚乙烯醇缩醛树脂，其次是用作织物处理剂、乳化剂、胶黏剂等。

（2）聚乙烯醇缩醛　聚乙烯醇缩醛是聚乙烯醇与甲醛、乙醛及丁醛等醛类的缩合产物。作为塑料使用的主要是聚乙烯醇缩丁醛（PVB）。

PVB 是透明、韧性、惰性材料，主要是用流延法或挤出与热压相结合的方法制成薄膜。由于对玻璃有高黏力，所以 PVB 薄膜主要用作安全玻璃夹层。PVB 也可挤出成型制成软管或硬管使用。

2.1.2.7 纤维素塑料

纤维素是最丰富的天然聚合物，是构成植物机体的主要成分。纤维素的化学组成属于多糖类化合物，分子式为$\{C_6H_{10}O_5\}_n$化学结构为：

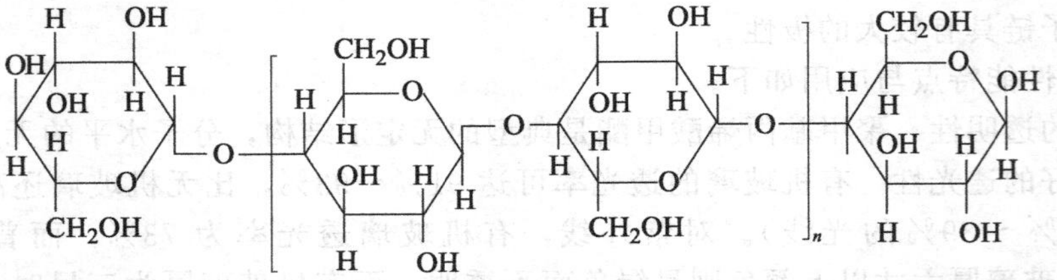

纤维素大分子链中具有羟基形成的众多氢键，分子间作用力极强，故是不可塑材料。但将羟基进行酯化或醚化后，由于氢键被破坏，所得衍生物具有可塑性。远在 1845 年即有人制得了硝化纤维素，发现樟脑可作为硝化纤维素的增塑剂后，1869 年产生了第一个塑料工业产品——“赛璐路”，打开了塑料工业发展的大门。

纤维素（cellutose），$\{C_6H_{10}O_5\}_n$的聚合度 n 依植物不同而异，例如棉花纤维素 $n=6200$，木材纤维素 $n=3000$ 等。各种纤维素用酸完全水解后几乎全部变成葡萄糖。工业上将纤维素分为 α-纤维素、β-纤维素及 γ-纤维素三种。不溶于 17.5% NaOH 溶液的部分为 α-纤维素。可溶于 17.5%的 NaOH 溶液，但在甲醇中沉析的部分为 β-纤维素。在甲醇中亦不沉析的部分为 γ-纤维素。

纤维素具有吸水性，溶于四氨基氢氧化铜溶液。可水解生成葡萄糖，也可在光、热、氧、机械作用下降解。纤维素分子中羟基的氢原子可以被取代而生成酯或醚，此类衍生物可用来制造人造纤维、涂料、胶黏剂、塑料及炸药。

纤维素塑料是在纤维素酯或醚类衍生物中加入增塑剂、稳定剂、润滑剂、填充剂、着色剂等助剂，通过压延、流延、挤出、注射等成型加工而得。常用的增塑剂有邻苯二甲酸酯类、脂肪酸酯类、磷酸酯类，用作食品包装时应选用无毒的柠檬酸酯类为增塑剂，硝酸纤维素则多以樟脑为增塑剂。通常以弱有机酸为热稳定剂，水杨酸苯酯为光稳定剂，取代酚类为抗氧剂。通常用 15%～25%的有机或无机填料。为改善纤维素塑料的表面硬度、加工性能和降低价格，可添加 5%～10%的酚醛树脂、醇酸树脂等。

纤维素可采用注射、挤出、模压、流延、吹塑方法进行成型加工。由于纤维素塑料韧性好，有良好的机械加工性能，因此可进行普通的机械加工操作。此外，尚可进行溶接、黏合、熔接和机械接合。

纤维素塑料有良好的光泽和透明度，具有较好的透气（汽）性。纤维素塑料是热塑性塑料中最坚韧的塑料之一。具有良好的耐候性，但硝酸纤维素塑料的耐候性稍差。纤维素塑料化学稳定性不佳。在醇、酸、酯、氯代烃中溶胀、溶解，长期与化学药品接触会使增塑剂迁出。纤维素塑料皆易燃，尤其是硝酸纤维素塑料。主要品种及其应用列举如下。

（1）硝酸纤维素（CN） 塑料纤维素中三个—OH 基酯化的程度可以不同。一硝酸纤维素、二硝酸纤维素及三硝酸纤维素的含氮量分别为 6.77%、11.18%及 14.14%。作塑料用的含氮量为 10.5%～12.3%。

硝酸纤维素中加入增塑剂（主要是樟脑）等助剂制成的塑料称为赛璐路，是角质状坚韧的热塑性材料。易燃，受光变色、脆化。其加工过程是由配料、捏合、过滤、压延、压块、切削、干燥、出光等工序组成。该种塑料主要用于制眼镜架、乒乓球，亦用于制玩具、日用品、自行车手柄、小刀柄、化妆品盒、伞柄等。

（2）醋酸纤维素（CA） 塑料纤维素与乙酰化剂（醋酐）在催化剂（硫酸）作用下在反应介质（98%的醋酸及苯、CCl_4 等）中反应即得醋酸纤维素（CA）。按产品用途及乙酰化程度的不同可采用均相法（制二取代物 CA_2）或非均相法（制三取代物 CA_3）反应。CA_2 或 CA_3 与各种添加剂混合，可用于涂布、浇铸、流延、注射或挤出方法成型加工成制品。醋酸纤维素塑料是应用最广泛的纤维素塑料。广泛应用于汽车、飞机、建筑材料、机械、工具、办公用品的制备、电气部件、包装材料、印刷、电影胶卷、纽扣等。

(3) 其他纤维素塑料　其他已工业生产的纤维素有：①醋酸丙酸纤维素塑料（CAP）。②醋酸丁酸纤维素塑料（CAB）。③乙基纤维素塑料。这是纤维素中—OH 基为乙基醚化的产物，简写为 EC。乙基纤维素塑料具有不燃性、耐酸碱性以及较高的热稳定性、高度的耐寒性和电绝缘性并易成型加工。④氰乙基纤维素（CEC）塑料，是纤维素中的—OH 基为氰乙基（$—C_2H_4CN$）醚化的产物。CEC 塑料性能与 EC 相仿。⑤苯甲基纤维素塑料，性能与 EC 塑料相近但成本高，应用不广泛。

2.1.2.8　氟塑料

氟塑料是各种含氟塑料的总称，是含氟单体的均聚物或共聚物。主要包括：聚四氟乙烯（PTFE）、聚偏氟乙烯（PVDF）、聚三氟氯乙（PCTFE）和聚氟乙烯（PVF）等。其中最重要是聚四氟乙烯，它用途最广泛，产量占氟塑料的 90%左右。

(1) 聚四氟乙烯（PTFE，F4）　聚四氟乙烯是四氟乙烯的均聚物，分子式为$\left[CF_2—CF_2\right]_n$，平均分子量 15 万～50 万，聚四氟乙烯是烯烃中的氢原子为氟原子所取代而得的。大分子结构中 C—F 键虽是极性键，但由于氟原子对称分布，因而整个大分子仍属非极性分子，它和聚乙烯一样，是结构对称的线型高聚物，并且外观似 PE，但密度较 PE 高约一倍，是塑料中密度最大者。

PTFE 的性能特点如下。

① 突出的耐高、低温性能。长期使用温度为－180～260℃。在 250℃经 240h，其机械性能不降低，是目前热塑性塑料中，使用温度范围最宽的一种。

② 极低的摩擦系数（仅 0.04）。是现有固体物质中摩擦系数最低的，因而可作为良好的减摩、自润滑材料。

③ 优越的化学稳定性。不论是强酸（硫酸、盐酸、硝酸、王水）、浓碱，还是强氧化物（重铬酸钾、高锰酸钾）对它都不起作用。它的化学稳定性超过了玻璃、陶瓷、不锈钢甚至金、铂，因此 PTFE 俗称“塑料王”。至今，人们还没有发现有哪一种溶剂能在高温下使它溶胀，是极好的耐腐蚀材料。

④ 良好的电性能。PTFE 是目前所有固体绝缘材料中介电损耗（＜0.0003）最小的，并且它滴水不吸，温度及频率对介电性能也基本上无影响，因而它是高温、高频、高湿条件下所使用的良好的绝缘材料。

聚四氟乙烯的缺点是：强度较其他工程材料低，刚性差，并且由于大分子间相互引力较小会产生冷流现象，价格昂贵，特别是当温度达到 250℃以上时，会放出剧毒的气体，在 390℃时开始分解，而不存在黏流态，难以用一般的热塑性塑料成型加工方法进行成型，而是采用类似“粉末冶金”的冷压与烧结相结合的成型加工方法。将聚四氟乙烯粉末在模具中先以 10～100MPa 的压力冷压成型，再在 370～380℃下烧结，然后冷却定型，再进行机械加工获得最终产品。

聚四氟乙烯广泛用于化工机械和容器的防腐，特别是作防腐衬里和涂层。还广泛用于耐磨密封、电绝缘等方面。由于它与其他物质具有不黏性，所以在塑料加工及食品工业上广泛用作脱膜剂。炊具上涂以聚四氟乙烯可以无油烹调。聚四氟乙烯可作代用血管、人工心肺装置、消毒保护器等。

为了改进加工性能，同时保持与 PTFE 类似的优良性能，多年来已先后研究生产出许多种含氟树脂。其中较重要的有：聚三氟氯乙烯，其长期使用的温度范围为－20～200℃，与聚四氟乙烯相比，它具有较高的硬度、较低的渗透性和良好的耐蠕变性，并且更容易成型加工；聚偏氟乙烯，其长期使用温度范围为－40～150℃，拉伸强度为聚四氟乙烯的 2 倍，压缩强度是聚四氟乙烯的 6 倍，是氟塑料中韧性最好的，并且可用热塑性塑料的方法方便地成型加工；聚氟乙烯，其最高使用温度是120℃，它具有极其优异的耐候性，在大气中寿命长达 25 年，是一种高介电性工程塑料，主要采用它在有机溶剂中的溶液或它的水分散液以流延法或涂层法制成薄膜，用作电容器的薄膜。此外，还大量用作防腐涂料。

(2) 全氟乙烯-全氟丙烯共聚物　全氟乙烯-全氟丙烯共聚，又称聚全氟代乙丙烯，也称氟塑料 46（简称 F46），是聚四氟乙烯改性品种，是四氟乙烯与六氟丙烯的共聚物，分子式结构为：

$$\left[\left(CF_2-CF_2\right)_x\left(CF_2-\underset{\underset{\displaystyle CF_3}{|}}{CF}\right)_y\right]_n$$

其中六氟丙烯的含量为 10％～25％左右，因在四氟乙烯分子中，引入了一部分三氟甲基支链，使得聚合物结晶度降低，熔体黏度降低到可用一般热塑性塑料的方法对其成型加工，从而克服了聚四氟乙烯成型困难的缺点，但由于它的分子也都是由碳氟两种元素以共价键形式结合而成，所以它的性能与聚四氟乙烯基本相同。F46 在－250～200℃温度范围长期使用，在室温时的耐蠕变性比聚四氟乙烯好，耐辐照性也优于聚四氟乙烯，但耐磨性较差，主要应用于电缆、注塑件等。

2.1.2.9　聚酰胺（PA）

聚酰胺俗称尼龙（Nylon），简记为 PA，是主链上含有酰胺基团$\left(-NH-\underset{\underset{\displaystyle O}{\|}}{C}-\right)$的聚合物，可由二元酸和三元胺缩聚而得，也可由内酰胺开环聚合制得。尼龙首先是作为最重要的合成纤维原料而后发展为工程塑料。它是开发最早的工程塑料，产量居于首位，约占工程塑料总产量的三分之一。PA 主要品种有尼龙-6、尼龙-66、尼龙-1010、尼龙-610、尼龙-612、MC 尼龙等几十种。

聚酰胺的命名由三元胺与三元酸的碳原子数来决定。例如：己二胺（六个碳原子）和癸二酸（十个碳原子）反应制得的缩聚物称为尼龙-610 规定前一个数字指二元胺的碳原子数，后一个数字指二元酸的碳原子。由氨基酸自聚制得的尼龙，则由氨基酸中的碳原子数来决定。如：己内酰胺（六个碳原子）的自聚物，称尼龙-6。

尼龙的两种通式如下：

$\left(NH(CH_2)_m-NHCO\left(CH_2\right)_{n-2}-CO\right)_x$　　称尼龙-*mn*

$\left(NH(CH_2)_{m-1}-CO\right)_x$　　称尼龙-*m*

由上可知，聚酰胺的分子是线型分子，没有侧基。主链中的$—CH_2—$，使大分子的柔性较大，而分子中的—CO—NH—酰胺基，是一个带极性的基团，这个基团中的氢原子，能够和另一个分子中的酰胺基团上的羰基$\left(\underset{\underset{\displaystyle O}{\|}}{-C-}\right)$结合形成相当强的氢键：

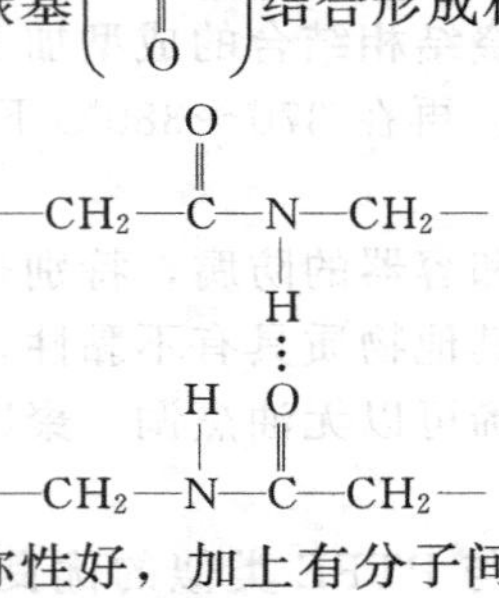

这样，由于分子结构规整，对称性好，加上有分子间氢键的作用，使分子容易产生定向排列，所以聚酰胺是结晶度较大的高聚物。

上述分子结构上的特点，使聚酰胺有如下主要性能。

(1) 较高的机械强度，在已知的热塑性塑料中，聚酰胺的抗拉强度是较好的几种之一。不过，它随湿度的增高而降低。尼龙的强度在干态和湿态情况下有显著的差异。所以在表明强度时，一定要写明是干态还是湿态。尼龙由于分子间存在大量的氢键，使得尼龙在高温下也能保持良好的物理力学性能。很多尼龙品种通过增强后，其使用的热变形温度很接近尼龙的熔点。例如：尼龙-6 通过 30%的玻璃纤维增强后，其热变形温度达到了 180℃。而尼龙-66在通过 30%的玻璃纤维增强后的热变形温度接近 220℃。

(2) 较好的耐腐蚀性，聚酰胺不溶于普通溶剂，能耐许多化学药品，它不受弱碱、醇、矿物油等的影响，对淡水、盐水、细菌和霉菌等都很稳定。

(3) 优良的耐磨性、自润滑性，聚酰胺的摩擦系数比金属小得多，且是一种具有自润滑性的材料，它能耐固体微粒的摩擦，甚至可在干摩擦、无润滑状态下使用。

(4) 导热系数很低只相当于金属的百分之一，因此，在用尼龙做齿轮和轴承时厚度尽量减少，并最好与金属配合使用或用润滑剂以免热量集聚。

(5) 吸水性大，由于酰胺基是亲水基团，所以它比其他塑料吸水性大。吸水以后，尼龙的刚性明显降低，柔韧性显著提高。由于吸水量大，所以吸水以后制件的尺寸也会发生明显的变化。由于这种原因，尼龙很难用于制造精密制件。表 2.5 列出各种尼龙的吸水率。从表中可知，尼龙的吸水率随酰胺基密度的降低而降低，而酰胺基的密度越低，吸水速度也越慢，尼龙-11 和尼龙-12 由于亚甲基数目增多，使它们的性能较接近于聚烯烃类化合物，因此吸水性明显降低，尺寸稳定性随之提高。

表 2.5　尼龙的吸水率

名　称	亚甲基数/酰胺基数	吸水率(20℃,水中)/%
尼龙-66	5	7.5～9.0
尼龙-6	5	9～11
尼龙-610	7	3～4
尼龙-11	10	1.6～1.8
尼龙-12	11	1.5

此外，尼龙的成型收缩率及蠕变值等都较大，因而不适于制造精密零件。不过各种尼龙的化学组成不同，分子结构不同，因而性能上也有较大差异。常用各种尼龙的性能参见表 2.6。

比较各种尼龙的性能后得知，其表面硬度相差不大，但其他性能上各有所长。各种尼龙特性归纳如下。

(1) 尼龙-6　熔点 220℃，弹性好，抗拉强度和抗冲击强度高，耐磨性好，但是其吸湿量大，吸湿率接近 10%，是常用聚酰胺中吸湿率最高的材料。也是最常用的尼龙品种之一。

(2) 尼龙-66　熔点 260℃。整体性能和尼龙-6 相近。吸湿性略小，因而在一般情况下显示其刚性高于尼龙-6。

(3) 尼龙-9　热稳定性好。

(4) 尼龙-1010　是我国独创的品种，也是目前很受欢迎的国产工程塑料之一，它在冲击力下不引起断裂而呈弯曲状，加工性好。

(5) 尼龙-11、尼龙-12　这是两个国外的尼龙品种。尼龙-11 是法国产品。与尼龙-66 或者尼龙-6 相比，具有吸湿性最低，冲击强度较高、柔韧性好等特点，由于尼龙具有良好的耐油性，这两种尼龙目前主要用于代替黄铜，用于制造汽车输油管。

表 2.6 几种尼龙的综合性能

项 目	尼龙-6	尼龙-66	尼龙-610	尼龙-1010
密度(×10^3kg/m^3)	1.13～1.15	1.14～1.15	1.08～1.09	1.04～1.06
抗拉强度/MPa	54～78	57～83	47～60	52～55
抗压强度/MPa	60～90	90～120	70～90	—
抗弯强度/MPa	70～100	100～110	70～100	82～89
冲击强度/(kJ/m^2)				
带缺口	3.1	3.9	3.5～5.5	4～5
不带缺口	—	—	—	>490
伸长率/%	150～250	60～200	100～240	100～250
弹性模量/GPa	0.83～2.6	1.4～3.3	1.2～2.3	1.6
硬度				
洛氏 R	85～115	100～118	90～113	—
布氏	—	—	—	7.1
熔点/℃	225～223	265	210～223	200～210
马丁耐热/℃	40～50	50～60	51～56	45
维卡耐热/℃	160～180	220	195～205	123～190
比热容/[kJ/(kg·℃)]	1.7～2.1	1.7～2.1	1.7～2.1	2.1
热导率/[kJ/(m·h·℃)]	0.75～1.20	0.92～1.20	0.88～1.05	—
线胀系数/×10^{-5}℃$^{-1}$	7.9～8.7	9.1～10.0	9.0～12.0	1.05
吸水率(24h)/%	1.9～2.0	1.5	0.5	0.39
体积电阻/Ω·cm	1.7～10^{14}	>4.2×10^{13}	4.8×10^{14}	2×10^{14}
表面电阻/Ω	6.1×10^{13}	>3.1×10^{13}	5.4×10^{14}	2×10^{14}
击穿电压强度/(kV/mm)	>25	>20	>20	>24
介电损耗角正切				
50Hz	0.1246	0.0208	0.0532	0.08～0.10
10^6Hz	0.070	0.044	0.038	0.04
介电常数				
50Hz	6.4	4.0	3.9	3.5～0.4
10^6Hz	3.3	2.67	2.3	2.5～0.13

(6) 单体浇铸尼龙（MC 尼龙） 单体浇铸尼龙是尼龙-6 的一种，所不同的是它采用了碱聚合法，加快了聚合速度，使己内酰胺单体能通过简便的聚合工艺直接在模具内聚合成型。MC 尼龙分子量比一般尼龙-6 高一倍左右，达 3.5 万～7.0 万，因此各项力学性能都比尼龙-6 高。尼龙在浇注过程中形成了具有很高分子量的尼龙，在聚合结束后，由于黏度很高，很难再采用普通的塑料成型加工方法进行加工。只能通过像切、削、车、刨等机械加工方法进行加工。浇注尼龙具有很好的机械强度和耐磨性，主要用于制造轴承和轴瓦。

(7) 反应注射成型（RIM）尼龙 反应注射成型尼龙（RIM 尼龙）是在 MC 尼龙基础上发展起来的，是把具有高反应活性的尼龙原料于高压下瞬间反应，再注入密闭的模具中成型的一种液体注射成型方法。目前较多的是采用尼龙-6 作 RIM 尼龙原料，在单体熔点之上聚合物熔点之下，在模具内快速聚合成型。反应过程以钾为催化剂，*N*-乙酰基己内酰胺为助催化剂，反应温度在 150℃以上。与尼龙-6 相比，RIM 尼龙具有更高的结晶性和刚性、更小的吸湿性。

(8) 芳香族尼龙 芳香族尼龙是 20 世纪 60 年代首先由美国杜邦公司开发成功的耐高温、耐辐射、耐腐蚀的尼龙新品种，目前主要有聚间苯二酰间苯二胺和聚对苯甲酰胺两种。

聚间苯二酰间苯二胺（商名品 Nomex），由间苯二甲酰氯和间苯二胺通过界面缩聚法制得，其结构式为：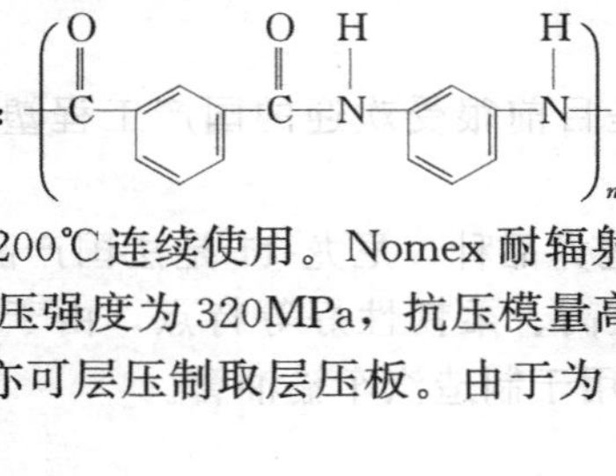，晶体熔点为 410℃，分解温度 450℃，脆化温度－70℃，可在 200℃连续使用。Nomex 耐辐射，具有优异的力学性能和电性能，抗张强度为 80～120MPa，抗压强度为 320MPa，抗压模量高达 4400MPa。Nomex 通常用铝片浸渍后剥离的方法制取薄膜，亦可层压制取层压板。由于为 Nomex 具有良好的阻燃性，而且具有很好的强

度和耐温性能，所以，目前一个非常重要的用途是经过纺丝后用于消防服的制造。

聚对苯甲酰胺（商品名 Kevlar)，由对氨基苯甲酸或对苯二甲酰氯与对苯二胺缩聚而成，其结构式为：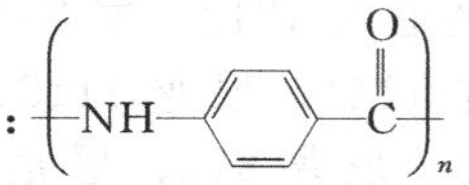，由对氨基苯甲酸和对苯二胺制备的 Kevlar 称为 Kevlar-29，由对苯二甲酰氯和对苯二胺制备的 Kevlar 称为 Kevlar-49。对位的芳香族聚酰胺由于结构上的高度对称，与间位的芳香族聚酰胺相比，分子间氢键非常密集，而且结晶度高，因此具有很高的强度和很高的耐温性能，其分解温度高达 550℃ 以上。Kevlar 主要用于纺丝。Kevlar 纤维具有高强度、高模量、低密度、耐高温等一系列优异性能，主要用以制造超高强力、耐高温纤维，主要应用领域包括航天航空工业的高强高模纤维，也用于军事工业中作为防弹服的纤维，在塑料工业中用于塑料增强材料。

(9) 透明尼龙　透明尼龙又称为非晶尼龙。普通尼龙是结晶型聚合物，产品呈乳白色。要获得透明性，必须抑制晶体的生成，使其生成非结晶聚合物。一般采用主链上引入侧链的支化法及不同单体进行共缩聚法来实现。透明尼龙具有高度透明、低吸水性、耐热水性及耐抓伤性，并且仍有一般尼龙所具有的优良力学强度。目前主要品种是支化法透明尼龙 Trogamid-T 和共缩聚法透明尼龙 PACP-9/6。

Trogamid-T 是采用支化法以三甲基己二胺（TMD）和对苯二甲酸为原料缩聚而成，其结构式为：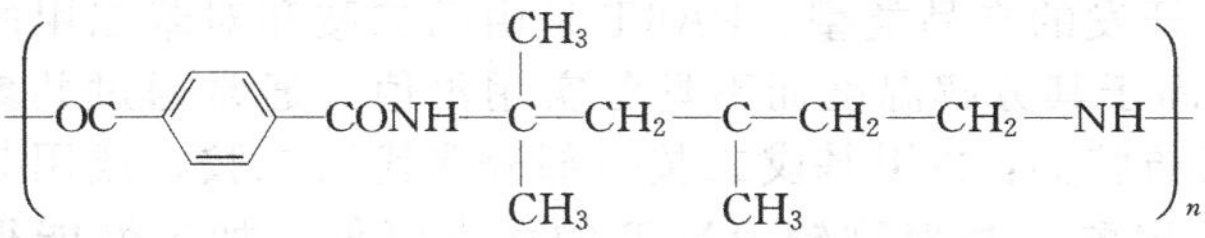，可采用注射、挤出和吹塑法成型。

PACP-9/6 是采用共缩聚法，以 2,2-双（4-氨基环己基）丙烷和壬二酸与己三酸共缩聚而得，其结构式为：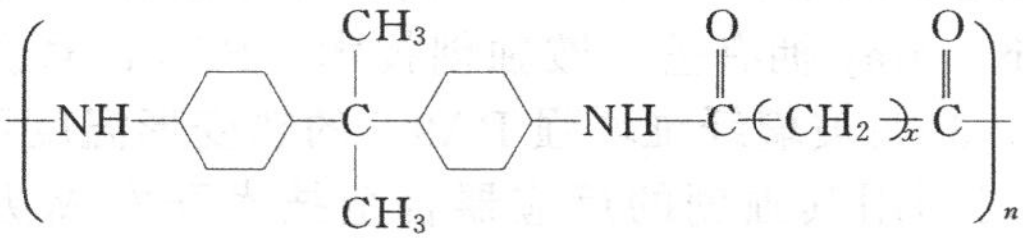。

PACP-9/6 玻璃化温度高达 185℃，热变形温度 160℃，可采用注射、挤出、吹塑等方法成型。

(10) 高抗冲尼龙　高抗冲尼龙是以尼龙-66 尼龙或尼龙-6 为基体，通过与其他聚合物共混的方法来进一步提高抗冲强度的新品种。杜邦公司最早于 1976 年开发成功，商品名为 Zytel ST。其抗冲强度比一般尼龙高 10 倍。Zytel ST 是以尼龙-66 为基体，近年来日本开发的 EX 系列则以尼龙-6 为基体。

(11) 电镀尼龙　过去电镀塑料主要为 ABS 塑料，近年来开发了电镀尼龙，如日本东洋纺织公司的 T-777 具有与电镀 ABS 相同的外观，但性能更为优异。

电镀尼龙可用多种方法成型，如注射、挤出、模压、吹塑、浇铸、流化床浸渍涂覆、烧结及冷加工等。其中以注射成型最重要。烧结成型法与粉末冶金法相似，是尼龙粉末压制后在熔点以下烧结。

电镀尼龙无臭、无味、无毒，一般具有较高的韧性，优良的机械强度和耐磨性，自润滑性以及较好的耐腐蚀性等，因此，电镀尼龙广泛用来代替铜及其他有色金属制作机械、化工、电器零件，如柴油发动机燃油泵齿轮、水轮机导向叶衬套、水压机立柱导管、轧钢机辊道轴瓦、水泵叶轮叶片、风扇叶轮、各种螺钉、螺帽、垫圈、高压密封阀、阀座、输油管、储油容器、机油尺衬套、起动绳以及各种农业机械零件，如齿轮轴水泵、调速圆盘等。电镀尼龙制品轻便耐磨，噪声小，成本低，效率高。

(12) 长碳链尼龙　长碳链尼龙的研发与生产是近 20 年来尼龙工程塑料最大的突破和进

展之一。所谓长碳链是指碳链长度在12～18个碳的尼龙品种。而长碳链尼龙制备的关键技术是长碳链二元酸以及长碳链二元胺的制备。目前我国很多单位都在进行这方面的研究，研究水平处于世界先进水平。目前已经开发成功的产品包括尼龙-1212、尼龙-1012、尼龙-1213和尼龙-1313。正在开发的其他双号码长碳链尼龙有尼龙-1111、尼龙-1112、尼龙-1314、尼龙-1414、尼龙-1415、尼龙-1515、尼龙-1516、尼龙-1616、尼龙-613、尼龙-615、尼龙-618、尼龙-1018等，它们与尼龙-1212、尼龙-1012、尼龙-1213、尼龙-1313等都具有如下特性：密度小、吸水率低、尺寸稳定性好、耐药品性优良、电性能良好、耐腐蚀、耐磨损，质地特别坚韧，抗疲劳和耐低温性能非常突出，可与尼龙-11和尼龙-12相媲美，其改性料制成的管材可满足汽车刹车管、液压管、输油管等的要求。

(13) 耐高温尼龙　耐高温尼龙是指可长期在150℃以上使用的尼龙工程塑料，它是过去十多年发展起来的特种工程塑料新品种，受到了各大树脂生产商的高度重视。增长势头十分强劲，已工业化的品种有PA-46、PPA系、PA9T等。PA-46是DSM公司1984年宣布确定工业化路线，于1985年建成年产150吨的中试装置，1990年建成千吨级工业化装置。PA-46是由丁二胺和己二酸缩聚而成，因其分子链结构规整，对称性高，因而结晶速度快，结晶完善。PA-46的热变形温度可以达到150℃，经过玻纤增强后可达到285℃。丁二胺工业化技术是PA-46的关键技术，目前只有DSM掌握。半芳香族尼龙（PPAs）是由芳香族二酸和脂肪族二元胺缩聚而成，具有介于芳香族聚酰胺和脂肪族聚酰胺之间的优异性能，是近十年来各大化工公司竞相突破和开发的产品类型。PA6T是由己二胺和对苯二甲酸缩聚而成的，但由于其高达370℃的熔点高于其分解温度而不具备实用价值。通常通过共聚降低熔点，如用其他支链化的甲基取代脂肪胺如：2-甲基戊二胺一部分取代己二胺，或用其他二元酸如：间苯二甲酸部分取代对苯二甲酸，共聚物较PA6T的熔点降低，加工性能得到了改善。PPA系商业化的品种均是这类共聚物。PA9T是由日本Kuraray公司开发的，是以壬二胺和对苯二甲酸缩聚而成，Kuraray拥有壬二胺独创技术。PA9T柔软的二胺长链使主链有适度的活动性，可快速结晶。30%玻璃纤维增强PA9T的热变形温度可达290℃。

上海杰事杰新材料股份公司利用其独创的反应器合金技术开发成功耐高温尼龙HPN，建成了千吨级中试装置，是我国唯一拥有耐高温尼龙工业化技术的公司。耐高温尼龙品种还有如PA10T、PA12T等，其中PA10T聚合物熔点约320℃，玻璃化温度约120℃。在工业化生产方面，耐高温尼龙的生产主要集中在DuPont、Solvay、DSM、Kuraray等公司。

耐高温尼龙的主要应用领域是汽车、电器以及IT产业。以PA-46为例，福特（Ford）汽车公司对其Transit中型卡车重新设计时，为降低车重，选择DSM公司30%玻纤增强PA-46（Stanyl TW200 F6）制作空气进气歧管，Stanyl比它所取代的铝轻得多，而且完全满足Ford公司新柴油发动机的关键性能要求，价格上也具有竞争力。由于Stanyl在130℃下具有高刚性，可做成比其他尼龙更薄的部件，加上容易成型、流动性好、成型周期短等优点使制品最终成本降低。另外，Stanyl短时间内可承受接近其熔点290℃的高温，其高耐热性、尺寸稳定性及高温下优良的机械性能均优于PPA和PPS等竞争树脂。

2.1.2.10　聚碳酸酯（PC）

聚碳酸酯（PC）是分子主链上含有重复出现的 $\left(\mathrm{O-R-O-\overset{\overset{\displaystyle O}{\|}}{C}}\right)$ 链节的线型树脂。按结构可分为脂肪族、脂环族、芳香族等多种类型的聚碳酸酯。但目前的主要品种是双酚A型聚碳酸酯，它属于芳香族聚碳酸酯。其分子结构式为：

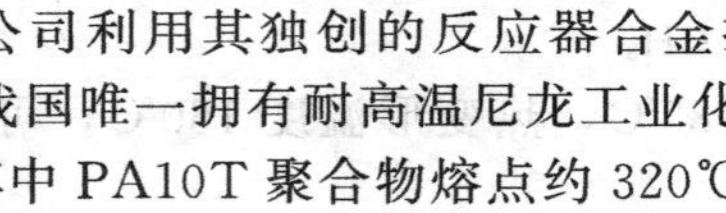

双酚 A 型 PC 透明度较好，其可见光的透过率可达 90%以上，而且具有很高的强度和刚性，敲击时有金属的声音，所以被人们誉为“透明金属”。

聚碳酸酯的制备方法有光气法和酯交换法。从 PC 的分子结构上看，主链上带有苯环，它的存在，限制了分子链的柔性，呈现刚性，同时碳酸酯基团“$-\overset{O}{\overset{\|}{C}}-$”是极性基团，增加了分子间的作用力，空间位阻增加，更增加了大分子的刚性，但聚碳酸酯大分子中的氧基（柔性醚键）“—O—”却使链段易于绕氧基两端的单键发生内旋转，因而又增大了分子的柔曲性，使其又具有相应的韧性。由于上述结构上的特点，使它具有如下性能。

(1) 很高的抗冲击强度　这是聚碳酸酯最突出的性能特点。其抗冲击强度远远高于普通的热塑性塑料（表 2.7）。它接近于玻璃纤维增强的酚醛或聚酯玻璃钢。其弹性模量较高，抗拉强度，抗弯强度和尼龙及聚甲醛相近，不过随着温度的提高，强度显著降低（详见表 2.8）。

表 2.7　聚碳酸酯和其他塑料冲击强度的比较

塑　料	冲击强度(带缺口)/(kJ/m²)	塑　料	冲击强度(带缺口)/(kJ/m²)
聚酰胺	5～8	聚乙烯	2～30
聚甲醛	3～6	聚氯乙烯	3～10
聚碳酸酯	40～60	—	—
聚苯乙烯	0.5～1	—	—

表 2.8　温度对聚碳酸酯强度的影响

性　能	−70℃	0℃	25℃	50℃	75℃	100℃	125℃	150℃
屈服强度/MPa	99.5	69	64.5	62.5	55.5	49	42.5	30.5
断裂强度/MPa	83	79.8	60.5	60.5	52.5	52	48	40.5
伸长率(屈服)/%	13	12	11.1	11.1	9.6	7.9	7.2	5.4
伸长率(断裂)/%	19	51	89	89	—	120	167	214
弹性模量/$\times 10^4$MPa	1.95	—	1.91	1.91	1.75	1.65	1.56	1.58

(2) 优异的抗蠕变性和良好的尺寸稳定性　抗蠕变性是工程塑料使用时的重要指标。聚碳酸酯在 25℃和 21MPa 的负荷下，经一万小时后，蠕变值仅为 1.2%，而同样条件下，尼龙的蠕变值为 2%。聚碳酸酯由于吸湿而引起尺寸变化也极小。因此，它适用于制造较高温度承受较高负荷而又要求保证尺寸稳定性的精密机械零件。

(3) 良好的耐热性和耐寒性　聚碳酸酯可在−100～130℃范围内长期使用。

此外，聚碳酸酯在广阔的温度范围内和潮湿条件下，仍具有优良的电性能，适用于制造各种电器零件。和金属相比，它的导热系数小，但线膨胀系数却大得多（表 2.9）。

聚碳酸酯的各种性能见表 2.10。

表 2.9　聚碳酸酯导热系数、线膨胀系数与金属比较

材料	热导率 /[10^{-4}cal/(cm·s·℃)]	线膨胀系数 /10^{-5}℃$^{-1}$	材料	热导率 /[10^{-4}cal/(cm·s·℃)]	线膨胀系数 /10^{-5}℃$^{-1}$
碳钢	1250	1.1	铝	5000	2.4
铸钢	—	1.2	锌	2640	2.8
不锈钢	—	1.7	聚碳酸酯	45	5～7
铜	9000	1.8			

注：1cal=4.186J。

与其他热塑性塑料相比，PC 熔体黏度对温度较敏感而对切变速率敏感性较小，制品质量对原料含湿量十分敏感，故成型加工前必须保证原料干燥，含湿量要低于 0.02%。PC 的成型加工性能优良，在黏流态时，它可用注射、挤出等方法成型加工。在玻璃化温度与熔融温度之间，PC 呈高弹态；在 170～220℃之间，采用吹塑和辊压等方法成型加工；而在室温下，聚碳酸酯具有相当大的强迫高弹形变能力和很高的冲击韧性，因此可进行冷压、冷拉、冷辊压等冷成型加工。

表 2.10 聚碳酸酯的性能

项　目	数　值	项　目	数　值
熔点/℃	220～230	介电损耗	
热变形温度(1.86kgf/cm²)/℃	130～140	20℃	$(6\sim7)\times10^{-3}$
马丁耐热/℃	110～130	125℃	4×10^{-3}
维卡耐热/℃	165	体积电阻(20℃)/Ω·cm	10^{16}
热导率/[kcal/(m·h·℃)]	0.166	介电强度/(kV/mm)	17～22
线胀系数/$\times10^{-5}$℃$^{-1}$	6～7	抗拉强度/MPa	60～70
介电系数		伸长率/%	100左右
		拉伸弹性模量/GPa	2.2～2.5
20℃	3.0	抗弯强度/MPa	106
125℃	3.1	抗压强度/MPa	83～88

注：1cal＝4.186J。

聚碳酸酯可以代替钢、有色金属、玻璃、木材等，在机械工业中用于制造仪器、仪表的齿轮、齿条、蜗轮、蜗杆、轴承等负荷较小，但要求尺寸稳定性好的传动零件，还可作各种壳体零件，如汽车外壳、车灯罩等，特别是可用于制作防护用的面盔、安全帽、门窗玻璃、甚至防弹玻璃，宇航员的护目镜等。

聚碳酸酯由于刚性较大，成型过程中易产生内应力而引起开裂，除用热处理消除外，可加柔顺性好的聚乙烯、尼龙、ABS 等共混而达到改性的目的。

在聚碳酸酯家族里面，除了常用的双酚 A 型的聚碳酸酯以外，还有一类脂肪族的聚碳酸酯是非常重要的，这就是烯丙基型的聚碳酸酯。

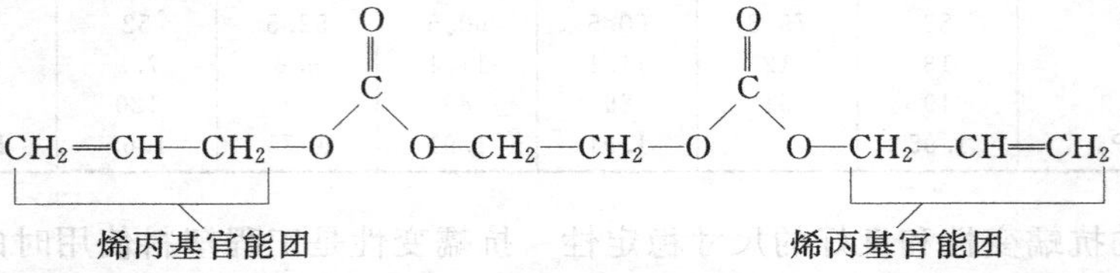

这种烯丙基型聚碳酸酯的主要用途是用于制备光学镜片，尤其是眼镜片。与玻璃的眼镜片相比，这种聚碳酸酯具有密度小，抗冲击韧性好，不易摔坏。更为重要的是这种聚碳酸酯比玻璃具有更高的折射率，因此这种聚碳酸酯的眼镜片可以做得比玻璃镜片更薄。由于在这种聚碳酸酯单体分子中有两个含有双键的烯丙基官能团，它的聚合方式主要是通过自由基聚合。双官能团使产物具有交联结构。

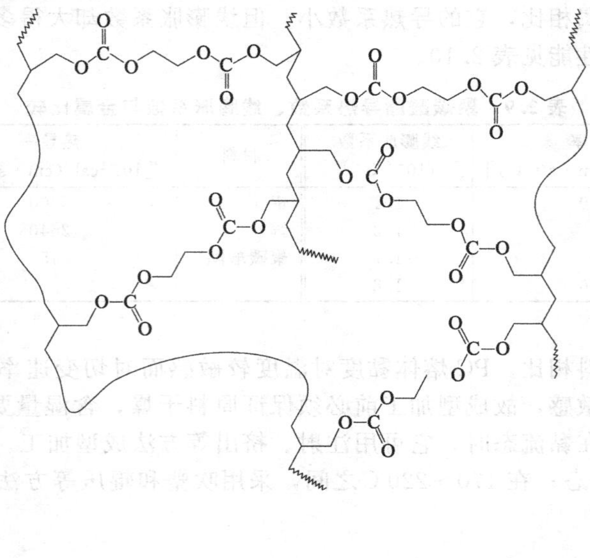

2.1.2.11　聚甲醛（POM）

聚甲醛（POM）学名聚氧化次甲基，是分子主链中含有—CH_2—O—链节的线型高分子化合物。由于分子结构本身比较规整，而且氧的电负性大于碳的电负性，使得这种链节具有比较高的极性成分，分子间作用力较大，因此它是高结晶性的聚合物，分共聚甲醛和均聚甲醛两种。由于碳氧键的极性使得其键长较短，因此聚甲醛在常见的热塑性塑料中具有很高的相对密度，同时也使得聚甲醛具有很高的力学强度。

均聚甲醛是以三聚甲醛为原料，以三氟化硼乙醚络合物为催化剂，在石油醚中聚合，产物再经端基封闭稳定所得到的聚合物。其分子结构式为：

$$CH_3-\overset{\overset{O}{\|}}{C}-O\!\left(CH_2O\right)_n\!\overset{\overset{O}{\|}}{C}-CH_3$$

式中，n=1000～1500。

共聚甲醛是三聚甲醛与二氧五环在三氟化硼乙醚络合物为催化剂条件下进行共聚，再经端基封闭稳定所得到的高聚物。分子结构式为：

$$\left[\left(CH_2O\right)_x\left(O-CH_2-CH_2-O-CH_2\right)_y\right]_n$$

式中，$x:y$=95∶5 或 97∶3。

从上述分子结构式可以看出，均聚物是由纯—C—O—链连续构成，而共聚物则在—C—O—键上平均分布—C—C—键，后者较前者稳定，但是—C—O—键比—C—C—键距离短，分子堆砌较紧密，所以，均聚物的密度、结晶度、机械强度均较高，而热稳定性则较差。目前工业生产中是以共聚甲醛为主，虽然共聚甲醛的密度、熔点、强度等较均聚的低，但它不易分解，耐热性能较好，容易加工成型，在酸、碱溶液中的稳定性较好。共聚甲醛和均聚甲醛性能比较见表 2.11。

表 2.11　共聚甲醛与均聚甲醛的性能差异

性　　能	均聚甲醛	共聚甲醛
密度/($\times10^3$kg/m^3)	1.43	1.41
结晶度/%	75～85	70～75
熔点/℃	175	165
机械性能	较高	较低
热稳定性	较差，易分解	较好，不易分解
成型加工温度范围	较窄，约 10℃	较宽，约 50℃
耐化学性	对酸、碱稳定性略差	对酸、碱稳定性较好

总之，聚甲醛大分子是带有柔性链的线型高结晶性的聚合物（通常结晶度可达 70%～80%）具有优良的综合性能，尤其是耐疲劳强度在所有热塑性塑料中是最高的，耐磨性和自润滑性也比绝大多数工程塑料优越，还有较高的弹性模量、很高的硬度和刚性，吸水性小，同时，尺寸稳定性、化学稳定性及电绝缘性也较好，所以应用十分广泛。在常用的热塑性塑料中，聚甲醛的耐磨性能是十分优良的。和尼龙一样，聚甲醛的耐磨性能与分子量有关，耐磨性随着分子量的增大而增大。同时也随着结晶度的提高而提高。因此，在耐磨性能方面均聚聚甲醛要优于共聚聚甲醛。由于聚甲醛的结晶度高，表面硬度大，而且不易吸水，因此也不容易产生形变，这就使得聚甲醛与其他的具有自润滑和耐磨性能的高分子材料相比，具有非常好的表面光洁度，从而可以广泛应用于各种装饰件的制造。

聚甲醛可以用一般热塑性塑料的方法成型加工，如：注射、挤出、吹塑、模压等。其中又以注射最为常用。挤出成型多用于板材和棒材的制造，这些型材可进一步经过机械加工制成最终制品。吹塑成型是作为对注射的补充，用于制造中空制品。

聚甲醛最大缺点是成型收缩率大，通常采用加入增强材料（如无碱玻璃纤维）的办法来改进其收缩性。另外，聚甲醛中加入5%聚四氟乙烯粉末或石墨、三硫化钼等材料，可制成减摩材料或自润滑材料。

工业上可用聚甲醛代替部分有色金属合金，在汽车、机床、化工、电气仪表、农业机械等行业制造某些零件如齿轮、凸轮、轴承、滚轮、泵叶轮、汽化器、喷罐头、塑料弹簧、农用喷雾器的直通开关、出水接头、阀座、轴承及上下水管件、阀门、纺织机的梭子等。改性聚甲醛作汽车万向节轴承可行驶一万公里以上不注油，寿命比金属的高一倍。用作变换继电器，经过五十万次启闭仍然完好无损。

2.1.2.12 聚砜（PSF）

聚砜（PSF）是一类在分子主链上含有砜基和芳基的非结晶性热塑性工程塑料。含有链节：

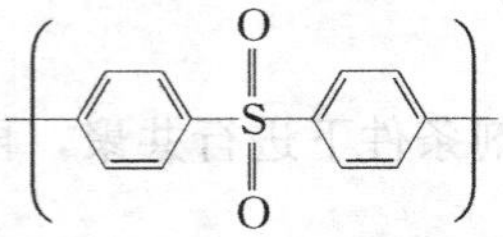

目前，聚砜主要有以下四类。

（1）普通双酚A型 分子式结构为：

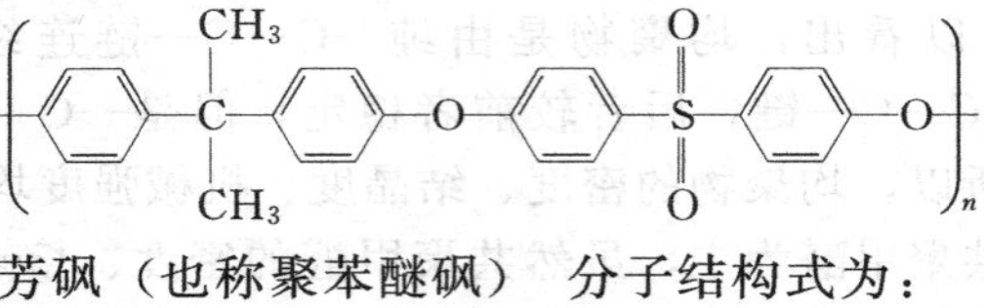

（2）非双酚A型聚芳砜（也称聚苯醚砜） 分子结构式为：

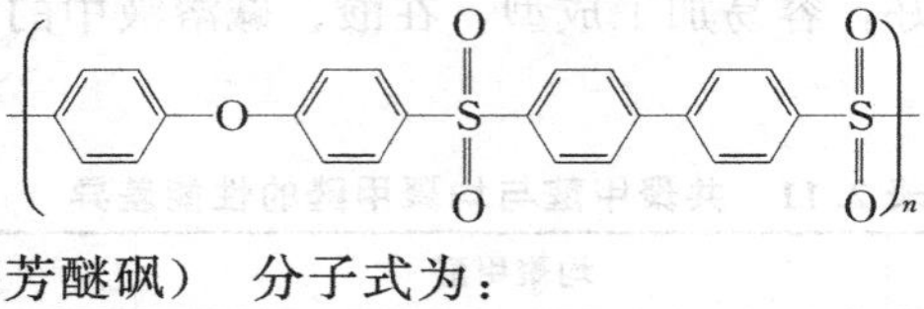

（3）聚醚砜（也称聚芳醚砜） 分子式为：

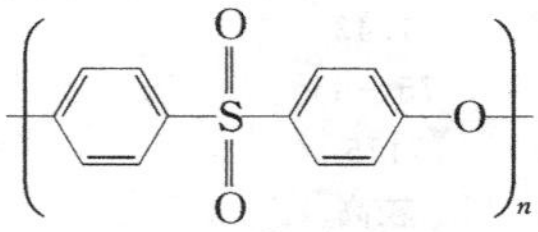

（4）改性聚砜 是指双酚A型聚砜与聚甲基丙烯酸甲酯及ABS的共混物。

但是，通常作为工程塑料的是双酚A型聚砜。它是微带琥珀色或象牙色的固体粉末状聚合物。聚砜的生产过程是先由双酚A和氢氧化钠（或氢氧化钾）在三甲基亚砜溶剂中生成双酚A的钠（钾）盐，再与4,4′-二氯三苯砜缩聚而得聚砜。分子式中$n=50\sim80$，其分子结构是三种不同的基团连接着亚苯基链节的线型聚合物。三种基团对聚砜的性能有着不同的影响。

当吸收大量的热辐射能时，其主链和支链不断裂，故其突出优点是耐热性好，且脆化温度低，可在$-100\sim150$℃下长期使用，不仅如此，随着温度的升高，机械性能变化比较缓慢，图2.11和图2.12是聚砜和其他塑料相关性能与温度关系的比较。又由于砜基上的硫原子处于最高氧化状态，故其抗氧化性能也十分优越，而且难以活动的苯基和砜基使聚合物主链有一定的刚性。

聚砜结构中的醚基“—O—”和亚异丙基“$-\overset{CH_3}{\underset{CH_3}{\overset{|}{\underset{|}{C}}}}-$”，使聚合物具有良好的熔融特性和较好的韧性，所以聚砜在冲击载荷作用下仅发生弯曲而不断裂。

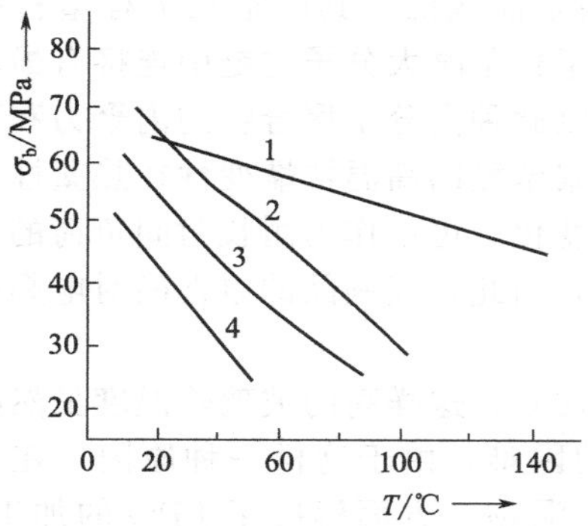

图 2.11　四种工程塑料拉伸强度与温度关系比较

1—聚砜；2—聚甲醛；3—聚酰胺-66；4—ABS

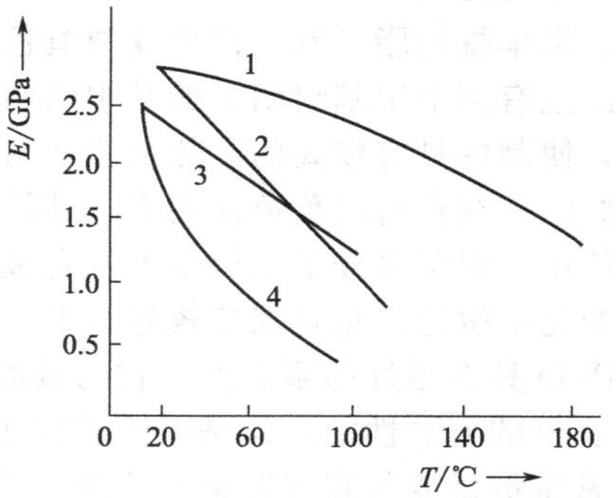

图 2.12　四种工程塑料拉伸弹性模数与温度关系比较

1—聚砜；2—聚甲醛；3—聚酰胺-66；4—ABS

上述结构因素的影响，还使聚砜具有较高的抗蠕变松弛性，其蠕变值极小。表 2.12 表明聚砜在湿热条件下的尺寸稳定性。

表 2.12　聚砜在湿热条件下的尺寸变化

条　件	质量变化/%	尺寸变化/%
22℃，50%相对湿度，28 天	+0.23	<0.1
22℃，水中 28 天	+0.62	<0.1
100℃，水中 7 天	+0.85	+0.1
150℃，空气中和 60℃水中各 4h 为一周期，经 10 周期后再在 150℃，24h	−0.03	−0.1
150℃空气中，28 天	−0.10	−0.1

此外，聚砜的电绝缘性、化学稳定性也较好，并具有自熄性。

聚砜与其他塑料某些性能的比较见表 2.13。

表 2.13　聚砜与其他工程塑料的机械性能的比较

性　能	聚砜	聚甲醛	聚碳酸酯	聚酰胺	ABS
抗拉强度/MPa	71.5	70	60	60	60
相对伸长率/%					
在屈服时	5～6	—	—	25	52
在破裂时	50～100	15	60～100	300	30
拉伸弹性模量/GPa	2.5	2.7	2.4	1.8	2.1～3.2
冲击强度(悬臂梁式)/(kJ/m²)	6.9	7.6	10.8～15.2	10.8	3.8～8
洛氏硬度(R 标尺)	120	120	118	108	101～118
线膨胀系数/$\times10^{-3}$℃$^{-1}$	5.6	9.9	7.0	10～15	6～9

双酚 A 型聚砜可用一般热塑性塑料的成型加工方法进行成型，也可进行冷加工及二次加工。聚砜用于制造耐热、高强、抗蠕变的结构件。如精密齿轮、凸轮、泵叶轮、转向柱、轴杯、马达罩、汽车分电器盖、仪表盘、衬垫以及各种电气、电子零件等，经电镀金属，制成印刷线路板，印刷线路薄膜以及车灯反光镜等，还可制成管材、板材、薄膜。近年来，以 20%～40%玻璃纤维增强后的聚砜可用以制成汽车挡泥板、外罩等，从而达到减轻自重，降低油耗等目的。

2.1.2.13　聚苯醚（PPO）

聚苯醚（PPO），是分子主链中含有重复链节 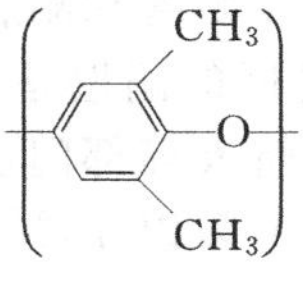 的热塑性工程塑料。

聚苯醚是由2,6-三甲基苯酚通过氧化偶合反应缩聚而成的。其产量在工程塑料中居第四位。聚苯醚树脂可制成白色或微黄色固体颗粒。由于聚苯醚大分子主链中连接有酚基芳香环，而且有两个甲基封闭了酚基中的两个反应点，所以此种高分子聚合物的内聚力和稳定性很大，使制件具有较高的耐热性能和耐化学腐蚀性。聚苯醚的高温抗蠕变性在热塑性塑料中是最好的，在长时间负荷作用下，其尺寸没有明显的变化，可以作为耐长时间负荷的机械结构件使用。聚苯醚分子结构中不含有极性显著的基团，因此，其制品的电性能对电频率和温度的变化不敏感，总是保持较好水平。

PPO具有很好的耐温性，它的玻璃化温度高达210℃，这样高的玻璃化温度虽然赋予了PPO良好的耐热性能，但是也给其加工带来了很大的困难。由于这样一种原因，在工业上PPO常常被做成与高抗冲聚苯乙烯的共混物。这种共混物一方面解决了PPO的加工问题，另一方面，也赋予了PPO良好的韧性。G. E公司的PPO注册商品Noryl™就是这种共混物。聚苯醚可以用热塑性塑料成型方法进行加工，如注射、挤出法。在成型过程中，由于聚苯醚熔融黏度大，流动性差，因此要求较高的加工温度。

聚苯醚的缺点是制品易应力开裂，耐疲劳强度低，在紫外线照射下易老化交联，尤其是纯树脂更容易热氧化。

PPO最宜用于在潮湿而有载荷情况下需具备优良电绝缘性、机械性能和尺寸稳定性的场合，如电器零部件、滤材、阀座、潜水泵零件、医疗器械、蒸煮消毒器具，较高温度下工作的齿轮、轴承、凸轮、机械零件、泵叶轮、水泵零件、化工设备部件、螺钉、紧固件及连接件，亦用于制作低发泡材料。

2.1.2.14　聚苯硫醚（PPS）

聚苯硫醚，全称为聚亚苯基硫醚，是分子主链上带有苯硫基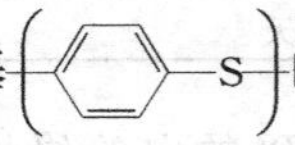的热塑性聚合物，通常是指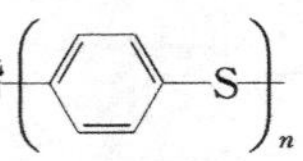。合成方法包括麦氏法、付氏法、对卤代苯硫酚盐自缩聚法和溶液缩聚法四种。其中以第四种方法最为重要，它是对二氯苯与硫化钠在六亚甲基磷酰三胺之类的极性溶剂中缩聚制得聚苯硫醚。

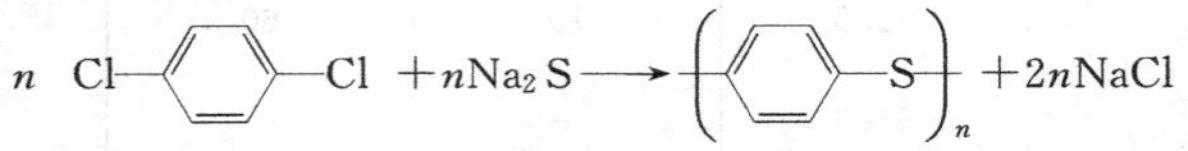

这种方法制得的PPS分子量约为4000～5000。聚苯硫醚具有优异的热稳定性，由于结晶度较高，力学强度随温度升高下降较小，200℃仍保持较高的力学强度。可耐500℃高温而不分解，具有阻燃性，电绝缘性优异。对玻璃、陶瓷、钢、铝等有很好的黏合性能。长期使用温度为180℃，耐化学腐蚀性好，除了受氧化酸（浓硫酸、硝酸、王水等）侵蚀外对其他化学品都很稳定。刚性大，力学性能好，对各种填料及其他聚合物的共混性能好，具有与聚四氟乙烯相近的化学稳定性，又能用通常的成型方法成型。

在作为塑料使用时，由于其本身分子量较低，聚苯硫醚树脂是非常脆的，而且力学强度也不高。市场上供应的多数都是经过玻璃纤维增强的，经过玻璃纤维增强后，其力学强度大幅增加，韧性也能够有明显提高。除了用玻璃纤维增强以外，聚苯硫醚还常见碳纤维增强产品和晶须增强产品。聚苯硫醚树脂的主要用途之一是作为耐高温、防腐涂料，其涂层可长期在190℃环境下使用，除强氧化性介质外几乎能抵抗任何化学药品的侵蚀。以玻璃纤维、碳纤维填充的聚苯硫醚复合材料以耐磨和耐腐蚀著称。其对磨损耗基本上可以抗衡高速工具钢如W95，这些产品适宜制造机械的耐磨运动部件，各种电气机械零件、电子电器、家用电器、化工防腐产品，在国防、航天等部门也具有特殊使用价值。由于聚苯硫醚的优良性能，近年来发展十分迅速。每年差不多以15%的速度增长，全球生产能力达到了10万吨水平。

我国聚苯硫醚的生产企业主要集中在四川，生产规模都比较小。四川的德阳科技是国内最大的生产 PPS 树脂的企业。2009 年该公司依托自身的技术建起了一条年生产能力为 5000t 的生产线。该生产线技术属于世界先进水平，生产能力居于全球第四。

2.1.2.15　聚对苯二甲酸酯类树脂

聚对苯二甲酸酯类包括聚对二甲酸乙二（醇）酯（PET）和聚对苯三甲酸丁二（醇）酯（PBT），它们都是饱和聚酯型热塑性工程塑料。

对苯二甲酸乙二（醇）酯由对苯二甲酸或对苯二甲酸二甲酯与乙二醇在催化剂存在下，通过直接酯化法或酯交换法制成对苯二甲酸双羟乙酯（BHET），然后再由 BHET 进一步缩聚反应成 PET。其分子结构为：

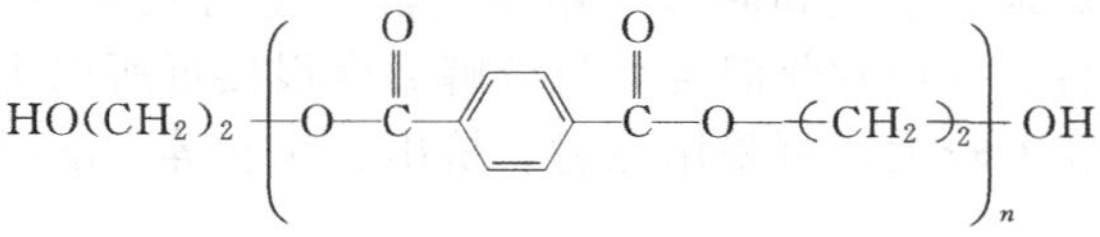

PET 以前多作为纤维使用（即涤纶纤维），后又用于生产薄膜，近年来更广泛用于生产中空容器，被人们称为“聚酯瓶”。

PBT 薄膜是热塑性树脂薄膜中韧性最大的，在较宽的温度范围内能保持其优良的物理机械性能，长期使用温度可达 120℃，能在 150℃短期使用，在约 200℃的液氮中仍然具有一定的韧性。

PET 薄溴的拉伸强度与铝膜相当，为 PE 薄膜的 9 倍，为聚碳酸酯和尼龙膜的 3 倍。此外，还具有优良的耐候性、透光性、耐化学性和电性能。

PET 的主要缺点是加工性能差，这是由于其结晶速度太低的缘故。PET 作为塑料使用时，在未结晶的情况下，具有非常良好的韧性，但是结晶后就会变得非常脆。由于其自身的结晶速度很慢，往往会在使用过程中变形或者脆化。目前主要通过增强、加入成核剂及其他助剂，来提高 PET 结晶速度和改善成型加工性。

PET 目前主要用于制造各种饮料包装瓶，用于盛装矿泉水和碳酸饮料。如果用于装啤酒类的具有发酵的饮料，PET 对氧气的阻隔性不够，以及无法高温消毒而无法达到要求。在制造安全啤酒瓶方面，国外研制了另一种聚酯类的高分子材料 PEN，聚对萘二甲酸乙二醇酯。

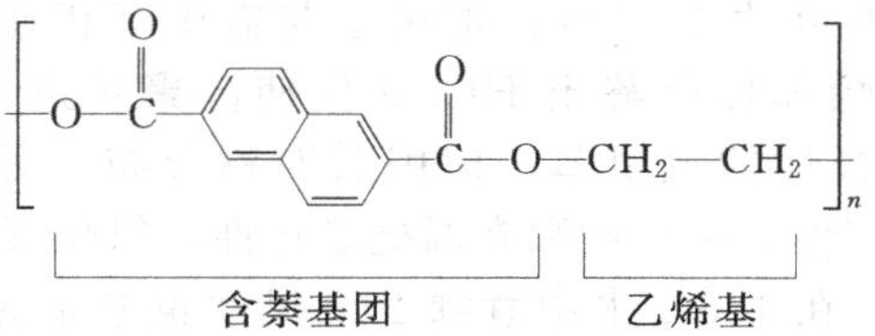

聚对萘二甲酸乙二醇酯的玻璃化转变温度高达 120℃以上，所以可以直接利用高温消毒，其对氧气的阻隔性比 PET 高出三倍以上，是目前生产安全啤酒瓶的唯一可以选用的材料，但是目前该材料因为成本原因，暂时无法广泛使用。

聚对苯二甲酸丁二（醇）酯的制法与 PET 基本相同只是把乙二醇改为 1,4-丁二醇。其分子结构式为：

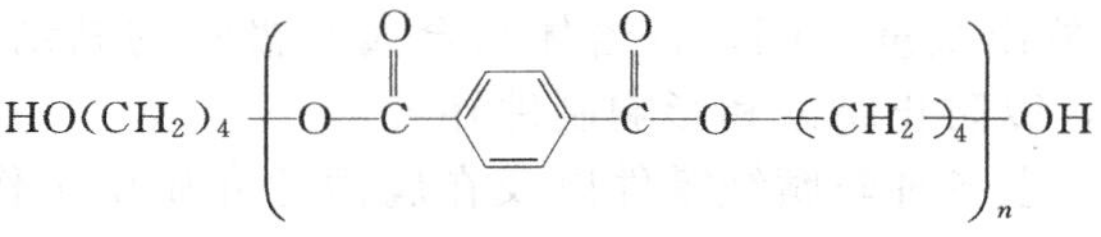

PBT 的特点是热变形温度高，在 150℃的空气中可长期使用。其吸湿性低，在 23℃的饱和值 0.45%，在苛刻环境下尺寸稳定性仍佳。静态、动态摩擦系数低，这样可大大减少对金属或其他零件的磨耗，其耐化学腐蚀性也优良。主要用于制造机械零件。

PBT 的加工性能优于 PET，目前主要是采用注射成型法制造机械零件、办公用设备等工程制品。

2.1.2.16 聚芳酯（PAR）

聚芳酯（PAR）即芳香族聚酯，主要是双酚 A 与对苯二甲酸或间苯二甲酸的缩聚产物，其典型结构为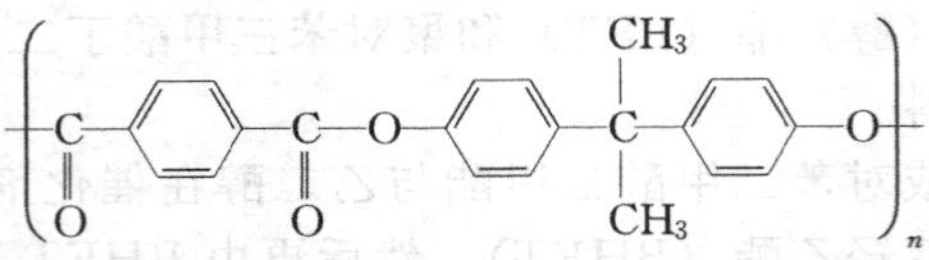及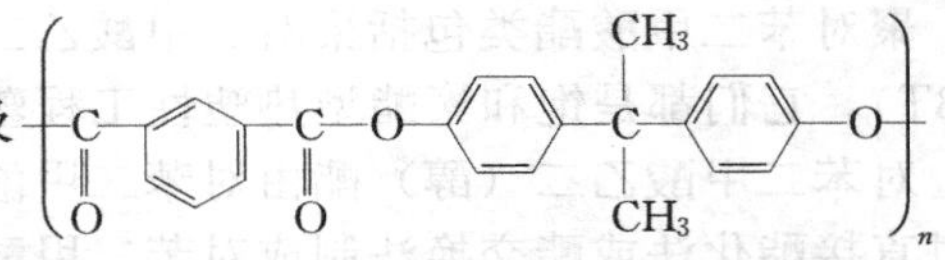

单独采用对苯二甲酸或间苯二甲酸所得的聚芳酯熔点和玻璃化温度过高、结晶度大、发脆，所以目前主要采用对苯二甲酸和间苯二甲酸的混合物与双酚 A 缩聚制得综合性能优良的聚芳酯。聚芳酯因其熔点（或软化温度）与分解温度很接近所以难于成型加工。聚芳酯的软化温度与热分解温度相差较大，可采用注射、挤出、吹塑等方法成型加工，也适于进行二次机加工。

聚芳酯生产方法主要有熔融聚合法、溶液聚合法及界面缩聚法三种。采用较广泛的是界面缩聚法。

聚芳酯具有良好的耐蠕变性、耐冲击性、应变回复性、耐磨性及较高的强度。分解温度为 443℃，玻璃化温度为 193℃。线膨胀系数小，尺寸稳定性好，为自熄性塑料，电性能与聚甲醛、PC、尼龙等相近。聚芳酯为非结晶聚合物，容易被卤代烃、芳香族溶剂等侵蚀。

聚芳酯开发已有二十几年的历史，目前在电子电器、汽车、机械设备和医疗器械等领域得到了广泛应用。聚芳酯改性、增强的研究和开发进展也很迅速。

2.1.2.17 氯化聚醚（OPE）

氯化聚醚以独特的耐化学腐蚀性著称，其耐腐蚀性仅次于聚四氟乙烯，但其加工性能好，成本低，是 60 年代初出现的新型热塑性工程塑料，其分子结构式为：

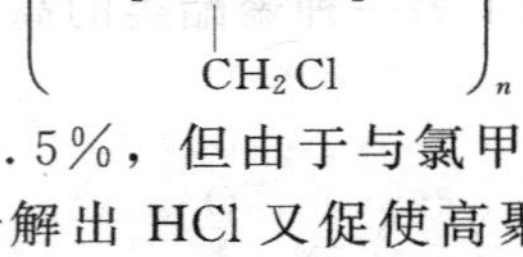

氯化聚醚分子中含氯量高达 45.5%，但由于与氯甲基相连的主链上的碳原子上没有氢原子存在，不像聚氯乙烯那样分解出 HCl 又促使高聚物进一步分解，故耐热性较高；氯化聚醚分子链上虽含有极性的氯甲基，但因其对称分布，因而不显示极性，这种对称结构也有利于提高化学稳定性、耐候性和高温抗老化性，氯化聚醚吸水性极低，如在 23℃，24h 的吸水率小于 0.01%，在 100℃水中煮沸 24h 尺寸也基本无变化，因此适宜制造精密零件。

OPE 缺点是低温性能差。在 40℃以下呈现明显的脆性，且价格较贵。

OPE 可以用注射、挤出、吹塑及模压等方法成型加工。在成型过程中，由于结晶速度慢，制件产生内应力极小，且在室温下可自行消除，所以成型后的制件不必进行热处理。

OPE 在加工中往往放出微量 HCl，且熔体与金属有极强的黏结能力。因此，加工设备模具内腔表面均应镀铬，以防止腐蚀和影响制件外观。

氯化聚醚常用于化工上各种防腐蚀零件以及在腐蚀性介质中工作的精密机械零件，如：泵、阀门、衬里、化工管道及轴承保持器、齿轮等，也可作为防腐蚀涂层用以减摩密封等。氯化聚醚板材用作机床导轨比原 M 级铸铁磨损量小许多，如 V 型面磨损为铸铁的 40%，平面磨损为铸铁的 45%。

2.1.2.18　聚酰亚胺（PI）

主链中含有酰亚胺基团 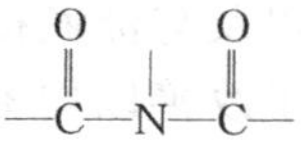 的聚酰亚胺（PI），可分为三类，不熔性、可熔性及改性聚酰亚胺。具有应用价值的聚酰亚胺是芳杂环类聚合物，它是当前唯一工业化生产的耐高温芳杂环聚合物。目前聚酰亚胺有 20 多个品种，聚酰亚胺是当前耐热性最好的工程塑料之一。

（1）不熔性聚酰亚胺　不熔性聚酰亚胺的主要品种是聚均苯四酰二苯醚亚胺。

合成反应可分为缩聚和环化（酰亚胺化）两步。均苯四甲酸二酐和二氨基二苯醚先缩聚成聚酰胺酸再脱水环化成聚酰亚胺。

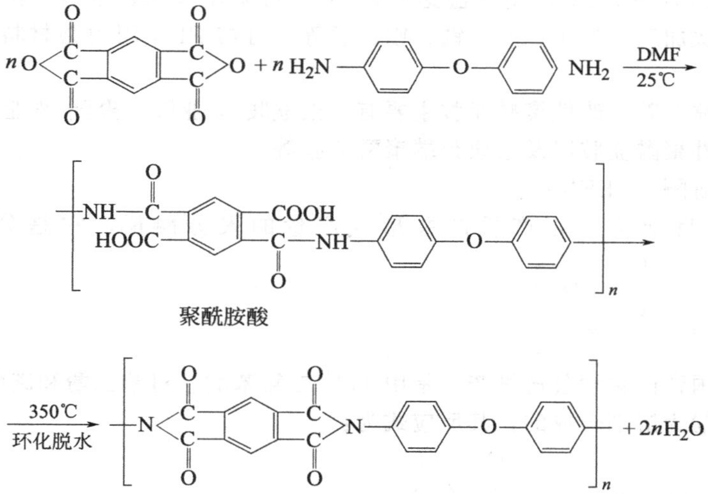

此种聚酰亚胺为热固性聚合物，不溶不熔，通常只能用浸渍法和流延法成型薄膜或模压法生产模压制品。实际上是将第一步缩聚反应生成聚酰胺酸的 DMF 溶液进行成型，然后再进行环化反应而得到制品。浸渍法和流延法生产聚酰亚胺薄膜的工艺如图 2.13 及图 2.14 所示。先将聚酰胺酸溶液过滤放入浸胶槽内消泡、升温，使浸胶用的基材铝箔正常运转，浸入含量约 10%的聚酰胺酸胶液中，在铝箔表面就附有几十微米厚的膜，再把浸渍后的铝箔通过加热区间（190℃）干燥，使溶剂蒸发，再于 350℃进行脱水环化 1～2h，此即为浸渍法（图 2.13）。流延法是将聚酰胺酸溶液流延到连续运转的不锈钢带基材上，通过干燥和高温环化后剥离制得连续的薄膜（图 2.14）。

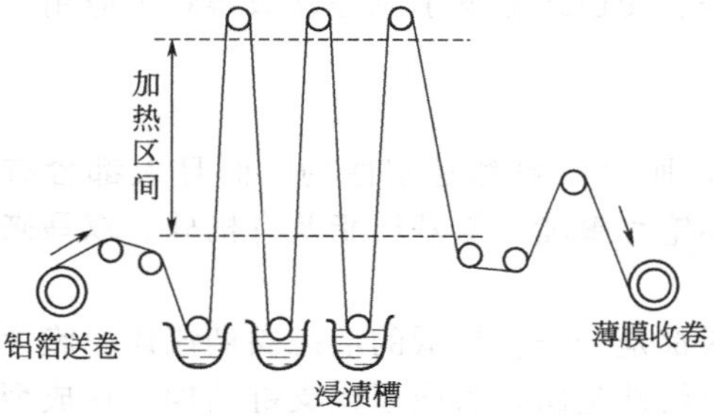

图 2.13　浸渍法生产均苯型聚酰亚胺薄膜工艺流程示意图

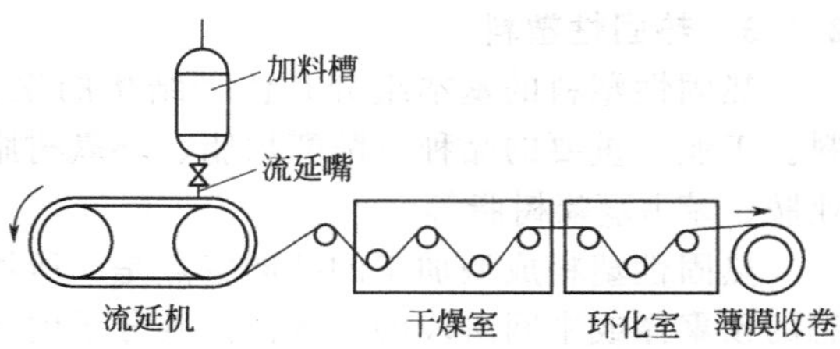

图 2.14　流延法生产均苯型聚酰亚胺薄膜工艺流程示意图

均苯型聚酰亚胺有突出的耐温性，在空气中长期使用温度为 260℃，具有耐辐射性和良好的力学性能。但有缺口敏感性，不耐碱和强酸，不燃。可制成薄膜、增强塑料、泡沫塑料、模压品、涂料、漆包线，还可作特殊条件下工作的精细零件，如耐高温、高真空的自润滑轴承，高温下使用的电气设备零件及耐辐射制品以及与液氮接触的零件等。

(2) 可熔性聚酰亚胺 可熔性聚酰亚胺，是为了改善以均苯四酸二酐制成不熔性聚酰亚胺的加工性能而发展的新品种。主要差别是以二苯醚四酸二酐代替均苯四甲酸二酐。可熔性PI的结构式为：

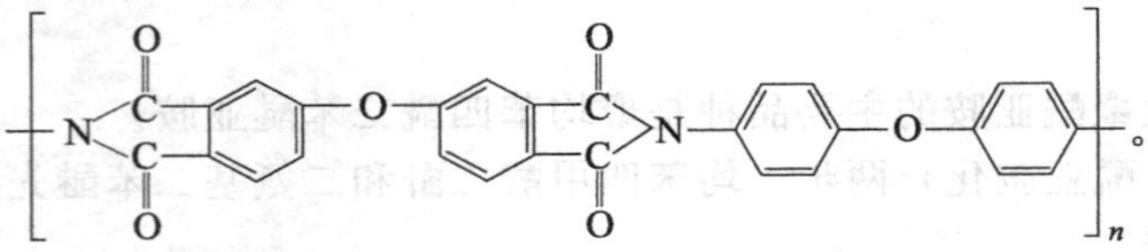

。可熔性 PI 的玻璃化温度 270～280℃，分解温度 570～590℃，耐低温达－193℃。可采用模压、注射、挤出等方法成型加工，也可进行二次加工，如车、削、铣、刨、磨等。可熔 PI 作用耐磨材料、介电材料和宇航材料。

(3) 改性聚酰亚胺 改性聚酰亚胺主要有：聚酰胺-酰亚胺、聚酯-酰亚胺、咪唑-亚胺共聚物、可溶可熔性聚酰亚胺以及乙炔封端聚酰亚胺等。

2.1.2.19 聚醚醚酮（PEEK）

聚醚醚酮是目前唯一正产投产并形成产量的聚芳醚酮，它是分子主链中含有

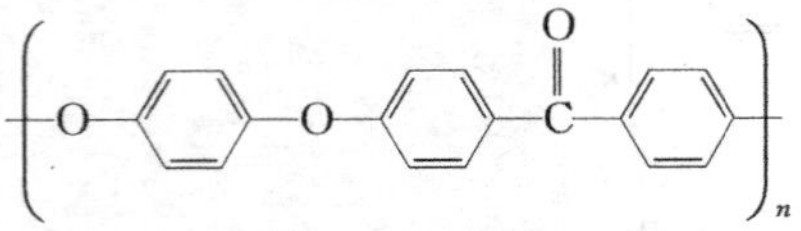

它首先在美国帝国化学公司投产，是用 4,4′-二氟苯酮、对苯二酚和碳酸钠（或碳酸钾）为原料，以三苯酚为溶剂合成的，其反应式为：

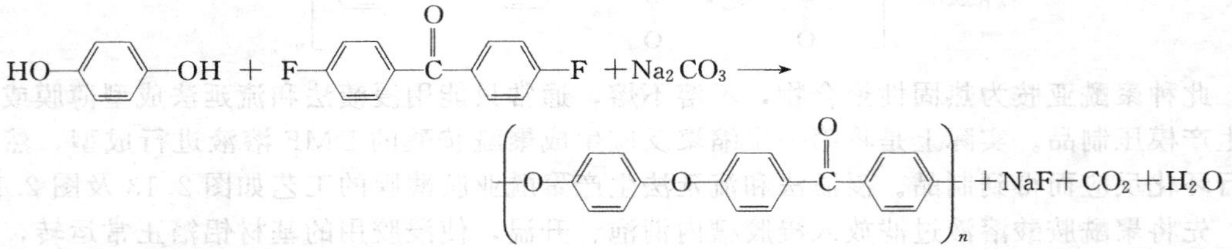

聚醚醚酮具有较高的结晶性，熔点 334℃，长期使用温度 240℃以上，经玻璃纤维增强的晶级高达 300℃，具有优良的耐蠕变和耐疲劳性能，摩擦系数较小、耐磨性高，具有优异的电绝缘性，除浓硫酸外，几乎能耐任何化学药品。它兼具热固性塑料的耐热性、化学稳定性和热塑性塑料的成型加工性，可用注射、挤出、模压、吹塑、静电涂覆等方法成型。聚醚醚酮出现十多年，便已开始在电子电器、机械仪表、交通运输及宇航等领域得到了应用。可以预见它是一类发展前景广阔的高分子材料。

2.1.3 热固性塑料

热固性塑料的基本组分是体型结构的聚合物，所以一般都是刚性的，而且大都含有填料。工业上重要的品种有酚醛树脂、环氧树脂、不饱和聚酯、氨基树脂及有机硅、双马来酰亚胺、苯并噁嗪树脂等。

热固性塑料成型加工的共同特点是，所用原料都是分子量较低的液态黏稠流体、脆性固态的预聚体或中间阶段的缩聚体，其分子内含反应活性基团，为线型或支链结构。在成型为塑料制品过程中同时发生固化反应，由线型或支链型低聚物转变成体型聚合物。这类聚合物不仅可用来制造热固性塑料制品，还可作胶黏剂和涂料，并且都要经过固化过程才能生成坚韧的涂层和发挥黏层作用。热固性塑料成型的一般方法是模压、层压及浇铸，有时亦采用注射成型及其他成型方法。

热固性聚合物的固化反应有两种基本类型。a. 固化过程中有小分子如 NH_3 或 H_2O 析出，即固化过程是由缩合反应进行的。这时，成型多应在高压或负压条件下进行，以使小分子化合物逸出而不聚集成气孔，造成制件缺陷。但是在低温、固化反应较慢的情况下也可选用常压成型，此时小分子缓慢扩散蒸发而不致形成气孔。b. 固化过程是以加成聚合机理进行的，无小分子物产生，这时就不必虑及使小分子物逸出的措施。

2.1.3.1　酚醛塑料（PF）

酚醛树脂是第一个工业规模合成的聚合物，已有 100 多年历史。酚醛塑料是由酚类和醛类化合物在酸性或碱性催化剂作用下缩聚而得的酚醛树脂，再加上各种添加剂混合制成的。其中以苯酚和甲醛缩聚而成的酚醛树脂应用较为普遍，其次是甲酚、糠醛等。根据催化剂是酸性或碱性的不同、苯酚/甲醛比例不同，可生成热塑性或热固性树脂。热塑性酚醛树脂需以酸类为催化剂，酚与醛的比例大于 1（6/5 或 7/6），即在酚过量的情况下生成，若甲醛过量，则生成的线型初聚物容易被甲醛交联。热塑性酚醛树脂为松香状，性脆，可溶，可熔，溶于丙酮、醚类、酯类等。若甲醛过量，以酸或碱为催化剂，或甲醛虽不过量，但以碱为催化剂时都生成热固性酚醛树脂。热塑性酚醛树脂分子内不含—CH_2OH 基团，所以必须加固化剂才能进行固化。一般采用六次甲基四胺为固化剂。热固性酚醛树脂，由于缩聚反应推进程度的不同，相应的树脂性能亦不同。可将其分为三个阶段：a. 甲阶树脂，能溶于乙醇、丙酮及碱的水溶液中，加热后可转变成乙阶和丙阶树脂；b. 乙阶树脂，不溶于碱液但可全部或部分地溶于乙醇及丙酮中，加热后转变成丙阶；c. 丙阶树脂为不溶不熔的体型聚合物。

热塑性酚醛树脂分子结构式为：

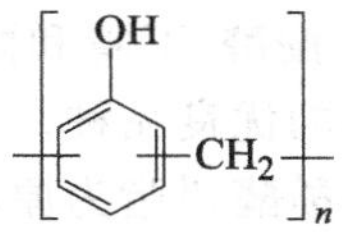

热固性酚醛树脂分子结构式为：

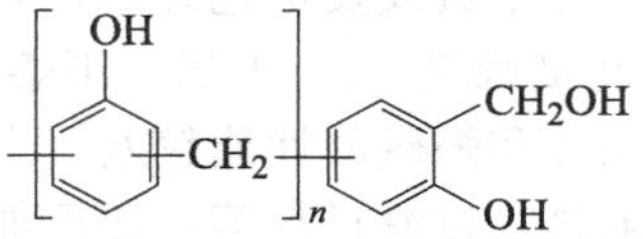

分子链中含有可进一步反应的活性羟甲基（—CH_2OH），故不稳定。加热、加压时，靠本身官能团之间的反应，交联成体型结构，再受热时不会再软化，也不流动。结构上的特点决定了酚醛塑料具有较高的机械强度和表面硬度，良好的电性能（击穿电压在 10kV 以上）并兼有耐热性好、耐磨、耐腐蚀等优良性能。

按成型加工方法，酚醛塑料可分为以下几种类型。

（1）酚醛层压塑料　将各种片状填料（棉布、玻璃布、石棉布、矿物、金属化合物、纸等）浸以甲阶热固性酚醛树脂，干燥、切割、迭配，放入压机内层压成制品。

（2）酚醛模压塑料　可分为粉状压塑料（模塑粉）和碎屑状压塑料两种。模塑粉所用的主要填料为木粉，其次是云母粉等，树脂为热塑性酚醛树脂或甲阶热固性酚醛树脂。将磨碎后的树脂与填料混合均匀后就成为模塑粉。可采用模压成型，近年来发展了注射及挤出成型方法。碎屑状模塑料是由碎块状填料（布、纸、木块等）浸渍于甲阶树脂而得，可用模压法成型。

（3）酚醛泡沫塑料　热塑性或甲阶热固性酚醛树脂，加入发泡剂、固化剂等，经起泡后使其固化，即得酚醛泡沫塑料，可用作隔热材料、浮筒、救生圈等。酚醛层压塑料和模压塑料的性能见表2.14。

表2.14　各种酚醛树脂综合性能

品种性能	模压塑料			层压塑料		
	木粉填充	碎布填充	矿粉填充	纸	布	石棉
密度/($\times10^3$kg/m^3)	1.35～1.4	1.34～1.3	1.9～2.0	1.24～1.38	1.34～1.38	1.6～1.8
拉伸强度/MPa	35～36	35～56	21～56	49～140	56～140	42～84
弯曲强度/MPa	56～84	56～84	56～84	70～210	84～210	84～140
剪切强度/MPa	56～70	70～105	28～105	35～84	35～84	28～56
压缩强度/MPa	105～245	140～224	140～224	140～280	175～280	140～280
冲击强度/(kJ/m^2)	0.54～0.27	0.16～1.16	0.13～0.82	0.16～0.82	0.54～2.17	0.27～0.81
介电常数(10^3Hz)	0.4	0.35	0.34	0.3	0.35	0.35
介电强度/(V/mm)	4～12	4～10	4～10	10～31	4～20	2～4
体积电阻/(Ω/mm)	10^8～10^{12}	10^8～10^{10}	10^9～10^{12}	10^{10}～10^{12}	10^{10}～10^{12}	10^9～10^{10}

(4) 酚醛胶　热固性酚醛树脂是酚醛胶黏剂的重要原料。单一的酚醛树脂胶性脆，主要用于胶合板和精铸砂型的黏结。以其他高聚物改性的酚醛树脂为基料的胶黏剂，在结构胶中占有重要地位。其中酚醛-丁腈、酚醛-缩醛、酚醛-环氧、酚醛-环氧-缩醛、酚醛-尼龙等胶黏剂具有耐热性好、粘接强度高的特点。酚醛-丁腈和酚醛-缩醛胶黏剂还具有抗张、抗冲击、耐湿热老化等优异性能，是结构胶黏剂的优良品种。

(5) 酚醛纤维　主要以热塑性线型酚醛树脂为原料，经熔融纺丝后浸于聚甲醛及盐酸的水溶液中作固化处理，得到甲醛交联的体型结构纤维。为提高纤维强度和模量，可与5%～10%聚酰胺熔混后纺丝。这类纤维为金黄或黄棕色纤维，强度为11.5～15.9cN/dtex，抗燃性能突出，极限氧指数为34，瞬间接触氧-乙炔火焰，不熔融也不延燃，具有自熄性，还能耐浓盐酸和氢氟酸，但耐硫酸、硝酸和强碱的性能较差。主要用作防护服及耐燃织物或室内装饰品，也可用作绝缘、隔热与绝热、过滤材料等，还可加工成低强度、低模量碳纤维、活性碳纤维和离子交换纤维等。

酚醛树脂的主要特点是价格便宜、尺寸稳定性好、耐热性优良，根据不同的性能要求可选择不同的填料和配方以满足不同的用途需要。

酚醛树脂广泛用于制作各种电讯器材，如灯开关、灯头、电话耳机外壳、仪表盒盖。采用布质、木质或石棉等片状填料制成层压塑料制品，由于结构紧密均匀，机械强度高，有一定冲击韧性，可代替金属制作各种耐热、耐磨、耐腐蚀结构件。如汽车刹车片、火车闸瓦、内燃机曲轴皮带轮、风扇、皮带轮、凸轮、轴承、壳体以及防腐蚀工程、胶黏剂、阻燃材料、砂轮片制造等行业。另外，耐高温酚醛塑料具有优异的耐烧蚀性能及高残碳率，耐瞬时高温可达3000℃以上，这对宇航等工业具有重大意义。

酚醛树脂虽然是最古老的合成树脂，但至今仍是最重要的树脂品种。近年来研究制成许多改性酚醛树脂新品种，大大改善了此种树脂的耐热性、韧性等性能，使之不断得到发展。有关酚醛树脂的开发和研究工作，主要围绕着增强增韧、阻燃、低烟以及成型适用性方面开展，向功能化、精细化发展，各国科学家都以高附加值的酚醛树脂材料为研究开发对象。主要酚醛树脂改性品种有以下几种。

（1）聚乙烯醇缩醛改性酚醛树脂　聚乙烯醇缩醛改性酚醛树脂中由于聚乙烯醇缩醛的加入，使树脂混合物中酚醛树脂的浓度相应降低，减慢了树脂的固化速率，可降低其成型压力。同时，聚乙烯醇缩醛对酚醛树脂可起到有效的增韧作用，改善酚醛树脂的脆性，但制件耐热性及耐水性有所降低。

为了提高该改性树脂的耐热性，常用耐热性较好的聚乙烯醇缩甲醛或缩乙醛以代替缩丁醛，同时还可加入一定量的正硅酸乙酯。正硅酸乙酯在浸胶烘干及热压过程中与聚乙烯醇缩醛分子中的羟基以及酚醛树脂中的羟甲基反应，进入树脂的交联结构，从而提高制品的耐热性和耐水性。

（2）环氧树脂改性酚醛树脂　30%～40%的热固性酚醛树脂和 70%～60%的双酚 A 型环氧树脂的混合物兼具环氧树脂优良的黏结性和酚醛树脂优良的耐热性。其固化反应主要通过酚羟基与环氧基之间的反应进行，既可以看作环氧改性酚醛，也可看作酚醛改性环氧；该树脂主要生产层压玻璃布板，用作电绝缘材料。

（3）有机硅改性酚醛树脂　有机硅树脂有优良的耐热性和耐潮性，使用有如$R'_nSi(OR'')_{4-n}$的有机硅单体，与酚醛树脂中的酚羟基或羟甲基发生反应，可改进酚醛树脂的耐热性及耐水性。

一般是先制成有机硅单体和酚醛树脂的混合物，然后在浸渍、烘干及压制成型过程中完成上述交联反应。

（4）硼改性酚醛树脂　在酚醛树脂的分子结构中引入无机的硼元素，可使酚醛树脂的耐热性、瞬时耐高温性能和机械性能更为优良。其制备过程是先用硼酸和苯酚反应，生成不同反应程度的硼酸酚酯混合物，然后再与甲醛水溶液或多聚甲醛反应，生成硼改性酚醛树脂。

该树脂分子中引进了柔性较大的—B—O—键，使树脂脆性有所改善，而固化产物中含硼的交联结构，使产品的耐烧蚀性能和耐中子性能得以提高，且酚羟基中的强极性的氢原子被硼原子取代后，邻、对位的反应活性降低，使固化速度减慢，可适应层压工艺的要求。

硼酚醛树脂/玻璃纤维复合材料具有优良的耐高温性能及烧蚀性能，使它成为在火箭、导弹和空间飞行器等空间技术上广泛采用的一种优良的烧蚀材料。

（5）二甲苯改性酚醛树脂　将疏水性的结构二甲苯引进酚醛树脂的分子结构中，由此改性酚醛树脂的耐水性和耐碱性。二甲苯改性酚醛树脂（也称改性二甲苯甲醛树脂）的合成过程分为两步，先将二甲苯和甲醛在酸性催化剂下合成热塑的二甲苯甲醛树脂；然后再将它和苯酚、甲醛进行反应制得热固性树脂。

二甲苯改性酚醛树脂中庞大的二甲苯基空间位阻效应使其较一般热固性酚醛树脂稳定，在 3～6 个月内始终处于均一状态，不会发生结块或局部凝胶现象。具有明显的甲、乙、丙三个固化阶段，而且乙阶时间较长，加工过程易于控制。

2.1.3.2　环氧树脂（EP）

环氧树脂是指分子中含有两个或两个以上环氧基团（$-\underset{\diagdown\ O\ \diagup}{CH_2-CH}-$）的有机高分子化合物。它是一类品种繁多、不断发展的合成树脂，起始于 20 世纪 30 年代，并于 40 年代后期开始工业化，之后又相继发展了许多新型的环氧树脂品种。由于环氧树脂及其固化后的体系具有一系列可贵的性能，可用作黏合剂、涂料和纤维增强复合材料的基体树脂等，广泛用于机械、电机、化工、航空航天、船舶、建筑等工业。

（1）环氧树脂的性能和特性

① 形式多样　各种树脂、固化剂、改性剂体系几乎可以适应各种应用对形式提出的要

求，其范围可以从极低的黏度到高熔点固体。

② 固化方便　选用各种不同的固化剂，环氧树脂体系几乎可以在 0～180℃温度范围内固化。

③ 黏附力强　环氧树脂中极性羟基和醚键的存在，使其对各种物质具有很高的黏附力。而环氧树脂固化时收缩性低也有助于形成一种强韧的、内应力较小的黏合键。

④ 收缩性低　环氧树脂和所用的固化剂的反应是通过直接加成来进行的，没有水或其他挥发性副产物放出，同时环氧树脂又有一定预聚度，使其和酚醛树脂、不饱和聚酯树脂相比，在固化过程中显示出较低的收缩性。

⑤ 力学性能　固化后的环氧树脂体系具有优良的力学性能。

⑥ 电性能　固化后的环氧树脂体系在宽广的频率和温度范围内具有良好的电性能，是一种具有高介电性能、耐表面漏电、耐电弧的优良绝缘材料。

⑦ 化学稳定性能　固化后的环氧树脂体系具有优良的耐碱性、耐酸性和耐溶剂性，其化学稳定性取决于所选用的树脂和固化剂。适当地选用环氧树脂和固化剂，可以使其具有特殊的化学稳定性能。

⑧ 尺寸稳定性　上述的许多性能的综合，使固化环氧树脂体系具有较好尺寸稳定性和耐久性。

⑨ 耐霉菌　固化环氧树脂体系耐大多数霉菌，可以在苛刻的热带条件下使用。

(2) 环氧树脂的分类

环氧树脂的品种很多，但根据它们的分子结构，大体上可分为五大类。

① 缩水甘油醚类

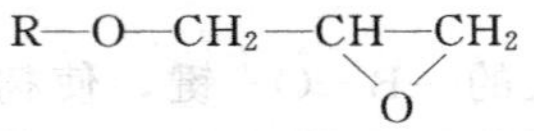

② 缩水甘油酯类

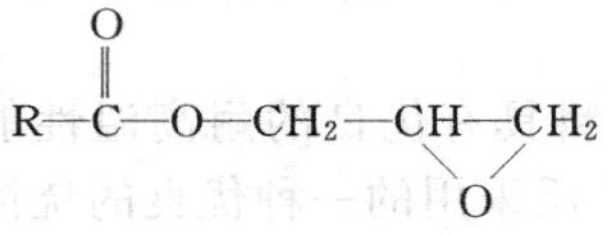

③ 缩水甘油胺类

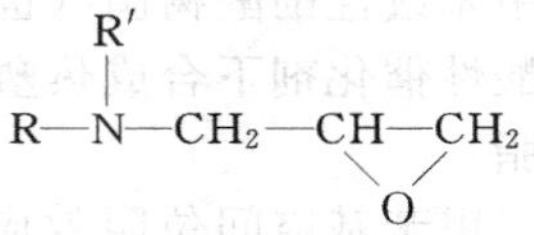

④ 线型脂肪族类

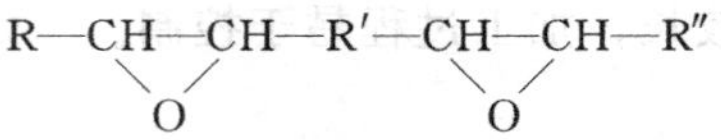

⑤ 脂环族类

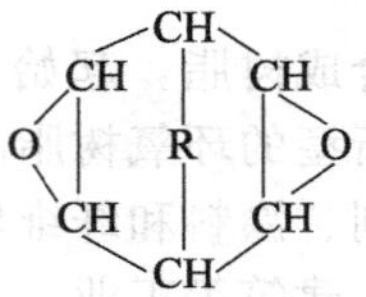

其中 90%以上的产量是由双酚 A 和环氧氯丙烷缩聚而成的缩水甘油醚类环氧树脂，通常所说的环氧树脂就是指此种环氧树脂。

由双酚 A 和环氧氯丙烷所生成的环氧树脂分子结构为：

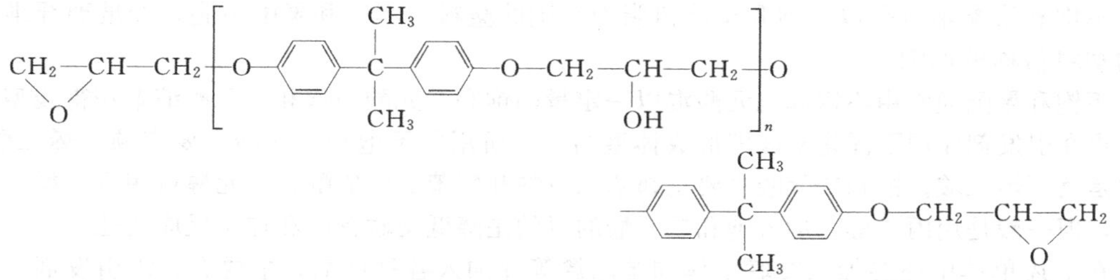

由于环氧基化合物的活性，使其合成过程中除了主反应外，还有许多副反应（如水解反应、聚合反应）等，使环氧树脂分子除大多数为含有两个环氧基端基的线型结构外，还有少数分子可能支化，极少数分子终止的基团是氯醇基团而不是环氧基等。而环氧树脂的环氧基含量、氯含量等对树脂固化及固化物的性能有很大影响，所以作为环氧树脂控制的基本技术指标有以下几点：

① 环氧值　环氧值是鉴别环氧树脂性质最主要的指标，工业环氧树脂型号就是按环氧值不同来区分的。环氧值是指每 100g 树脂中所含环氧基物质的量数。环氧值的倒数乘以 100 就称之为环氧当量。环氧当量的含义是：含有 1mol 环氧基的环氧树脂的克数。

② 无机氯含量　树脂中的氯离子能与胺类固化剂起络合作用而影响树脂的固化，同时也影响固化树脂的电性能，因此氯含量也是环氧树脂的一项重要指标。

③ 有机氯含量　树脂中的有机氯含量标志着分子中未起闭环反应的那部分氯醇基团的含量，有机氯含量应尽可能地降低，否则也要影响树脂的固化及固化物的性能。

④ 挥发分。

⑤ 黏度或软化点。

环氧塑料的组成除基本组分环氧树脂之外，还含有以下几类：a. 固化剂；b. 增韧等改性剂；c. 填料；d. 稀释剂；e. 其他。其中固化剂是必不可少的添加物，无论是作粘接剂、涂料、浇铸料都需添加固化剂，否则环氧树脂不能固化。在固化剂作用下，这种线型结构环氧树脂的环氧基打开相互交联而固化。环氧树脂的固化有两种情况：a. 通过与固化剂产生化学反应而交联为体型结构，所用固化剂有多元脂肪胺、多乙烯多胺、多元芳胺、多元酸酐等。b. 在催化剂作用下环氧基发生聚合而交联，催化剂不参与反应，催化剂有叔胺、路易氏酸等。增韧剂的加入是为了提高其抗冲强度。增韧剂有活性增韧剂和非活性增韧剂之分。非活性增韧剂即一般的增塑剂如邻苯二甲酸二丁酯等，用量为环氧树脂的 5%～10%。活性增韧剂带有活性基团，参加固化反应，增韧效果明显，常用的有环氧化植物油及多官能团的热塑性聚酰胺树脂等，用量为环氧树脂的 40%～80%。加入稀释剂是为降低加工时的黏度，用量为环氧树脂质量的 5%～20%。填充剂是为改进性能和降低成本。常用的填充剂有石棉、玻璃纤维、云母、石英粉等，其加入量一般为 40%以下。

环氧树脂具有优良的物理机械性能、电绝缘性能、黏结性能和优异的成型加工性能，可以作为涂料、浇铸料、模压料、胶黏剂、层压材料以直接或间接使用的形式渗透到从日常生活用品到高新技术领域的各个方面。例如：在涂料领域，应用于汽车等金属部件底漆，工业设备的防腐涂料，建筑用环氧树脂地坪等。在复合材料领域，工业中的各种容器、贮槽、管道等以及风力发电叶片等；飞机、航天器中的复合材料、大规模集成电路的封装材料、印制电路板基体材料；发电机等电器的绝缘材料；体育用品球拍、球杆、钓鱼竿、赛艇、帆船等复合材料。在胶黏剂领域，主要有快速固化韧性环氧树脂胶黏剂，导电胶，光学结构胶，汽车维修胶，石材胶等。

2.1.3.3 不饱和聚酯塑料

不饱和聚酯塑料是以不饱和聚酯树脂为基础的塑料。不饱和聚酯树脂，经玻璃纤维增强后的塑料俗称玻璃钢。

不饱和聚酯通常由不饱和二元酸混以一定量的饱和二元酸与饱和二元醇缩聚获得线型初聚物，再在引发剂作用下固化交联即形成体型结构。所用的不饱和二元酸主要有顺丁烯二酸酐，其次是反丁烯二酸。饱和二元酸主要是邻苯二甲酸和邻苯二甲酸酐。二元醇可用丙二醇、丁二醇等，但一般是用丙二醇。加入饱和二元酸的目的是降低交联密度和控制反应活性。

在上述单体中还要加入交联单体如苯乙烯等并加入各种助剂，主要有：①引发剂，其作用是引发树脂与交联单体的交联反应；②加速剂又称促进剂，用以促进引发剂的引发反应，不同的引发剂要与不同的加速剂配套使用，常用的有胺类加速剂；③阻聚剂，如对苯二酸、聚代对苯醌、季胺碱盐、取代肼盐等，其作用是延长不饱和聚酯初聚物的存放时间；④触变剂，如 PVC 粉、二氧化硅粉等，用量 1%～3%，其作用是能使树脂在外力（如搅拌等）作用下变成流动性液体，当外力消失时又恢复到高黏度的不流动状态，防止大尺寸制品成型时垂直或斜面树脂流胶。

制备不饱和聚酯树脂，一般是由不饱和二元酸二元醇或者饱和二元酸不饱和二元醇缩聚而成的具有酯键和不饱和双键的线型高分子化合物。通常，聚酯化缩聚反应是在 190～220℃进行，直至达到预期的酸值（或黏度），在聚酯化缩合反应结束后，趁热加入一定量的乙烯基单体，配成黏稠的液体，这样的聚合物溶液称之为不饱和聚酯树脂。

不饱和聚酯塑料制品，一般都要加入填料或增强剂，通常是玻璃微珠或玻璃纤维。以玻璃纤维增强后的玻璃钢，将具有更加优异的性能（表 2.15），可用于制造结构件。

表 2.15 纯聚酯与聚酯玻璃钢性能比较

品　种	抗拉强度/MPa	抗压强度/MPa	抗弯强度/MPa
纯聚酯	40～90	150	50～100
玻璃钢	250～350	300	200

不饱和聚酯在固化过程中没有挥发物逸出，能在常温常压下成型，具有很高的固化反应能力，施工方便，可采用手糊成型法、模压法、缠绕法、喷射法等工艺来成型加工玻璃钢制品。此外还发展了一种预浸渍聚酯玻璃纤维毡片制造方法——片材成型法（SMC），以及预浸渍聚酯玻璃纤维的面团成型法（BMC）即整体成型法（BMO）。

固化后的不饱和聚酯坚硬、不溶不熔，呈褐色半透明状，易燃，不耐氧化、不耐蚀。其相对密度在 1.11～1.20，固化树脂的一些物理性质如下。

(1) 耐热性　绝大多数不饱和聚酯树脂的热变形温度都在 50～60℃，一些耐热性好的树脂则可达 120℃。

(2) 力学性能　不饱和聚酯树脂具有较高的拉伸、弯曲、压缩等强度。

(3) 耐化学腐蚀性能　不饱和聚酯树脂耐水、稀酸、稀碱的性能较好，耐有机溶剂的性能差，同时，树脂的耐化学腐蚀性能随其化学结构和几何结构的不同，可以有很大的差异。

(4) 介电性能　不饱和聚酯树脂的介电性能良好。

(5) 缺点是固化时收缩率较大，贮存期限短，含苯乙烯，有刺激性气味，长期接触对身体健康不利。

但不饱和聚酯原料来源的多样性，使不饱和聚酯的性质有着广泛的多变性，这种多变性取决于合成不饱和聚酯所采用的二元酸的类型、二元醇的类型（见图 2.15，图 2.16）和交联单体的种类以及配比等。比如合成不饱和聚酯时，加入饱和二元酸用来调节双键的密度，

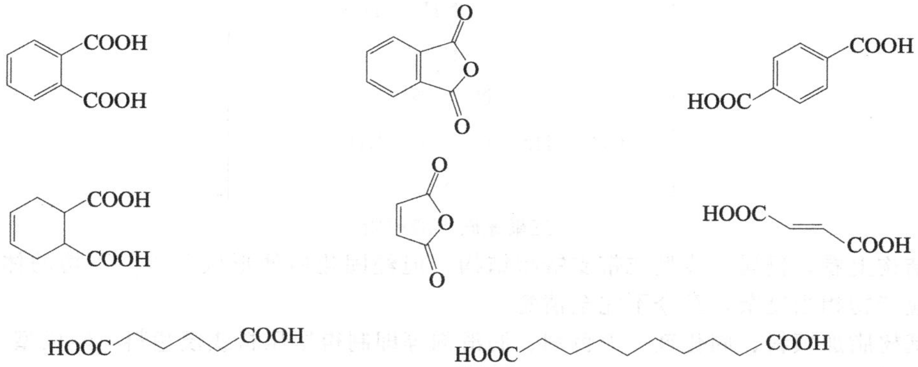

图 2.15　合成不饱和聚酯所采用的二元酸的类型

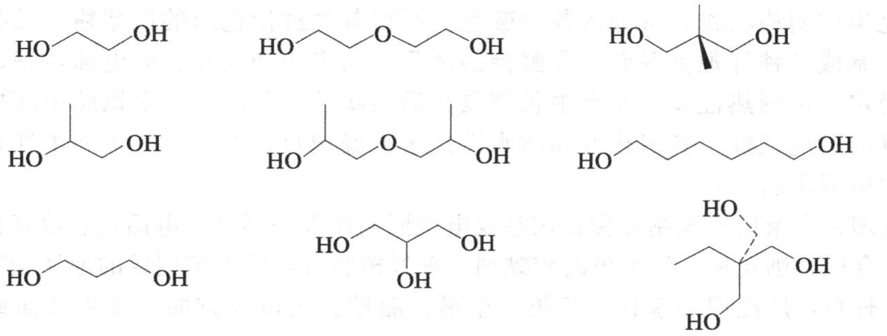

图 2.16　合成不饱和聚酯所采用的二元醇的类型

增加树脂的韧性和柔顺性，并可改善它在乙烯单体中的相容性。采用己二酸、癸二酸等脂肪族二元酸，由于其有较长的脂肪链，可用于制备柔性聚酯。合成不饱和聚酯一般主要采用二元醇，加入一元醇可用作分子链长控制剂，加入多元醇得到的聚酯则有支链结构，其具有高的软化点。不饱和聚酯树脂是由不饱和聚酯和交联单体两部分组成的溶液，因此交联单体的种类及其用量对固化树脂的性能有较大影响。由于苯乙烯与不饱和聚酯有良好的相容性，且固化时其与聚酯分子链中的不饱和双键能很好地共聚。有时也在苯乙烯固化体系中加入部分甲基丙烯酸甲酯，用来改进不饱和聚酯树脂固化后的耐候性，以及使固化树脂与玻璃纤维有相近的折射率。

不饱和聚酯主要用途是制作玻璃钢材料。由不饱和聚酯制得的玻璃钢主要作承力结构材料，其比强度高于合金铝，接近钢材，因此常用来代替金属而用于汽车、造船、航空、建筑、化工等领域。不饱和聚酯还用作涂料、胶泥和浇铸塑料等。

2.1.3.4　氨基树脂

氨基塑料是以氨基树脂为基本组分的塑料。氨基树脂是一种具有氨基官能团的原料（尿素、三聚氰胺、苯胺等）与醛类（主要是甲醛）经缩聚反应而制得聚合物的总称。主要包括脲-甲醛树脂、三聚氰胺-甲醛树脂以及脲和三聚氰胺与甲醛的共缩聚树脂，最重要的是前两种，通常的氨基塑料一般就是指脲-甲醛塑料。其主要用于制备塑料、涂料、胶黏剂，也用于织物、纸张的防缩防皱处理等。氨基树脂分子结构式如下：

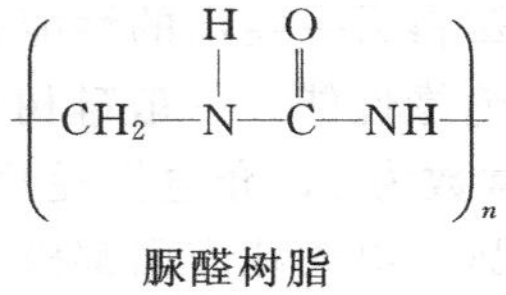

脲醛树脂

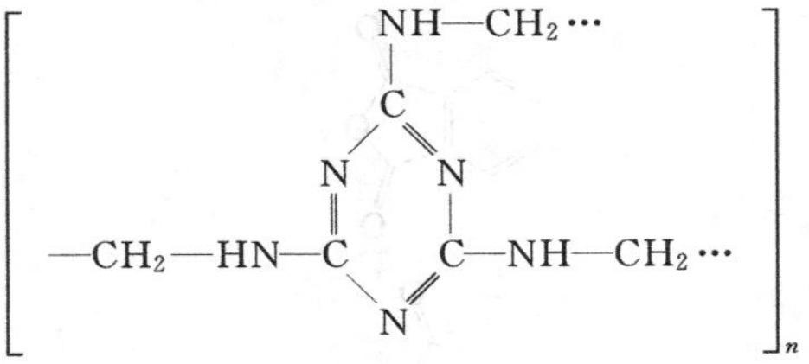

三聚氰胺甲醛树脂

从结构上看，仍属于线型或带支链型结构，但经固化后便形成不溶、不熔的体型结构，而且反应产物相当复杂，至今不完全清楚。

氨基树脂加填料、固化剂、着色剂、润滑剂等即制得层压料或模塑料，经成型、固化即得氨基塑料制品。

常用的氨基塑料是脲醛压塑粉（与酚醛压塑粉相仿），俗称电玉粉。以纸浆为填料的压塑粉是无色半透明粉状物，可加入各种颜色：制得各种鲜艳色彩的压塑粉，其特点是原料成本低廉，能制成各种外观良好而色彩鲜艳的制品，其表面硬度高、耐电弧性好、对矿物油霉菌的作用稳定，但耐热性差，在水中长期浸泡后绝缘性能下降。三聚氰胺甲醛树脂的硬度也高，有较好的耐电弧性，其耐热性和耐水性优于脲醛塑料，但性脆，抗冲击性差且价高，所以应用不如脲醛塑料。

脲醛压塑粉大量用于压制各种日用品及电气照明用设备零件、电话机、收音机外壳等；脲醛树脂是胶合板、刨花板、纤维板的胶黏剂；脲醛树脂若经发泡剂制成的泡沫塑料，是很好的保温、隔音材料，广泛用于家具、建筑、车辆、船舶、飞机等方面，作为表面或内壁装饰材料，它具有表面坚硬、不易损伤、有抵抗弱酸、弱碱、有机溶剂、脂肪等的浸蚀、不生霉、不怕白蚁、耐烫、不易燃烧等优点。另外，在造纸行业中其主要用于纸张湿强剂和造纸胶黏剂等。

2.1.3.5 有机硅塑料（Si）

有机硅塑料是有机硅聚合物的一种，其分子结构式中主链由硅-氧链构成，侧链则通过硅与有机基团相连，因此是一种半有机聚合物，通过交联形成体型结构的热固性塑料。其结构式可表示如下：

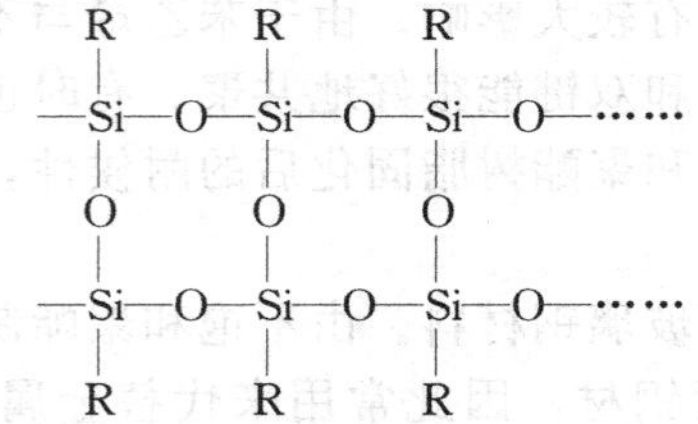

常用的有机硅塑料是由甲基氯硅烷、苯基氯硅烷水解缩聚而成，是一种体型结构的热固性塑料。其固化交联大致有三种方式：一是利用硅原子上的羟基进行缩水聚合交联而成网状结构，这是硅树脂固化所采取的主要方式；二是利用硅原子上连接的乙烯基，采用有机过氧化物为触媒，类似硅橡胶硫化的方式；三是利用硅原子上连接的乙烯基和硅氢键进行加成反应的方式。

有机硅塑料性能由主链和侧基的特性而决定，因主链为硅-氧键，其键能比碳-碳键、碳-氧键、碳-氮键的都强，因而其最突出的性能之一是优异的热氧化稳定性，可在180～200℃下长期使用，250℃加热24h后，其失重仅为2%～8%。侧基则使它具有一般高分子化合物的韧性、高弹性和可塑性。有机硅塑料另一突出的性能是优异的电绝缘性能，它在较宽的温度和频率范围内均能保持其良好的绝缘性能。一般硅树脂的电击穿强度为50kV/mm，体积电阻率为1013～1015Ω/cm，介电常数为3，介电损耗角正切在10～30。有机硅不仅绝缘电阻高，而且在击穿强度和耐高压电弧、电火花方面都极为优异，因此电绝缘性优良，其憎水性好，防潮性强、耐辐射、耐臭氧、也耐低温。另外，有机硅树脂具有良好的耐化学性能和优异的生物相容性能。但有机硅聚合物分子间作用力小，机械强度低，耐溶剂的性能较差，价格较高。

热固性的有机硅塑料主要制成压塑件、浇铸件，也可制成层压制品，如某些耐热件、电机、电器绝缘件，电气、电子元件及线圈的灌封与固定，以及耐高温、抗氧化涂层和生物替代材料。

2.1.3.6　加成交联型聚酰亚胺

加成交联型聚酰亚胺，为反应官能团封端的低分子量的酰亚胺预聚物或小分子化合物，可溶于 NMP、DMF、DMAc 等极性有机溶剂或熔融加工成型。固化过程中无小分子释放，得到高质量、没有孔隙的增强塑料。目前获得广泛应用的主要有聚双马来酰亚胺和降冰片烯基封端聚酰亚胺。

（1）双马来酰亚胺（BMI）　双马来酰亚胺是由聚酰亚胺树脂体系派生的一类树脂体系，是以马来酰亚胺（MI）为活性端基的双官能团化合物。其化学结构通式为：

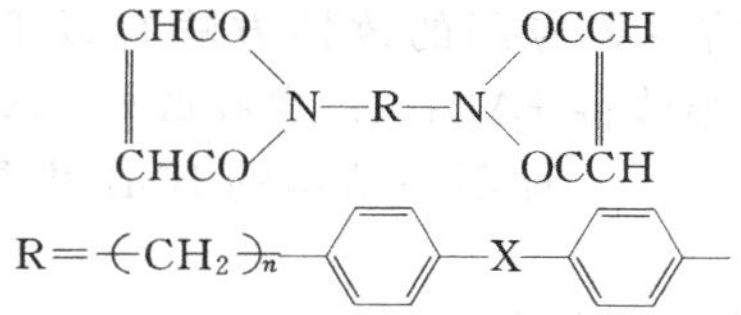

BMI 单体结构中，C ═C 双键受邻位两个羰基的吸电子作用而成为贫电子键，因而易与二元胺、酰胺、酰肼等含活泼氢的化合物进行加成反应，它也可以同含不饱和双键的化合物、环氧树脂及其他结构的 BMI 进行共聚反应，同时也能在催化剂或热作用下发生自聚反应。BMI 的固化和后固化温度与其结构有很大的关系，一般 BMI 及其改性树脂的固化温度为 200～220℃，后处理温度为 230～250℃。双马来酰亚胺的主要性能如下：

① 耐热性　BMI 由于含有苯环、酰亚胺杂环及交联密度较高而使其固化物具有优良的耐热性，其一般使用温度范围为 177～232℃左右。脂肪族 BMI 中乙二胺是最稳定的，随着亚甲基数目的增多起始热分解温度下降。芳香族 BMI 的起始热分解温度一般都高于脂肪族 BMI，其中 2,4-二氨基苯类的起始热分解温度高于其他种类。另外，其与交联密度有着密切的关系，在一定范围内起始热分解温度随着交联密度的增大而升高。

② 溶解性　常用的 BMI 单体不能溶于普通有机溶液，如：丙酮、乙醇、氯仿中，只能溶于二甲基甲酰胺（DMF）、*N*-甲基吡咯烷酮（NMP）等强极性、毒性大、价格高的溶剂中。这是由 BMI 的分子极性以及结构的对称性所决定的，因此如何改善溶解性是 BMI 改性的一个重要内容。

③ 力学性能　BMI 树脂的固化反应属于加成型聚合反应，成型过程中无低分子副产物放出，且容易控制。固化物结构致密，缺陷少，因而 BMI 具有较高的强度和模量。但是由于固化物的交联密度高、分子链刚性强而使 BMI 呈现出极大的脆性，表现在抗冲击强度差、断裂伸长率小、断裂韧性低（$<5J/m^2$）。而韧性差正是阻碍 BMI 适应高技术要求、扩大新应用领域的重大障碍，所以如何提高韧性就成为决定 BMI 应用及发展的技术关键之一。此外，BMI 还具有优良的电性能、耐化学性能及耐辐射等性能。

早在 1948 年，美国人 Searle 就获得了 BMI 的合成专利，此后各种不同结构的 BMI 单体相继而出，其合成方法都是基于 Searle 法而改进的，BMI 的合成路线如下：

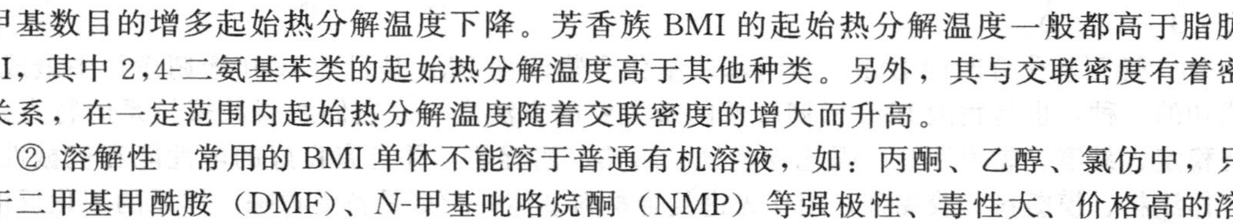

即二分子的马来酸酐与一分子的二元胺反应首先生成双马来酰胺酸，双马来酰胺酸脱水环化生成 BMI。从原理上讲，任意一种二元胺均可用于 BMI 单体合成，这些二元胺可以是脂肪族的、芳香族的或者是端胺基的某种预聚体，但对于不同结构的二元胺，其反应条件、工艺配方、提纯及分离方法和合成产率各不相同。

双马来酰亚胺树脂具有与典型热固性树脂相似的流动性和可模塑性，可用与环氧树脂相同的一般方法加工成型。但它同环氧树脂一样也有固化物交联密度高、材料脆性大的弱点，因此双马来酰亚胺树脂作为聚酰亚胺的一类在保持固有的耐高温、耐辐射、耐潮湿和耐腐蚀等特点的同时，对其进行克服脆性，提高韧性的研究（改性）就成了适应于高技术要求和扩大新应用领域的技术关键。改性双马来酰亚胺树脂的性能处于不耐高温的环氧树脂和耐高温而难加工的聚酰亚胺之间，具有既耐高温又易加工的优点，大大推动了双马来酰亚胺树脂增韧改性技术的发展。

BMI 改性方面的研究近年来发展较快，主要目的是降低 BMI 单体熔点和熔体黏度，提高在丙酮、甲苯等普通有机溶剂中的溶解能力，降低聚合温度、增加其预浸料的黏附性及提高固化物的韧性等。目前主要应用的改性方法有以下几种：a. 芳香族二元胺和环氧树脂改性 BMI；b. 热塑性树脂改性 BMI；c. 橡胶改性 BMI；d. 含硫化合物改性 BMI；e. 烯丙基苯基化合物改性 BMI；f. 几种不同结构的 BMI 共混改性；g. 链延长型 BMI；h. 新型 BMI。

下面介绍其中较主要的两种改性方法：

（a）二元胺改性 BMI　几乎在 BMI 引起现代工业重视的同时，二元胺改性 BMI 就开始出现，它是解决 BMI 脆性问题的一条较为简便的途径。它主要是利用 BMI 的高反应性，通过与氨基发生共聚反应而获得的，它们的反应式如下：

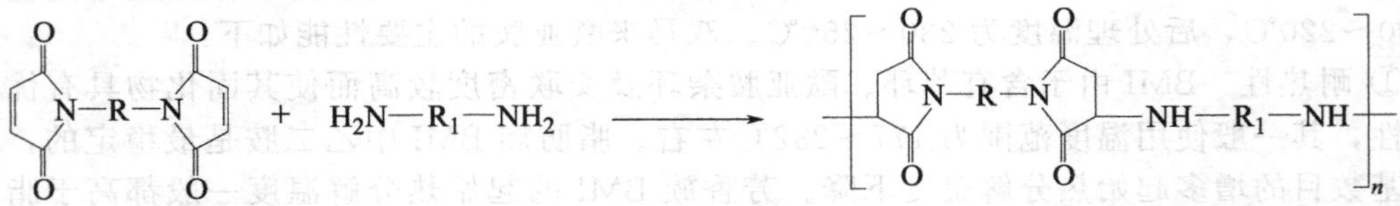

（b）烯丙基化合改性 BMI　烯丙基苯基化合物改性 BMI 是目前 BMI 增韧途径中最成熟、最成功的一种，也是我国 BMI 增韧改性的最主要的方法之一。它们所得共聚体系的特点是预聚物稳定、易溶、黏附性好、固化物坚韧、耐热、耐湿热，并且有良好的电性能和机械性能，适合作涂料、模塑料、胶黏剂，用作先进复合材料基体树脂更是备受青睐。体系的固化反应机理较为复杂，一般认为是马来酰亚胺环中的双键（C═C 键）与烯丙基首先进行双烯（ene）加成反应生成 1∶1 的中间体，而后在较高温度下酰亚胺环中的双键与中间体进行 Diels-Alder 反应和阴离子酰亚胺低聚反应生成具有梯形结构的高交联密度的韧性树脂。其反应式如下：

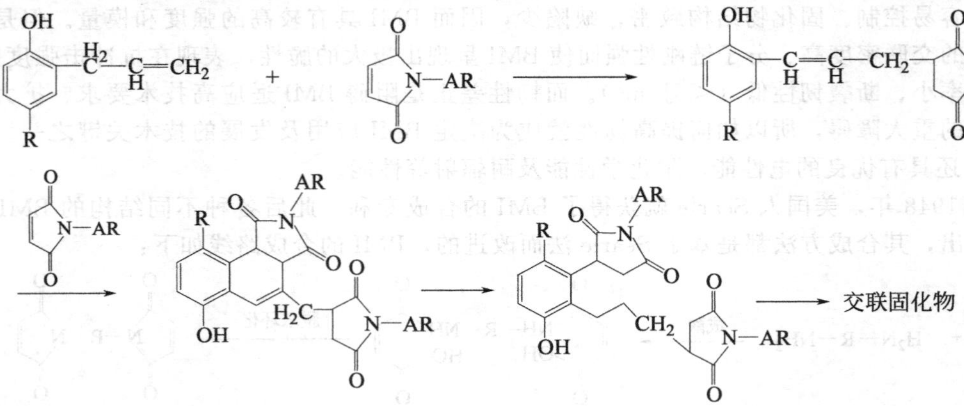

(2) 降冰片烯基封端聚酰亚胺树脂　其中最重要的是由 NASA Lewis 研究中心发展的一类 PMR (for insitu polymerization of monomer reactants，单体反应物就地聚合) 型聚酰亚胺树脂。PMR 型聚酰亚胺树脂是将芳香族四羧酸的二烷基酯、芳香族二元胺和 5-降冰片烯-2,3-二羧酸的单烷基酯等单体溶解在一种烷基醇（例如甲醇或乙醇）中，这种溶液可直接用于浸渍纤维。其中最具代表性且已商业化的品种是 PMR-15，它是采用 4,4′-二胺基二苯甲烷（MDA），芳香族四羧酸二烷基酯或四羧酸二酐和封端剂 5-降冰片烯-2,3-二羧酸单甲酯（NA）合成的低分子量树脂。而后树脂在高温下，通过封端剂 NA 的交联固化成型。PMR-15 的结构式和纯树脂固化后的基本性能分别见图 2.17 和表 2.16。

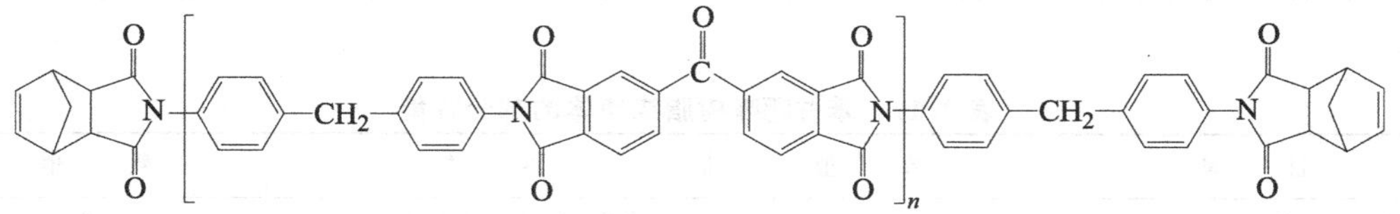

图 2.17　PMR-15 化学结构式

表 2.16　PMR-15 树脂浇铸体的室温性能

性　能	数　值	性　能	数　值
拉伸强度/MPa	56.7	压缩屈服强度/MPa	115.5
拉伸模量/MPa	2590	热膨胀系数/$\times10^{-6}$℃$^{-1}$	50.4
压缩强度/MPa	109.4		

PMR 型聚酰亚胺树脂具有两个突出的特点：①溶于通用溶剂，树脂溶液黏度低，可以采用湿法工艺制备预浸料；②分子主链上可以形成芳香族亚胺环，使复合材料具有更高的耐温等级。因此 PMR 预浸料可以按照类似环氧复合材料的工艺进行加工，即可成型高质量的耐高温复合材料，同时较好地解决了耐高温复合材料成型工艺难的问题。由于 PMR 型聚酰亚胺树脂具有优异的耐高温性能，其主要用于制造航空航天飞行器中的各种高温结构件，从小型模压件（如轴承、套管等）到大型的承力结构件，如发动机外涵道，风扇叶片，导弹仪器舱等。

2.1.3.7　苯并噁嗪树脂

苯并噁嗪树脂，又称开环聚合酚醛树脂，是以酚类和伯胺类化合物与甲醛为原料合成出来的一系列含苯并噁嗪环状结构的中间体（低聚物），是近年发展起来的一种新型高性能热固性树脂。苯并噁嗪中间体可在加热和/或催化剂（有机酸、路易斯酸或叔胺、咪唑）的作用下，发生开环自聚合生成含氮且类似酚醛树脂的网状结构，或与含活泼氢的化合物或环氧树脂和酚醛树脂等进行不产生低分子挥发物的固化反应，制得孔隙率低的固化物。苯并噁嗪的合成及开环聚合反应路线示意如下：

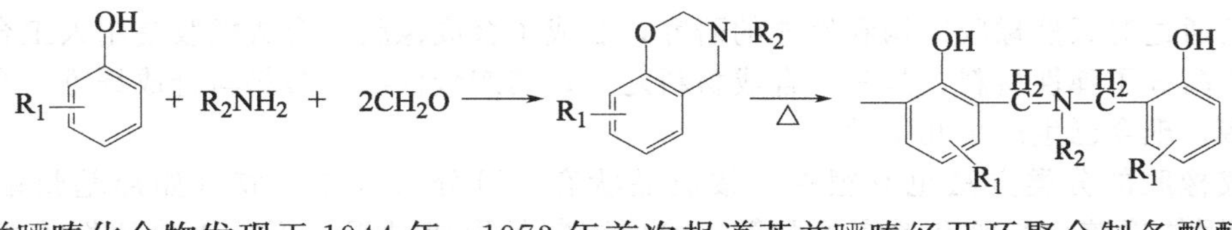

苯并噁嗪化合物发现于 1944 年，1973 年首次报道苯并噁嗪经开环聚合制备酚醛塑料的专利。但是，直到 1990 年以后，苯并噁嗪树脂才获得了系统深入的研究，并开始进入应用。我国在苯并噁嗪树脂的应用开发方面处于世界的前列。

苯并噁嗪具有许多特点：①原料来源广泛，具有灵活的分子设计性；②加热或使用多种催化剂或固化剂就可使其开环聚合，聚合后形成类似酚醛树脂的结构；③开环聚合时无小分子放出，制品孔隙率低；④聚合过程中收缩很小，近似零收缩，可保证制品精度；⑤聚合物耐热性好，有高的 T_g 和热稳定性，高的热态力学性能保留率；⑥聚合物有良好的机械性能、电气性能、阻燃性能和较高的残炭率；⑦低的吸水率和低的热膨胀系数。尤其适用于制备玻璃纤维或碳纤维增强复合材料。

目前，已工业化生产的苯并噁嗪树脂主要有双酚 A/苯胺型苯并噁嗪、苯酚/二苯甲烷二胺型苯并噁嗪和多元酚/苯胺型苯并噁嗪等三个品种，在电工电子、航空、航天、机械、交通等领域用作制备耐高温电绝缘材料、无卤阻燃印制电路基板、高刚性的机械零件、高性能的火车闸瓦、耐烧蚀材料。表 2.17 是苯酚/二苯甲烷二胺型苯并噁嗪树脂浇铸体的部分性能。

表 2.17 苯并噁嗪树脂浇铸体的部分性能

性能	数值	性能	数值
拉伸强度/MPa	95	吸水率(室温,7 天)/%	0.50
拉伸模量/MPa	4900	固化收缩率/%	0.68
弯曲强度/MPa	150	T_g(DMA-E″)/℃	201
弯曲模量/MPa	4950	热膨胀系数/$℃^{-1}$	49×10^{-6}

2.2 橡胶

2.2.1 橡胶概述

2.2.1.1 概述

橡胶（rubber），又称弹性体（elastomer），是指能够发生可逆形变、具有高弹性的一大类聚合物材料。这类材料属于完全无定型聚合物，具有较低的玻璃化转变温度（T_g），较高的分子量（通常大于几十万）和相对较宽的分子量分布。

橡胶具有优良的伸缩性和可贵的积蓄能量的作用，因而常被用作各种弹性材料、减震防震材料、密封材料和传动材料。目前使用橡胶制造的产品已达数万种，是制造飞机、军舰、导弹、潜艇、汽车、农用机械、水利排灌机械、医疗器械等所必需的材料，广泛应用于工业、农业、国防、国民经济和人民生活的方方面面，起着其他材料所不能代替的作用。

橡胶的分类方法很多。按其来源，可分为天然橡胶和合成橡胶两大类。人类最早研究和使用的橡胶是天然橡胶。天然橡胶是由三叶橡胶树等含胶植物在割胶时流出的胶乳经凝固、干燥后而制得的天然来源的高分子弹性材料。在印第安语中，橡胶一词是 cau-uchu，意即为“流泪的树”。1770 年，英国化学家普里斯特利（J. Joseph Priestley）发现橡胶可用来擦去铅笔的字迹，因此将这种用途的材料称为 rubber，此词一直沿用至今。

人们通过对天然橡胶结构和性能的研究，制成了合成橡胶。合成橡胶是用人工合成的方法制得的高分子弹性材料，是三大合成材料之一，其产量仅次于塑料与合成纤维。合成橡胶品种很多，现今已生产了几十种。

合成橡胶的分类方法也有很多。按成品状态，可分为液体橡胶（如羟基封端的聚丁二烯）、固体橡胶、乳胶和粉末橡胶等；按橡胶制品形成过程，可分为热塑性橡胶［可反复加工成型，如三嵌段热塑性丁苯（SBS）橡胶、硫化型橡胶（即需经硫化才能制得成品，大多数合成橡胶属此类］；按生胶充填的其他非橡胶成分，可分为充油母胶、充炭黑母胶和充木质素母胶等。在实际应用中，又可按使用特性，分为通用型橡胶和特种橡胶两大类。

通用型橡胶指可以部分或全部代替天然橡胶的合成橡胶，如丁苯橡胶、顺丁橡胶、异戊橡胶等，主要用于制造各种轮胎及一般工业橡胶制品。通用橡胶的需求量大，是合成橡胶的主要品种。特种橡胶是相对于通用橡胶而言的，指具有耐高低温、耐油、耐臭氧、耐老化和高气密性等特点的“特殊的”橡胶，常用的有硅橡胶、各种氟橡胶、聚硫橡胶、氯醇橡胶、丁腈橡胶、聚丙烯酸酯橡胶、聚氨酯橡胶和丁基橡胶等，主要用于要求某种特性的特殊场合。当然，通用橡胶和特种橡胶之间并没有绝对的鸿沟，随着特种橡胶综合性能的改进，成本的降低以及推广应用的扩大，也可以作为通用合成橡胶使用。例如：丁基橡胶、乙丙橡胶等。

合成橡胶还可按大分子主链的化学组成分为碳链弹性体和杂链弹性体两类。碳链弹性体又可分为二烯类橡胶和烯烃类橡胶等。

2.2.1.2　橡胶的结构与性能

(1) 橡胶的结构特征　作为橡胶材料使用的聚合物，在结构上应符合以下要求，才能充分表现出高弹性能。

① 大分子链应具有足够的柔性，玻璃化转变温度应明显低于使用温度。这就要求大分子链内各原子间旋转位垒较小，分子间作用力较弱，内聚能密度较低。橡胶类聚合物的内聚能密度一般在 290kJ/cm^3 以下，比塑料和纤维类聚合物的内聚能密度低得多。

只有在玻璃化转变温度 T_g 以上，具有柔性链的聚合物才能表现出高弹性能，所以橡胶材料的使用温度范围在 T_g 与熔融温度之间。表 2.18 列举了几种橡胶聚合物的玻璃化温度及其使用温度范围。

表 2.18　几种主要橡胶的玻璃化温度及使用温度范围

名　　称	T_g/℃	使用温度范围/℃	名　　称	T_g/℃	使用温度范围/℃
天然橡胶	−73	−50～120	丁腈橡胶(70/30)	−41	−35～175
顺丁橡胶	−105	−70～140	乙丙橡胶	−60	−40～150
丁苯橡胶(75/25)	−60	−50～140	聚二甲基硅氧烷	−120	−70～275
聚异丁烯	−70	−50～150	偏氟乙烯-全氟丙烯共聚物	−55	−50～300

② 在使用条件下不结晶或结晶度很小。分子链的柔顺性对于材料的弹性虽然是个重要的条件，但却不是唯一的条件。例如聚乙烯的分子链由 sp^3 杂化的 C—C 键组成，是典型的柔性链，但在常温下却是塑料，没有高弹性。这是因为聚乙烯在常温时有较强的结晶能力，因呈现半结晶态而失去了高弹性。因此，只有在常温下不易结晶的柔性链组成的材料，才可能成为具有高弹性的橡胶。

但是，如天然橡胶等在拉伸时可结晶，而除去负荷后结晶又熔化，这是最理想的，因为结晶部分能起分子间交联作用而提高模量和强度，去载后结晶又熔化，不影响其弹性恢复性能。

③ 在使用条件下无分子间相对滑动，即无冷流。因此大分子链上应存在可供交联的位置，以进行化学交联，形成网络结构。

也可采用物理交联方法，例如苯乙烯和丁二烯嵌段共聚物，由于在室温下苯乙烯段聚集成玻璃态区域，与橡胶链段发生微相分离，把橡胶链段的末端连接起来形成网络结构，故可作为橡胶材料使用。这类橡胶材料亦称为热塑性弹性体。

（2）结构与性能的关系　橡胶的性能，如弹性、强度、耐热性、耐寒性等与分子结构和超分子结构密切相关。

① 弹性和强度　橡胶最宝贵的性能是高弹性，因此，弹性和强度是橡胶材料的主要性能指标。

如前所述，分子链的柔性是聚合物具有高弹性的必要条件之一。理论上，分子链柔顺性越大，橡胶的弹性就越大。线型分子链的规整性越好，含侧基越少，链的柔顺性越好，形成橡胶的弹性越好。例如顺式聚1,4-丁二烯就是弹性最好的橡胶。

然而，对于聚乙烯、聚丙烯等易结晶的聚合物而言，结构的规整有利于其结晶，对于弹性反而是不利的，此时，破坏或降低这些高聚物在常温时的结晶能力，就有可能使之呈现高弹态。而增加链的不规整性是一条有效途径，例如二元乙丙和三元乙丙橡胶就是破坏了聚乙烯和聚丙烯结晶性后得到的弹性体，而聚乙烯氯化所得到的氯化聚乙烯在缓慢形变条件下也具有高弹性。

此外，分子量越大，橡胶的强度和弹性越好。因为分子量越高，分子链中游离末端的数目就越少，而这些游离末端不能承受应力，对弹性没有贡献；而且分子链越大，分子链内彼此缠结的效应增加。因此，分子量大有利于弹性的提高。橡胶的分子量通常为$10^5\sim10^6$，比塑料类和纤维类要高。此外，当橡胶的分子量分布窄时，其高分子量的组分多，对弹性有利；而分子量分布宽，则对弹性不利。

交联使橡胶形成网状结构，可提高橡胶的弹性和强度。但是交联度过大时，交联点间网链分子量太小，强度大而弹性差。

如前所述，在室温下是非晶态的橡胶才具有弹性。例如杜仲橡胶的化学组成与天然橡胶相似，均为聚异戊二烯，但前者是反式结构，分子空间规整性好，结晶性高，因而在常温下不显示高弹性。结晶性橡胶拉伸时形成的微晶能起网络节点作用，因此纯胶硫化胶的抗张强度比非结晶橡胶高得多。当分子链的规整性高时，易产生拉伸结晶，有利于强度的提高。

② 耐热性和耐老化性能　橡胶的耐热性是指橡胶在高温受热情况下抵抗其物理性能变化的能力。橡胶的耐热性主要取决于橡胶的分子结构，即主链的化学键能。表2.19列出了一些典型键的离解能。可以看出，含有C—C、C—O、C—H和C—F键的橡胶具有较好的耐热性，如乙丙橡胶、丙烯酸橡胶、氟橡胶、硅橡胶和氯醇橡胶等，橡胶中的弱键能引发降解反应，对耐热性影响很大。不饱和橡胶主链上的双键易被臭氧氧化，引起降解反应。α-次甲基上的氢也易被氧化，因而耐老化性差。饱和性橡胶没有降解反应途径而耐热氧老化性好，如乙丙橡胶、硅橡胶等。此外，带供电取代基者容易氧化，如天然橡胶。而带吸电取代基者则较难氧化，如氯丁橡胶，由于氯原子对双键的保护作用，使它成为双烯类橡胶中耐热性最好的橡胶。

表2.19　一些主要化学键的离解能

键	平均键能/(kJ/mol)	键	平均键能/(kJ/mol)	键	平均键能/(kJ/mol)	键	平均键能/(kJ/mol)
O—O	146	C—N	305	N—H	389	C═O(醛酮)	约740
Si—Si	178	C—Cl	327	C—H	430～510	C≡N	890
S—S	270	C—C	346	O—H	464		
C—C	272	C—O	358	C—F	485		
Si—C	301	Si—O	368	C═C	611		

③ 耐寒性　玻璃化转变温度（T_g）是非晶态橡胶使用的最低温度，当温度低于 T_g 时，橡胶将失去弹性。因此，降低其 T_g，可以提高橡胶材料的耐寒性。

高分子链的 T_g 是由分子内和分子间的影响共同决定的。饱和主链的橡胶，如—C—C—、—C—N—、—C—O—、—Si—O—等，由于分子链可以围绕单键进行内旋转，所以 T_g 均较低。其中硅橡胶由于没有极性侧基，分子间作用力小，玻璃化温度更低，T_g≈－123℃，属耐低温橡胶。

不饱和主链的橡胶，由于构型的原因，顺反异构体的柔顺性不同，玻璃化温度不同。例如，顺式和反式的聚异戊二烯的 T_g 分别为－73℃和－53℃。

降低分子链刚性，也就是提高分子主链的柔顺性，是降低 T_g 的决定性因素。一般分子结构中存在极性基团或能形成链间氢键的基团，T_g 就相对高些，提高分子的对称性有利于 T_g 的降低。

除了以上措施，降低 T_g 的途径还有：减少分子链间的作用力；与 T_g 较低的聚合物共聚；支化以增加链端浓度；减少交联键以及加入溶剂和增塑剂等方法。

④ 化学反应性　橡胶的化学反应性有两个方面：一是有利的反应，如交联反应或进行取代等改性反应；另一是有害的反应，如氧化降解反应等。上述两方面反应往往同时存在。例如二烯烃类橡胶主链上的双键，一方面为硫化提供了交联的位置，同时又易受氧、臭氧和某些试剂所攻击。为了改变不利的一面，可以引入少量可供交联的活性位置的橡胶。例如丁基橡胶，三元乙丙橡胶、丙烯酸酯橡胶及氟橡胶等。

⑤ 橡胶的结构与加工性能　橡胶的结构对其加工过程中熔体黏度、压出膨胀率、压出胶质量、混炼特性、胶料强度、冷流性能及黏着性有较大影响。

橡胶的分子量越大，则熔体黏度越大，压出膨胀率增加，胶料的强度和黏着强度都随之增大。橡胶的分子量通常大于缠结的临界分子量。分子链的缠结，引入少量共价交联键或离子键合键、早期结晶等热短效交联都可减少冷流和提高胶料强度。

橡胶的分子量分布一般较宽，其中高分子量部分提供强度，而低分子量部分起增塑剂作用，可提高胶料流动性和黏性，增加胶料混炼效果，改善混炼时胶料的包辊能力。同时，加宽分子量分布，可有效地防止压出胶产生鲨鱼皮表面和熔体破裂现象。长链支化也可改善胶料的包辊能力。

此外，胶料的黏着性与结晶性有关，结晶性橡胶，在界面处可以由不同胶块的分子链段形成晶体结构，从而提高了黏着程度，对于非结晶性橡胶，则需加入添加剂。

2.2.1.3　橡胶的组成

橡胶制品的主要原材料是生胶、再生胶以及各种配合剂。有些制品还需用纤维或金属材料作为骨架材料。

(1) 生胶和再生胶　凡未加配合剂的橡胶，统称为生胶，它是橡胶制品的主要组分，对其他配合剂来说，起着基材和黏结剂的作用。使用不同的生胶，可以制成不同性能的橡胶制品。

生胶包括天然橡胶和各种合成橡胶。

天然橡胶来源于自然界中含胶植物，有橡胶树、橡胶草和橡胶菊等，其中三叶橡胶树含胶多，产量大，质量好。从橡胶树上采集的天然胶乳经过一定的化学处理和加工可制成浓缩胶乳或干胶，前者直接用于胶乳制品，后者即可作为橡胶制品中的生胶。

合成橡胶是用人工合成的方法制得的高分子弹性材料。生产合成橡胶的原料主要是石油、天然气、煤以及农林产品。目前合成橡胶的品种已有几十种之多。

再生胶是废硫化橡胶经化学、热及机械加工处理后所制得的，具有一定可塑性，可重新硫化的橡胶材料。再生过程中主要反应称为“脱硫”，即利用热能、机械能及化学能（加入脱硫活化剂）使废硫化橡胶中的交联点及交联点间分子链发生断裂，从而破坏其网链结构，恢复一定的可塑性。再生胶可部分代替生胶使用，以节省生胶、降低成本。还可改善胶料工艺性能，提高产品耐油、耐老化等性能。

(2) 橡胶的配合剂　橡胶虽具有高弹性等一系列优越性能，但还存在许多缺点，如机械强度低、耐老化性能差等。为了制得符合各种使用性能要求的橡胶制品，改善橡胶加工工艺性能以及降低成本等，必须加入各种配合剂。

每种配合剂都有它的特殊作用，如硫化剂中的硫黄大部分与橡胶分子相化合，把部分橡胶分子连接起来；软化剂则渗透在橡胶分子之间或填料粒子的表面；补强剂炭黑则充填在橡胶分子链之间，与橡胶分子起一定的化学与物理作用。同时，各种配合剂之间也有一定的相互作用。由此可见，要使橡胶制品性能符合使用要求，不仅与所采用的橡胶品种有关，而且也与各种配合剂有关，必须通过各种配合剂对橡胶的作用，使其充分发挥特长，方可制出符合使用要求的橡胶制品。因此，选择合适的配合剂是极为重要的。

根据在橡胶中的主要作用，橡胶配合剂分为以下几类。

① 硫化剂　在一定条件下能使橡胶发生交联的物质，无论是否含硫，均统称为硫化剂。橡胶在未经硫化以前，单个分子之间没有产生交联，因此缺乏良好的物理机械性能，实用价值不大。当加入硫化剂后，橡胶分子之间产生交联，形成三维网状结构使具有可塑性的胶料变为具有弹性硫化胶。由于天然橡胶最早是采用硫黄交联，所以将橡胶的交联过程称为“硫化”。随着合成橡胶的大量出现，硫化剂的品种也不断增加。

目前生产中广泛使用的硫化剂主要是硫黄，也使用氯化硫、硒、无机和有机的多硫化物，以及过氧化二异丙苯等。

② 硫化促进剂　硫化促进剂又称促进剂，其作用是促进生胶与硫黄的化合作用，可缩短硫化时间，减少硫化剂用量，降低硫化温度，提高橡胶的物理机械性能等。主要表现在下述几个方面：

缩短硫化时间。在天然橡胶中加 3%的硫化剂（硫黄），需在 145℃下加热 2h 才能达到完全硫化。若在同样的胶料中增加 0.7%的硫化促进剂（硫醇基苯并噻唑），其他条件不变，只需 15～20min，即可达到完全硫化。

硫化促进剂的配入，可减少硫黄的用量。减少胶料中硫黄的含量，可减少制品的硫黄喷出现象（若加硫黄量过多，当制品冷却后，未参加反应的硫黄，从制品中析出附在表面的现象，称为硫黄喷出）。

降低硫化温度。促进剂用量越多，其活性越大，则所需要的温度越低，减少了热量的消耗。

提高了硫化胶的物理机械性能。由于硫化促进剂提高了硫化速度，减少了硫化过程中生胶受热及氧的解聚作用，从而大大提高了硫化胶的物理机械性能。

促进剂种类很多，可分为无机促进剂与有机促进剂两大类。无机促进剂中，除氧化锌、氧化镁、氧化铅等少量使用外，其余主要用作助促进剂。其促进效果小，硫化胶性能差，多数场合已被有机促进剂所取代。有机促进剂的促进效果大，硫化胶物理机械性能好，发展较快，品种较多。

有机促进剂可按化学结构、促进效果以及与硫化反应呈现的酸碱性进行分类。目前常用的是按化学结构分类，分为噻唑类、秋兰姆类、次磺酰胺类、胍类、二硫代氨基甲酸盐类、醛胺类、黄原酸盐类和硫脲类八大类。其中常用的有硫醇基苯并噻唑（商品名为促进剂M），二硫化二苯并噻唑（促进剂 DM），二硫化四甲基秋兰姆（促进剂 TMTD）等。根据促进效果分类，国际上是以促进剂 M 为标准。凡硫化速度快于 M 的为超速或超超速级，相当或接近于 M 的为准超级，低于 M 的为中速及慢速级。

③ 增塑剂　增塑剂能使橡胶增加塑性，使橡胶易于加工，降低硫化胶的硬度、提高伸长率。

增塑剂按其作用原理又可分为物理增塑剂和化学增塑剂两类。

物理增塑剂（软化剂）在橡胶中的增塑机理，是增大橡胶分子链间的距离，减小分子间的作用力，并产生润滑作用，使分子链间容易滑动。从而增加胶料的塑性。

化学增塑剂（塑解剂）是通过化学作用增强塑炼效果，缩短塑炼时间，与物理增塑剂比较，具有增塑效力强，用量少，能保持橡胶原有性能。

常用的物理增塑剂有：硬脂酸、松焦油、苯二甲酸酯等。

常用的化学增塑剂有：2-萘硫酚、五氯硫酚等。

④ 补强剂和填充剂　补强剂与填充剂之间无明显界限。凡能提高橡胶机械性能的物质称为补强剂，又称为活性填充剂。凡在胶料中主要起增加容积作用的物质称为填充剂或增容剂。橡胶工业常用的补强剂有炭黑、白炭黑和其他矿物填料。其中最主要的是炭黑，用于轮胎胎面，具有优异的耐磨性。通常加入量为生胶的 50% 左右。白炭黑是水合二氧化硅（$SiO_2 \cdot nH_2O$），为白色，补强剂效果仅次于炭黑，故称白炭黑。广泛用于白色和浅色橡胶制品。橡胶制品中常用的填充剂有碳酸钙、陶土、碳酸镁等。

⑤ 防老化剂　防老化剂的加入能防止或延缓橡胶老化，从而延长其使用寿命。防老剂可分为化学防老剂和物理防老剂两大类。前者由于其本身与氧的反应速度比橡胶快，与氧形成稳定的化合物，从而延缓了橡胶的氧化（即老化），常用的有防老剂 A 和防老剂 D。后者加入胶料后，在橡胶表面形成保护膜，从而抵抗了氧的侵入，常用的有石蜡、蜜蜡等。

⑥ 着色剂　凡使橡胶制品改变颜色的配合剂，称为着色剂。使用着色剂不仅使橡胶制品具有各种颜色，还兼有耐光老化、补强与增容作用。主要的着色剂有白色的锌白、钡白、锌钡白；黑色的炭黑；红色的铁红；黄色的铬黄、镉黄；绿色的铬绿。

⑦ 增容剂　增容剂主要是增加制品的容积以降低制品成本，所以增容剂必须具备本身价格远比橡胶低和一定限度内不损害橡胶制品的物理机械性能。常用的增容剂有碳酸镁、碳酸钙、重晶石和滑石粉等。

⑧ 其他配合剂　除上述各种配合剂外，还有很多种能赋予制品特殊性能的配合剂，虽应用范围较窄，但对橡胶制品起着重要的作用。主要品种如下：

发泡剂：用于制造海绵橡胶、多孔橡胶及空心橡胶制品，其作用是加热后产生气体，使制品呈多孔性或空心，常用的发泡剂有碳酸铵、碳酸氢钠和发泡剂 BN。

电性调节剂：电性调节剂用以调节制品的绝缘性或导电性。如制造绝缘橡胶制品时常用氧化铅、碳酸钙、陶土和滑石粉等提高胶料的绝缘性能；若制造导电橡胶制品，可使用乙炔炭黑和从天然气中制得的特殊导电炭黑、石墨粉及金属粉等。

隔离剂：其作用是使胶料和硫化胶相互隔离，及在硫化后使制品容易脱模。常用的隔离剂有滑石粉和中性肥皂液。

(3) 骨架材料　橡胶的弹性大，强度低，因此很多橡胶制品必须用纤维材料或金属材料作骨架材料，以增大制品的机械强度，减小变形。

骨架材料由纺织纤维（包括天然纤维和合成纤维）、钢丝、玻璃纤维等经加工制成，主要有帘布、帆布、线绳以及针织品等各种类型。金属材料除钢丝和钢丝帘布等作为骨架材料外，还可作结构配件，如内胎气门嘴，胶辊铁芯等。骨架材料的用量因品种而异，如雨衣用骨架材料约占总量的 80%～90%，输送带约占 65%，轮胎类约占 10%～15%。

2.2.1.4　橡胶的加工工艺

如前所述，橡胶制品的主要原料是生胶、各种配合剂，以及作为骨架材料的纤维和金属材料。橡胶制品的生产，在进行产品结构设计及胶料配方设计后，一般都经图 2.18 所示的工艺过程。一般包括塑炼、混炼、压延、压出、成型、硫化 6 个基本工序。

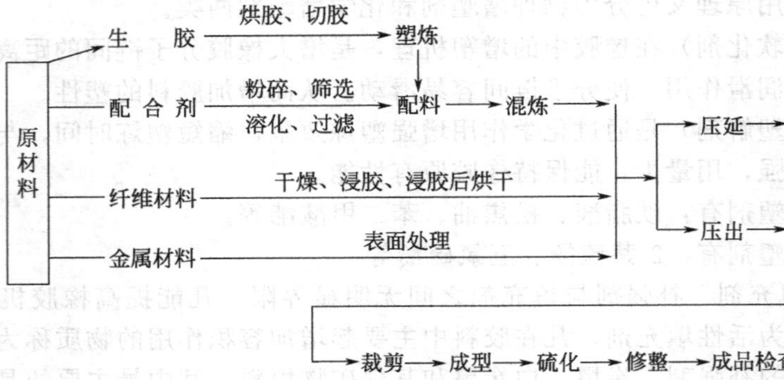

图 2.18 橡胶制品生产基本工艺流程

橡胶的加工工艺过程主要是解决塑性和弹性矛盾的过程，即通过各种加工手段，使得链柔性的橡胶生胶变成具有塑性的塑炼胶，在加入各种配合剂制成半成品，然后通过硫化使具有塑性的半成品又变成弹性高、物理机械性能好的橡胶制品。

(1) 塑炼 塑炼，又称素炼，是指为了改善生橡胶的加工性能，将其在开炼机或密炼机内施以强烈的碾压和撕拉，以扯断橡胶分子链，降低其分子量的过程。

① 塑炼目的 生胶具有很高的弹性，不便于加工成型。经塑炼后可获得适宜的可塑性和流动性，有利于后加工工序的进行。如混炼时配合剂易于均匀分散，压延时胶料易于渗入纤维织物等。

② 塑炼机理 生胶塑炼获得可塑性的原因是橡胶大分子链断裂，平均分子量降低之故。在塑炼过程中导致大分子链断裂的原因是机械破坏作用和热氧化降解作用。低温塑炼时，主要是由于强烈机械力作用使大分子链断裂。温度升高时，橡胶变软，大分子链容易产生滑移而难于被切断，因而机械断链效果降低。但高温时热活化作用可加剧橡胶大分子的氧化裂解过程，因此，热氧化降解作用占主导。

③ 塑炼方法 塑炼有机械塑炼法和化学塑炼法。机械塑炼法主要是通过开放式炼胶机、密闭式炼胶机、螺杆塑炼机等的机械作用使大分子断链，提高橡胶可塑性。化学塑炼法是借助某些增塑剂的作用，引发并促进大分子链断裂。在实际生产中这两种方法往往同时使用。由于增塑剂的效能随温度的升高而增强，所以在密炼机高温素炼中使用塑解剂比在开炼机低温塑炼中更为有效。

(2) 混炼 将各种配合剂混入生胶中制成质量均匀的混炼胶的过程称为混炼。

① 混炼目的 混炼是橡胶加工工艺中最基本和最重要的工序之一，其目的是得到符合性能要求的混炼胶。混炼的质量是对胶料的进一步加工和成品的质量有着决定性的影响，对混炼胶的质量要求是能使最终产品具有良好的物理机械性能，并具有良好的工艺性能。为此必须使各种配合剂完全均匀地分散于生胶中，同时使胶料具有一定的可塑度，以保证后加工操作顺利进行。

② 混炼方法 由于生胶黏度很高，因此使配合剂掺入生胶中并在其中均匀混合与分散，必须借助于炼胶机的强烈机械作用进行混炼，通常分为开炼机混炼和密炼机混炼两种。混炼方法依所用炼胶机的类型而异。采用开放式炼胶机混炼和用密闭式炼胶机混炼都属于间歇混炼方法。而近年来发展的用螺杆传递式连续混炼机混炼则属于连续混炼法。

(3) 压延和压出 混炼胶通过压延和压出等工艺，可以制成一定形状的半成品。

① 压延　压延是使物料受到延展的工艺过程。橡胶的压延是指通过压延机辊筒间对胶料进行延展变薄的作用，制备出具有一定厚度和宽度的胶片或织物涂胶层的工艺过程。主要用于胶料的压片、压型、贴胶、擦胶和贴合等作业。

压片是把混炼胶制成具有规定厚度、宽度和光滑表面的胶片。压型是将胶料制成表面有花纹并具有一定断面形状的带状胶片，主要用于制造胶鞋大底、轮胎胎面等。贴合是通过压延机使两层薄胶片合成一层胶片的作业。用于制造较厚而要求较高胶片。在纺织物上的压延分贴胶、擦胶两种。利用压延机辊筒的压力使胶片和织物贴合成为挂胶织物称贴胶，贴胶时两辊转速（v_1 和 v_2）相等（如图 2.19）。而擦胶则是利用压延机辊筒转速不同，把胶料擦入织物线缝和捻纹中。在三辊压延机中擦胶，中辊转速大于上下辊（如图 2.20 所示）。

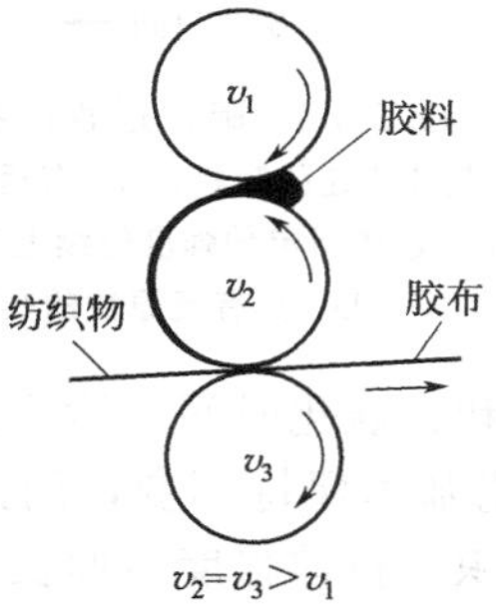

图 2.19　贴胶

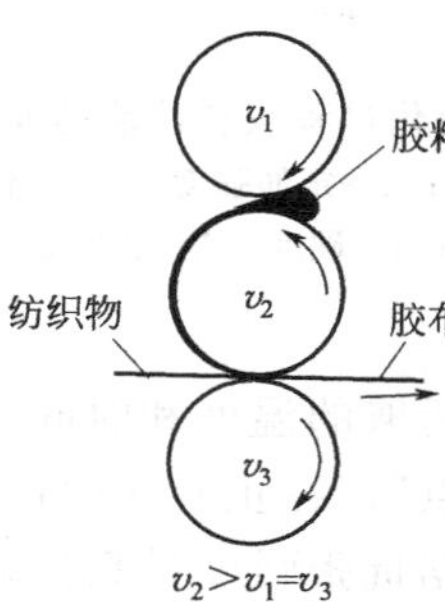

图 2.20　擦胶

压延机是压延工艺的主要设备，一般包括 2～4 个辊筒。根据用途不同，有压片压延机、擦胶压延机、压型压延机、贴合压延机和万能压延机五种。

② 压出　压出工艺是胶料在压出机机筒和螺杆间的挤压作用下，使胶料达到挤压和初步造型的目的，制成各种复杂断面形状半成品的工艺过程。用压出工艺可以制造轮胎胎面胶条、内胎胎筒、纯胶管、各种形状的门窗胶条等。压出工艺的主要设备是压出机。

(4) 成型　成型工艺是把构成制品的各部件，通过粘贴、压合等方法组合成具有一定形状的整体的过程。

不同类型的橡胶制品，其成型工艺也不同，全胶类制品，如各种模型制品，成型工艺较简单，即将压延或压出的胶片或胶条切割成一定形状，放入模型中经硫化便可得制品。而含有纺织物或金属等骨架材料的制品，如胶管、胶带、轮胎、胶鞋等，则必须借助一定的模具，通过粘贴或压合将各零件组合而成型。粘贴通常是利用胶料的热黏性能，或使用溶剂、胶浆、胶乳等胶黏剂。

(5) 硫化　橡胶的硫化即交联，是胶料在一定条件下，大分子由线型结构转变为网状结构的交联过程，其目的是改善胶料的物理机械性能和其他性能。1839 年美国人查尔斯·古德伊尔（Charles Goodyear）发现，用硫处理生胶后，橡胶会变得富有弹性。由此，人们发现了硫化橡胶的交联作用。橡胶的硫化得到了日益广泛的应用。以至于后来，对橡胶而言，硫化就成了交联的代名词。

橡胶的硫化体系较多，常见的有：硫黄硫化体系、过氧化物硫化体系、树脂硫化体系、氧化物硫化体系等。

① 硫化对橡胶性能的影响　橡胶硫化过程中主要性能变化如图 2.21 所示。可以看出，在一定硫化时间内，橡胶的拉伸强度、定伸强度、弹性等性能逐渐增高，伸长率、永久形变减小。此外，橡胶的耐热性、耐磨性、抗溶剂性等都有所改善。但是，在正硫化阶段（见图 2.22）胶料的综合性能达到最佳值。硫化时间过长（过硫），性能会下降。

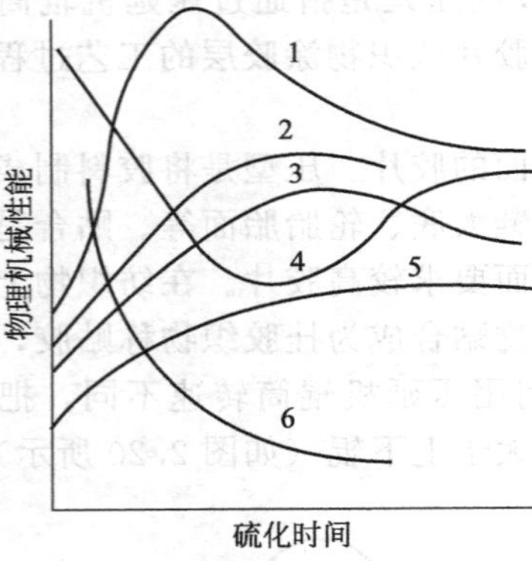

图 2.21 硫化过程胶料性能的变化
1—拉伸强度；2—定伸强度；3—弹性；
4—伸长率；5—硬度；6—永久变形

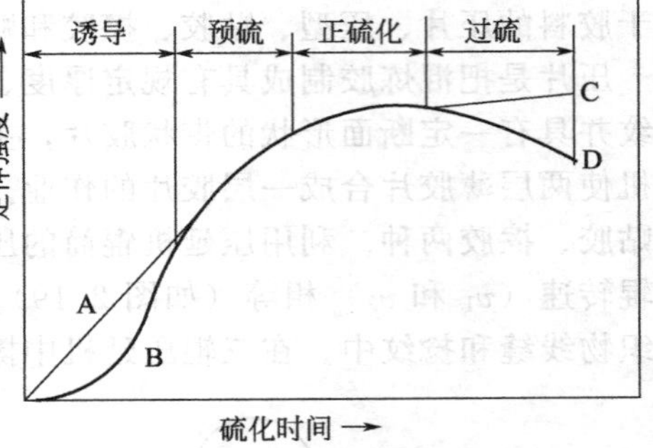

图 2.22 硫化过程的各阶段
A—为起硫快速的胶料；B—有迟延特性的胶料；
C—过硫后定伸强度继续上升的胶料；
D—具有复原性的胶料

正硫化阶段所取的温度和时间，分别称正硫化温度和正硫化时间。达到正硫化所需最短时间称“正硫化点”。在正硫化阶段，胶料物理机械性能基本保持不变，因此又称硫化平坦期。一般可以根据抗张强度最高值略前的时间或以强伸积（拉伸强度与伸长率的乘积）最高值的硫化时间定为正硫化时间。

② 硫化方法 橡胶制品的硫化是在一定温度和压力下进行。硫化方法很多，按其使用的硫化条件不同可分为冷硫化、室温硫化和热硫化三种。按采用不同的硫化介质可分为直接硫化（直接蒸汽硫化和直接热水硫化）、间接硫化也称间接蒸汽硫化和混气硫化（采用蒸汽和空气两种介质）。按使用的硫化设备可分为硫化罐硫化、平板硫化机硫化、个体硫化和注压硫化。

2.2.2 天然橡胶

2.2.2.1 天然橡胶的历史

在橡胶品种中，最早被发现和利用的是天然橡胶。天然橡胶是从天然植物中采集出来的一种高弹性材料，在自然界中含橡胶成分的植物不下两千种，其中胶乳产量最大，质量最好的是三叶橡胶树。三叶橡胶树提供最多的商用橡胶。它在受伤害（如茎部的树皮被割开）时会分泌出大量含有橡胶乳剂的树液。此外，无花果树和一些大戟科的植物也能提供橡胶。德国在第二次世界大战时由于橡胶供应被切断，曾尝试从这些植物取得橡胶，但由于效果不佳，后来改为生产合成橡胶。

橡胶的工业研究和应用开始于 19 世纪初。1823 年英国的 C. Macintosh 取得用橡胶的苯溶液制造雨衣的专利权，并设厂生产雨衣，至今英国人仍然把橡胶布和橡胶布雨衣称为“Macintosh”。这也是世界上诞生的第一家橡胶加工企业。

由于橡胶特有的高弹性，不便加工成各种不同形状的制品，所以必须破坏生胶的弹性，1826 年韩可克（Hancock）研究成功用机械使生胶获得塑性的方法。

此间，还有许多人研究橡胶的用途，如制造胶管、人造革和胶鞋等。由于都是直接使用乳胶和生胶，原料只有物理变化没有化学变化，致使产品都有一个共同的弱点：凡遇到气温高和经太阳曝晒后就变软和发黏，在气温低时就变硬和脆裂。既不好用，也不经用，故很难推广开来。

美国人固特异（C. Goodyear）发现，在橡胶中加入硫黄和碱式碳酸铅，经共同加热熔化后，所制出的橡胶制品受热或在阳光下曝晒，不但不易变软和发黏，而且能保持和增加良好的弹性。由此，固特异在 1839 年发明了橡胶硫化。

1888 年英国人邓录普（J. D. Dunlop）发明充气轮胎，促使了汽车轮胎工业的飞跃发展，因而橡胶的消耗量急剧增加，到 1890 年仅英、美两国的年总耗胶量就达到 28528t。

最初的橡胶树为野生树种，且仅生长于南美洲，但由于天然橡胶的用途日益扩大，用量剧增，于是人们把美洲野生橡胶引种到东南亚。从此，东南亚的栽培橡胶业发展非常迅速，到 1900 年，全世界的天然橡胶产量已达到 45000t。如今，亚洲已成为最重要的天然橡胶原料来源地。

2.2.2.2　天然橡胶的成分与结构特征

橡胶树割胶时流出的液体，即天然橡胶的胶乳，呈乳白色，其中固含量为 30%～40%，橡胶粒径平均为 1.06μm。新鲜的天然乳胶含橡胶成分 27%～41.3%（质量比，以下均同）、水 44%～70%、蛋白质 0.2%～4.5%、天然树脂 2%～5%、糖类 0.36%～4.2%、灰分 0.4%。为防止天然胶乳因微生物、酶的作用而凝固，采集后常加入氨和其他稳定剂。

天然橡胶的胶乳一般都经凝胶、干燥、加压等一系列工序处理后，才可制成各种类型的天然橡胶制品。此时橡胶含量通常可达 90%以上。

天然胶乳中，橡胶成分是一种以顺式-1,4-聚异戊二烯（*cis*-1,4-polyisoprene）为主的天然高分子化合物，其分子结构式为：

$$\left[CH_2-\overset{\displaystyle CH_3}{\overset{|}{C}}=CH-CH_2 \right]_n$$

其中，n 约为 10000 左右，分子量在 10 万～180 万之间，平均分子量为 70 万左右。

天然橡胶的分子是一种线型的、不饱和的、非极性分子，由于其为顺式结构，故通常情况下不易结晶，呈非晶态。自然状态下，橡胶的柔性分子易于转动，也拥有充裕的运动空间，分子的排列呈现出一种不规则的随意的自然状态。在受到弯曲、拉长等外界影响时，分子被迫显出一定的规则性。当外界强制作用消除时，橡胶分子就又回原来的不规则状态了。这就是橡胶有弹性的原因。由于分子间作用力弱，分子可以自由转动，分子链间缺乏足够的联结力，因此，分子之间会发生相互滑动，弹性也就表现不出来了。这种分子间的滑动会因分子之间的相互缠绕而减弱。可是，分子间的物理缠绕是不稳定的，随着温度的升高或时间的推移缠绕会逐渐松开，因此有必要使分子链间建立较强固的联接——硫化（化学交联）。

此外，天然橡胶的生胶需要进行塑炼，其目的是：通过机械剪切力的作用，使过长的分子链断裂，变短，以减小弹性，提高可塑性；降低黏度，提高胶料的共混性能；改善流动性，提高胶料的成型性能；提高胶料溶解性和成型黏着性。

2.2.2.3　天然橡胶的物理化学性质

天然橡胶结构上的特点，使其在常温下具有较高的弹性，稍带塑性，具有非常好的机械强度。其弹性伸长率为 500%～600%（最高达 1000%），是钢铁材料的 300 倍，其回弹率在 0～100℃范围内可达 85%以上；天然橡胶经硫化处理后，在外力作用下高度伸长时，分子会在受力方向上进行定向排列，其拉伸强度可达 17～29MPa，若以炭黑补强并经硫化处理。则拉伸强度可提高到 25～35MPa。

此外，天然橡胶的耐磨性、耐气腐蚀性、介电性、耐低温性以及加工工艺性等都较好。天然橡胶的滞后损失小，在多次变形时生热低，因此其耐屈挠性也很好，并且因为是非极性橡胶，所以电绝缘性能良好。因此，天然橡胶是综合性能较好的橡胶。

天然橡胶的缺点是耐油性差，耐臭氧老化性和耐热氧老化性差。因为有不饱和双键，所以天然橡胶是一种化学性质活泼的物质，光、热、臭氧、辐射、屈挠变形和铜、锰等金属都能促进橡胶的老化，不耐老化是天然橡胶的致命弱点：在空气中易与氧进行自动催化氧化的连锁反应，使分子断链或过度交联，使橡胶发生黏化和龟裂，即发生老化现象，未加防老剂的橡胶曝晒4～7天即出现龟裂；与臭氧接触几秒钟内即发生裂口；不耐高温，使用温度一般不高于100℃，当温度低于－73℃时，便成为脆性体而失去弹性。加入防老剂可以改善其耐老化性能。添加了防老剂的天然橡胶，有时在阳光下曝晒两个月依然看不出多大变化，在仓库内贮存三年后仍可以照常使用。

天然橡胶有较好的耐碱性能，但不耐强酸。由于天然橡胶是非极性橡胶，只能耐一些极性溶剂如水等，而在汽油和苯等非极性溶剂中则溶解或溶胀，因此，其耐油性和耐溶剂性很差，一般说来，烃、卤代烃、二硫化碳、醚、高级酮和高级脂肪酸对天然橡胶均有溶解作用，但其溶解度则受塑炼程度的影响，而低级酮、低级酯及醇类对天然橡胶则是非溶剂。

2.2.2.4 天然橡胶的改性

天然橡胶的各种缺点限制了其在一些特殊场合的应用，但通过改性可以克服这些局限性，大大扩展天然橡胶的应用范围。天然橡胶的许多性能与分子链中的C═C双键有着密切的关系，对天然橡胶改性就是建立在改变双键的思路之上，如接枝共聚、氯化、环氧化等。

氯化天然橡胶（CNR）具有优良的成膜性、快干性、黏附性、耐候性、耐磨性、抗腐蚀性、阻燃性和绝缘性等优点，广泛地应用于涂料、胶黏剂、油墨添加剂、船舶漆、集装箱漆、路标漆和化工重防护漆方面，是工业上最重要的衍生物之一。

环氧化天然橡胶（ENR）是天然橡胶经化学改性制得的特种天然橡胶，是在20世纪80年代后期衍生出来的具有商业价值的材料，通过NR胶乳与过氧酸（甲酸与过氧化氢反应制得）制备得到。ENR保留了天然橡胶的通用性能，又具有良好的耐油性和气密性。

在天然橡胶的分子链中，每个结构单元都含有一个双键，在双键碳原子上可以进行加成反应。主链上的其他碳原子则都可以脱氢产生自由基，从而接上单体，也就是天然橡胶的接枝改性。因此在天然橡胶主链的任何碳原子上都可以接上单体，接枝后的产物除可保持天然橡胶原有的基本性能外，还能使橡胶具有接入单体的某些性能，或使之具有某些新的性能，从而扩大天然橡胶的使用范围。天然橡胶能够用多种乙烯系化合物接枝，目前研究最多的是甲基丙烯酸甲酯（MMA）与天然橡胶接枝共聚。

除了化学手段外，还可以通过物理方法对天然橡胶进行改性。譬如，在天然橡胶中掺入一定量的三元乙丙橡胶（EPDM）之后，可显著改善天然橡胶的耐热性和耐老化性。

2.2.2.5 天然橡胶的用途

由于天然橡胶具有上述一系列物理化学特性，尤其是其优良的回弹性、绝缘性、隔水性及可塑性等特性，并且，经过适当处理后还具有耐油、耐酸、耐碱、耐热、耐寒、耐压、耐磨等宝贵性质，所以，具有广泛用途。据不完全统计，全世界消耗的天然橡胶中，有三分之二是用于制造轮胎（尤其是子午线轮胎、载重轮胎和工程胎）。此外，也用于制造胶带、胶管以及各种橡胶制品，如刹车皮碗、不要求耐油和耐热的热圈、衬垫以及胶鞋、暖水袋、松紧带；医疗卫生行业所用的外科医生手套、输血管、避孕套；工业上使用的传送带、运输带、耐酸和耐碱手套；农业上使用的排灌胶管、氨水袋；气象测量用的探空气球；科学试验用的密封、防震设备；国防上使用的飞机、坦克、大炮、防毒面具；甚至连火箭、人造地球卫星和宇宙飞船等高精尖科学技术产品都离不开天然橡胶。目前，世界上部分或完全用天然橡胶制成的物品已达7万种以上。

2.2.2.6 反式聚异戊二烯——另一类天然物质

值得一提的是，除了顺式-1,4-聚异戊二烯，自然界还存在着另外一类类似的天然物质，称作杜仲胶或古塔波胶等，它是从杜仲树等植物中提取出来的，其主要成分是反式-1,4-聚异戊二烯（trans 1,4-polyisoprene，简称TPI）。TPI虽然也是线型的、不饱和的、非极性分子，也具有柔性链，但反式结构使其在室温下易结晶，这是它与天然橡胶的最大区别。这样的性能使TPI具有“橡胶-塑料”二重性。例如：室温下易结晶，更像一种硬塑料，但软化点低，仅为 60℃左右；同时，它又可以像橡胶一样进行硫化加工，当硫化交联度较低时，它就具有了橡胶和塑料的双重身份；室温下是硬塑料有固定形状，60℃以上就变成橡胶可产生各种形变，是一种优秀的形状记忆性功能材料；当交联密度达到一定程度时，它又变成了完全的橡胶弹性体，可以做轮胎和各种橡胶制品。可见，TPI 既是塑料，又是橡胶，还可以作为功能材料。

2.2.3　通用合成橡胶

2.2.3.1　概述

从 19 世纪末期开始，随着橡胶轮胎在自行车、汽车上的大量应用和汽车行业的飞速发展，天然橡胶开始供不应求。面对橡胶生产的严峻形势，各国竞相研制合成橡胶。

合成橡胶的思路渊源于人们对天然橡胶的剖析和仿制。1826 年，M·法拉第首先对天然橡胶进行化学分析，确定了天然橡胶的实验式为 C_5H_8。1860 年，C·G·威廉斯从天然橡胶的热裂解产物中分离出 C_5H_8，定名为异戊二烯，并指出异戊二烯在空气中又会氧化变成白色弹性体。1879 年，G·布查德用热裂解法制得了异戊二烯，又把异戊二烯重新制成弹性体。尽管这种弹性体的结构、性能与天然橡胶差别很大，但至此人们已完全确认从低分子单体合成橡胶是可能的。1900 年 И. Л. 孔达科夫用 2,3-二甲基-1,3-丁二烯聚合成了革状弹性体。

由于橡胶是交通运输工具（汽车、飞机的轮胎等）的主要材料，因而它的发展又和战争对橡胶的需求密切相关。

第一次世界大战期间诞生了合成橡胶。战争期间，由于德国的海上运输被封锁，切断了天然橡胶的输入，他们于 1917 年首次用 2,3-二甲基-1,3-丁二烯生产了合成橡胶，取名为甲基橡胶 W 和甲基橡胶 H。在战争期间，甲基橡胶共生产了 2350t。由于这种橡胶的性能比天然橡胶差得多，而且当时单体的合成和聚合技术都很落后，故战后停止了生产。

1927～1928 年，美国的 J. C. 帕特里克首先合成了聚硫橡胶（聚四硫化乙烯）。W. H. 卡罗瑟斯利用 J. A. 纽兰德的方法合成了 2-氯-1,3-丁二烯，制得了氯丁橡胶。1931 年杜邦公司进行了小量生产。苏联利用 C. B. 列别捷夫的方法从酒精合成了丁二烯，并用金属钠作催化剂进行液相本体聚合，制得了丁钠橡胶，1931 年建成了万吨级生产装置。在同一时期，德国从乙炔出发合成了丁二烯，也用钠作催化剂制取丁钠橡胶。30 年代初期，由于德国 H. 施陶丁格的大分子长链结构理论的确立（1932）和苏联 H. H. 谢苗诺夫的链式聚合理论（1934）的指引，为聚合物学科奠定了基础。同时，聚合工艺和橡胶质量也有了显著的改进，合成橡胶工业正式在这个阶段建立。在此期间出现的代表性橡胶品种有：丁二烯与苯乙烯共聚制得的丁苯橡胶，丁二烯与丙烯腈共聚制得的丁腈橡胶。1935 年德国法本公司首先生产丁腈橡胶，1937 年法本公司在布纳化工厂建成丁苯橡胶工业生产装置。丁苯橡胶由于综合性能优良，至今仍是合成橡胶的最大品种，而丁腈橡胶是一种耐油橡胶，目前仍是特种橡胶的主要品种。

第二次世界大战促进了多品种、多性能合成橡胶工业的飞跃式发展。20 世纪 40 年代初，由于战争的急需，促进了丁基橡胶技术的开发和投产。1943 年，美国开始试生产丁基橡胶，至 1944 年，美国和加拿大的丁基橡胶年产量分别为 1320t 和 2480t。丁基橡胶是一种气密性很好的合成橡胶，最适于作轮胎内胎。稍后，还出现了很多特种橡胶的新品种，例如美国通用电气公司在 1944 年开始生产硅橡胶，德国和英国分别于 19 世纪 40 年代初生产了聚氨酯橡胶等。第二次世界大战期间，由于日本占领了马来西亚等天然橡胶产地，更加促使北美和苏联等加速合成橡胶的研制和生产，使世界合成橡胶的产量从 1939 年的 23.12kt 剧增到 1944 年的 885.5kt。战后，由于天然橡胶恢复了供应，在 1945～1952 年间，合成橡胶的产量在 432.9～893.9kt 范围内波动。

20世纪50年代初，由于齐格勒-纳塔和锂系等新型催化剂的出现，而且石油工业为合成橡胶提供了大量高品级的单体，人们也逐渐认识了橡胶分子的微观结构对橡胶性能的重要性；加上配合新型催化剂而开发的溶液聚合技术，合成橡胶工业进入了合成立构规整橡胶的崭新阶段。代表性的产品有20世纪60年代初投产的高顺式-1,4-聚异戊二烯橡胶，简称异戊橡胶又称合成天然橡胶；高反式-1,4-聚异戊二烯，又称合成杜仲胶；及高顺式、中顺式和低顺式-1,4-聚丁二烯橡胶，简称顺丁橡胶。此外，尚有溶液丁苯和乙烯-丙烯共聚制得的乙丙橡胶等。在此期间，特种橡胶也获得了相应的发展，合成了耐更高温度、耐多种介质和溶剂或兼具耐高温、耐油的胶种。其代表性品种有氟橡胶和新型丙烯酸酯橡胶等。20世纪60年代，合成橡胶工业以继续开发新品种与大幅度增加产量平行发展为特点，出现了多种形式的橡胶，如液体橡胶、粉末橡胶和热塑性橡胶等，其目的是简化橡胶加工工艺，降低能耗。到20世纪70年代后期，合成橡胶已基本上可代替天然橡胶制造各种轮胎和制品，某些特种合成橡胶的性能是天然橡胶所不具备的。20世纪60年代以后，合成橡胶的产量开始超过了天然橡胶。

合成橡胶种类繁多，一般在性能上不如天然橡胶全面，但它具有高弹性、绝缘性、气密性、耐油、耐高温或低温等性能，因而广泛应用于工农业、国防、交通及日常生活中。

许多国家都有各自的系统命名法。目前，世界上较为通用的命名法是按国际标准化组织制定的，此法是取相应单体的英文名称或关键词的第一个大写字母，其后缀以“橡胶”英文名第一个字母R来命名。例如丁苯橡胶是由苯乙烯与丁二烯共聚而成的合成橡胶，故称SBR；同理，丁腈橡胶称NBR；氯丁橡胶称CR等。中国的命名方法：对于共聚物是在相应单体之后缀以共聚物橡胶如丁二烯-苯乙烯共聚物橡胶，简称丁苯橡胶；对于均聚物，则在相应单体之前冠以“聚”字，而在聚合物之后缀以“橡胶”，如顺式-1,4-聚异戊二烯橡胶（简称异戊橡胶），顺式-1,4-聚丁二烯橡胶（简称顺丁橡胶）等。此外，尚有通俗取名法，即取该聚合物除碳氢以外的特有元素或基团来命名。如由α,ω-二氯代烃（或α,ω-二氯代醚）和多硫化钠形成的橡胶俗称聚硫橡胶，而由异丁烯和少量异戊二烯共聚制得的橡胶常俗称丁基橡胶等。

2.2.3.2 丁苯橡胶

丁苯橡胶（styrene-butadiene rubber，SBR）是目前合成橡胶中产量最大、应用最广的合成橡胶。其消耗占合成橡胶总消耗量的80%，它是丁二烯和苯乙烯的共聚物，为浅黄褐色弹性体，并具有苯乙烯气味。分子结构式为：

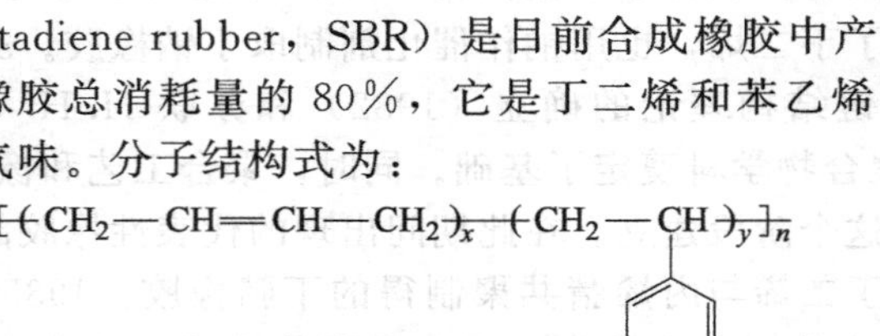

丁苯橡胶的聚合方法有乳液聚合和溶液聚合。世界丁苯橡胶生产能力中约87%使用乳液聚合法，故通常所说的丁苯橡胶主要是指乳聚丁苯橡胶。主要品种有丁苯-10、丁苯-30、丁苯-50三种（其中数字是表示苯乙烯所占的质量百分数）。

丁苯橡胶的性能首先取决于丁二烯和苯乙烯的含量。苯乙烯和丁二烯可以按需要的比例从100%的丁二烯（顺式、反式的玻璃化转变温度都是−100℃）到100%的聚苯乙烯（玻璃化温度为90℃）。通常随着苯乙烯含量的增高，其硬度、密度和耐磨性提高，而玻璃化转变温度则升高，耐寒性降低。

与其他通用橡胶一样，丁苯橡胶也是一种不饱和烯烃高聚物，其溶解度参数约为8.4，能溶解于大部分溶解度参数相近的烃类溶剂中，而硫化后的丁苯橡胶仅能溶胀。丁苯橡胶能进行氧化、臭氧破坏、卤化和氢卤化等反应；在光、热、氧和臭氧结合作用下可发生物理化学变化，但其被氧化的作用比天然橡胶缓慢，即使在较高温下老化反应的速度也比较慢。光对丁苯橡胶的老化作用不明显；但丁苯橡胶对臭氧的作用比天然橡胶敏感，耐臭氧性比天然橡胶差。丁苯橡胶的低温性能稍差，通常情况下玻璃化转变温度（T_g）约为－45℃。与其他通用橡胶相似，丁苯橡胶具有良好的介电性能，影响丁苯橡胶电性能的主要因素是配合剂。

与天然橡胶相比，丁苯橡胶的一个重要特点是塑炼时分子链不会发生断裂，因此，丁苯橡胶无需进行塑炼。这不仅可以节约能量和时间，而且有利于其反复使用。此外，丁苯橡胶在氧化老化时，分子链发生交联的趋势大于断链的趋势，这一点也与天然橡胶不同。

与一般通用橡胶相比，丁苯橡胶具有以下优缺点。

缺点：纯丁苯橡胶强度低，需要加入高活性补强剂后方可使用；丁苯橡胶加配合剂比天然橡胶难度大，配合剂在丁苯橡胶中分散性差；反式结构多，侧基上带有苯环，因而滞后损失大，当制品多次变形时，发热量大，弹性低，耐寒性也稍差；收缩大，生胶强度低，黏着性差；硫化速度慢；耐屈挠龟裂性比天然橡胶好，但裂纹扩展速度快，热撕裂性能差。

优点：硫化曲线平坦，胶料不易烧焦和过硫；耐磨性、耐热性、耐油性和耐老化性等均比天然橡胶好，高温耐磨性好，适用于乘用胎；在加工过程中相对分子质量降低到一定程度不再降低，因而不易过炼，可塑度均匀，硫化橡胶硬度变化小；提高相对分子质量可以实现高填充，充油橡胶的加工性能好；容易与其他高不饱和通用橡胶并用，尤其是与天然橡胶或顺丁橡胶并用，经配合调整可以克服丁苯橡胶的缺点。

丁苯橡胶可代替天然橡胶使用，并能与天然橡胶以任意比例共混，相互取长补短，主要用于制造轮胎，占到了其用量的 70%以上。此外也可用于制造胶带、胶管、各种工业用橡胶密封件、电绝缘材料以及生活用品等。

2.2.3.3　顺丁橡胶

顺丁橡胶，全名为顺式-1,4-聚丁二烯橡胶（*cis*-1,4-polybutadiene），简称 BR。顺丁橡胶是最早用人工方法合成的橡胶之一，它是丁二烯的定向聚合体，为无味的浅黄色至棕色的弹性体，分子结构式为：

$$\left[CH_2-CH=CH-CH_2 \right]_n$$

顺丁橡胶与天然橡胶的结构式十分接近。其分子结构比较规整，主链上无取代基，分子间作用力小，分子长而细，分子中有大量的可发生内旋转的 C—C 单键，使分子十分“柔软”。同时分子中还存在许多较具反应性的 C═C 键。根据顺式-1,4-丁二烯含量的不同，顺丁橡胶又可分为低顺式（顺式-1,4-丁二烯含量为 35%～40%）、中顺式（90%左右）和高顺式（96%～99%）三类。

低顺式顺丁橡胶最早由美国费尔斯通轮胎和橡胶公司于 1955 年开发，1961 年投产，催化剂为丁基锂；中顺式顺丁橡胶首先由美国菲利浦石油公司开发（1956），并于 1960 年由美国合成橡胶公司建厂投产，催化剂是四碘化钛-三烷基铝；高顺式顺丁橡胶可用钴系（一氯二烷基铝-钴盐）和镍系（环烷酸镍-三烷基铝-三氟化硼乙醚络合物）催化剂进行生产。目前，有中国、美国、日本、英国、法国、意大利、加拿大、俄罗斯、联邦德国等 15 个国家生产顺丁橡胶，近 20 个品种。总产量仅次于丁苯橡胶，在合成橡胶中居第二位。

高顺式顺丁橡胶具有独特的优点：①高弹性。高顺式顺丁橡胶分子间作用力小，分子量高，且分子链柔性大，是当前所有橡胶中弹性最高的一种橡胶，也是唯一的弹性高于天然橡胶的合成橡胶。甚至在很低的温度下，分子链段都能自由运动，故能在很宽的温度范围内显示高弹性，甚至在－40℃时还能保持。这种低温下所具有的较高弹性及抗硬化性能，使其与天然橡胶或丁苯橡胶并用时，能改善它们的低温性能。②滞后损失小。由于高顺式丁二烯橡胶分子链段的运动所需要克服周围分子链的阻力和作用力小，内摩擦小，当作用于分子的外力去掉后，分子能较快的回复至原状，因此滞后损失小，生热量小。这一性能对于使用时反复变形，且传热性差的轮胎的使用寿命具有一定好处。③耐低温性能好。主要表现在玻璃化转变温度 T_g 低，为－105℃左右，而天然橡胶为－73℃，丁苯橡胶则为－60℃左右。故掺用高顺式丁二烯橡胶的胎面在寒带地区仍可保持较好的使用性能。④耐磨性能优异。对于需耐磨的橡胶制品，如轮胎，鞋底，鞋后跟等，这一胶种特别适用。⑤耐屈挠性优异。高顺式丁二烯橡胶制品耐动态裂口生成性能良好。

由于顺丁橡胶其分子链比较规整，拉伸时可以获得结晶补强，加入炭黑又可获得显著的炭黑补强效果，是一种综合性能较好的通用橡胶。顺丁橡胶填充性好，与丁苯橡胶和天然橡胶相比，高顺式丁二烯橡胶可填充更多的操作油和补强填料，有较强的炭黑润湿能力，可使炭黑较好地分散，因而可保持较好的胶料性能。

顺丁橡胶可用传统的硫黄硫化工艺硫化，其加工性能除混炼时混合速度慢、轻度脱辊外，其他如胶片平整性和光泽度、焦烧时间等均与一般通用橡胶类似。与天然橡胶和丁苯橡胶相比，硫化后的顺丁橡胶的耐寒性、耐磨性和弹性特别优异，动负荷下发热少，耐老化性尚好，易与天然橡胶、氯丁橡胶或丁腈橡胶并用。

顺丁橡胶的缺点是抗湿性能和抗撕裂性能差；高顺式丁二烯橡胶的拉伸强度和撕裂强度均低于天然橡胶及丁苯橡胶，掺用该种橡胶的轮胎胎面，表现多不耐刺，较易刮伤。顺丁橡胶的加工性能不好，生胶有一定冷流倾向。由于抗湿滑性不好，且黏着性不如天然橡胶和丁苯橡胶，因此不能单独用于制造轮胎。但顺丁橡胶可与天然橡胶、丁苯橡胶、氯丁橡胶、丁腈橡胶以任意比例混合并用，能和其他种橡胶相互取长补短，以用于制造轮胎、胶管、胶带、胶辊以及刹车皮碗、减震器、橡皮弹簧、鞋底等橡胶制品。顺丁橡胶产品主要用于制造轮胎中的胎面胶和胎侧胶，约占其产量的80％以上。

天然橡胶、顺丁橡胶、丁苯橡胶与塑料的性能对比见表2.20。

表2.20　一些橡胶与塑料的性能比较

<table>
<tr><th>性　能</th><th>天然橡胶</th><th>顺丁橡胶</th><th>丁苯-30</th><th>聚乙烯</th><th>聚氯乙烯(软)</th></tr>
<tr><td>玻璃化温度/℃</td><td>－70</td><td>－110</td><td>－53</td><td>－20</td><td>－40</td></tr>
<tr><td>断裂伸长率/％</td><td>500～800</td><td>400～800</td><td>＞500</td><td>＜100</td><td>～200</td></tr>
<tr><td>弹性模量/(dyn/cm²)</td><td colspan="3">10⁶～10⁷</td><td>10⁸～10⁹
30～40</td><td>10⁶～10⁷
＜10</td></tr>
<tr><td>回弹率/％</td><td colspan="3">50～70　　30～40</td><td></td><td></td></tr>
</table>

注：$1dyn=10^{-5}N$。

由表可见，丁苯-30橡胶无论低温性能、伸长率和回弹率均较差、聚乙烯虽有丁苯-30的回弹性，但弹性模量太大，而软聚氯乙烯虽有丁苯橡胶的弹性模量，但回弹性太差，所以，尽管聚乙烯和软聚氯乙烯都能制成软管，但它们都不是橡胶。

2.2.3.4　氯丁橡胶

氯丁橡胶（chloroprene rubber，CR），又称氯丁二烯橡胶，是由氯丁二烯通过乳液聚合而成的，其分子结构式为：

$$\left[CH_2-\underset{}{\overset{Cl}{\overset{|}{C}}}=CH-CH_2 \right]_n$$

可见，分子链的主链与天然橡胶一样，所不同的只是侧基上带有极性氯原子，而不是甲基，由于这个结构因素影响，氯丁橡胶的机械性能和天然橡胶相似，如拉伸强度大于27MPa；伸长率可达800％左右，且由于氯原子的存在，增强了极性和分子间作用力，其极性仅次于丁腈橡胶，故具有良好的耐油性。

氯丁橡胶具有良好的综合物理、力学性能，同时还具有耐热、耐臭氧、耐天候老化、耐燃、耐油以及黏合性好等特点，所以，在业内被称为多功能橡胶。

氯丁橡胶的结晶性较强，自补强性能好，分子间作用力大，在外力作用下分子间不易产生滑脱。因此，该橡胶有与天然橡胶相接近的物理、力学性能，其纯胶硫化后的拉伸强度、扯断伸长率甚至还高于天然橡胶，用炭黑补强的氯丁硫化胶，其拉伸强度、扯断伸长率则接近于天然橡胶。其他方面的性能，如回弹性、抗撕裂性氯丁橡胶仅次于天然橡胶而优于一般合成橡胶，其耐磨性也接近于天然橡胶。

在耐热、耐臭氧、耐天候老化性能方面，氯丁橡胶的耐热性与丁腈橡胶相当，可在150℃下短期使用，在 90～110℃范围内的使用时间可达 4 个月之久；耐臭氧、耐天候老化性仅次于乙丙橡胶和丁基橡胶，远优于其他通用橡胶；耐化学腐蚀性及耐水性优于天然橡胶和丁苯橡胶（但对氧化性强的物质，其抗耐性差）。

由于带有极性的氯原子，氯丁橡胶的耐油性、耐非极性溶剂性均良好，仅次于丁腈橡胶而优于其他通用橡胶。除芳香烯类和卤代烯类油外，氯丁橡胶在其他非极性溶剂中都很稳定，其硫化胶仅有微小的溶胀。此外，该橡胶的气密性也很好，仅次于丁基橡胶，比天然橡胶的气密性大 5～6 倍。

氯丁橡胶在燃烧时能够释放出起阻燃作用的氯化氢，因此，虽然遇火可以燃烧，一旦切断火源则立即自行熄灭。该橡胶的耐延燃性在通用橡胶中是最好的。由于氯丁橡胶具有良好的粘接性能，所以被广泛地用作胶黏剂。氯丁橡胶系胶黏剂占合成橡胶类胶黏剂的 80%左右，其特点是粘接强度高、应用范围广、耐老化、耐化学腐蚀、耐油、具有弹性且使用方便（一般不需进行硫化）。

氯丁橡胶的缺点有：耐寒性差、电绝缘性差、在加工时对工艺温度敏感（当塑、混炼温度超过弹性态温度时会产生黏辊现象，给操作带来困难）。由于其结晶倾向性大，胶料经长期放置后会逐渐硬化，致使黏着性下降、给成形加工造成困难。氯丁橡胶的储存稳定性较差，会出现塑性下降、硬度增大、焦烧时间缩短、硫化速度加快等现象，即在加工工艺中表现为胶料的流动性下降、黏合性变差、压出的胶坯及半成品表面粗糙、易于焦烧，严重时会导致胶料报废。

氯丁橡胶可用来制造轮胎胎侧、耐热运输带、耐油耐化学腐蚀的胶管、容器衬里、垫圈、胶板、胶辊、汽车拖拉机配件、电线和电缆的包皮胶层、橡胶水坝、各类密封条、有阻燃要求的橡胶制品及专用型制品（如耐高温、增硬和胶黏剂等产品）。

2.2.3.5　丁基橡胶

丁基橡胶（butyl rubber 或 isobutylene-isoprene rubber，简称 IIR）是 20 世纪 40 年代以来的工业用橡胶品种之一，它由单体异丁烯和少量异戊二烯共聚而成，其分子结构式用下式表示：

$$\left[\overset{\displaystyle CH_3}{\underset{\displaystyle CH_3}{\overset{|}{\underset{|}{C}}}} - CH_2 - CH_2 - \overset{\displaystyle CH_3}{\overset{|}{C}} = CH - CH_2 \right]_n$$

丁基橡胶分子链的两侧有多个体积较大的甲基，使大分子的内旋转困难，不易形成被气体分子钻进去的空间，而且因异戊二烯含量很少（约 2%～5%），所以橡胶中的不饱和双键（C ═C）少，因此比较稳定。由上述结构因素决定，硫化后的丁基橡胶产品透气性极小，耐热、耐老化和电绝缘性都比天然橡胶好，其气密性比天然橡胶强 4～10 倍。

丁基橡胶主要用途是轮胎及其他气密性材料，它对空气的透过率仅为天然橡胶的 1/7，丁苯橡胶的 1/5，而对蒸汽的透过率则为天然橡胶的 1/200，丁苯橡胶的 1/140。因此主要用于制造各种内胎、蒸汽管、水胎、水坝底层以及垫圈等各种橡胶制品。同时，丁基橡胶的防水性也很好，常用橡胶制作的同样薄膜的透水率比较见表 2.21。

表 2.21 常用橡胶的透水率

丁基橡胶	沥青一般聚烯烃橡胶	氯丁橡胶	聚氨酯橡胶	有机硅橡胶
约 1	约 7	约 12	约 80	约 130

因此丁基橡胶还可用作水工建筑、水坝衬里及防水涂层材料等（例如用尼龙增强的丁基橡胶至少可以用二三十年，它的耐水性比水泥强一千倍，可作水坝衬里）；此外它耐酸性好，可作化工设备衬里及有关防腐蚀材料。

丁基橡胶的回弹性差（只有天然橡胶的 30%），不宜作轮胎外层，但正因为如此，它能吸收由外力造成的能量，而成为防震、减震的优良材料，是交通运输工具及各种防震零件的主要成分。

丁基橡胶适用于速度较低，但需要防震的拖拉机及其他农用机械的外胎，这种外胎还具有优良的耐候性、耐应力开裂性和耐磨性。

丁基橡胶的缺点是硫化慢，加工性能较差。

丁基橡胶与其他橡胶的共混改性：丁基橡胶与三元乙丙橡胶相容性较好，而且可以达到共硫化；IIR/EPDM 质量比为 75/25 时，共混物的物理机械性能和老化性能较好；用硫黄、低硫高促进剂和无硫硫化体系都能得到性能较好的共混物，其中以前者硫化的共混物性能最为突出。

2.2.3.6 乙丙橡胶

乙丙橡胶（ethylene-propylene rubber，EPR）是 20 世纪 50，60 年代出现的新型橡胶，可以分为二元乙丙橡胶和三元乙丙橡胶。

如果聚合物中只含乙烯和丙烯单元，称乙丙二元橡胶（EPM），其分子结构式为：

$$\left[\!\left(CH_2-CH_2\right)_x\left(CH_2-\underset{\displaystyle CH_3}{\underset{|}{CH}}\right)_y\right]_n$$

如果再含一种非共轭双烯第三单元，则会引入不饱和的侧基，称三元乙丙橡胶（EPT 或 EPDM）。

乙丙橡胶分子主链上，乙烯和丙烯单体呈无规则排列，失去了聚乙烯或聚丙烯结构的规整性，从而成为弹性体，由于三元乙丙橡胶二烯烃位于侧链上，因此三元乙丙橡胶不但可以用硫黄硫化，同时还保持了二元乙丙橡胶的各种特性。

由于二元乙丙橡胶分子不含双键，不能用硫黄硫化，只能用过氧化物等自由基型硫化剂硫化，因而限制了它的应用。在乙丙橡胶商品牌号中，二元乙丙橡胶只占总数 10%左右。而三元乙丙橡胶可用硫黄硫化，从而获得了广泛的应用，并成为乙丙橡胶的主要品种，在乙丙橡胶商品牌号中占 90%左右。

目前工业化生产的三元乙丙橡胶常用的第三单体有乙叉降冰片烯（ENB）、双环戊二烯（DCPD）、1,4-己二烯（HD）。近年来第三单体技术又有新发展，国外研制出用 1,7-辛二烯、6,10-二甲基-1,5,9-十一三烯、3,7-二甲基-1,6-辛二烯、5,7-二甲基-1,6-辛二烯、7-甲基-1,6-辛二烯等作为三元乙丙橡胶的第三单体，使三元乙丙橡胶的性能有了新的提高。

乙丙橡胶聚合分子结构中，乙烯/丙烯含量比对乙丙橡胶生胶和混炼胶性能及工艺性均有直接影响。一般认为乙烯含量控制在 60%左右，才能获得较好的加工性和硫化胶性能；丙烯含量较高时，对乙丙橡胶的低温性能有所改善；乙烯含量较高时，易挤出，挤出表面光滑，挤出件停放后不易变形。

乙丙橡胶的优点：由于乙丙橡胶的分子主链上不含双键，为饱和状态。因而该橡胶性能稳定，具有极其优异的耐候、耐臭氧、耐热、耐酸碱、耐水蒸气、颜色稳定性、电性能、充油性及常温流动性。乙丙橡胶制品在 120℃下可长期使用，在 150～200℃下可短暂或间歇使用。加入适宜防老剂可提高其使用温度。以过氧化物交联的三元乙丙橡胶可在更苛刻的条件下使用。三元乙丙橡胶在臭氧浓度 0.005%、拉伸 30%的条件下，可达 150h 以上不龟裂。同时，对各种极性化学品如醇、酸、碱、氧化剂、制冷剂、洗涤剂、动植物油、酮和脂等均有较好的抗耐性；但在脂肪族和芳香族溶剂（如汽油、苯等）及矿物油中稳定性较差。在浓酸长期作用下性能也要下降。

由于乙丙橡胶分子结构中无极性取代基，分子内聚能低，分子链可在较宽范围内保持柔顺性，仅次于天然橡胶和顺丁橡胶，并在低温下仍能保持。

乙丙橡胶的缺点：由于分子结构缺少活性基团，乙丙橡胶内聚能低，加上胶料易于喷霜，自黏性和互黏性很差。

乙丙橡胶的改性：为了改善乙丙橡胶的自黏性，通常可采用以下几种方式。

(1) 共混改性　通过 EPDM 和一种易与其他材料黏合的物质共混来提高 EPDM 材料的自黏性和互黏性。如在 EPDM 中加入一定量的氯丁橡胶（CR）进行共混，这样得到的混合胶料的自黏性和互黏性有明显提高。

(2) 增容　采用第三组分增容，如对 NBR-EPDM 共混体系的研究表明，第三组分 EVA 能很好地改善此并用胶的相容性、加工性和力学性能。

(3) 接枝　通过在 EPDM 的分子链上接枝一种易与其他材料黏合的支链来改善 EPDM 的自黏性和互黏性。如用马来酸酐（MAH）接枝 EPDM 可以提高 EPDM 与 PA 之间的相容性。不过 MAH 在高温下容易挥发，对人体刺激性大，并对设备具有腐蚀性。若用甲基丙烯缩水甘油酯（GMA）接枝 EPDM，就可很好地解决以上问题。研究发现 PA 在 GMA 接枝的 EPDM 中分散更加均匀和细致化，大幅度提高了共混硫化胶的力学性能。

此外，由于乙丙橡胶是密度较低的一种橡胶，其相对密度为 0.87。加之可大量充油和加入填充剂，因而可降低橡胶制品的成本，弥补了乙丙橡胶生胶价格高的缺点。

乙丙橡胶的应用：目前，乙丙橡胶已广泛用于制造耐热胶管、垫片、三角带、输送带、电线与电缆涂层、密封圈、橡胶水坝、屋顶料等。乙丙橡胶在轮胎工业中主要是与其他橡胶并用，以提高耐老化性、耐臭氧化，用作外胎胎侧，内胎或无内胎轮胎的气密层等。

2.2.4　特种橡胶

特种橡胶常具有耐高温、耐低温性、耐油性、耐腐蚀以及其他各种特殊性能，主要用于制作在特殊条件下工作的橡胶制品，它多用于国防工业和尖端科学部门。常见特种橡胶有：丁腈橡胶、硅橡胶、氟橡胶等。

2.2.4.1　丁腈橡胶

丁腈橡胶（butadiene-acrylonitrile rubber，或 nitrile butadiene rubber，可简称 NBR）以其优异的耐油性著称。它是由丁二烯和丙烯腈共聚而成的，其分子结构式为：

$$\left[CH_2—CH═CH—CH_2—CH_2—\underset{\displaystyle CN}{\underset{|}{CH}}\right]_n$$

由于分子结构中含有强的极性基团——氰基（—CN），因此可耐非极性脂肪烃和芳香族化合物。如在汽油、植物油、润滑油中不溶胀，即耐油性好，且耐油性随着丙烯腈含量的增加而增高，但极性基团的增加将导致分子间力加大，从而使分子链的柔顺性减小而有损其耐寒性，也就是说，丙烯腈含量越多，耐油性越好，但耐寒性则相应下降。研究表明，丙烯腈含量通常以 15%～50%为宜，此时既耐油又有较高的弹性（当丙烯腈含量超过 60%时，橡胶变硬而不再具有橡胶性能）。国产丁腈橡胶常用的品种有丁腈-18、丁腈-26、丁腈-40（其数字代表丙烯腈含量）。

丁腈橡胶的耐磨性、耐热性都比天然橡胶和氯丁橡胶好。

丁腈橡胶属于非结晶性高聚物，因此其物理机械性能很低，拉伸强度仅为3～4.5MPa，故通常经补强后方能使用，如加入炭黑补强后，其强度可达35MPa。此外丁腈橡胶的耐低温性差，弹性较低，电绝缘性不好。丁腈橡胶由于分子链间作用力较强，硬度较大，故加工较困难，且耐臭氧性低劣。

丁腈橡胶最大的用途是生产耐油胶管及阻燃输送带，其消耗量约占总消费量的50%，如油箱、耐油胶管、密封圈、印刷胶辊、化工衬里、耐油运输带以及各种耐油、减震制品。其次是密封制品，其中约半数为汽车密封制品；也用于制作胶板和耐磨零件。

2.2.4.2 硅橡胶

硅橡胶（silicone rubber）是一种主链由硅氧原子交替组成、在硅原子上带有有机基团的合成橡胶。其独特性能是既耐热又耐寒，温度使用范围可在－100～300℃之间，甚至在500℃的高温下仍能保持6min，是目前使用温度最广的一种橡胶。硅橡胶的一般结构式为：

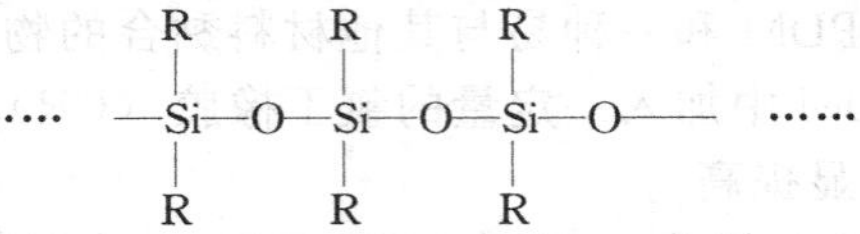

可见，硅橡胶主链的结构与一般橡胶不同。侧链上R一般为甲基、乙基或苯基等有机基团，其侧基不同可以形成不同种类的硅橡胶。

硅橡胶主要分为室温硫化硅橡胶，高温硫化硅橡胶。因此，室温硫化硅橡胶按成分、硫化机理和使用工艺不同可分为三大类型，即单组分室温硫化硅橡胶、双组分缩合型室温硫化硅橡胶和双组分加成型室温硫化硅橡胶。这三种系列的室温硫化硅橡胶各有其特点：单组分室温硫化硅橡胶的优点是使用方便，但深部固化速度较困难；双组分缩合型室温硫化硅橡胶的优点是固化时不放热，收缩率很小，不膨胀，无内应力，固化可在内部和表面同时进行，可以深部硫化；加成型室温硫化硅橡胶的硫化时间主要决定于温度。

硅橡胶按其硫化特性可分为热硫化型硅橡胶和室温硫化型硅橡胶两类。按性能和用途的不同可分为通用型、超耐低温型、超耐高温型、高强力型、耐油型、医用型等。按所用单体的不同，可分为甲基乙烯基硅橡胶，甲基苯基乙烯基硅橡胶、氟硅、腈硅橡胶等。

目前广泛应用的是甲基乙烯基硅橡胶，即

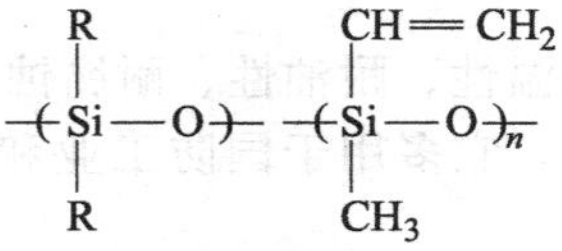

此外，尚有二甲基硅橡胶，甲基苯基硅橡胶；甲基苯基乙烯基硅橡胶等，各具有某些方面的特性。但其共同点是耐热、耐寒。

硅橡胶从其结构上看，是由于Si—O键的键能高于一般橡胶中C—C键的键能，从而使分子间的结合力强，而分子链又十分柔顺。

硅橡胶耐老化性和电绝缘性能良好，其透气率较普通橡胶大几十倍至几百倍。

硅橡胶主要用于制造各种耐高、低温橡胶制品，如各种耐热密封垫片、O形圈、油封、各种高温电线、电缆的绝缘层以及透气橡胶薄膜等。

此外，硅橡胶加工性能好而且无毒、无味、可多次长时间承受高压蒸汽消毒和煮沸消毒，故可用于食品和医疗工业。

硅橡胶的主要特点是机械强度差，耐油性不好，成本高，因而使用上受到一定的限制。

2.2.4.3 氟橡胶

氟橡胶（fluororubber）是主链或侧链上含有氟原子的特种合成橡胶的统称，其中含氟烯烃共聚物是应用最广、产量最大的一类氟橡胶。

最早的氟橡胶为 1948 年美国 Du Pont 公司试制出的聚-2-氟代-1,3-丁二烯及其与苯乙烯、丙烯等的共聚体，但性能并不比氯丁橡胶、丁腈橡胶突出，而且价格昂贵，没有实际工业价值。50 年代后期，美国 Thiokol 公司开发了一种低温性好，耐强氧化剂（N_2O_4）的二元亚硝基氟橡胶，氟橡胶开始进入实际工业应用。此后，随着技术进步，各种新型氟橡胶不断开发出来。

例如，聚 2-氟丁三烯橡胶的结构式为：

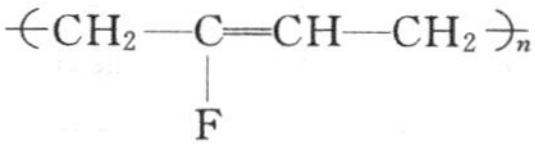

氟橡胶具有高度的化学稳定性，是目前所有弹性体中耐介质性能最好的一种。其耐腐蚀性在各类橡胶中最为突出，耐油性接近于丁腈橡胶，耐热性与硅橡胶相仿，可以说是目前弹性体中最好的。即具有耐高温、耐油、耐化学腐蚀的特性，是尖端科学技术不可缺少的重要材料。众所周知，氟是元素周期表中电负性最强的元素，具有极大的吸电子效应，当它与碳原子结合时，便形成键能很高的碳氟（C—F）共价键，而且这种键能还随碳原子氟化程度的提高而提高（表 2.22），同时，分子中氟原子的存在，也使氟化碳原子与别的元素结合的键能提高（表 2.23），这就使氟橡胶具有很高的耐热性、耐氧化和耐化学药品性。

氟橡胶具有极好的耐天候老化性能，耐臭氧性能。它对日光、臭氧和气候的作用十分稳定。据报道，Du Pont 开发的氟橡胶 Viton A 在自然存放十年之后性能仍然令人满意，在臭氧浓度为 0.01%的空气中经 45 天作用没有明显龟裂。

氟橡胶具有优良的物理机械性能，具有较高的抗撕裂强度和硬度。但在高温下其扯断强度随温度升高而明显降低。如在常温下氟橡胶的断裂强度为 15.4MPa，但在 205℃下，仅为 2.3MPa，容易产生早期破坏，使用中应予以注意。

表 2.22　碳氟键（C—F）的键能变化

化　合　物	化　学　键	键能/(kJ/mol)
$F_3C—F$	C—F	486
$XF_2C—F$	C—F	469.3
$X_2FC—F$	C—F	452.5
$X_3C—F$	C—F	435.8

表 2.23　部分化学键的键能

化　合　物	化　学　键	键能/(kJ/mol)
$—H_2C—CH_2—$	C—C	335
$—F_2C—CF_2—$	C—C	360
$X_3C—Cl$	C—Cl	277.7
$F_3C—Cl$	C—Cl	～335
$H_3C—H$	C—H	406
$F_3C—H$	C—H	431.5

注：上面两表中，X 为负电性比氟小的原子。

氟橡胶对气体的溶解度比较大，但扩散速度却比较小，所以总体表现出来的透气性也小。在各种橡胶中，氟橡胶的透气性较低，在一定温度下出气率升华值很小。因此是高真空、超真空密封中的重要材料。

氟橡胶主要用于油压系统、燃料系统和耐化学药品的密封制品（如耐高温的油封、O 形圈和旋转轴用的 O 形圈）以及高真空、超真空用 O 形密封等。

氟橡胶的缺点是弹性低、耐寒性差、耐辐射性差、价格高昂等，这些缺陷使其应用受到一定的限制。

2.2.4.4 小结

天然橡胶及各种常用的合成橡胶性能比较见表 2.24。

表 2.24 合成橡胶主要品种的各种性能比较

	性能	天然	丁苯	异戊	顺丁	丁基	丁腈	氯丁	乙丙
物理性能	相对密度	0.93	0.94	0.92	0.91	0.90	1.00	1.25	0.85
	热导率/[kcal/(h·m·℃)]	0.12	0.21	—	—	0.078	0.21	0.16	—
	电绝缘性	好	好	很好	很好	优	差	很好	很好
机械性能	拉伸强度	30～35	25～31	25～30	17.5～25	17.5～21	25～30	27～32	25～30
	300%定伸应力/MPa	11～12	8～12	9～11	9～12	7～9	—	—	9～11
	相对伸长/%	600～850	600～700	600～800	450～550	650～850	450～700	500～650	450～550
	回弹率(20℃)/%	70～72	40～45	66～89	75～78	20～27	25～34	65～70	40～45
	抗撕裂性	优	差	很好	差	好	好	可	好
	耐磨性	很好	优	很好	优	好	很好	很好	很好
耐热性	玻璃化温度/℃	−73	−60～−75	−70	−110	−65～−69	−32～−55	−40～−50	−59
	适用温度范围/℃	−51～+80	−51～+82	−50～+80	−85～+80	−17～+98	−17～+98	−40～+115	−20～+89
耐老化性能	耐光性	可	可	可	可	优	可	优	优
	耐臭氧性	差	差	差	可	很好	差	很好	优
	耐候性	好	好	好	可	优	好	优	优
	耐燃性	很差	很差	很差	很差	很差	很差	优	很差
	耐热性	差	可	好	很好	好	好	很好	很好
耐药品性	耐水	好	很好	好	好	很好	很好	很好	很好
	耐酸	好	好	好	好	很好	好	很好	优
	耐碱	很好	很好	很好	好	优	好	很好	优
耐溶剂性	耐脂肪族溶剂	差	差	差	差	可	优	很好	差
	耐芳香族溶剂	很差	很差	很差	很差	可	好	差	很差
	耐含氟烃类溶剂	很差	很差	很差	很差	差	可	很差	很差

高弹态是高聚物特有的基于链段运动的一种力学状态。它所表现的高弹性是材料中一项十分难得的可贵性能。橡胶在使用状态下具有高弹性，因而在人民生活和国民经济各个领域中，特别是国防和尖端技术中成为不可代替的重要材料之一。

2.2.5 热塑性弹性体

2.2.5.1 热塑性弹性体的结构特征

热塑性弹性体（thermoplastic elastomer，TPE），也称热塑性橡胶（thermoplastic rubber，TPR 或 thermoplastic vulcanizate，TPV），是一种兼具橡胶和热塑性塑料特性的材料。在正常使用温度下，热塑性弹性体具有不同的两相：一相为流体（使用温度高于它的玻璃化转变温度 T_g），另一相为固体（使用温度低于它的 T_g 或等于 T_g），并且两相之间存在相互作用。也就是说，它们是由在主链上通过形成硬链段的树脂相和软链段的橡胶相，相互牢固组合在一起而成的（图 2.23）。即在常温下显示橡胶弹性，高温下又能塑化成型的高分子材料；既具有类似于橡胶的力学性能及使用性能，又能按热塑性塑料进行加工和回收，它在塑料和橡胶之间架起了一座桥梁。因此，热塑性弹性体是一种可以像热塑性塑料那样快速、有效、经济的加工的橡胶制品。就加工而言，它是一种塑料；就性质而言，它又是一种橡胶。

热塑性弹性体具有多种可能的结构，最根本的一条是需要有至少两个互相分散的聚合物相，聚合物链的结构特点是由化学组成不同的树脂（硬段）和橡胶段（软段）构成。硬段的链段向作用力形成物理“交联”，软段则是具有较大旋转能力的高弹性链段。而软段又以适

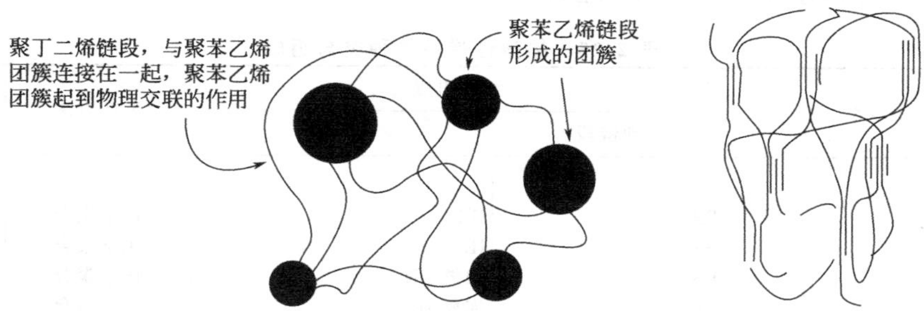

图 2.23　以 SBS 为例的热塑性弹性体两相结构示意图

当的次序排列并以适当的方式连接起来，硬段的这种物理交联是可逆的，即可在高温下失去约束大分子的能力呈现塑性，降至常温时这些"交联"又恢复，而起类似硫化橡胶交联的作用。

正是由于这种聚合物链结构特点有交联状态的可塑性，因而本弹性体在常温下显示硫化胶的弹性，强度和变形特征等物理机械性能。另一方面，在高温下硬段会软化或熔化，呈现塑性流动性。

最早商业化的热塑性弹性体是 20 世纪 50 年代开发出的聚氨酯类热塑性弹性体，20 世纪 60 年代早期出现了对热塑性苯乙烯-丁二烯嵌段共聚物，从 20 世纪 70 年代到 90 年代热塑性弹性体呈现迅速增长趋势。当前，热塑性弹性体已成为材料领域中不可忽视的一大类。

2.2.5.2　热塑性弹性体的命名与分类

(1) 命名　目前，热塑性弹性体尚无统一的命名，习惯以英文字母缩写语 TPR 表示热塑性橡胶，TPE 表示热塑性弹性体，两者在有关资料著作中均有使用。目前国内对热塑性苯乙烯-丁二烯嵌段共聚物则称之为 SBS (styrene-butadiene-styrene block copolymer)，热塑性异戊二烯-苯乙烯嵌段共聚物称为 SIS (styrene-isoprene block copolymer)，饱和型 SBS 则称之为 SEBS，即 styrene-ethylene-butylene-styrene block copolymer 的缩写，就是苯乙烯-乙烯-丁烯-苯乙烯嵌段共聚物。其他各类热塑性弹性体均以生产厂家的商品名称称呼。我国也采用 SBS 的代号，表示热塑性苯乙烯-丁二烯-苯乙烯嵌段共聚物，习惯称为热塑性丁苯橡胶。

(2) 热塑性弹性体的分类　根据热塑性弹性体的组成和形态可将其分为三类：第一类是嵌段共聚物型，如苯乙烯类热塑性弹性体、热塑性聚氨酯、聚酯类、聚酰胺类等；第二类是橡胶与塑料的共混物，其中的橡胶未交联。如 PP/EPDM 共混物、PE/EPDM 共混物和 NBR/PVC 共混物，这种热塑性弹性体两相间的相互作用很弱，一般以塑料相为连续相，或者为共连续相；第三类为橡胶与塑料的共混物，其中橡胶相高度交联并细分散于连续的塑料相中 (TPV)。此类热塑性弹性体是由第二类热塑性弹性体通过动态硫化的方式制成的商品化的热塑性弹性体，通常是以 PP 为塑料相，交联的 EPDM、NBR、NR、IIR 和 EVA 等为分散相。此类热塑性弹性体的力学性能和使用性能与传统的橡胶硫化胶最为接近。

世界上已工业化生产的 TPE 有：苯乙烯类 (SBS、SIS、SEBS、SEPS)、烯烃类 (TPO、TPV)、双烯类 (TPB、TPI)、氯乙烯类 (TPVC、TCPE)、氨酯类 (TPU)、酯类 (TPEE)、酰胺类 (TPAE)、有机氟类 (TPF)、有机硅类和乙烯类等，几乎涵盖了现在合成橡胶与合成树脂的所有领域。它们是由在主链上通过形成硬链段的树脂相和软链段的橡胶相，相互牢固组合在一起而成的。TPE 的制造方法，大致可分为化学聚合和机械共混两大类型。前者是以聚合物的形态单独出现的，有主链共聚、接枝共聚和离子聚合之分。后者主要是橡胶与树脂的共混物，其中还有以交联硫化出现的动态硫化胶 (TPE-TPV) 和互穿网络的聚合物（TPE-IPN）（详见表 2.25）。

表 2.25　热塑性弹性体种类与组成

种　类	结构组成		生产方法	用　途
	硬链段	软链段		
苯乙烯类				
SBS	PS	BR	化学聚合	通用
SIS	PS	IR	化学聚合	通用
SEPS	PS	加氢 BR	化学聚合	通用、工程
SEPS	PS	加氢 IR	化学聚合	通用、工程
烯烃类				
TPO	PP	EPDM	机械共混	通用
TPV-PP/EPDM	PP	EPDM＋硫化剂	机械共混	通用
TPV-PP/NBR	PP	NBR＋硫化剂	机械共混	通用
TPV-PP/NR	PP	NR＋硫化剂	机械共混	通用
TPV-PP/IIR	PP	IIR＋硫化剂	机械共混	通用
双烯类				
TPB(1,2-IR)		聚 1,2-丁二烯	化学聚合	通用
TPI(反式 1,4-IR)		聚反式-1,4-异戊二烯	化学聚合	通用
T-NR(反式 1,4-NR)		聚反式-1,4-异戊二烯	天然聚合	通用
TP-NR(改性顺式-1,4-NR)		聚顺式-1,4-异戊二烯改性物	接枝聚合	通用
氯乙烯类				
TPVC(HPVC)	结晶 PVC	非结晶 PVC	聚合或共混	通用
TPVC(PVC、NBR)	PVC	NBR	机械共混	通用
TCPE	结晶氯化聚乙烯(CPE)	非结晶 CPE	聚合或共混	通用
氨酯类 TPU	氨酯结构	聚酯或聚酯	加聚	通用、工程
酯类	酯结构	聚醚或聚酯	缩聚	工程
酰胺类 TPAE	酰胺结构	聚醚或聚酯	缩聚	工程
有机氟类 TPF	氟树脂	氟橡胶	化学聚合	通用、工程
有机硅类	结晶聚乙烯	硅橡胶	机械共混	通用、工程
	聚苯乙烯	聚二甲基硅氧烷	嵌段共聚	通用、工程
	聚双酚 A 碳酸酯	聚二甲基硅氧烷	嵌段共聚	工程
	聚芳酯	聚二甲基硅氧烷	嵌段共聚	工程
	聚砜	聚二甲基硅氧烷	嵌段共聚	工程
乙烯类				
EVA 型	结晶聚乙烯	乙酸乙烯酯	嵌段共聚	通用
EEA 型	结晶聚乙烯	丙烯酸乙酯	嵌段共聚	通用
离子键型		乙烯-甲基丙烯酸离聚体	离子聚合	工程
		磺化乙烯-丙烯三元离聚体	离子聚合	通用
熔融加工型	乙烯共聚物	氯化聚烯烃	熔融共混	通用

2.2.5.3　热塑性弹性体的特点

热塑性弹性体具有硫化橡胶的物理机械性能和软质塑料的工艺加工性能。由于热塑性弹性体不需再像橡胶那样经过热硫化，因而使用简单的塑料加工机械即可很容易将其制成最终产品。这一特点，使其生产流程缩短了四分之一，节约能耗 25%～40%，提高效率 10～20 倍，堪称橡胶工业又一次材料和工艺技术革命。

热塑性弹性体极具有橡胶的高弹性、高强度和高回弹性，又具有可注塑加工的特征，可谓是塑料和橡胶优点的优势组合。同时，与传统橡胶相比，还具有环保无毒安全，硬度范围广，着色性优良，触感柔软，耐候性、抗疲劳性和耐温性好的特点。而且，其加工性能优越，无需硫化，可以循环使用，降低成本；既可以二次注塑成型，与 PP、PE、PC、PS、ABS 等基体材料包覆黏合，也可以单独成型。

近十余年来，热塑性弹性体正在大肆占领原本只属于硫化橡胶的领地，而且电子电器、通讯与汽车行业的快速发展也带动了热塑性弹性体的高速发展。

(1) 热塑性弹性体的优点

① 物理性能优越　热塑性弹性体具有良好的外观质感，触感温和，易着色，色调均一，稳定；力学性能可比硫化橡胶，但无须硫化交联；硬度范围宽阔，自邵氏 A 的 0 度至邵氏 D 的 70 度范围可调；耐拉伸性能优异，拉伸强度最高可达十几个 MPa，断裂伸长率最高可达十倍以上；长期耐温可超过 70℃，低温环境性能良好，在−60℃温度下仍能保持良好的挠曲性；良好的电绝缘性及耐电压特性。此外，还具有突出的防滑性能，耐磨性和耐候性能。

② 化学性能优越　热塑性弹性体可耐一般化学品（水、酸、碱、醇类溶剂）；可在溶剂中加工，可短期浸泡于溶剂或油中；无毒性；具有良好的抗紫外线辐射及抗氧化性能，可使用于户外环境；黏结性能好，选用合宜的胶黏技术可直接与真皮合成或人造皮革表面牢固黏合。

③ 生产加工具有优势　热塑性弹性体无需硫化即具有传统硫化橡胶的特性，可以节省硫化剂及促进剂等辅助原料；适合注射成型、压铸成型、热熔和溶解涂层等多种工艺；由于未硫化，边料、余料和废料等可完全回收再利用，且不改变性能，降低浪费；简化加工工艺，节约加工能耗与设备资源，加工周期短，降低生产成本，提高工效；加工设备及工艺简单，节省生产空间，降低不合格品率；产品无毒，无刺激性气味，对环境、设备及人员无伤害；加工助剂和配合剂较少，可节省产品质量控制和检测的费用；产品尺寸精度高、质量更易于控制；可直接与 PP、ABS 等多种塑料掺混而制成特种塑料合金。

(2) 热塑性弹性体的缺点　与传统橡胶相比，热塑性弹性体的耐热性稍差，且随着温度上升而物性下降幅度较大，因而适用范围受到限制。同时，压缩变形、弹回性、耐久性等与传统橡胶相比均较差，价格上也往往高于同类的橡胶。

但总的说来，热塑性弹性体的优点仍十分突出，而缺点则在不断改进之中，作为一种节能环保的橡胶新型原料，发展前景十分看好。

各种不同热塑性弹性体的物理机械性能与聚合物的化学结构、分子量、分子量分布和微观结构有关。各种主要热塑性弹性体的指标比较见表 2.26。

表 2.26　主要热塑性弹性体指标的比较

项目	TPU	SBC	TPO	CPE	TPV	TPEE	TPAE
硬相	半芳香族聚氨酯	聚苯乙烯	聚乙烯或聚丙烯	结晶聚氯乙烯	结晶聚合物（聚丙烯、尼龙-6 等）	半芳香族聚酯	聚酰胺
弹性相	脂肪族聚酯或聚醚	聚丁二烯等	三元乙丙橡胶(EPDM)	非结晶 PVC、丁腈橡胶（NBR）	EPDM、NBR 等	脂肪族聚酯或聚醚	脂肪族聚酯或聚醚
约束形式	结晶相、氢键	冻结相	结晶相	结晶相	结晶相	结晶相	结晶相、氢键
主要制备方法	反应挤出	反应挤出	共混	共混	动态硫化	熔融缩聚	溶液聚合、熔融缩聚
邵氏硬度	60A～60D	5A～50D	50A～65D	50A～70D	35A～50D	90A～80D	60A～65D
相对密度	1.05～1.25	0.9～1.2	0.9～1.05	1.10～1.33	0.95～1.0	1.15～1.4	1.0～1.15

续表

项目	TPU	SBC	TPO	CPE	TPV	TPEE	TPAE
熔融温度/℃	120～190	95～100	165(聚丙烯)	75～105	165(聚丙烯)	148～230	148～275
脆点/℃	－40～－60	－60～－90	－60	－70	－60	－40～－60	－40～－60
拉伸强度	优	中	良	良	良	优	优
压缩永久变形	良	良	中	优	良	中	良
耐热老化性	优	差	中	中	中	良	优
耐候性	良	差	中	良	优	良	良
耐磨性	优	中	中	中	中	良	优
参考品牌	Goodrich：Estane	Shell：Kraton	Teknor Apex：Telcar	Du Pont：Alcryn	AES：Santoprene	Du Pont：Hytrel	Elf Atochem：Pebax

2.2.5.4 热塑性弹性体的应用

热塑性弹性体具体的应用领域主要有以下几类。

(1) 园林工具：手板锯、高枝剪、锹、铲修枝剪、整篱剪、园林锯、园林剪刀、草耙、钢叉、修枝剪、花具、雪铲、小锄、修枝锯、草剪等手柄包胶。

(2) 洁具：花洒头、喷枪、排污管、软管等。

(3) 日常用品：手把类（刀具、梳子、剪刀、手提箱、牙刷柄等)，脚踏垫、冰格、餐桌垫、瓶盖内衬、背包底座及其他橡塑制品等。

(4) 运动器材：手把（高尔夫球、各种球拍、脚踏车、滑雪器材、滑冰器材等)、潜水器材（蛙鞋、蛙镜、呼吸管、手电筒等)，刹车块、运动护垫等。

(5) 工具材料：手工具（螺丝起子，榔头、锤子等手柄)。

(6) 汽机车零件：汽车挡泥板、排挡罩、门窗封条、垫片、方向盘、防尘套、脚踏板、投射灯外壳、机车（脚踏车）手把等。

(7) 文具用品：橡皮擦、笔套、垫片等。

(8) 医疗器材：吸球、仪器手把、轮子、束带、容器、垫圈、防毒面罩、各种管件、瓶塞及相关医疗用品等。

(9) 电线电缆：电缆线外壳、连接器、插头被覆等。

(10) 轮子包胶：手推车轮子、医用脚轮、工业脚轮等。

(11) 资讯部件：游乐器方向盘、手把、鼠标被覆、衬垫、外壳被覆、光碟包装盒及其他软质防震零件等。

2.3 化学纤维

2.3.1 化学纤维概述

2.3.1.1 化学纤维定义

广义上来说，化学纤维是指由天然或合成化合物通过物理或化学方法制备而得的一类形状细长的材料，其长径比至少为10：1，其截面积小于0.05mm²，宽度小于0.25mm。

狭义上来说，化学纤维是指人类通过物理或化学方法将天然高分子或合成高分子经加工制得的一类细长而柔韧的材料，主要用于纺织加工。一般用于纺织的纤维其长径比一般大于1000。典型的纺织纤维其长度超过25mm，直径为几微米至几十微米，还应具有一定的柔曲性、强度、模量、伸长和弹性等。

随着纤维的制备技术的进步和应用领域的拓宽，其定义也在不断发展变化。一些一维尺度的材料也经常以纤维命名，例如纳米纤维。作为结构材料的纤维，对于长径比、柔曲性等的要求已没有纺织纤维那么严格。

2.3.1.2 化学纤维分类

对化学纤维按其原料来源、尺寸、表面形态、性能等有多种分类方式。

化学纤维按其原料来源分为人造纤维和合成纤维，所谓人造纤维是指将天然高分子材料经一系列的物理化学过程制备得到的一类化学纤维，其特征在于制成纤维的高分子原料来自于自然界动植物机体。合成纤维是指用石油、天然气、煤及农副产品为原料、经一系列的化学反应制成合成高分子化合物，再经加工而制得的一类化学纤维。按原料来源化学纤维的细分方法见于图 2.24。

- 化学纤维
  - 人造纤维
    - 蛋白质类纤维：牛奶蛋白纤维、明胶纤维、大豆、玉米、菜籽蛋白纤维
    - 再生纤维素纤维：黏胶纤维、铜氨纤维
    - 纤维素酯纤维：三醋酯纤维、二醋酯纤维、硝酸纤维素纤维
    - 其他：壳聚糖纤维、海藻纤维
  - 合成纤维
    - 碳链纤维
      - 聚乙烯纤维
      - 聚丙烯纤维
      - 聚丙烯腈纤维
      - 聚乙烯醇纤维
      - 聚氯乙烯纤维
      - 聚四氟乙烯纤维
    - 杂链纤维
      - 聚酯纤维
      - 聚酰胺纤维
      - 聚氨酯纤维
      - 其他：聚脲、聚甲醛、聚酰亚胺、聚酰胺-酰肼、聚苯并咪唑、聚苯并噁唑、聚芳噁二唑纤维等

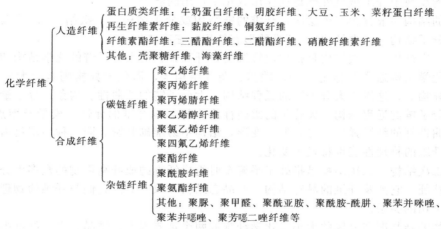

图 2.24 化学纤维按原料来源分类

化学纤维按其尺寸分为长丝和短纤维，长丝是指纤维长度以千米计的连续不断裂的纤维，长丝按丝束大小又分为单丝、复丝。短纤维是化学纤维长纤维束被切断或拉断成相当于各种天然纤维长度的纤维。短纤维界限，长度一般为 35～150mm。按天然纤维的规格可分为棉型（25～38mm），毛型（70～150mm）和中长型（51～76mm）等短纤维。它们可以纯纺，也可和不同比例的天然纤维或其他纤维混纺制成纱条，织物和毡。

化学纤维按表面和纵向形态分为直丝和变形丝，所谓直丝是指未进行变形加工的松弛状态下外观呈直线型的纤维。而变形丝是指经过变形加工后得到的各类纤维，变形丝在松弛状态下呈各种类型的卷曲状、弯折状。变形加工可提高纤维的抱合力、弹性、蓬松性，使纤维适于混纺加工。变形加工方法很多，对于短纤维有各种卷曲加工，对于长丝有假捻、加捻、空气变形等变形加工方法。

按性能分类，化学纤维又可分为差别化纤维、高性能纤维、功能纤维、智能纤维等。差别化纤维泛指对常规化学纤维产品有所创新或赋予某些特性的化学纤维。主要是指经过化学改性或物理改性，使常规化学纤维的服用性能得以改善，并具有一些新的性能，使同一化学纤维大品种的产品多样化和系列化。例：仿丝纤维、异形纤维、复合纤维、细旦纤维、高收缩纤维、抗起球纤维、三维卷曲纤维、高湿模量黏胶纤维、阳离子可染聚酯纤维、酸性可染聚丙烯腈纤维等。高性能纤维是指具有高强度、高模量、耐高温、耐化学药品、耐气候等性能特别优异的一类新型纤维。例：芳族聚酰胺纤维、全芳族聚酯纤维、碳纤维、高强高模聚乙烯纤维、聚苯并咪唑纤维、聚四氟乙烯纤维以及碳化硅纤维、氧化铝纤维、硼纤维等。其

中的高强度、高模量纤维，称为超级纤维。功能纤维是指在常规化学纤维原有性能的基础上，又增加了某种特殊功能的一类新型纤维，例：高吸水纤维、导电纤维、离子交换纤维、中空纤维分离膜抗菌消臭纤维、抗紫外线纤维等。智能纤维是指纤维状智能材料。一方面，它具有一般智能材料的智能化功能，即能够感知环境的变化或刺激，并能做出响应，是一种长度、形状、温度、颜色和渗透率等能够随着环境发生变化而发生敏锐变化的新型纤维；另一方面，它具有普通纤维长径比大的特点，能加工成多种产品。

2.3.1.3　化学纤维的结构与性能

纤维的结构和性能与纤维的生产工艺路线及条件密切相关。当聚合物和生产工艺路线确定之后，就可以获得相应结构和性能的纤维。反之，可以根据所需纤维的性能进行结构设计，以生产工艺路线和控制条件来确定纤维所需的结构，从而使纤维获得相应的性能。这三者之间有机地联系，并相互影响。纤维的结构决定纤维的性能。结构是纤维内部的本质，性能则是结构反映于纤维抵抗外部物理作用或化学作用的能力。

纤维的结构一般分为三个层次：纤维的链结构或分子结构（一次结构）；纤维的聚集态结构或超分子结构（二次结构）；纤维的形态结构（三次结构）。

（1）一次结构　一次结构是指构成纤维的成纤高聚物的大分子链的化学结构和构象。大分子链的化学结构通常是指链结构、端基、杂环结构等，而化学异构则是指大分子链的支链、结构异构等，这属于大分子链的近程结构。大分子链的柔曲性、构象、分子量及其分布等属于大分子链的远程结构。大分子的柔曲性将直接影响纤维的弹性、模量及熔点等性能。大分子柔曲性好的纤维弹性较好，但易变形，结构不易堆砌紧密。同一种高聚物由于构象发生变化其纤维的物理性能也将发生变化。

（2）二次结构　二次结构是指处于平衡态时组成纤维的成纤高聚物的众多大分子链间的几何排列特征。它涉及纤维的晶态结构、非晶态结构和取向等。它们与纤维的物理、力学性能有极其密切的关系。

高聚物的结晶度和晶区的大小是化学纤维的两个重要因素。结晶度高，纤维中缝隙、孔洞小，密度大，强度模量较高，形变小，但吸湿性差，染色较困难。同时晶粒的大小对熔点和耐疲劳性，耐磨性都有一定的影响。

同样非晶区结构对纤维性能的影响也极为重要。首先，非晶区与纤维力学性能有密切关系。因为断裂总是发生在纤维的薄弱环节，从纤维的超分子结构来看纤维的薄弱环节正好在非晶区而不是在晶区。根据纤维结构模型非晶区相对存在于晶区之间并将许多晶区相互联系起来，这种以折叠链形成的晶区和非晶区组成微纤，而许多微纤又组成纤维。在各个晶区之间由“缚结分子”相联接，这些缚结分子属于非晶态结构，纤维被拉断正是由于这些缚结分子断裂所引起的。所以纤维的强力除了结晶部分的影响外还主要决定于非晶区的缚结分子的数量。此外，非晶区还关系到纤维的染色性、吸湿性、透气性、伸长和弹性回复性等。因此非晶区结构对纤维性能影响的重要性越来越被人们所重视。

取向度是纤维超分子结构的要素之一，取向度高，拉伸强度高，伸长能力降低。此外，纤维的模量、光学性质、溶胀性都与取向度有直接关系。值得注意的是为了提高合成纤维的实际使用性能，必须考虑到纤维超分子结构的各个参数，需研究分析这些参数对纤维的综合影响。

（3）三次结构　三次结构是指纤维中比超分子结构更大一些单元的特征。在光学显微镜和电子显微镜中能直接观察到这部分结构。例如纤维中多重原纤的排列，纤维横截面的结构、组成和形状，以及可能存在于纤维中的空洞、裂隙、微孔的大小和分布等。

纤维横截面形状主要取决于纺丝方法和喷丝孔的形状。一般熔纺纤维在成形过程中，因熔体温度下降和结晶所引起体积收缩量很小，所以采用圆形喷丝孔纺制的纤维的横截面仍为圆形。湿法纺丝则由于体积收缩量较大，所以采用圆形喷丝孔形成纤维的横截面为非圆形。

采用异形喷丝孔则可得到相应不同横截面的异形纤维，异形纤维与圆形截面的纤维相比可以改善纤维的光泽，增加纤维的抱合力，同时使纤维的膨松性、保温性、透气性、吸湿性等都有所提高。纤维横截面的结构主要是指皮芯层结构。熔纺纤维的皮、芯层之间差异不大，而湿纺纤维的皮、芯层则差异较大。纤维的芯层和皮层结构特性不同，通常皮层较致密且取向度大、芯层则反之。

2.3.1.4　化学纤维常用品质指标

纤维的品质指标是指对纤维制品的使用价值有决定意义的许多指标的总体。其中有一些指标，对任何纤维在它们的应用范围内都很重要，另一些指标则只在这些纤维用于某些特定领域才显得重要。

反映纤维品质的主要指标有以下几方面。

力学性能指标，包括断裂强度、断裂伸长率、初始模量、断裂功、回弹性、耐多次形变性等。

物理性能指标，包括纤度、密度、光泽、吸湿性、热性能、电性能等。

加工性能指标，包括纺织加工性能和染色性。纺织加工性能包括纤维的抱合性、起静电性、静态和动态摩擦系数等，染色性包括染色难易、上染率、染色均匀性以及染色牢度。对于复合材料用纤维主要是纤维与复合基体之间的表面结合力等。

稳定性指标，主要指纤维在使用和存放过程中在外界条件的影响下性质稳定性。包括对高温和低温的耐受性、对光-大气的稳定性（耐光性、耐气候性）、对各种辐射的稳定性、对化学试剂（酸、碱、盐、氧化剂、还原剂、溶剂等）的耐受性、对微生物作用的稳定性（防蛀性）、阻燃性、对时间的稳定性（耐老化性）等。

短纤维品质的补充指标包括切断长度和超长纤维含量、卷曲度和卷曲稳定性。

实用性能，包括保型性、耐洗涤性、洗可穿性、吸汗性、透气性、导热性、保温性、抗沾污性、起毛球性等。

此外，为了更为全面而恰当地反映出纤维的品质，纤维品质的均匀性具有极大的意义。特别是强度、纤维、伸长率这三个品质指标的均匀性，控制好纤维指标的均匀性对于纤维的应用具有一定的意义。

以下介绍几类反映化学纤维品质的主要指标及其计算和测试方法。

(1) 纤维粗细程度指标（纤度）　表示纤维粗细程度的物理量简称“纤度”，在我国的法定计量单位中称“线密度”。纤维的粗细若采用直观表示方法，可直接测定其直径或横截面积来进行表示，由于纤维一般直径只有几十微米，测量较为困难，因此一般采用纤度这一间接的指标来进行表示。主要的纤度的指标有三种。

① 公支（支数）——定重制　单位质量（以克计）的纤维所具有的长度（以米计）称为公支或支数。例如 1g 重的纤维长 150m，称为 150 支，长 36m 称为 36 支。

$$N_m=L/G$$

式中　N_m——公支（支数）；

L——纤维的长度，m；

G——纤维的质量，g。

对同一种纤维而言，支数越高，表示纤维越细，支数越低，表示纤维越粗。但对于密度不同的纤维，则其粗细就不能用支数来直接比较。

② 旦 (Denier)——定长制　9000m 长的纤维所具有的质量（以克计）称为“旦”。对同一种纤维来说（即纤维的密度为一定时），旦数越大，则纤维越粗。

$$D_n=9000\,\frac{G}{L}=\frac{9000}{N_m}$$

式中 D_n——旦数；

G——纤维质量，g；

L——纤维长度，m。

上述两种表示纤维细度的单位，数值概念恰恰相反：纤维越细，支数就越大，而旦数则越小。由此可见，支数所表示的是纤维的细度，而旦数所表示的则是纤维的粗度。

③ 特（Tex）或分特（d-Tex） 1000m长纤维重量的克数称为特；1000m长纤维的重量以分克（1/10g）计则称为分特。特或分特、支数和旦数的换算关系如下。

$$旦数\times支数=9000$$

$$特数\times支数=1000$$

$$旦数=9\times特数$$

$$分特数=10\times特数$$

$$旦数=\frac{9}{10}\times分特数$$

用特或分特来表示纤维的纤度已作为国际单位制，作为棉、毛、化学纤维的通用单位。例如：短纤维的纤度，棉型1.67dtex，毛型3.33dtex等；长丝的纤度，111dt/48f、167dt/70f等。

单纤维纤度对于制品的品质影响很大。单纤维越细，则纤维的成形过程进行得越均匀，纤维及其制品对各种变形的稳定性就越高，也越柔软。化学纤维生产中，可在一定范围内根据纺织厂的要求，改变纺丝工艺条件，生产任意粗细的纤维。

（2）纤维拉伸性能指标 纤维拉伸性能最常用的指标是断裂强度、断裂伸长率及拉伸初始模量。

① 断裂强度 拉伸试验中纤维试样抵抗致断时最大的力与纤维的截面积之比称为断裂应力或断裂强度，单位用兆帕（MPa）。因测量纤维的截面积很不方便，所以采用纤维的绝对强度与纤度（特或分特）之比表示相对强度，单位通常为牛顿/特（N/T）或厘牛/分特（cN/dtex）。

② 断裂伸长率 纤维与其他材料一样，力和变形总是同时存在同时发生，在拉力作用下，拉到断裂时的伸长量（ΔL）称为断裂伸长，用毫米表示，断裂伸长对拉伸前长度（L）的百分率为断裂伸长率，用ε表示。

$$\varepsilon\ (\%)\ =\Delta L/L\times 100$$

断裂伸长较大的纤维手感比较柔软，在纺织加工时，可以缓冲所受的力，但断裂伸长不宜过大，普通纺织纤维的断裂在10%～30%范围内较合适。两种不同的纤维混纺时，要求其断裂伸长相同或相近，才能承受较大负荷而不断裂。短纤维一般断裂伸长较低，而工业用纤维的强度要求高，断裂伸长低。

③ 拉伸初始模量 模量是材料抵抗外力作用下形变能力的量度。纤维的初始模量为纤维受拉伸时，当伸长为原长的1%时所需的应力，即应力-应变曲线或（负荷-伸长曲线）起始一段直线部分的斜率。其单位为厘牛/分特（cN/dtex）或厘牛/特（cN/tex）。在衣着上反映为纤维对小延伸或小弯曲时所表现的硬挺度。也可以认为初始模量表征施加一定的负荷于纤维时，纤维产生形变的大小。纤维的初始模量愈大，表示施加同样大小的负荷时它越不容易产生形变，即在纤维制品的使用过程中形状的改变越小，纺织制品比较挺括。但初始模量过高则织物不耐冲击，手感硬，易脆裂。这一性质对于合成纤维及其制品的许多应用范围具有重要的意义，特别是对于作轮胎帘子线用的合成纤维，要求具有较高的初始模量。

（3）纤维弹性及其检测 纤维在纺织加工和使用中，会经常受到比断裂负荷小得多的反复拉伸作用，纤维承受多次加负荷与去负荷的循环作用会遭受破坏而断裂，这种现象称为疲劳，而疲劳性能与纤维的弹性密切相关。纤维弹性恢复高，耐疲劳性能好。耐疲劳和弹性变形能力高的纤维不易产生变形，它是决定纺织制品尺寸稳定性的一个重要因素。同时织物的抗皱性能与纤维的拉伸变形后恢复能力有关，即与纤维的弹性有关，织物的折皱回复性与纤维在小变形下的拉伸回复能力成线性关系，如；涤纶长丝 95%～100%(3%)；锦纶-6 长丝 98%～100% (3)；羊毛 99%(2%)；这些纤维的定伸长回弹能力高，故织物的抗皱回复性能好。纤维的定伸长回弹率见表 2.27。

表 2.27　纤维（3%）定伸长回弹率

纤维名称	回弹率/%	纤维名称	回弹率/%
黏胶纤维		聚丙烯腈　短纤维	90～95
短纤维	55～85	聚酯	
长丝	60～80	短纤维	90～95
维纶纤维		长丝	95～100
短纤维	70～85	聚氯乙烯	
长丝	70～90	短纤维	70～85
铜氨纤维		长丝	80～90
短纤维	55～60	聚丙烯短纤维和长丝	96～100
长丝	55～80	聚四氟乙烯纤维	80～100
醋酸纤维		聚氨酯纤维	95～99(50%)
短纤维	70～90	棉	74(2%)
长丝	80～95	毛	99(2%);63(20%)
聚酰胺-6		丝	54～55
短纤维	95～100	蛋白质纤维	96(2%)
长丝	98～100		

测定纤维弹性指标有以下两种方法。

① 定伸长弹性恢复率　指纤维拉伸到一定伸长率，一般为 3%，5%，10%时测定的纤维弹性恢复率，测试定伸长弹性恢复率的方法时给予纤维一定的预张力，预张力为 0.883cN/dt(1g/d)，试样夹持长度 L_0，拉伸到定伸长（5%）的长度 L_1，保持一定时间(如 1min)，使纤维产生应力松弛，然后除去负荷，使纤维回缩 3min，将纤维挂上原预加张力测量回缩后的长度 L_2。

$$\text{定伸长弹性恢复率}(\%)=\frac{L_1-L_2}{L_1-L_0}\times 100$$

② 定负荷恢复率　纤维加上预张力去除卷曲后测得 L_0，然后加定负荷 3min 后测得 L_1，去除负荷恢复 2min，然后再加预张力测出 L_2，这样得到定负荷弹性恢复率。

$$\text{定负荷弹性恢复率}(\%)=\frac{L_1-L_2}{L_1-L_0}\times 100$$

(4) 纤维的燃烧性能指标　纤维的燃烧性能与其自身的化学结构密切相关。为了减少火灾损失，提高人类环境安全水平。在许多情况下，无论是普通民用纤维，还是特种工业用纤维，都要求纤维不易燃烧。

纤维的燃烧行为主要由纤维被引燃的难易程度、纤维燃烧时火焰传播的速度和自熄程度等因素决定。有的纤维在空气中靠近火焰时，发生热分解，并释放出可燃性气体而燃烧，其燃烧热使纤维继续分解，进而使纤维继续燃烧，该纤维属于易燃纤维或可燃纤维。有的纤维在接触火焰时发生热分解，产生不燃性气体捕获活性自由基；或纤维燃烧时表面形成覆盖层起隔绝作用，阻止氧气介入，阻止可燃性气体扩散；有的纤维燃烧时，当火源撤离后火焰自熄；该类纤维属于难燃纤维。芳香族杂环类纤维属于不燃纤维。

纤维及其制品的燃烧性能，通常用极限氧指数（limiting oxygen index，*LOI*）表示。所谓极限氧指数是指试样在氧气和氮气的混合气体中，维持完全燃烧状态所需的最低氧气体积分数。可表示如下式：

$$LOI = O_2\text{ 的体积}/(O_2\text{ 的体积}+N_2\text{ 的体积})\times 100(\%)$$

极限氧指数愈大，维持燃烧所需的氧气浓度愈高，即越难燃烧。空气中氧气的体积分数为21，从理论上讲，纤维的极限氧指数只要超过21%，在空气中就有自熄作用。但是实际燃烧时，由于空气的对流等环境因素的影响，极限氧指数必须超过27%才能达到自熄。一般认为极限氧指数低于20%的纤维为易燃纤维，极限氧指数20%～26%的纤维为可燃纤维，极限氧指数27%～34%的纤维为难燃纤维，极限氧指数大于35%的纤维为不燃纤维。表2.28为各种纤维的极限氧指数及分类。

表 2.28 各种纤维的极限氧指数及分类

纤维名称	极限氧指数/%	纤维分类	纤维名称	极限氧指数/%	纤维分类
腈纶	18.2	易燃纤维	羊毛	25.2	难燃纤维
三醋酯纤维	18.4		改性腈纶	26.7	
醋酯纤维	18.6		诺曼克丝	28.2	
丙纶	18.6		PPTA	28～33	
维纶	19.7		PPS	35～39	不燃纤维
黏胶	19.7		氯纶	37.1	
棉纤维	20.1	可燃纤维	PBI	38～43	
锦纶	20.1		偏氯纶	45～48	
涤纶	20.6		PBO	66～69	
蚕丝	23～24		氟	95	

纤维素纤维及其织物通常可由含磷、氮和溴的化合物赋予耐久阻燃性，这几种阻燃元素合用，具有协同作用。采用磷酸与尿素的混合物阻燃其效果比单一的磷酸或尿素的用量少，且效果较好。一般进行阻燃处理后的棉织物，其极限氧指数>30%。

合成纤维的燃烧性较天然纤维低，合成纤维离开火源后，熔滴而不传播火焰。合成纤维的阻燃有三种方法：一是将阻燃剂粒料加入高聚物进行共混纺丝制成阻燃纤维；二是高聚物本身的化学改性，例如共聚或接枝改性等；三是织物阻燃后处理。目前已工业化的一些阻燃聚酯纤维，均是高聚物本身就进行了阻燃改性。对于这类纤维一般起阻燃作用的元素是磷、氮和溴等。

由于其特殊的化学结构，使其自身具有阻燃性的高聚物是本质阻燃高聚物。因此不需要进行改性或阻燃处理。主链上芳香烃含量高，成碳率高，阻燃元素含量高，或含杂环的高聚物，如聚砜、聚苯硫醚、芳香族聚酰胺和聚酰亚胺等，已在工业上获得应用。它们具有优异的耐热性和高温抗氧化性，极限氧指数高，自熄性能好。因此，它们是本质阻燃的高聚物或纤维。

2.3.1.5 化学纤维的制备工艺

化学纤维的成型普遍采用的是将高聚物的熔体或者溶液进行纺丝加工，前者称为熔体（熔融）纺丝法，后者称为溶液纺丝法。这里简要介绍一下化学纤维生产的一些基本过程，包括纺丝流体的制备、主要纺丝方法、以及初生纤维的后加工过程。

(1) 纺丝熔体的制备　熔体纺丝在工业上有直接纺丝法和切片纺丝法之分，直接纺丝法是直接将聚合得到的聚合物熔体经输送进行纺丝，切片法是指将聚合所得熔体进行切片造粒，而后将聚合物切片在纺丝机种进行熔融而后纺丝的方法。与切片纺丝法相比，直接纺丝法省去了铸带、切粒、切片干燥、再熔融等工序，简化了生产流程，降低了生产成本，有利于提高生产效率。直接纺丝法也存在一些缺点。例如聚合物熔体中的低分子物质难以去除、生产的连续化导致产品品种单一等。所以许多差别化、小品种、高质量的纤维往往采用切片法进行生产。

切片法纺丝工艺工序较多，但具有很大的灵活性，且产品质量较好。且在必要时可以将聚合物切片进行固相缩聚进一步提高聚合物分子量，以便生产高强度的帘子线纤维。这里简要介绍一下切片法聚合物熔体的制备过程。

① 切片干燥　经铸带切粒的高聚物切片在熔融之前，须先进行干燥，切片中的水分会对纤维质量带来极为不利的影响。因为在切片熔融过程中高聚物在高温下易发生热裂解、热氧化降解和水解等反应，切片干燥方法主要有真空转鼓干燥和气流干燥两种。

② 切片的熔融　工业生产一般采用螺杆挤出机将切片制成流动的熔体。早期用于化学纤维生产的炉栅熔融法现已很少使用。螺杆挤出机分为双螺杆挤出机和单螺杆挤出机，主要由螺杆、套筒、加热装置以及传动机构所组成。切片自料斗进入螺杆，随着螺杆的转动被强制向前推进，同时由于受热而熔融，熔体以一定压力被挤出而输送至纺丝箱体。一般说来双螺杆挤出机的混合熔融效果要优于单螺杆挤出机。

(2) 纺丝溶液的制备及纺前处理　采用溶液纺丝法时，纺丝原液的制备也分为两种方法，一是将采用溶液聚合法得到的高聚物溶液直接作为纺丝原液，这种称为一步法；二是先制成成纤高聚物颗粒或粉末，而后再将其溶解，以获得纺丝原液，这种称为两步法。目前溶液纺丝法生产的主要合成纤维品种中，只有腈纶既可以采用一步法又可采用两步法进行生产。下面以溶液纺丝法中应用较多的两步法来对纺丝溶液的制备和处理进行描述。

① 成纤高聚物的溶解　线性高聚物溶解分为两个过程，一是溶胀过程，二是溶解过程。溶胀过程中溶剂先向高聚物内部渗入，此时高聚物体积增大，当溶胀过程持续下去，大分子之间的距离不断增大，接着发生溶解过程，高聚物以分子形式不断扩散到溶剂内部，完成溶解过程，高聚物的溶解过程实际上是无限溶胀的结果。

纺丝溶液的浓度根据纤维品种和纺丝方法的不同而异。一般来说，用于湿法纺丝的纺丝液浓度为12%～25%，用于干法纺丝的纺丝液浓度则应高一些，一般在25%～35%之间。表 2.29 列出了一些纺丝溶液的浓度。

表 2.29　各种纺丝原液的浓度

纤　　维	溶剂	纺丝液的浓度/%	纤　　维	溶剂	纺丝液的浓度/%
腈纶			氯纶		
湿法	DMF	17～25	湿法	丙酮	20～22
	NaSCN 水溶液	12～13	干法	丙酮	30～32
	DMSO	20～22	过氯纶		
干法	DMF	26～30	湿法	丙酮	25～30
维纶(湿法)	水	15～16	干法	丙酮	32～34
			芳纶-1414(干湿法)	浓硫酸	16～20

纺丝溶液中高聚物浓度对制成纤维的品质有很大影响。在一定范围内，适当提高纺丝原液浓度是有利的。但是随着纺丝原液浓度的提高，纺丝液的黏度急剧增加，这就给原液的过滤、脱泡和纤维成型过程带来困难；另外，纤维的品质也并非随纺丝液浓度的提高而成比例

地提高。纺丝原液浓度超过一定限度后纤维的品质反而会有所降低。

聚合物的溶解过程的长短除了取决于聚合物和溶剂的性质之外，还与溶解操作及溶解设备结构有关。高聚物的颗粒越小，其溶胀越充分，高聚物与溶剂接触的总面积越大，溶解就越快。溶解设备提供的搅拌剪切作用越强，则溶解过程越快。工业生产一般采用间歇式溶解机来对成纤聚合物进行溶解。

② 纺丝溶液的过滤和脱泡　溶解完毕后，所得的溶液在纺丝之前还需经过混合、过滤和脱泡等工序，这些工序总称为纺丝原液的纺前处理。混合的目的在于使各批次的纺丝溶液的性质（浓度、黏度等）趋于均匀一致。过滤的目的是将纺丝溶液中的杂质、凝胶粒子等除去，以免纺丝过程中杂质造成不良影响。纺前最后一个工序就是脱泡，脱泡是为了除去留存在纺丝液中的气泡，这些气泡一部分是在溶解过程中机械搅拌带入纺丝原液的，一部分是输送过程中卷入的气泡，此外直接纺丝法原液聚合过程中也可能带入气泡。纺丝原液中气泡含量即使很少也会对纺丝造成不良影响，可能发生断丝、毛丝、气泡丝等结果。因此需在纺丝之前对原液进行脱泡操作。

(3) 化学纤维纺丝方法概述　将成纤高聚物的熔体或溶液，经纺丝计量泵连续、定量而均匀的从喷丝头（或称喷丝板、喷丝帽）的毛细孔中挤出，形成液态细流，细流在空气、水或一定凝固浴中进行冷却固化或相分离固化形成初生纤维的过程称为“纤维的成型”，或称为“纺丝”。纺丝是化学纤维生产过程中的核心工序，改变纺丝工艺条件可以在很宽范围内调节纤维的结构，从而相应地改变所得纤维的各项性质。

在各种纺丝方法中以熔融纺丝法生产的纤维品种最多，其次为湿法纺丝法，少量品种采用干法或其他非常规纺丝方法获得，以下对各种纺丝方法进行简要介绍。

① 熔体纺丝法　图 2.25 是熔体纺丝的示意图。切片在螺杆挤出机中熔融后，熔体被压送至装在纺丝箱体中的各纺丝部位，经计量泵计量后送入纺丝组件，在组件中经过滤，然后从喷丝板的毛细孔中挤出而形成熔体细流，熔体细流在纺丝甬道中进行冷却成型，初生纤维被收卷于丝轴上。纤维在成型过程中只发生传热过程，无传质过程。因此熔体纺丝过程相对较为简单，可以较为容易的进行定量描述。

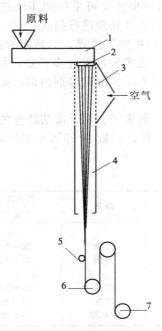

图 2.25　熔体纺丝示意图

1—螺杆挤出机；2—喷丝板；3—吹风窗；4—纺丝甬道；5—给油盘；6—导丝盘；7—卷绕装置

理论上讲，所有能进行熔融而在黏流态下不显著分解的成纤高聚物都能采用熔体纺丝法进行生产，但作为一种具有实用价值纤维，应该具有较好的耐热性，一般要求在 150℃下形状稳定不变；而如果成纤高聚物的熔点（流动温度）过高，则会使纺丝成型技术发生困难。此两种条件限制了熔体纺丝高聚物的种类。

一般熔体纺丝包括以下四个步骤：纺丝熔体的制备；熔体由喷丝板挤出形成熔体细流；熔体细流的拉伸并冷却凝固；以及固态丝条的上油和卷绕。纤维的形态结构和微观结构由整个成型过程决定，特别是第三步对纤维超分子结构的形成和纤维的物理-力学性能影响较大。

熔体纺丝所用喷丝板孔径，一般在 0.2～0.4mm 范围内（纺制鬃丝时，喷丝板孔径在 0.45～2.5mm 之间），而湿法纺丝所用喷丝头孔径则一般在 0.05～0.1mm 范围内。熔体纺丝的纺丝速度要比溶液法纺丝高得多，因为熔体细流在空气冷却介质中成型速度很快，而丝条运动所受摩擦阻力很小。与此相反，湿法纺丝时，纺丝速度主要受到凝固速度和流体阻力的限制，而干法纺丝时，纺丝速度主要受到溶剂扩散和挥发速度的限制。目前熔体纺丝法的一般纺丝速度在 1000～2000m/min，采用高速纺丝时，可达 4000～6000m/min 或更高。

② 湿法纺丝　纺丝溶液经混合、过滤和脱泡等处理后，送至纺丝机，通过计量泵计量，经烛型滤器、管道到达喷丝头，从喷丝头的毛细孔中挤出使原液细流进入凝固浴，原液细流中溶剂向凝固浴扩散，浴中沉淀剂向细流扩散，使原液细流逐渐凝固析出成初生纤维。大部分湿法纺丝中原液细流的凝固是个物理过程，而某些化学纤维（如黏胶纤维）的凝固过程除了物理的扩散过程外，还发生化学变化。因此，湿法纺丝的成型过程是相对复杂的，纺丝速度受溶剂和凝固剂扩散速度、凝固浴的流体阻力等因素所限制，因而纺丝速度比熔体纺丝低很多。湿法纺丝有各种不同的凝固形式，例如有单浴法或双浴法、有单独浴槽（浴管）或公共浴槽、有深浴法或浅浴法等，图 2.26 示意了各种不同的湿法纺丝成型方式。

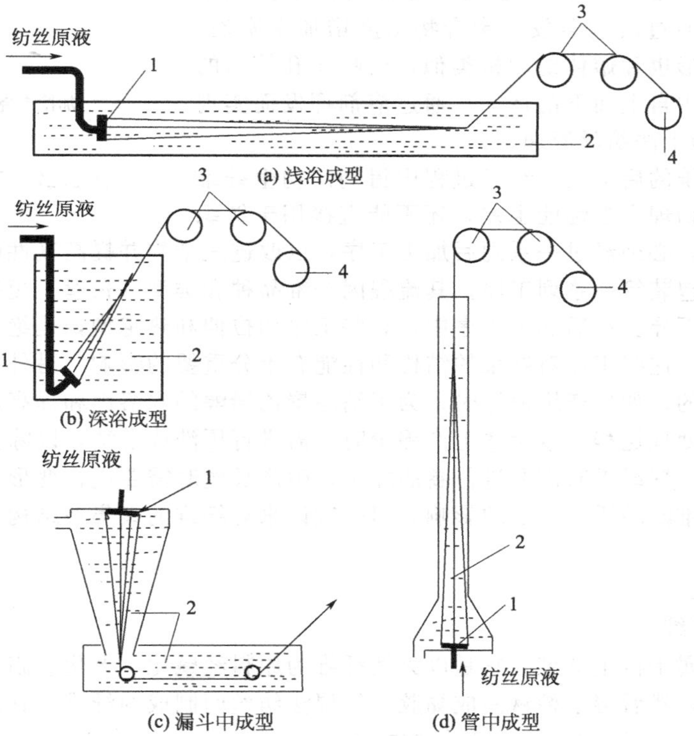

图 2.26　湿法纺丝各种成型方式

1—喷丝头；2—凝固浴；3—导丝盘；4—卷绕装置

湿法纺丝时，原液浓度、凝固浴的组成和温度等工艺参数随着所用溶剂的特点而有所不同（对于同一纤维而言）。湿法纺丝时，必须配备凝固浴的配制、循环及回收设备和工程，整个工艺流程较为复杂，投资较大，且纺丝速度较低，因此生产湿法长丝的成本较高；短纤维生产则可采用数万孔的多孔喷丝头或集装喷丝头来提高生产能力，从而弥补纺丝速度低的缺点。因此，用溶液纺丝法生产的合成纤维品种中，湿法纺丝宜于纺制短纤维，而干法纺丝宜于纺制长丝。

③ 干法纺丝　干法纺丝时，从喷丝头毛细孔中压出的原液细流不是进入凝固浴，而是进入纺丝甬道（套筒）中。进入纺丝甬道中的丝条由于热气流的作用，使其中的溶剂快速挥

发，挥发出来的溶剂蒸汽被热空气流带走。在逐渐脱去溶剂的同时，原液细流凝固并伸长而形成初生纤维。

干法纺丝过程中，纺丝原液与凝固介质（热气流）之间只有传热和传质的过程，而无化学变化发生。纺丝速度主要取决于溶剂挥发的速度，因此在保证满足加工性能的要求下纺丝原液浓度应尽可能的高，溶剂的沸点和挥发潜热应较低，这样就可减少纺丝原液转化为纤维所需挥发溶剂的量，降低热能消耗，并可提高纺丝速度。目前干法纺丝速度一般为 200～500m/min，当增加纺丝甬道长度或纺制较细的纤维时，纺丝速度可以提高至 700～1500m/min。干法纺丝的成型过程与熔体纺丝有某些相似之处，它们都是在纺丝甬道中使高聚物液流的黏度达到某一极限值来实现凝固的，所不同在于熔体纺丝通过冷却熔体来实现凝固，而干法纺丝通过溶剂蒸发，聚合物浓度增加来实现。干法纺丝机的外形也和熔体纺丝机类似，由喷丝孔挤出的细流在纺丝甬道中自上而下的运动，通过溶剂挥发而实现凝固。图 2.27 为干法纺丝原理。

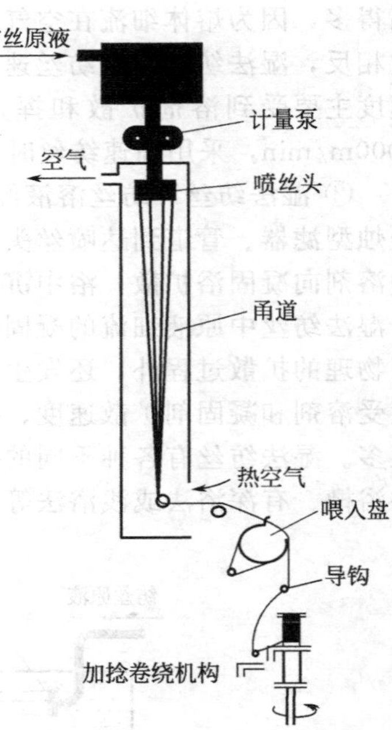

图 2.27　干法纺丝原理

（4）化学纤维的后加工　纺丝过程中得到的初生纤维结构还不完善，物理力学性能也差，还不能直接用于纺织加工成各种织物，必须经过一系列后加工工序，以改进其结构并提高其性能。后加工过程包括从拉伸到成品包装等一系列工序，其流程因纤维品种和类型（长丝、短纤维、切断状、常束状或帘子线）而异。在后加工工序中，有些工序如拉伸和热定型，是绝大部分化学纤维后加工不可缺少的，这些工序对纤维的结构和性能有十分重要的影响。另外一些工序则是某些纤维生产所特有的，如生产维尼纶时，为了消除聚乙烯醇的水溶性和提高热水软化点，需要进行缩甲醛化后处理过程；直接法生产锦纶时，需进行压洗或淋洗，以除去纤维中的单体和齐聚物；又如生产短纤维时需要进行卷曲加工，生产长丝时需要进行变形加工等。这些后加工工序对成品纤维的品质有一定的影响，但一般说来对纤维的聚集态结构及物理力学性能影响不大。

2.3.2　人造纤维

2.3.2.1　黏胶纤维

黏胶纤维是属于再生纤维。它是以天然纤维为原料经碱化、老化、磺化等工序制成可溶性纤维素磺酸酯，然后溶于稀碱制成黏胶，经湿法纺丝而制成的纤维。它的基本组分是纤维素，其分子式为 $(C_6H_{10}O_5)_n$，化学结构式为：

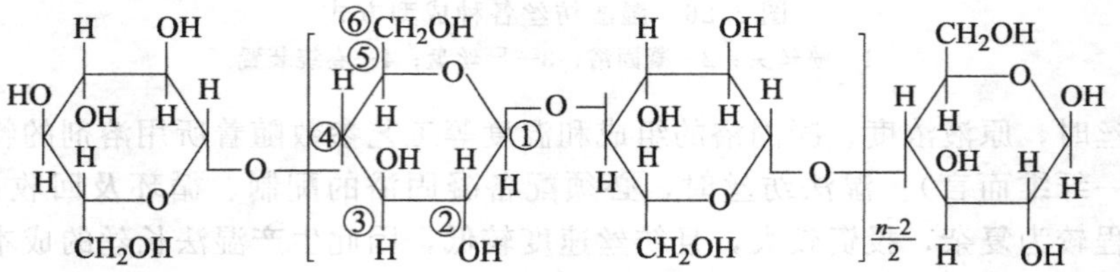

式中，括号里是纤维素大分子的基本链节——单元结构；$\frac{n-2}{2}$ 是基本链节的重复次数；n 为聚合度；普通黏胶纤维的 $n=250$～500，强力黏胶纤维 $n=550$～600。

（1）大分子结构与纤维性能　黏胶纤维大分子的规整性好，且分子链上氧桥、氧、环内不易旋转使整个大分子链呈刚性，所以纤维的柔韧性差。

纤维素大分子链上每个葡萄糖残基（不包括两端）都有三个自由羟基，分别在②、③、⑥位碳原子上，这些羟基的化学性质是比较活泼的，可以在不同条件能发生不同的化学反应。这就使黏胶纤维具有改性的优越性和可能性。羟基是亲水性基团，因此黏胶纤维吸湿性好。此外，由于羟基活泼，反应能力强，非常容易与染料基团结合，所以黏胶纤维的染色性能是很好的。

纤维素大分子中甙键不稳定，在光照或遇酸时氧桥断裂，使分子量下降，纤维强度降低。这是黏胶纤维耐光、耐酸性差的主要原因。

纤维素大分子末端有潜在醛基。大分子末端羟基上的氧原子比较活泼，在一定条件下容易与相邻氧原子结合，开环生成醛基，醛基具有还原性，醛基数目愈多，特别在碱存在的条件下能加剧氧化作用，降低大分子的聚合度和分子量，从而影响黏胶原液质量和纤维的机械性能。

(2) 超分子结构与纤维性能　在纤维素大分子链上有许多羟基，羟基的极性很强，相邻两个羟基的氧原子和氢原子间可以形成氢键，纤维素大分子之间是通过这些氢键敛集在一起的。所以纤维素大分子间的结合力是很强的，这使黏胶纤维具有较好的强力和很好的耐溶剂性。

另外，氢键键能的强弱决定于羟基基团间的距离，干态时纤维素大分子间羟基基团间的距离近，形成氢键键能能强。湿态时由于水分子的介入，使得纤维素大分子间的距离增大，羟基基团间距离也增大，使氢键键合强度变弱，因此黏胶纤维的湿强比干强低。

纤维素纤维的结晶较好，其主要原因是它的大分子链规整性好，且有许多羟基，大分子间的结合力很强，易形成结晶。黏胶纤维的结晶度一般在30%～40%之间。由于结晶度高，纤维的模量、硬挺性、刚性较大，对水和其他化学试剂的作用较稳定。但是纤维的脆性大，弹性和手感均不理想。

(3) 形态结构与纤维性能　各种纤维的形态结构不尽相同，黏胶纤维的形态结构，主要是皮-芯层结构。黏胶纤维表面纵向有纹路，截面边缘呈锯齿形。这是因为在成形过程中，在酸强烈的作用下所致，成形条件缓和，则其横截面就可接近圆形。在显微镜下观察，黏胶纤维的横截面形态明显分为两层——皮层与芯层，这就是所谓的皮-芯层结构。纤维皮层和芯层的结构特性不一样，皮层由于在纺丝过程中受到的张力大，所以取向度大、晶粒小、结构紧密；芯层取向度小、晶粒大，纤维皮-芯层结构是不对称的，利用这一特性研究开发出许多新型的黏胶纤维，如国内生产的富强纤维（属于高湿模量类型纤维）。生产富强纤时，黏胶黏度较普通黏胶高，凝固浴组成低（低碱、低酸、低盐），酸浴温度低，纺丝速度低，因此它的成型过程缓和，它的形态结构接近全皮层结构。

此外形态结构的不对称也是纤维卷曲的必要条件，利用这一特性，国内已研制出具有良好卷曲性能的卷曲毛型黏胶纤维，它具有手感良好，折皱回复性、膨松性、保暖性好的优点。

(4) 黏胶纤维的特性与用途　黏胶纤维是一种应用比较广泛的化纤品种，它有一些比较突出的特点。

① 黏胶纤维由于其内部结构上特点，具有很好的吸湿性。黏胶纤维的回潮率为12.0%～14.40%，仅次于羊毛而优于棉花，用它和吸湿性差的合成纤维混纺，既可保持合成纤维的优点，又可改善混纺织物的吸湿性，并有利于纺织加工的进行。

② 黏胶纤维是再生纤维素纤维，它的化学组成与棉相似，因此可用来代替棉花。与棉花一样，它具有良好的染色性能。能用于黏胶纤维的染料最多，色谱最全，所以黏胶纤维纺织品色彩鲜艳，光泽如丝。

③ 黏胶纤维内部有许多化学性质活泼的羟基，因此它比其他化学纤维更易于发生接枝反应，利用此性质，就可以对黏胶纤维进行各种改性，生产出具有特殊用途的纤维，并提高黏胶纤维的性能。

④ 由于黏胶纤维的取向度没有棉纤维高，与棉纤维相比易伸长变形，故织物缩水性大，尺寸稳定性差。此外，它的吸湿性高、吸湿后膨胀大，而且横向膨胀远远大于纵向膨胀，使膨胀后的纤维直径比原来要粗 50%，这样织物中的经、纬线的弯曲度就发生变化，使洗涤后织物长度变短，横向增大。

⑤ 黏胶纤维是亲水性很好的纤维，随着湿度的增加，大分子上羟基吸附的水分越多，分子间的作用力被削弱，导致纤维强力下降，伸长增大。与棉相比，黏胶纤维的湿强下降比较多，普通黏胶纤维湿强/干强＝0.5，湿态伸长/干态伸长＝1.58，且强力降低程度随温度升高而增加。由于水的增塑作用，湿模量明显下降。此外黏胶纤维的弹性恢复和抗皱性能也较差。

黏胶纤维性能与棉极为相似，棉型黏胶短纤维可与棉或合成纤维（涤纶、腈纶等）混纺，毛型可与羊毛混纺，织成各种织物，用于内衣、外衣、桌布、窗帘等，部分与毛混纺制成毛线。

黏胶长丝可与棉纱交织成被面、羽纱、绸缎、服装夹里布等。强力黏胶丝主要用于轮胎帘子线，少量也可作为运输带。在国外黏胶短纤维在常规纺织品方面使用日益减少，而转向非织造领域，其中包括室内用布，装饰布，上衣服装布的填料布，以及工业用布。此外，黏纤维经特殊处理可制成人体手术用氧化纤维可吸收缝合线。

2.3.2.2. 醋酯纤维

它是以纤维素为原料，使纤维素分子上的羟基与醋酐发生乙酰化反应生成纤维素醋酸酯，再溶于丙酮，经纺丝机干纺而成，称为醋酯纤维。按纤维素分子上羟基被乙酰化的多少，分为二醋酯纤维和三醋酯纤维。前者是指纤维素分子的羟基约 24%～92%被乙酰化，后者是指纤维素分子中的羟基有 92%以上的被乙酰化。

醋酯纤维的主要性能如表 2.30 所列。

表 2.30 醋酯纤维的主要性能

性 能	二醋酯纤维	三醋酯纤维	性 能	二醋酯纤维	三醋酯纤维
干态强度/(g/d)	1.2～1.7	2.3～3.0			
断裂伸长率/%			相对密度	1.32	1.30
干态	25	25	熔点/℃	230	300
湿态	35	36			

由于在醋酯纤维上原来纤维素的羟基被酯化，因而它的拒水性比黏胶纤维为高，其标准回潮率为 4.5%～6.5%，仅为黏胶纤维的一半。但染色性却比黏胶纤维差。醋酯纤维是热塑性纤维，具有丝绢光泽，弹性好。二醋酯纤维的电绝缘性比三醋酯纤维高 50 倍，尺寸稳定性高、耐水性超过绵纶，可与涤纶媲美，是人造纤维中耐皱性最好的。二醋酯纤维主要用作服装料、衬里料、贴身衣被。三醋酯纤维可织厚薄织物，其耐磨性比二醋酯纤维好。此外，醋酯纤维可与天然丝混纺，生产多色效应的成品绸。醋酯纤维除上述用途外，还可制成中空纤维用作人工肾、人工肝脏等人工器官。

2.3.2.3 铜氨纤维

将纯净的纤维素溶于氢氧化铜或碱性铜盐的浓氨溶液中，配成纺丝溶液，经湿纺而成铜氨纤维。其性能与黏胶纤维相似。伸长率与蚕丝相仿，定长纤维的伸长率为 30%～38%，优于羊毛。回潮率略低于黏胶纤维，弹性和耐皱性较好。它的用途与黏胶纤维大体一样。但它的单丝更细，触感柔软、光泽也适宜，所以常用作高级织物原料，特别适用于与羊毛、合成纤维混纺作针织和机织内衣以及绸缎等。此外，铜氨中空纤维人工肾具有体积小，透析面积大、效率高的特点。这是它能主导人工肾市场的原因。

2.3.3　合成纤维

2.3.3.1　聚酰胺纤维

聚酰胺是一类大分子主链上含有许多重复的酰胺基团$\left(\overset{O}{\overset{\|}{C}}-\overset{H}{\overset{|}{N}}\right)$的高分子。商品名为尼龙。聚酰胺纤维用树脂主要有两大类，即全芳香族聚酰胺和全脂肪族聚酰胺。前者主要有聚间亚苯基间苯二甲酰胺和聚对亚苯基对苯二甲酰胺，制得的纤维分别称为芳纶-1313 和芳纶-1414 纤维。全脂肪族聚酰胺纤维有聚己内酰胺纤维（尼龙-6 或绵纶-6）、尼龙-4、尼龙-7、尼龙-11 和尼龙-12、尼龙-66（锦纶-66）、尼龙-610 和尼龙-1010 等纤维。这类纤维中以尼龙-6 和尼龙-66 纤维占的比例最大，应用最广。

全脂肪族聚酰胺纤维的生产是以氨基酸或己内酰胺为原料合成聚酰胺，经熔纺而得，或者以二元胺和二元酸为原料，经制成尼龙盐再缩聚而得聚酰胺，然后熔纺制成纤维。前者如尼龙-6 纤维，后者如尼龙-66 纤维。

芳香族聚酰胺纤维主要有对位芳纶和间位芳纶。芳纶-1414 树脂经液晶纺丝而得芳纶-1414 纤维，在国外称它为 Kevlar 纤维。芳纶-1313 树脂经湿法纺丝而得芳纶-1313 纤维，在国外称之为 Nomex 纤维。

主要聚酰胺纤维的化学结构式如下：

$$\left[HN\left(CH_2\right)_5\overset{O}{\overset{\|}{C}}\right]_n \qquad (锦纶-6)$$

$$\left[HN\left(CH_2\right)_6NH-\overset{O}{\overset{\|}{C}}\left(CH_2\right)_4\overset{O}{\overset{\|}{C}}\right]_n \qquad (锦纶-66)$$

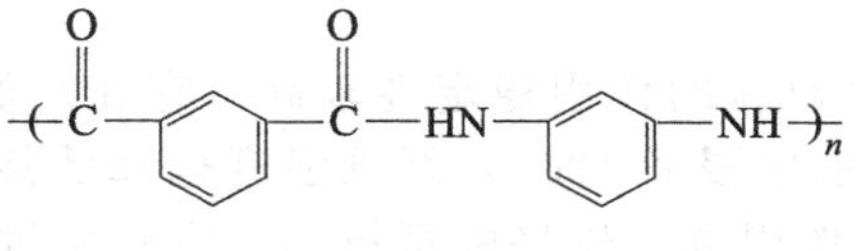
(芳纶-1313)

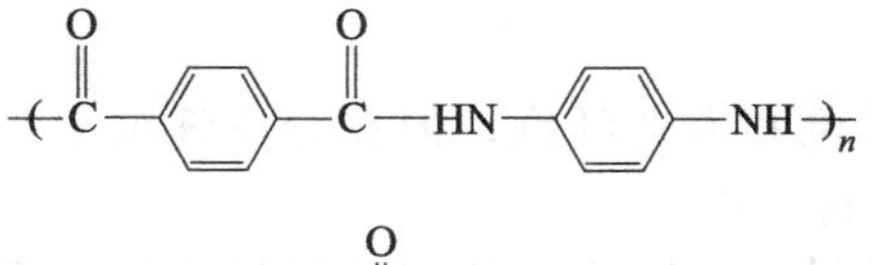
(芳纶-1414)

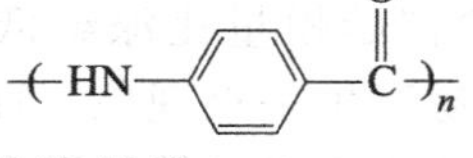
(芳纶-14)

（1）脂肪族聚酰胺纤维

① 大分子结构与纤维性能　聚酰胺纤维在主链上有酰氨基—CONH—存在，酰氨基之间又有一定数量的亚甲基—CH_2—，大分子的端基为氨基—NH_2 和羧基—COOH。它的大分子链结构系平面锯齿状，平面内各个分子能够通过酰氨基产生氢键互相结合。

由于脂肪族聚酰胺纤维的分子结构特点使得脂肪族聚酰胺纤维具有以下性能特点：

a. 聚酰胺纤维的大分子之间由于有氢键存在，所以分子之间的作用力大，这是聚酰胺纤维强力高的原因之一。

b. 酰氨基中的 C—N 键和大分子主链中的 C—C 键受热后均易断裂，使大分子聚合度下降而引起纤维强力下降。大分子两端的氨基和羧基对光和热、氧较敏感，特别是氨基，在氧化热裂解过程中，数目下降。因此聚酰胺纤维的热稳定性较差。

c. 大分子的端基（氨基和羧基）亲水性比较好，所以聚酰胺纤维的吸湿性较好。大分子中的亚氨基存在，使聚酰胺纤维较容易染色，可用酸性染料、分散性染料及其他染料。

d. 因大分子链上的酰胺基易发生酸解，而导致键的断裂，使聚合度下降，因此聚酰胺纤维不耐酸，特别是无机酸。

e. 聚酰胺分子链上除酰胺基外都是由烷烃链（$-CH_2-$）组成，C—C 单键的内旋转阻力小，因此大分子形成氢键，这对大分子的滑移有一定的牵制作用。这种大分子链间氢键中夹有较多的非极性亚甲基的分子结构使聚酰胺纤维的回弹性较好。

② 超分子结构与纤维性能　纤维的结晶度对纤维的性能有很大的影响，在分子量一定的情况下结晶度高，结晶区分布均匀，则纤维强力离，伸长率低，回弹性好，耐疲劳性好。但从纤维实际情况来看结晶度和晶体大小对锦纶-6 和锦纶-66 的拉伸强度影响不大。这主要因为它们都具有强的氢键，结晶熔融热能为 45kcal/mol，而链断裂的活化能低，为 27kcal/mol。纤维断裂是发生在纤维中最薄弱的环节。它们的断裂主要是无定形区中缚结分子的断裂。所以无定形区中缚结分子的数量和形状是影响锦纶纤维强力的主要因素。取向度对锦纶性能的影响基本与涤纶相同。锦纶是采用熔体纺丝，故形态结构对其性能影响不大。此外，锦纶-6 大分子的柔顺性好，所以它的初始模量低，使织物的抗皱性差，不挺括。回弹性好、初始模量低是纤维耐磨性好的必备条件，锦纶-6 正好符合此条件，所以它的耐磨性是合成纤维中最好的。

③ 脂肪族聚酰胺纤维特性及用途

a. 脂肪族聚酰胺纤维强度高，锦纶纤维的强度是目前已工业化生产的合成纤维中强度较高的一种。普通丝的强度为 4～6g/d，强力丝可达 7～9.5g/d，甚至更高。

b. 回弹性好，锦纶的回弹性极好，例如在纤维伸长 3%～6%时，弹性恢复率接近 100%，当伸长 10%时为 92%～99%。

c. 耐磨性好，在纺织纤维中锦纶的耐磨性最好，它比棉纤维高 10 倍，比羊毛高 20 倍。耐疲劳性好，锦纶的耐疲劳性好，它可经得住数万次双曲挠，在同样试验条件下，比棉花高 7～8 倍，比黏胶高几十倍。

d. 耐碱性和耐微生物性好，锦纶对碱的作用稳定性较高，它在高温下不受碱的作用，即使把它放在 100℃的 10%苛性钠溶液中浸渍 100h，纤维强度也降低甚少，但对无机酸作用的抵抗力很差。对细菌和微生物的作用具有较好的抵抗力，它耐腐蚀、不发霉、不怕虫蛀。染色性能良好，

e. 锦纶的染色性能虽不及天然纤维和人造纤维，但在合成纤维中是比较易染色的，它可用酸性染料、分散性染料及其他染料染色。

聚酰胺纤维的主要缺点是初始模量低，锦纶-6 的初始模量比涤纶低得多，因此纤维容易变形，制得的织物挺括性较涤纶差，制得的轮胎容易产生平点现象，而使汽车在行驶的最初几公里路内会产生颠簸现象。耐热和耐光性差，它的物理机械性能随温度而发生变化，当温度升高时，纤维强力和伸长率下降而收缩率增加。它的熔点为 215℃左右，软化点为 170℃左右，比锦纶-66 低，锦纶-66 的熔点为 255℃左右，软化点为 210℃左右。当熨烫和热定型时应考虑这些情况。锦纶-6 和锦纶-66 的安全使用温度分别为 93℃和 130℃，汽车轮胎帘子线在使用中温度较高，故需加入防老化剂。锦纶的耐光性差，在光的长期照射下，纤维颜色发黄，强力下降。无光纤维比有光纤维下降更为厉害，这主要是加入消光剂二氧化钛后促使纤维大分子氧化裂解，甚至产生裂缝和缺陷的缘故。例如，锦纶在日光照射下 16 周后，有光纤维强力降低 23%，无光纤维强力降低 50%，在同样条件下棉纤维仅下降 18%。对于上述主要缺点，近年来已研究出各种办法如添加耐光剂以改善耐光性；纺制异形纤维以改善外观和手感；采用混纺或共聚改进其织物的挺括性等。

在民用方面锦纶可以纯纺和混纺作各种衣料及针织品。特别是它的单丝、复丝和弹力丝更宜于制成各种美观、舒适而弹性极好的袜子。锦纶耐磨性佳，一双锦纶袜可相当于棉线袜子3～5双。在工业方面可制工业用布、绳索、帐篷、渔网、容器、覆盖布、传动带、轮胎帘子线、降落伞和军用织物等。其中大量用于轮胎帘子线，锦纶帘子线的优点是强力高，耐冲击。

脂肪族聚酰胺纤维除上述用途外，还可作光导纤维。聚酰胺纤维在医用方面的应用也多，如止血纤维、放射性纤维、人工皮肤、外科手术缝合线等。如以硫酸、醋酸和磷酸等为催化剂使尼龙-6与5-硝基呋喃丙烯醛反应，可生成抗微生物的聚酰胺纤维。所得纤维强度50～60cN/tex，伸长率36%～40%。此种改性聚酰胺纤维适合制作外科缝合线和固定某些人体内腔的材料。

(2) 芳香族聚酰胺纤维　芳纶是一类新型的特种用途的合成纤维，它们在构成聚酰胺纤维高聚物的大分子中，连接酰胺基的不是不同碳原子数的脂肪链，而是芳香环或芳香环的衍生物，所以把这类纤维统称为芳香族聚酰胺纤维，又称为芳纶。芳香族聚酰胺纤维，特别是全芳基的芳香族聚酰胺纤维，由于在大分子长链中以芳香基取代了脂肪基，链的柔性减少，刚性增大，反映在纤维的性能方面，其耐热性能和初始模量都有显著增大，所以芳纶是目前有机耐高温纤维中的一个主要类别。

① 聚间苯二甲酰间苯二胺纤维——芳纶-1313　此纤维在国外的商品名称是诺曼克斯或康纳克斯，我国将该纤维定名为芳纶-1313。它是取代基在前后两个苯环第1、3位置上的芳香族聚酰胺纤维，即聚间苯二甲酰间苯二胺纤维。

该纤维具有良好的耐热性，耐腐蚀性和阻燃性。例如它在260℃的高温下连续使用1000h后，其强度仍能保持原强度的65%，在300℃高温下使用一周仍能保持原强度的50%，它的零强温度（强力等于零时的温度）约为500℃，但是它在350～370℃时开始发生分解放出少量气体，400℃左右开始炭化。它在火焰中难以燃烧，离开火焰具有自熄性。更值得一提的是由于在聚间苯二甲酰间苯二胺纤维的分子结构中以苯环取代了脂肪基，使系统的共轭效应大大提高，故该纤维对β射线，γ射线都具有一定的抵抗力，也就是它具有较好的耐辐射性能。但是这种纤维耐紫外线作用的能力仍较差，故它和聚酰胺纤维一样，耐日光稳定性欠佳。

由于该纤维具有上述一系列优良性能，目前它的织物主要用于做航空飞行服、宇宙航行服、原子能工业的防护服以及绝缘服、消防服装等；另外它也可用作防火帘、防燃手套、高温下的化工过滤布和气体滤袋、高温运输带、机电高温绝缘材料以及民航机中的装饰织物等。芳纶-1313（Nomex纤维）经制浆、抄纸、热轧等方法加工而成合成纤维纸（Nomex纸），用于复合材料的增强材料和电绝缘材料、层压板和复铜箔板、蜂窝状结构材料。芳纶-1313与酚醛纤维（75∶25）混纺，纺织物的耐焰性比纯芳纶-1313提高6倍。

② 聚对苯二甲酰对苯二胺纤维——芳纶-1414　此纤维国外定名为“凯芙拉”，我国将该纤维定名为芳纶-1414。它是取代基在前后两个苯环第1、4位置上的芳香族聚酰胺纤维。即聚对苯二甲酰对苯二胺纤维。目前生产的Kevlar纤维有三种，其主要性能差别如表2.31所示。

表2.31　Kevlar纤维的性能

性　　能	Kevlar-29	Kevlar-49	Kevlar-149
密度/(g/cm^3)	1.44	1.45	1.74
吸水率/%	7.0	4.3	1.0～1.2
拉伸强度/MPa	2800	2800	2400
拉伸弹性模量/MPa	63	108	146
断裂伸长率/%	4.0	2.4	1.4～1.5

Kevlar-29 是为增强轮胎帘布而研制的，模量中等，强度高，Kevlar-49 强度与 Kevlar-29 相当，模量较高，通常用做高强度复合材料的增强纤维，Kevlar-149 适宜于与碳纤维混杂使用。

芳纶-1414 是一种高强度、高模量并能耐高温的高性能纤维。它的最大特点是强度和初始模量都大大高于其他品种的高强力纤维。它的强度可高达 20g/d 以上，是目前有机纤维中强度较高的。它的初始模量 450g/d 为脂肪族聚酰胺纤维的 11 倍，为涤纶的 4 倍。它的尺寸稳定性也优于其他纤维。如它在 150℃下的收缩率为零。在高温下仍能保持较高的强度，如在 160℃下其强度仍可保持原强度的 65%。密度小，对橡胶有良好的黏附性。

这种纤维目前的用途主要是供制造超重负载的汽车和飞机的轮胎帘子线。由于它强度高和密度小，因此用它制作的轮胎重量可大大减轻，轮胎胎层薄，热量容易散发，轮胎使用寿命相应可以延长。另一重要用途是作树脂基复合材料的增强纤维。尤其是它的冲击强度高，常用作防弹头盔的增强纤维。

此外，Kevlar 纤维与其他纤维混纺可作特种服装衣料。目前主要有下列三种类型 Kevlar 混纺织物能满足防护服市场多方面的需求：Kevlar 与阻燃黏胶纤维混纺织物，主要用于制作金属火花的防火耐热服；Kevlar 与高强芳纶混纺织物，主要用于制作清除火场的装备，制作轻便舒适的防火服，处在烈火高温条件下具有很好的防护作用；Kevlar 与阻燃毛混纺织物，主要用于制作隔热内衣、套衫以及军服、防护服等。

③ 聚对氨基苯甲酰纤维——芳纶-14　此种纤维其国外的商品名为“Kevlar-49”。我国将该纤维定名为芳纶-14。它是取代基在苯环第 1、4 位置上的芳香族聚酰胺纤维，即聚对氨基苯甲酰胺纤维。该纤维的最大特点是高模量：13300～13600kg/mm^2，高强度：15.5g/d；耐高温：分解温度 500℃和形态稳定性好。所以它是一种专为航空工业和宇宙航行等特种用途而研究、制造的高性能纤维，目前它主要用于制造宇宙飞船、火箭和飞机等结构材料的增强塑料或层压制品的组成物，用以代替比它昂贵得多的氮化硼纤维和石墨纤维，因此它有着极大的发展前途。

芳纶和碳纤维一样，以它为增强纤维做成的复合材料是制作高性能运动器材的材料。如赛艇、冲浪板、高尔夫球棒等。芳纶纤维由于比强度高、耐腐蚀、且断裂伸长率可达 6%，因而是制作绳缆、纺织物的理想材料。目前已用于制作船舰绳缆雷达浮标系缆、光导纤维增强绳缆等。用芳纶制作的高强度降落伞与锦纶降落伞相比，强度高、耐高温、是回收火箭、卫星用伞的极好材料。芳纶的另一个用途是代替石棉，利用芳纶的自润滑性、韧性及耐热性已生产多种石棉代用品，如隔热防护屏及各种密封材料。

2.3.3.2　聚酯纤维

凡是在高分子主链含有酯基 $-\overset{\overset{\displaystyle O}{\|}}{C}-O-$ 的聚合物都叫聚酯。作为纤维用的线型聚酯，常有脂肪族聚酯、半芳香族聚酯和全芳香族聚酯。它们的典型代表的化学结构式如下：

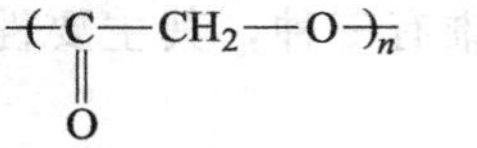
(脂肪族聚酯：聚羟基乙酸)

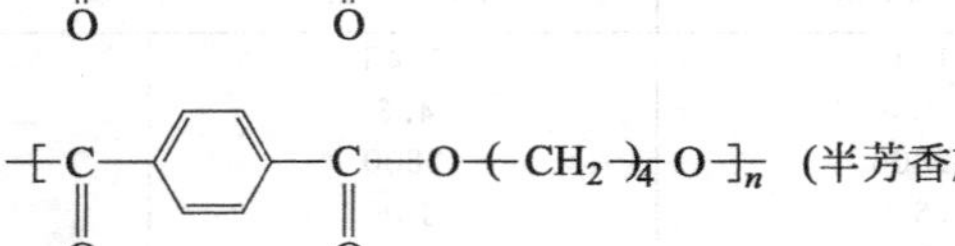
(半芳香族聚酯：PET)

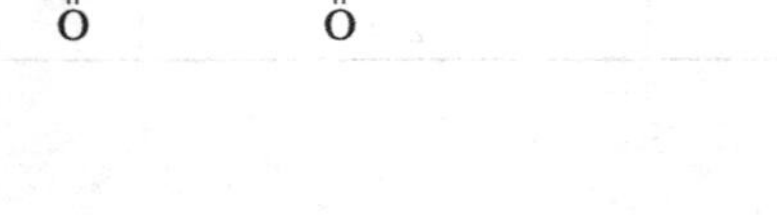
(半芳香族聚酯：PBT)

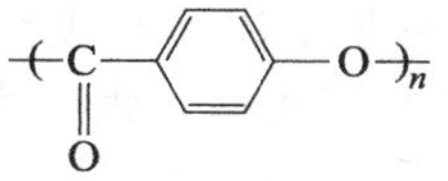
(全芳香族聚酯)

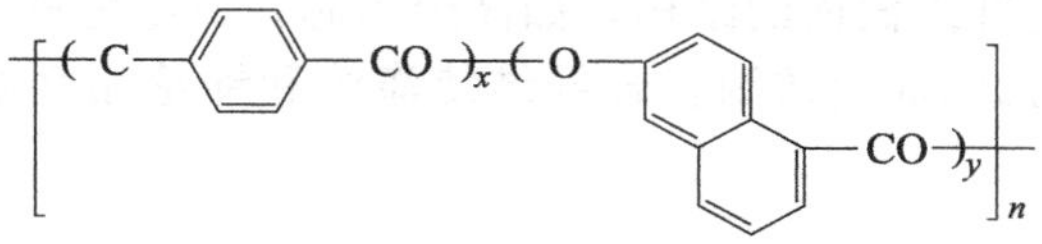
(全芳香族聚酯)

其中聚对苯二甲酸乙二酯（PET），是最常用的一种聚酯，它的纤维称为涤纶或的确良。

（1）PET 聚酯纤维

① 大分子结构与纤维性能　PET 是对称的苯环结构的线性大分子，且分子链上官能团排列整齐，因此它的密度大，软化点（230℃）和熔点（250～260℃）高，并且有较高的耐热性和耐光性。由于苯环存在阻碍分子链的内旋转，使它的大分子主链具有刚性，抵抗变形的能力强，初始模量高，变形恢复能力好。

PET 大分子链中还含有一定数量的亚甲基，因此也有一定的柔顺性，这就赋予纤维有较好的弹性。涤纶纤维既刚又柔的特点使涤纶织物具有弹性好、挺括、抗皱和不易变形的优良性能。

大分子链两端的羟基在缩聚、切片干燥或纺丝过程中若工艺控制不当，将造成羟基氧化或分子链的氧化裂解，产生羧基（—COOH）。羧基含量越高，氧化裂解等副反应越剧烈，结果将使分子量下降、强力降低、纤维颜色泛黄品质恶化。

大分子链节中含有酯基，在高温下能与水、醇等发生水解或醇解作用，使纤维受到破坏。因此涤纶不耐碱，只有在低温下对稀碱和弱碱较稳定。此类反应同样导致纤维强力降低，色泽变黄。此外若在涤纶树脂的生产过程中原料配比或工艺控制不当，在主链中引入醚键（—CH_2—O—CH_2—）将破坏大分子的规整性，使熔点降低，强力和模量下降。

聚对苯二甲酸乙二酯经熔体纺丝成形所产生的初生纤维不能发生结晶，经后加工拉伸以后纤维才具有一定的结晶度。而锦纶和丙纶的初生纤维即有一定的结晶度。涤纶的这种现象和其大分子的构象有密切关系，它的构象有反式和傍式两种：

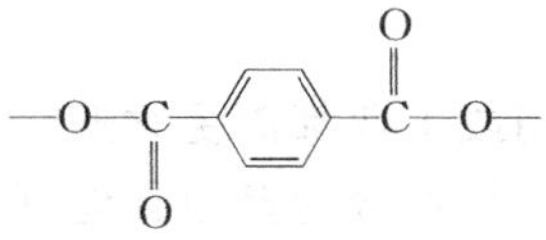
（反式）

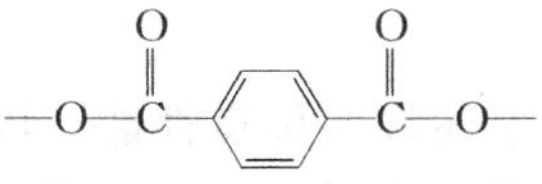
（傍式）

反式构象稳定，分子链也较挺直，易发生结晶。而傍式构象是处于高能位时即温度较高时出现的，其分子链呈卷曲状，故不易发生结晶。在熔融纺丝时，大分子处于能位较高的状态，因此它的构象基本是傍式，在后加工过程中，拉伸给予大分子能量，使它有可能从傍式转化为反式，并迅速形成结晶，从而赋予纤维较高的强度、模量及形态稳定等优良性能。

PET 纺丝的分子量要求在 8000 以上，一般在 20000 左右，分子量过大或过小都将影响纤维的物理机械性能。涤纶纤维的分子量分布指数要求在 1.4～1.5 左右。

② 超分子结构与纤维性能　PET 由于分子链规整性较好，故有可能实现三维空间有序的规整排列而形成结晶，虽然聚酯大分子由于苯环的影响不易发生结晶，但一旦形成结晶就比较稳定，所以聚酯大分子有较高的结晶度。结晶度高使纤维的抗变形能力、耐蠕变性和初始模量及弹性回复和耐溶剂性有所提高。但吸湿性和染色性差，所以涤纶常需采用高温高压染色，染深色时最好采用原液染色。聚酯大分子的取向度较高，因此强力高，模量高，同时由于吸湿性差，它的湿强与干强基本相同。

③ 形态结构与纤维性能　涤纶纤维在采用圆形喷丝孔纺丝时，所得纤维截面仍为圆形，

若纺丝条件不稳定，将引起纤维直径粗细不匀。由于涤纶是熔体纺丝成型，所以截面的皮-芯层差异不大，但由于成型过程中一些因素的影响（如冷却速率，张力大小等）亦会导致皮-芯层差异。涤纶因采用熔纺工艺，所以表面形态较为平滑，孔洞亦少。

目前常采用复合纺丝来改变纤维截面的结构，如涤纶为芯，锦纶为皮，纺成皮芯复合丝制帘子线，或用70%锦纶和30%的涤纶纺制复合纤维使涤纶和锦纶相互取长补短，以提高模量，同时改进染色性能。

④ 涤纶的特性及用途

a. 涤纶纤维的初始模量比较高，它的短纤维约50～90g/d长丝约90～160g/d。涤纶由于模量高，故抗变形能力强。涤纶的耐磨性较好，仅次于锦纶。涤纶的强度，随品种而异，总体强度在4～8g/d之间，断裂伸长率大于40%。涤纶具有一定的柔性，回弹性较好，即纤维形变后恢复能力较强，10%定伸长回弹率为67%，仅次于锦纶。

b. 涤纶结构紧密，结晶度高，由于缺乏亲水性基团，分子的端基只有微弱的吸湿能力，吸湿与染色性较差，标准状态下的回潮率只有0.4%，由于吸湿小，它的织物具有洗可穿的优点，但透气性差是其缺点。吸湿性小对制作工业用品是一个有利的特性。

c. 涤纶耐热性与热稳定性都很好，150℃左右处理168h不变色，强度损失在30%以下，处理1000h也仅稍有变色，强度损失不超过59%，而其他民用纤维在该温度下处理200～300h就完全被破坏了。

d. 涤纶的耐日光性能仅次于腈纶，优于其他合成纤维。紫外线对大分子有裂解作用，使纤维强力下降。日晒600h的聚酯纤维强力下降约60%。

e. 涤纶的吸湿性低，电阻率高，因此导电性差，是一种优良的绝缘材料。但在纺织加工及使用过程中容易产生静电，易起毛起球，织物易吸尘沾灰。

f. 涤纶对酸较稳定，尤其是有机酸。在100℃于5%盐酸溶液内浸渍24h或40℃于70%硫酸溶液浸渍72h后，其强力基本不受损失。室温下耐氢氟酸，但不能抵抗浓硫酸及浓硝酸的长时间作用。涤纶的耐碱性较差，只能耐弱碱，在常温下与浓碱、或高温下与稀碱作用能使纤维破坏。它的耐溶剂性较好，在一般有机溶剂中比较稳定。但它易溶于一些混合溶剂如四氯乙烷-苯酚的混合液。此外，涤纶对一般的氧化剂比较稳定。对微生物的作用稳定，不蛀、不霉。

由于涤纶有上述许多优良性能，因此无论用于民用或工业都深受欢迎。涤纶的品种主要有长短纤维两大类。短纤维包括棉型、毛型及中长型，长丝分为普通长丝（包括帘子线）和变形丝。此外亦有无纺布等。短纤维主要用来与棉、麻、毛、黏胶纤维、腈纶等混纺，用于做衬衫、裤子、外衣等。变形丝可用于针织和机织，其织物由于分子链结构的特性所决定具有挺爽、毛型感强的特点，可做内衣、外衣、尤以针织外衣更受欢迎。涤纶长丝具有很好的机械性能，特别是强力和初始模量高，耐热性、耐疲劳性和形态稳定性好，平点现象少等优点，所以可用于轮胎帘子线、工业绳索和传动带等。由于其化学稳定性好，可以做工作服、滤布及渔网等。耐光性好可用来制窗帘、船帆、篷帐等，由于其吸湿性低和具有良好的介电性，宜于用作电气绝缘材料。

涤纶虽是一种比较理想的纤维材料，但它主要的缺点是吸湿及染色性差，易产生静电，短纤织物易起毛起球，它作帘子线的缺点是与橡胶的黏合性差，为克服上述缺点目前一般都以物理和化学方法对涤纶进行改性。

涤纶除上述用途外，还广泛用作医用功能材料。涤纶非吸收缝合线、聚酯纤维编织成网状做人工胸壁和人工食道，若将聚酯网状物表面用有机硅处理后可用作人工心脏和人工肺等。涤纶无纺布还用作耐腐蚀材料和建筑材料。

(2) 其他聚酯纤维　聚酯纤维除上述品种外，还有聚羟基苯甲酸乙三酯纤维（荣辉），它是由对羟基安息香酸与环氧乙烷反应而得：

$$n\ HO-\!\!\left\langle\!\!\bigcirc\!\!\right\rangle\!\!-COOH\ +(n+1)\ CH_2-CH_2\ \longrightarrow$$

$$HO(CH_2)_2O\!\!\left\langle\!\!\bigcirc\!\!\right\rangle\!\!C-O(CH_2)_2O)_nH$$

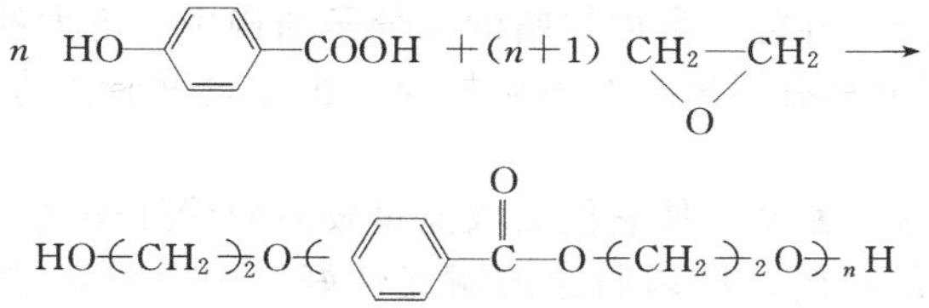

在长链大分子中引入醚链，分子链的柔性稍有增加，聚合物熔点为 227℃，由此树脂制得的纤维触感好，其密度、强度和模量接近蚕丝，可作仿真丝绸产品。

另外，还有聚对苯二甲酸环己烷二甲酯纤维，它是以 1,4-环己烷二甲醇代替乙二醇与对苯二甲酸缩聚而得。由于在长链大分子中引入了环烷基，聚合物熔点为 290～195℃，但纤维的结晶度仅为 20%。所以，它比涤纶易于用分散染料染色，纤维的弹性回复力也比涤纶稍优。

脂肪族聚酯中作为纤维的主要是聚羟基乙酸（PGA），有时也被称为聚乙交酯，它做成的外科手术缝合线是可吸收缝合线。商品名称 Dexon（特克松）。

在十二醇存在下，锡化合物为催化剂使乙交酯开环聚合而获得高分子量聚羟基乙酸。它的熔点为 224～226℃。可采用通常熔融纺丝和拉伸工序制成纤维。为改善编织的、捻制的或包皮的复丝缝合线的表面摩擦系数，可在缝合线表面涂上可吸收的聚氧化乙烯和聚氧化丙烯的共聚物润滑膜。

特克松的强度与涤纶线强度相近，它对人体组织反应极小，在人体内 30～60 天开始被吸收。可广泛用于多种外科手术，尤其是用于胃肠、泌尿道、眼科和妇产科手术更为合适。

聚芳酯纤维，它是由大分子主链上含芳香核（苯核）和酯键组成的高聚物，即聚芳酯，经熔融热致液晶纺丝而得纤维。

在制备这些热致液晶纺丝液时，为了避免熔融时高聚物热分解就要降低聚合物熔点，为此，常在高聚物的主链上引入含氯的芳核或采取无规共聚等方法以得到既能满足加工性又能满足使用性能要求的聚合物。

聚芳酯纤维是高性能合成纤维，其强度可达 26.3g/d、模量 600g/d、耐疲劳性好、吸水率（20℃，100%RH）仅为 0.27%、收缩率几乎为零、耐热老化性能好、耐酸碱性好等。在许多性能方面均比聚芳酰胺纤维优良。此外，它还具有经受高达 9500kg/mm² 的切割应力而不发生断裂的特殊性能。聚芳酯纤维可用作宇航服和防弹服、高性能复合材料的增强纤维以及光导纤维。

2.3.3.3　聚丙烯腈纤维

聚丙烯腈纤维（PAN 纤维），又称腈纶、奥纶或人造羊毛。腈纶的基本原料是丙烯腈（85% 以上），其余约 15% 的原料是另外两种乙烯基衍生物，所以 PAN 纤维是以 AN 为主的共聚物，再通过湿法（短纤维）或干法（长丝）纺丝而制得。其大分子化学结构式如下：

$$\left[\!\!\begin{array}{c} (CH_2-CH)_x \\ | \\ CN \end{array}\ \begin{array}{c} (CH_2-CH)_y \\ | \\ R' \end{array}\ \begin{array}{c} (CH_2-CH)_z \\ | \\ R'' \end{array}\!\!\right]_n$$

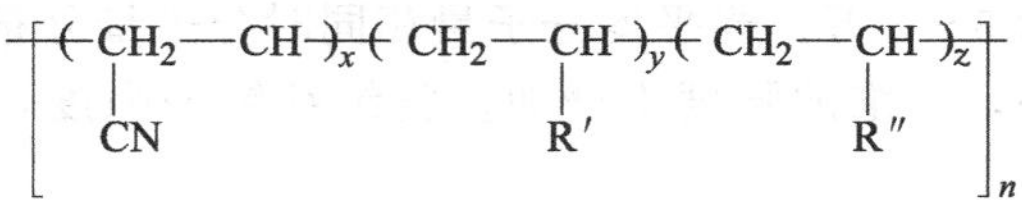

其中，第二单体含量约 7%～9%，主要有丙烯酸甲酯、甲基丙烯酸甲酯、醋酸乙烯酯等。加入第二单体的目的是减弱 PAN 分子链的刚性，防止纤维发脆。而加入第三单体是为了提高纤维的染色性，它们都是能与染料发生亲和作用的乙烯基衍生物，主要有丙烯磺酸钠（AS 或 SAS）和甲基丙烯磺酸钠（MAS 或 SMAS）等磺酸型单体与亚甲基丁二酸（衣康酸）等羧酸型单体。由上述三类单体组成的共聚物，其玻璃化温度约为 80℃，比聚丙烯腈均聚物的玻璃化温度有明显下降。由此种结构的聚合物制得的纤维能更好地适应纺织加工的需要。

(1) 大分子结构与纤维性能 聚丙烯腈的大分子结构中无庞大的侧基，但有极性很强的氰基—CN，它的大分子链具有不规则的螺旋构象，由于这些特点存在使它具有一些独特的性能。

腈纶大分子中由于含有氰基，使它能吸收能量较高的紫外光线，并转化为热能，从而保护主链不致造成大分子的降解，所以腈纶的耐光性好，在合成纤维中是较为突出的。但第二、第三单体的加入使纤维的软化点降低，耐热性下降，纤维受热后易变黄，并使纤维的热收缩性提高。用羧酸型第三单体制得的纤维其耐热性和染色日晒牢度又较磺酸型差。由于纤维的柔性增加，使纤维的初始模量有所下降，回弹性有所增加。同时第三单体含有亲水基团，使纤维在水中发生一定程度的膨化，使大分子间的作用力削弱而使湿强降低。

经研究证明聚丙烯腈大分子C—C键主链并不像聚乙烯分子C—C键呈平面锯齿形，而是螺旋状地分布在空间的主体构象，这个螺旋体的直径为6Å，比较伸直，但不十分规则。因为氰基中的碳原子带有正电荷，氮原子带有负电荷，同一大分子相邻氰基之间极性方向相同而相互排斥，相邻大分子的氰基因极性方向相反而相互吸引。由于这种很大的斥力和吸引力的作用，使大分子成为有规则的螺旋构象，而在它的局部发生歪扭和曲折，而第二、第三单体的引入使大分子侧基有了较大的变化，这就更增加了大分子结构和主体构象的不规整性。腈纶的这一特点使它没有严格的结晶部分，同时，无定形部分的规整程度却高于一般纤维的无定形区，它基本上是单相的，不存在晶相与非晶相之间的分界面，称为准晶态结构。

由于上述特点，纯聚丙烯腈高聚物的玻璃化温度有两个，一个是纤维中低序区链段热运动的转变温度 $T_{g1}=80\sim100$℃，另一个是纤维中序区链段热运动的转变温度 $T_{g2}=140\sim150$℃，一般认为由于共聚物组成的加入，T_{g2} 向 T_{g1} 逐渐靠拢和消失，所以仅存在一个 T_g 为 75～100℃。T_g 对纤维生产和纺织船工中如染色温度和热定型温度的选择起着重要作用。由于腈纶无明显的结晶与无定形区而只有序态不同之分，所以不像涤纶和锦纶等结晶型高聚物有明显的熔点，它只有一个软化温度范围为190～240℃，加热到250℃以上纤维即发生分解。

腈纶的准晶态结构导致腈纶具有热弹性，这主要由于准晶态结构不如晶态结构稳定，经过干燥、热定型的纤维在 T_g 以上再拉伸由于发生高弹形变为主的伸长，低序区弯曲的大分子链段因热运动而伸展。若骤然冷却，则链段活动暂时冻结起来，纤维相应的伸长也就暂时不能回复，当在松弛状态下再次提高到 T_g 以上，由于链段的热运动使纤维产生大幅度回缩，腈纶的这种现象称为腈纶的热弹性。利用这一特性可以制造腈纶膨体纱。对于结晶纤维如涤纶和锦纶，纤维中结晶区分子链段在拉伸时是不变化的，结晶区就象网结一样阻碍了分子链运动，热弹性不如腈纶明显，不能用此法制膨体纱。

热弹性造成腈纶的耐热性特别是耐湿热性不如涤纶和锦纶好。当使用温度高时，纤维的强力下降，伸长增大，模量下降，当温度超过100℃时模量下降更快，这是腈纶一大缺点。

腈纶的分子量一般为5～8万，当平均分子量相同时分子量分布越宽，纤维的强力越低，伸长越大，耐疲劳性越差，纤维的强度不增加。腈纶纤维的强度，毛型一般为2.0～2.8g/d，棉型为3g/d左右。

(2) 超分子结构与纤维性能 大分子侧序分布和大分子取向程度都直接影响强力、伸长、屈服点、初始模量等一系列指标。腈纶低序区的取向度与纤维的机械性能有较直接的关系，低序区取向度越高，初始模量越大，纤维总的取向度越高，干强就越高，断裂伸长率就越低。

(3) 形态结构与纤维性能 腈纶的截面一般是圆形的，干法纺丝的截面是哑铃形，在纤维内部有孔洞和细小裂隙存在，表面纵向有很多沟槽。孔洞结构的存在将使腈纶的物理机械性能变差，如纤维泛白、无光泽、强度差、匀染性下降等。

（4）腈纶的特性与用途　腈纶纤维的主要特性如下。

① 腈纶具有与羊毛相似的性能，腈纶短纤维膨松、卷曲、柔软极似羊毛。它的强度可比羊毛高 1～2.5 倍，相对密度为 1.14～1.17，比羊毛（1.30～1.32）轻，它的弹性较好，在低拉伸范围内（3%）的弹性回复率接近于羊毛，但瞬时弹性则不如羊毛。

② 腈纶具有热弹性，因此可制成膨体纱，此种纱特别膨松，可以保存大量空气，因而不仅保暖性好，手感丰满，且特别柔软。

③ 腈纶的初始模量比锦纶高，比涤纶低，一般为 40～70g/d，它有较好的保形性，织物揉皱后仍能恢复原来的形态。

④ 腈纶的定伸长回弹率较高，2%的定伸长回弹率为 92%～99%，仅低于羊毛、锦纶、涤纶，高于其他纤维。腈纶的回弹率虽比较高，但实际使用时却较易变形。这主要是纤维在实际使用过程中不是受一次拉伸就断裂的，而经受多次较微弱、反复而方向经常变化的负荷。腈纶纤维受上述力多次反复作用时它的剩余变形值较大，而羊毛的剩余变形值比腈纶要小得多。由于剩余变形大，故腈纶织物的三口稳定性差（三口指领口，袖口、下摆口）。

⑤ 除了含氟纤维以外，聚丙烯腈的耐光性和耐气候性是一切天然与化学纤维中最好的。在日光中作用一年后大多数纤维强力损失为 60%～65%，而腈纶仅降低 20%。

⑥ 腈纶能耐酸，但耐碱性差，在稀碱或氨液中会发黄，在浓碱液中加热后氰基水解，大分子链断裂，纤维立即被破坏，对氧化剂及有机溶剂较稳定。腈纶不发霉，不怕微生物和虫蛀。

腈纶的主要缺点是耐磨性差，尺寸稳定性差；三口变形大，湿热条件下的机械性能变差。腈纶耐火性差，在大量燃烧时不但产生氧化氮、二氧化氮，同时还产生甲腈及其他腈化物，这些化合物的毒性都很大。

腈纶的用途较广泛。由于它的性能类似羊毛，故能与羊毛、棉花、涤纶等混纺制成毛织物、棉织物、针织物、毛毯及工业用布。腈纶还可制成人造毛皮与长毛绒等。由于其耐光性、耐气候性好，特别适于制作窗帘、幕布、帐篷以及军用帆布、炮衣等室外织物。利用腈纶的热弹性可纺成色泽鲜艳、手感柔软的膨体毛线。

聚丙烯腈纤维除用作衣料外，也是碳纤维主要原料，改性后可制成特种纤维。将聚丙烯腈制成中空纤维可用于做人工肾、人工肝脏、人工胰脏。其中聚丙烯腈中空纤维制作的人工肾在人工肾中占的比例较大。此外，聚丙烯腈纤维还可用作止血纤维和腹水处理用纤维。聚丙烯腈纤维的氰基碱解以后，银离子或其他抗菌剂与羧基进行离子交换可制得聚丙烯腈抗菌纤维。这种纤维对葡萄球菌、肠道杆菌、念球菌和石膏样发癣菌都有抗菌活性。

2.3.3.4　聚乙烯醇纤维

聚乙酸乙烯酯在碱性条件下醇解（甲醇）而制得不同醇解度的聚乙烯醇。经纺丝制得聚乙烯醇纤维，再用甲醛进行缩醛化即可得到聚乙烯醇缩甲醛纤维，又叫维纶。维纶在聚乙烯醇纤维中占主要地位，是一种重要的合成纤维。

聚乙烯醇可用湿法或干法纺丝，为提高抗湿性与耐热性，进行热加工处理。在聚乙烯醇溶液中加入硼酸，采用凝胶纺丝新工艺，制得的纤维强度更高，且纤维表面呈现微细凹凸，粘接性良好。

聚乙烯醇及维纶的化学结构式如下：

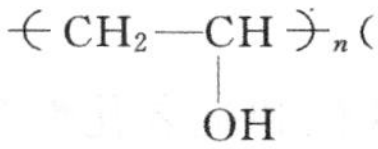
（聚乙烯醇）

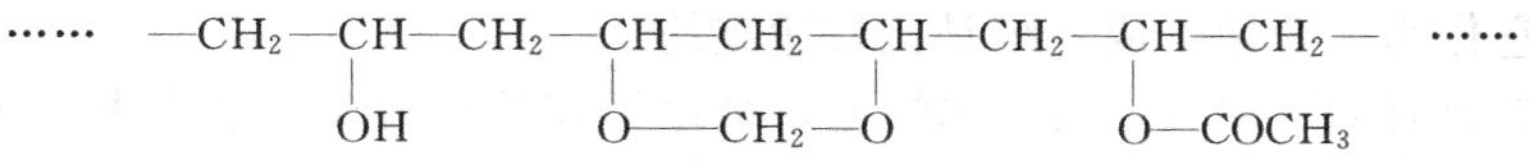
（聚乙烯醇缩甲醛）

（1）大分子结构与纤维性能　聚乙烯醇大分子主链是碳链结构，主要侧基是羟基，羟基是一个强烈的亲水性基团，因此一般未经缩醛化的聚乙烯醇是水溶性的。经过缩醛化后，封闭了部分羟基。然而维纶的吸湿性仍是合成纤维中最大的，可达4.5%～5%。

聚乙烯醇大分子缩醛化后产生的侧基主要存在于无定形区，缩醛化程度对纤维性质有很大的影响。缩醛化程度用缩醛度表示，是指与醛基化合的羟基数占羟基总数的百分数（通常用克分子百分数表示）。缩醛化的目的主要是提高纤维的耐热水性，在结晶条件相同的情况下，缩醛度越高，成品纤维的耐热水性越好，缩醛度低，纤维的耐热水性差，但缩醛度也不能太高，太高时一方面使化学处理条件激烈，另一方面破坏了纤维的结晶部分，对纤维性能并无好处。缩醛度一般控制在30%～40%范围内。

由于缩醛化，使纤维大分子结构中自由羟基部分被封闭，再加上是湿法纺丝，纤维中存在着皮芯差异，因此，它的吸湿性不如棉与黏胶，且染色性能差，不易染得鲜艳的颜色。

维纶大分子主链是碳链结构，因此它的内旋转容易，大分子链的柔顺性较好，易产生结晶，结晶度可达60%～70%。

它的大分子链连接方式主要是头尾相接，但也有头头相接的。头头相接量约为1.6%～1.8%（摩尔分数）。头头连接含量越多，大分子的规整性愈差，结晶性能也愈差，成品纤维的机械性能将下降。

纤维的分子量对纤维质量有影响，纺丝用的聚乙烯醇要求平均聚合度为1750±50，分子量过低和分子量分布过宽，将导致纤维的机械性能变差。

（2）超分子结构与纤维性能　维纶大分子由于柔顺性好，分子链有着强极性羟基，因此结晶性能好，结晶度高。对维纶来说适当地提高结晶度对纤维耐溶剂性能、耐热水性能影响极大。聚乙烯醇是一个水溶性高聚物，只有纤维具有一定的结晶度才能经得起缩醛化处理。

维纶的水中软化点在一定程度上能反映纤维结晶度的大小，软化点越高，结晶度越高。软化点低、在纤维切断时易产生刀口粘边丝。短纤维的水中软化点一般控制在（90±3）℃。

（3）形态结构与纤维性能　湿纺的维纶存在着微孔和微纤维，若纤维成型和热处理工艺越好，则微孔就越少，纤维的机械性能越好，反之则机械性能越差，纤维的透明度差，易泛白以至染色后纤维色泽呆滞，不鲜艳。湿纺维纶的截面一般呈腰子形，成型过程越激烈，截面形状越不规整。维纶截面存在着皮芯层结构，皮层的取向度较高，所以成品纤维的皮层愈厚，纤维的性能愈好。皮芯层差异越大，纤维的染色均匀性越差。

（4）维纶的特性与用途　维纶的性能优点主要有以下几点。

① 吸湿性好，合成纤维中它的吸湿性最大，在标准条件下它的吸湿平衡回潮率为4.5%～5%，较接近于棉花。

② 强度较高，普通维纶短纤维的强度为4.5～6.5g/d，稍高于棉花，而比羊毛高得多。用50%维纶与50%棉花或黏胶混纺所得的织物其强度比纯棉织物或纯黏胶织物高60%，耐用性可提高0.5～1倍。高强度维纶短纤维可达6.8～8.5g/d，达到锦纶与涤纶的强度水平。

③ 耐腐蚀性与耐光性好，有机酸、醇、酯及石油等溶剂中均不能溶解。它不怕霉蛀，长期放于海水或土中均无影响。在长期的日光曝晒下强度几乎不降低，如维纶曝晒150天强力下降仅为3%，而麻绳则下降77%。

④ 保暖性好，维纶的密度为1.26～1.30g/cm^3，比棉及黏胶要小，它的热传导率低，因而保暖性好。

此外它的耐冲击性、耐干热性、耐气候性和抗老化性都比较好，同时与橡胶有良好的黏着性能，因此它作为工业用合成纤维是比较适宜的。

维纶在性能也有如下缺点：耐热水性差，维纶不宜长时间在沸水中煮，在115℃时就收缩变形。若在水中煮沸3～4h，可使织物变形或发生部分溶解现象。弹性较差，维纶在合成纤维中是弹性较差的一种，表现为回弹性不够高，仅略高于黏胶，因此它的织物易折皱。染色性较差，由于纤维有皮芯层结构和进行缩醛化处理，使它的纤维不如棉和黏胶纤维容易染色，且不易染成鲜艳的色泽。由于以上缺点，使维纶织物不挺括、美观，限制了维纶不能广泛作为衣着使用。

维纶在民用方面的用途国内大量被用来与棉混纺制成各种布料及针织品，供做内衣，运动服、床单等。工业上维纶用途比较广泛，如制渔网、绳索、帆布、过滤布、橡胶制品的增强材料等。维纶渔网强度高，不受海水侵蚀，不霉烂，不需晒网，使用简便且价格便宜。维纶绳索有使用年限长，不易变形，不易扭结等优点，广泛用于渔网用绳索，船舶用绳索及吊装、马达传动用绳索等。在橡胶制品中可用作自行车帘子布、运输带、各种水龙带的帘子布。此外，尚能用维纶及不缩醛化的聚乙烯醇纤维应用于无纺织布。随着工业技术的进步，聚乙烯醇纤维的用途也日益广泛，尤其是聚乙烯醇纤维在功能材料方面的应用正在蓬勃发展。

由于聚乙烯醇的成纤能力极好，且易于与大多数物质稳定混合，因此聚乙烯醇纤维常被用于作为载体来制备一些功能纤维，例如聚乙烯醇纤维可制成离子交换纤维、含钙止血纤维、抗微生物纤维、相变储能纤维、胶原蛋白纤维、牛奶蛋白纤维等功能纤维。

近年来，随着科学技术的发展，可制得高分子量（聚合度为 4000 以上）聚乙烯醇树脂，并加工成高强度高模量聚乙烯醇纤维，用作复合材料的增强纤维和防弹服。

2.3.3.5　聚丙烯纤维

聚丙烯纤维是由丙烯按阴离子配位定向聚合而制得等规聚丙烯，然后经熔体纺丝制得纤维。我国的商品名为丙纶。化学结构式如下：

$$\left[CH_2-\underset{\displaystyle CH_3}{\underset{|}{CH}} \right]_n$$

(1) 丙纶的结构与性能　丙烯在聚合过程中因甲基在空间的位置不同，可产生三种不同结构形式。若甲基在主链平面的同侧，则称为等规聚丙烯，如图 2.28(a)。若甲基依次交替有规则的分布在主链平面的两侧则称为间规聚丙类，如图 2.28(b)。甲基无规则的分布在主链平面的两侧则称无规聚丙烯。其中，具有良好结晶性，具有优良成纤性能的是等规聚丙烯，其熔点为 167～170℃，软化点为 145～150℃，在 130℃呈结晶性。而无规聚丙烯在玻璃化温度以上呈橡胶状，是无定形态，不能结晶，故不宜纺制纤维。

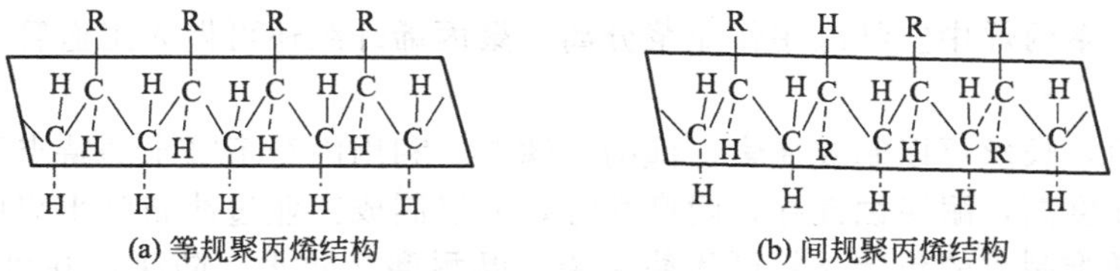

图 2.28　等规聚丙烯和间规聚丙烯结构

丙烯在一般条件下聚合只能得到无规聚丙烯，它必须在特殊催化剂作用下才能使聚丙烯中的甲基在三维空间作有规则的排列，从而得到具有高度等规性的等规聚丙烯（纺制丙纶用的聚丙烯等规度要求在 95%以上）。

丙纶纤维与其他化学纤维一样，它的性能与其内部结构存在着密切的关系。从分子结构的角度来看，聚丙烯的链节中仅有一个极性很弱的侧基—CH_3，其大分子链柔性较好，所以丙纶具有耐磨性好、弹性好等优点。它的耐磨性仅次于锦纶，弹性则稍次于锦纶和涤纶。

由于聚丙烯大分子中无强的极性基团和亲水基团存在，所以缺乏对一般染料的亲和性，它既无使染料进入纤维的引力，也没有使染料长久保持在纤维内部的固着力，且染色后经光、热、氧化又易褪色。它的吸湿性差，在标准状态下几乎不吸湿。因此丙纶衣服不太透气，穿时稍感气闷，更不宜做内衣，它的静电效应非常强烈，即使制作地毯也需采取措施（如加入金属丝）以防止静电的积聚。

聚丙烯大分子上有许多的叔碳原子存在，在光、热、氧等作用下叔碳原子上 C^* 上的氢原于容易产生活泼的自由基及过氧化物，并引起自由基的链锁反应，使聚丙烯大分子链断裂，造成纤维脆损和老化。这就大大影响了丙纶的使用价值。丙纶老化的外观表现是纤维逐渐失去光泽，褪色，强力下降等。

聚丙烯纤维属碳链纤维，它无强极性侧基，故其化学稳定性好，耐腐蚀性好，电绝缘性优良。等规聚丙烯的大分子上虽没有极性基团，分子间的引力小，但其结构规整性好，纤维具有较高的结晶度（可达80%以上），所以成品纤维的强度和模量都比较高。

丙纶适用熔体纺丝，故其形态结构和其他熔体纺丝的纤维基本相同。

(2) 丙纶的特性与用途　丙纶虽是化学纤维中比较年轻的品种，但它有一些突出的性能：它的相对密度为0.9～0.91，只有棉花和黏胶的3/5，羊毛、涤纶、蚕丝、维纶的2/3，腈纶和锦纶的3/4，是目前所有合成纤维中最轻的一种。由于密度小，所以同样质量的丙纶比其他纤维可以得到较高的覆盖面积，它的覆盖面积比毛、腈纶、涤纶高20%。

它的强力高，一般可达到5～7g/d，可与中强的涤纶、锦纶媲美。丙纶不吸水，故其湿态强度基本等于干态强度。

它的耐磨性好，回弹性好，耐磨性仅次于锦纶，在伸长3%时其弹性恢复率可达96%～100%，与涤纶、锦纶相似。此外它还有良好的耐腐蚀性，对无机酸、碱都有很好的稳定性。

丙纶最主要的缺点是对光、热稳定性差，易于老化，且软化点低（150℃），不耐熨烫，同时染色性能差。近年来老化问题通过在聚丙烯切片中添加老化稳定剂以及采取共聚、交联以改变聚丙烯的化学结构等途径来解决。染色问题可以通过在树脂中加入助染剂，或进行原液着色等来改善染色性能。

丙纶产品大致可分为短纤维、长丝（包括变形丝）、膜裂纤维、单丝、无纺布等。其用途较为广泛，国内在民用方面主要与棉、黏胶混纺制成衣料。由于丙纶强度高，弹性好但不吸湿，而棉、黏胶纤维则强度低，吸湿大，所以混纺后能得到更好的穿着效果。

丙纶质轻、强度高、耐磨性好，适宜制成地毯、棉絮、家具布等。丙纶棉絮重量轻，保暖性好，丙纶长丝可以织成蚊帐、袜子、弹力衫裤等，纯丙纶布可用作消毒纱布，并具有不粘伤口的优点。聚丙烯中空纤维用作血浆分离。聚丙烯纤维还可做人工血管、外科手术缝合线等。

在工业方面，长丝可以制成绳索、渔网、滤布。利用丙纶不吸水的特点可制成良好的吸油毡，由于其强度高，耐腐蚀性好，耐磨性好，所以制成工业过滤布坚牢耐用，成本又低。

丙纶膜裂纤维制成的包装材料可代替麻袋，既耐磨又防水、防腐，并可降低包装费用。采用原液着色等工艺制成的地毯更有其独特的风格，随着旅游事业的发展，在宾馆、轿车、客机、街道上使用丙纶地毯尤为适宜。近年来已有国家采用凝胶拉伸法生产出高强度、高模量的聚丙烯纤维，用作复合材料的增强材料。

2.3.3.6　聚乙烯纤维

聚乙烯纤维在我国的商品名叫乙纶。一般用低压聚乙烯，经熔融挤压法纺制成纤维。化学结构式如下：

$$\leftarrow CH_2-CH_2 \rightarrow_n$$

聚乙烯纤维具有突出的电绝缘性和耐化学腐蚀性，其纤维品种有鬃丝、扁丝或膜裂纤维，用来制造绳索、渔网、过滤布、包装袋等。此外，经特殊处理还可制成特种纤维。如制造血浆分离用中空纤维、人工血管、人工气管和人工食道等医用材料。另外，聚乙烯微细纤维，在大分子链上经引入离子交换基团可制得强酸性、强碱性、弱酸性和弱碱性聚乙烯离子交换纤维。

近十几年来我国与世界先进国家一样，大力开发聚乙烯新型增强纤维。超高分子量聚乙烯纤维就是其中之一。

超高分子量聚乙烯纤维是一种高强度、高模量有机纤维，又称新型超级纤维或超高强高模聚乙烯纤维。日本、美国、英国和德国等均有商品出售。

超高分子量聚乙烯的分子量很大，约 $(1\sim8)\times10^6$，而普通聚乙烯的分子量约 60 万～70 万。超高分子量聚乙烯纤维的纺丝方法有凝胶纺丝-超拉伸法、纤维状结晶法、固态挤出法等。其中，凝胶纺丝-超拉伸法已工业化。此法的拉伸倍数对纤维强度和模量有很大影响，一般是纤维的模量随拉伸倍数的增大而增大，但纤维强度与拉伸倍数的关系却存在一个极大值，目前采用此法的拉伸倍数均在 100 倍以上。

超高分子量聚乙烯纤维由于沿纤维轴高度取向和结晶（结晶度达 95%～99%），所以具有优异的拉伸强度和拉伸模量。未处理的超高分子量纤维的拉伸强度为 2686MPa、拉伸模量为 120GPa、断裂伸长率为 3.5%。纤维表面处理后可提高力学性能。该种纤维还有密度小（$0.97g/cm^3$）、耐磨性好、冲击强度高、耐潮湿、耐低温、电绝缘性能优异、与生物相容性好等优点。其缺点是易产生蠕变、耐高温性能差，除耐热性外，其他性能均超过芳纶。该种纤维常用作聚烯烃的自增强纤维和环氧树脂及乙烯基酯树脂人工关节和人工心脏瓣膜用增强纤维、光导纤维等。此外还可作汽车设备、建筑材料以及高强度、高模量的绳索。

2.3.3.7 聚氨酯纤维

聚氨酯纤维是以含有 85%以上氨基甲酸酯、具有线性链段结构的高分子化合物为原料制成的弹性纤维（Spandex），我国商品名称为氨纶，是橡胶纤维的换代产品。其化学结构式如下图所示：

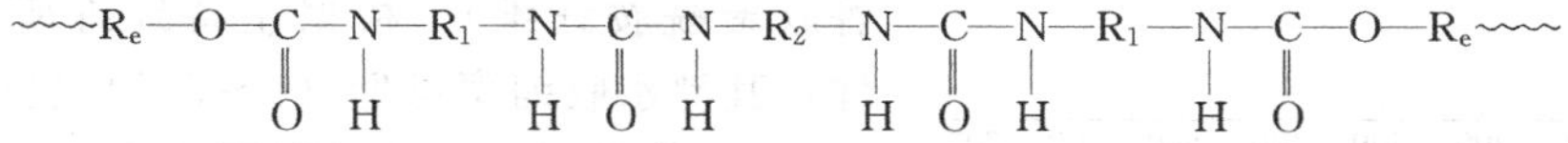

式中，R_e 为脂肪族聚醚二醇或聚酯二醇基；R_1 为次脂肪族基，如—CH_2—CH_2—；R_2 为次芳香族基。

在嵌段共聚物中有两种链段，即软链段和硬链段。软链段由非结晶性的聚酯或聚醚组成，玻璃化温度很低（$T_g=-50\sim70$℃），常温下处于高弹态，它的分子量为 1500～3500，链段长度 15nm～30nm，为硬链段的 10 倍左右。因此在室温下被拉伸时，纤维可以产生很大的伸长变形，并具有优异的回弹性。硬链段多采用具有结晶性且能发生横向交联的二异氰酸酯，虽然它的分子量较小（$\overline{M}=500\sim700$），链段短，但由于含有多种极性基团（如脲基、氨基甲酸酯基等），分子间的氢键和结晶性起着大分子链间的交联作用，一方面可为软链段的大幅度伸长和回弹提供必要的结点条件（阻止分子间的相对滑移），另一方面可赋予纤维一定的强度。正是这种软硬链段镶嵌共存的结构才赋予聚氨酯纤维一定的高弹性和强度的统一，所以聚氨酯纤维是一种性能优良的弹性纤维。

聚氨酯纤维是一种高弹性纤维，其断裂伸长率在 400%～700%范围内，最高可达到 800%；300%伸长后的弹性回复率可以达到 95%以上，这是橡胶纤维所不能比拟的。聚氨酯纤维的线密度范围在 10～600dtex，比橡胶纤维细几十倍。聚氨酯纤维的断裂强度为 0.6～1.3cN/dtex，是橡胶纤维的 3～5 倍。

氨纶可用于生产为满足舒适性要求需要拉伸的服装。如：职业运动服、健身服及锻炼用服装、潜水衣、游泳衣、比赛用泳衣、篮球服、胸罩和吊带、滑雪裤、牛仔裤、休闲裤袜子类、护腿等方面。氨纶用在一般衣服上的比率较小。在北美，用在男性衣服上很少，用在女性衣服上较多。因为女性的衣服都要求比较贴身。在使用时都会大量加入其他纤维如棉、聚酯混纺，以将光泽降低到最小程度。

2.3.3.8　聚苯硫醚纤维

聚苯硫醚［全称聚次苯基硫醚，英文为 ploy（phenylene）sulfide，缩写为 PPS］是一种线型高分子量的结晶性聚合物，其化学结构式为：。具有很高的热稳定性、耐化学腐蚀性、阻燃性及良好的加工性能，是一种适合在恶劣的工业环境中应用的、适合工业要求的纤维，近年来，已成为十分重要的高性能热塑性高分子材料之一。PPS 纤维的强度、耐热性与 Nomex 相似，耐腐蚀性能优于 Nomex，仅次于聚四氟乙烯纤维。PPS 纤维的氧指数为 39～41，具有很高的阻燃性，是一种能在恶劣环境条件下长期使用的特种纤维。1967 年美国 Phillips 石油公司成功地开发出可实用的 PPS 树脂，并于 1968 年实现商业化，商品牌号为 Ryton（雷腾），此后美国 Dow Chem CO.、LNP CO. 和日本保土谷公司等也相继开发出 PPS 产品。PPS 纤维自 1983 年菲利浦公司率先实行商业化以来，很快就以新颖的化学结构及优异的使用性能获得美国 FTC 认可，引起纤维界的注目。

PPS 纤维及其引人注目的性能并不是其常规的物理性能，而是它在极其恶劣的条件下，仍能保持这些性能。PPS 纤维的耐化学稳定性仅次于聚四氟乙烯纤维。一般的酸、碱、溶剂对 PPS 纤维均无大影响，但对强氧化性的酸稍敏感。

PPS 纤维除了具有良好的耐化学性外，还具有优异的耐高温稳定性。图 2.29 为 PPS 纤维在氮气保护下以 20℃/min 的速率升温时测得的失重，可以看出，约在 500℃时失重开始加剧，直至为起始质量的 40%时，即基本保持不变。

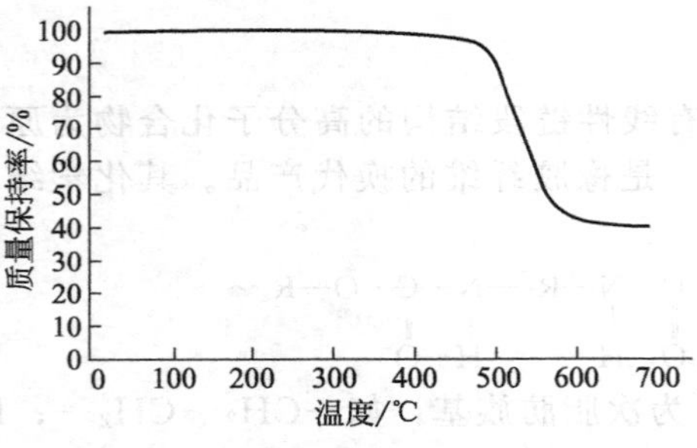

图 2.29　PPS 纤维的热失重分析图

PPS 短纤维的性能与多数纺织纤维相仿，但不同于那些新的高强度或高模量纤维（如对位芳香族聚酰胺纤维）。根据制备纤维所用的工艺条件，其沸水收缩率可低（0～5%）也可高（15%～25%）。其吸湿率较低可归因于表面吸湿差。熔点为 285℃，比目前市售的熔纺纤维都高。PPS 短纤维可采用传统针刺技术加工成无纺织物或把它纺成纱线，所得纱线和织物的物理性能和多数纺织纤维的典型性能相似。同时，PPS 纤维可以任何比例与其他纤维混纺或单独纺织。对纺纱、织造设备没有特殊要求。例如，日本大和纺织公司以市售 PPS 纤维直接在加工丙纶的织机上加工成机织物。据称其织物使用性能可与聚四氟乙烯织物媲美。

由于聚苯硫醚纤维的优异耐热性、耐腐蚀性和阻燃性，因此其在环境保护、化学工业过滤和军事等领域中的应用尤为突出。例如：用于热电厂的高温袋式除尘、垃圾焚烧炉、水泥厂滤袋、电绝缘材料、阻燃材料、复合材料等。另外，还可用作干燥机用帆布、缝纫线、各种防护布、耐热衣料、电绝缘材料、电解隔膜和摩擦片（刹车用）等。PPS 纤维针刺非织造布或机织物可用于热的腐蚀性试剂的过滤，是较为理想的耐热和耐腐蚀材料。用 PPS 纤维制成针刺毡带用于造纸工业的烘干机上，同时也可用于制作电子工业的特种用纸。其单丝或复丝织物还可用作除雾材料。

2.3.3.9　芳香族杂环纤维

主要是指一类大分子主链上含有苯并噻唑环、苯并咪唑环、苯并噁唑环等的刚性棒状杂环聚合物纤维，其结构式如下所示：

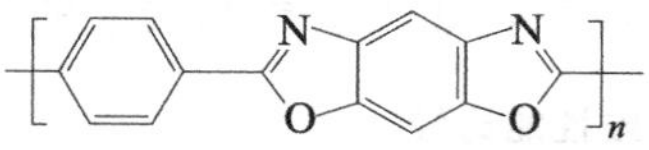
顺式聚对亚苯基苯并双噁唑

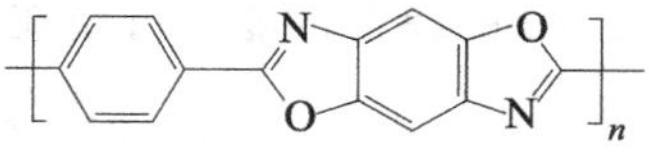
反式聚对亚苯基苯并双噁唑

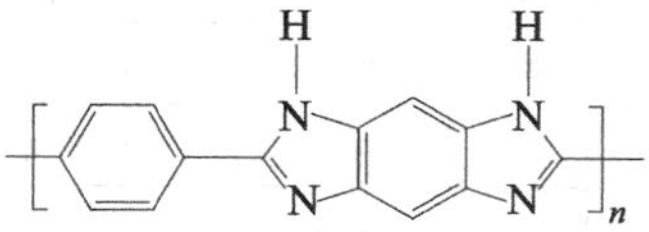
顺式聚对亚苯基苯并双咪唑

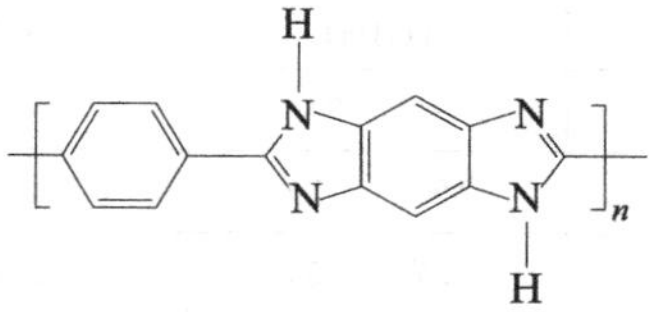
反式聚对亚苯基苯并双咪唑

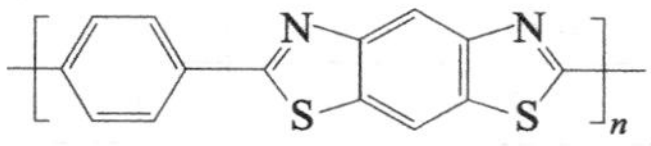
顺式聚对亚苯基苯并双噻唑

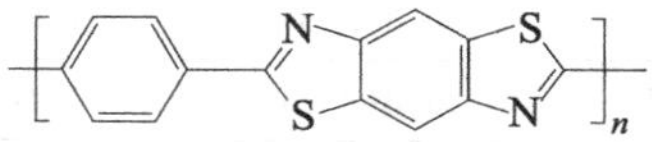
反式聚对亚苯基苯并双噻唑

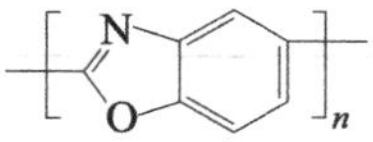
聚2,5-苯并噁唑

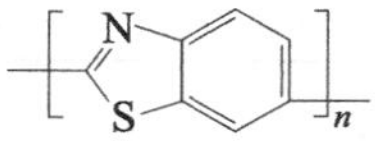
聚2,6-苯并噻唑

这类纤维中较为成功的有聚苯并噁唑（PBO）纤维、聚苯并咪唑（PBI）纤维等。这类纤维由于分子链是刚性棒状结构，且大多采用液晶纺丝技术进行生产，因此纤维具有很高的拉伸强度及模量，这种分子结构同时也赋予了纤维极佳的耐热性和阻燃性。

PBO 是聚对亚苯基苯并双噁唑［poly(p-phenylene-2,6-benzobisoxazole)］的简称，是含杂环的苯氮聚合物的一种。PBO 纤维是新一代高性能有机纤维，它具有极高的比强度、比模量以及优异的塑韧性和耐热性能。在对材料的综合性能要求极高的航空、航天领域中，由于其综合性能优于目前广泛运用的凯夫拉纤维（KF）、F12 和碳纤维（CF），所以引起研究人员的广泛关注。PBO 纤维作为 21 世纪的超级纤维，具有十分优异的物理力学性能，其强力、模量为凯夫拉纤维的 2 倍并兼有间位芳纶的耐热阻燃性能，而且物理化学性能完全超过了迄今在高性能纤维领域中处于领先地位的凯夫拉纤维。一根直径为 1mm 的 PBO 纤维可以吊起 450kg 的重量，其强度是钢丝纤维的 10 倍以上。

美国斯坦福研究所（SRI）对 PBO 的合成进行了系统的开发研究工作，取得了有关 PBO 单体和聚合物合成的专利。美国道化学（Dow Chemical）公司从 SRI 获得专利证后，对 PBO 进行工业性开发，并在单体合成线路、聚合技术方面取得了重大突破，但在纺丝工艺方面仍存在困难。道化学公司于 1991 年与日本东洋纺公司合作，东洋纺公司主要负责纺丝技术的研究，经过四年的努力，开发出适宜 PBO 的独特的纺丝工艺，成功的纺制了 PBO 纤维。1995 年东洋纺公司从道化学购买了所有世界专利权，开始投入巨资进行 20t/a 的中试，并于 1998 年 10 月开始商业化生产，商品名为 Zylon。Zylon 是将聚合液采用干湿法进行纺丝制造，它的强度、弹性模量约为对位芳纶的两倍。特别是弹性模量，作为直链高分子，认为具有极限弹性模量。尤其是分子链的刚直性，比对位芳纶的耐热性约高 100℃。目前，日本东洋纺仍然是世界上唯一一家可以进行商业化生产 PBO 纤维的公司，其产品主要销往美国用于航天、军事工业。东洋纺生产的 Zylon 与其他高性能纤维的性能对比见表 2.32。

PBO 纤维其优异的性能主要表现在以下几方面：①承力结构件。利用 PBO 纤维的高强及高模特性制作承力结构件，如光纤电缆承载构件材料、轮胎帘子布、桥梁缆绳，赛船用帆布及其他体育用品等。②耐热垫材。利用 PBO 纤维的耐热及柔软的特点，可用于温度超过 350℃以上的耐热垫材，作为石棉材料的替代品，有利于环境保护。③防护材料。利用 PBO 纤维良好的阻燃性及耐冲击性，主要用于消防服及防弹制品的制作，如防弹头盔及防弹背心等。④利用PBO的综合性能，可望在太空宇航领域中应用，如火星探测器上的气球膜材料。

表 2.32　Zylon 纤维与其他纤维性能比较

项　目	强度/(cN/dtex)(GPa)	模量/(cN/dtex)(GPa)	伸长率/%	密度/(g/cm³)	吸湿率/%	LOI/%	熔融(碳化)温度/℃
PBO	37(5.8)	1766(280)	2.5	1.56	0.6	68	650
对位芳纶	19.4(2.8)	750(109)	2.4	1.45	4.5	29	550
间位芳纶	4.7(0.65)	124(17)	22	1.38	4.5	—	400
钢丝	3.5(2.8)	256(200)	1.4	7.80	0	—	—
碳纤维	20.3(3.5)	1307(230)	1.5	1.76	—	—	—
UHMWPE	35.3(3.5)	1148(110)	3.5	0.97	0	16.5	150
PBI	2.7(0.4)	39.7(5.6)	30	1.40	15	41	550
聚酯	7.9(1.1)	110(15)	25	1.38	0.4	17	260

2.3.3.10　聚酰亚胺纤维

聚酰亚胺（polyimide）是指主链上含有酰亚胺环 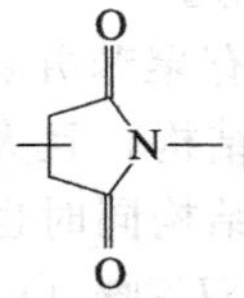 的一类聚合物，其中含有酞酰亚胺 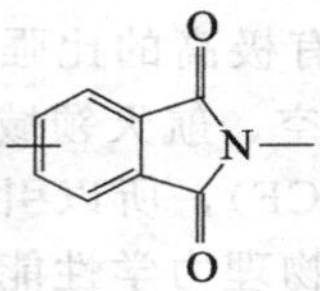 结构的聚合物尤为重要。聚酰亚胺由于构架中的芳香族环而具有更高的热稳定性、力学性能及电性能，受到高度重视。其可作为特种工程塑料、高性能纤维、选择性透过膜、高温涂料及高温复合材料等。它的合成方法可分两类，一类是在聚合过程中或在大分子反应中形成聚酰亚胺环；另一类是以含有酰亚胺环的单体缩聚来获得聚酰亚胺。其中第一类方法较常用，特别是用二酐和二胺反应合成聚酰亚胺最为普遍。由聚酰亚胺制成的纤维是一种高性能纤维，下图为典型的聚酰亚胺纤维的分子结构：

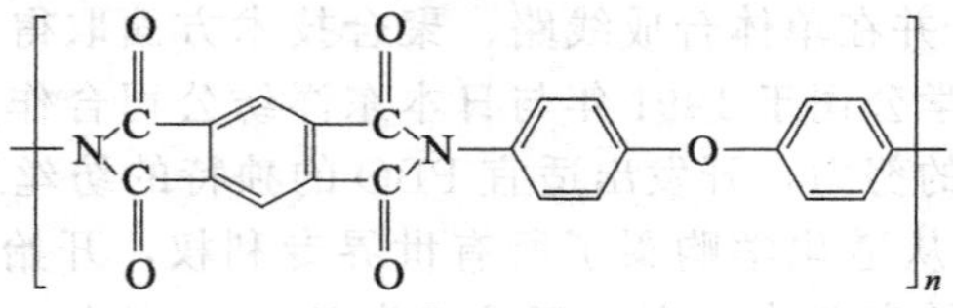

大分子主链中有大量含氮五元杂环、苯环、—O—键、—C═O 键、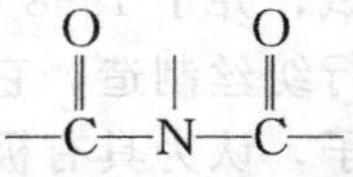 键，而且芳环中的碳和氧以双键相连，再加上芳杂环产生共轭效应，使主链键能大，分子间作用力也大。这样，当聚酰亚胺纤维受高能辐射时，纤维大分子吸收的能量很难大于使分子链断裂所需的能量，而使纤维表现出许多优良的性能。聚酰亚胺纤维除具有高强高模的特点外，还具有如耐辐射、耐高温、好的热稳定性、优良的电绝缘性等许多特点，可望应用于微电子工业、原子能工业、宇航工业等高尖端行业。

2.3.3.11　热固性树脂纤维

由于加工性能的限制，大多数纤维均由线性大分子制成。而采用特殊的加工方法热固性树脂也能制成纤维，比较典型的热固性树脂纤维是酚醛树脂纤维和蜜胺树脂纤维。

热固性树脂由于具有很高的交联度，因此有一些线性大分子纤维所不具备的特点。例如优异的耐热性。阻燃性、尺寸稳定性、化学稳定性等。热固性纤维的应用范围也逐步扩大。

(1) 酚醛树脂纤维 酚醛树脂（Kynol）纤维，是第一个具有三维交联结构的纤维，打破了热固性树脂不能成纤的传统概念，是以分子量为 300～2000 的热塑性纯线型聚酚醛（Novolac 型）为原料，经熔融纺丝后在酸和甲醛存在下进行交联而制得。由于酚醛树脂纤维高度交联，化学性质稳定，LOI 可达 34%左右，酚醛树脂纤维高温下不熔融，也不燃烧，即使碳化成玻璃状结构也不收缩，碳化过程无可燃性气体和有毒气体产生。酚醛树脂纤维主要用于飞机铁路船舶和汽车的隔热的绝缘，防火队员的座椅，防火和防化学服装的衬里，极地的防寒材料，水箱的衬里，潜水艇的垫罩，飞机和舰船的逃逸盖，各种复合材料、包装物、刹车片和联轴节等。

(2) 蜜胺纤维 蜜胺纤维即三聚氰胺缩甲醛纤维（MF），是以三聚氰胺和甲醛在特定的溶剂中缩聚成一定分子量的预聚体，经由离心纺丝高温固化成纤、湿法纺丝或干法纺丝得到的纤维。蜜胺纤维除有普通化学纤维的优点外，还具有以下突出的特点：①高耐火焰燃性，与火焰接触时不燃烧，离开火焰后不阴燃，含 40%三聚氰胺甲醛树脂混合纤维的氧指数可高达 28%；②高热稳定性，在 300℃高温条件下不熔融、不收缩，沸水煮后阻燃性、力学性能下降少；③纤维导热率极低，在高热和与火焰接触时不产生烟雾，受热或过火后热转换和焦化低。

德国巴斯夫公司 20 世纪 80 年代开发的蜜胺纤维 Basofil 是由蜜胺、蜜胺衍生物和甲醛反应得到树脂经干法纺丝制成。1996 年实现 Basofil 纤维的工业规模生产，其纤维强度 2～4 cN/dtex、模量 6 N/dtex、断裂伸长率 15%～20%、LOI 32%、密度 1.4g/cm^3，连续最高使用温度约 190℃，在 200℃热空气中处理 1h 后收缩率小于 1%。暴露在火焰下不熔融也不产生熔滴。耐有机化学试剂性优异，但在 20%盐酸或硫酸中浸渍 28d 后，纤维强度损失约 52%。

蜜胺纤维及其织物具有优异的耐高温、阻燃、防溅、防热辐射性能，和通常的纤维一样舒适、美观。目前在国外已广泛用于汽车、火车、轮船、飞机交通工具中所需具有防火安全性的织物，以及用于戏院、电影院、汽车站、火车站等公共场所的窗帘、帷幔及其他织物，可确保人民生命安全。用于家庭防火毯，是家庭必备的最简单有效的防火工具。用于消防人员消防服装和军队服装，具有防火性，能有效保证消防人员和战时保护战士生命安全。同时，蜜胺纤维以其阻燃、高热不收缩、不熔融的特点，也是炼钢工人、铸造工人劳动保护服及石油、化工、冶炼等行业用防护服的选择。因此，蜜胺纤维作为高性能阻燃抗熔滴作用纤维的应用将非常广泛，市场潜力十分巨大。

2.4 涂料与黏合剂

2.4.1 黏合理论与黏合剂的组成

2.4.1.1 黏合剂的概念

黏合，也称黏附。它有双重含义，从物理化学的角度来说，是指界面之间的分子间作用力，而且主要是指两种不同的分子之间在界面上的相互作用。从状态的概念来理解，黏合是指两个表面依靠化学力、物理力或两者兼有的力使之结合在一起的状态。从实用技术概念来理解，黏合是同质或不同质的两种材料（零件、构件等），用黏合剂胶接起来的一种状态。利用这种状态的实用技术称为黏合或粘接。

胶黏剂是指通过黏附作用，能使被粘物结合在一起的物质。在实用场合，有时可简称为“胶”。

2.4.1.2　黏合理论

对固体材料的粘接必须满足两个条件。一是胶黏剂与被粘物表面接触角应尽可能小，以达到完全湿润被粘物表面。胶黏剂黏度越小，越易浸润。这就是大多数胶黏剂设计成液态形式的原因。二是完成粘接后，胶黏剂须在被粘物之间固化，形成有一定强度的粘接层，固化后，被粘物不能相互滑移，除非破坏黏合层。固化的过程分为物理过程和化学过程。前者如溶剂或水分的挥发（溶剂型、水性胶黏剂）或者从熔融态冷却固化（热熔胶）。后者有湿固化聚氨酯，双组分丙烯酸酯胶黏剂等。

粘接是不同材料界面相互接触后相互作用的结果。从微观上看，粘接强度取决于胶黏剂分子与被粘物表面分子之间的相互作用力，界面的相互作用是胶黏剂科学中的基本问题。表面张力、官能团的性质和界面的化学反应都会影响粘接。现有的粘接理论都是从某一方面来阐述粘接的机理，所以至今还没有一种全面的唯一的粘接理论。

（1）吸附理论　该理论认为固体表面对胶黏剂分子的吸附是形成胶接的主要原因。粘接力的主要来源是分子间的范德华引力和氢键力。极性分子间存在永久偶极矩之间的吸引力（取向力），极性分子与非极性分子之间存在永久偶极矩和诱导偶极矩相互作用力（诱导力），非极性分子之间由于电子云的波动存在瞬时偶极矩相互作用力（色散力）。这三种相互作用力即构成范德华力。氢键力是比范德华力更强的相互作用力，聚乙烯醇水溶液（即常用的胶水）对纸张（纤维素）的粘接（主要）是由于二者之间存在氢键相互作用力。范德华力与分子之间的距离的六次方成反比，据计算，两个理想的平面相距 10Å(1Å＝0.1nm) 时，它们之间的引力强度可达 10～100MPa；距离降为 3～4Å 时，可达 100～1000MPa。这个数值远远超过现有的最好的粘接剂所能达到的强度。由此说明，如果达到理想浸润，仅靠色散力就可以达到很高的粘接强度。日常生活中所用的标签胶为丙烯酸酯压敏胶，通过指压（减少分子间距离），即可达到足够的粘接强度。

（2）化学键形成理论　化学键理论认为胶黏剂与被粘物除分子之间相互作用力以外，有时还有化学键的产生。如硫化橡胶与镀铜金属的胶接界面存在配位键（硫与铜）；含异氰酸酯的聚氨酯胶黏剂与纸张和木材（主成分为纤维素，含羟基）之间形成氨基甲酸酯键；含羧基的丙烯酸酯胶黏剂与金属形成离子键等。这些化学键的形成有助于提高粘接强度。但化学键的形成不具有普遍性，不可能使胶黏剂与被粘物的接触点都形成化学键。因此分子之间的范德华力仍是粘接不可忽视的因素。

（3）扩散理论　扩散理论认为两种高分子相互接触后，产生相互扩散，原来的接触界面逐渐消失，从而形成粘接。扩散理论适用的条件为：两种高分子链是可以运动的（粘接温度高于玻璃化转变温度或者用溶剂增塑）；两者是相容的。大多数高分子，即使化学结构很相近（比如 PE 和 PP），也是不相容的。扩散理论只适用于少数的体系。其中之一为溶剂焊接高分子，如在两个聚苯乙烯表面涂上丁酮溶剂，然后将二者挤压在一起，溶剂挥发后即可形成良好的粘接界面。少数的高分子是相容的，如 PMMA 和 PVC，当用丙烯酸酯结构粘接剂粘接 PVC 板材时，两者相互扩散完成粘接。

（4）机械嵌合理论　胶黏剂渗透到被粘物表面的孔隙或凹凸之处，固化后界面将产生机械嵌合力，这种力本质上是摩擦力。这种情况类似于钉子与木材的接合或树根植入泥土的作用力。在粘接织物和纸张等多孔材料时，机械嵌合起重要作用，对于光滑表面这种作用力并不明显。机械嵌合的最明显的例子是在衣服上热合一些补片（以达到一定的艺术效果）。补片背面有热熔胶，当用熨斗热合补片时，热熔胶熔化，渗透入织物纤维中，增加了粘接力。

（5）静电理论　当两种金属相互接触时，电子将从一种金属转移至另一金属，从而形成双电层，产生静电吸引力。聚合物一般为绝缘体，该理论很难适用于聚合物体系。当聚吡咯、聚苯胺等导电聚合物涂覆于金属表面时，可以产生静电相互作用力。

（6）弱界层理论　弱界层理论认为清洁表面可以产生良好的相互作用，而一些污染物，如灰尘和油污等，如不能溶于胶黏剂中，则在粘接界面形成弱界面层，降低粘接强度。丙烯酸酯结构胶黏剂优于环氧结构胶黏剂的原因，是因为前者更易溶解油污，从而最大程度消除了弱界面层。

2.4.1.3　胶黏剂的组成

胶黏剂通常是由基料和各种助剂（包括固化剂、促进剂、填料、增韧剂、稀释剂、偶联剂、稳定剂、防老剂、增黏剂、增稠剂等）配合而成。其中的基料又称黏料，是胶黏剂的主要成分，主要有天然聚合物、合成聚合物及无机物三大类。现代胶黏剂的基料主要为高分子材料。胶黏剂的各种助剂，各有其专门功能，根据胶黏剂的性质及要求可选择加入，并非每一种助剂都是必须的。

（1）胶黏剂的基料　基料即主体高分子材料，是赋予胶黏剂黏性的根本成分。粘接性能的好坏主要受基料性能的影响，基料的流变性、极性、结晶性、分子量及其分布对粘接性能有重要影响。

粘接剂所用的粘接材料，首先要求能润湿被粘材料表面，这就要求基料是具有流动性的液态物质，或者能在溶剂、分散剂、热（指热熔胶）、压力（压敏胶）等作用下具有一定的流动性的物质。目前常用的胶黏剂，如环氧、丙烯酸树脂、天然橡胶、氯丁胶都是这类物质。对于那些本身是固态，在热及压力下流动性差，又不溶于普通溶剂的高分子材料，如氟树脂、尼龙、涤纶等很难用来配制胶黏剂。

胶黏剂的粘接力一般与基料高分子的极性基团的极性大小和数目成正比。但是如果极性基团过多，往往会约束链段的扩散能力，从而降低粘接力。极性过大，还会导致胶黏剂浸润被粘表面的能力下降，也会降低粘接强度。

适当的结晶性（如聚异丁烯、氯丁胶）可以提高材料的内聚强度和初黏力，有利于粘接。但如果结晶度过高，则不利于粘接。结晶度高，分子运动性差，不利于粘接；同时，结晶度高也不容易找到溶剂。共聚可以降低结晶性，如PE、PP、尼龙等难以作为胶黏剂，但无规PP可以用作压敏胶，共聚尼龙也可以配制胶黏剂。

对热塑性胶黏剂，分子量小有利于润湿；太低则降低粘接强度。因此一般选择分子量分布较均匀（较宽）的高分子来配制胶黏剂。

（2）胶黏剂的助剂

除基料高分子以外，对于一个特定的胶黏剂，还可以根据需要加入不同的助剂来满足施工和使用的要求。

① 稀释剂　降低胶的黏度，便于施工操作，有能参与固化反应的活性稀释剂和不参加固化反应的惰性稀释剂两种。前者如不饱和聚酯的苯乙烯单体，后者主要是溶剂。

② 固化剂　是使液态基料通过化学反应，发生聚合、缩聚或交联反应，转变成高分子固体，使黏合接头具有力学强度和稳定性的物质。应选用固化快、质量好、用量少的固化剂。反应性的胶黏剂一般需要固化剂，如环氧胶黏剂、双组分聚氨酯胶黏剂、丙烯酸酯胶黏剂等。

③ 填料　是不参与反应的惰性物质，可提高黏合强度、耐热性、尺寸稳定性并可降低成本。其品种很多，如石棉粉、铝粉、云母、石英粉、碳酸钙、钛白粉、滑石粉等。各有不同效果，根据要求选用。

④ 偶联剂　具有能分别和被粘物及胶黏剂反应成键的两种基团，提高粘接强度。多为硅氧烷或钛酸酯类化合物。如γ-氨丙基三乙氧基硅烷（KH-550）。

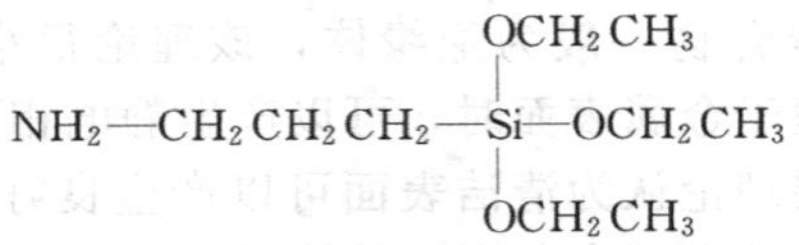

⑤ 增韧剂　能提高胶黏剂的柔韧性，降低脆性，改善抗冲击性能。

⑥ 稳定剂　为防止胶黏剂长期受热、光及氧化作用分解或贮存时发生性能变化的成分。一般又分为三类：受阻酚类稳定剂，称为抗氧剂；受阻胺类稳定剂，称为防老剂；热稳定剂，如硬脂酸铅，钙/锌复合稳定剂，主要用于防止聚氯乙烯的热分解。

⑦ 增黏剂　提高黏合剂初黏力的成分。热熔胶有时需要加入松香、萜烯树脂等作为增黏剂。

⑧ 增稠剂　提高胶黏剂的黏度，降低流动性的成分。对于反应性的胶黏剂，其基料固化前为单体，黏度小，在被粘物表面易流动，此时需加入增稠剂。如将亲水性的气相法白炭黑（二氧化硅）加入丙烯酸酯单体中，可显著增加黏度。这是由于白炭黑表面的羟基相互作用形成氢键网络，增加了体系的黏度。一般加入1%～2%的气相法白炭黑即可显著增加油性体系的黏度。

⑨ 增塑剂　提高胶黏剂可塑性、加工性的成分。

⑩ 着色剂　使胶黏剂带上一定色彩，为区别品种或加工过程常常加入一定的着色成分。

2.4.1.4　胶黏剂的分类

胶黏剂根据不同的角度，有许多不同的分类方法。主要是按胶黏剂的化学成分分类。其余还有按应用方法、形态、用途等来分类。

(1) 按基料化学成分分类

这是一种常用的分类方法。我们常说的环氧胶黏剂，聚氨酯胶黏剂等，就是根据基料的化学成分来命名的。此分类列于表2.33。

表2.33　黏合剂的化学成分分类

天然胶黏剂	动物胶	皮胶、骨胶、虫胶、酪素胶、血蛋白胶、鱼胶
	植物胶	淀粉、糊精、松香、阿拉伯树胶、天然橡胶、木质素
	矿物胶	矿物蜡、沥青、黏土
合成胶黏剂	热塑性树脂	纤维素酯（硝酸纤维素、醋酸纤维素、丁酸纤维素、羧甲基纤维素等）、烯类聚合物（聚醋酸乙烯酯、聚乙烯醇、过氯乙烯、聚异丁烯、聚乙烯醇缩醛等）、聚酯类、聚醚类、聚酰胺类、聚丙烯酸酯类、聚甲基丙烯酸酯类、聚α-氰基丙烯酸酯类、乙烯-醋酸乙烯共聚物、乙烯-丙烯酸酯类共聚物、聚丙烯酰胺、聚环氧乙烷、氯化聚乙烯、氯磺化聚乙烯
	热固性树脂	环氧树脂、酚醛树脂、脲醛树脂、三聚氰胺甲醛树脂、有机硅树脂、不饱和聚酯树脂、丙烯酸酯交联树脂、聚酰亚胺树脂、聚苯并咪唑、酚醛-聚乙烯醇缩醛、酚醛-聚酰胺、酚醛-环氧树脂、环氧聚酰胺、酚醛-有机硅树脂、环氧有机硅树脂、聚氨酯树脂
	橡胶-树脂复合型	酚醛-丁腈胶、酚醛-氯丁胶、酚醛-聚氨酯胶、环氧-丁腈胶、环氧-聚硫胶
	合成橡胶型	氯丁胶、丁苯胶、丁腈胶、丁基胶、异戊胶、聚硫胶、聚氨酯胶、氯磺化聚乙烯胶、硅橡胶
无机胶黏剂	盐类	硅酸盐类：硅酸钠（水玻璃）、硅酸盐水泥、硫酸盐、硼酸盐、石膏 磷酸盐类：磷酸-氧化铜
	陶瓷类	氧化锆、氧化铝、陶土
	金属类	低熔点金属

(2) 按形态分类

根据胶黏剂使用时的形态，胶黏剂可以分成溶剂型、乳液型、无溶剂型等。

① 水溶液　由水溶性高分子溶于水中而成，如聚乙烯醇、羧甲基纤维素钠、聚环氧乙

烷（聚乙二醇）、聚丙烯酰胺、脲醛树脂等。该类胶黏剂一般与粘接基材存在氢键相互作用，适合粘接纸张、木材等。缺点为耐水性较差。

② 溶液 一般由热塑性高分子溶于相应的溶剂中而得。如硝酸纤维素、醋酸纤维素、聚醋酸乙烯、氯丁橡胶。这类胶黏剂品种较多，早期应用较广，但存在溶剂污染，近年来无溶剂的环保型胶黏剂得到重视。

③ 乳液 乳液聚合所得的胶乳加上适当的助剂可得乳液型胶黏剂。该类胶黏剂环保，但存在水分挥发较慢的问题。常用的有聚醋酸乙烯乳液、聚丙烯酸酯乳液、天然胶乳、氯丁胶乳。粘接木材的白乳胶（聚醋酸乙烯乳液）即属此类。

④ 无溶剂型 一般为反应性胶黏剂，固化前为低黏度的单体或者低聚物。如环氧树脂、双组分聚丙烯酸酯，聚 α-氰基丙烯酸酯（502 胶）等。

⑤ 粉状固体 淀粉、干酪素、聚乙烯醇、氧化铜。

⑥ 片、块状固体 鱼胶、虫胶、松香、热熔胶。

⑦ 线状、棒状固体 热熔胶棒、环氧胶棒。

⑧ 胶膜 酚醛-丁腈胶膜、热熔胶膜、环氧-聚酰胺胶膜。

⑨ 胶黏带 压敏型聚丙烯酸酯类胶黏带、医用橡皮胶布、天然橡胶胶黏带等。

⑩ 膏状与腻子状 聚氨酯密封膏、聚硫橡胶腻子、不饱和聚酯树脂腻子等。通常的腻子（填泥）是平整汽车、墙体等表面的一种厚浆状装饰材料，是涂料粉刷前必不可少的一种产品。涂施于底漆上或直接涂施于物体上，用以清除被涂物表面上高低不平的缺陷。采用少量漆基、大量填料及适量的着色颜料配制而成。通常在腻子表面再刷涂乳胶漆。

(3) 按应用方法分类

① 室温固化型

溶剂挥发型：硝酸纤维素、聚醋酸乙烯酯、氯丁橡胶的溶液胶。

潮气固化型：聚 α-氰基丙烯酸酯类、室温硫化硅橡胶。

厌氧型：聚（甲基）丙烯酸酯、聚烯丙基醚。

固化反应型：脲醛树脂、酚醛树脂、环氧树脂（加固化剂）。

② 热固型

酚醛树脂、环氧树脂、聚酰亚胺、磷酸-氧化铜无机胶。

③ 热熔型

乙烯-醋酸乙烯共聚树脂（EVA）、聚酰胺、聚酯、SBS 类等热熔胶。

④ 压敏型

接触压胶泥：氯丁橡胶胶泥。

自粘（冷粘）型：橡胶胶乳类。

缓粘（热粘）型：加热才能粘的胶黏带。

永粘型：聚氯乙烯胶黏带、纸基不干胶标贴。

⑤ 再湿型

水基型：涂布糊精、聚乙烯醇的纸基封箱带或膜。

(4) 按用途分类

① 结构用胶黏剂 能长期承受较大负荷，黏合接头能传递较大应力，有良好的耐热、耐油、耐水等性能。主要有酚醛-缩醛类、酚醛-丁腈胶、环氧-聚酰胺、环氧-酚醛等复合型胶。可用于金属制品、航空、交通、建筑、国防等工业及高科技方面。

② 非结构用胶黏剂 有一定的粘接强度，但随着温度上升强度会下降，不能传递较大应力，但使用方便，价格低廉。主要有聚醋酸乙烯乳液、聚丙烯酸酯及其共聚物乳液、橡胶类溶剂型胶黏剂、热熔胶等。用途广泛，在受力不太大，环境温度不太高的场合均可以

应用。

③ 压敏胶　强度较低，亦不耐热，但只需指压即可黏合，容易保存，使用方便。包括橡胶和丙烯酸酯类压敏胶。可用作标签、商标、包装、建筑装饰、办公用品、医用胶布、保护膜等。

④ 功能性胶黏剂　带有特殊功能的胶黏剂，如导电胶、导热胶、导磁胶、光敏固化胶、应变片胶、医用胶、耐高温胶、耐低温胶、水下粘补胶、粘鼠胶等。

2.4.1.5　被粘物表面处理

正确选择胶黏剂、合理的施工及被粘物件的表面处理是提高粘接强度和满足使用性能要求的关键。表 2.34 列出了金属表面处理方法。表 2.35 列出了塑料表面处理方法。

表 2.34　金属表面处理方法

金属种类	处理剂	处理条件	后处理
铁、钢	砂纸、喷砂、喷丸打磨	打磨	溶剂脱脂、除污、干燥
不锈钢	(1)无水铬酸 53g,水 1L (2)重铬酸钠 118g,浓硫酸 412g,水 1.5L	60～70℃浸 3min 60～70℃,浸 10min	热水洗,室温干燥 热水洗,室温干燥
铜、黄铜及其他铜合金	(1)重铬酸钾 59g,浓硫酸 118g,水 1L (2)42% $FeCl_2$ 液 15mL,浓硫酸 30mL,水 197mL (3)结晶 $FeSO_4$ 120g,浓硫酸 90g,水 1.5L	室温下浸数分钟 室温下浸 1～2min 65～70℃浸,10min	水洗净,室温干燥 水洗净,室温干燥 水洗净,室温干燥
铝及其合金	(1)85% H_3PO_4 85g,甲醇 75g (2)25% H_3PO_4 95g,无水铬酸 95g,乙醇 62g,水 1L (3)$Na_2Cr_2O_8$ 118g,浓硫酸 412g,水 1L	室温下浸 5～30min 室温下浸 5min 60℃下浸 20min	水洗净,室温干燥 水洗净,室温干燥 热水洗,水洗,室温干燥
锌	$K_2Cr_2O_8$ 40～90g,93% H_2SO_4 10g,水 1L	室温下浸几秒钟	水洗,室温干燥
镍	67%硝酸	室温下浸 5s	水洗,温热风干燥
铬	37%盐酸 17g,水 20g	90～95℃下浸 1～5min	热水,冷水洗,室温干燥
贵金属	最细的金相砂纸	轻轻打磨 1～2 次	溶剂脱脂,干燥

表 2.35　塑料表面处理方法

塑料名	处理剂	处理条件	后处理
聚乙烯	(1)煤气小火焰 (2)重铬酸钾 75g,硫酸 1500g,水 120g	表面快速火飘 室温浸 20min,或 60℃浸 10min	溶剂擦拭干燥 水洗,干燥
聚乙烯	(1)重铬酸钠 5g,93%硫酸 100g,水 8g (2)环氧-聚酰胺黏合剂	60～70℃浸 1～2min 按(1)处理,涂(2)	热、冷水洗,室温干燥
聚氨酯	细砂纸	轻轻打磨	溶剂脱脂
脲醛树脂	细砂纸	轻轻打磨	溶剂脱脂
酚醛树脂	细砂纸	轻轻打磨	溶剂脱脂
聚碳酸酯	细砂纸	轻轻打磨	乙醇脱脂
聚酯	氢氧化钠 20g,水 80g	70～95℃浸 10min	热水洗,温热风干燥
聚酰胺	(1)细砂纸 (2)间苯二酚系黏合剂	轻轻打磨后,涂(2)	丙酮脱脂
聚酰亚胺	氢氧化钠 5g,水 95g	60～90℃浸 1min	冷水洗净,温热风干燥

续表

塑料名	处理剂	处理条件	后处理
聚三氟氯乙烯 聚四氟乙烯	(1)1%金属钠的氨液 (2)钠萘溶液(萘 128g,金属钠 23g)	浸 10～30s,至表面呈浅棕色,水可浸润。 搅拌 2h,浸 15min	处理前,用三氯乙烯脱脂丙酮及水洗,热风干燥
聚氯乙烯 聚偏二氯乙烯	(1)细砂或细砂纸 (2)丙酮	打磨,适于硬质品 擦洗,适于软质品	三氯乙烯脱脂
聚甲醛	(1)细砂或细砂纸 (2)重铬酸钠 5g,水 8g 浓硫酸 100g。	打磨 室温下浸 10～20s	溶剂脱脂 水洗、室温干燥
聚苯乙烯 聚砜	细砂或细砂纸	轻轻打磨	溶剂脱脂

2.4.2 胶黏剂的主要类型

胶黏剂的种类很多，其牌号在千种以上。每一种类又有衍生和改性的许多品种，同一品种不同配方又发展了系列牌号，不同厂家对同类品种又各自编出许多牌号。我们大体按溶剂型、反应型、水性、热熔型和特种胶黏剂等类型进行介绍，每一类又基本按照基料类型进行阐述。

2.4.2.1 溶剂型胶黏剂

能溶于溶剂的高分子溶液，都具有一定的粘接性，可用于胶黏剂的都属溶剂型胶黏剂。为了获得较好的强度，降低收缩率，通常应控制较高的浓度和适当的聚合度。有实用价值的溶剂型胶黏剂有：聚苯乙烯、聚（甲基）丙烯酸酯、聚氯乙烯、过氯乙烯（为 PVC 进一步氯化的产物，含氯量 61%～65%，防腐蚀、耐火耐候）、聚酰胺、聚碳酸酯、聚砜、聚乙烯醇缩丁醛、乙烯-醋酸乙烯共聚物（EVA）、聚乙烯醇、醋酸纤维素、硝酸纤维素、氯丁橡胶等。

2.4.2.2 反应型胶黏剂

反应型胶黏剂为一大类重要的结构/工程胶黏剂，在胶黏剂固化中存在化学反应。主要品种有环氧型、聚氨酯型、丙烯酸酯型、不饱和聚酯型、有机硅型等。

(1) 环氧树脂　环氧树脂是分子结构中至少带有两个环氧基的一类聚合物，未固化前是线型热塑性树脂，在适当化学试剂作用下最后能固化成为三维网状结构的物质。

环氧树脂所含环氧基的多少，是环氧树脂的重要指标，一般以环氧值、环氧基含量和环氧当量表示。

环氧值是指每 100g 环氧树脂所含环氧基的物质的量。如 E-51（第一个字母表示环氧树脂的类型），即为双酚 A 型环氧树脂，100g 该树脂含环氧基为 0.51mol。

环氧基含量为每 100g 环氧树脂所含环氧基的质量，用百分数表示。

环氧当量相当于 1mol 环氧基所对应的环氧树脂的质量。三者之间可以互换，以 E-51 为例（环氧基分子量为 43）：

$$环氧值=环氧基含量/环氧基分子量=0.51$$

$$\begin{aligned}环氧基含量&=环氧值\times环氧基分子量\%\\&=0.51\times43\%\\&=21.9\%\end{aligned}$$

$$环氧当量=100/环氧值=100/0.51=196$$

环氧树脂，由于分子链上含有环氧基和仲羟基，故具有优异的粘接性能。固化收缩率小，固化时没有小分子放出，黏合层不易产生孔洞等缺陷。固化后的树脂，具有电绝缘性优良、耐化学腐蚀性好、机械强度高、耐热性好等特点。环氧树脂的种类很多，使用最多的是双酚A型环氧树脂（E-51、E-44等）。环氧树脂是热塑性线型结构，不能直接使用，必须加入固化剂固化交联之后，才能发挥其优良的黏合性。固化剂种类也很多。主要有脂肪胺、芳香族胺、酸酐及含有反应基的合成树脂（酚醛树脂等）。根据环氧树脂的环氧值及固化剂的种类可计算出固化剂用量。

胺类固化剂用量可按下式计算：

$$W=\frac{M}{H_n}\times E$$

式中 W——每100g环氧树脂所需胺的克数；

M——胺（伯胺或仲胺）分子量；

H_n——胺中的活泼氢原子数；

E——环氧树脂的环氧值。

实际上，由于反应效能的高低，挥发性的大小不同以及环境温度，常常是使用量比理论计算量要增加10%或更多。

由于酸酐类固化剂的反应较复杂，故其用量不能按多元胺这样的方法来计算。一般来说每一个环氧基需0.85～1.1个酸酐基团，有的可低至0.5，通常用下式估算：

$$W_A=K\times 酸酐分子量\times 环氧值$$

式中，W_A为每100克环氧树脂所需酸酐的克数；K为与酸酐活性有关的因子，一般取0.6～1。

环氧胶黏剂的性能强烈依赖于所用固化剂的种类。脂肪族伯胺对双酚A型环氧树脂是非常活泼的，可以室温固化。分子量越低，反应活性最高，乙二胺反应活性最高，但存在刺激气味，对人体有一定害处等缺点。脂肪族伯胺固化产物热变形温度较低，在120～150℃，芳香胺类固化剂反应活性较低，需加温才能固化，固化产物耐热性高，可以在100～150℃长期使用，粘接强度高，耐化学试剂和湿热老化好，但韧性较差。酸酐类固化剂通常固化温度较高，但固化产物的耐热性、力学性能和介电性能均较好。常用的酸酐类固化剂有顺丁烯二酸酐、邻苯二甲酸酐、均苯四甲酸酐，后者固化产物耐热性好。低分子聚酰胺也是常用的固化剂，其挥发性小，毒性小。由于含有一定的端胺值，常温下即可固化环氧树脂，但一般情况下加热才能固化完全。该固化剂用量多时，体系柔性和抗冲击性能增加。

环氧树脂一般配制成双组分使用，现配现用，这就要求在施工现场有一定的计量设备，此外，还给人体造成一定的危害。近年来为简便施工工艺，防止污染，潜伏型固化剂尤其是中温固化环氧树脂便成了最佳选择，这方面的研究相当活跃。潜伏型固化剂有咪唑类、双氰胺类等。后者单独作固化剂时固化温度高达180℃，室温存贮期可达半年。微胶囊固化剂是一种巧妙的设计，它将环氧固化剂及促进剂包封在微胶囊中作成单组分环氧树脂。固化时，依赖压力、温度等的变化使胶囊破裂，完成固化。

环氧树脂由于性能优异，粘接力强，广泛用于电子器件包封，航空航天结构胶黏剂等领域。

（2）聚氨酯胶黏剂　聚氨酯综合性能优良，可制成应用广泛的胶黏剂，原因如下。

a. 聚氨酯胶黏剂可以（一般都）含有化学性质活泼的异氰酸酯基（—NCO），可以和含有活泼氢的材料或材料表面吸附的微量水分反应，甚至与材料表面形成共价键，聚氨酯中的氨基甲酸酯基团（—NHCOO—）还可与被黏合材料产生氢键，从而产生很强的黏附力。

b. 调节聚氨酯的配方，如调节软硬段比例，选择不同的软硬段结构，可以制成不同硬度和伸长率的材料，以适应不同材料之间的粘接。如粘接橡胶和金属材料不但黏合牢固，还可以形成软硬过渡层，使黏合内应力小，产生更优良的耐疲劳性。

c. 聚氨酯预聚体特别是小分子的多异氰酸酯易扩散，能渗入被粘材料的微孔中，提高黏附力。同时，固化时没有小分子放出（潮气固化聚氨酯除外），不易在粘接层中产生缺陷。

d. 聚氨酯材料本身的优点使其作为胶黏剂性能优良，如良好的耐磨、高强度、耐水、耐溶剂以及高强度等。特别是聚氨酸胶黏剂的低温和超低温性能超过所有其他类型的胶黏剂，其黏合层甚至可以在液氮温度（$-196℃$）和液氢温度（$-253℃$）使用。与硅橡胶和柔性环氧相比，其低温下的强度、耐疲劳性更优。

聚氨酯胶黏剂的缺点是在高温、高湿下易水解，特别是聚酯型聚氨酯更是如此，从而降低了其黏合强度。

聚氨酯胶黏剂种类繁多，有双组分、单组分、水性和热熔胶黏剂等品种。本节只讲述前两类胶黏剂。

① 双组分聚氨酯胶黏剂　双组分聚氨酯胶黏剂由分开包装的两个组份构成，使用时按一定比例配制即可。甲组分（也称为主剂）为含活泼氢（含羟基或胺基等）的组分，乙组分（固化剂）为含游离异氰酸酯基团的组分。如果需加入催化剂，则一般加入到甲组分中，也有的主剂为含端异氰酸酯基团的聚氨酯预聚体，固化剂为低分子多元醇或多元胺，此时催化剂加入到乙组分中。

双组分聚氨酯胶黏剂原料众多，分子结构（大分子多元醇等）可选择自由度大，可以在很大范围内调节其力学性能，甚至满足结构胶黏剂的要求。选择合适的原料（如低黏度的大分子二元醇），可以制成无溶剂或高固含量的聚氨酯胶黏剂。

我国生产的通用型聚氨酯胶黏剂（称为 101-聚氨酯胶黏剂）主剂为溶剂型聚酯型聚氨酯（羟基封端），固化剂为三羟甲基丙烷-甲苯二异氰酸酯（TDI）加成物。主剂由聚己二酸乙二醇酯和 TDI 反应而得，溶剂为乙酸乙酯，醋酸丁酯和丙酮的混合物；乙组分由三羟甲基丙烷和 TDI 反应而得，异氰酸酯指数（NCO/OH）略大于 2，溶剂为乙酸乙酯。该产品的规格见表 2.36。

表 2.36　通用型双组分聚氨酯胶黏剂的规格①

指　标	甲组分(主剂)	乙组分(固化剂)
外观	浅黄色或茶色黏稠液	无色或浅黄色透明液
NCO 含量/%	—	12±1
固含量/%	30±2,50±2	60±2
黏度(25℃)②/s	30～90	—
剪切强度(最小)③/MPa	8.0	

① 上海新光化工厂产品（铁锚-101 胶黏剂）。
② 用 4＃涂料杯，测定 30%固含量的黏度。
③ 被粘材料为 LYCZ-12 铝合金，质量配比为甲：乙＝5：1。
注：本表摘自李绍雄、刘益军编著．聚氨酯胶黏剂．北京：化学工业出版社，1998。

其他类型的通用型聚氨酯胶黏剂，甲组分可用蓖麻油制备，乙组分用价格比三羟基丙烷便宜的甘油制备，制成甘油-TDI 添加物。甲组分溶剂用甲苯、丙酮、醋酸乙酯等的混合物。

通用型双组分聚氨酯广泛用于金属材料（铝、铁、钢等）与非金属（陶瓷、木材、皮革、塑料）以及不同材料之间的粘接。

② 单组分聚氨酯胶黏剂　双组分胶黏剂性能优良，但需混合计量，使用不方便，有时也会发生计量错误导致性能变差。为此，开发了单组分聚氨酯胶黏剂。其品种较多，最常用的有湿固化型和封闭型聚氨酯胶黏剂。

湿固化胶黏剂由含有端异氰酸酯基团的聚氨酯预聚体（可加溶剂）组成，当暴露于空气中时能与空气中的微量水分（或被粘物表面的水分）发生反应而固化。首先端异氰酸酯基预聚体与水反应生成胺类化合物：

$$OCN\text{---}\sim\sim\sim\text{---}NCO + H_2O \longrightarrow HOOCNH\text{---}\sim\sim\sim\text{---}HNCOOH \longrightarrow H_2N\text{---}\sim\sim\sim\text{---}NH_2 + CO_2$$

生成的胺再与端异氰酸酯基反应，生成聚氨酯脲而固化（反应如下）：

$$H_2N\text{---}\sim\sim\sim\text{---}NH_2 + OCN\text{---}\sim\sim\sim\text{---}NCO \longrightarrow \left[HN\text{---}\sim\sim\sim\text{---}NHCONH\text{---}\sim\sim\sim\text{---}HNCO\right]_n$$

湿固化胶黏剂由于含有异氰酸酯基团，当被粘材料含水量过高，或空气湿度过大时，固化较快，由此产生的 CO_2 来不及扩散，易在黏合层中形成气泡，降低黏合强度。为了克服这一缺点，开发了湿固化聚氨酯胶黏剂，由预聚体-潜固化剂组成，湿固化剂遇水分解出含活性氢基团（一般为胺类）的化合物，这种化合物与异氰酸酯的反应活性比水高，可以避免胶层产生气泡，同时能显著提高胶黏剂的初黏性。

湿固化剂为噁唑烷类化合物，反应机理为：

$$R_1N \underset{C}{\overset{R_2}{\diamond}} O + H_2O \longrightarrow R_1NH\text{---}R_2\text{---}OH + R_3CR_4 \atop \| O$$

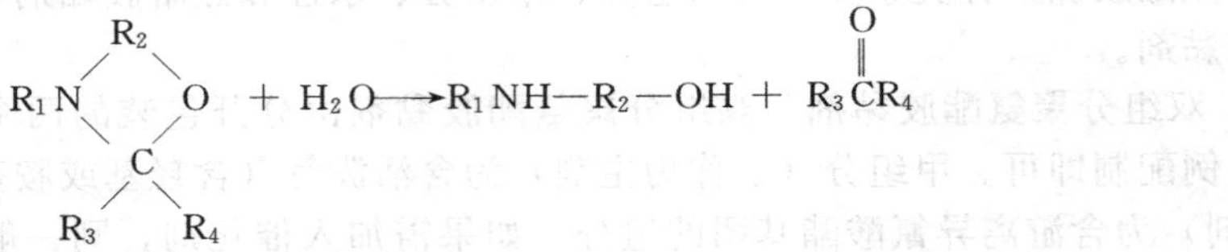

湿固化剂为环胺类化合物，反应机理为：

$$R_1N \underset{C}{\overset{R_2}{\diamond}} NR_3 + H_2O \longrightarrow R_1NH\text{---}R_2\text{---}NHR_3 + R_4CR_5 \atop \| O$$

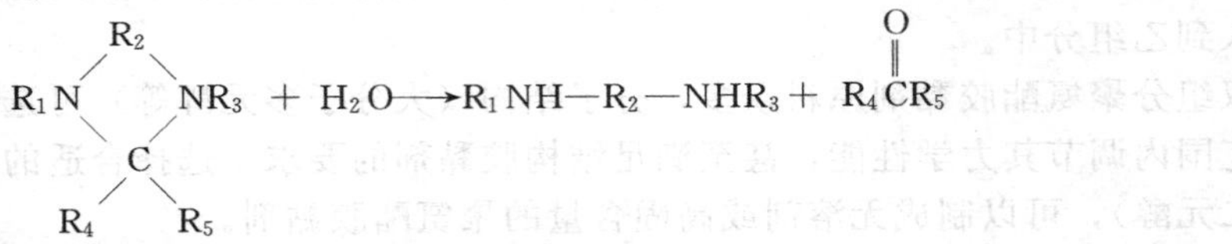

酮亚胺化合物也可作为潜固化剂，其与水反应的机理如下：

$$\underset{C_2H_5}{\overset{CH_3}{C}}\!\!=\!\!N\text{---}\langle\text{---}\rangle\text{---}N\!\!=\!\!\underset{C_2H_5}{\overset{CH_3}{C}} + H_2O \longrightarrow H_2N\text{---}\langle\text{---}\rangle\text{---}NH_2 + 2CH_3CC_2H_5 \atop \| O$$

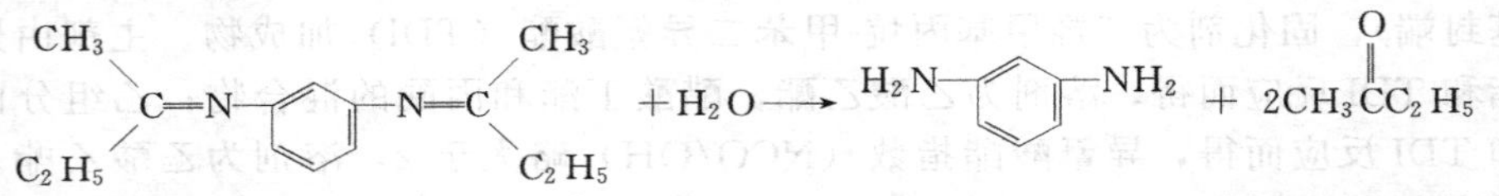

上述湿固化剂与水反应生成的醇胺或胺类化合物与异氰酸酯反应而固化得聚氨酯脲。

封闭型胶黏剂采用封闭剂与异氰酸酯基团反应，胶黏剂中没有游离的异氰酸根，因此可以把羟基组分、催化剂、封闭的异氰酸酯等混合成一个组分。室温下可以稳定存在，不固化；当加热时，封闭的异氰酸酯解离，释放出游离的异氰酸酯和封闭剂，因此发生固化反应形成粘接层。常用封闭剂有苯酚（解离温度 180～185℃）、乙酰丙酮（解离温度 140～150℃）、亚硫酸氢钠（解离温度 60℃）等。

（3）丙烯酸树脂胶黏剂　以丙烯酸酯（乙酯、丁酯、异辛酯和二乙基己酯）为主，与甲基丙烯酸酯类、苯乙烯或醋酸乙烯酯共聚而得。具有良好的耐水性和广泛的粘接性，改变共聚组分，可获得一系列有用的黏合剂。作为反应型的丙烯酸酯胶黏剂主要有氰基丙烯酸酯、双组分结构胶黏剂和厌氧胶黏剂等。

① 氰基丙烯酸酯　该类胶黏剂为单液型，主要成分为 α-氰基丙烯酸酯，包括甲酯、乙酯、丙酯和丁酯等。酯基碳链的长短对性能有很大影响，碳链越长，黏结层的韧性和耐水性越好。但黏结强度随碳链的增长而降低。该类胶黏剂固化特别快，见潮即可在几十秒内聚合，常称为瞬干胶。这是由于 α-氰基丙烯酸酯的碳碳双键上带有两个带 π 键的吸电子基团（氰基和酯基），对碳负离子有很强的稳定作用。其固化机理如下：

$$CH_2\!\!=\!\!\underset{COOR}{\overset{CN}{C}} \xrightarrow{A^-} ACH_2\!\!-\!\!\underset{COOR}{\overset{CN}{C}} \xrightarrow{CH_2=\underset{COOR}{\overset{CN}{C}}}$$

$$ACH_2\!\!-\!\!\underset{COOR}{\overset{CN}{C}}\!\!-\!\!CH_2\!\!-\!\!\underset{COOR}{\overset{CN}{C}} \xrightarrow{nCH_2=\underset{COOR}{\overset{CN}{C}}} Polymer$$

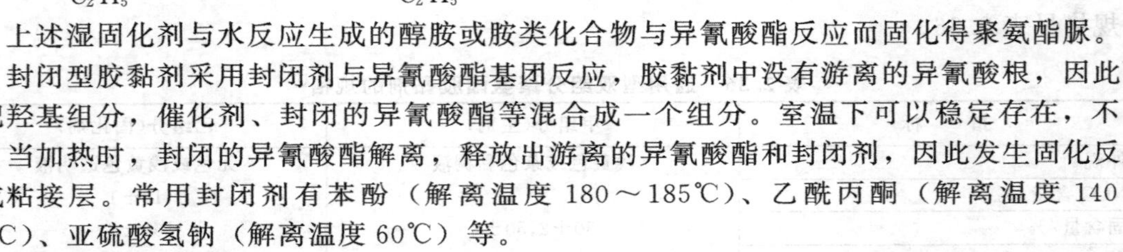

α-氰基丙烯酸酯很容易发生阴离子聚合，极弱的碱甚至水就能催化其聚合，单体含水量超过 0.5%即不稳定。为了提高储存稳定性，需加入一些酸性物质作稳定剂，常用的有二氧化硫（60mg/kg）、五氧化二磷、对甲苯磺酸等。在单体中加入对苯二酚（10～50mg/kg）则可阻止自由基聚合的发生。

该类胶黏剂单体黏度很低，流动性很大，为此常加入一些高分子作为增稠剂。如加入 5%～10%的 PMMA，能显著增加黏度，但并不降低粘接强度。黏结层脆性大，为此常加入增塑剂以提高韧性，常用的增塑剂有磷酸三甲酚酯、邻苯二甲酸二丁酯等。

α-氰基丙烯酸酯黏度低、固化快、强度高、透明、毒性小、使用方便，对大多数材料都有很好的黏结性；但脆性大、耐久性差、价格昂贵。主要用于临时性（定位用）和非结构粘接，最适于应急修补。其中 α-氰基丙烯酸乙酯和 α-氰基丙烯酸丁酯型胶黏剂固化后，较柔韧，适合于橡胶、塑料、金属、陶瓷等多种材料的黏合。也可作医用胶黏剂。

② 丙烯酸酯结构胶黏剂　20 世纪 70 年代杜邦公司开发的新型二液型改性丙烯酸酯胶黏剂，又称第二代丙烯酸酯胶黏剂（SGA）。分底涂型及双主剂型两大类。底涂型的主剂中包括聚合物（未硫化氯磺化聚乙烯或氯丁橡胶、丁腈橡胶、丙烯酸酯橡胶、聚甲基丙烯酸甲酯等）、丙烯酸酯单体（如甲基丙烯酸甲酯、甲基丙烯酸乙酯、丁酯、2-乙基已酯、β-羟乙酯等）、氧化剂（过氧化物）、稳定剂（如对苯二酚）；底剂中包括促进剂（如胺类还原剂）、助促进剂（如环烷酸钴金属盐）及溶剂。双主剂型不用底剂，两组分均为主剂。其中，一个主剂含氧化剂，另一个含促进剂及助促进剂。两剂分别涂于被粘物的一面，叠合后很快发生反应而固化。此胶室温固化快，粘接强度高，可以在表面上直接涂胶粘接，耐水、耐油、耐化学介质、耐老化、耐热、耐寒性好，使用方便，不需精确计量，应用面广；但气味较大，储存期较短。可用于机械、交通、电器、仪表结构粘接，应急修补、装配定位、堵油防漏等。

丙烯酸酯树脂胶黏剂在医疗领域应用越来越广。除 α-氰基丙烯酸酯系胶黏剂用作医用胶黏剂外，其他丙烯酸酯树脂胶黏剂也在外科手术、骨科、牙科方面得到应用。如牙用胶黏剂和骨科用胶黏剂等。

牙科用胶黏剂常采用复合树脂，它包括树脂基质、填料、稀释交联单体、引发剂等。它与单一树脂相比，具有线收缩和热膨胀系数较小，不溶于唾液、压缩强度和硬度高、耐磨损等优点。其树脂基质中目前广泛采用的是甲基丙烯酰氧乙基偏苯三酸酐酯和甲基丙烯酰氧乙基苯基磷酸酯（可提高对牙本质的粘接力），它们的化学式如下：

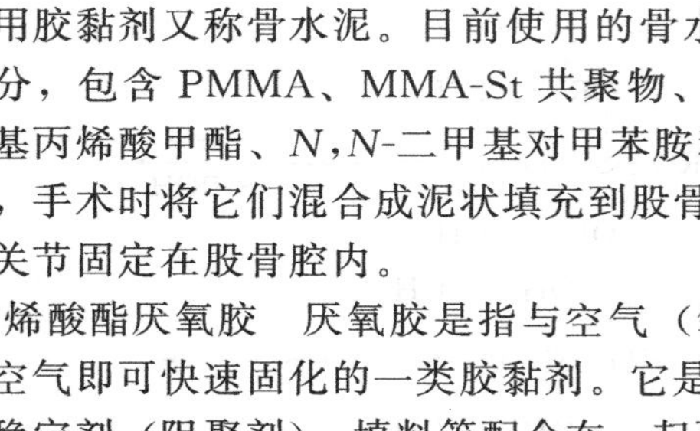

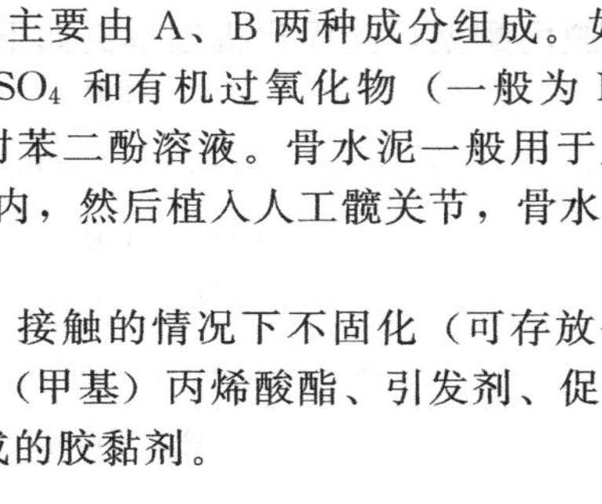

骨科用胶黏剂又称骨水泥。目前使用的骨水泥主要由 A、B 两种成分组成。如 A 组分为固体组分，包含 PMMA、MMA-St 共聚物、$BaSO_4$ 和有机过氧化物（一般为 BPO）。B 组分为甲基丙烯酸甲酯、N,N-二甲基对甲苯胺和对苯二酚溶液。骨水泥一般用于人工髋关节的固定，手术时将它们混合成泥状填充到股骨腔内，然后植入人工髋关节，骨水泥固化后将人工髋关节固定在股骨腔内。

③ 丙烯酸酯厌氧胶　厌氧胶是指与空气（氧）接触的情况下不固化（可存放一二年），一旦隔绝空气即可快速固化的一类胶黏剂。它是由（甲基）丙烯酸酯、引发剂、促进剂和助促进剂、稳定剂（阻聚剂）、填料等配合在一起形成的胶黏剂。

厌氧胶所用的（甲基）丙烯酸酯类单体与其他丙烯酸酯胶黏剂没有大的区别。可以根据需要选择各种（甲基）丙烯酸酯，也可以选择双（甲基）丙烯酸酯单体作为交联剂，以调节胶层性能。选择引发剂是配制厌氧胶的关键，引发剂活性不能太大。一般要求引发剂在100℃下的半衰期必须超过5h。常用的引发剂有：有机过氧化物，过氧化氢，过氧化酮和过羧酸等。如常用的异丙苯过氧化氢，通常用量为2%～5%，过少则引发速度慢，过多则影响储存稳定性。

在无氧气存在条件下，引发剂（以异丙苯过氧化氢为例）分解生成自由基，引发（甲基）丙烯酸酯的聚合。反应机理如下：

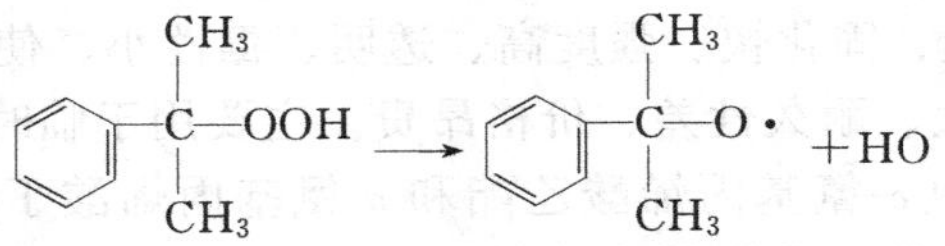

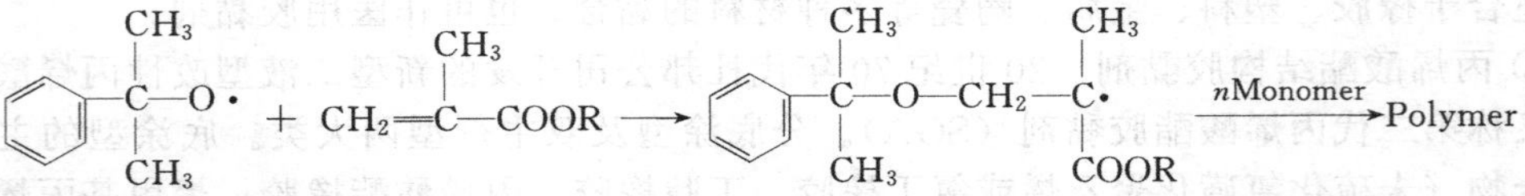

若有氧气存在条件下，氧气首先与单体自由基反应生成不活泼的新自由基，此时氧气起阻聚剂的作用。反应机理如下：

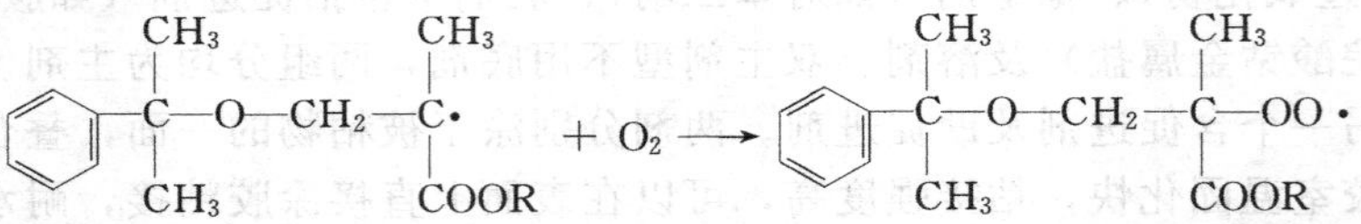

但是一旦隔绝氧气，单体自由基将体系中溶解的微量氧消耗完毕后，剩余的自由基能进行链增长形成聚合物。

室温下，引发剂分解很慢，体系中加入促进剂胺类化合物或过渡金属离子，可加速引发剂的分解，使聚合反应易于进行。

厌氧胶应用广泛，具有单组分、无溶剂、低黏度、使用方便、常温快速固化、耐热、耐溶剂、耐酸碱性好、适用期长、储存稳定的特点。机械行业广泛应用厌氧胶进行锁固，如防止螺丝松动，锁紧双头螺栓。用厌氧胶充填压力装配的两个零件面，可填充零件表面的微观的凸凹不平，大大提高零件的接触面，从而提高装配质量。厌氧胶还可用于密封填缝。性能优异的结构厌氧胶广泛用于粘接齿轮、转子、皮带轮、电机轴、轴承和轴套等，代替压力配合。

（4）有机硅胶黏剂　有机硅胶黏剂使用温度范围宽，且性能稳定，有良好的电性能及耐候性、化学稳定性、防潮性、介电损耗低，广泛用于电子器件包封，建筑填缝等领域，甚至用于宇宙飞船隔热瓦的粘接。

通常用的有机硅胶黏剂有室温固化和低温固化两类，有单组分和双组分之分。按固化反应可分为缩合型和加成型两类。

缩合型通常为单组分，固化速度与空气中的水分含量和温度有关。用于电子电气的元件有脱醇和脱丙酮型，其固化机理举例如下：

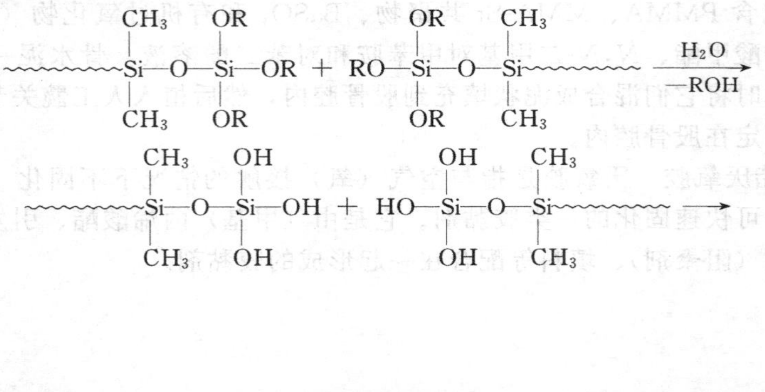

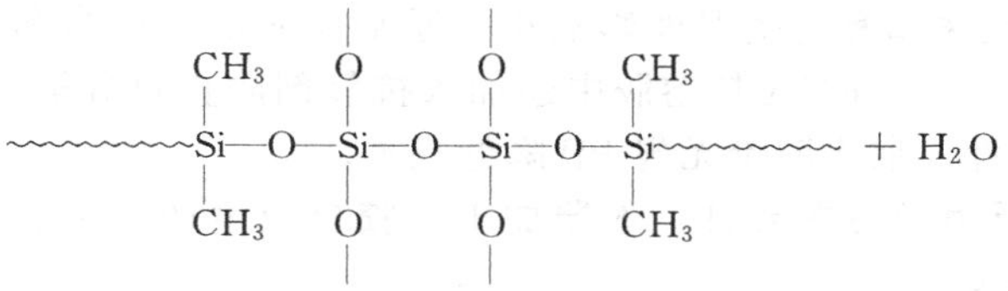

加成型产品固化时没有副产物，电气特性和固化性能稳定。但存在催化剂中毒的问题。铂催化剂遇到硫、胺、磷化合物易中毒。

（5）不饱和聚酯胶黏剂　在主链上含有不饱和双键的聚酯，称不饱和聚酯。将其溶于苯乙烯中，即得不饱和聚酯胶黏剂或涂料。使用时加入有机过氧化物作引发剂，即可加热固化；若再加入少量环烷酸钴，则可常温固化。这种胶黏剂具有黏度小，使用方便，价廉，耐腐蚀等特点；但固化收缩率大，有脆性。

2.4.2.3　热熔胶黏剂

热熔胶室温呈固态，加热到一定温度就熔化成黏流态，起粘接作用，冷却后具有一定的粘接强度。热熔胶不含溶剂、不污染环境、粘接迅速，特别适宜自动化连续生产。热熔胶缺点为耐热性不高，不宜粘接热敏材料，使用时需添加专门设备。

（1）热熔胶的组成　热熔胶除主体材料（一般为热塑性树脂）外，还要加入增黏树脂等辅助材料。

热熔胶的主体材料是热熔胶的主要成分，起保证粘接强度和胶的内聚力的作用。常用的有 EVA 树脂（聚乙烯-乙酸乙烯共聚物），聚乙烯树脂、饱和聚酯、聚酰胺、聚氨酯等。

主体材料熔融时，黏度高，对被粘物的润湿和初黏力不好，为此需加入一些增黏树脂，可以降低成本，改善操作性能。其加入量一般为 20～200 份，常用的增黏树脂见表 2.37。

表 2.37　热熔胶用增黏剂

增黏剂	软化点(环球法)/℃	增黏剂	软化点(环球法)/℃
松香	≥74	聚合松香	
部分氢化松香	72	萜烯树脂	
松香甘油酯	84	聚异丁烯	
季戊四醇改性松香	102	C_5-石油树脂	80～100
氢化季戊四醇松香酯		热塑性酚醛树脂	
歧化松香	≥75	氢化松香	
古马隆树脂			

注：本表摘自程时远、李盛彪、黄世强编著．胶黏剂．北京：化学工业出版社，2001.

配制热熔胶时，往往加入一些黏度降低剂，通常为蜡类物质。其作用为降低胶液黏度，增加流动性、润湿性，提高粘接强度，同时还可降低成本。常用的有白石蜡（熔点 50～70℃）、微晶石蜡（70～100℃）、聚乙烯蜡等。

抗氧剂的加入是防止热溶胶的氧化和热分解，防止胶液变质。热熔胶中还常加入填料，以降低成本，降低固化收缩率，提高胶的耐热性和热容量。加入增塑剂能降低熔融黏度，加快熔化速度，提高柔韧性和耐寒性。常用的增塑剂有邻苯二甲酸二辛酯，邻苯二甲酸二丁酯和低分子量聚丁二烯等。

（2）常用热熔胶及其应用　聚乙烯-乙酸乙烯酯（EVA）热熔胶具有黏附力强，胶层韧性和耐候性优良，可与各种配合剂混合。因此发展很快，使用面广，是最常用的热熔胶。作为热熔胶的 EVA 树脂通常含 20%～35%的乙酸乙烯酯链节。该链节含量高，黏附力、韧性、透气性、耐候性提高，但软化点、硬度、耐药品性降低。

由于EVA热熔胶树脂黏度受温度影响小，通常加入增黏树脂和石蜡以降低熔融黏度，改善流动性，提高湿润性。EVA热熔胶中还加入抗氧剂防止热分解，加入填料减少体积收缩，加入橡胶增大韧性，加入廉价无规PP降低成本。

EVA热熔胶广泛用于书本装订、木器加工、胶合板生产、包装、制鞋、纸制品加工、电器部件、车辆部件等。

聚氨酯热熔胶是以端羟基热塑性聚氨酯为黏料配制的一种热熔胶。这种聚氨酯通常为分子量15000以上的弹性体，由端羟基聚酯或聚醚，低分子二醇、二异氰酯三组分合成。聚氨酯热熔胶粘接强度比聚酯和聚烯烃高，可用于金属、玻璃、塑料、木材和织物的粘接。目前也有—NCO封端的反应性热熔胶，利用潮气固化。

聚酰胺热熔胶以聚酰胺为主体材料，其分子量通常为1000～9000。分子量大，本身的强度、粘接力大，但软化点和黏度都增加。聚酰胺熔点变化不大，软化点范围特别窄，配制热熔胶一般不加增黏树脂。常用的品种有高（125～200℃）、中（95～200℃）和低（85～160℃）三种软化点的产品。聚酰胺热熔胶的特点为粘接强度高、柔韧性、耐热和耐介质性都好，对陶瓷、木材、金属和布匹、塑料等都有很好的粘接性能。

2.4.2.4 水性胶黏剂

水性胶黏剂由于无溶剂释放，安全环保，已成为胶黏剂发展的重要方向。主要有水溶性和乳液型两大类。

水溶性（有时加入少量溶剂）的胶黏剂主要有三醛（酚醛、脲醛和三聚氰胺甲醛）、聚乙烯醇胶黏剂。其中的三醛胶黏剂合成时一般都在水相中进行，形成水溶性胶液，固化后得体型聚合物，有一定的耐水性。其中的酚醛树脂有极性大、黏合力强、耐热性好、耐老化、耐水、耐油、耐化学介质、耐霉菌、易改性、电绝缘性较好、价廉等特点。但脆性大、剥离强度不高、固化收缩率较大、颜色深、有酚类气味等不足之处。酚醛-丁腈、酚醛-环氧、酚醛-聚乙烯醇缩醛类都是优良的结构胶黏剂。三醛胶黏剂主要用于木材加工及胶合板的生产。由于甲醛的毒性，这类胶黏剂的使用已逐渐受到限制。

乳液型胶黏剂有聚乙酸乙烯酯、丙烯酸酯和橡胶乳液胶黏剂等。聚乙酸乙烯酯（PVAc）是最重要的乳液胶黏剂（白乳胶），具有价格低、生产方便、粘接强度高、无毒等优点，广泛用于木材加工、织物粘接、家具组装、包装材料等领域。

聚丙烯酸酯胶黏剂是由（甲基）丙烯酸酯的单体共聚而得，分子链结构设计自由度大，可以得到各种软硬度的材料。丙烯酸酯系列胶黏剂的优点是耐候、耐老化、粘接强度高。这类胶黏剂被大量用于制造压敏胶，用其制造的胶带、标签等广泛用于各行各业。聚丙烯酸酯乳液胶黏剂还大量用于织物印花、地毯制造、涂布纸加工、喷胶棉加工等领域。

橡胶型乳液胶又称为胶乳胶黏剂，主要有氯丁、丁腈、丁苯和天然（橡胶）胶乳等。氯丁橡胶胶黏剂（简称氯丁胶），黏合强度高，初黏力大，可粘大多数材料；丁腈胶耐油性、耐水性好，有良好的耐热、耐磨、耐老化及耐化学介质性；丁苯胶耐热、耐磨、耐老化、价廉；天然橡胶胶乳初黏力大，弹性及电绝缘性优良、价廉，但耐热性差、黏合强度略低，是传统的橡胶胶黏剂。

2.4.2.5 特种胶黏剂

特种胶黏剂是具有特殊功能的胶黏剂。多以其特殊的功能来命名。

（1）耐高温胶黏剂　可在200℃以上长期工作的胶黏剂，其基料大多数为含芳杂环的耐高温聚合物，如聚酰亚胺、聚苯并咪唑、聚喹噁啉、聚苯硫醚、聚有机硅氧烷等。其中含氟聚酰亚胺和酮酐型聚酰亚胺胶黏剂均可在230℃下使用500h。

（2）超低温胶　多以聚氨酯及其改性产物为基料构成，能在−180℃以下工作。

(3) 导电胶　具有导电能力的胶黏剂。由导电填料如金粉、银粉、铜粉、铝粉、导电炭黑、石墨粉等与黏合基料如环氧树脂、聚氨酯树脂、聚丙烯酸酯、酚醛树脂、聚酰亚胺以及低熔点玻璃等组成。它用于电器和电子元件装配过程中需要接通电路的地方，代替焊接。而且还可作成导电浆料，利用其对很多材料的良好粘接性能，将图形线条印刷于不同材质的线路板上，作为导电线路。值得一提的是高温烧结型导电胶，由低熔点玻璃、合成树脂、有机溶剂和导电填料组成。使用时涂膜干燥后经 300～400℃树脂碳化，随后再于 600～800℃高温烧结，使之附在基材上。其特点是导电性和经久稳定性都好。已用于集成电路基片或透明导电膜与导线的连接、厚膜集成电路的电极和电路等领域。

(4) 导磁胶　黏合剂在磁性材料中主要作为磁介质中的黏结材料。其作用是粘接和绝缘。常用于磁性元件的黏合。导磁胶是由合成树脂（如聚苯乙烯、酚醛树脂、环氧树脂等）和粉状铁氧体（如羰基铁粉等）组成。

(5) 导热胶　由金属粉或其他传热性好的材料粉末与树脂组成。根据传热系数及工作温度要求，可以选择导热材料及用量。

(6) 点焊胶　是将金属点焊和点接技术结合起来运用的先进工艺方法。主要由环氧树脂和改性剂、助剂等制成。有先点焊后涂胶或先涂胶后点焊两类方法。在汽车、飞机、坦克制造中用得较多。

(7) 密封胶　可防止气体或液体渗漏，水分、灰尘侵入的胶黏剂。密封腻子为可塑性很大的固态密封物质。在汽车、飞机等交通工具及建筑上应用较多。

(8) 应变片胶　以测试粘接部位受力变化情况的专用胶黏剂。能准确传递受力部位受力的应变信息。多以环氧树脂及其复合改性品种或有机硅树脂制成。

(9) 光敏胶黏剂　受紫外光照射，发生固化反应的胶黏剂。两种被粘物中，至少有一种能透光，才能应用。适用于透光零件或透光材料与金属、塑料的粘接。电子工业中，广泛用于微型电路的光刻。

(10) 水下固化胶黏剂　可在与水直接接触的水下进行粘接作业的胶黏剂。多为环氧树脂加入吸水性填料（如氧化钙、石膏粉）和能在水中固化的固化剂（如酮亚胺、醛亚胺）等配制而成，适用于水下应急抢修及水下工程。

(11) 压敏胶　对压力敏感，只需轻微施压或用手指一按，即能粘住的一类胶黏剂，俗称不干胶。分橡胶型（如天然橡胶、聚异丁烯、丁基橡胶等为基料）和树脂型（如丙烯酸酯、硅树脂或硅橡胶等为基料）两类。这种胶都是事先涂于塑料薄膜、织物、纸张或金属箔上，做成胶带或胶膜。压敏胶有轻微指压即能粘住的特点，可多次重复使用，有一定剥离强度，不污染被粘物表面、无毒、安全、易储运，但耐久性、耐热性较差。压敏胶不宜现用现涂，而必须事先涂在载体基材上。基材有棉布（如医用胶布）、纸张（如封箱带、标签、标贴），更多是用聚丙烯、聚氯乙烯、聚酯及玻璃纸等薄膜。普遍用于包装、封箱、标签、瓶贴、办公、装饰、面板保护及家庭日常应用。

2.4.3　涂料的组成和配方原理

涂料是指涂覆于物体表面并能形成完整而坚韧保护膜的材料。涂料一般起装饰和保护作用。早期的涂料大多含有植物油（作为成膜物质），故称为油漆。现在涂料和油漆二者概念通用，有时油漆更倾向于指溶剂型涂料。涂料具有以下功能：提高物体表面的防腐蚀能力；防止或减轻物体表面直接受到摩擦和冲击；增加物体表面的美观，提高装饰性。

我国涂料工业自建国以来得到了迅速的发展，现在我国生产的涂料品种已达十八大类，千余花色。不仅拥有一般工农业部门所需要的通用涂料，而且拥有先进的航空和宇航工业所不可缺少的高温绝缘、高温绝热、耐高速气流冲刷的特殊涂料品种，有些品种还远销国外。

2.4.3.1　涂料的组成

一般情况下，涂料包含以下四个组分：基料（主要成膜物质）、颜料（次要成膜物质）、挥发性物质（有机溶剂、水等）、各种助剂（辅助成膜物质）。除挥发性物质（溶剂）以外的组分称为成膜物质。这几个组分按其在成膜过程中的作用可以分成主要成膜物质，次要成膜物质和辅助成膜物质。

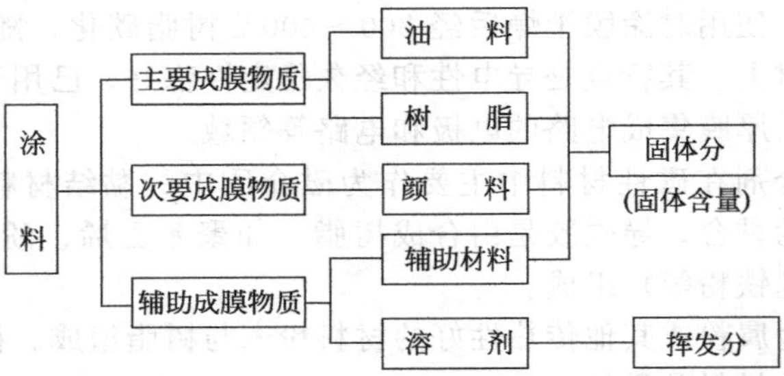

（1）基料　现代涂料的基料一般为有机聚合物或固化后能形成有机聚合物。基料是涂料中最重要的组成部分，是涂料的必备组分。有时只是聚合物即可形成涂料（如不加助剂的粉末涂料）。基料起成膜和黏结其他组分（颜料、助剂等）的作用，基料在很大程度上决定着涂料的性能。

（2）颜料　颜料是分散于涂料中，成膜后仍悬浮在基料中的细小颗粒状物质。颜料分为有机颜料和无机颜料，均不溶于涂料的其他组分中，若溶于涂料基料中，则称为染料。颜料的作用为提供颜色和遮盖力，有的颜料还有特殊的功能，如防腐蚀颜料可减弱钢铁的锈蚀。大多数涂料均含有颜料，称为色漆（磁漆）；不含颜料的涂料称为清漆，如用于家具的清漆，透明光泽好，可清晰的显示木材的纹理，达到特殊的装饰效果；含大量颜料（主要为体质颜料）的厚浆状涂料称为腻子，起填平表面凹坑的作用。

（3）溶剂　溶剂在涂料施工中起重要作用，它使涂料在施工中有足够流动性，施工时和施工后挥发掉而使基料成膜。早期的涂料大都含有机溶剂，能溶解基料，1945 年以后逐渐开发出了高固体分涂料和水性涂料，有机溶剂的使用逐渐减少。粉末涂料和辐射固化涂料均不含有机溶剂，为环保型涂料。

（4）助剂　助剂是包含在涂料中的少量组分，起改善涂膜性能（如耐候性），增加颜料分散，改善加工流变性等作用。涂料助剂用量很少（一般为百分之几到千分之几，甚至十万分之几），但作用很大，可根据需要选用，常用的助剂有催干剂、增塑剂、润湿剂、紫外光吸收剂、稳定剂、增稠剂等。

2.4.3.2　涂料的分类和命名

从不同的角度可对涂料进行分类。按施工方法分，有刷用漆、喷漆、烤漆、电泳漆等；按用途分，有建筑漆、汽车漆、电气绝缘漆、船舶漆等；按涂料作用分，有打底漆、防锈漆、耐火漆、头道漆、二道漆等；按外观分，有大红漆、有光漆、亚光漆、皱纹漆、锤纹漆等；按产品形态分，有溶剂型漆、水性涂料、粉末涂料等。

上述分类名称仍旧在使用，但不能反映涂料品种的差别，不便于系统化和标准化。我国采用以成膜物质为基础进行分类。若主要成膜物质由两种以上树脂组成，则以起主要作用的一种树脂为分类依据。如有必要，也可以以两种成膜物质命名涂料，如环氧硝基漆。结合我国情况，将涂料划分为十八大类，见表 2.38。

我国涂料命名时，除粉末涂料外，仍采用“漆”一词，而在统称时用涂料。涂料全名由颜料或颜色名称、成膜物质名称和基本名称三部分组成。如：红醇酸瓷漆、锌黄酚醛防锈漆等。对某些具有专业用途或特殊性能的产品，可以在成膜物质后面加以说明，如醇酸导电瓷漆、白硝基外用瓷漆等。

表 2.38　涂料分类

序　号	代　号	名　　称	序　号	代　号	名　　称
1	Y	油脂	10	X	乙烯树脂
2	T	天然树脂	11	B	丙烯酸树脂
3	F	酚醛树脂	12	Z	聚酯树脂
4	L	沥青	13	H	环氧树脂
5	C	醇酸树脂	14	S	聚氨酯
6	A	氨基树脂	15	W	元素有机聚合物
7	Q	硝基纤维素	16	J	橡胶类
8	M	纤维酯及醚类	17	E	其他
9	G	过氯乙烯树脂	18		辅助材料

注：第 18 大类辅助材料又分为稀释剂（X），防潮剂（F），催干剂（G），脱漆剂（T）和固化剂（H）。括号内字母表示辅助材料的类别。对于特定的辅助材料，在字母后加数字表示。如：X-5 为丙烯酸漆稀释剂；H-1 环氧固化剂；G-4 钴锰催干剂。

2.4.3.3　涂料配方原理

涂料工业是一个技术密集型的行业，是在高分子科学、粉体科学、胶体与界面化学及化学工程学基础上发展起来的，已经逐步形成自己独特的基础理论和专门技术。

由于底材使用环境不同，对涂膜要求也不相同（如防腐蚀、耐酸碱、装饰性等）。涂料配方中各组分的用量及相对比例对涂料的施工性能（如流平性、触变性等）和涂膜性能（如光泽、硬度等）产生很大影响。因此建立一个符合特定使用性能的涂料配方是一个复杂的过程。根据本节介绍的基本原理所设计的涂料配方还需进行必要的试验，才能成为真正符合使用要求的涂料配方。

(1) 颜料体积关系　通常的涂料配方是以重量来进行计算的，然而对涂膜性能来说，起作用的往往是体积关系。在颜料和胶黏剂（基料）的总体积中，颜料所占的体积称为颜料体积浓度（pigment volume concentration，*PVC*），它是色漆最重要、最基本的参数。涂料所用的颜料粒子不管采用何种堆积方式，颜料粒子之间总有一定的空隙。人们把基料刚好能填满颜料之间的空隙时的颜料体积浓度称为临界体积浓度（critical pigment volume concentration，*CPVC*）。当 $PVC \leqslant CPVC$ 时，树脂基料能够填满颜料之间的空隙，树脂基体能形成完整连续的膜；当 $PVC > CPVC$ 时，树脂基料不能够填满颜料之间的空隙，涂膜中间将出现孔隙。颜料体积浓度在 *CPVC* 附近变化时，漆膜的性质将发生明显的变化。如随着 *PVC* 的增大，漆膜密度（有时候包括强度和粘接强度等性能）先增加后减小，并在 *CPVC* 处达到最大值。利用这些性能的变化可以测定 *CPVC* 值。漆膜的渗透性在 *CPVC* 处激增，这是由于 $PVC > CPVC$ 时漆膜孔隙率增加。

一般情况下 *PVC* 应小于 *CPVC*，此时漆膜完整，光泽性和力学强度均好。当 $PVC > CPVC$ 时，漆膜出现孔隙，渗透性增加，若底材为钢材，则水气、空气很容易到达钢材表面，并引起钢材的严重腐蚀。若采用富锌漆作为防腐漆，此时锌首先腐蚀（牺牲阳极），从而保护了底材钢；在这种情况下，底漆应该 *PVC* 略大于 *CPVC*，使底漆与钢材有一定空隙从而形成完整的电化学通路，牺牲锌粉，达到保护钢材的目的。有时为了提高面漆与底漆结合力，底漆也采用 $PVC > CPVC$ 的配方，面漆渗入底漆的孔隙中，产生机械嵌合力，从而提高二者的黏合力。

PVC 大于 *CPVC* 时，漆膜的光泽将严重下降，这是由于漆膜中的孔隙对光产生散射作用所致。有时面漆的 *PVC* 是小于 *CPVC* 的，但涂覆于底漆上时，由于底漆的孔隙对面漆的基料产生吸收，从而使实际的 *PVC* 大于 *CPVC*，面漆的光泽亦将急剧下降。

CPVC 受多种因素的影响，它主要取决于涂料中颜料和颜料的组合。在颜料组成相同的

情况下，粒径越小，*CPVC*就越低，这是由于较小颗粒表面吸附的基料树脂较高，故在紧密填充的最终涂膜中颜料的体积份数就较小。*CPVC*取决于粒径分布：分布越大，*CPVC*越高。这是由于小粒径的颜料颗粒可以填充在大颗粒颜料之间，从而提高*CPVC*。颜料粒子的形状也有影响，球形粒子*CPVC*较小，针状和纤维状的粒子*CPVC*较大。

（2）颜料的吸油性能 一定质量的干颜料形成颜料糊时所需的精亚麻仁油的量称为颜料的吸油值，常用100g颜料形成颜料糊时所吸收的亚麻仁油的质量（g）表示。该值是颜料湿润特性的一种量度，并用*OA*表示。

测定颜料吸油值有两种方法。一是标准刮刀混和法，即称取一定质量的颜料放在玻璃板或大理石板上，逐滴加入精亚麻仁油，直到用标准刮刀调合成连续的糊状为止；二是在烧杯中称取一定质量的颜料，缓慢搅拌下逐滴加入亚麻仁油，直到得到糊状物为止。每100g颜料所需的亚麻仁油的量即为颜料吸油值。

颜料的吸油值与颜料对亚麻仁油的吸附、湿润、毛细作用以及与颜料的粒度、形状，表面积、粒子结构等都有密切关系。从实用角度看，颜料的吸油值为实验条件下，亚麻仁油充满颜料粒子间隙所需的量，因此颜料的吸油值与临界颜料体积浓度有关。

由于吸油值是用质量分数表示，使用时需转化成体积分数，才能与该颜料在亚麻仁油中的临界体积浓度相对应，二者转化关系：

$$CPVC=\frac{100/\rho}{OA/0.935+100/\rho}=\frac{1}{1+OA\rho/93.5}$$

式中，ρ为颜料密度；0.935为亚麻仁油密度；*OA*为吸油值（g/100g）；*CPVC*为临界颜料体积浓度，%。

用亚麻仁油作为测定颜料吸油值的液体，具有较好的重复性，并能较好的反映颜料的质量。但实际上，亚麻仁油对颜料的润湿性是有差别的，而且在吸油值测定中，不同操作人员之间实验的重复性差别也较大，因此通常允许测定误差为±5%。

（3）颜料的分散 颜料一般都以粒子聚集体的形式存在，破裂这些聚集体并形成良好的颜料分散液是制备色漆的关键步骤。一般情况下，颜料粒子的分散包括湿润、分离和稳定化三个过程。涂层的性能与颜料粒子的分散有密切关系，只有颜料获得良好的分散，涂层的性能才能达到最佳。由于有机溶剂和水的极性差别很大，颜料在二者之中的分散也有很大差别。因此分别讨论颜料在二者中的分散。

① 在有机介质中的分散 在有机溶剂中（对涂料来说，是在树脂的有机溶液中），所有的无机颜料和大多数有机颜料其表面张力都低于溶剂和基料树脂。因此溶剂和基料很容易湿润颜料，黏度越小，湿润越快。

分离颜料聚集体是利用机械装置施加剪切应力于悬浮在基料中的聚集体上，使之分离成更小的粒子的过程。一般情况下，不希望将颜料碾碎，而是将颜料粒子的团聚体分散。在涂料工厂中，采用高速分散机、球磨机、砂磨机、三辊机和挤出机等设备来分散颜料粒子。

在溶剂型体系中，润湿和分离一般问题不大，可以顺利进行。但分离以后，颜料粒子的稳定却常产生问题，成为了制备良好颜料分散体的关键。如果分散体不能稳定，颜料颗粒将相互吸引而产生絮凝。絮凝与干颜料颗粒之间的粘接不同，前者只需较小的剪切力即可分散，后者需较大的剪切力。由于絮凝而形成的较大颗粒会降低光散射，从而减弱颜料遮盖力，甚至影响漆膜的光泽；絮凝还会造成局部颜料浓度过高，从而影响颜料的*CPVC*。因此，颜料的稳定是非常重要的，很有必要从原理上阐明颜料粒子的稳定化机理。

分散粒子的稳定化有电荷相斥和熵相斥两个机理。前者是指带相同电荷的颗粒相互排斥而防止聚集（絮凝）。对于有机溶剂体系来说，熵相斥是更为重要的稳定化机理。许多在有机介质中的颜料悬浮颗粒，其表面都吸附了一层由溶剂所溶胀的树脂分子。这些颗粒在有机介质中进行着布朗运动，当颗粒相互靠近时，吸附层受到压缩，降低了树脂和缔合溶剂分子可能的构象数目，即减小了熵。由于吸附层的压缩而挤出部分溶剂导致更有序的体系，进一步减小了熵。熵的减小即意味着增加体系能量和需要外力做功，体系为了防止熵减小而产生了相斥，从而达到分散体稳定化的目的。

有研究者发现，分散颗粒表面的吸附层（树脂加溶剂）的厚度小于 9～10nm，体系将不稳定，从而发生絮凝。这里的吸附层是平均厚度，有的地方厚些，有的地方薄些。单纯的溶剂其吸附层厚度一般为 0.6～0.8nm，不足以抵抗絮凝。单官能团的表面活性剂和缔合溶剂的吸附层厚度均匀，只要厚度大于 4.5nm 即能稳定分散颗粒。

大多数常规的溶剂型涂料用树脂（如醇酸、聚酯和热固性丙烯酸树脂等）都能稳定颜料分散体。如果不能有效分离和稳定颜料颗粒，可以加大高分子量树脂含量（增加吸附量，即增加吸附层厚度）或在研磨料中使用含羟基、酰氨基、羧酸基或其他基团数目更多的树脂。有时需设计专门的颜料分散剂。

② 在水性介质中的分散　颜料在水性介质中的分散也是分为润湿、分离和稳定三个过程。但由于水的表面张力大，所以不易对颜料表面湿润。无机颜料，如 TiO_2、氧化铁和大部分的惰性颜料都有高极性表面，所以水能够湿润。但有时候水与颜料表面的相互作用很强，所以颜料稳定剂（或称分散剂）上的功能基团必须对颜料表面相互作用更强，用来与水作竞争。有机颜料一般来说表面张力比水低，需引入表面活性剂来润湿表明。有些有机颜料表面用无机颜料处理过，在水性介质中的湿润更易进行。

虽然大部分颜料（有些经过表面处理）均能被水湿润，但吸附的水层不足以抵抗絮凝。因此，一般都需要设计一些特定的颜料分散剂，使颜料粒子更易分离并稳定。主要有两类颜料分散剂，一是带羧酸基的聚合物阴离子；二是非离子型表面活性剂。前者如丙烯酸和丙烯酸羟乙酯的共聚物，羧基具有成盐性，可用氨水调节 pH 值，成盐的羧基负离子可强劲的吸附在颜料表面；丙烯酸羟乙酯的链段可以与水相互作用（如氢键作用），提高水相中的稳定性；另外，分散剂分子骨架上还可以设计一些疏水链段，如丙烯酸丁酯链段，用以提高吸附层的厚度。非离子表面活性剂一般含有极性的羟基（为头部），可与颜料表面相互作用；尾端亲水链段一般为聚乙二醇链，具有水溶性，提高颜料在水相中的稳定性。前一类分散剂的稳定机理主要是电荷相斥；后一类分散剂则靠熵排斥作用而稳定颜料粒子。

需要特别指出的是，水性涂料一般为乳胶漆。颜料的分散需设计成不能破坏乳胶粒子的稳定性。另外，为了控制乳胶漆的流变性能，常需加入增稠剂。这些组分间的相互作用必须有利于体系的稳定。因此，设计一个乳胶漆的配方是一个复杂的过程，需要结合大量的经验作为基础。大的涂料厂有专利保护的特定的分散剂，用于特定的颜料体系。很有必要建立一个可行的或不可行的颜料组合数据库，用于设计新的颜料组合及其乳胶漆。

(4) 水性涂料的流变控制　水性涂料在储存和施工的过程中对黏度的要求是不同的：储存时希望黏度大些，有利于防止颜料的沉降；在施工中高的剪切速率下应保持黏度适中，既能保证涂膜的丰满度又能有良好的流动性；在施工后黏度应较快恢复，既有利于涂膜流平又能防止流挂。在施工时如果黏度过大，易黏辊，或产生飞溅，黏度过低，涂膜厚度将偏小，遮盖力不足，增加施工次数。施工后黏度恢复较慢，将产生流挂，如果黏度恢复太快，又不利于涂膜流平，留下刷痕。对传统的溶剂型涂料来说，由于树脂是溶于溶剂中的，其黏度可以通过调节浓度和分子量等参数来调节，比较容易达到储存和施工的要求，因此一般没有流变控制的问题。对于水性涂料来说，情况就不一样了。水性涂料包括水溶性涂料和乳胶性涂料，其中乳胶性涂料应用最广。水性涂料因具有减少环境污染，改善操作和施工环境，节省大量有机溶剂等优点，而成为涂料工业的发展方向之一。水性涂料以水作分散体，黏度小，存储过程中颜料等易沉淀，施工时涂膜不丰满，易流挂。因此必须对水性涂料（特别是乳胶涂料）的黏度进行调控，以满足涂料存储、施工对黏度的要求。常用的方法为加入增稠剂来调节涂料黏度，同时也有助于减缓颜料粒子的沉降，增加颜料粒子的分散性。

乳胶涂料从制备到成膜阶段大致可分为四个过程：制造、储存、施工、流平。在这四个过程中乳胶涂料所受剪切速率差异很大，对黏度的要求也极为不同。有资料报道：乳胶涂料在剪切速率为137S^{-1}时黏度应为0.25～0.50Pa·s，以保证辊涂或刷涂过程中的膜厚和流平；施工前涂料屈服值应高于1Pa，以防颜料沉降；施工后瞬间屈服值应低于0.25Pa，使刷痕流平良好；施工后不久，屈服值必须恢复到0.5Pa或更高一点，以防流挂。一般情况下，屈服值为0.05Pa几乎无刷痕；屈服值小于1Pa流平性好；屈服值大于2Pa流平性最差。

① 传统的增稠剂　主要为水溶性高分子材料，分子结构上为完全亲水性的结构，无疏水性的链段。这类增稠剂主要有纤维素类和丙烯酸类增稠剂。这类增稠剂与水分子通过氢键水合，与水形成连续均相体系，同时分子间还存在缠绕，这样静置时黏度很大，有利于防止颜料沉降。但在施工的高剪切速率下，迫使这些缠绕分开，使分子链顺着剪切方向拉直，造成系统黏度下降很快，黏度过低，造成涂膜较薄，质感不丰满，干遮盖力不足。有些情况下需要多次涂敷，因此加大了施工强度。

纤维素类增稠剂为带有大量羟基的大分子链，既可与水发生强烈的水合作用又能产生分子链间缠绕，从而增加水相黏度。但高剪切下切力变稀、涂膜不丰满，涂布完成后切应力消失，黏度马上恢复，涂膜流平性不好。纤维素增稠剂涂布时易飞溅，胶乳粒子稳定性差，易产生絮凝和相分离，同时纤维素为天然高分子，易受微生物的攻击，抗霉菌性差。

聚丙烯酸类增稠剂为阴离子型增稠剂，需在碱性条件下溶解，乳胶涂料存储时需保持pH在8.0～8.5，否则增稠效果会下降。

② 缔合型增稠剂　为了克服传统增稠剂流动性低、流平性差、刷痕重和辊涂易飞溅等缺陷，近年来开发了一种新型流变助剂——“缔合”型增稠剂（associative thickener）。缔合型增稠剂的特点是在亲水的分子链端或侧链带有适当的疏水基团，如壬基酚，烃基长链等。这样的分子结构使缔合型增稠剂分子可以像大分子表面活性剂一样形成胶束，亲水端与水分子以氢键缔合，疏水端与乳液粒子、表面活性剂等的疏水结构吸附缔合在一起，在水中形成立体网状结构（如图2.30）。当受到剪切力作用时，立体网状结构破坏，黏度减小，有利于涂覆。涂覆后，剪切力减小，立体网状结构逐渐恢复，有利于防止流挂。

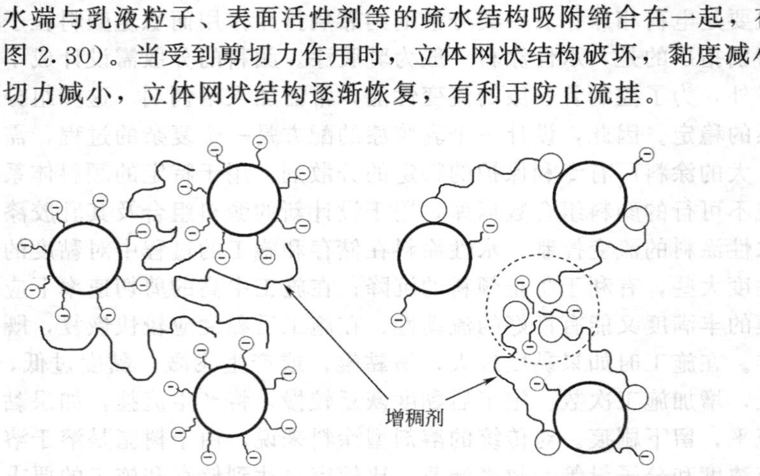

图2.30　增稠剂增稠机理（左：传统型；右：缔合型）

在缔合型增稠剂的分子结构设计中，疏水和亲水平衡是很重要的。疏水链段的碳原子数为6～8就可以产生疏水缔合作用，当碳链长度为10～18时，增稠剂的溶解度将大大下降。因此，应选择适当疏水链长度以满足亲水-疏水的平衡。

目前广泛使用的有四类“缔合型”增稠剂：第一类为疏水改性非离子聚氨酯型（HEUR）；第二类为疏水改性羟乙基纤维素型（HMHEC）；第三类为疏水改性碱溶胀聚丙烯酸酯乳液型（HASE）；第四类为疏水改性非离子聚氨酯碱溶胀乳液型。

HEUR 的结构为亲水的聚乙二醇链与疏水链通过氨基甲酸酯键相连接。该类增稠剂应用最为广泛，HEUR 用于涂料中既有良好的遮盖力又有良好的流平性；分子量低，辊涂时不易产生飞溅，能与乳胶粒子缔合，可使涂膜具有较高的光泽度。HEUR 的缺点是对配方的成分非常敏感，乳胶粒子、颜料粒子和表面活性发生变化都可能影响增稠效果。

HMHEC 原料来源广泛，成本低，在环境中可降解，是一类较为新型的增稠剂，但也存在耐霉菌性差的问题，由于含大量羟基，耐水性不如 HEUR。

HASE 为疏水的丙烯酸酯和亲水的丙烯酸的共聚物。

第四类缔合型增稠剂由丙烯酰胺、丙烯酸丁酯和含聚乙二醇氨基甲酸酯侧链的丙烯酸酯共聚而成。因分子链含丙烯酸链节，需在碱性条件下使用，因此也存在 pH 值敏感、离子强度敏感和耐水性较差等问题。

(5) 涂层成膜机理　大多数涂料为液体，用合适的方法涂覆于表面后，液体转化为干燥的膜。粉末涂料施工后在底材表面液化（底材预先加热），然后冷却固化成膜。形成涂膜有多种方法，成膜的过程将影响涂层的光泽和机械性能。

① 溶剂型涂料成膜机理　溶剂型涂料是靠溶剂的挥发成膜的。在溶剂挥发的初始阶段，蒸发速率基本与聚合物的存在无关，而取决于温度、表面积/体积比、以及表面的空气流速。随着溶剂的挥发，黏度增加，自由体积减小，溶剂的挥发速度受到溶剂在聚合物中扩散速率的影响。如果扩散速率低于挥发速度，涂层表面将首先成膜。而底层的残留溶剂更难通过表面的膜状层，底层溶剂挥发将更为缓慢，有时会残留几个月甚至几年。已有实验证明，室温几年后仍有 2%～3%的溶剂残留。有时为了尽快除掉溶剂，需在明显高于无溶剂聚合物 T_g 的温度下对膜层进行烘烤。

对溶剂挥发速率的控制会影响涂膜的外观。如果溶剂挥发过快，表面首先成膜，底层溶剂挥发后，膜层收缩，表面将起皱，降低涂膜的光泽。采用快挥发和慢挥发溶剂混合可以解决这个问题。快挥发溶剂挥发后，很快提高涂层聚合物浓度，剩余的慢挥发溶剂挥发速率和在聚合物中的扩散速率基本一致，可以克服表面起皱的缺陷。

溶剂型涂料的优点在于可以制得高光泽的色漆。在溶剂挥发的初始阶段，由于黏度较小，颜料粒子可以随聚合物一起运动，保证颜料粒子在涂层中均匀分布。溶剂挥发后期，体系黏度增大，颜料粒子移动缓慢，而聚合物在溶液中继续移动。由此导致涂层表面几个微米厚度内几乎没有颜料，而只有聚合物。这个几乎纯的聚合物膜层通常会提供高的光泽。有时在有颜料的底涂层上罩上一层清漆（不含颜料）能明显增加光泽。有时可以制得类似瓷器彩釉那样坚硬、高光泽表面的色漆，称为磁漆（瓷漆）。

溶剂型涂料由于含大量的可挥发溶剂（volatile organic compounds，VOC），在环保方面受到越来越大的压力。有时为了获得高性能的涂层，需要采用高分子量的树脂来配制涂料，这当然会增加涂料的黏度，黏度增加将导致涂料流平性下降。为了克服这一问题，只有降低涂料的树脂浓度，从而导致更高的 VOC 含量。热固性涂料和水性涂料可以克服这一问题。

② 热固性涂料成膜机理　热固性树脂涂料通常由单体、含反应基团的齐聚物、颜料、催化剂等组成。未反应前，涂料系统为液态，可以有较低的黏度满足施工和流平的要求；固化后，涂膜交联，从而获得较高的力学性能，同时 VOC 很少（如果有的话），是一种环保型的涂料。

热固性树脂涂料的一个问题是涂料储存稳定性和施工后涂膜的快速固化之间存在矛盾。一般要求室温能够储存几个月甚至几年，而一旦施涂于物件表面，要求涂层能在较低温度下快速固化。为了达到此目的，很多热固性涂料设计成双组分（2K 涂料，K 代表德语的组分）。如丙烯酸酯 2K 喷涂系统，一个组分含丙烯酸酯单体、齐聚物、颜料等，称为 A 组分，施工时 A 组分加入引发剂过氧化苯甲酰（BPO）；另一个组分除含丙烯酸酯单体、齐聚物、颜料外，还加入了促进剂 *N*,*N*-二甲基对甲苯胺。施工时两组分在喷枪头内混合后喷涂于底材上，室温即可固化。也有设计成单组分（1K 涂料）的，如辐射固化丙烯酸酯涂料，湿气固化聚氨酯涂料等。热固性涂料在成膜过程中存在化学反应，须保证在涂层厚度范围内化学反应能够均匀的进行。对于利用空气中的氧固化的油性涂料（如醇酸树脂类涂料），表面反应过快，首先成膜；底部涂料固化后体积收缩将导致整个涂膜起皱。为此需掌握好表干催化剂（钴锰催化剂）和底干催化剂（铅锆等催干剂）的比例。热固性涂料成膜过程中存在黏度的变化，反应前期，黏度小，反应受官能团浓度控制；反应后期体系黏度增大，反应受反应官能团的扩散控制。因此，固化反应很难进行完全。缓慢的固化反应有时几周甚至几个月后仍在继续。许多室温固化的涂料的性能在几周甚至几个月后才能有显著变化，达到最佳。

③ 乳胶漆成膜机理　一个通常的乳胶漆除了聚合物的水乳液以外，一般还含有以下组分：颜料、颜料分散剂、增稠剂、消泡剂、成膜助剂（聚结溶剂）等。配方中的各种组分都会影响乳胶漆的成膜过程。

与热塑性或热固性聚合物成膜过程不同，乳胶漆的成膜是靠不溶性的聚合物分散体（乳胶粒子）相互凝聚而成膜的。成膜的过程大致分为以下几个步骤：水和水溶性溶剂蒸发导致乳胶漆粒子的堆积；粒子外壳发生形变；相互扩散，导致或多或少的粒子结合，形成较弱的膜；粒子间相互充分扩散，聚合物分子跨越粒子边界并相互缠绕，膜的力学性能增加。

通过上述简单的分析可知，乳胶粒子成膜要求聚合物的分子之间能够充分的相互扩散，即聚合物分子能够较充分的运动。表征聚合物运动能力的参数为玻璃化温度（T_g）。一般来说，要求聚合物的 T_g 需高于乳胶粒子的成膜温度。对于一个特定的乳液，发生足够的聚结形成连续膜的最低温度叫做最低成膜温度（minimum film-forming temperature，MFFT 或 MFT），这是聚合物乳液的一个重要参数。显然 MFFT 受 T_g 控制。如聚甲基丙烯酸甲酯（PMMA）的 T_g 为 105℃，因此室温下不能由 PMMA 乳胶粒子形成有用的膜，而只能得到白色的极易成粉的材料。

MFFT 的测定是将样品放在一个有温度梯度的金属条上，由 MFFT 测定仪完成。金属条的一端接触低温，另一端接触高温，平衡后金属条上将建立一个稳定的温度梯度场。将聚合物乳液涂覆于金属条上，成膜后高温段将形成透明连续的膜，低温段将形成白色的固体层，二者之间有明显的分界线，由分界线的位置和金属条两端的温度差即可算出 MFFT。需要指出的是，MFFT 虽然受 T_g 控制，但不一定等于 T_g。有的乳胶粒子表面被设计成低 T_g 的材料层，使其很难将整个乳胶粒 T_g 和 MFFT 直接联系起来。

对于很多室温施工的涂料，为了得到了连续的高强度的涂膜，乳胶粒子的 T_g 必须设计得很低，在冬天外墙施工涂料中更是如此。由此引来另一个问题，在夏天高温环境中，这样的低 T_g 膜显得黏性较大，或者过于柔软，强度较低。为了克服这个问题，乳胶粒子常被设计成核壳结构，内层较硬（T_g 高），外层较软（T_g 低）。有理论和实验研究指出：分子只需相互扩散到一个分子的回转半径的距离就能形成高强度的连续膜。外层的柔性聚合层相互扩散，降低了整个乳胶粒子的 MFFT，内层的刚性聚合物提供膜的高强度，防止发黏。

另一个促进乳胶粒子成膜的方法是加入增塑剂溶解于聚合物中，降低其 T_g 和 MFFT。

永久性的增塑剂将留于聚合物膜中，影响涂膜的性能。因此，大多数乳胶漆中加入挥发性的增塑剂，称为成膜助剂（或聚结溶剂），它们促进乳胶粒子的形变，有利于成膜。成膜助剂要求必须溶于聚合物，有低但明显的蒸发速率。较为有效的成膜助剂有丙二醇单丁醚醋酸酯，一缩丙二醇二甲醚等。

乳胶漆由于其特殊的成膜机理，很难在膜表面形成无颜料的聚合物层。这是由于颜料粒子和乳胶粒子在体系大部分水蒸发后，均很难随溶剂一起运动，因而只能得到平光或亚光漆。涂膜表面的颜料粒子使漆膜微观上凹凸不平，导致光的大量散射。另外，有时乳胶漆中的其他组分，如消泡剂、乳化剂、增稠剂等有可能不溶于聚合物膜，成膜后渗出聚合物表面（起霜），这更加重了光的散射，从而降低光泽。乳胶漆的流平性通常没有溶剂型漆好，这也会导致光泽的下降。采用缔合型增稠剂，采用能溶于聚合物的各种助剂，降低乳胶粒子的粒径等可以在一定程度上提高乳胶漆的光泽，但仍逊于溶剂型漆。开发高光泽的乳胶漆被认为是一项极具挑战性的工作。

2.4.4　涂料的主要品种

涂料产品种类非常繁杂，按其主要成膜物质不同，可分为若干系列，每一系列的品种具有基本相同的特性。同时按照涂料中有无颜色的存在，每系列又可分为清漆和色漆两类。

以单纯油脂为成膜物质的油性涂料（如清油、厚油、油性调合漆）和以油、天然树脂（主要是松香衍生物）为成膜物质的油基涂料，由于它们耗用大量植物油，质量性能又不能满足日益增长的需要，因此它们在涂料中的比重逐渐下降，目前广泛使用以合成树脂为主要成膜物质的涂料。

2.4.4.1　干性油

干性油是涂料中使用最悠久的基料，为液体状的植物油或鱼油，与氧反应后形成固体漆膜。早期的涂料（20 世纪早期以前）大多使用干性油作为基料，目前使用量已减少。但它们仍然是生产醇酸树脂、环氧酯等其他基料的重要原料，这些树脂被认为是合成干油性。了解干性油的固化机理是理解其他合成干性油的基础。

（1）天然油的组成　天然形成的油为脂肪酸的甘油三酯。其中脂肪酸的不饱和度决定了天然油是否可用于涂料基料。脂肪酸的不饱和度越大，含的共轭双键越多，越易发生氧化交联，从而形成涂膜。油类的不饱和度是用碘值来区分的，碘值是指 100g 油中使双键饱和所需碘的克数。一般来说，碘值大于 140 的为干性油；碘值介于 125～140 之间的为半干性油；碘值小于 125 的为不干性油。下面所列的脂肪酸在涂料中最为重要。字母 *c* 和 *t* 分别表示顺式（*cis*）和反式（*trans*）结构，数字代表双键第一个碳所处的位置。

名称	结构
硬脂酸	$CH_3(CH_2)_{16}COOH$
棕榈酸	$CH_3(CH_2)_{14}COOH$
油酸	$CH_3(CH_2)_7CH{=}CH(CH_2)_7COOH$(9*c*)
亚油酸	$CH_3(CH_2)_4CH{=}CHCH_2CH{=}CH(CH_2)_7COOH$(9*c* 12*c*)
亚麻酸	$CH_3CH_2CH{=}CHCH_2CH{=}CHCH_2CH{=}CH(CH_2)_7COOH$(9*c* 12*c* 15*c*)
十八碳(5,9,12)三烯酸 pinolenic	$CH_3(CH_2)_4CH{=}CHCH_2CH{=}CHCH_2CH_2CH{=}CH(CH_2)_3COOH$(5*c* 9*c* 12*c*)
蓖麻油酸	$CH_3(CH_2)_5CH(OH)CH_2CH{=}CH(CH_2)_7COOH$ (9*c*)
α-桐酸	$CH_3(CH_2)_3CH{=}CHCH{=}CHCH{=}CH(CH_2)_7COOH$(9*t* 11*c* 13*t*)

天然油是脂肪酸三甘油酯的混合物，甚至一个甘油三酯分子中的三个脂肪酸也可能是不同的。表 2.39 列出了几种油中典型的脂肪酸含量。由表可知，亚麻仁油和桐油为典型的干性油，可以作为涂料的基料使用。

表 2.39 几种油的脂肪酸含量及碘值

油	脂肪酸/%					碘 值
	饱和酸	油酸	亚油酸	亚麻酸	其他	
亚麻仁油	10	22	16	52		170～204
红花油	11	13	75	1		140～150
大豆油	15	25	51	9		120～141
向日葵油	9	16	75	微量		125～136
桐油	5	8	4	3	80(α-桐酸)	160～175
蓖麻油	3	7	3		87(蓖麻油酸)	81～91
椰子油	91	7	2			7.5～10.5

注：饱和酸主要为 C_{18} 硬脂酸和 C_{16} 棕榈酸的混合物；椰子油中也含有 C_8、C_{10}、C_{12} 和 C_{14} 的饱和脂肪酸。

(2) 油脂的自动氧化和交联　有一种误解认为，油脂的聚合和交联是由于油脂中不饱和键的加成反应所致，实际上油的聚合成膜是发生在烯丙基碳上，很少发生在双键碳上。油类的自动氧化过程如下，首先体系中的微量引发剂分解生成自由基：

$$ROOH \longrightarrow RO\cdot + HO\cdot$$

这些自由基首先与体系中存在的抗氧化剂（如维生素 E）反应，当抗氧剂消耗完以后，自由基再和其他化合物反应。夹在双键间的亚甲基上的氢原子特别容易被夺取，生成烯丙基自由基 (1)：

$$RO\cdot\,(\text{or } HO\cdot) + -CH{=}CH-CH_2-CH{=}CH- \longrightarrow$$

$$-CH{=}CH-\dot{C}H-CH{=}CH- + ROH(\text{or } H_2O) \qquad (1)$$

烯丙基自由基(1)以三个共振态出现，很快与氧反应，较有优势的生成共轭过氧化自由基(2)：

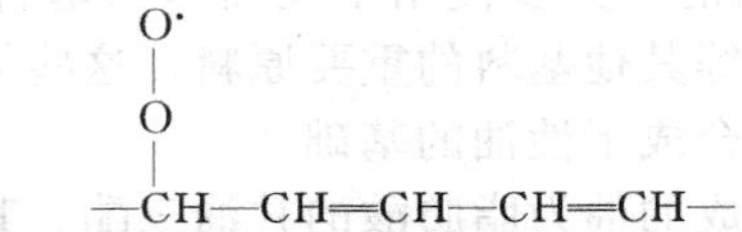
(2)

过氧化自由基 (2) 夺取另外一个双键旁的氢原子，自身形成另一过氧化氢，并产生类似于 (1) 的自由基。所生成的过氧化氢继续分解，生成更多的自由基，从而产生自动氧化作用。反应体系中的自由基浓度越来越高，最后通过自由基双基终止，产生链增长，生成高分子量的交联聚合物膜。主要的交联为醚基和过氧基，新生成的碳碳交联键很少，约有 5%。

$$R\cdot + R\cdot \longrightarrow R-R$$

$$RO\cdot + R\cdot \longrightarrow R-O-R$$

$$RO\cdot + RO\cdot \longrightarrow RO-OR$$

油脂的自动氧化经催干剂的作用而加快。催干剂为油溶性的钴、锰、铅、锆、钙的辛酸盐或环烷酸盐。钴、锰盐为面催干剂或表催干剂，主要催化漆膜表面的固化；铅、锆催干剂为透催干剂，催化整个漆膜的干燥。钙盐单独使用不起催干作用，但可以减少其他催干剂的用量（因为它可以优先吸附在颜料表面，减少其他催干剂的吸附）。钴盐的催干机理如下：

$$Co^{2+} + ROOH \longrightarrow Co^{3+} + RO\cdot + HO^-$$

$$Co^{3+} + ROOH \longrightarrow Co^{2+} + ROO\cdot + H^+$$

经过上述反应后，生成自由基和水，钴盐在两种价态之间循环。对于透催干剂的催化机理还不是很清楚。

催干剂的加入量应尽可能低，因为它不仅起催干作用，对于漆膜的老化、变色等也起催化作用。

2.4.4.2　酯胶漆

酯胶清漆是以甘油松香酯与干性油一起熬炼，再加入催干剂及溶剂调至适当黏度而成，一般用以涂木器，以显示木器的底色花纹。

甘油松香酯由松香酸与甘油进行酯化而得，因为松香酸是一元酸，分子结构中含有一个羧基（—COOH），而甘油是三元醇，分子结构中含有三个羟基（—OH），所以需要三分子的松香酸与一分子的甘油化合才能作用完全。

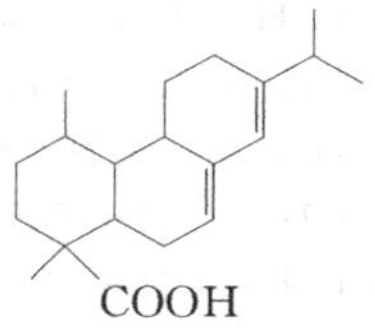

松香酸

酯胶清漆可根据树脂与油的比例，制成短油、中油、长油度酯胶清漆。长油度漆中树脂和油的比例为 1∶2.5～1∶1.5，短油度漆中树脂和油的比例为 1∶0.5～1∶1.5，中油度漆则介于其间。

在酯胶清漆中加入颜料可制得各种酯胶色漆。

酯胶漆是油漆产品中的早期品种，原料价廉易得，漆膜比较光亮，耐水性较好，但次于合成树脂漆，耐酸碱性也较差。主要用于质量要求不高的产品上，如一般木制家具、门窗、板壁等的涂装，以及金属表面的罩光等。

为了克服甘油松香酯为主要成膜物质的缺点，相继研制出季戊四醇松香酯和顺丁烯二酸酐松香酯为主要成膜物质的酯胶漆。

季戊四醇松香酯是由季戊四醇和松香酸经过酯化作用而制得，由于季戊四醇含有四个羟基，酯化时需要四分子松香酸，因而酯化产物分子量大，熔点提高，制成漆膜后耐水性、耐久性、耐酸碱性都比甘油松香酯好。

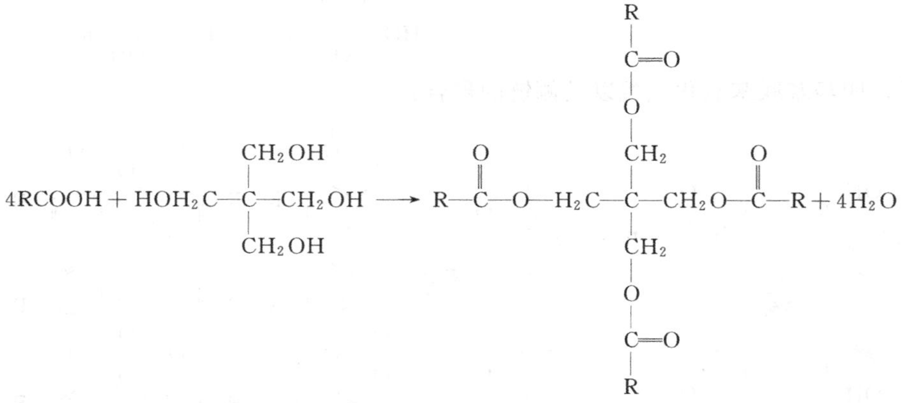

顺丁烯二酸酐松香酯是松香与顺丁烯二酸酐及甘油的加成物组成，该树脂的特点是，颜色浅、抗光性强、不易泛黄，可用作浅色的清漆及白色磁漆，也可用于硝酸纤维漆中，以提高漆膜的硬度和光泽。

2.4.4.3　生漆

生漆是最古老的天然涂料，又称天然漆、土漆、国漆、大漆等。生漆是从漆树（经人工砍割）韧皮层分泌出来的天然乳胶漆。我国古代的漆器即是由生漆涂覆于制品表面而得。漆器制品耐久性良好，历经千年仍光亮如新，已成为我国古代灿烂文明的象征。生漆漆膜耐酸、耐溶剂、防潮、防腐以及在土壤中的耐久性都是其他涂料所不可比拟的，现代还没有一种涂料的综合性能超过生漆，因而生漆被称为“涂料之王”和“国宝”。

生漆为一种“油包水”型乳液，其主要成膜物质为漆酚。漆酚为一种由不饱和长链烃取代的邻苯二酚，典型的结构举例如下：

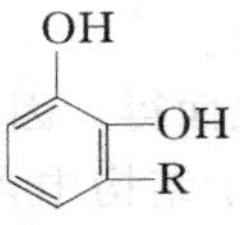

其中 $R_1 = —C_{15}H_{31} = —(CH_2)_{14}CH_3$（饱和漆酚）

$R_2 = —C_{15}H_{29} = —(CH_2)_7—CH{=}CH—(CH_2)_5CH_3$（单烯漆酚）

$R_3 = —C_{15}H_{27} = —(CH_2)_7—CH{=}CH—CH_2—CH{=}CH—(CH_2)_2CH_3$（双烯漆酚）

$R_4 = —C_{15}H_{27} = —(CH_2)_7—CH{=}CH—(CH_2)_4—CH{=}CH_2$

$R_5 = —C_{15}H_{25} = —(CH_2)_7—CH{=}CH—CH_2—CH{=}CH—CH{=}CH—CH_3$（三烯漆酚）

$R_6 = —C_{15}H_{25} = —(CH_2)_7—CH{=}CH—CH_2—CH{=}CH—CH_2—CH{=}CH_2$

$R_7 = —C_{15}H_{25} = —(CH_2)_7—CH{=}CH—(CH_2)_2—CH{=}CH—CH{=}CH_2$

$R_8 = —C_{17}H_{35} = —(CH_2)_{16}CH_3$（虫漆酚）

还有异构虫漆酚，又称缅漆酚，侧链位于苯环的4位。

我国的生漆漆酚主要含 R_1、R_2、R_3、R_5，也发现了 R_7 和 R_8。我国漆酚的不饱和度高，这是我国生漆质量高的原因之一。

天然生漆中含有漆酶，可以催化漆酚的氧化聚合。生漆在室温固化时主要为漆酶的催化氧化聚合。酚羟基可以氧化成醌，侧链的不饱和键也可以发生类似于干性油的聚合反应。可能的固化机理如下所述。

首先，生成四羟基联苯（有六种异构体）：

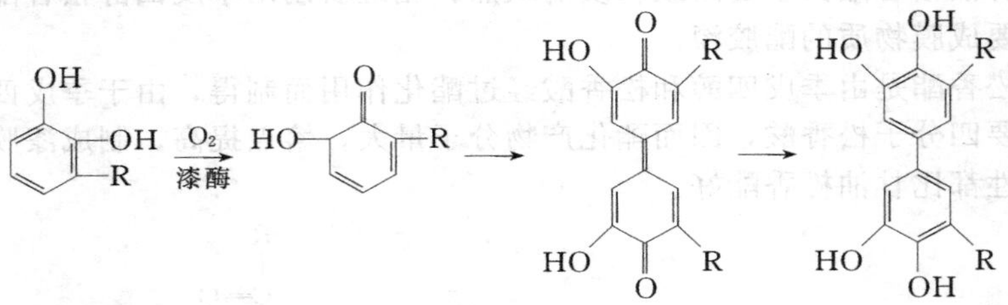

然后，四羟基联苯氧化成醌以及侧链的聚合：

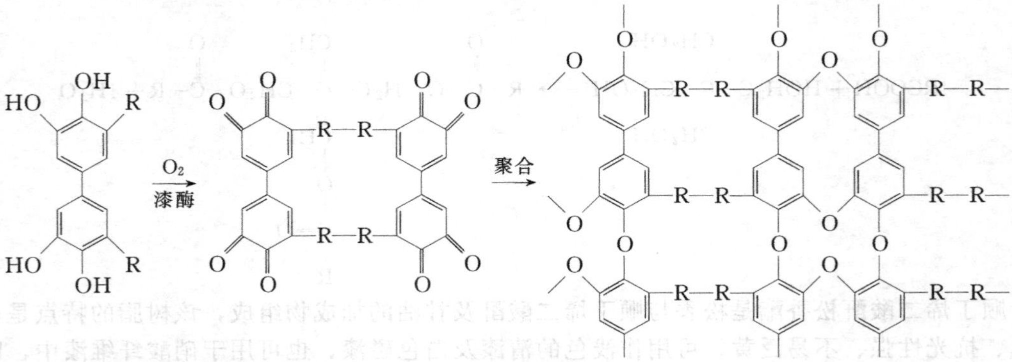

最后，生成的醌继续氧化聚合，生成高分子网状物。

生漆在高温下（100℃以上）漆酶失活，但仍能发生热固化，发生的反应为侧链的加成反应，以及酚羟基之间的脱水缩合反应。因此生漆高温下仍可以固化成高分子的漆膜。

生漆漆膜坚硬而富有光泽，具有突出的耐久性，良好的耐腐蚀性能，良好的工艺性能（可打磨和抛光，并且越磨越亮），优良的力学性能，良好的电绝缘性能，耐热性高（长期使用温度为150℃）。生漆广泛用于家具，漆器，化工防腐等领域。生漆的缺点为户外耐久性不好，特别是耐紫外线能力差，生漆制品只能置于室内。

2.4.4.4　醇酸树脂涂料

醇酸树脂涂料是目前涂料中产量最多的一种合成树脂涂料。它是由多元醇、二元酸和脂肪酸制造的。醇酸树脂本身是聚酯，但在涂料领域“聚酯”一词是特指无油的聚酯。醇酸树脂可以制成多种性能优良的品种，并且与其他类型树脂的混溶性很好，从而能提高和改进各种类型树脂漆的物理化学性能，因此醇酸树脂涂料应用极广。

醇酸树脂涂料的主要成膜物质是醇酸树脂，但作为涂料用醇酸树脂一般要经过改性，最普遍采用的是干性油改性。

醇酸树脂是多元酸和多元醇的缩聚产物，属于体型的热固性树脂。如用这种树脂直接制作涂料，不仅性能很差、易脆裂，而且不能在有机溶剂中溶解。因此，一般在醇与酸的缩聚过程中，加入干性油进行共缩聚。由于干性油是三个长碳链的脂肪酸（油酸、亚油酸、亚麻酸，α-桐酸等）和甘油的酯化物。所以利用干性油和醇、酸进行共缩聚就可以使醇酸树脂溶于有机溶剂。另一方面油与纯的醇酸共缩聚，能改善成膜物质的脆裂性，提高柔韧性，使涂膜具有良好的弹性，抗冲击性。总之，用油改性不仅改善了醇酸树脂的不溶解性，并提高了涂膜性能。

在醇酸树脂涂料中作为醇酸树脂原料的多元酸，通常是邻苯二甲酸酐，多元醇为丙三醇或季戊四醇。

由于采用油的种类不同，醇酸树脂可分为两类。一是干性油醇酸树脂，系由不饱和脂肪酸改性制成的，能直接涂成薄层，在室温下通过空气中的氧，转化成连续的固体薄膜。二是不干性油醇酸树脂，系用饱和脂肪酸改性制成的，不能在空气中聚合，故在室温下本身不能固结成膜，主要与其他树脂混用。

根据干性油醇酸树脂涂料中树脂与油的比例不同，可以区分为长、中、短三种油度。长油度油占 60%以上，中油度油占 50%左右，短油度油占 35%以下。

把干性油改性醇酸树脂，溶于有机溶剂中再加入适量的催干剂即制成醇酸清漆，如在漆基中加入各种不同颜料就可以制成各色醇酸磁漆。醇酸树脂涂料的溶剂通常采用松香水、松节油和二甲苯，催干剂多采用环烷酸的金属皂。

醇酸树脂涂料具有较好的光泽和较高的机械强度，能在常温下干燥，涂膜的户外耐久性很好，保光性强、平整、坚韧，和金属表面有很好的附着力，因此广泛用于金属、木材表面的涂饰，是使用最普遍的工业涂料。醇酸半光磁漆的光泽柔和、不刺眼，适于涂饰车辆内壁。

2.4.4.5　氨基树脂涂料

以脲甲醛树脂、三聚氰胺甲醛树脂或它们的混合物为主要成膜物质制成的涂料统称为氨基树脂涂料，或称氨基树脂漆。氨基树脂涂料都是热固性的，必须在加热的条件下才能固化成膜，因此称为烘漆，俗称烤漆。

氨基树脂涂料，在一般情况下，总是与不干性油改性醇酸树脂混合制成，改变了单纯氨基树脂的硬度过高、性质很脆的缺点。增加了韧性，同时也提高了醇酸树脂的硬度，使不干性油得到了应用。氨基树脂与醇酸树脂的混合比例如选择适当，将得到高光泽、高硬度和其他性能优异的涂膜。

氨基树脂经过丁醇的改性，方能在有机溶剂中溶解及与其他合成树脂混溶。

丁醇醚化脲醛树脂结构示意如下：

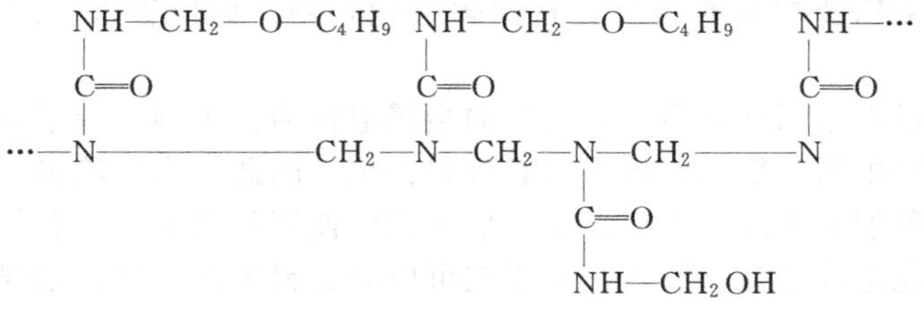

多羟甲基三聚氰胺通过本身的缩聚反应和它与丁醇的醚化反应，形成丁醇改性三聚氰胺甲醛树脂，其结构示意如下：

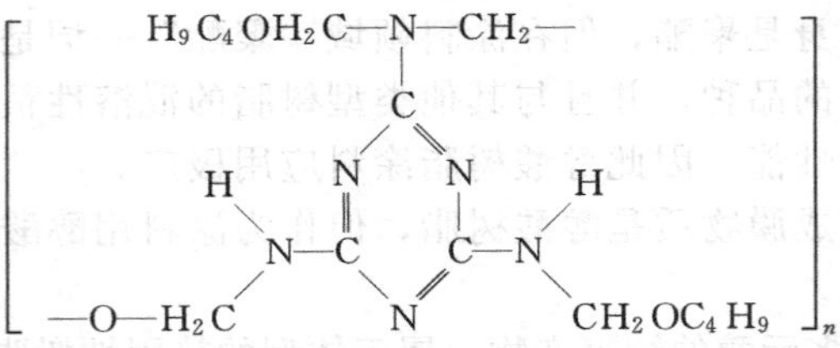

以氨基树脂、醇酸树脂为主要成膜物质加入溶剂、颜料和其他填料可以制得多种氨基涂料，如氨基清漆、各色氨基烘漆、各色氨基半光烘漆、无光烘漆等。

氨基醇酸涂料所用溶剂为丁醇和二甲苯，氨基磁漆须用耐热、不易变色的颜料。烘烤成膜温度一般为100～120℃左右。

氨基醇酸涂料的涂膜色浅光亮，这是其他树脂所不及的，加入颜料后，颜色鲜艳丰满，保光性强、坚硬、户外耐久性优于醇酸涂料，具有优良的附着力、耐水、耐汽油、耐机油和耐磨等。主要用于要求装饰性能好的工业制品，如汽车、缝纫机、自行车、仪器、仪表等金属表面。氨基清漆主要用于磁漆涂层上的罩光。

2.4.4.6　酚醛树脂涂料

酚醛树脂涂料又称酚醛漆，其主要成膜物质是酚醛树脂，属于磁漆一类，用作涂料的酚醛树脂主要有两种类型，松香改性酚醛树脂和油溶性酚醛树脂。

松香改性酚醛树脂是将酚醛树脂与松香、甘油共煮，使酚醛树脂能溶于干性油，而酚醛树脂又提高了甘油松香酯的耐水、耐油、耐化学介质及耐候等特性。

所谓油溶性酚醛树脂就是将纯酚醛树脂直接溶于油中。但不是所有纯酚醛树脂都能溶于油，只有用对苯基苯酚、对环己基苯酚、对叔丁基苯酚、对戊基苯酚制得的酚醛树脂才可溶于油中。

如叔丁基苯酚与甲醛的缩合，反应式如下：

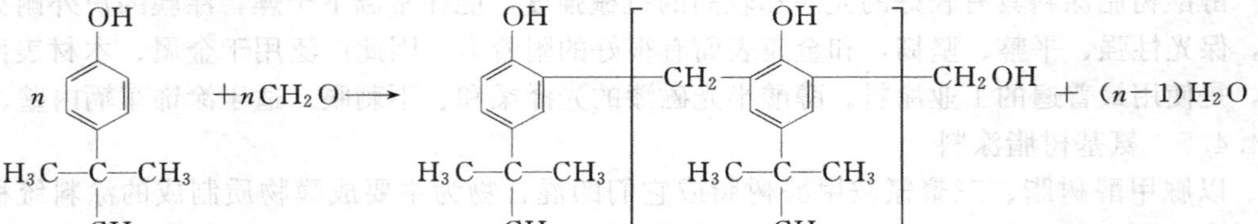

由于酚环上引入烃基，随着烃基部分的增加，极性受到改变，作为一个整体的酚来看，就更接近烃的性质。这是它能溶于油的主要原因。

酚醛树脂漆根据所用油量的多少，分为长、中、短油度三种，用于酚醛树脂漆的干性油最好是桐油，其次是亚麻油。

松香改性酚醛树脂或油溶性酚醛树脂及油是构成酚醛树脂涂料的主成膜物质。在此基础上加入不同种类的溶剂、催干剂、颜料等可以制成各种类型的酚醛树脂涂料，如酚醛清漆、磁漆、底漆、防锈漆等。

酚醛树脂涂料常用的溶剂有脂肪族石油碳氢化合物；如松香水（或称为200号溶剂汽油）和松节油。

酚醛树脂涂料通常采用环烷酸（萘酸）的金属皂作为催干剂。催干剂在清漆和磁漆中的使用量不同，在磁漆中因为颜料对催干剂有吸附作用，因此使用量较多，如炭黑对钴催干剂就有吸附作用。各种催干剂配合使用比单一催干剂的使用效果更好。它们之间可以互相取长补短，如铅催干剂稳定性不良，加入钙催干剂可以防止铅沉淀，钴是很强的表面干燥剂，加入镁催干剂可以阻止表面干燥，维护表面空隙，使氧能继续渗透，这样反而促进了整体干燥。

酚醛树脂涂料的耐水性、耐酸性、光泽都比较好，漆膜附着力强、坚硬。一般短油度的比长油度的漆膜坚硬而脆，磁漆比清漆的户外耐久性要好。酚醛涂料的缺点是耐候性比醇酸涂料差。表 2.40 列举了各种磁漆的技术指标。

酚醛树脂涂料主要用于建筑工程、机车、车辆、机械设备及室内外要求不高的一般性涂装。短油度涂料耐候性差，只能用于室内，长油度涂料则室内外都可用。酚醛清漆用于涂饰木器可显示出木器的底色及花纹，也可用于黏合层压制品。酚醛底漆有良好的附着力和防锈性能，广泛用作防锈漆。

表 2.40　各种酚醛、醇酸、氨基磁漆性能

检验项目	酚醛磁漆	醇酸磁漆	氨基烘漆
漆膜颜色及外观	平整光滑	平整光滑	平整光滑
细度(刮板细度计)/μm	≤30	≤20	≤20
黏度(涂-4 杯)/s	70～110	60～90	30～70
遮盖力/(g/m²)			
红色	≤160	≤140	≤140
黄色		≤150	≤150
灰色	≤70	≤55	≤55
蓝色	≤80	≤80	≤80
绿色	≤70	≤55	≤50
黑色	≤40	≤40	≤40
白色		≤110	≤110
干燥时间/h			
表干	≤6	≤2	≤2
实干	≤18	≤15	≤2
硬度	≥0.25	≥0.25	≥0.4
柔韧性/mm	1	1	1
冲击强度/kgf·cm	50	50	50
光泽(光电光泽计)/%	待定	≥90	待定
附着力/级	≤2	≤2	≤2
耐水性(浸入 25℃蒸馏水)	2h，保持原状附着力不减	5h 允许轻微发白，失光 3h 内恢复	60h 允许轻微变化 3h 内恢复
耐气油性		不起泡，不起皱	不起泡，不起皱

2.4.4.7　其他涂料品种

(1) 丙烯酸树脂涂料　丙烯酸树脂涂料是一类近期发展起来的新型涂料。它的突出特点是光泽和保光性好，户外耐候性好，能耐一般酸、碱和油脂，是一类具有良好装饰性能的涂料。

丙烯酸涂料按照它的干燥方式分为两类型，即自干型（热塑型）和烘干型（热固型）。

自干型丙烯酸涂料是用热塑性丙烯酸树脂为主成膜物质加入增韧剂制成，可加入一些其他树脂如氨基树脂、醇酸树脂等以改进涂膜性能。这类涂料的主要特点是保色、保光、耐候性强。丙烯酸清漆色浅透明、光亮；特别适宜于轻金属、黄铜和银器的涂饰。

烘干型丙烯酸涂料是用热固性丙烯酸树脂（即在树脂侧链上带有羟基、羧基等官能团的树脂）为主要成膜物质。由于烘干成膜，所以涂膜更加坚硬，耐化学腐蚀性能更好。这类漆多用于各种比较高级制品的涂饰，其质量超过氨基漆。

丙烯酸树脂涂料一般以酯、酮、芳族烃类为溶剂。

(2) 环氧树脂涂料　由于环氧树脂具有对金属表面极好的黏附力和优良的耐化学腐蚀性，因此它除用作胶黏剂外还是一类重要的涂料品种。

① 胺固化环氧树脂漆　这是一种双组分涂料，组分一为环氧树脂、颜料和溶剂，组分二是胺类固化剂（如多元胺、聚酰胺等)。使用时将两组分按规定比例混合搅匀。树脂受胺固化剂的作用，在室温下干燥成膜。

胺固化环氧树脂漆有很好的附着力，耐化学腐蚀和耐水，但耐候性较差，多用于防腐蚀及耐水设备及部件的涂饰。

② 酸固化环氧树脂漆　将环氧树脂与各种脂肪酸（主要为不饱和酸）进行酯化，可制得环氧酯，用它制成的涂料，是单组分的。环氧酯加入催干剂可制成常温自干型漆，加入氨基树脂制成烘烤型漆。

环氧酯漆的附着力和柔韧性都很好，耐候性也比胺固化环氧漆好，但耐化学腐蚀性却比胺固化的环氧漆要差些。

这类漆目前占环氧树脂漆的大部分，品种很多，多为烘干型，主要用于绝缘和防腐。

③ 粉末环氧涂料　这是一种新型的涂料，由高分子量的环氧树脂和固化剂及颜料等磨成细粉而制得。使用时用静电喷涂或沸腾床将细粉吸附在工件上，烘干交联成膜，附着力及保护性能都很好，目前品种尚少。

(3) 聚氨酯树脂涂料　这类涂料的主要成膜物质是多异氰酸酯和多羟基化合物反应形成的聚氨基甲酸酯。它的优点是附着力好、光亮、耐磨，并有良好的耐化学腐蚀性能和耐低温性能。适用于各种材料的防腐、绝缘及表面装饰。它的缺点是户外耐候性较差，且有一定的毒性，使用时应注意通风和安全防护。

聚氨酯涂料有单包装和多包装两种，根据固化机理，可分为五种类型。

① 聚氨酯改性油涂料（单包装）　由干性油与异氰酸酯反应而得，类似醇酸树脂漆，但耐碱、耐油和耐溶剂性比醇酸漆要好，能室温干燥，主要用于涂饰木材制品。

② 湿固化型聚氨酯涂料（单包装）　它是由异氰酸酯与含有羟基的聚酯、聚醚树脂或其他化合物反应而成的一种涂料。分子结构中含有游离的活性—NCO基，涂刷后与空气中水分作用交联固化成膜。这类涂料具有很好的耐化学腐蚀性和耐磨性，涂膜的光泽，弹性也很好，尤其是靠湿气固化，因此特别适应于潮湿环境中施工。可作金属、木材、水泥等表面的防腐涂料和地板用漆。

③ 封闭型聚氨酯涂料（单包装）　将异氰酸酯的活性—NCO基用苯酚和其他含羟基化合物封闭起来，使用时，经150℃烘烤，苯酚逸出，—NCO基与羟基化合物交联成膜，故称封闭型。此种涂料可加工成粉末涂料。

这类漆的综合性能较好，其清漆主要用于强度高的漆包线，底漆和磁漆用于金属防腐方面。

④ 催化固化型聚氨酯涂料（多包装）　组分一与湿固化型基本相同，组分二是催化剂（如二甲基乙醇胺）。两组分混合后，可加速干燥，这是一类室温干燥的聚氨酯涂料，目前品种不多。

⑤ 羟基固化型聚氨酯涂料（多包装）　一般为双组分，一个组分是用异氰酸酯与多元醇制成的端—NCO预聚物；一个组分为含羟基的高分子化合物，如聚酯、聚醚或醇酸树脂等。这种涂料占当前聚氨酯漆品种中的绝大部分。变化预聚物和多羟基化合物的品种和比例，可以制出涂膜从柔韧到坚硬的各种类型涂料。可自干或烘干成膜。

它的主要品种有清漆、磁漆、底漆等。涂膜具有突出的耐磨性和黏附力。清漆主要用于木器、金属和塑料的表面罩光，磁漆适用于需要耐水、耐油及耐化学腐蚀的表面涂装。

(4) 沥青涂料　这是一类以沥青作为主要成膜物质的涂料。沥青具有耐水、耐化学腐蚀的特点，加之价廉易得，因而广泛用于木材、金属、水泥等制品的防腐。因为沥青是棕黑色的，因此只能做成深色涂料，装饰性不好。

沥青漆按其所含成分不同可分为：纯沥青溶于有机溶剂（苯类）的沥青溶液；沥青与干性油的混合物溶于有机溶剂中的液体；沥青与干性油及树脂的混合物，溶于有机溶剂中的液体等。

沥青漆中的干性油主要用来改善沥青漆的弹性和耐候性，但耐水性却随油的增加而降低。沥青漆中使用的树脂有天然树脂、松香和它的衍生物，以及油溶性酚醛树脂。松香和它的衍生物的加入可以增加沥青的溶解性和沥青液的稳定性。树脂的加入还可以提高涂膜的硬度和附着力。

沥青漆有室温干燥和加热干燥两种类型。

沥青中只能加入深色颜料如氧化铁红、炭黑等制成深色色漆。加入铝粉的沥青涂料，具有较好的耐光性耐热性；加入石墨的沥青涂料也是较好的耐热涂料。

(5) 氟树脂涂料　用作涂料的氟树脂有 F3（聚三氟氯乙烯）和 F46（聚全氟乙丙烯）。F46 是四氟乙烯与六氟丙烯的共聚物，其大分子结构如下：

$$-\!\left[\left(CF_2-CF_2\right)_x\left(CF_2-\underset{\displaystyle CF_3}{\underset{|}{CF}}\right)_y\right]_n$$

F46 涂层平滑，很少有针孔，耐热性比 F4 低，但高于 F3，可在 200℃长期使用，耐化学腐蚀性与 F4 接近，可在 135～140℃的 98% HNO_3 中，在 180℃的 98%的 H_2SO_4 中分别浸泡一年和 7 天均无变化，在 130℃的 6% NaOH 中浸泡 7 天稳定。常作防腐蚀涂料。

(6) 氯磺化聚乙烯涂料　聚乙烯用氯气和三氧化硫进行氯化及氯磺化反应制得氯磺化聚乙烯。涂料用氯磺化聚乙烯分子量为 2 万左右。其大分子的化学组成大致是每 7 个碳原子有 1 个氯原子，约 90 个碳原子有 1 个氯磺酰基，结构式可用下式表示：

$$\cdots\left(CH_2-CH_2-CH_2-\underset{\displaystyle Cl}{\underset{|}{CH}}-CH_2-CH_2-CH_2\right)_{12}\underset{\displaystyle SO_2Cl}{\underset{|}{CH}}-\cdots$$

涂料用氯磺化聚乙烯含氯量为 30%～45%，含硫量为 1.1%～1.7%。溶于芳烃及卤代烃，并可用少量脂肪烃稀释。它与硫化剂反应后的涂膜耐酸、碱、耐氧化剂及臭氧、耐候性好，耐磨，可在 120℃以下使用。常用作金属的防腐蚀涂料外，特别适合于塑料、橡胶的表面保护。

此外，不饱和聚酯树脂涂料，由于可室温固化，且固化后的涂膜的综合性能好，价格也较便宜，故常用作木质家具涂料。

2.5 聚合物基复合材料

2.5.1 聚合物基复合材料概述

2.5.1.1 复合材料基本概念

在实际用途中，人们常将各种不同类型的材料组合成一种材料，以便材料在工作条件下具有更佳的性能。此种材料在结构上的显著特点之一是材料结构内部是多相共存的。所以复合材料的含义分为广义和狭义两种。就广义而言是指两种或两种以上化学性质或不同组织相的材料，以微观或宏观的形式组合而成的且具有与组成材料各组分不同的新的性能的新材料。从狭义来讲是指两种或两种以上连续物质进行复合，其中一相起增强作用（称为增强材料），另一相对增强材料起黏结作用（称为基体），所形成的新材料和各组分保持原物质的同一性，且具有新的性质的一类材料。

对于复合材料而言，其中的每种材料或组分都各起着一种或几种特殊作用。复合材料的全面性质不仅取决于其各种组分的性质，更主要地取决于它的结构。复合材料中彼此相关的各相的分布和大小，不同相之间的结合强度，各相总量和形态以及每个相的性质对材料的总体性能都有很大的影响。

大多数复合材料的研究是为了得到机械力学性能更佳的材料，例如在强度、刚度、蠕变和韧性等方面具有更佳表现的材料。但是也有一些复合材料是从得到特殊的物理性质或化学性质以及生物特性出发而进行研究开发的。

复合材料中的某些性质仅仅取决于每个组分的含量，而对于微观结构形式和各个相的形状不敏感。这类性质取决于复合材料中各个组分的数量的平均性质。密度和热容量就是这种对结构形式不敏感的性质的例子。这种对结构不敏感的性质随着复合材料中各组分的量的变化可以表达为：

$$P_C = f_1P_1 + f_2P_2 + f_3P_3 + \cdots \tag{2.1}$$

式中，P_C、P_1、P_2、P_3 分别为复合材料组分 1、组分 2、组分 3 的性质；f_1 和 f_2 为组分 1 和组分 2 的体积分数。

复合材料另一些性质，如强度、弹性模量、导热率、导电率、韧性等，对复合材料中各组分的总量，各个相的尺寸、形状和分布以及相之间的相互作用都很敏感，这些性质称为“结构敏感”性质。这些性质是研究复合材料的主要问题，也是复合材料区别于其他材料的主要特点之一。当复合材料的各个相之间无特殊的相互作用存在，则这些“结构敏感”性质随各组分体积分数而变化，处于一个上限和下限之间（图 2.31），上限由式(2.1) 可表达的混合率决定，而下限由下述表达式决定：

$$P_C = \frac{P_1P_2}{f_1P_1 + f_2P_2} \tag{2.2}$$

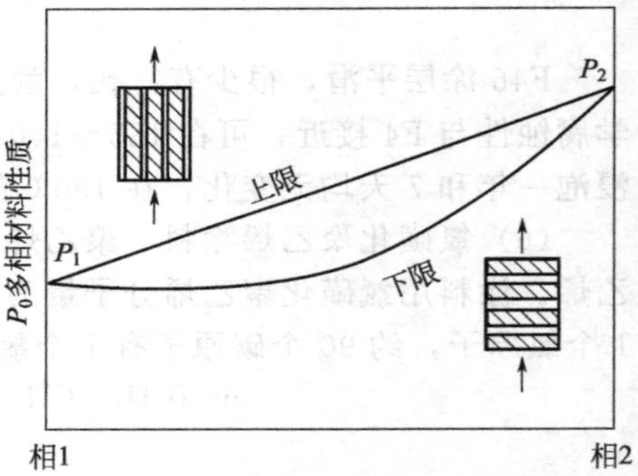

图 2.31 多相材料的结构敏感性随各相体积分数的变化

事实上，由于人们研究复合材料时总是希望得到比单一材料更佳的性质，因而不断采用各种手段在复合材料的各个相之间形成较强的相互作用，甚至改变各个组分自身的结构和性质，因此，复合材料的总体性质远比上面所描述的复杂，除了体积混合率之外，各相之间的协同效应，相界面的相互作用和界面结构等，都对复合材料的总体性质有很大影响。

复合材料的种类繁多，如前所述，凡由多种材料组成，结构上有多相共存特征的都属复合材料范畴。本章则主要讨论聚合物与无机填料或增强材料组成的聚合物基复合材料。

2.5.1.2 复合材料的组成与分类

复合材料按基体材料不同分为聚合物基复合材料、金属基复合材料、陶瓷基复合材料和碳基复合材料。

聚合物基复合材料分类方法很多，可以按聚合物基体的性质分类（如热固性聚合物基复合材料和热塑性聚合物基复合材料），可按填料或增强材料形状分类，还有按相结构来分类。一般常用增强材料的不同形态将聚合物基复合材料分为粒子增强和纤维增强两大类。其中粒子增强复合材料又分为微米和纳米增强复合材料；纤维增强复合材料也包括短纤或长纤增强复合材料等。

- 聚合物基复合材料
  - 粒子增强复合材料（微米颗粒，纳米粒子）
  - 纤维增强复合材料
    - 短切纤维
    - 长（定向）纤维
    - 纤维纺织物（布、带等）
    - 纤维编织物（三维多向）
  - 层状复合材料
  - 其他复合材料（蜂窝夹层复合材料、泡沫夹层复合材料等）

这种分类方法只是一个大致的分类，实际上各种复合材料往往在结构形式上互相交叉，并不局限于固定的模式。

2.5.1.3　复合材料复合增强基本原理

由于复合材料是由两种或两种以上不同的材料组分复合而成的，除工艺因素外，不同化学组分、不同性能的基体和增强材料的性能必然影响复合材料的性能。此外增强材料的形状、含量、分布以及与基体的界面结合、结构也会影响复合材料的性能。它们遵循什么样的法则来进行复合，如何才能使复合后的整体性能优于组分材料等。复合材料的复合原理，就是反映上述因素对复合材料性能的影响规律。但目前关于复合原理的理论研究仍处于发展中，比较成熟的是力学性能方面的复合。下面就相关的问题进行简单介绍。

（1）基体与增强材料间的界面相互作用　复合材料中基体与增强材料之间的相互作用是通过所形成界面的性质和强度而表现出来的，因此复合材料中界面的作用是非常重要的。在纤维增强复合材料中，界面往往起到把载荷由基体传递到纤维的传递作用。为了保证界面的作用，纤维与基体之间要有一定的黏结，并且两者之间的结合与增强材料及基体的性质有关。除此之外，复合材料界面的结合方式、界面结构和性质都会直接影响和控制复合材料的性能。

界面的粘接强度是衡量复合材料中增强材料与基体间界面结合状态的一个指标。对于结构复合材料而言，界面粘接强度过高或过弱都不利于材料的力学性能。一般来说，界面不仅仅是两种材料的几何交界面，而且是具有一定厚度的界面层，在这一区域存在着复杂的物理、化学和力学的作用。在实际的复合材料中，基体和增强材料之间的结合可分为以下几种：机械结合、静电作用、界面扩散和界面反应结合等。

机械结合指基体与增强材料之间没有发生化学反应，纯粹是机械连接，这种结合是靠粗糙的纤维表面而产生机械锚固，靠机械摩擦力而实现的结合，其只能在平行于纤维的方向上承受载荷。

静电作用则是指复合材料的增强材料与基体的表面带有异性电荷时，在基体与增强材料之间发生静电引力，形成两者的结合。因静电作用距离有限，表面的污染会大大减弱这种作用。

基体与增强材料在复合时，由于复合的条件（温度、压力等）可以在两种材料表面发生原子或分子的相互扩散，甚至溶解，形成扩散或溶解结合，从而形成界面。

同样，增强材料与基体之间的表面原子，在一定的热力学和动力学条件下会发生界面反应，形成不同于原组元成分及结构的界面反应层，这种结合为界面反应结合。基体与增强材料间发生化学反应，在界面形成新的化合物。

由于基体与增强材料间的相互作用、界面的性质对材料的力学性能等有重要的影响。一般情况下人们总是希望界面结合牢固、完善，从复合材料的刚度和强度来看这是有利的，其可以明显提高横向和层间的拉伸强度和剪切强度，还可使横向和层间的拉伸模量和剪切模量有所提高。实际复合材料中总是在部分界面上存在着缺陷，比如气泡、脱粘和微裂纹等，从提高复合材料耐疲劳性能出发，希望复合材料界面的断裂应变较大，在此情况下，一方面应使界面处有较大的粘接强度。但另一方面，因为大部分的纤维都是脆性材料，纤维本身的断裂韧性很低，如果基体和界面的断裂应变都比较小，则纤维的断裂可以引起裂纹在垂直于纤维方向扩展，促使邻接纤维发生连锁性的断裂，从而使复合材料整体的断裂韧性较低，此时，界面强度应适当降低为好。但有时，也可以通过化学反应来促进基体与增强材料之间的结合，但在大多数情况下，人们并不希望在界面处发生化学反应形成新的化合物，因为这样可能损伤纤维或者在界面处生成硬脆相，特别是生成不稳定的挥发性的物质。也就是说，复合材料界面强度应根据材料的使用情况有针对性的设计和调整，不是界面强度越高对复合材料性能越有利。因此，在复合材料设计和制备（复合）时，为保证复合材料的最佳性能，需要进行界面的控制和优化，这在复合材料研究中称之为界面工程。

（2）力学性能复合　复合材料的力学性能增强效果可用增强率来表示。增强率 F 是指复合材料的平均屈服强度与未增强的基体的屈服强度之比。根据增强材料的不同，复合材料可分为弥散强化、颗粒增强和纤维增强三种。弥散强化和颗粒增强的主要区别在于粒子直径选取的大小不同，对于弥散强化复合材料，载荷主要由基体负担，分散微质点阻碍基体中的位错运动，质点阻止位错运动的能力越大，强化效果越好；颗粒增强复合材料的增强原理与弥散强化存在差异，尽管载荷主要由基体承担，但颗粒也承受载荷并约束基体的变形；而纤维增强复合材料在受力时，纤维承受大部分载荷，基体主要作为媒介传递和分散载荷。在弥散和颗粒增强复合材料中，增强率 F 与粒子的体积含量、粒子直径及粒子间距有关。一般说来，质点越细小，F 值越大。弥散强化时，粒子直径在 0.01～0.1μm 时，F 值只有1～3，增强效果不明显，同时这样大的粒子很容易引起应力集中，使强度下降。纤维增强复合材料的增强率也与纤维的体积含量、纤维的长径比、纤维和基体本身的强度、纤维的分布及界面粘接强度有关。当纤维的长径比为 1～10 时，F 值变化很大，此时纤维既难于阻止基体位移，又成为应力集中区域，有可能起不到增强效果；当纤维的长径比大于 10 之后，对于 F 就没有什么大的影响了。同时纤维增强复合材料的 F 值明显要比粒子增强材料的高，可达30～50。但复合材料的整体性能并不是其组分材料性能的简单加和或者平均，这其中涉及一个复合效应问题。复合效应实质上是各相材料及其所形成的界面相互作用、相互补充的结果。它表现为复合材料的性能在其组分材料基础上的线性和非线性的加合效应。

2.5.2　聚合物基复合材料的类型

2.5.2.1　粒子增强复合材料

（1）微米级粒子增强复合材料　填充剂（或称填料）是重要的添加剂，其粒子直径大小一般在微米级水平。随着高分子材料的发展，它变得越来越不可忽视。它不仅能使塑料价格大大下降，而且往往能显著改善材料的物理机械性能，其中包括摩擦性能。高分子材料低耐温、低强度、低刚硬性、易热膨胀和易蠕变等缺点通过填料可以得到大幅度改进。因此填料既有增量作用又有改性效果。

酚醛树脂由于性脆，一直无法利用，直到 1909 年，有人添加了木粉和纤维等填料，改进了树脂的脆性，才发展成为一个真正的实用塑料品种。其实，其他的热固性塑料的利用大多也要借助于填料的增强作用。所谓增强就是增加塑料的刚性和强度。它是填料的最主要的改性效应。

硬质 PVC 塑料、聚烯烃塑料等，在添加大量的硫酸污泥和石粉等钙质填料后（多则达70％）即为所谓的钙塑材料。它是一种十分价廉的具有足够刚性的复合材料，通常用于制造量大面广的民用塑料制品，特别是农用器具，大大扩大了塑料的应用范围。

随着耐磨工程塑料的不断出现和广泛应用，作为能改善塑料的润滑、摩擦、磨损性能的不少填充料受到人们的重视，并且把 MoS_2、石墨和聚四氟乙烯等物质作为塑料中常用的固体润滑剂。

大量的高强、高温塑料基填充型复合材料的诞生，也无不借助于高强纤维填充剂的特殊增强作用。这种具有高度增强作用的纤维填料，实际上已经赋予专门概念，称为增强剂或增强材料。

为了提高某些脆性高聚物的冲击韧性，往往用某些橡胶或者弹性体等与之共混，这是一种特殊的填充效应，其实际应用较多。有人把这些橡胶状填充料称为高聚物型的增韧剂，以便与通用填料相区别。

(2) 纳米级增强复合材料　纳米复合材料是指分散相尺度至少有一维小于100nm的复合材料。其主要包括无机纳米-无机微米和无机纳米-无机纳米复合材料、有机-无机纳米复合材料或称为有机-无机杂化材料等。由于纳米粒子有大的表面积和强的界面相互作用，纳米复合材料表现出不同于一般宏观复合材料的力学、热学、电学、磁学和光学性能，同时有可能具有原组分不具备的特殊功能和性能。从而为新型高性能功能性材料的设计与制备创造了新的条件，其相关研究也在当前复合材料研究中占有重要的地位。

当填料尺寸进入纳米范围时，填料的主要成分集中在表面。例如直径为2nm的颗粒其表面原子数将占整体的80%。巨大的表面所产生的表面能使具有纳米尺寸的物体之间存在极强的团聚作用而使颗粒尺寸变大。如果能将这些纳米单元分散在某种基体之中构成复合材料，使之不团聚而保持纳米尺寸的个体则可发挥其纳米效应。这种效应的产生是来源于其表面原子呈无序分布状态而具有的特殊性质，表现为量子尺寸效应、宏观量子隧道效应、表面与界面效应等。由于这些效应的存在使纳米复合材料不仅具有优良的力学性能而且会产生光学、非线性光学、光化学和电学等的功能作用。

(3) 粒子增强复合材料复合效应与性能　在热固性和热塑性塑料中，粉粒状硬质填料，如石粉、天然石墨、云母、玻璃粉、金属粉或其氧化物等，主要增加塑料的刚硬度。在某些情况下，如果树脂与填料黏结牢固的话也能提高强度。对热塑性塑料，一般都要降低材料的抗冲击性能，有时界面黏结差，其拉伸强度也下降。然而，当填料成为结晶聚合物的成核剂时，可提高材料的屈服强度，如滑石粉加入聚丙烯中那样。此外，这些填料还可以降低塑料的热膨胀系数，提高塑料的尺寸稳定性和热变形温度。导热良好的填料自然还能提高塑料的导热性。

对摩擦用高分子材料，加入玻璃粉、焦炭和铜粉等，除了物理机械性能方面的效应外，还可以改善摩擦副的磨合过程；加入MoS_2、F-34塑料粉和石墨，可以减小摩擦系数和提高耐磨性能；铜粉和铅粉有耐磨作用，并提高其导热性。

目前对于填料的各种效应的研究还是定性的。研究得最多的是填料的增强作用，即对材料刚性和强度贡献。填料在塑料中多数是处于宏观分散相状态，少数是处于微观多相状态。相间主要靠黏附力结合，所以填充塑料的某些性能往往为纯树脂与纯填料性能的折中或调和是不难理解的。比母体聚合物硬得多的惰性填料几乎总是提高高分子材料的模量。因为大多数聚合物的模量即使最硬的也仅约10MPa，而普通无机填料的模量一般至少为100MPa，在大多数情况下，填充高分子材料的模量随填料的体积分数增加而增加。下面是一个近似方程式：

$$G=G_1v_1+AG_2v_2 \tag{2.3}$$

式中，G为填充高分子材料的模量，G_1、G_2分别为聚合物和填料的模量；v_1、v_2则为相应的体积分数；A为黏附因子（在0～1间）。

Kemer和Vander Poel分别导出了更为复杂的计算方程式，并在某些范围内验证了如下结论：在填料的模量≥母体模量的条件下，填充聚合物材料的模量与填料的性质无关。这说明填料与母体界面黏结在填料效应中起重要作用。

可以想像，填料在母体特别是在界面处是一个应力集中区，当填料为不规则形状时，应力集中更严重，当界面处在黏结不良时，破坏的先导——微裂纹由此而生。若黏结良好则此处的应力传递给母体，由母体耗散掉。可见，填料的强度效应与填充粒子的形状，大小和界面黏结性（尤其是后者）有着更为密切的关系。

在热塑性塑料中，填充效应情况各异，要具体分析。有人用图 2.32 来说明，图上 a 代表无填料母体塑料的应力应变性能；b 为含有 3 级填充物（颗粒大但与母体黏附强固）的塑料应力应变性能；c 为含有大量球状的与母体黏附牢固的填料之塑料的应力应变性能。由于大量的填料的作用，曲线 c 已变成光滑过渡型，不像 b 那样呈阶梯形。b′和 c′分别与 b 和 c 相当，但属于黏附差的情况。由图可见，热塑性塑料与填料颗粒的高黏附性是增强的必要条件。遗憾的是，在热塑性塑料的熔融高黏度的情况下，工艺上往往不易做到熔体与填料完全润湿和黏结良好。因而这类填料除了增加热塑性的刚性之外，强度往往是下降的，而伸长率和冲击强度的下降尤为严重。

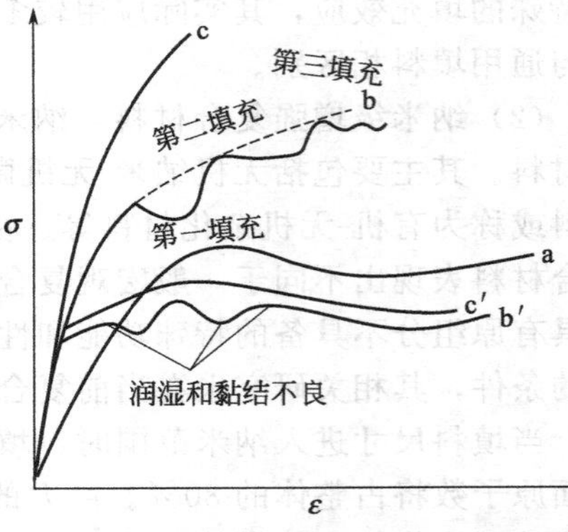

图 2.32 热塑性塑料中的填充效应

在热固性或热塑性高分子材料中，加入纤维状填料如纸、棉短绒、木屑、石棉纤维、玻璃纤维、碳纤维、硼纤维等，有不同程度的增强效果，特别是那些高模量、高强度的纤维填料，在长度适当的情况下，增强的效果是惊人的。纤维状填料还可以改善脆性树脂（主要是热固性树脂）的抗冲击性，因而有时也把纤维填料称为增韧剂。但它们在一定程度上降低了高韧性的热塑性塑料的抗冲击性。这就是说，经纤维增强后的各种塑料的韧性变得互相接近了。通常纸、木屑、棉短绒及石棉纤维的增强效果较差，常在脆性的热固性树脂中使用。强度较高的布基或石棉基酚醛塑料常用作齿轮、刹车片等结构材料。玻璃纤维、碳纤维、硼纤维等高模量纤维有特殊的增强效果。其中，玻璃纤维增强塑料或称为玻璃钢已发展成为一类特别引人注目的通用型结构复合材料。它们不仅大幅度地提高塑料的刚度，而且大幅度地提高塑料的热变形温度，成型精度和抗蠕变、抗疲劳能力，并显著地降低热膨胀系数。

在溶胶-凝胶法制备的有机-无机二氧化硅纳米复合材料中，无机和有机成分相互掺杂成紧密的新形态。在局部呈现出在纳米尺寸范围内的分子水平复合微区，这样紧密混合或相互贯穿的小的微区尺寸的存在，使得这些纳米复合材料是高度透明的。在纳米复合材料中，聚合物贯穿于二氧化硅等无机网络中，分子链和链段的运动受到一定程度的限制，聚合物的玻璃化温度提高。复合材料的软化温度、热分解温度等均比单纯聚合物有较大提高。非收缩的纳米复合材料的力学性能表明，他们的性质既不像纯聚合物，又不像无机的陶瓷或玻璃。一般的陶瓷在应变值很小时就会发生脆性断裂。但是，当纳米复合材料中的二氧化硅含量高达 50%，复合材料仍能适应高达 40% 的应变，有些纳米复合材料的韧性甚至比纯聚合物的还高。

上述粒子增强复合材料的复合效应和复合性能除了受到填料粒子尺寸大小和粒子本身性能的影响之外，复合材料的整体性能的优劣还与复合材料界面结构和性能关系密切。

复合材料中增强相粒子与聚合物基体接触构成的界面，是一层具有一定厚度、与增强相和基体相有明显差别的新相——界面相（界面层）。它是增强相和基体相相连接的纽带，也是应力传递的桥梁。随着对复合材料界面研究的不断深入，发现界面相中增强相粒子与基体相之间的相互作用强弱将直接影响复合材料的性能。一般增强体表面由于表面能低、化学惰性、表面被污染以及存在弱边界层，影响了基体树脂的润湿性和粘接性。所以一般需对粒子表面改性，以改变粒子表面化学组成和结构，从而提高基体对增强粒子表面的润湿和粘接等性能，进而实现对复合材料性能的改善和优化。通常，对增强相粒子表面改性主要是采用偶联剂进行表面处理，该偶联剂一般采用硅烷偶联剂，实践表明此方法是十分有效的，已经在工业规模的生产中使用。

硅烷偶联剂的化学结构通式为：

$$R—Si(CH_2)_nX_3$$

式中，R 为有机官能团，针对所用的聚合物基体而定；X 是可水解的基团，通常为—Cl、—O(OCH$_3$)、—OR 或—N(CH$_3$)$_2$ 等，用何种基团与偶联作用基本无关；n=0～3。

表 2.41 是常见的偶联剂品种及应用情况。

表 2.41　常用偶联剂品种及应用情况

商品牌号		化学名称	结构式	适用树脂	
国内	国外			热固性	热塑性
沃兰	Volan	甲基丙烯酸氯代铬盐	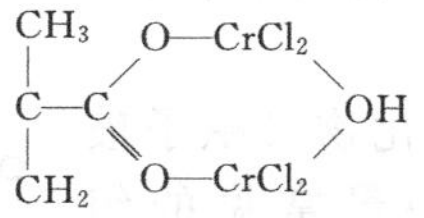	酚醛、聚酯、环氧	聚乙烯、聚甲基丙烯酸甲酯
A-151	A-151	乙烯基三乙氧基硅烷	$CH_2=CHSi(OC_2H_5)_3$	聚酯、硅树脂、聚酰亚胺	聚乙烯、聚丙烯、聚氯乙烯
A-172	A-172	乙烯基三(β-甲氧乙氧基)硅烷	$CH_2=CHSi(OC_2H_4—OCH_3)_3$	聚酯、环氧	聚丙烯
KH-570	A-174 Z-6030 KBM-503	γ-(甲基丙烯酰氧)丙基三甲氧基硅烷	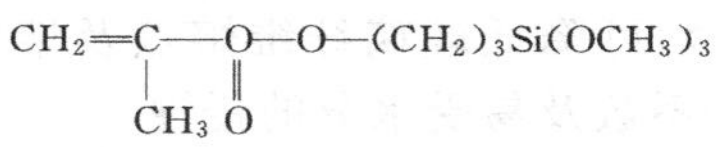	聚酯、环氧	聚苯乙烯、聚甲基丙烯酸甲酯、聚乙烯、聚丙烯
KH-550	A-1100 AyM-9	γ-氨丙基三乙氧基硅烷	$H_2N(CH_2)_3Si(OC_2H_5)_3$	环氧、酚醛、蜜胺树脂	PVC、聚碳酸酯、尼龙、PE、PP
KH-42		苯胺甲基三乙氧基硅烷	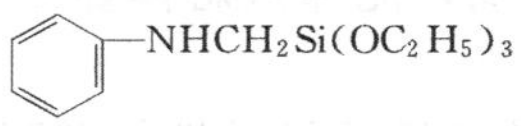	环氧、酚醛	尼龙
KH-560	A-187 Y-4087 Z-6040 KBM-403	γ-(2,3-环氧丙氧基)三甲氧基硅烷	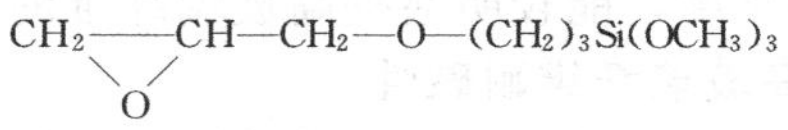	聚酯、环氧、酚醛、蜜胺树脂	聚碳酸酯、尼龙、聚苯乙烯、PP
KH-580		γ-巯丙基三乙氧基硅烷	$HS(CH_2)_3Si(OC_2H_5)_3$	环氧、酚醛	PVC、PS、聚氨酯
KH-590	A-189 Z-6060 Y-5712	γ-巯丙基三甲氧基硅烷	$HS(CH_2)_3Si(OCH_3)_3$	大部分适用	PS
A-143	NDZ-603	γ-氯丙基三甲氧基硅烷(氯基硅烷)	$Cl—(CH_2)_3—Si(OCH_3)_3$	环氧层压材料	
	A-186 Y-4086 KBM-303	β-(3,4-环氧环己基乙基)三甲氧基硅烷	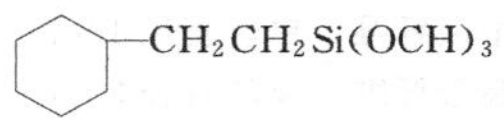	环氧、酚醛、聚酯、蜜胺树脂	PVC、PE、PP、聚碳酸酯
	A-1120 Z-6030 X-6030 BBM-603	N-(β-氨乙基)-γ-氨丙基三甲氧基硅烷	$NH_2CH_2CH_2NH(CH_2)_3Si(OCH_3)_3$	环氧、酚醛、蜜胺树脂	尼龙、PE、PS

2.5.2.2 纤维增强复合材料

(1) 纤维材料　纤维状增强材料的增强效果最为明显，应用最为广泛，主要包括玻璃纤维、碳纤维、芳纶和高分子量聚乙烯纤维等。另外，还有很多无机或有机纤维增强材料，比如无机纤维：硼纤维、氧化铝纤维、碳化硅纤维、陶瓷纤维、金属纤维、矿物纤维等；有机纤维：聚乙烯醇纤维、聚丙烯纤维、PBO 纤维、聚酰亚胺纤维等。

① 玻璃纤维　玻璃纤维是含各种金属氧化物的硅酸盐类化合物经熔融抽丝而成的产品，具有轻质、高强度、耐温、耐腐蚀、电热绝缘等一系列优良性能，且原料易得、生产简便、成本低廉，是一种优良的增强材料，广泛地应用于复合材料工业中。

a. 玻璃纤维的结构与组成　玻璃纤维的结构与块状玻璃本质上是一样的，是一种具有短距离网络结构的非晶结构（见图 2.33）。

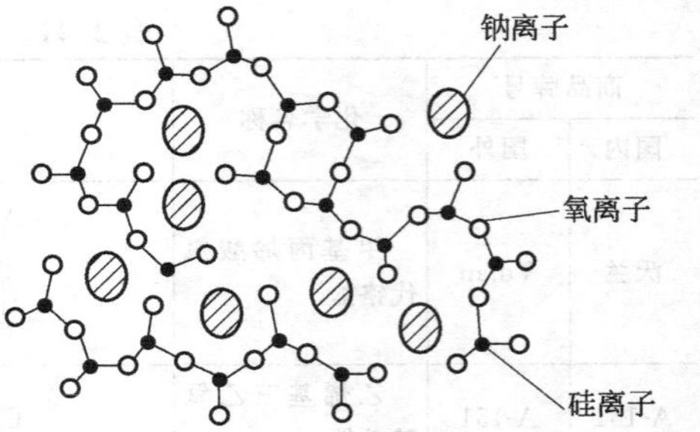

图 2.33　玻璃的结构

玻璃纤维的化学组成中的不同氧化物可赋予玻璃纤维不同的性能。在玻璃纤维中最常见的组分有：

SiO_2 是玻璃纤维中最主要的成分，SiO_2 含量越高，玻璃纤维的化学稳定性和耐热性、机械强度亦愈高，但 SiO_2 熔点高，熔体黏度大，拉丝成型困难。

Na_2O、Li_2O 等碱金属氧化物可降低玻璃纤维熔点及熔体黏度，改进玻璃纤维的加工性，却使玻璃纤维具有高的膨胀系数及易受水分的侵蚀。

CaO、MgO 等碱土金属氧化物，使玻璃纤维具有中等黏度，能改进玻璃纤维的耐化学性、耐水性、耐温性，易于析晶。

B_2O_3 是玻璃纤维熔制时的助熔剂，能降低熔体黏度，稳定玻璃纤维的电性能，却使力学性能有所下降。

Al_2O_3 可增加熔体黏度，使玻璃纤维的机械性能及耐化学性有所提高。

BeO 导致玻璃纤维呈中等黏度，能较明显提高玻璃纤维的模量。

ZrO_2、TiO_2 等可大大提高玻璃纤维耐碱性。

总之，玻璃纤维的化学成分的选配一方面要满足纤维的物理和化学性能的要求，具有良好的化学稳定性；另一方面要满足制造工艺的要求，如合适的熔融温度，硬化速度及黏度范围等。

b. 玻璃纤维的分类　玻璃纤维的种类很多，其有着如下的分类。

按含碱量可分为：
- 有碱玻璃纤维，碱性氧化物含量＞12%
- 中碱玻璃纤维，碱性氧化物含量 6%～12%
- 低碱玻璃纤维，碱性氧化物含量 2%～6%
- 无碱玻璃纤维，碱性氧化物含量＜2%

含碱量是指成分中含钾、钠氧化物（Na_2O、K_2O）的质量。

按单丝直径可分为：
- 粗纤维，单丝直径 20μm 以上
- 初级纤维，单丝直径 20μm
- 中级纤维，单丝直径 10μm～20μm
- 高级纤维，单丝直径 3μm～9μm，多用于纺织制品

按用途可分为：
- 高强度纤维，具有高强度，可用作结构材料
- 低介电纤维，电绝缘性及透波性好，适于用作雷达装置的增强材料
- 耐化学药品纤维，特别是耐酸性好，适于用作耐腐蚀件和蓄电池套管等；
- 耐碱纤维，适用于增强水泥

c. 玻璃纤维的性能

外观和密度　玻璃纤维呈表面光滑的圆柱体，其横断面几乎都是完整的圆形，有利于提高复合材料的玻璃纤维含量。玻璃纤维的密度较有机纤维大很多，但比一般金属纤维要低，与铝几乎一样。此外，一般无碱玻璃纤维密度比有碱玻璃纤维的密度大，前者一般为 2.6～2.7g/cm³，后者为 2.4～2.6g/cm³。

力学性能　玻璃纤维的拉伸强度一般为 1000～3000MPa，比同成分的块状玻璃高出几十倍。一般情况，玻璃纤维的直径越细，纤维越短，拉伸强度越高。纤维含碱量越高，强度越低。存放一段时间后玻璃纤维强度会降低，主要原因是空气中的水分对玻璃纤维侵蚀导致裂纹的增多与开裂。玻璃纤维强度随着施加负荷时间的增长而降低。

玻璃纤维的延伸率比其他有机纤维的延伸率低，一般为 3%左右；玻璃纤维的弹性模量比其他人造纤维大 5～8 倍，但比一般金属的弹性模量要低得多。对玻璃纤维的弹性模量起主要作用的是其化学组成。实践证明，加入 BeO、MgO 能够提高玻璃纤维的弹性模量。

玻璃纤维的耐磨性和耐折性都很差。为了提高玻璃纤维的柔性以满足纺织工艺的要求，可采用适当的表面处理。

耐热性能　玻璃纤维的耐热性较高，在 200～250℃以下时，玻璃纤维强度不变，且热膨胀系数较低。玻璃纤维的耐热性是由化学成分决定的。一般钠钙玻璃纤维加热到 470℃之前，强度变化不大，石英和高硅氧玻璃纤维的耐热性可达 2000℃以上。

电性能　玻璃纤维的电绝缘性能主要取决于化学组成、温度和湿度。碱金属离子越多，空气湿度增加，纤维电阻率下降。

化学性能　玻璃纤维对各种侵蚀介质（水、蒸气、酸碱溶液及化学试剂等）的抵抗能力是玻璃纤维化学稳定性的标志。主要取决于其成分中的二氧化硅及碱金属氧化物的含量。一般中碱玻璃纤维对酸的稳定性是较高的，无碱玻璃纤维耐酸性较差；无碱玻璃纤维与中碱玻璃纤维受到 NaOH 溶液侵蚀后，几乎所有玻璃纤维成分，包括 SiO_2 在内，均匀溶解，使纤维变细；而浓碱溶液、氢氟酸、磷酸等，将使玻璃纤维结构全部溶解。温度对玻璃纤维的化学稳定性有较大影响，在 100℃以下时，温度每升高 10℃，纤维在介质侵蚀的破坏速度增加 5%～10%。当温度升高到 100℃以上时，破坏作用将更剧烈。与其他纤维比较，玻璃纤维吸湿性很小。

d. 玻璃纤维及其织物　玻璃纤维及其织物的品种很多，常见的有玻璃纤维的纱、布、带、无纺布和毡等。

玻璃纤维纱　玻璃纤维纱可分无捻纱及有捻纱两种。无捻粗纱中的纤维是平行排列的，拉伸强度很高，易被树脂浸透，故无捻粗纱多用于缠绕高压容器及管道等，同时也用于拉挤成型、喷射成型等工艺中。有捻纱通过加捻可提高纤维的抱合力，改善单纤维的受力状况，有利于纺织工序的进行。但捻度过大不易被树脂浸透。

玻璃布　玻璃布主要用于生产各种层压板、储罐、船艇、模具等。一般玻璃布有五种基本织纹：平纹、斜纹、缎纹、罗纹和席纹。其中平纹结构最稳定，布面最密实，适于作平面的玻璃钢制品；斜纹布的悬垂性比平纹布好，强度也高于平纹布，手感柔软，但稳定性比平纹布差；缎纹虽不如平纹稳定，可由于浮经或浮纬较长，纤维弯曲少，故制成制品的强度较高，与斜纹布相比铺敷性好，主要用于手糊各种形状复杂的制品；罗纹特点是稳定性很好，主要用于需要变形最小，经纬密度低的地方，例如作为表面织物；席纹虽不如平纹稳定，但它比较柔顺，更能贴合简单的形状。

玻璃纤维毡　玻璃纤维毡有短切纤维毡、连续纤维毡及表面毡等。短切纤维毡分为高溶解度型和低溶解度型。前者用手糊及连续制板工艺中，毡片可很快被树脂浸润。后者用于模压和 SMC 工艺中，可防止纤维被树脂冲掉。连续原丝毡对复合材料的增强效果较短切毡好。主要用在拉挤法、RTM 法、压力袋法及玻璃毡增强热塑料（GMT）等工艺中。表面毡采用中碱玻璃制成，其耐化学稳定性特别是耐酸性较高，同时因为其毡薄、玻纤直径较细，可吸收较多树脂形成富树脂层，起到表面修饰作用。

e. 玻璃纤维的应用　由于玻璃纤维的综合性能较好，表面处理技术成熟，制品品种多样，所以由玻璃纤维制备的复合材料，特别是树脂基复合材料——玻璃钢的应用十分广泛，主要表现在以下几个方面。

在电气绝缘方面的应用　玻璃钢能满足电气设备的绝缘材料应用，具有高的介电强度，大的绝缘电阻，低的吸水率，一定的机械强度及热稳定性，它以层压板材、管、棒及模压料的形式，在高低压交流电机、直流电机、高低压电器、开关、互感器、变压器等电器产品上得到不同程度的应用。

在化工防腐上的应用　玻璃钢具有优良的耐腐蚀性，是一种优良的化工防腐材料，可制作各种化工设备，如容器、储槽、塔、管道、管件、泵、阀门、搅拌器等。

在飞机上的应用　使用玻璃钢制造飞机的各种零部件具有减轻重量，工艺简便，缩短生产周期，降低成本，提高质量等优点。它可以用作飞机上的：一般内部设备和装饰材料，如座椅、行李架等；一般结构材料，如货舱内壁板，通风管和机门等；主要结构材料，如雷达罩、螺旋桨、蜂窝夹层机翼和机身壳体等。

在空间飞行器、导弹上的应用　玻璃钢在空间飞行器、导弹上的应用包括烧蚀材料、发动机、雷达天线罩、喷嘴、头锥体、电子设备容器、尾翼、壳体等。

在船舶上的应用　玻璃钢应用于船舶，具有强度高、重量轻、耐河水及海水的侵蚀、耐风及生物的侵蚀等优点。可用于制备船体、甲板、风斗、风帽、仪表盘等。

在汽车上的应用　玻璃钢应用于汽车的主要特点是强度高、重量轻、耐腐蚀、隔热、耐冲击、安全性能好、易修理等，可用于制造汽车壳体、仪表板、挡泥板、座椅、车门、发动机罩、油箱等各种汽车零部件。

② 碳纤维　碳纤维是指纤维中含碳量在95%左右的碳纤维和含碳量在99%左右的石墨纤维。

碳纤维的研究与应用已有100多年历史。1870年，爱迪生就申请了用碳丝做电灯丝的发明专利。但直到20世纪50年代，美国才制成了具有一定机械性能的碳纤维。之后，碳纤维的发展进入了一个研究开发的高峰期，其品种不断地扩大，性能也不断地提高。

a. 碳纤维的分类　当前碳纤维的种类很多，一般可根据原丝的类型、碳纤维的性能和用途进行分类。

根据碳纤维的性能分类　包括高性能碳纤维（高强度碳纤维、超高强度碳纤维、高模量碳纤维等）和普通碳纤维（耐火纤维、普通碳质纤维、石墨纤维等）。

根据原丝类型分类　包括聚丙烯腈基碳纤维、黏胶基碳纤维、沥青基碳纤维及其他有机纤维基碳纤维。

根据碳纤维的功能分类　包括受力结构用碳纤维、耐焰碳纤维、活性碳纤维、导电用碳纤维、润滑用碳纤维、耐磨用碳纤维等。

根据纤维制品的外观分类　包括短纤维（短切碳纤维和碳毡）、长纤维（长度可达几千米）、二（双）向织物（平纹布或缎纹布等）、三向织物和多向织物等。

b. 碳纤维的性能及应用

力学性能　碳纤维的理论强度远远高于玻璃纤维，高强度碳纤维的拉伸强度为2500～4000MPa。典型的T300碳纤维的性能见表2.42。

表2.42　T300碳纤维基本性能

纤维密度/(g/cm³)	1.75	拉伸模量/GPa	230
线密度/(g/1000m)	198	拉伸断裂伸长率/%	1.58
拉伸强度/MPa	3532		

影响碳纤维弹性模量的直接因素是晶粒的取向度，而热处理条件下的张力是影响这种取向的主要因素。碳纤维的强度（σ）、弹性模量（E）与材料的固有弹性模量（E_0）、纤维的轴向取向度（α）、结晶厚度（d）、碳化处理的反应速度常数（K）之间的关系可用方程式表示：

$$E=E_0(1-\alpha)^{-1} \tag{2.4}$$

$$\sigma=K[(1-\alpha)\sqrt{d}]^{-1} \tag{2.5}$$

碳纤维是典型的脆性材料。一般高模量碳纤维的最大延伸率是 0.35%，高强度碳纤维为 1%；碳纤维的弹性回复为 100%，说明碳纤维的刚性极大，韧性较差。

物理性能　碳纤维的密度在 1.5～2.0g/cm^3 之间，低于玻璃纤维，所以碳纤维的比强度、比模量较高。碳纤维的热膨胀系数与其测量的方向有关。平行于纤维方向是负值，而垂直于纤维方向是正值。碳纤维的导热率也有方向性，平行于纤维轴方向导热率高些，其导热率随温度升高而下降。碳纤维的导电性较好，应注意的是碳纤维的电动势为正值，而铝合金的电动势为负值。因此，当碳纤维复合材料与铝合金组合应用时会发生电化学腐蚀。

化学性能　碳纤维的化学性能与碳很相似。除能被强氧化剂氧化外，它对一般酸碱是惰性的。在空气中，温度高于 400℃时，则出现明显的氧化，生成 CO 和 CO_2。在不接触空气或氧化气氛时，碳纤维具有突出的耐热性，与其他类型材料比较，碳纤维要在高于 1500℃强度才开始下降，而其他材料包括 Al_2O_3 晶须性能已大大下降。另外，碳纤维还有良好的耐低温性能，如在液氮温度下也不脆化。它还有耐油、抗放射、抗辐射、吸收有毒气体和减速中子等特性。

c. 碳纤维的应用　碳纤维由于其性脆和高温抗氧化性能差等原因，很少单独使用。而主要用作复合材料的增强材料。碳纤维的主要用途列举如下。

宇航工业　用作防热及结构材料如火箭喷管、卫星构架等；

航空工业　用作主承力结构材料，如飞机主翼；次承力构件，如方向舵，此外还有 C/C 刹车片；

交通运输　用作汽车传动轴、板簧、构架和刹车片等制件；船舶和海洋工程用作制造渔船、快艇和赛艇的桅杆、划水桨、海底电缆和管道等；

运动器材　用作球拍及球杆、自行车架等；

土木建筑　架设跨度大的管线、轮船结构的增强筋、地板等；

其他工业　化工用的防腐件和密封制品等；人体和医疗器材如人造骨骼、X 光机的床板等。纺织机用的剑竿头和剑竿，防静电刷。其他还有电磁屏蔽、电极、音响、减摩、储能及防静电等材料也已获得广泛应用。

③ 芳纶　芳纶是分子链上至少含有 85%的直接与两个芳环相连接的酰胺基团的聚酰胺经纺丝所得到的合成纤维。目前，可合成的高性能芳纶的品种很多，但供复合材料工业作增强材料最多的是聚对苯二甲酰对苯二胺（poly（p-phenylene terephthalamide），简称 PPTA）纤维，其中产量最大的是美国 Du Pont 公司于 1972 年推出的 Kevlar 系列纤维。

a. PPTA 树脂的合成和 Kevlar 纤维的制备　分子量高、分子量分布窄的 PPTA 聚合物是由严格等摩尔比的高纯度对苯二甲酰氯或对苯二甲酸和对苯二胺单体在强极性溶剂中，通过低温溶液缩聚法或直接缩聚反应而得，而 PPTA 溶于浓硫酸中配成临界浓度以上的向列型液晶纺丝液，采取干-湿法纺丝，最后经洗涤、干燥或热处理，制得各种规格、不同性能的 Kevlar 纤维。

b. Kevlar 纤维的结构与性能　Kevlar 纤维具有优异的力学、化学、热学、电学等性能，这是与其化学和物理结构密切关联的。

从化学结构看，Kevlar 纤维的分子链是由苯环和酰氨基按一定规律有序排列组成的。酰氨基的位置接在苯环的对位上，所以大分子链具有线型刚性伸直链构型，从而为 PPTA 形成高强度、高模量纤维的提供了理论基础。

从物理结构上看，Kevler 纤维内的 PPTA 分子内骨架原子通过强有力的共价键络合而成，且分子间存在由一个酰氨基团上的氢与另一个酰胺基团的羧基（—CO—）结合成氢键。其结构如下所示：

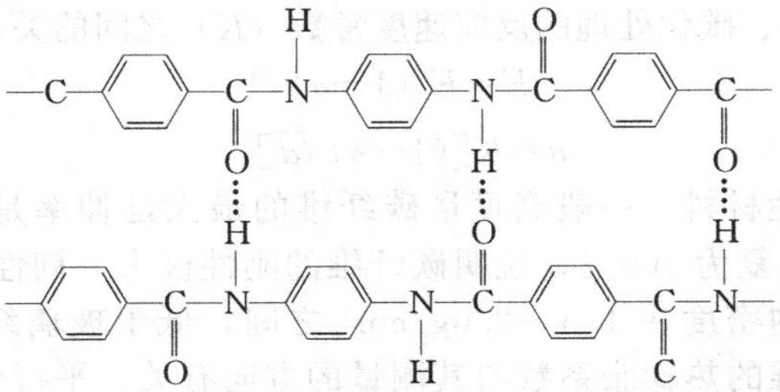

这种高规整的分子结构使Kelvar纤维呈现高度的各向异性：在纤维轴向上有着高的拉伸强度延伸性、韧性及较低的剪切模量，而横向性能都较低。

Kevlar纤维结构另一特点是其纤维中同时存在微纤结构、皮芯结构等不同的聚集态，使Kevlar纤维同碳纤维一样，其性能不但依赖于其化学结构，更依赖于其物理结构，即更依赖于成纤过程。不同的生产工艺，产生不同强度、模量的各类Kevlar纤维。总之，由于它特殊的化学及物理结构特点，使Kevlar纤维具有以下性能。

具有很好的拉伸性能，而较差的抗扭剪切性能及抗压性能；具有较高的断裂伸长率及耐冲击性能；具有良好的热稳定性，耐火、不熔，在空气中长期使用温度可达160℃，热膨胀系数很小，与碳纤维相近；具有良好的耐化学介质性能，除强酸、强碱外，对其他化学药品均较稳定，吸湿性较高；具有良好的电器绝缘及电磁波的穿透性等；耐光性较差，在受紫外线作用后，强度下降。

c. 芳纶纤维的应用

先进复合材料　由于芳纶的比强度、比模量明显优于高强度玻璃纤维，对相同尺寸的容器，芳纶壳体比玻璃钢壳体的容器特性系数 PV/W（P 为容器爆破压强、V 为容器容积、W 为容器质量）提高30%以上，因此芳纶被广泛用于航空、航天领域及造船工业制作导弹、舰船等的壳体材料。

汽车工业领域　利用芳纶的比强度、耐热性及耐磨性，汽车工业中大量利用芳纶制作橡胶轮胎的帘子线，以及高压软管、摩擦材料和刹车片、车厢。

防弹制品　利用芳纶的高韧性，芳纶已广泛用于防弹装甲车、飞机防弹板等硬质防弹装备及软质防弹背心。

缆绳　利用芳纶轴向的高抗拉伸性能。芳纶已用作航空、航天的降落伞绳、舰船及码头用缆绳以及光纤通讯电缆的加强件等缆绳。

基础设施和建材　芳纶增强混凝土，有两种形式：一种是短切纤维用环氧系列的胶黏剂缓慢地固化后，置入搅拌机中与水泥混合，然后在挤出成型机中加工成一定厚度的芳纶增强混凝土预制件；另一种是芳纶连续纤维预制成像钢筋一样，插入混凝土或短纤维增强的混凝土中。也可以将连续纤维编织和固化成网状的环氧复合材料网铺入混凝土内。这种芳纶混凝土除了强度高、重量轻以外，主要是耐盐类腐蚀，延长建筑物寿命。除可以盖高楼大厦外，还可用于桥梁、海洋开发结构物及化工厂的设施。

芳纶增强木材，大型胶黏层合木材（Glulams）用于建筑工程已非常普遍，用芳纶纤维单向塑料增强薄板粘于Glulams层合梁的浅表层部位，可增加梁的强度和刚度，已在桥梁、工字梁等各种结构梁上获得成功，为速成材料、低级木材和小木材的应用开拓了市场，特别适用于森林资源匮乏的国家与地区。

传送带　芳纶增强的橡胶传送带已大量用于煤矿、采石场、港口的运输传送带。利用芳纶耐热性好的特点，也可以用作耐热玻璃器皿坯料（如显像管泡）的生产线传输和清洁的食品烘干线传送带。

特种防护服装　芳纶的耐火特性使它可用于防火和消防工作服。此外，芳纶布还可用于森林伐木工作服、赛车服、运动服和手套、袜子等产品。

体育运动器材　可用作弓箭、弓弦、羽毛球拍等，芳纶与其他纤维混杂的复合材料可用作高尔夫球棍、滑雪板、雪橇以及自行车架和轮毂等。

电子设备　用于集成电路和低膨胀系数的印刷电路板以及音响的喇叭盒等。

④ 超高分子量聚乙烯纤维　超高分子量聚乙烯纤维（ultra high molecular weight polyethylene fiber，UHMW-PE 纤维）是采用冻胶纺丝方法-超倍热拉伸技术（gel spinning method-ultra drawing technology）制得的。因为 UHMW-PE 纤维具有密度低，比强度和比模量高等众多优异特性，于高性能复合材料方面显示出极大的优势，在现代化战争和宇航、航空、航天、海域防御装备等领域发挥着举足轻重的作用。此外，该纤维在汽车制造、船舶制造、医疗器械、体育运动器材等领域亦有广阔的应用前景。

a. UHMW-PE 原料的结构与性能　UHMW-PE 是由乙烯在齐格勒-纳塔催化体系作用下，采取低压聚合技术制得的分子量在 100 万以上的线性高密度聚乙烯，大分子结构规整，平均分子量高，分子量分布窄，支链短而少，易结晶，结晶度高。分子链中不含极性基团，因此 UHMW-PE 具有突出的高模量、高韧性、高耐磨性、优良的自润滑性，消音性能好，吸水率在 0.01%以下，耐化学药品性能、抗黏结性能良好，耐低温性能优良，电绝缘性能好，但耐热性能较差，一般使用温度在 100℃以下。

b. 超高分子量聚乙烯纤维的制造　UHMW-PE 纤维采用冻胶纺丝方法-超倍热拉伸技术制得，该工艺方法的技术路线技术的要点可见表 2.43。

表 2.43　UHMW-PE 纤维加工技术的要点

工序	要点	结构缺陷的控制	控制具体措施
溶解	UHMW-PE 均一冻胶制备	控制降解，减少末端分子链数，降低分子链的缠结	原料及溶剂品种的选择，溶解工艺方法及浓度的控制
拉丝	纤度均一的初生态冻胶纤维的纺制	降低缠结分子链，减少折叠链	张力及温度控制
牵伸	冻胶纤维的超倍拉伸	形成伸直链结晶，非晶区减小	IDP 法（增量拉伸法）的应用，温度和拉伸速率的控制，高拉伸比的实施

c. 超高分子量聚乙烯纤维的性能　UHMW-PE 纤维具有独特的综合性能：密度小，强度高，能达到优质钢的 15 倍；模量高，仅次于特殊碳纤维，故 UHMW-PE 纤维具有极为优越的比强度、比模量。相对其他高性能的纤维，UHMW-PE 纤维具有很好的耐冲击性。此外，由于 UHMW-PE 纤维不含极性基团，取向度及结晶度高，所以 UHMW-PE 纤维具有耐海水腐蚀，耐化学试剂、耐磨损、耐紫外线辐射。但耐热性差、耐蠕变性差、力学性能高度各向异性等特性。UHMW-PE 纤维的具体物理、化学性能见表 2.44 所示。

表 2.44　UHMW-PE 纤维的物理、化学性能

指　标	性　能	指　标	性　能
吸湿性	无	绝缘强度	900kV/cm
沸水收缩率	<1%	绝缘常数(22℃,20%负荷)	2.25
受水腐蚀	无	损失角	2×10^{-4}
耐酸性	优	蠕变性能(22℃,205 负荷)	0.01%/24h
耐碱性	优	轴向抗张强度	3GPa
耐紫外光	优	轴向抗张模量	100GPa
耐化学试剂	很好	轴向压缩强度	0.1GPa
熔点	144～152℃	轴向压缩模量	100GPa
热导率(沿纤维轴)	20W/(m·K)	横向抗张强度	0.03GPa
热膨胀系数	-12×10^{-6}/K	横向抗张模量	3GPa
电阻率	$>10^{14}\Omega$		

d. 超高分子量聚乙烯纤维的应用　目前，UHMW-PE 纤维因其比强度、比模量高，其应用具体有以下几点。

绳、缆、索、网、线类　由 UHMW-PE 纤维制得的制品重量轻、寿命长、纤维接头少，制得的网漏水大，而所需拖力小。还可制作各种捻制编制的耐海水、耐紫外线、不会沉浸而浮于水面的束具，广泛应用于拖船、渡船和海船的系泊，油船和货船的绳缆。

织物类　利用 UHMW-PE 纤维的高能量吸收的性能，以针织、机织或无纺织物的形式可开发加工各类防护制品。如用该纤维的大丝纱可加工成防护手套、工作裤等防切割、防锯用品及具有高抗击剌力的击剑服等。另外，这种高性能纤维织物还可以做船帆，制得的船帆质量轻，伸长小，耐久性好。

无纺织物类　UHMW-PE 纤维类无纺织物具有优异的防弹性能。由它制得的防弹制品重量小，柔韧性好。穿着舒适，防弹、防钝伤效果强。

复合材料类　UHMW-PE 纤维及织物经表面处理可改善其与聚合物树脂基体的黏合性能而达到增强复合材料的效果，这种材料重量大幅度减轻，冲击强度较大，消震性明显改善，以其制成的防护板制品，如防护性涂层护板、防弹背心、防护用头盔、飞机结构部件、坦克的防碎片内衬等均有较大的实用价值。

其他　UHMW-PE 纤维具有良好化学惰性，可用于医疗器材，如缝线、人造肌等。也可制作各种体育用品，如用它制作的弓比 Kevlar 制的弓寿命高两倍（按射击次数计），还可制造吹气船、体育用船、赛艇、建筑结构件和柔性集装箱等。

e. UHMW-PE 纤维的改性　UHMW-PE 纤维具有诸多的优异特性，在很多高新技术领域被引起极大的关注，但因该纤维存在熔点低、与聚合物基体粘接性能差、蠕变等缺陷，限制了它在某些领域的应用。为了改进这些不足，拓宽该纤维的应用，开展了以下方面的研究工作。

提高耐热性和耐蠕变性　通过交联（化学交联或物理交联）可提高聚合物的耐热、耐磨和耐蠕变性。对 UHMW-PE 纤维可用高辐射能进行改性，辐射使分子链之间产生横向交联，用加速电子束和离子、X 射线辐射进行辐照。辐照后的高强度聚乙烯纤维与碳纤维、玻璃纤维或 Kevlar 纤维混用，以改善其耐热、耐磨和耐蠕变性。

改进粘接性　UHMW-PE 纤维进行表面改性是制备纤维增强树脂复合材料的关键技术。由于聚乙烯大分子无极性基团，无化学活性，表面能很低，纤维与树脂之间难以产生化学键结合，纤维分子与树脂分子间不易产生较强的相互作用力，纤维也不易被树脂浸润。UHMW-PE 纤维表面光滑，纤度较高，比表面积小，也不利于纤维与树脂间的黏结。改善纤维粘接强度的有效方法之一是在纤维的表面引入反应性基团，使之能与基体材料分子上的基团反应，同时又能增加纤维表面能，并改善纤维的浸润性。引入反应性基团通常采用化学刻蚀（如氧化接枝、直接氟化、涂覆）或物理刻蚀（如等离子体法、火焰处理法），其中，以直接氟化、低温等离子表面改性方法效果最明显，同时纤维的性能损伤很小。

(2) 基体材料

① 基体的作用　在复合材料中，基体与增强材料等组分相互取长补短形成了具有更为突出的新性能。此时，基体的作用主要有：a. 在力学性能方面，基体起着传递载荷、均衡载荷和支承增强材料的作用；b. 在某些理化性能方面，基体往往起着决定性的作用，如耐热性、防腐蚀性；c. 基体的工艺性决定着复合材料成型性，即复合材料的成型方法及工艺参数的选择主要由基体所决定。

② 基体的分类　聚合物基复合材料类的基体树脂种类多、应用广，其有如下分类。

按材料热行为　可分为热固性树脂和热塑性树脂。热固性树脂在制成最终产品前通常室温下为分子量较小的液态或固态预聚体，经加热或加固化剂后发生化学反应，形成不溶不熔的三维网状无定形高分子，包括不饱和聚酯树脂、酚醛树脂、环氧树脂、呋喃树脂、双马来酰亚胺树脂、有机硅树脂等，其中，在复合材料中应用最广的是前三种。热塑性树脂则是一类线型或有支链的固态高分子，具有可熔可溶性，可反复加工成型而无任何化学反应，包括聚烯烃、聚酰胺、聚碳酸酯等许多品种，其聚集态又有无定形（非晶聚合物）和结晶聚合物两大类，但后者结晶并不完全，通常结晶度在 20%～85%范围。热固性树脂与热塑性树脂相比，前者具有成型黏度小、加工容易，且树脂对增强体浸润性好等优点；而热塑性基体树脂一般成型时黏度较大，加工性和树脂对增强体的浸润性不佳，但热塑性基体树脂的耐冲击性相比前者更加优异。目前，聚合物基复合材料的基体树脂仍然是以热固性树脂为主。

按树脂特性及用途　分为一般用途树脂、耐热性树脂、耐候性树脂、阻燃树脂等。

按成型工艺　分为手糊用树脂、喷射用树脂、缠绕用树脂、拉挤用树脂、RTM 用树脂、SMC 用树脂等。

③ 基体的选择　由于基体对复合材料起着重要的作用，且基体的种类繁多，性能差异大，故对基体的正确选择对能否充分组合和发挥基体和增强材料的性能特点，获取预期的优异的综合性能有着十分重要的意义。在选择基体材料时应充分考虑以下几个原则。

使用性原则　即应考虑基体的性能是否能满足产品使用性能的要求，如使用温度、强度、刚度、耐腐蚀性等的要求。

相容性原则　即应考虑基体对增强材料应有较好的相容性，使之既有利于基体与增强材料的浸润复合，又有利于材料成型过程中适当界面的形成。

加工工艺性原则　为方便复合材料的成型加工，应尽量选用具有储存期长，成型操作和控制容易，且无毒物释放等特点的材料作为基体。

经济性原则　尽量选择具有最大性/价比的基体材料，以提高复合材料的市场竞争力，获取最大的经济效益。

④ 主要的热固性基体树脂品种　酚醛树脂，价廉、生产工艺简单，固化后的酚醛树脂一般可在 129℃下长期使用，但普通酚醛树脂的某些性能不理想，如树脂固化收缩率大，树脂与玻璃纤维的粘接性较差，固化后产物较脆等，所以目前制造酚醛玻璃钢时很少单独使用普通酚醛树脂，一般都用改性酚醛树脂。改性酚醛树脂的种类很多，常见的有聚乙烯醇缩丁醛改性的酚醛树脂、环氧树脂改性的酚醛树脂、二甲苯改性的酚醛树脂等。近年来，四川大学开发了一种开环聚合酚醛树脂，该树脂在加热或在催化剂作用下发生开环聚合而得到含氮且类似酚醛树脂的交联结构，由于固化过程不放小分子，固化收缩率小，综合性能优良，已作为高性能复合材料的基体树脂获得应用。

环氧树脂与玻璃纤维的粘接性好，树脂固化后的综合性能好，所以它是玻璃纤维增强复合材料中最常用的基体树脂。环氧树脂的种类很多，如双酚 A 型环氧树脂、溴代双酚 A 型环氧树脂、酚醛型环氧树脂、聚丁二烯环氧树脂等。以环氧树脂为基体的玻璃纤维增强复合材料广泛用于电机、电器、航空、航天等领域。

不饱和聚酯树脂的突出优点是工艺性能优良，可在常温常压下固化成型。固化后的树脂综合性能良好。其种类也多，有通用型不饱和聚酯、双酚 A 型不饱和聚酯、二甲苯型不饱和聚酯和乙烯基酯不饱和聚酯等。根据使用性能要求选择树脂种类及玻璃纤维。不饱和聚酯玻璃纤维增强复合材料广泛用于船舶、建筑和要求耐化学腐蚀的化工领域。

呋喃树脂，它是在大分子主链含有呋喃环（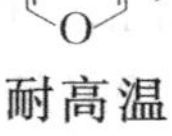）类的聚合物。这类树脂在酸性物质存在下固化成交联结构高分子。固化后树脂具有耐高温（可达 180～200℃）、阻燃、耐酸碱及有机溶剂的特点，常用作耐化学腐蚀设备及管道等复合材料以及耐高温结构材料的基体

树脂。

加聚交联型聚酰亚胺（A型PI），聚合物基复合材料中常用的聚酰亚胺绝大多数属于这一类。如双马型聚酰亚胺、乙炔封端型聚酰亚胺、降冰片烯封端型聚酰亚胺等。这些聚酰亚胺都是端部带有不饱和反应性基团的低分子量化合物低聚物，在制造复合材料的过程中再通过不饱和反应性基团进行均聚或与其他带不饱和反应性基团的化合物发生共聚，不放出小分子而形成交联结构的高聚物。它常用作高性能复合材料的基体树脂。

⑤ 主要的热塑性基体树脂品种　高性能热塑性基体树脂品种主要包括聚醚醚酮、聚醚酰亚胺、聚苯硫醚等。一般认为热塑性基体树脂，由于其加工过程中熔体黏度过大，其浸润增强介质性能不佳，且加工成型工艺难度大，从而一定程度上限制了热塑性基体树脂在高性能复合材料的应用和发展。

其中聚醚醚酮（PEEK）是热塑性基体树脂的典型代表，其结构式为

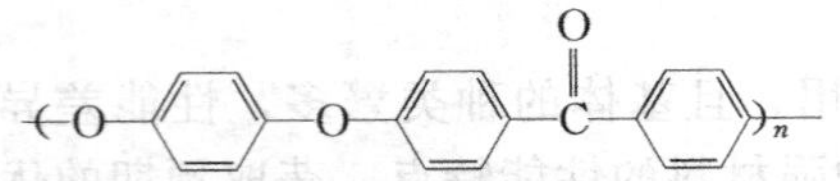

该树脂具有阻燃、电绝缘性优良、耐化学腐蚀、耐高温、高强度、耐辐射和易成型加工的特点，用它作高性能复合材料的基体树脂，已用于核工业、化工、飞机和汽车等领域。

2.5.2.3　其他形式复合材料

除了前面讨论过的颗粒填充型和纤维增强型复合材料之外，还有层合型和其他形式的复合材料。大家熟知的金属箔塑料板或膜、人造木板、塑料复合钢板、漆布、人造革、复合塑料薄膜、结构泡沫塑料、晶须材料等都是复合材料。下面简单介绍一下层合型复合材料和组合式泡沫塑料。

(1) 层合型复合材料　这是一类由两种或多种材料，但至少有一种是塑料的片或膜层合在一起的复合材料，除了上述列举到的形态外，近年来国外出现了热塑性塑料片（如PP、PVC）与玻璃纤维织物的层合型材。此材料的一面有外露的玻璃纤维织物，可供制造玻璃钢外加强防腐蚀设备之用。

层合型复合材料多用于特定要求的包装或者制造具有特殊性能的设备。例如，塑料复合金属板，除了用于制造防腐蚀设备外，还可用于建筑工程上。某些塑料复合金属板适用于隔绝声波的传播和辐射，因而在消除噪声上有独到的用途。摩擦性能优异的塑料与金属的复合材料常用于制造摩擦零件，它可以充分利用塑料的耐摩擦、减摩特性以及金属的刚度和耐高温等物理特性。透明塑料真空镀铝后形成的金属化塑料膜已成功地用于太阳能反光镜和低温热设备的保温方面。

总而言之，层合型复合材料的作用意义都比较直观，是材料组分各自性能用途的取长补短。

(2) 组合泡沫塑料　组合泡沫塑料是近年来新发展的一种泡沫塑料，组合泡沫塑料的形成和气发泡沫塑料不同，它是把已成型的直径20～250μm、壁厚2～3μm的中空玻璃微球、中空陶瓷微球或中空塑料（例如酚醛树脂）微球，加入已加固化剂的树脂中，形成犹如潮湿沙土状的混合物，然后借固化剂的作用而固化成型、显然这是一种类似于颗粒填充型复合材料，不过它又具有泡沫塑料的轻质和刚度大的特性，因而也是一种良好的结构材料。

近来，晶须复合材料和纳米复合材料是新型复合材料研究的重点方向。

所谓晶须是指直径为0.13～2.5μm，且长径为2～25μm的针状单晶。晶须分为金属晶须和化合物晶须两大类。晶须的突出特点是强度高（接近晶体的理论强度）、且强度分布窄、模量大、耐高温。以晶须为增强材料制得的高强度耐高温、耐磨性聚合物基复合材料已逐渐

应用于各个领域。

纳米复合材料是纳米级无机刚性粒子增强聚合物基复合材料的简称。纳米级粒子具有特殊的力、光、电磁以及表面性质，而聚合物有着良好的可加工性。两者组成的复合材料由于粒子以纳米级水平分散于聚合物基体，因其表面积大，与基体树脂的界面作用力强，更好地综合了有机和无机两相性能。以少量纳米无机粒子加入聚合物中对材料性能的提高非常显著。如4.2%的蒙脱石纳米层片与尼龙-6实现纳米复合，使尼龙-6的拉伸强度提高50%，模量提高1倍，热变形温度提高90℃。所以纳米复合材料是获得功能化和高强度复合材料的新途径。

2.5.3　复合材料成型加工方法

2.5.3.1　树脂基复合材料成型方法种类

树脂基复合材料成型工艺的技术成熟、应用广泛、种类很多，一般分类如下：

- 树脂基复合材料成型工艺
  - 热塑性树脂基复合材料成型工艺
    - 短纤维增强热塑性复合材料的成型工艺
    - 长纤维增强热塑性复合材料的成型工艺
  - 热固性树脂基复合材料成型工艺
    - 接触成型
      - 手糊成型
      - 喷射成型
    - 压力成型
      - 低压成型
        - 直空袋成型
        - 压力袋成型
      - 压制成型
        - 模压成型
        - 层压成型
    - 缠绕成型
    - 夹层结构制造
    - 其他

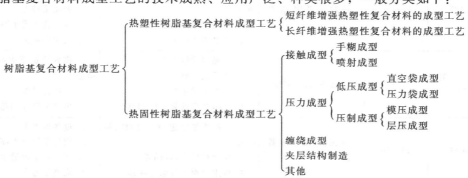

2.5.3.2　复合材料成型工艺的选择

(1) 选择原则　组织复合材料生产时，成型工艺的选择必同时满足材料性能和经济效益等基本要求。一般应遵循如下原则。

① 性能原则　即选择的成型工艺必须同时满足原材料性能及产品性能的要求，此时，应具体考虑的因素有：原材料物化性能的适应性；产品结构及尺寸大小；产品强度及刚度；产品的表面质量要求等。

② 经济原则　即选择的成型工艺应尽量保证生产者的最大经济效益，具体应考虑的因素有：产品批量大小；供货时间（允许的生产周期）；设备投资；成型周期等。

(2) 成型工艺的选择　一般来讲，产品的批量大且尺寸不太大时，采用压制成型等机械化的成型工艺，而量少且尺寸较大时，常采用手糊成型等成型工艺。表2.45列举了树脂基复合材料各种成型方法特点、条件及适用产品，供选择时参考。

下面主要列举树脂基复合材料几种典型的成型工艺。包括：手糊成型、模压成型工艺、树脂注射成型（RTM）、缠绕成型等。

2.5.3.3　树脂基复合材料典型成型工艺

(1) 手糊成型工艺

① 铺层　手工铺层糊制分湿法和干法两种：干法铺层是用预浸布为原料，先将预浸料（布）裁剪成坯料，铺层时加热软化。然后再一层一层地紧贴在模具上，并注意排除层间气泡，使其密实。此法多用于热压罐和袋压成型。

湿法铺层则直接在模具上将增强材料浸胶，一层一层地紧贴在模具上，排除气泡，使之密实。一般手糊工艺多用此法铺层。湿法铺层又分胶衣层糊制和结构层糊制。

a. 胶衣层（面层）糊制，制作的厚度一般为0.25～0.5mm，可采用涂刷和喷涂施工。胶衣层一般做两遍，第一遍胶衣凝胶后，再喷涂第二遍胶衣。胶衣层作用是美化制品外观，提高防腐蚀能力。

表 2.45 各种复合材料成型方法比较

工艺种类	纤维含量/%	需要设备	优　点	缺　点
手糊成型	20～50	手辊、刮板、刷子、模具	1. 产品尺寸和产量不受限制 2. 操作简便、投资少、成本低 3. 能合理使用增强材料，可在任意部位增厚补强	1. 操作技术要求高，质量稳定性 2. 产品只能作到单面光 3. 生产周期长、效率低 4. 劳动强度大，条件差
袋压成型	25～60	热压釜、真空泵、加压袋、空气压缩机、模具及手糊工具等	1. 产品两面光 2. 气泡少 3. 模具费用低	1. 操作技术要求高 2. 生产效率低 3. 不适用大型产品
喷射成型	25～35	喷射机、手辊、模具	1. 生产效率较手糊高 2. 尺寸不限，适合于大尺寸产品生产 3. 设备简单，可现场施工 4. 产品整体性好	1. 强度低 2. 产品只能做到单面光 3. 劳动条件差 4. 操作技术要求高 5. 树脂损耗大
树脂注射成型（RTM）	25～50	树脂注塑机、对模	1. 产品可达到两面光 2. 产品质量好 3. 模具及设备费低 4. 能生产形状复杂的制品	1. 模具质量要求高，使用寿命短 2. 纤维含量低 3. 生产大尺寸制品困难
模压成型	25～60	液压机、加热模具、冷模	1. 产品质量稳定，重复性好，强度高 2. 尺寸精度高，表面光 3. 可生产形状复杂的制品	1. 设备投资大 2. 模具质量要求高，费用大 3. 不适用小批量生产 4. 成型压力大
缠绕成型	60～80	缠绕机及辅助设备模具	1. 充分利用增强材料强度 2. 产品强度高 3. 易实现机械化和自动化生产 4. 产品质量稳定，重复性好	1. 设备投资大 2. 产品仅限于回转体管罐等 3. 产品内表面光
连续制板	25～35	连续成型机	1. 生产效率高 2. 质量稳定，重复性好 3. 产品长度不限，可任意长度切断 4. 易实现自动化生产	1. 设备投资大 2. 仅限于生产板材
拉挤成型	60～75	拉挤成型机组	1. 易实现自动化生产 2. 产品轴向强度大 3. 质量稳定 4. 产品长度不限	1. 设备投资大 2. 只能生产线型型材
离心成型	25～40	离心浇铸机组及配套设备	1. 生产效率高 2. 机械化水平高 3. 制品内外表面光 4. 制品质量稳定 5. 产品刚度大	1. 设备投资大 2. 模具要求高 3. 只限于生产回转体型产品、管罐等
树脂浇铸成型	0～3	振动或离心设备、专用浇铸模	1. 工艺简单，不需大型设备 2. 产品外观质量好 3. 含大量粉粒填料成本低	1. 产品强度低 2. 操作技术要求高 3. 仅限于生产纽扣、卫生洁具及艺术品
热塑性片状模塑料冲压成型	20～40	热塑性 SMC 成型机及制品冲压机组	1. 成型周期短 2. 成型压力低 3. 废料可回收利用 4. 产品比强度高，密度小 5. 生产场地卫生条件好 6. 生产效率高	1. 设备投资大 2. 产品强度和刚度不如热固性复合材料

b. 结构层糊制，是在凝胶后的胶衣层上，将增强材料浸胶，一层一层紧贴在模具上，要求铺贴平整，不出现皱褶和真空，用毛刷和压辊压平，直到铺层达到设计厚度。大型厚壁制品应分几次糊制，待前一叠层基本固化，冷却到室温时，再糊下一叠层，制品中埋设嵌件，必须在埋入前对嵌件除锈、除油和烘干。

为了保证制品的外观质量和强度，铺层接缝应每层错开（图 2.34），将玻璃布厚度与接缝距 s 之比称为辅层锥度 Z，即 $Z=t/s$，试验表明：铺层锥度 $Z=1/100$ 时，铺层的强度与模量最高，可作施工控制参数。

图 2.34　铺层玻璃布拼接形式

② 固化　制品固化分硬化和熟化两个阶段：从凝胶到硬化一般要 24h，此时固化度达 50%～70%可以脱模，脱模后在一定条件下继续固化使其固化度达 85%以上，让制品具有较好的力学强度，这一后固化过程又称熟化。加热可促进熟化过程，而加热固化的方法很多，中小型制品可在固化炉内加热固化，大型制品可采用模内加热或红外线加热。

③ 脱模和修整　脱模时要保证制品不受损伤。一般可直接用力顶出脱模，对复杂制品，则需先在模具上糊制二三层玻璃纤维复合材料，待其固化后从模具上剥离，然后再放在模具上继续糊制到设计厚度，固化后很容易从模具上脱下来。

修整包括对成型后的制品按设计尺寸进行修整和对穿孔、气泡、裂缝、破孔等进行修补。

(2) 层压制件成型工艺

① 预浸料的制备　玻璃布预浸胶布的制备过程可用图 2.35 表示。预浸胶布是生产复合材料层压板材、卷管和布带缠绕制品的半成品。

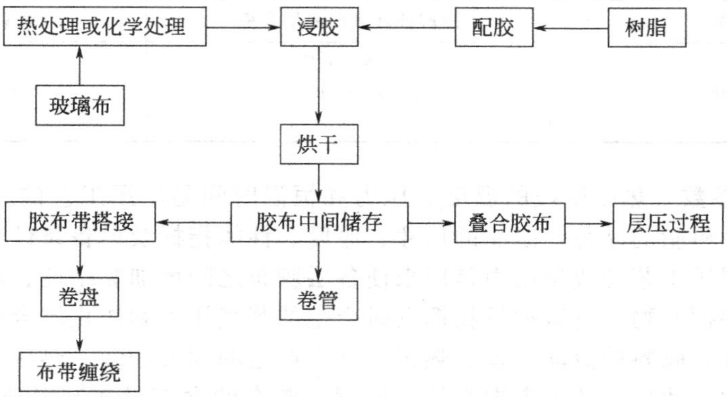

图 2.35　玻璃纤维布浸胶工艺流程

一般在胶布制备过程中应控制的工艺参数有以下几点。

胶液黏度　一般用胶液浓度和环境温度来控制胶液的黏度。不同规格的玻璃布所要求的树脂胶液黏度不同，应由实验而定。

浸胶时间　玻璃布的浸胶时间是指玻璃布与浸胶槽内树脂胶液的接触时间。玻璃布的浸胶时间与其厚度有关。实验证明，浸胶时间过长，对胶布层压制品的性能并无明显的改进，但却降低生产效率。

烘干温度及时间　玻璃布浸胶后，为了除去胶液中含有的溶剂等挥发性物质，并使树脂初步固化，便于胶布的储存和使用，应将已浸胶的胶布烘干。

② 层压板的压制　层合板生产工艺，是将预浸胶布经过裁剪、叠层后置于两块钢板之间，然后经加热加压而使胶布固化成型的生产工艺。该工艺主要用于生产电绝缘板材和印刷电路板材等各类复合材料板材。

a. 热压过程　复合材料层压工艺的热压过程，一般分为预热预压和热压两个阶段。

预热预压阶段　此阶段的主要目的是使树脂熔化、除去挥发物、使树脂进一步浸渍玻璃纤维布，并使树脂逐步固化至胶凝状态。预压的温度、施加的压力和持续时间，视生产所用树脂的品种而定。几种板材的预热预压工艺参数见表 2.46。

表 2.46　几种层合板的预热预压工艺参数

项　　目	酚醛层合板	环氧酚醛层合板	环氧酸酐覆铜板	
			厚板	薄板
温度/℃	130～140	130～140	100～120	90～100
单位压力/MPa	40～50	40～50	20～25	20～25
时间/min	30～45	30～45	90～150	

注：厚板指厚度在 5mm 以上者；薄板指厚度在 5mm 以下者。

一般情况下，可用下列方法来判断预热预压时间：预热到有胶从料坯中流出，但还不能拉丝时，即表示预热预压目的已达到，此时应加全压，进入热压阶段。

预热预压过程中应控制升温速度使坯料受热均匀，升温和加压速度与胶布的品种和质量有关。一般流动性差、挥发物含量低的胶布，升温速度可适当快一些。

热压阶段　从加全压到整个热压结束，称为热压阶段。从达到指定的热压温度到热压结束的时间，称为恒温时间。热压阶段的温度、压力和恒温时间，也是由胶布的品种和层压制品的性能要求而定。几种层合板的热压工艺参见表 2.47。

表 2.47　几种层合板的加压工艺参数

参　　数	酚醛或环氧酚醛层合板	环氧酸酐覆铜板
温度/℃	160～170	160±5
单位压力/MPa	90～100	40～50
时间/min	75	7

b. 层压工艺参数　热压阶段的温度、压力和恒温时间是层压工艺的三个最重要的工艺参数。应根据所用树脂的品种，制品的尺寸、厚度、性能指标及设备条件来确定。

成型压力　层压工艺的成型压力是用来使各层胶布之间增加黏结性、增加胶料对玻璃纤维的浸渍性、排除挥发物、克服挥发物挥发时产生的蒸气压力和防止层合板在冷却过程中产生变形。一般说来，胶料的流动性差、热压过程中产生的挥发物多、热压温度高，则成型所需的成型压力就大。此外，还需考虑制品的厚度、胶布的含胶量和升温速度等因素。同时，它也包括压力的大小、加压次数和加压时机等因素。

压制温度　压制温度与树脂的固化温度和固化速度有关。压制温度过低，则树脂固化速度慢，压制时间长，生产效率低，产品质量也差。反之，压制温度过高，则固化速度过快，挥发物来不及排除即被凝固在层合板之中，形成气泡，使层合板性能变差。因此，压制温度一般选择树脂的正常固化温度±5℃的范围内比较合适。

压制时间　从预热加压开始，到取出制品为止的时间叫压制时间，它是预压、热压和冷却这三个时间之和。压制时间的长短以层合板坯料能否被充分变化为依据，它与树脂的固化速度、层合板坯料的厚度和压制温度有关。冷却时间是保证产品质量的最后一个环节。冷却时间过短，则容易使产品产生翘曲、开裂等现象；冷却时间过长，则对提高产品质量并无明显帮助，却使生产效率降低。

(3) 缠绕成型工艺　缠绕成型工艺是将浸过树脂胶液的连续纤维（或布、预浸纱）按照一定规律缠绕到芯模上，然后经固化、脱模，获得制品。

① 缠绕成型的特点及应用

a. 特点　与其他复合材料成型方法相比，缠绕成型具有以下特点：

可设计性　能够按产品的受力状况设计缠绕规律，使能充分发挥纤维的强度；

比强度高　一般来讲，纤维缠绕压力容器与同体积、同压力的钢质容器相比，重量可减轻 40%～60%；

可靠性高　纤维缠绕制品易实现机械化和自动化生产，工艺条件确定后，缠出来的产品质量稳定、精确；

生产效率高　采用机械化或自动化生产，需要操作人员少，缠绕速度快，故劳动生产率高；

成本低　在同一产品上，可合理配选若干种材料（包括树脂、纤维和内衬），使其再复合，达到最佳的技术经济效果。

b. 不足之处主要有以下两点。

适应性小　不能缠任意结构形式的制品，特别是表面有凹陷的制品，因为缠绕时，纤维不能紧贴芯模表面而架空；缠绕成型工艺主要用于制备圆体、球体及某些正曲率回转体的制备。对于负曲率回转体，因纤维在其表面易滑动，一般不用缠绕法制造，对非回转体制品，因缠绕规律及缠绕设备比较复杂，较少用缠绕成型工艺来制造。

投资大技术要求高　缠绕成型需要有缠绕机、芯模、固化加热炉、脱模机及熟练的技术工人，需要的投资大，技术要求高，因此，只有大批生产时才能降低成本，获得较高的技术经济效益。

② 缠绕成型的种类　缠绕成型根据成型时树脂基体的物理化学状态不同，分为干法缠绕、湿法缠绕和半干法缠绕三种。

a. 干法缠绕是采用经过预浸胶处理的预浸纱或带，在缠绕机上经加热软化至黏流态后缠绕到芯模上。由于预浸纱（或带）是专业生产，能严格控制树脂含量和预浸纱质量，因此，干法缠绕能够准确地控制产品质量，生产效率较高，缠绕机清洁，劳动卫生条件好，但缠绕时需要增加预浸纱制造设备，投资较大。此外，干法缠绕制品的层间剪切强度较低。

b. 湿法缠绕是将纤维集束（纱式带）浸胶后，在张力控制下直接缠绕到芯模上。湿法缠绕的优点为：成本比干法缠绕低 40%；产品气密性好，因为缠绕张力可使多余的树脂胶液将气泡挤出，并填满空隙；纤维排列平行度好；湿法缠绕时，纤维上的树脂胶液，可减少纤维磨损；生产效率高。其缺点有：树脂浪费大，操作环境差；含胶量及成品质量不易控制；可供湿法缠绕的树脂品种较少。

c. 半干法缠绕是纤维浸胶后，在缠绕至模芯的途中，增加一套烘干设备，将浸胶纱中的溶剂除去，与干法相比；省去了预浸胶工艺和设备；与湿法相比，可使制品中的气泡含量降低。选择成型方法时，要根据制品设计要求、设备条件、原材料性能及制品批量大小等因素综合考虑后确定。

三种缠绕方法中，以湿法缠绕应用最普遍，干法缠绕仅用于高性能、高精度的尖端技术领域。

③ 缠绕成型的工艺设计　一般缠绕成型工艺设计内容包括：a. 根据设计要求，技术质量指标，进行缠绕线型和芯模设计；b. 选择原材料；c. 根据产品强度要求，原材料性能及

缠绕线型进行层数计算；d. 根据选定的工艺方法，制定工艺流程及工艺参数；e. 根据缠绕线型选择缠绕设备。

缠绕成型的工艺流程可由图 2.36 所示。

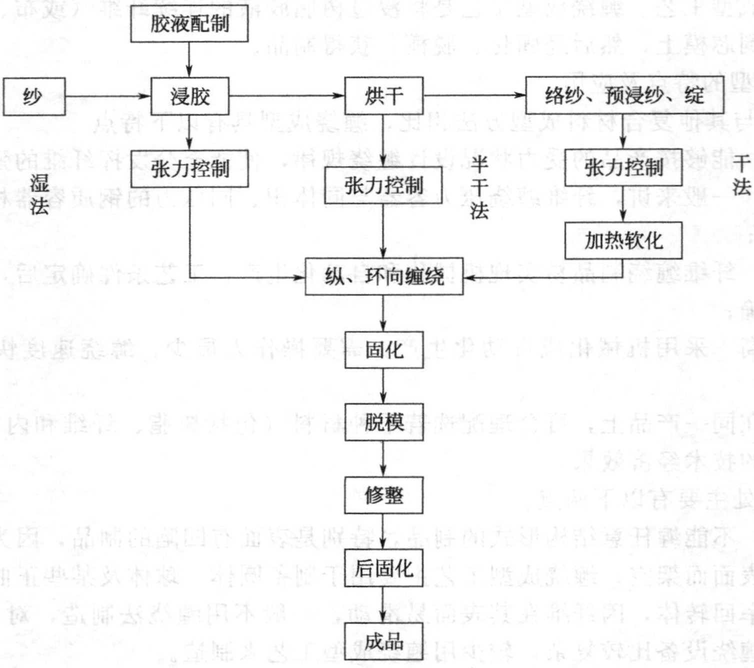

图 2.36 缠绕成型的工艺流程

缠绕成型中的主要工艺参数是：纤维烘干处理温度及时间、浸胶方式及含胶量、胶纱烘干温度及时间、缠绕张力、缠绕规律、固化制度、脱模方法及脱模力等。

（4）树脂注射成型（RTM） 树脂传递模塑成型简称 RTM（resin transfer molding）。RTM 的基本原理是将玻璃纤维增强材料铺放到闭模的模腔内，用压力将树脂胶液注入模腔，浸透玻纤增强材料，然后固化，脱模成型制品。

RTM 成型技术的特点：①可以制造两面光的制品；②整体成型，成型效率高，适合于中等规模的复合材料产品的生产（20000 件/年以内）；③闭模操作；④增强材料可以任意方向铺放，容易实现按制品受力状况合理铺放增强材料；⑤原材料及能源消耗少。

RTM 技术适用范围很广，目前已广泛用于建筑、交通、电讯、卫生、航空、航天等工业领域。已开发的产品有：汽车壳体及部件、娱乐车构件、机器罩、浴盆、游泳池板、水箱、电话亭、小型游艇等。

① 原料

a. 树脂体系 对树脂体系的要求：黏度较低（0.5～1.5Pa·s），对增强材料浸润性好，能顺利地、均匀地通过模腔，浸透纤维，快速充满整个型腔；固化放热低（80～130℃），防止损伤模具；固化时间短，一般凝胶时间为 5～30min，固化时间不超过 60min；树脂固化收缩率小；固化时无低分子物逸出，气泡能自身消除。

b. 增强材料 一般 RTM 的增强材料主要是玻璃纤维，其含量为 25%～45%（质量比）。RTM 工艺对增强材料的要求：铺覆性好，容易制成与制品相同的形状；质量均匀；耐冲刷性好，在注入树脂时，能够保持铺覆原位；对树脂流动阻力小，易被树脂浸透；机械强度高。常用的 RTM 增强材料有玻璃纤维连续毡、复合毡及方格布。

② 工艺过程

RTM 成型工艺流程如图 2.37。

另外，随着科学技术的发展，一些新型树脂基复合材料的成型技术和方法层出不穷。比如复合材料的“离位”增韧及其成型技术，纤维混编柔性预浸料及其成型技术，树脂挤出熔融预浸技术，结构-功能一体化技术，电子束固化复合材料成型工艺等。

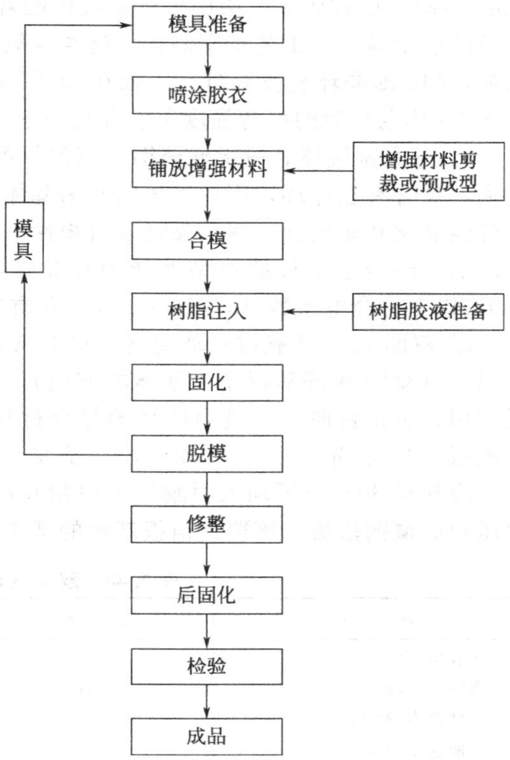

图 2.37　RTM 的工艺流程

2.5.4　纤维增强聚合物基复合材料的常见品种

前已述及，常用的聚合物基复合材料都是以有机聚合物为基体，纤维为增强材料复合而成的。纤维的高强度、高模量的特性，使它成为理想的承载体。基体材料由于其粘接性能好，把纤维牢固地粘接起来。同时，基体又能使载荷均匀分布，并传递到纤维上去，且允许纤维承受压缩和剪切载荷。纤维和基体之间的良好复合显示了各自的优点，并能实现最佳结构设计，具有多种优良性能。由于组成聚合物基复合材料的纤维和基体的种类很多，决定了它的种类和性能的多样性，如玻璃纤维增强热固性塑料，玻璃纤维增强热塑性塑料、碳纤维增强塑料、高性能有机纤维增强塑料、高性能纤维纸等。

2.5.4.1　玻璃纤维增强热固性塑料（GFRTP）

玻璃纤维增强热固性塑料［玻璃纤维强化热固性塑料 glass fiber reinforced thermosetting plastics（GFRTP）］是指玻璃纤维（包括长纤维、布、带、毡等）作为增强材料，热固性塑料（包括环氧树脂、酚醛树脂、不饱和聚酯等）为基体的纤维增强塑料，俗称玻璃钢。玻璃钢是近代复合材料中的第一代产品，集中了玻璃纤维和聚合物的优点，如具有比强度高、绝热、耐烧蚀、电绝缘、抗腐蚀和成型制造方便等优点，已广泛应用于汽车、造船、建筑、化工、航空以及各种工业电器设备、文化体育用品等领域，也是电气绝缘及印刷线路基板的良好材料。根据基体的种类不同，可将常用的玻璃钢分为三类，即玻璃纤维增强环氧树脂、玻璃纤维增强酚醛树脂、玻璃纤维增强不饱和聚酯树脂。

(1) 玻璃纤维增强环氧树脂　玻璃纤维增强环氧树脂是 GFRTP 中综合性能最好的一种，这是与它的基体材料环氧树脂分不开的。因环氧树脂的黏结能力最强，与玻璃纤维复合时，界面剪切强度最高。它的机械强度高于其他 GFRTP。由于环氧树脂固化时无小分子放出，故玻璃纤维增强环氧树脂的尺寸稳定性最好，收缩率只有 1%～2%，环氧树脂的固化反应是一种放热反应，一般易产生气泡，但因树脂中添加剂少，很少发生鼓泡现象。同时，环氧玻璃钢的电绝缘性能十分优异，在高频下仍能保持良好的介电性能，并且环氧玻璃钢不受电磁作用，不反射无线电波，微波透过性好。此外，良好的耐腐蚀性能也是环氧玻璃钢的突出特点之一，环氧玻璃钢具有良好的耐化学、海水、潮湿及耐气候性能，在许多方面可以代替不锈钢。唯一不足之处是环氧树脂黏度大，加工不太方便，而且成型时需要加热，如在室温下成型固化会导致环氧树脂固化反应不完全，因此不能制造大型的制件，使用范围受到一定的限制。根据基体类型的不同，常见的环氧玻璃钢有酚醛环氧玻璃钢、三聚氰酸环氧玻璃钢、双酚 A 型环氧玻璃钢等。

① 酚醛环氧树脂玻璃钢　酚醛环氧树脂是第一代复合材料环氧基体树脂，玻璃纤维增强酚醛环氧复合材料的制备与应用一般以层压板［玻璃纤维强化层板（glass fiber reinforced aminates)］形式居多，层压板可通过酚醛环氧树脂胶液的配制，玻璃布的浸胶与烘焙，层合板的压制等几个工艺步骤制得，这类环氧玻璃钢层压板的主要特点是具有较高的耐热性。例如，644 酚醛环氧玻璃布层压板在 260℃的高温的抗弯强度达 221MPa，在 260℃经 96h，及 132h 热老化后的抗弯强度仍然分别高达 160MPa 和 133MPa。

② 三聚氰酸环氧树脂玻璃钢　三聚氰酸环氧树脂含有三个环氧基，固化后树脂交联密度大，且含有三嗪环，因此以该树脂为基体的环氧玻璃钢具有卓越的化学稳定性。优良的耐紫外线老化和耐候性、耐电弧性及自熄性，适于作高压电弧环境下工作的结构材料。三聚氰酸环氧玻璃钢层压板的典型性能为弯曲强度 550MPa，拉伸强度 440MPa，马丁耐热温度 300℃以上，介电系数（10^6 Hz）5.7，介质损耗角正切（10^6 Hz）0.017。

③ 双酚 A 型环氧树脂玻璃钢　双酚 A 环氧树脂成本低，黏结力强，广泛用于民用工业部门。以双酚 A 环氧树脂为基体的玻璃布层压板（比如覆铜箔板）在电子工业中也得到广泛应用，也是目前应用最为广泛的复合材料品种之一。例如，双酚 A 环氧树脂（100 份）、双氰氨（6～8 份）、乙二醇单甲醚（适量）加入反应釜中，于 110～120℃下反应一定时间后，冷却至 60℃以下加入丙酮配成树脂胶液，浸渍玻璃钢烘干后，与铜箔叠合，在液压机中压制成覆铜箔板，该覆铜箔板基板的基本性能见表 2.48。

表 2.48　双酚 A 环氧玻璃布层压板性能

项　目	指　标	项　目	指　标
含胶量/%	40～50	马丁耐热/℃	>300
密度/(g/cm³)	1.67	表面电阻系数/Ω	1.78×10^{15}
拉伸强度/MPa	339	体积电阻系数/Ω·cm	1.6×10^{14}
弯曲强度/MPa	346	介电强度/(kV/mm)	32.3
抗压强度/MPa	158	介电常数(10^6 Hz)	480
布氏硬度/(kg/cm²)	23.6	介电损耗角正切(10^6 Hz)	2.39×10^{-2}
冲击强度/(kg·cm/cm²)	312		

(2) 玻璃纤维增强酚醛树脂　玻璃纤维增强酚醛树脂是各种 GFRP 中耐热性较好的一种，它可以在 150℃下长期使用，在 1000℃以上的高温下，也可以短期使用。它是一种耐烧蚀材料，因此可用它制作宇宙飞船的外壳。它的价格比较便宜，原料来源丰富。它的不足之处是韧性较差，机械强度不如环氧树脂。固化时有小分子副产物放出，故尺寸不稳定，收缩率大，需要高压成型以降低制品的孔隙率。同时酚醛树脂对人体皮肤有刺激作用。

① 苯酚甲醛树脂玻璃钢　普通酚醛玻璃钢以短玻璃纤维增强的酚醛塑料为其主要应用形式。一般在碾式混合机中将树脂溶液与玻璃纤维及其他添加剂一起进行混合。干燥通常是在常压下，在连续干燥器中进行，使物料在 50～90℃下干燥约 40min 达到要求后即可供压制用。多用于电工绝缘部件、武器包装防护部件等。

② 三聚氰胺酚醛共聚树脂玻璃钢　以三聚氰胺、苯酚及甲醛为主要原料合成的共聚树脂（简称氰胺树脂），具有色浅、耐热性高的特点。以该树脂为基体或该树脂再与环氧树脂共混而制得的氰胺-环氧共聚树脂为基体所制得的玻璃钢层压板、玻璃纤维层压塑料具有优良的物理机械性能，可作为 155℃下长期使用的结构材料和电绝缘材料。

③ 聚乙烯醇缩丁醛改性酚醛玻璃钢　酚醛树脂胶黏剂的特点是粘接强度高、防腐、防菌，但粘接层性脆。而以聚乙烯醇缩丁醛改性酚醛玻璃钢正是大幅度地改善了其柔韧性。因此，聚乙烯醇缩丁醛玻璃钢的突出特点是冲击强度高，以层压材料为其主要应用形式。

④ 钼酚醛树脂玻璃钢　随着导弹技术的发展，火箭导弹发动机材料的烧蚀，热防护问题已成为发展火箭技术的关键问题之一。各国正在不断研究和应用新型的耐烧蚀高分子材料。以钼酚醛树脂为胶黏剂，高硅氧玻璃布为增强材料制成的复合材料具有耐高温、耐烧蚀、耐冲刷、消烟、消焰等特点，可作为火箭导弹发动机内衬材料及火箭导弹喷发、导火管等耐烧蚀隔热材料。

钼酚醛树脂的制备是通过金属钼的氧化物、氯化物以及它的酸类，首先与苯酚反应，使金属元素钼连接在苯酚的氧原子上生成钼酸苯酯，然后再与甲醛反应生成钼酚醛树脂。已固化的钼酚醛树脂的分解温度达 460～560℃，以钼酚醛树脂为基体的玻璃纤维复合材料中，金属钼与玻璃纤维中的 SiO_2 反应生成 SiMo 和 MoC 并在复合材料表面形成一层熔点极高的坚硬蜂窝结构绝热层，可以阻止热量继续向复合材料内部扩散和传导，以达到绝热耐高温的目的。

(3) 玻璃纤维增强不饱和聚酯　玻璃纤维增强不饱和聚酯树脂最突出的特点是加工性能好，树脂中加入引发剂和促进剂后，可以在室温下固化成型，由于树脂中的交联剂（苯乙烯）也起着稀释剂的作用，所以树脂的黏度大大降低了，可采用各种成型方法进行加工成型，因此，它可制作大型构件，扩大了应用的范围。此外，它的透光性好，透光率可达 60%～80%，可制作采光瓦。且它的价格便宜。其不足之处是固化时收缩率大，达到 4%～8%，耐酸、碱性稍差，不宜制作耐酸碱的设备及管件。

① 通用型不饱和聚酯玻璃钢　通用型不饱和聚酯玻璃钢的机械性能与树脂的种类、单体（交联剂）的类型及用量、玻璃纤维的强度、树脂与玻璃纤维的黏结力和树脂与填料的比例等因素有关。玻璃纤维的拉伸强度一般为 1000～3000MPa，而其断裂伸长率一般小于 3%；本体不饱和聚酯树脂的拉伸强度和断裂伸长率分别为 50MPa 和 7%左右，所以用玻璃纤维增强聚酯复合材料的拉伸强度主要决定于玻璃纤维。玻璃布层压板的拉伸强度能达到某些金属的水平，比强度甚至超过钢和铝，但刚性低于金属，提高刚性的最好办法是制成三层结构的轻型材料，如蜂窝材料等。

通用型不饱和聚酯玻璃钢有一定的耐气候性能，聚酯玻璃钢用于室外制品在最初几个月内强度有所增加，而后强度又有所降低。室外老化对聚酯玻璃钢的弯曲强度的影响如表 2.49 所示。

表 2.49　室外老化对通用聚酯玻璃钢的弯曲强度的影响

老化时间/月	弯曲强度/MPa	老化时间/月	弯曲强度/MPa
0	241.2	9	234.3
2	275.6	12	206.7
3	275.6	18	192.9
4	261.8	24	192.9

聚酯玻璃钢也可用作电气结构材料，其电性能如表 2.50 所示。

表 2.50　通用聚酯玻璃钢的电性能

性　　能	指　　标	性　　能	指　　标
表面电阻系数/Ω	1×10^{10}	耐电弧性/s	180
体积电阻系数/(Ω·cm)	1×10^{14}	介电常数(50Hz)	4.3
介电强度/(kV/mm)	10～12	介电损耗角正切(50Hz)	0.03

② 其他不饱和聚酯玻璃钢　通过改变通用不饱和聚酯基体的组成结构或对其进行改性，可制得多种不饱和聚酯。由于其性能有别于通用不饱和聚酯，使其制备的各种聚酯玻璃钢也呈现其自身的特点。

a. 二甲苯不饱和聚酯玻璃钢　未固化二甲苯不饱和聚酯树脂的特点是黏度小，适合于手糊、缠绕、模压等成型方法，固化速度慢、固化收缩率小。固化后树脂的耐水、耐碱、耐酸、高频下电绝缘性能好、耐热性高和机械强度高。选择适当的玻璃纤维，制得的二甲苯不饱和聚酯玻璃钢可耐 30%硫酸、50%硝酸、30%盐酸。

b. 乙烯基酯不饱和聚酯玻璃钢　乙烯基酯不饱和聚酯是新型高耐腐蚀的聚酯树脂。通常是环氧树脂和含双键的不饱和一元酸的加成物，大分子结构中既含有环氧树脂分子的主链结构，又含有带不饱和双键的聚酯结构，酚醛环氧型乙烯基酯不饱和树脂是由酚醛环氧树脂和一元酸（丙烯酸）反应而生成的一类新型乙烯基酯不饱和聚酯，该树脂大分子链中存在大量苯环，且交联密度较通用不饱和聚酯大得多，故固化后树脂有较好的耐热性和较高的动态强度。酚醛环氧型乙烯基酯不饱和聚酯玻璃钢具有耐腐蚀性优良、耐热性高的特点。与室温比较，120℃下弯曲强度保持率可达 75%。

c. 松香改性不饱和聚酯玻璃钢　松香改性不饱和聚酯玻璃钢比通用型不饱和聚酯玻璃钢的耐水性和耐酸性好，而且成本可降低 25%左右。其玻璃钢制品有瓦楞板、储罐、片状模压塑料。松香改性不饱和聚酯玻璃钢的弯曲强度为 223MPa，拉伸强度为 340MPa，冲击强度可达 9.5kJ/m^2。

d. 双酚 A 型不饱和聚酯玻璃钢　实际应用的耐腐蚀玻璃钢约有 70%以上是用双酚 A 型不饱和聚酯树脂作为基体。它广泛用于石油、化工、建筑等部门，特别适宜作大型防腐设备（大型管道、塔器、槽车等）。双酚 A 型不饱和聚酯玻璃钢的耐化学腐蚀性优异，在不同介质中浸渍 100h 后的强度变化率如表 2.51 所示。

表 2.51　浸渍 100h 的强度保持率　　单位：%

化学介质	弯曲强度		弯曲模量	
	注射品	层压品	注射品	层压品
水(100℃)	92	79	95	99
25%硫酸(100℃)	92	—	98	—
10%氢氧化钠溶液(100℃)	90	81	98	97

e. 对苯二甲酸型不饱和聚酯玻璃钢　对苯二甲酸型不饱和聚酯树脂，由于含有 10%～15%（摩尔分数）的对苯二甲酸，所以保持了高热变形温度和高伸长率，而且采用的二元醇通常在主链上含有苯环结构，所以又具有良好的耐腐蚀性和电绝缘性。对苯二甲酸型不饱和聚酯玻璃钢的耐热性和耐腐蚀性能优良，在 10%苛性钠水溶液中，于 100℃下经 100h，其物理机械性能几乎无变化。

各种 GFRP 与金属性能比较见表 2.52。

表 2.52　各种玻璃钢与金属性能的比较

性　　能	聚酯玻璃钢	环氧玻璃钢	酚醛玻璃钢	钢	铝	高级合金
密度/(g/cm^3)	1.7～1.9	1.8～2.0	1.6～1.85	7.8	2.7	8.0
拉伸强度/MPa	70.3～298	180～350	70～280	700～840	70～250	1280
压缩强度/MPa	210～250	180～300	100～270	350～420	30～100	—
弯曲强度/MPa	210～350	70～470	1100	420～460	70～110	—
吸水率/%	0.2～0.5	0.05～0.2	1.5～5	—	—	—
热导率/[W/(m·K)]	0.29	0.18～0.42		0.04～0.21	0.20～0.23	
线膨胀系数/$\times10^{-4}$℃$^{-1}$		1.1～3.5	0.35～1.1	0.12	0.23	
比强度	160	180	115	50	—	160

2.5.4.2 玻璃纤维增强热塑性塑料

玻璃纤维增强热塑性塑料［玻璃纤维强化热塑塑胶（glass fiber reinforced thermoplastics）］是指玻璃纤维（包括长纤维或短切纤维）作为增强材料，热塑性塑料（包括聚丙烯、低压聚乙烯、ABS树脂、聚酰胺、聚甲醛、聚碳酸酯、聚苯醚等工程塑料）为基体的纤维增强塑料。

玻纤增强热塑性塑料除了具有纤维增强塑料的共同特点外，它与玻璃纤维增强热固性塑料比较，其突出的特点是具有更小的相对密度，一般在1.1～1.6之间。同时，可按照热塑性塑料的成型方法进行规模化高效加工、回收和利用。

(1) 玻璃纤维增强聚丙烯（代号GR-PP） 用玻璃纤维增强的聚丙烯突出的特点是机械强度与纯聚丙烯相比大大提高了，当短切玻璃纤维含量增加到30%～40%时，其强度达到顶峰，拉伸强度达到约100MPa，大大高于工程塑料聚碳酸酯、聚酰胺等，尤其是使聚丙烯的低温脆性得到了改善，而且随着玻璃纤维含量的增加，低温时的冲击强度也有所提高。GR-PP的吸水率很小，是聚甲醛和聚碳酸酯的十分之一。在耐沸水和水蒸气方面更加突出，含有20%短切玻璃纤维的GR-PP，在水中煮1500h，其拉伸强度比初始值只降低10%，如在23℃水中浸泡则强度不变。但在高温、高浓度的强酸、强碱中浸泡会使机械强度下降。在有机化合物中浸泡会降低机械强度，并有增重现象。聚丙烯为结晶型聚合物，当加入30%的玻璃纤维复合以后，其热变形温度有显著提高，可达153℃（1.82MPa压力下），已接近了纯聚丙烯的熔点，但是必须在复合时加入硅烷偶联剂（如不加则热变形温度只有125℃）。

(2) 玻璃纤维增强聚酰胺（代号GR-PA） 聚酰胺是一种热塑性工程塑料，本身的强度就比一般通用塑料的强度高，耐磨性好，但因它的吸水率太大，影响了它的尺寸稳定性。另外它的耐热性也较低，用玻璃纤维增强聚酰胺，这些性能就会大大改善。玻璃纤维增强聚酰胺的品种很多，有玻璃纤维增强尼龙-6（GR-PA-6）、玻璃纤维增强尼龙-66（GR-PA-66）、玻璃纤维增强尼龙-610（GR-PA-610）等。一般来说，玻璃纤维增强聚酰胺中，玻璃纤维的含量达到30%～35%时，其增强效果最为理想，例如，尼龙的使用温度为120℃，而玻璃纤维增强尼龙的使用温度可达170～180℃。在这样高的温度下，往往材料容易产生老化现象，因此，应加入一些热稳定剂。GR-PA的线膨胀系数比PA降低了1/4～1/5，含30%玻璃纤维的GR-PA6的线膨胀系数为0.22×10^{-4}℃$^{-1}$，接近金属铝的线膨胀系数$(0.17\sim0.19)\times10^{-4}$℃$^{-1}$。另一特点是耐水性得到了改善，聚酰胺的吸水性直接影响了它的机械强度和尺寸稳定性，同时也影响了它的电绝缘性，而随着玻璃纤维加入量的增加，其吸水率和吸湿速度显著下降。例如PA-6在空气中饱和吸湿率为4%，而GR-PA-6则降到2%，吸湿后GR-PA-6的机械强度比PA-6提高三倍。因而GR-PA吸湿以后的机械强度仍然能够满足工程上的使用要求，同时电绝缘性也比本体PA好，可以制成耐高温的电绝缘零部件。

在聚酰胺中加入玻璃纤维后，唯一的缺点是使本来耐磨性好的性能变差了。因为聚酰胺的制品表面光滑，光洁度越好越耐磨，而加入玻璃纤维以后，如果将制品经过二次加工或者被磨损时，玻璃纤维就会暴露于表面上，这时材料的摩擦系数和磨耗量就会增大。因此，如果用它来制造耐磨性要求高的制品时，一定要加入润滑剂。

(3) 玻璃纤维增强聚苯乙烯类塑料 聚苯乙烯类树脂目前已成为系列产品，多为橡胶改性树脂，例如：丁二烯-苯乙烯共聚物（BS）、丙烯腈-苯乙烯共聚物（AS）、丙烯腈-丁二烯-苯乙烯共聚物（ABS）等。这些共聚物大大改善了纯聚苯乙烯的性能，其耐冲击性和耐热性提高了。使原来只是一种通用塑料的聚苯乙烯的应用扩大到工程塑料应用领域。这些聚合物再用长玻璃纤维或短切玻璃纤维增强后，其机械强度及耐高、低温性能，尺寸稳定性均有大幅度提高。例如，AS的拉伸强度可达66.8～84.4MPa，而含有20%玻璃纤维的GR-AS的拉伸强度为135MPa，提高将近一倍，弹性模量则提高了几倍。GR-AS比AS的热变形温度提高了10～15℃，而且随着玻璃纤维含量的增加，热变形温度也随之提高，使其在较高的温度下仍具有较高的刚度，制品的形状稳定。此外，随着玻璃纤维含量的增加，线膨胀系数减小，含有20%玻纤的GR-AS线膨胀系数为2.9×10^{-5}℃$^{-1}$，与金属铝（1.9×10^{-5}℃$^{-1}$）相接近。

对于脆性较大的PS、AS来说，加入玻璃纤维后冲击强度提高了，而对于韧性较好的ABS来说，加入玻璃纤维后，会使韧性降低，抗冲击强度下降，直到玻璃纤维含量达到30%，冲击强度才不再下降，而达到稳定阶段，接近GR-AS的水平。这对于GR-ABS来说，是唯一的不利因素。

玻璃纤维与聚苯乙烯类塑料复合时也要加入偶联剂，否则聚苯乙烯类塑料与玻璃纤维界面粘接强度低，影响复合材料的强度。

(4) 玻璃纤维增强聚碳酸酯（代号GR-PC） 聚碳酸酯是一种透明度较高的工程塑料，它的刚韧相济的特性是其他塑料无法比拟的，唯一不足之处是易产生应力开裂、耐疲劳性能差。加入玻璃纤维以后，GR-PC比PC的耐疲劳强度提高2～3倍，耐应力开裂性能可提高6～8倍，耐热性比PC提高10～20℃，线膨胀系数缩小为$(1.6\sim2.4)\times10^{-5}$/℃，因而可制成耐热的机械零件。

(5) 玻璃纤维增强热塑性聚酯 热塑性聚酯作为基体材料主要有两种，一种是聚对苯二甲酸乙二醇酯（缩写PET），另一种为聚对苯二甲酸丁二醇酯（缩写PBT）。

未增强的聚酯结晶性高，成型时收缩率大，尺寸稳定性不好、耐温性差，而且质脆。用玻璃纤维增强后，其机械强度得到大幅度提高，拉伸强度达135～145MPa，弯曲强度为209～250MPa，耐疲劳强度高达52MPa。最大应力与往复弯曲次数的曲线（S-N曲线）与金属一样，具有平坦的坡度。耐热性提高的幅度更大，PET的热变形温度为85℃，而GR-PET为240℃，而且，在这样高的温度下仍然能保持它的机械强度，是玻璃纤维增强热塑性塑料中耐热温度最高的一种。同时它的耐低温性能好，超过了GR-PA-6，因此，在温度高低交替变化时，它的物理机械性能变化不大；另外，电绝缘性能好，所以可用它制造耐高温电器零件；更可贵的是，它在高温下耐老化性能优异，胜过玻璃钢，尤其是耐光老化性能好，所以它的使用寿命较长。唯一不足之处是在高温下遇水蒸气易水解，使机械强度下降，因而不适于在高温水蒸气环境中使用。

(6) 玻璃纤维增强聚甲醛（代号GR-POM） 聚甲醛是一种性能较好的工程塑料，加入玻璃纤维后，不但起到增强的作用，而且最突出的特点是耐疲劳性和耐蠕变性有很大提高。含有25%玻璃纤维的GR-POM的拉伸强度为本体POM的两倍，弹性模量为本体POM的三倍，耐疲劳强度为本体POM的两倍，在高温下仍具有良好的耐蠕变性，同时耐老化性也较好。但不耐紫外线照射，因此，在POM塑料中要加入紫外线吸收剂。唯一不足之处是加入玻璃纤维后其摩擦系数和磨耗量大大提高了，即耐磨性降低了。为了改善其耐磨性，可用聚四氟乙烯粉末作为耐磨填料加入聚甲醛中，或加入碳纤维进行增强耐磨改性。

2.5.4.3 碳纤维增强聚合物基复合材料

继玻璃纤维增强复合材料（GFRP）之后，碳纤维增强复合材料（CFRP）作为第二代高性能复合材料，在性能、价格平衡关系中已被公认为航空、航天工业杰出的高性能结构材料。

表2.53列出了GFRP和CFRP部分性能的对比数据，由此可以看出，玻璃纤维增强塑料的比强度约为碳纤维增强塑料的1/2，而比模量则两者差得更远。

表 2.53 GFRP 和 CFRP 的部分性能对比

材料	密度/(g/cm^3)	拉伸强度/MPa	比强度/$\times10^8$cm	模量/GPa	比模量/$\times10^8$cm
GFRP	2.0	500	2.6	4.2	2.1
CFRP	1.6	1500	7.6	12.8	8.0

CFRP 具有密度小、高强度、高刚度、热膨胀系数低、耐疲劳和耐腐蚀等优点。因而，它除了广泛用于航空、航天工业、机械工业和体育用品外，还可以开辟更多、更广阔的应用领域。例如，未来的大型航天空间站的结构材料将建立在这些热膨胀系数低的轻质、高强材料基础上；传统的精细量具亦需用热膨胀系数低的材料。碳纤维增强复合材料主要包括：碳纤维/环氧树脂复合材料；碳纤维/酚醛树脂复合材料；碳纤维/双马树脂复合材料等。其中以碳纤维/环氧树脂复合材料使用最为常见。表 2.54 列出了 T300/环氧树脂复合材料的基本性能。该复合材料是采用溶液法，先制备预浸料，预浸料再按一定的尺寸裁剪后，径向对径向铺层，按热压罐成型方式组合固化制备的。

表 2.54 T300 碳纤维/环氧复合材料性能

弯曲强度/MPa	1200	拉伸模量/GPa	140
弯曲模量/GPa	120	压缩强度/MPa	1200
拉伸强度/MPa	1100	层间剪切强度/MPa	80

2.5.4.4 高性能有机纤维增强聚合物基复合材料

(1) 芳香族聚酰胺纤维增强复合材料 芳香族聚酰胺纤维增强塑料的基体材料主要是环氧树脂，其次是热塑性塑料的聚乙烯、聚碳酸酯、聚酯等。芳香族聚酰胺纤维增强环氧树脂的拉伸强度大于 GFRP，而与碳纤维增强环氧树脂相似。它最突出的特点是有压延性，与金属相似，而与其他有机纤维则大大不同。它的耐冲击性超过了碳纤维增强塑料；自由振动的衰减性为钢筋的八倍，GFRP 的 4～5 倍；耐疲劳性比 GFRP 或金属铝还要好。目前芳香族聚酰胺纤维代表性的品种主要是杜邦公司生产的 Kevlar 纤维。其以密度低、强度和耐烧蚀性能好的特性用于导弹的火箭发动机壳体及航空、航天结构。波音 B757 等货舱采用芳纶，以提高复合材料结构使用时的耐磨损性。波音 B787 舱内使用芳纶织物增强材料。这些芳纶织物增强材料都采用 Kevlar-49 机织而成的。其复合材料一般采用环氧树脂浸渍芳纶织物，制备芳纶预浸料，按模压或热压罐成型制备芳纶复合材料制件。表 2.55 是芳纶/环氧复合材料基本性能。

表 2.55 是芳纶/环氧复合材料层合板力学性能

弯曲强度/MPa	350	0°拉伸模量/GPa	29.2
弯曲模量/GPa	23.6	90°拉伸强度/MPa	481
0°拉伸强度/MPa	500	90°拉伸模量/GPa	30

(2) 高性能纤维纸 高性能纤维纸，目前主要是聚芳酰胺纤维纸。其是采用聚芳酰胺纤维按造纸技术制造成的纸，再经热压成型制得，简称芳纶纸。由美国杜邦公司于 1960 年研制成功，其主要两个系列产品是芳纶-1313 为主要原料的 Nomex 系列和以芳纶-1414 为主要原料的 Kevlar 系列。其中，芳纶-1313 纤维纸是目前使用最为广泛的一个品种，化学结构见图 2.38。由芳纶-1313 纤维生产的芳纶绝缘纸具有良好的机械性能和绝缘性能，是一种高附加值的特种纤维纸基复合材料，广泛用于高温过滤材料、高温防护服、电气绝缘和蜂窝结构材料等领域，是目前世界上发展最快的耐高温绝缘复合材料。另外，高性能芳纶-1313 纤维

纸基复合材料大量应用在航空、航天、船舶、电子等领域内雷达罩、次受力结构部件、绝缘隔热等零部件。还可用于电机、电器、电子信息产品的绝缘复合材料中，如用于变压器主绝缘、印制电路极板、层压与柔软性的复合材料等方面，可提高电机、电器产品承受过热和超负荷的能力，使尺寸减小、可靠性增强、寿命延长；同时，可提高输配电中系统的安全和环保性。其具有以下特性。

(1) 热稳定性：芳纶纸具有长久高温热稳定性能。它可以在220℃下使用10年以上，在240℃下保持1000h，其机械强度保持率在65%以上。

(2) 阻燃性能：芳纶纸纤维的极限氧指数*LOI*值为28%～32%，是一种阻燃纤维，高温不熔融，仅表面碳化，并形成绝热保护层，具有良好的防护性。

(3) 电绝缘性能：芳纶纸具有优良的电绝缘性能，电气强度达到20MV/m，在高温下仍保持良好的电气性能。

(4) 化学稳定性：芳纶纸具有优良的耐热化学性，能耐大多数高浓度的无机酸，对其他化学试剂、有机溶剂也十分稳定。

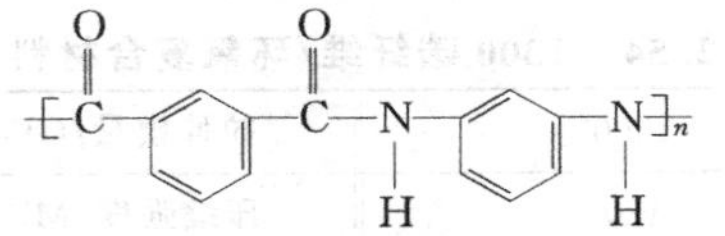

图2.38 芳纶-1313纤维化学结构式

参 考 文 献

[1] 范国强．大力开发茂金属聚丙烯的应用领域［J］．中国石化，2009，12：29-32.
[2] 曹先胜．茂金属催化烯烃聚合工艺研究进展［J］．上海塑料，2008，4：6-11.
[3] 丁艳芬．茂金属聚烯烃及其应用［J］．塑料，2001，4：52-56.
[4] 王金银，彭立新．茂金属聚乙烯结构与加工性能研究［J］．云南化工，2007，6：23-25.
[5] 钱军，王加龙．茂金属聚乙烯的特性、应用及加工性研究［J］．塑料制造，2009，7：91-94.
[6] 金栋，李明．世界聚丙烯工业生产现状及技术进展［J］．中国石油和化工经济分析，2007，17：60-65.
[7] 杨佳生．工程塑料近二十年进展［J］．高分子通报，2008，7：77-100.
[8] 钱伯章．聚苯硫醚的发展现状与应用进展［J］．新材料产业，2010，6：54-56.
[9] 梁国正，顾媛娟．双马来酰亚胺树脂［M］．北京：化学工业出版社，1997.
[10] 赵伟栋，王磊，董波，蒋文革，杨士勇．PMR型聚酰亚胺树脂基复合材料研究及应用［J］．宇航材料工艺，2009，4：1-4.
[11] 顾宜．苯并噁嗪树脂——一类新型热固性工程塑料［J］．热固性树脂，2002，17（2）：31-34.
[12] 向海，顾宜．苯并噁嗪树脂的共混改性研究发展［J］．材料导报，2004，18（3）：51-53.
[13] 黄进，刘丽，顾宜．苯并噁嗪树脂的应用研究进展［J］．化工新型材料，2008，36（7）：4-6.
[14] 顾宜．高分子材料设计与应用［M］．成都：四川大学出版社，1998.
[15] 廖双泉，薛行华．天然橡胶改性与应用［M］．北京：中国农业大学出版社，2007.
[16] 张海．橡胶及塑料加工工艺［J］．北京：化学工业出版社，2004.
[17] 徐建军．Polymeric Materials and their Application．四川大学教材，2005.
[18] 缪桂韶．橡胶配方设计［M］．广州：华南理工大学出版社，2000.
[19] Brydson，J. A. Rubbery Materials and Their Compounds［M］. London：Elsevier Applied Science，1988.
[20] 肖长发，尹翠玉，张华等．化学纤维概论．第2版．［M］．北京：中国纺织出版社，2005.
[21] 叶光斗，徐建军．中国材料工程大典：第六卷，第三篇，有机纤维．北京：化学工业出版社，2006.
[22] 董纪震，罗鸿烈，王庆瑞等．合成纤维生产工艺学［M］．北京：纺织工业出版社，1993.
[23] Walezak Z K，合成纤维成形［M］．刘双成、古大治等译．北京：纺织工业出版社，1984.
[24] 张树钧等．改性纤维与特种纤维［M］．北京：中国石化出版社，1995.

[25] 西鹏，高晶，李文刚等．高技术纤维［M］．北京：化学工业出版社，2004.
[26] 本田丰著．聚氨酯纤维的开发动向［J］．胡绍华译．国外纺织技术，2001，(12)：1-4.
[27] DuPont. DuPont：High Global Elastane Yarn investment［J］. Chem Fibers Internl，1999，150 (2)：96-102.
[28] 叶光斗，唐国强．高性能聚苯硫醚（PPS）纤维的发展与应用［J］．化工新型材料，2007，35 (3)：79-82.
[29] 王桦．聚苯硫醚纤维的发展现状及其应用［J］．产业用纺织品，2007，7：1-4.
[30] 任鹏刚，梁国正，杨洁颖等．PBO纤维研究进展［J］．材料导报，2003，17 (6)：50-52.
[31] 马春杰，宁荣昌．PBO纤维的研究及进展［J］．高科技纤维与应用，2004，29 (3)：46-50.
[32] 杨东洁．聚酰亚胺纤维及其应用［J］．合成纤维，2000，29 (6)：17-19.
[33] 张清华，张春华，陈大俊，丁孟贤．聚酰亚胺高性能纤维研究进展［J］．高科技纤维与应用，2002，(5)：11-14.
[34] 郭金海，齐鲁．酚醛纤维的研究进展及应用［J］．合成纤维工业，2009，32 (5)：36-39.
[35] 刘春玲，郭全贵，史景利等．用固化反应法制备酚醛纤维［J］．材料研究学报，2005，19 (1)：28-34
[36] 杨智渊，姜猛进，卢奎林等．湿法纺三聚氰胺甲醛纤维纺丝原液的制备［J］．纺织学报，2007，11 (28)：15-19.
[37] Smith B. Cooperation for Gain：How BASF Succeeded in Developing Basofil. Technical Textiles International，1997.
[38] 陈道义，张军营．胶接基本原理［M］．北京：科学出版社，1992.
[39] 李盛彪，黄世强，王石泉．胶粘剂选用与粘接技术［M］．北京：化学工业出版社，2002.
[40] 程时远，李盛彪，黄世强．胶粘剂［M］．北京：化学工业出版社，2001.
[41] 李绍雄，刘益军．聚氨酯胶粘剂［M］．北京：化学工业出版社，1998.
[42] 刘安华．涂料技术导论［M］．北京：化学工业出版社，2005.
[43] 威克斯 eno W，琼斯 Frank N，柏巴斯 S Peter. 有机涂料科学和技术［M］．桴良、姜英涛等译．北京：化学工业出版社，2002.
[44] 耿耀宗．现代水性涂料——工艺·配方·应用［M］．北京：中国石化出版社，2003.
[45] 杨群，李树材，高明杰．乳胶涂料用增稠剂的选择［J］．现代涂料与涂装，2002，(6)：23-26.
[46] 毕艳兰．油脂化学［M］．北京：化学工业出版社，2005.
[47] 蔡奋．生漆化学［M］．贵阳：贵州人民出版社，1986.
[48] 沃丁柱等．复合材料大全［M］．北京：化学工业出版社，2000.
[49] 吴人洁等．复合材料［M］．天津：天津大学出版社，2000.
[50] 南京玻璃纤维工业研究设计院．玻璃纤维的生产与应用［M］．北京：中国建筑出版社，1974.
[51] 唐邦铭．AS4碳纤维及复合材料［J］．材料工程，1996，2：30-31.
[52] 金辉，王一雍．芳纶纤维表面改性技术及相关机理的研究进展［J］．化工新型材料，2009，37 (3)：24-26.
[53] 王飞，黄英，张银玲，翟青霞．高性能纤维表面改性研究进展［J］．中国胶粘剂，2010，19 (3)：49-54.
[54] 刘雄亚，谢怀勤．复合材料工艺及设备［M］．武汉：武汉工业大学出版社，1994.
[55] 益小苏．先进复合材料技术研究与发展［J］．北京：国防工业出版社，2006.
[56] 乌云其其格．环氧/碳纤维复合材料性能研究［J］．高科技纤维与应用，2004，29 (1)：24-25.
[57] 廖子龙．芳纶及其复合材料在航空结构中的应用［J］．高科技纤维与应用，2008，33 (4)：25-29.
[58] 陆赵情，张美云，王志杰，吴养育．芳纶纤维纸及研究进展［J］．绝缘材料，2006，39 (4)：21-24.
[59] 陆赵情，张美云，王志杰，吴养育．芳纶1313纤维纸基复合材料及其研究进展［J］．材料导报，2006，20 (11)：32-34.

第3章　高分子材料的选用

高分子材料是一类具有独特优异性能的材料，它的品种繁多，性能差别极大，因而能适应各种不同用途对材料的需求。然而，正是由于高分子材料品种和性能的多样性，以及它可以通过共混、共聚、增强和添加各种助剂进行改性的特点，加上高分子材料的性能对使用环境有很强的选择性，它一方面给工程应用提供了很多可用的材料选择，另一方面也给材料的使用和选择提出了更高的要求。正确、恰当地使用及设计高分子材料，充分发挥其固有的优异性能，避免其性能上的某些缺陷，是其工程设计应用中面临的一个越来越突出的重要课题，随着高分子材料科学与工程的不断发展和人们对高分子材料认识的不断深入，这个问题的重要性越来越大，高分子材料的应用也越来越广泛，越来越科学。

3.1 材料设计与应用的基本过程

3.1.1 功能设计

3.1.1.1 功能性问题

为了进行材料的设计与应用，首先，必须知道该材料制品所必需完成实现的功能。同时，必须知道该制品与其他部分或环境空间的相互关系，以确保其功能的有效性。详尽分析功能作用，可简化设计，且不会降低制品的功能效果。为此，应由以下三方面加以考虑。

(1) 材料功能　这与制品结构、强度、材质、制造方法等有关，与工程技术管理有关。在设计制品功能时，应在一定范围内加以充分考虑，并在制品的设计、生产中，采取相应的措施，充分保证制品的性能指标。

(2) 环境功能　人与物均处于一定的环境之中，周围环境条件必然会对人与物发生深刻的影响。设计高分子材料及制品时，应对其工作环境做全面充分地了解。并在设计材料与制品的过程中充分考虑环境诸因素的影响，并采取相应的措施予以解决。

(3) 使用功能　一切设计、生产的制品都是为人所使用。因此，高分子材料及制品设计师应充分了解人们的爱好、希望与习惯，了解人体各部分尺寸及其活动范围、生理特点与需要，了解人们的爱好、希望与其性别、年龄、民族、生理特点的关系，并在设计高分子材料制品中加以充分体现。

如果在设计制品时，能对以上三种功能加以有机的结合与体现，就必然能设计出满足应用要求的材料及制品来，人们在使用这种制品时，就会感到方便、安全、舒适、得心应手。

3.1.1.2 性能指标

高分子材料制品的性能受多种因素的影响，以强度来说，它与以下诸因素有关。制品的使用环境及受载情况；制品的结构设计，如强度设计、公式与数据的选用及处理，加强筋、金属嵌件的采用等；与制品成型有关的因素，如浇口类型、位置及尺寸、熔接痕、物料的流动特性、流动取向、残余变形与应力等；与材料的结构和物性有关的因素，如热固性塑料与热塑性塑料、橡胶、纤维、均聚物与共聚物、非结晶型与结晶型聚合物、聚合度、相尺寸与相形态以及塑料的组分及其配比等。

通过对制品使用条件的分析，制订出材料性能要求指标，借以衡量其是否达到质量要求。以制品的质量来说，由于使用情况不同，对其质量的理解有相当大的差异。狭义来说，制品质量系指其尺寸、质量、强度、物理机械性能、耐久性、表面状况等；广义来说，除上述要求外，还应包括成本、消费量、跟踪制品的工作等有关的质量因素。衡量质品质量主要有以下方面。

(1) 制品承受外力的要求

① 静态载荷（压缩与拉伸、自重）；

② 动态载荷（反复载荷、疲劳强度）；

③ 冲击载荷（冲击强度，带切口的试样与不带切口的试样）；

④ 加载速度与延续时间；

⑤ 振动载荷；

⑥ 摩擦与磨耗性能；

⑦ 蠕变强度；

⑧ 弯曲与扭曲；

⑨ 剪切载荷与强度；

⑩ 可以预见的滥用与失误。

(2) 制品的工作环境要求

① 温度极限（制品工作的最高、最低及平均温度，材料的脆化温度、热变形温度、分解温度等）；

② 对耐化学药物和溶剂性的要求；

③ 对暴露在阳光或其他辐射源中的制品的要求；

④ 对承受雨露、风沙、冰雹、尘埃等作用的制品的要求。

(3) 其他要求

① 制品的最大价值（合格率、加工时间、直接人工费、制造间接费用等）；

② 制品的年产量、可能销售量、原材料及辅助资料的购入量；

③ 制品的实用加工方法，材料和工艺方法的投标价格；

④ 预计制品使用寿命和更换时间；

⑤ 要求修补程度与缺陷处理、修理、保修及市场调查等。

对于不同类型的制品，根据其工作条件、工作特点，确定其必要的材料基本特性指标。例如，电绝缘结构制品对材料基本性能的要求如下：

①绝缘破坏电压；②绝缘电阻；③介电损耗角正切；④机械强度；⑤疲劳强度；⑥蠕变强度；⑦摩擦与磨耗特性；⑧耐热性；⑨电弧漏电痕迹；⑩其他。

对于材料的每一项性能要求，都有具体的性能指标值，并要注明测定这些性能指标值时，所依据的有关标准和仪器。在设计某一具体制品时，应首先了解一下这类材料及制品是否有可遵循的标准。然后，按其有关标准要求去设计、生产和验收。如果是出口制品，就应了解接受这些制品国家的标准，如联邦汽车安全标准（FMVSS）、美国国家标准（ANSI）、食品和药物管理局标准（FDA）等，以便使材料及制品质量符合这些国家的标准要求。

3.1.2 材料选择

选定制品的材料，是决定设计成功与失败的重要因素之一，应慎之又慎，并有充分依据。

3.1.2.1 选择的依据和方法

初选制品材料的主要依据有两个。一个是制品的工作环境及其使用性能要求，再一个是树脂生产厂和聚合物复合材料制造厂所提供的材料性能数据表。根据制品的工作状况，确定对材料的性能指标要求，对照材料的性能数据资料，先选出较为适用的数种性能相近的材料。然后，对这几种初选材料进行全面的综合性能分析、对比评价，从其中选出技术经济效益好、安全实用、加工性能优良者，作为优选材料。

选择制品材料的另一种办法，是根据制品工作状态及其性能指标要求，再根据商品树脂和各种添加剂的性能，通过各种实验及性能测试，确定与制品使用性能要求相适应的最佳配方，再用自己配制的材料去成型制品。如果没有合适的商品化材料可供选择，还可用各种化学的或物理的方法去改性、设计所需的材料。显然，采用后一种办法要花费较多的时间、人为和物力，所以通常都是选用能直接从市场上购买到的树脂或已配制好的复合材料，只是在迫不得已的情况下，才采用自己配制材料的方法。

总之，选择材料要从制品用途、材料物性、经济、安全等多方面加以综合考虑，在制品用途方面，应着重考虑材料对用途的适应性。制品的使用状态因用途而异，应包括其使用环境、使用国度、使用者性别、年龄、职业，以及制品在使用过程中承受外力的类型、大小和力的施加方式等内容。

在材料物性方面，要选择适于制品用途的材料。主要考虑的材料性能有密度、色泽、透明度、机械性能、电性能、化学性能、耐久性和成型性等。

在安全方面，应当考虑材料的生产工艺、使用状态对操作者健康和生命安全的影响。主要考虑在使用制品时材料对人的危害，电气、火灾、卫生等方面的安全。要满足有关标准规定、法律规定的要求。

在此应强调指出，在选择制品材料时，还应满足其成型工艺对材料的性能要求。成型方法不同，对高分子材料的性能要求不同。一般来说，应考虑材料的以下诸性能，如分解温度、熔融指数、流动比、热变形温度、拉伸比、软化点、熔点、结晶、取向等。显然，如果材料的性能满足制品的使用要求，而成型性能很差，则很难采用恰当的成型方法把材料加工成所需要的制品，或者很难得到合格的制品，此种材料不能入选。

选择材料时，应严格根据制品使用性能与使用时间、温度和环境的关系，以及应用状态来决定适用的材料。选好材料之后，应对材料使用性能进行评价。评价材料使用性能的方法有两个，一是通过有关的工程计算决定对材料的取舍，另一个方法是凭借直观经验和判断来决定对材料的取舍。

3.1.2.2　材料数据考核

选择材料时，应根据有关资料和数据对材料性能进行评价，可利用材料性能关系及数据进行考核，例如：①应力-应变曲线；②弹性模量；③蠕变；④应力松弛；⑤疲劳；⑥线膨胀系数；⑦热变形温度；⑧抗老化与耐化学药品。

3.1.3　结构设计

材料制品的结构设计是材料应用过程中的一个重要环节，它既与制品的使用功能相关，又与材料的性质相关。材料制品的结构设计基本上由功能结构、工艺结构及造型结构三部分组成。其中，功能结构设计是核心，工艺结构和造型结构设计是在满足功能结构设计的基础上进行的。在设计材料制品时，应当把这三种结构设计有机地结合起来，以达到更好地发挥制品的使用价值和材料的性能。

3.1.3.1　功能结构设计

材料制品设计的核心，是要保证材料制品使用功能的实施。在充分分析实施材料制品功能的基础上，确定材料制品的整体结构，各部分几何形状、材质、尺寸要求及强度等。材料制品的结构、形状，应在满足其功能要求的前提下，力求简单、明了、可靠。因为结构简单的制品易满足其功能要求，达到经济、安全的目的。

在设计高分子材料制品时，应当了解该制品是单独使用，还是与其他零件组合起来使用；在使用过程中，它的主要功能和辅助功能是什么。如果它是与其他零件组合起来使用，那么它的哪些部分结构、形状、尺寸受其他零件制约、不可变动；哪些部分结构、形状、尺寸可以通过直观判断、试验后加以修改。

材料制品各部分的强度，可以通过选材、合理地分配材料，必需的强度和刚度计算，模拟或应用试验等办法予以解决。根据使用要求不同，在设计某些制品时，还要计算容积、质量、变形量、决定某些几何参数；有的塑料制品须采用金属嵌件，如齿轮、轴承一类制品；为了保证其尺寸精度、强度、传热等，使金属嵌件与制品本体的巧妙结合必不可少。为了提高制品刚度，应尽量不设计成平面而设计成曲面或拱顶结构，恰当地利用加强筋、皱折断面、凸起和夹芯层结构等，亦在情理之中。

在设计某些特殊零件及其布局时，要考虑操作者的视认性、操作性和安全性等。

3.1.3.2 工艺结构设计

在保证材料制品实施其使用功能的前提下，进行工艺结构设计。材料制品制造是要把制品设计变成商品，因此，在设计制品时，要选择合适的材料，以保证制品在使用中的可靠性及耐久性，并熟悉所选材料的加工工艺性能、确定成型方法及成型工艺对高分子材料制品提出的工艺结构要求。还应对材料制品成型以后的焊接、铆接、电镀、涂装、印刷、压花、机械加工等后续工序加以考虑，并在材料制品的结构设计上采取相应的措施，以保证这些加工的顺利进行和加工质量。

3.1.3.3 造型结构设计

高分子材料制品种类繁多，花色、品种各异。无论是工业零件或日用塑料制品，大都要通过外部造型设计，予以装饰和美化。因为通常人们在满足功能要求、价格相近的前提下，总是喜欢购置或使用外形美观的制品。

材料制品造型设计系指按照美术法则，如对比与调合、概括与简单、对称与平衡、安定与轻巧、尺寸与比例、主从、比拟、联想等，对制品外观形状、图案、色彩及其相互的结合进行设计，通过视觉给人以美的感觉。工业制品的造型设计，是一门技术与艺术相结合的多元交叉科学。

3.1.4 尺寸设计

3.1.4.1 材料制品尺寸的确定

在设计高分子材料制品时，可根据其使用要求与其在整个产品中和其他零件的组合关系、环境以及操作者的生理结构特点来确定它的尺寸。制品中的某些尺寸要受其他因素制约，不易变更；而另一些尺寸可根据实际情况灵活处理，从总体结构上予以确定。例如，根据简化的或 1∶1 的制品模型，对其各部分结构要素进行分析，通过对应力与材料强度的对比，进行必要的计算，确定出制品各个部分的尺寸；也可利用三维测定仪，借用制品模型对制品各部分的尺寸加以确定。

在进行有关强度、刚度等计算时，要依据制品的结构情况，利用与其相适应的力学模型公式，选定安全系数、许用应力，利用有关材料性能与数据。

对于承受静态载荷，需要进行持久性工作的情况，要求尺寸稳定，高分子材料制品的应变值应小于 0.5%。若在小于蠕变极限下工作时，就以蠕变极限来确定其许用应力 $[\sigma]$。

$$[\sigma]=\frac{\sigma}{K}$$

式中 σ——应力值，此处取蠕变极限；

K——安全系数，一般 $K\approx1.5\sim2.0$。

对于式中的 σ 值，大多数非增强塑料取产生 0.4%应变时的应力，增强塑料取产生 0.7%应变时的应力。

承受动态载荷的制品，如在循环交变载荷、频繁振动冲击作用下工作，制品的结构强度将受疲劳强度极限所左右。

当需要考虑蠕变时，可根据高分子材料制品的设计寿命、材料的蠕变破坏强度及蠕变系数，计入安全系数，求出工作应力与工作系数，然后再对其进行强度校核与刚度校核。

根据材料制品使用条件、材料老化情况，以及材料性能，成型误差，确定使用的安全系数。用于飞机上的高分子材料制品的安全系数不应小于1.5。

随着电子、电器产品向着轻量化、小型化、集成化的发展，要求相应的材料制品的尺寸更小，具有更优良的高温电绝缘性能和力学性能。

3.1.4.2 材料制品尺寸公差

在小尺寸范围内，高分子材料制品的尺寸公差，有可能接近用机械加工获得的中等尺寸精度，甚至较高的尺寸精度。在大尺寸范围内，与机械加工相比，由于热膨胀系数较大和固化时体积收缩等缘故，模塑塑料制品的尺寸偏差甚大。但从实际情况来看，由于高分子材料的特殊性能，制品可以采用较同种用途的金属零件低得多的尺寸精度而达到相同的使用效果。表3.1列出了常用材料的公差等级推著值。

表3.1 常用材料的公差等级推荐值

类别	代号	材料名称	推荐级别		
			注有公差		未注公差
			高精度	一般精度	低精度
1	PC ABS PS PSF PMMA PPO PF UF GRP	聚碳酸酯 苯乙烯-丁二烯-丙烯腈共聚体 聚苯乙烯 聚砜 聚甲基丙烯酸甲酯 聚苯醚 酚醛塑料(带无机填料) 氨基塑料(带无机填料) 30%玻璃纤维增强塑料	2	3	3
2	UF PF PA POM RPVC	氨基塑料(带有机填料) 酚醛塑料(带有机填料) 聚酰胺类(如尼龙-1010,尼龙-610,尼龙-66,尼龙-6等) 聚甲醛(尺寸大于150mm) 氯化聚醚 聚氯乙烯(硬)	3	4	6
3	PP POM CA	聚丙烯 聚甲醛(尺寸小于150mm) 醋酸纤维素	4	5	7
4	HDPE LDPE SPVC	高密度聚乙烯 低密度聚乙烯 聚氯乙烯(软)	5	6	7

3.1.4.3 制品表面质量

与金属零件一样，高分子材料制品的表面粗糙度对它的使用性能是有影响的，制品的强度与它的表面粗糙度直接关系。表面显微不平的凹陷处正是应力集中处，且凹陷愈深，它的半径愈小，则应力集中就愈大。因此，表面具有凹凸高分子材料制品的强度比金属件差得多。另外，粗糙度大的制品表面的耐腐蚀性也会差些。

高分子材料制品表面的粗糙度，与其成型加工方法、模具结构、成型工艺条件、塑料材料性能等一系列因素有关，以注射成型的工艺条件来说，它与注射压力、材料熔融温度、模具温度、保压时间及制品在模具中的冷却时间等有关。

成型模具无疑对制品表面粗糙度影响较大，然而，不是在所有情况下，高分子材料均能准确地转印模具的表面加工状况。提高制品持久性和可靠性的方法之一，就是针对具体的使用条件，为其选择最好的表面粗糙度。为此，在一定范围内，可依靠塑料制品表面粗糙度的理想化，来调整它的强度、摩擦系数和耐磨性。模具表面粗糙度对注射成型制品表面粗糙度的影响见表3.2。

表3.2　模具表面粗糙度对注射成型制品表面粗糙度的影响

注射模具工作表面			注射制品表面粗糙度/μm				
加工方法	梳状物方向	粗糙度/μm	SB①	IPS	LDPE	HDPE	PP
精密	顺着	0.12	0.024	0.13	0.18	0.25	0.20
	横着	0.21	0.05	0.17	0.22	0.26	0.26
磨光	顺	0.18	0.02	0.29	0.28	0.20	0.26
	横	0.46	0.26	0.36	0.34	0.26	0.55
铣	顺	RZ②3.4	1.2	1.6	0.4	0.72	1.9
	横	RZ4.6	RZ3.7	1.9	RZ4.1	RZ3.0	RZ3.5
铡	顺	RZ4.2	1.5	0.85	1.1	1.6	1.35
	横	RZ8.0	RZ6.2	RZ7.2	RZ5.0	RZ7.4	RZ7.4

① SB、IPS依次为苯乙烯与丁二烯的共聚物，抗冲击聚苯乙烯。

② RZ为十点断面不平整高度，即在标准长度范围内，五个点最大断面突起和五个点最大断面凹陷处的平均算术绝对偏差的总值。

从制品的表面功能出发，有根据地对制品表面粗糙度提出要求，例如，有时根据制品的使用性能要求，对其表面缺陷如擦伤、气泡、凹痕、云纹等的尺寸、数量及其分布情况加以限制。

3.1.5　模型

按高分子材料制品设计方案构思设想简图，从材料制品制造工序、材料选择、成型工艺等方面加以仔细考虑，进行充分必要的修正，制作出较大较详细的草图，然后绘制三维立体图，并制作立体模型。

在这一阶段，要对材料制品的总体结构设计、外观造型、使用性能等，进行综合考虑。重点应是造型设计，要在“造”字上下功夫，要有独创性，要标新立异。

3.1.6　试生产及定型

在样品性能测试、模拟试验的基础上，在材料制品正式设计图纸及技术要求等技术资料经过审批之后，方能进行高分子材料制品的试生产。按照预先选定的成型方法，在预定的设备上，使用依据材料制品图纸及技术要求等设计制造的模具和制定的工艺条件下，进行试生产。按照有关规定，预先严格地对原材料进行性能检验和预处理。

在试生产阶段，要建立和确定由原材料检验到材料制品验收的整个工艺流程中的工艺规程、材料制品性能监测项目及方法。还要检验材料或制品对使用的适应性，全面综合评价其尺寸、外观、强度、电绝缘性、耐热性等使用性能。

在样品性能测试、模拟试验阶段的某些测试内容、测试方法、测试仪表及装置，也可用于试生产过程中材料制品质量指标的监控。有些材料制品是单独使用的，材料制品最终检验项目、方法等可能与样品性能测试时的测定项目、方法差别不大。当然，还可增加材料制品某些物性测定及其尺寸检验项目，这要依据材料制品的技术要求而定。有些材料制品不是单独使用的，而是某产品的组成零件之一，除进行前述的模拟试验之外，有必要装机进行实际使用考验。

高分子材料制品类型、使用功能不同，其性能检验内容、要求也不同。如以钢材为骨架，在其外部包覆塑料层的汽车方向盘来说，除进行耐脱色、耐湿、耐冷热及高低温、自由落球试验等之外，还要进行跑车、做实际使用试验。再如，用于某种电机上的集电环塑料制品，按技术要求要测定其绝缘电阻、耐电压、绝缘等级、机械强度、外观、尺寸等项目外，还要做耐二甲苯、耐1032漆、浸漆工艺、浸水、冷热绝缘电阻及装轴试验等。

当试生产的高分子材料制品性能满足各项技术要求，并经过一定时间实际使用考验之后，就应将其生产工艺流程、工艺条件、质量监控等措施加以确定，在大批量生产中严格贯彻执行。

3.2 日用塑料

3.2.1 日用塑料的特性

人们的日常用品，正逐渐由塑料替代传统的材料——木材、金属、玻璃、皮革等。塑料以鲜艳的色彩，新颖的造型及轻便实用等优点，装饰人们的生活环境，丰富人们的日常用品。可以说，塑料制品已成为人们日常生活不可缺少的东西。通常把这类与人们的日常生活密切相关的塑料称为日用塑料。

日用塑料品种极多，仅仅在国内的百货市场上经营的就有六百多种，在工业发达的欧美国家，日用塑料的品种和数量就更多，并有“如果没有塑料，就没有超级市场”的说法。通常的日用塑料制品有包装食品、中西成药的塑料薄膜、薄片；有塑料杯、盘、碗、筷、匙、暖水瓶壳、油瓶、饮料瓶、提桶等厨房用品；有塑料晴雨帽、雨衣、凉鞋、纽扣以及人造革与合成革鞋子、外套等衣着用品；有塑料牙刷、发夹、梳子、皂盆、化妆品瓶盒、洒水壶、莲蓬头、洗衣板、脚盆、面盆、浴缸和泡沫浴块等盥洗用品；有塑料椅子、衣架、绳带、网袋、手提包、票夹、编织袋、篮子、马夹袋、烟缸、烟盒、打火机等家庭或个人常备用品；有逗人喜爱的各式塑料玩具；还有塑料墙纸、画镜线、地板、窗帘、台“布”、沙发“布”、床罩、灯具、花卉、花瓶等家庭装饰用品……塑料在日常生活领域中的用途真是举不胜举，并且博得了人们的喜爱。

不难看出，日常用的塑料制品具有以下几方面的特性，这些也是人们对日常用塑料的要求，或者说选用日用塑料的几个基本原则。

(1) 美观与装饰性　人类的文明生活总要求日用品具有美感。日用塑料通常色泽鲜艳多彩，造型丰富多姿，真有点“淡抹浓妆总相宜”之美。如塑料桌布，它不仅能保护木质桌面，而且还能印各种图案，让人感到美观大方；塑料纽扣除了能扣衣服外，还因有不同的颜色和造型，缝在衣服上起到锦上添花的作用。由于塑料能容易地成型和配色，加之热塑性塑料材料可以多次成型，因此，既能适应不同使用场合的需要，又能迎合不同审美观点或者特别嗜好的消费者。

日用塑料的这一特性对提高商品的销路有着决定性作用，因为成功的造型和色彩能给顾客留下极深刻的印象，从而产生购买欲望，这也是塑料日用品受到欢迎的一个原因。

(2) 无毒与卫生性　无毒，具有卫生性。凡包装药物、食品等物质的塑性制品应符合卫生质量材料。塑料制品是完全可以达到这个要求的。塑料的餐具、食物包装袋、容器、盛器等都是无毒的。酚醛塑料不用它来制作食品的包装材料和食具。绝大部分聚氯乙烯塑料由于使用了某些有毒性的增塑剂、稳定剂等助剂，一般是不符合卫生要求的，并且聚合体中往往还残留着极少量对人体有害的氯乙烯单体，因此国内过去一般不允许用它来制作食品包装材料。除了残留单体以外，随着人们对材料的使用安全性的提高，聚氯乙烯中广泛使用的邻苯二甲酸类增塑剂的致癌问题又引起了人们的注意。在日用材料中，不管是用于食品包装，还是医药用品或者是儿童玩具，都必须采用无毒卫生的增塑剂。目前，被国际上认可的卫生无毒的增塑剂主要是柠檬酸酯系列增塑剂。比较常见的有柠檬酸三丁酯。用柠檬酸三丁酯增塑的聚氯乙烯可以用于食品包装和儿童玩具。目前，国内用作食具及食物包装的塑料大多是聚酯（主要是聚对苯二甲酸乙二醇酯）、聚乙烯、聚丙烯，聚苯乙烯、有机玻璃和三聚氰胺塑料等。这些塑料还应作卫生检验，若塑料中残留的有害物质（这些物质往往是聚合反应时加进去的）超过规定值的也不得使用。生产聚乙烯或聚丙烯的食具、容器时，应尽量少用，最好不用色料、稳定剂，荧光颜料更是不能使用。另外，塑料玩具有可能会送进幼儿的嘴里，因此，也应考虑使用无毒配方。

（3）轻便与实用性　塑料的密度小，比强度高，其制品都较轻便。这一特性，作为日常用塑料是特别重要的。日用品是经常使用的物品，笨重了就令人讨厌。塑料面盆、脚盆，连小孩也感到很轻便；塑料的包装箱、罐、瓶不易破碎、携带方便，特别是远销海外的啤酒、矿泉水等，用塑料瓶盛装十分理想；尼龙丝编织的网袋看起来十分轻薄，但它却能装很重的东西，又不像纱线编织袋那样会蛀会霉烂，上街买东西带着它十分方便。由于塑料具有轻便、耐用、不腐蚀、不易摔碎等特点，一些塑料广泛应用于塑料盘，塑料桶等制品。

（4）逼真模仿性和可设计性　以前，日常用品通常用玻璃、陶瓷、木材、皮革、橡胶等传统材料制成，现在却逐渐被塑料替代了。然而有些人喜欢恋旧玩古，保持着传统的审美观点。例如，认为竹子、红木、藤条、白瓷等用品有古色古香之感，皮革制品也有富足大方之意，诸如此类的看法就要求塑料制品具有模仿天然材料的特性，将制品做得宛如真的传统材料一样，以迎合人们的心理。此外，一般人总要求鸟兽虫鱼等动物玩具栩栩如生，要求实物模特儿惟妙惟肖等即具有模仿性。多数塑料能达到这种模仿性的目的。这与它的易成型性和配色性有关。如蜜胺的塑料杯子，做得宛如景德镇瓷杯；塑料花是人们常用的家庭装饰品之一，通过配方设计和工艺设计，塑料花束常常可以做成如同刚从花棚里摘来一样，花瓣上仿佛还带着露珠，并且具有真花的香味，这种“鲜嫩”和“芳香”可以得到长久保持；塑料木纹壁纸像天然木材一样。从实际使用来看，其意义远不是模仿性的“替代”而已，如塑料的暖水瓶壳，它不仅替代了金属和竹子，而且生产效率高，使用寿命长；仿真革的手套，它不仅替代了皮革，而且储藏时不会发霉和虫蛀。由此可见，塑料的日用制品不仅具有天然材料的优点，而且还具有天然材料所没有的许多特性。

3.2.2　选材及应用实例

3.2.2.1　日用塑料制品

塑料制品是通过一定的模具制成。

一般地说，小件物品，如皂盒、梳子、凉鞋等用注射成型法制成的。而浴盆等大型制件，通常用两种方法生产，一般是用大型注塑机注射成型，其制品质量较好，外观光亮，色泽均匀。然而小型工厂往往无此设备，便用第二种方法——热挤冷压法成型，即挤出机连续挤出熔融料，待挤出至一定数量后，迅速将料团移至模具的模腔内，用液压机加压成型。当然这样成型的制品外观较差，缺乏光泽，颜色不够均一，这在选用时应注意到。塑料的瓶或小口容器等中空制品，则用注射-吹塑或挤出-吹塑法制成，也就是用挤出或注射方法得到熔融的料坯，再在模具里吹胀成型。在吹塑时，制品的轴向和径向都受到拉伸，这样提高了制品的强度。

日用塑料制品使用面广，市场需要量大，一般采用注射法或挤出-吹塑法成型。为了适应消费者的需求，要不断改进产品造型，增加品种花色，让塑料制品一直以新颖的式样出现在商店里。下面介绍一些典型的塑料日用品的选择使用知识。

（1）塑料提桶、瓶子　在百货商店里可以看到聚乙烯塑料奶瓶、聚乙烯塑料盘子、聚丙烯塑料提桶、聚酯容器、聚碳酸酯水瓶等容器类塑料制品。它们常用来盛装水、油、酱油、饮料、液体浆料等食物和药品，由于这些容器是用聚乙烯、聚丙烯或者是聚酯制成，因此一般无毒性，不会污染盛装的食品。它们也十分轻便，具有很好的韧性，并且即使受到挤压也不会破碎。用聚酯做的饮料瓶，其透明程度可与玻璃相媲美。但是由于聚酯的密度小而且具有良好的力学性能和优异的加工性能，瓶子可以做得非常薄，其重量不到相同容量玻璃瓶的十分之一。可用作水果汁、食用油、饮料、洗洁精和消毒器等一次性消费的包装；使用十分方便。此外，用聚烯烃带编织成的篮、篓较竹制品更耐用，也更加的轻盈和美观。由此可见，人们选用塑料桶、瓶、篮、篓、及周转箱作为食品、物品的容器或盛器，在许多地方是具有优越性的。

塑料提桶在设计制造中，对原料的选择是有讲究的。小容量的桶、瓶可以采用高压聚乙烯，特别是盛放眼药水、护肤膏之类的小瓶，采用柔软而富有弹性的高压聚乙烯，使用时能很容易地把里面的膏、浆等流体挤出来。容积大的提桶，若也用高压聚乙烯来制造，那就会感到太软，强度低，那就应该用低压聚乙烯为原料来制造了，也可以用高、低压聚乙烯混合料或聚丙烯来制造。并且为了使容器有足够的强度，可在容器的外形设计上增加些筋条，这样不仅增加了外形美的感觉，而且更重要的是能增加容器的挺度。较刚硬的聚丙烯，也常用来制造较大的瓶、罐等容器。由于它无毒，又能用蒸汽消毒，与聚乙烯相比，它更轻，渗透性也更低，因此，用来盛放食品、药物是再适合不过的了。聚丙烯注射浴缸和不饱和聚酯模压浴缸，得到消费者的好评。聚氯乙烯透明硬塑料，由于其无毒配方的设计成功，也是一种可广泛用于食物包装的材料。当然，大家也应该注意到，近年来，在食品包装方面，聚氯乙烯逐步让位于聚酯和聚乙烯。在瓶子、桶等方面，聚氯乙烯逐步被聚酯取代，这是由于聚酯在加工性能方面显著优于聚氯乙烯，而且聚酯在制造成本方面也低于聚氯乙烯。油类物质对聚乙烯有一定的渗透作用，给瓶、桶留下洗不掉的颜色，所以只能用来做专用容器或一次性应用。至于聚乙烯桶用来盛放植物油，一般说，短期储藏是可以的，长期存放会导致桶壁溶胀，使桶的强度降低，加速损坏。用聚酯制造的瓶子和桶在防渗透方面以及保鲜方面显著优于聚乙烯产品。不仅可以用于盛装油类物质，在日本、韩国等国家也被用于盛装酒类产品。

(2) 塑料鞋 塑料制成的凉鞋、拖鞋，不仅款式大方，而且一洗即干，穿着轻便，在楼板上走路时，无噪声。到了夏天，不论天南地北，天晴下雨，男女老幼都喜欢穿。

随着塑料工业的发展，塑料鞋在制造方法、造型款式及鞋用材料方面都在不断地更新。几乎每年都有不少新品种投放市场。塑料鞋的材质有软聚氯乙烯及其泡沫塑料，改性的聚乙烯泡沫塑料，乙烯-醋酸乙烯共聚塑料等，它们可以单独用来制鞋，也可以在一双鞋上用几种材料的，如鞋底是泡沫塑料的，装的襻是软质聚氯乙烯的；也有鞋底是泡沫塑料的，躺底是软质聚氯乙烯的；颇受欢迎的坡跟凉鞋，其底是改性聚乙烯发泡材料制成，其襻是用人造革做的。

塑料鞋的成型方法一般是采用注射、注射发泡和发泡底装襻等方法。其中，注射发泡成型的鞋需要在鞋表面喷涂一层聚氨酯等涂料，增加光泽和美感。

因塑料鞋的材质不同，其使用性能也会有所差异，软质聚氯乙烯注射成型的鞋子比发泡的聚氯乙烯鞋耐磨，但柔软性及弹性都不及后者；用泡沫塑料做的鞋子中，以聚乙烯-醋酸乙烯泡沫塑料制成的尤为轻巧舒适。用橡胶改性的聚乙烯泡沫制成的鞋比聚氯乙烯泡沫优越些。据穿着者反映，橡胶改性的聚乙烯泡沫鞋穿了数月不龟裂、而聚氯乙烯的微孔拖鞋穿了一个夏天就会有裂纹；穿了橡胶改性的聚乙烯泡沫鞋不仅感到轻便舒适，而且干燥不黏脚，还不会缩码，相反，聚氯乙烯泡沫塑料鞋有黏脚的感觉，并会越穿越小，产生缩码现象。这是由于在穿着过程中，泡沫的孔腔逐渐压缩而造成的。经测定，最多要缩10mm。所以，在选购聚氯乙烯泡沫鞋时，尺码适当放大些，以免日后影响穿着。

(3) 塑料食具茶具　以往，碗、筷、碟、匙、壶、杯等都是用陶器、瓷器、玻璃等制成的。然而，现在塑料制的食具、茶具已相当盛行，乐于被人们所选用。这是因为它们不仅外观可做得与精制的瓷器、玻璃制品一样惟妙惟肖，而且不像瓷器、玻璃那样质重而易碎。

制造塑料食具、茶具的主要材料是聚乙烯、聚丙烯、聚苯乙烯、聚碳酸酯，有机玻璃与蜜胺塑料等。

塑料的食具、茶具一般用注射成型法制造。蜜胺塑料是热固性塑料，因此蜜胺杯、碗等是用模压法制成的。蜜胺塑料很耐高温，硬度大，强度高而且卫生无毒。可用于制造饭碗、汤碗、以及勺子等餐饮用具。对一次性用的杯盘等，则可用塑料片如PVC透明硬片，经热成型方法做出来。热成型是将烘软的塑料薄片，在真空或者压力的作用下，紧贴模型壁而制成制品的方法。这种方法操作简便，设备及其模具成本低廉，是生产一次性使用的杯盘盒的好方法。

由于使用食具、茶具时，会接触到不同的温度，因此，制造它们的树脂也不同。茶杯、旅行水壶、奶瓶、碗、筷、汤勺等都会接触沸水，所以要采用蜜胺树脂、聚碳酸酯或者聚丙烯来制造。茶杯盖、水果盘、糖缸等，则可用耐热性较低的聚苯乙烯、聚乙烯以及有机玻璃来制造。聚苯乙烯和有机玻璃是高度透明的材料，显得更为清雅。然而，这些塑料品种做的食具、茶具及食品盛器也有不足之处，聚苯乙烯制品脆性大，容易碎裂，并且裂口锋利，容易划破皮肤。聚乙烯虽然不透明，但是比较坚韧，不易摔坏，而且外观也能做得非常的漂亮。聚丙烯的制品比较牢固，也比较耐高温，可以直接承受高温处理。是目前家用微波炉餐具用品的首选材料。用聚乙烯和聚丙烯作为餐具和杯具使用也存在一些不足之处，聚丙烯易老化变脆；而聚乙烯的染色制品容易褪色，同时聚丙烯和聚乙烯制品都容易在使用过程中因后结晶而产生变形。另外，塑料碗、杯上容易留下垢斑，所以塑料食具要勤洗，力求每次洗净。

(4) 塑料梳、刷、皂盒　梳子、牙刷、皂盒等是人们每天碰到的东西。梳子以前用黄杨木、牛角等天然材料制成，皂盒多用电化铝盒，而现在几乎都是用塑料做了。

塑料梳子，其材质有聚乙烯、聚丙烯、聚氯乙烯、尼龙、布基酚醛等品种，可以根据需要选用。其中布基酚醛梳子是用层压板经机械加工而成，其他品种制的梳子则多数是用注射成型的。聚丙烯梳子的强度高、耐磨。但由于市场上最早问世的是聚氯乙烯梳子，出于消费上的习惯，大家还是喜欢用它。当然，聚氯乙烯梳子受到消费者的欢迎是有其道理的。因为它软硬适中，富有弹性，颜色多样，所以市场上数量占首位的仍是聚氯乙烯梳子。布基酚醛梳子，由于强度大，即使破成很细的齿，还很坚实耐用，而且可以做得很薄，所以为大家乐于使用。特别是理发店用更为合适，因为在电吹风的温度下也可使用。尼龙梳子的价格较贵，使用性能是很好的。

塑料皂盒多数用彩色的聚乙烯、聚氯乙烯或聚丙烯做的。盒的盖上往往印有花鸟图案，盒的底部有时有短齿，以便在洗头时作头刷。

(5) 塑料纽扣　纽扣是服装的组成部分，同时又起着装饰作用。塑料纽扣中，有银光闪闪的ABS电镀纽扣，有无色透明或色泽艳丽的有机玻璃纽扣，有闪着各种颜色的珠光有机玻璃纽扣，还有朴实价廉的电玉扣、电木扣和卡普隆扣等。塑料中，ABS塑料是较容易电镀的品种。电镀以后，使纽扣表面有金属般的光亮，同时提高了表面硬度，使其不易擦毛。有机玻璃是无色透明的。加入了荧光剂则成荧光有机玻璃；加入了合成珍珠粉便成珠光有机玻璃。有机玻璃纽扣，在使用中应特别谨慎，因为它表面硬度低，耐磨性差，容易造成划伤或擦伤。塑料纽扣的造型多种多样，有圆的、方的、甚至有牛角型、竹节状的，还有表面压花的，拼色的等。

3.2.2.2 塑料薄膜

(1) 塑料薄膜的种类及特征 塑料制品中，薄膜占了很大的比重。人们的生活、生产都需要它，食品的包装，原材料的包装，机械零件及仪器仪表的包装，农用温室、家庭用窗帘、台布、床罩，电影胶卷及录音磁带的片基等，都需要塑料片膜材料。就是在火箭、人造卫星中也需要耐高温、耐辐射的薄膜。近年来，由于单一品种的塑料薄膜某些性能满足不了使用的要求，因此制成了两种或两种以上不同种类薄膜黏合起来的所谓复合薄膜，这样塑料薄膜的品种就不下于百种了。我们日常生活中能遇到的也不下几十种。最大的日常用途无非是包装和家庭陈设两个方面。它们与传统的纸、布等包装材料相比，有着明显的优点，如耐水耐擦，透气透湿等，因而防护性能很好。下面是一些常用塑料薄膜的种类和特征。

① 聚氯乙烯薄膜 聚氯乙烯薄膜是聚氯乙烯树脂添加增塑剂、稳定剂、着色剂等，经混合、加温塑炼，然后或用压延机压延成膜，或用吹塑机吹塑成膜，在少数情况下也用流延成型。和聚乙烯薄膜相比，聚氯乙烯一般厚度比较大。聚氯乙烯薄膜可制成透明的或各种颜色的，不同厚度的各种规格品种，其表面均可以辊花，或通过印刷，印制出单色的或套色的花纹图案。聚氯乙烯薄膜与聚乙烯相比，有其优越的地方，如强度大、透气透湿率低，印刷性能好，因而，更宜作密封性包装特别是重包装材料，同时由于外观色彩鲜艳，聚氯乙烯薄膜经常用于各种场合的装饰用品，如家庭或者餐厅用的桌布、地板革以及墙纸等。聚氯乙烯无毒薄膜可用作生理盐水与血浆包装袋。

② 聚乙烯薄膜 市售的聚乙烯薄膜，主要由高压聚乙烯料经吹塑加工而成。聚乙烯薄膜的特点是：透明或者半透明，质地较柔软，耐低温，但也易划破、穿孔，印刷性能较差。聚乙烯包装袋在印刷前要进行表面处理，以获得良好的印刷质量。表面处理一般有火焰法、化学法、机械法及电晕放电法等。选用特殊的油墨也能提高印刷的效果。聚乙烯膜的防潮性虽较好，气密性却较差。聚乙烯薄膜加工方便，价格便宜，性能优良，故也是用量较大的材料。在国内外市场上，用低压聚乙烯吹塑制成的强度优异的超薄薄膜已受到赞赏，其厚度仅为 10μm 左右，可代替纸张包装零售商品及食品，特别是包装鲜肉鲜鱼的好材料。还有用低压低密度的线性聚乙烯（LLPE）制成的薄膜，其有比低密度聚乙烯更高的强度、更好的耐磨损和低温特性，是理想的牛奶、豆浆等软包装材料。

③ 聚丙烯薄膜 聚丙烯薄膜是用聚丙烯料经吹塑成型或挤出后双向拉伸加工而成的。聚丙烯吹塑膜是透明度很高的薄膜，而且有良好的耐擦伤性和防潮性。聚丙烯双向拉伸薄膜的力学强度很大，耐寒性、光泽度都较吹塑薄膜有大幅度的提高。这两种方法加工成的聚丙烯薄膜有其共同的特性：如相对密度小，透明度与表面光泽可与玻璃纸媲美，富有弹性，耐折、不易撕裂、不易擦伤、耐热性较高、食品可放在聚丙烯包装里杀菌消毒等；但气密性不够好，印刷效果虽比聚乙烯好些；但封口时热合性能不佳，在阳光下还易老化。

④ 聚偏三氯乙烯薄膜 聚偏三氯乙烯薄膜是食品包装中的重要的品种，因为它具有良好的长期保存食品的特性。

聚偏三氯乙烯薄膜与其他塑料薄膜相比，具有极好的防潮性和气密性，耐热温度可达100℃，为加热杀菌准备了条件，但这种薄膜热合困难，薄膜无挺力，因此，使用时往往需要与其他薄膜材料复合起来，相互取长补短，才能成为性能优良的食品包装材料。

⑤ 聚酯薄膜 聚酯薄膜也称涤纶薄膜，一般采用挤出拉伸法制成。聚酯薄膜的特点是力学强度大，在塑料薄膜中是首屈一指的，为聚乙烯的 5～10 倍；耐热性和耐寒性都很好；水蒸气、水和气体的透过率极小，是防水防潮的好材料；薄膜的透明度高，可见光的 90% 可以透过。聚酯薄膜由于熔点高，热熔合困难，因此，一般不单独作密封性的包装材料，而

是与聚乙烯等热合性较好的薄膜组成复合薄膜，是制作软包装罐头的好材料。聚酯薄膜具有良好的耐温性能和电绝缘性能，使得聚酯薄膜广泛应用于电器领域，尤其是电容器的生产领域。聚酯薄膜也具有良好的热收缩性能，使得聚酯薄膜可以广泛应用于书画艺术品的裱装，以及家庭相片的保护等用途。

聚酯薄膜上很容易真空镀铝，镀上铝膜的聚酯薄膜有金属光泽，可以替代铝箔，大大节约了紧张的铝材，在包装上应用很广。

⑥ 复合薄膜　复合薄膜最初是以聚乙烯与玻璃纸两种膜复合为主要形式。后来，随着复合技术的发展，出现了多种材料的多层复合薄膜。

构成复合薄膜的基本形式是以纸、铝箔、玻璃纸、聚酯薄膜、拉伸聚丙烯薄膜等高熔点或难熔化的材料作为复合膜的外层，以未拉伸聚丙烯、聚乙烯、聚偏二氯乙烯等为复合膜的内层。现在不仅有两层结构的复合膜，而且有三层、四层、五层的复合膜，国产的复合膜最多达七层。这样，它们具备的性能就越来越完善。复合薄膜的主要品种和性能如下。

两层复合——玻璃纸/聚乙烯，铝箔/聚乙烯，纸/聚乙烯，聚乙烯/聚偏二氯乙烯，拉伸聚丙烯/聚乙烯，聚酯膜/聚乙烯等。

三层复合——玻璃纸/铝箔/聚乙烯，拉伸聚丙烯/铝箔/聚乙烯，拉伸聚丙烯/聚乙烯/未拉伸聚丙烯，拉伸聚丙烯/聚偏二氯乙烯/聚乙烯，聚丙烯编织布/聚乙烯/纸等。

四层复合——玻璃纸/聚乙烯/纸/聚乙烯，铝箔/聚乙烯/纸/聚乙烯，拉伸聚丙烯/聚乙烯/铝箔/聚乙烯等。

五层复合——玻璃纸/聚乙烯/铝箔/纸/聚乙烯，纸/聚乙烯/拉伸聚丙烯/聚乙烯等。

以上复合薄膜的主要制法有：蜡复合法，熔胶复合法，挤出复合法和流延复合法等。复合膜的性能由构成复合膜的层数及各单层膜的特性决定。一般来说，复合薄膜比单层的塑料薄膜具有更好的综合性能。尤其是气体阻隔性能。采用多层复合技术可以克服各种材料的缺点，发挥各层材料的性能优势，显著提高薄膜的气体阻隔性能。这种复合薄膜因此被广泛应用于食品的保鲜，医药用品的包装，以提高保质期。用复合薄膜包装茶叶，可以更好地保存茶叶的香味。

⑦ 热收缩薄膜　热收缩薄膜是异军突起的一种包装新品种材料。这种材料，顾名思义，就是一种受热后能发生大幅度收缩因而能紧裹物品，并能长期保持其形状的薄膜。它不仅使包装挺括，而且由于“紧固”包装，大大减少易碎品的包装损失，如将许多玻璃杯或玻璃制的药瓶紧抱在一起，不易破损。

现在能供应的收缩薄膜品种有：聚氯乙烯、交联聚乙烯和聚丙烯以及聚酯薄膜等。它们可做成单向收缩的薄膜，也可做成双向收缩的薄膜。这类薄膜除了具有热收缩性之外，其他性能均与普通薄膜相同。

(2) 塑料薄膜的应用　塑料薄膜作为包装材料是它的最大应用领域。作为日常用途，主要用来包装食品、中西成药及其他日用品。

食品包装有各种各样，如糕点、果脯等零售品的包装；鱼、肉、蔬菜等生鲜品的包装；快餐、果酱等熟食品的包装等。包装的对象不同，包装的期限不同，对包装的塑料薄膜的要求也不同。作为食品包装的塑料薄膜，总的要求是气密性好，透湿性小，便于热封合，无味无毒、成本低廉，有的还需要耐蒸煮、耐油、耐寒等。

从单品种的塑料薄膜来看，气密封好的薄膜有聚偏二氯乙烯、聚酯等；透湿性小的薄膜有聚偏二氯乙烯、聚酯、尼龙等；热封合性好的薄膜有聚乙烯及其共聚物。聚偏二氯乙烯和聚酯薄膜除了热封合性，各方面性能都较好，是食品包装的好材料。至于复合膜，在防潮性、气密性和热封合性等方面都优于单层薄膜，它具有更好的食品包装性能，因此，广泛用于食品和药物的包装。

目前，国内在包装食品方面，还大量使用着传统材料，如纸和涂蜡纸。它们虽然价廉易得，但却只适用于要求不高和临时性包装。它们最大的缺点是透气透湿，本身又不耐潮湿，包装强度也不够。对于要求高的、需要长期保存以及对水和气密封性高的包装，选用纸是不理想的，因此，要改用塑料薄膜。塑料薄膜中，聚乙烯薄膜常用来包装食品。市场上有各种规格的聚乙烯袋供选用，特别是最近试制成功的聚乙烯超薄薄膜，用塑料量很少，可成为纸张的代用品，是廉价的包装材料，最适合鲜鱼、生肉的零售包装，既干净又方便。复合膜在国外用得很广泛，如在超级市场上，用聚酯/聚乙烯、玻璃纸/铝箔/聚乙烯来包装肉片、午餐肉、生鲜肉等；用聚偏二氯乙烯玻璃纸/聚乙烯、拉伸聚丙烯/聚偏二氯乙烯/聚乙烯等来包装鱼肉、煮肉用的汤料等；用聚偏二氯乙烯/拉伸聚丙烯/聚乙烯来包装快餐食品等。因为这些复合薄膜气密性和保鲜性好，能保留食品的原味，能耐油，具有一定的强度，不会因袋破而漏液。国内近年来复合包装材料从少到多，由差转好。主要有：①由聚酯/铝箔/聚丙烯复合膜制成的蒸煮袋，用以代替马口铁罐头。不仅能大大节约进口马口铁，而且色、香、味和原有的营养成分的保留程度都优于马口铁，且运输、携带、使用都比铁罐头方便。②由聚乙烯和铝箔复合膜加工成的复合软管，它代替铝管或铅锡管，用作牙膏或化妆品的包装，不仅节约铝材，而且，由于塑料的耐蚀性，作为含氟牙膏的包装也不会发生腐蚀穿孔现象。③由聚酯/聚乙烯复合膜制成的包装袋，它优良的气密性，使之成为充气包装和真空包装的理想材料。用于包装榨菜、芝麻、花生等农副产品，起到良好的储存效果。用之于包装大米时，充入二氧化碳（CO_2）就能使其处于冬眠状态，起保鲜作用。④玻璃纸涂塑小包装材料，它是在玻璃纸上印上五彩商标图案后，再在印刷面上涂上一层聚乙烯，以达到封口和防潮的目的。它被用于糖果、速煮面、干果等土特产包装。可以预料，复合薄膜在我国还会有一个很大的发展，以满足人们日益提高的物质生活的需要。

塑料薄膜中，聚氯乙烯的产量占了很大的比重。它过去主要作为食品、药物包装以外的包装材料，如作一般颗粒或粉状工业品、仪器仪表、机械零件等的包装等。现在无毒 PVC 薄膜也开始用于包装食品、药品和血浆。聚氯乙烯薄膜有吹塑薄膜和压延薄膜之分，其中吹塑薄膜厚度规格多，强度稍高于压延薄膜，但伸长率不及后者。薄膜厚度的均匀性还是压延薄膜的好。因此选用时，可根据需要决定。聚乙烯薄膜及其与纸复合的复合薄膜，除食品包装外，也用来包装其他许多东西，但包装强度没有聚氯乙烯的高。聚乙烯薄膜根据其厚度可分为重包装膜和轻包装膜。重包装膜较厚，约为 0.2～0.5mm，常用来包装化肥、树脂和其他工业原料。

在包装成衣、工艺品及玩具时，为了让消费者看清商品的颜色及形象，就需要透明度高的包装材料。推荐使用的是聚丙烯薄膜、聚酯薄膜、透明聚氯乙烯薄膜及硬片聚乙烯醇薄膜等。当然这里主要是就透明而言，但其成本相差很大，所以如包装衬衫等一般商品用聚丙烯薄膜就可以了；聚酯薄膜及透明聚氯乙烯片是包装高档消费品的好材料。工艺品和玩具等可采用吸塑包装，即将商品密封在透明塑料薄膜和印刷纸板之间，这样既能看清商品，又能使商品受到保护，可以悬挂，携带方便。这种包装是先将聚氯乙烯透明片，按商品的外形轮廓和大小，预先在模子中加热，再用真空泵抽吸成型，将商品密封在透明塑料泡罩和印刷板之间。

聚氯乙烯厚膜是一种很有用的产品，其厚度一般为 0.05～0.45mm，经加工可制成文件夹、票夹、钱包等日用品。它表面经印刷、烫金、再罩一层透明的薄膜之后，显得更美观、光亮，图案也不致磨损脱落。

聚氯乙烯薄膜经印刷等加工后，便成了制作窗帘、桌布等的日用薄膜了。近年市场上出现了仿涤抽纱提花塑料台布，其塑料膜做得像涤纶布料一样，还可以用开水洗涤，其图案生动逼真，花色新颖，引起了塑料桌布的销售高潮。

3.2.2.3 人造革

人造革是人们并不陌生的材料。在日常生活中到处可看到人造革制品，如手套、鞋子、冬装、手提包、旅行袋、衣箱、坐椅及沙发的包皮等。

(1) 人造革的种类与特性 聚氯乙烯人造革是人造革中最早的一种产品。聚氯乙烯人造革是由乳液聚氯乙烯糊树脂、增塑剂、稳定剂和其他助剂组成的混溶物，或涂覆在基材上，或先制成厚膜再压贴在基材上，再经其他工艺过程加工而成。它具有质地柔软、强度高、耐折、耐磨蚀等优良特性。其中，泡沫人造革较普通人造革有更好的手感、弹性和保暖性，是工农业生产、交通运输及日常生活中既经济又实用的好材料。

聚氯乙烯人造革，可根据所用的底基材料、表面特征、塑料层结构及用途来分类。按底材不同可分为棉布基聚氯乙烯人造革及化纤基聚氯乙烯人造革。目前，我国大量使用的棉布基材有市布、漂市布、染色市布、帆布、针织布、再生布等。化纤基材大多是涤纶织物和无纺布。按表面特征不同可分为光面革、花纹革、印花革、泡沫人造革、透气人造革等。根据用途不同可分为鞋用人造革、箱用人造革、包装用人造革、家具用人造革以及车辆、地板用人造革等。

合成革是人造革的新品种。微孔聚氨酯薄膜贴层革就是最近试制成的合成革。微孔聚氨酯合成革是将聚氨酯溶液制成薄片，在水中成型，经萃取溶剂，产生了连续的微孔，再经水洗干燥，便成了微孔聚氨酯薄片。若将它与无纺布贴合、压花、表面处理，就成了合成革。它的特性是重量轻、弹性好，能透气透湿，与天然皮革十分接近，并比天然革耐水、不怕霉变虫蛀。

(2) 人造革的应用 普通的聚氯乙烯人造革，常以市布或帆布为底材，强度高、耐曲折、耐磨、伸缩率小，适合用来做旅行包袋。箱用聚氯乙烯人造革应选择强度高、表面挺括的品种，给人以真皮的感觉。鞋用的聚氯乙烯人造革应选用材料结实、强度各向一致的品种。由于普通人造革，其手感较硬，缺乏弹性，所以可选择泡沫人造革。底基为针织布、发泡层稍厚、表面不发泡的泡沫革轻而富有柔软的手感，是较好的手提包、手套、服装、沙发及软椅的包皮材料。然而，这些材料仍存在着缺点，就是其透气、透湿性差。坐在泡沫人造革做包皮的椅子或沙发上，尤其是在热天，会感到潮湿、黏腻、不够舒服。这样的材料制成的鞋，穿在脚上也有闷热、湿气重的感觉。所以针织布基的聚氯乙烯泡沫人造革，虽柔软而富有弹性，但还不能解决透气、透湿的问题。据报道，国内现在已制成聚氯乙烯透气泡沫人造革，由于在调制聚氯乙烯糊状浆料时，加入了开孔发泡剂，因此，透气性可以大大改善，与天然革相近，透湿性也有较大的改进。用它制成的外套、手套、鞋或沙发覆面等就会有真皮的感觉，但它的缺点是有一股聚氯乙烯特有的气味，而合成革是没有这一问题的。然而，材料的选用离不开经济性，性能理想的合成革价格要贵得多。

3.2.2.4 塑料墙贴与地面材料

(1) 塑料墙贴 塑料墙贴是保护墙壁、美化房间、改革传统油漆装潢工艺的好材料。

塑料墙贴的品种在日益增加，应市的产品可分为两类。一类是塑料涂层墙贴，它们是在纸、棉布、麻布、无纺布或玻璃布上涂刷塑料涂层，如聚氯乙烯或丙烯酸酯类涂料加热塑化而成的材料。另一类是塑料黏合墙贴，它们是在纸、布或无纺布上压贴一层塑料薄膜而成的材料。这两类墙贴，由于有底层，施工比较方便，只要用普通的胶黏剂就可以粘贴在墙面的抹灰上。如棉布、麻布及无纺布作底材的墙贴，可以用由胶、化学浆糊、水以 4：5：1 调制成的胶黏剂来粘贴。玻璃布为基材的墙贴则要用专用的粘布剂来粘贴。对墙面抹灰层的要求是平整，否则由于墙纸较薄，墙面上的凹凸会反映出来。

塑料墙贴受到欢迎的理由，除了施工方便外，主要是装饰性好，它可以印成各色花纹、压出各种图案，也可仿制成天然材料的样子，如木材、大理石等。同时，它们的表面可以用湿布擦洗，使墙面一直保持清洁。

(2) 塑料地面材料　塑料地面材料和塑料墙纸一样，是房屋的内装饰材料。传统的地面材料有木材、毛织品、油漆及水磨石、大理石等。它们有的施工复杂，有的保养要求高。而塑料地面材料色彩丰富，可以拼成各种图案，装饰效果好，而且光而不滑，不易起尘，便于清扫。在塑料地面上走路，有一定弹性，噪声小。此外，施工简单，维修保养方便。当然也有缺点，如怕烟头和高温。

塑料地面有软质卷材和半硬质地砖两类。软质卷材有聚氯乙烯单层卷材、双层复合卷材，多层复合卷材等。软质卷材是用压延法成型的；塑料地砖则是用热压或注射成型的。

市售的地板料已裁切成各种规格的块状片材，使用时需拼接。双层复合的塑料卷材，其面层为软质氯乙烯，底层为泡沫塑料、石棉纸、粗麻布等，也有用再生橡胶做的，这种地面富有弹性。若需要有图案或色彩丰富的塑料地面，则应选用多层复合卷材。它通常由三层组成，即透明的聚氯乙烯面层，不透明的聚氯乙烯中间层和底层。这样可以印制各种图案或仿制各种花纹，如大理石、水磨石、木纹、石纹等，做得十分逼真。印花方法有两种，一种是印在中间层上；另一种是印在透明聚氯乙烯面层的反面。现在市场上的卷筒彩塑地板，深受消费者的欢迎。它是塑料面料和化纤布为基材的复合材料。塑料面层可做成高发泡或低发泡质料。表面印刷成各种图案，如瓷砖花型、马赛克图案、拼花图案或木纹图型等。使用它，可不用胶水，摊开就铺平，省去了种种麻烦。是一种美观、经济、实用的铺地材料，而且，它易洗耐磨、保养简便，色彩不仅绚丽雅致，还能与墙布、家具协调配套，是值得推荐的地面材料。需要注意的是冬天有点发硬，容易脆裂，使用时要避免机械性破坏。

塑料地面材料粘贴施工时，要注意的是：首先要扫除尘土，铲除残留的灰浆，平整地面。其次是为防止施工时卷材碎裂，室内温度至少为10℃，所以冬天施工尤其要注意。还有在裁切时要放些余量。特别是卷材会发生纵向收缩。铺设时，使用沥青基黏合剂。把黏合剂先涂在地面上，待溶剂挥发一部分后，就可把塑料地面铺上去，并用压辊压平。至于塑料地砖，一般家庭日用很少。

近年，在塑料墙面和地面装饰材料中出现了“人造大理石”，其实它们大多是不饱和聚酯填充塑料制品，和高级塑料衣橱，所谓“玛瑙”浴缸、便器等材质基本相同。主要用于豪华型装饰和高档房屋住宅。

3.2.2.5　塑料丝带及泡沫制品

(1) 塑料丝，绳　在市场上看到的塑料单丝及其编织品，如鱼丝、渔网、网袋、编织袋、绳索等，多用聚氯乙烯、聚乙烯、聚丙烯或尼龙等塑料丝制成。

塑料单丝挤出成型的过程：塑料的熔融体从挤塑机的口模挤出来，经过冷却、牵伸、热定型及卷绕，便得到直径较细的单丝。单丝直径一般为0.2mm左右。

过去，在日常生活中用的线是棉、麻、丝、棕等纤维制成的，它们强度较低，尤其受潮后强度更低，还容易霉烂，影响使用，现在使用了塑料单丝及其制品能克服这些缺点，而且编成的渔网，不仅重量轻，容易清洗，不易受海水腐蚀，而且清洗后，丝网上不留鱼腥，有利于继续捕捞。聚丙烯膜裂丝编织袋比传统的布袋、麻袋更为优越，它承重大，使用寿命长。日常生活中，我们常用塑料单丝或绳索来捆扎物品，晾晒衣服、被褥等，十分方便。塑料丝的选用情况见表3.3。

表3.3　塑料单丝选用表

单丝用途	性能要求	常用塑料名称
绳索	拉伸强度高、耐磨、伸长率低	尼龙、聚丙烯
窗纱	伸长率低、直径恒定	聚氯乙烯
水产养殖绳	拉伸强度高、耐水性好	聚氯乙烯，聚乙烯
渔网丝	拉伸强度高、结节强度好	尼龙、聚乙烯
过滤网丝	耐磨、收缩率低、直径恒定	聚酯、聚丙烯
丝扣拉链	拉伸强度好、直径恒定、尺寸稳定、耐磨	尼龙、聚酯
刷子	尺寸恒定、低收缩率	尼龙
地毯	耐磨、低收缩率、易染色、不吸尘土	尼龙、聚丙烯
网球球拍	拉伸强度高、伸长率低、耐磨	尼龙、聚酯
金银丝线①	强度高、收缩率低	聚酯镀铝

① 此产品不是用挤出成型生产，而是聚酯镀铝薄膜裁切而成的。

(2) 塑料带　市场上的塑料带有聚丙烯打包带、聚氯乙烯裤带、玻璃纤维增强的聚氯乙烯运输带、聚丙烯膜裂带等。这些材料的使用，不仅替代了大量的天然材料，而且还有天然材料不具备的特性。裤带原来用牛皮、猪皮做，现在用聚氯乙烯做了，它表面可压花纹，可做成透明的、双色的等，不仅式样多，而且强而韧，有一定的弹性，价格又便宜，所以大家愿意使用。聚丙烯膜裂带轻巧、细软、强度高、不怕虫蛀，是包扎物品的好材料。现在几乎所有商店都用它来捆扎商品。

膜裂扁丝可代替麻丝，编织各种粮食袋、重包装袋等，塑料扁条可代替藤条编织椅子、手提篮等。塑料扁条编成的篮子比竹篮耐用得多，因为它经得起干湿交替的变化。

(3) 泡沫塑料制品　泡沫塑料是塑料中的一个大类，它可以看成是作为材料基础的塑料与无数微小气孔的气体组成的复合材料。

日用塑料中遇到的泡沫塑料制品除前面已介绍过的泡沫鞋、泡沫人造革和泡沫墙贴外，还有垫子、枕芯、浴块、救生圈、泡沫纸等。

日用泡沫塑料按塑料的种类来说有聚氨酯、聚氯乙烯、聚烯烃等；按其泡沫的孔结构来说有开孔泡沫塑料和闭孔泡沫塑料；按发泡程度（或相对密度）来说，有高发泡的泡沫塑料及低发泡的泡沫塑料；按泡沫体的软硬程度又分为硬质泡沫塑料、软质泡沫塑料和半硬质泡沫塑料。由于泡沫塑料中有泡孔，因此质轻，比同体积的塑料要轻几倍、几十倍。闭孔泡沫塑料的泡孔互不相通，因此能保温、隔热、抗震。开孔泡沫塑料除了有良好的缓冲性能外，还有吸音和过滤等作用。下面就日用的泡沫塑料作简单介绍，作为选用依据。

① 聚氨酯泡沫塑料　聚氨酯泡沫塑料是由含有羟基的聚醚树脂或聚酯树脂与异氰酸酯反应构成聚氨酯主体，和由异氰酸酯与水反应生成的二氧化碳气体，经发泡而制成的泡沫塑料。

聚氨酯泡沫塑料制造时，由于聚酯树脂（或聚醚树脂）的分子量及羟基含量不同，可制成软质、硬质或半硬质的泡沫塑料。日用泡沫塑料多为聚氨酯软质开孔泡沫塑料，可作座垫、床垫、衣服衬里、浴块、枕芯和过滤、吸尘、吸音与防震材料。

② 聚苯乙烯泡沫塑料　聚苯乙烯泡沫塑料一般是硬质的，它可分为压制法聚苯乙烯泡沫塑料及可发性聚苯乙烯泡沫塑料。

压制法聚苯乙烯泡沫塑料是用聚苯乙烯粉加入固体发泡剂，经过均匀混合，压制成毛坯，再行发泡成泡沫塑料。

可发性聚苯乙烯泡沫塑料是把聚苯乙烯的珠状树脂，浸在低沸点的液体中（如石油醚）中，让液体慢慢地渗入珠状颗粒中，然后经预发泡、熟化和发泡成型，便成制品。

由于聚苯乙烯的电气绝缘性能好，所以这种材料一般用于无线电讯工业，也用作绝热材料。聚苯乙烯泡沫体的一大用途是用作仪器仪表和各种电器的运输防震材料。可发性聚苯乙烯泡沫塑料可制成泡沫纸，它是用可发性聚苯乙烯珠粒加上其他助剂，经挤塑机连续挤出而成。这种泡沫塑料纸具有极细的泡沫结构，并带有光泽、轻而柔软、具有良好的隔热性能。它也可制成各种颜色的片材，因此富有装饰性。人们把它剪贴成工艺品，或用它来布置橱窗，作标语广告牌等。

③ 聚乙烯泡沫塑料　聚乙烯是结晶聚合物，熔融时黏度低，强度小，不容易形成稳定的泡孔，因此聚乙烯泡沫塑料出现得较晚。

由于聚乙烯不易发泡，若用通常的方法是得不到均匀的泡沫体的。现在制造聚乙烯泡沫塑料的方法之一是在聚乙烯树脂中，加入热分解型发泡剂混炼，经电子射线照射或化学交联剂作用，使聚乙烯大分子发生部分交联，以增加熔融体的热强度，再加热使之发泡成为泡沫塑料。

聚乙烯泡沫塑料是一种半硬质材料，具有较好的机械强度，特别是能吸收机械冲击；隔热性能亦属上乘；它有交联聚乙烯所具备的优良的化学物理性质，表面有光滑的结皮，可着色，外观较好；吸水率又低，所以是用来制作日用制品，精密仪器的包装材料，天花板装饰材料和建筑保暖材料等。但是，相对来讲，因为工艺上要求较高，所以至今聚乙烯泡沫塑料在国内使用得远没有国外普遍。

④ 聚氯乙烯泡沫　因为密度大于上述几种泡沫，聚氯乙烯泡沫在产品包装方面用途不如上述几种泡沫广泛，但是聚氯乙烯泡沫塑料在很多领域应用仍十分广泛。在制鞋工业中，发泡的聚氯乙烯用于制造鞋底，用得比较普遍。在建筑领域中，聚氯乙烯管材被大量使用。为了降低成本和减少管材重量，在工业上普遍采用发泡夹层制备下水管道，即管道的内层和外层均不采用发泡材料，而在管材的中间采用微孔发泡的聚氯乙烯进行制造，这样生产的聚氯乙烯管材外观光洁漂亮，内壁也很光滑，而且重量轻，成本低，深受用户欢迎。

⑤ 酚醛泡沫　酚醛泡沫也具有较好的吸振性能，可以生产出密度较低的产品。玻璃纤维增强的酚醛泡沫性能可与蛭石、木材、烧蚀材料、泡沫乳香树脂、耐热涂料相匹敌，适于多种用途包装，特别适用于对裂变材料的包装，具有中子衰减性能，并可保证必要的装运强度，例如可用于储装六氟化铀，也可用作裂变材料的包装物衬里。

3.3 高分子结构材料

高分子材料能作为结构材料使用是材料史上的一大进步。然而由于高分子材料的特点，在应用时，具有极强的选择性。本节首先讨论受力环境分析和根据环境条件和工程要求进行初步选材的问题，然后讨论结构设计、强度设计以及如何用材方面的问题。高分子材料制件设计的特点是反复较多，往往设计到某一阶段甚至最后，发现某些方面还不合要求，还得调换材料或者更改结构型式。

3.3.1 受力环境分析与初步选材

所有的材料在使用环境中都或多或少承受一定的载荷作用，但是对于结构材料来讲，载荷成为选材的核心因素。为了解决结构件的材料选用问题，首先，要分析结构件所处的载荷环境。主要弄清载荷的性质、大小和所处环境，即载荷是静的还是动的？估计有多大、随时间怎样变化？这种载荷在将要设计的构件上产生的应力大致在什么范围？真正在部件上的应力虽然要到设计完毕才能确定，但因为设计往往是一个尝试误差过程，开始时即使不能确切知道，也应该有个大致范围的估计。这样做，有利于选材。然而以上载荷条件不是环境分析的唯一条件，还必须结合其他条件，如部件工作时材料所处温度的高低限怎样，有无潮湿和化学介质的作用，零部件在户外使用还是室内使用等，因为这些条件同样会影响材料的选用，有时甚至是决定性的。

有些材料能满足工程上对它的强度、刚度和耐温要求，但有可能不适应环境中某些介质的作用，因为介质有可能影响材料的承载性能。这里指出的主要是介质对材料承载力的影响。

ABS、POM、PC、PPO、PSF、PMMA、PS等大多数的聚合物，当它们受到张应力时，因受溶剂或其蒸汽的影响而发生溶剂应力开裂。另外，某些高聚物如PE、ABS、PC、PPO等所处的环境里并没有溶剂影响，但有应力存在，在达到某个临界值之后就会发生环境应力开裂，也叫龟裂。这种龟裂常被某些活性物质加速或引发。因此，在实用上如果避免不了这种介质的影响，则此种临界应力实际上就是材料的强度极限值。

综上所述，环境分析是具体的，不能一概而论。

通常，那些基本不受力或只受轻微载荷的小型零部件，例如手轮、手柄、方向盘等操纵部件、仪器仪表的底座、盖板、外壳、支架等结构部件，如电池盒、照相机、电话机壳、灯罩、动力工具外壳等中空凹型制件（它们有时有装饰的要求），可以在如下一些材料中选取：ABS、纤维素塑料、聚烯烃塑料、PVC、丙烯酸塑料、PC、PPO、热塑或热固性聚酯、酚醛塑料等。若制件是经常移动的，需采用韧性材料。除了有机玻璃、PS和热固性塑料，其他都是韧性较好的塑料。经常与热水、蒸汽接触的设备，可选用PC、PPO、热塑性聚酯、热固性聚酯等；否则，可选用酚醛树脂；需要透明的可选丙烯酸类、PS和改性PS、PC和少量纤维增强的热固性聚酯。对经常需要曲挠的部件（如铰链），聚丙烯是特别理想的材料；稍大的壳型部件往往要选较刚硬的塑料来制作，如PC、PPO、酚醛等，它们还适于尺寸要求精确、稳定的场合。ABS是最常用的外壳材料，它的表面容易装饰，如电镀、清漆罩光等。

齿轮、齿条、凸轮、活塞头、压辊、阀门、泵叶、风叶等受力较大的运动部件，要求材料有较高的拉伸强度和冲击韧性，良好的抗疲劳性。此外，材料还要有一定的成型精度和尺寸稳定性，有时也要有一定的热稳定性。可以选用的材料主要有尼龙（特别是尼龙-1010和MC尼龙）、聚甲醛、F4填充的聚甲醛、PC、夹布酚醛、增强热塑聚酯、增强PP、PPS、可熔性聚酰亚胺等。需要较高抗疲劳性能的选用聚甲醛，它还可以用于常温和高湿环境；需要高稳定尺寸和在潮湿环境中使用的材料，不能选用尼龙；经受间歇高冲击的可用PC，但长期频繁振动冲击和大的交变载荷是不允许的，除非用纤维材料进行增强。F4填充的聚甲醛可用于有重载摩擦的场合。温度较高，或者要求承载能力更高、尺寸变化更小时，可在此基础上使用玻璃纤维增强。

大型或超大型的壳体、板壁、中空凹形制件，如船身、车壳、建筑墙板和隔栅，大型机器设备的罩壳，浴缸、洗涤盆和水箱等卫生洁具，农用水桶和包装箱等，往往要求材料具有高的刚性、耐冲击性、良好的成型加工性能、环境稳定性、适当的强度和尺寸稳定性，并且要求尽可能便宜。符合这些要求的材料有ABS、高抗冲PS、（HD）PE、PP、改性丙烯酸类、纤维素塑料、硬PVC、PPO或改性PPO、硬质聚氨酯、长玻璃纤维增强的若干玻璃钢材料等。在很多情况下，如墙体、罩壳等可选用PS、（HD）PE、PP、PVC、PPO、聚氨酯等结构泡沫体，因为可廉价地获得等重量条件下高刚性的要求。而对于船身、浴缸和较重的包装箱等，它们对材料有刚度、强度和韧性的综合要求，因此，选用不饱和聚酯等玻璃钢材料。在较小的类似制品和轻型包装箱方面，可采用短玻璃纤维增强的PP、ABS或聚烯烃塑料的钙塑材料。对于摩托车的挡风屏等有透明要求的，自然要选用改性聚甲基丙烯酸甲酯、改性PS、PC或纤维素类塑料等。不饱和聚酯有良好的耐候能力，所以，用玻璃纤维增强的聚酯可做瓦楞板。

储槽、塔器、管路等要求有高的强度、刚度和韧性，可采用增强 PP 和长纤维增强的各种热固性玻璃钢，其中，包括聚酯、环氧、酚醛、呋喃等。也可以在钢、玻璃钢壳体内衬以 PVC、PP、氯化聚醚、PE、F4 等耐腐蚀的热塑性塑料。对于低压水管，无论是 PVC 还是 PP 或（HD）PE 等都是适用的，它们有取代传统室内自来水管路的趋势。而玻璃纤维增强的 PP、尼龙管以及芳香尼龙，可用于热水或某些蒸汽系统。此种用途的增强材料——玻璃纤维，在使用前必须经过偶联剂处理，以提高材料的耐水性。

初步选材不仅要根据环境条件进行，而且还受到工程上对该部件的寿命、经济性和加工工艺性要求的制约。一般来说，要求部件的寿命越长，所选材料就越高档，加工越要精细，代价也就越大。这往往需要进行适当的权衡或折中处理。

3.3.2 设计

根据初步选定的材料特性，结合载荷环境条件和工程要求进行合理的设计是材料应用中很重要的一环。设计分为结构设计和强度设计两个方面。结构设计应充分发挥材料的特长和弥补材料的某种缺陷，做到物尽其用。巧妙的结构设计常常能够用低档材料替代高档材料，并能用简单的工艺进行加工和装配，从而大幅度地降低成本。强度设计应保证构件能长期安全使用，而又不浪费材料。总之，设计过程是一个既要满足工程要求，又不浪费资材的极为重要的过程。它常常跟选材过程交错进行，两者关系极为密切，很难截然分开。

就高分子材料而论，由于材料有各向同性和各向异性之别，因此在设计上也有所不同。对于那些量大的能够用注射、模压等工业规模的成型方法制造的各向同性制件的设计和金属铸件类似，无非是从如下两个方面着手：一方面从制件功用的角度考虑其结构，例如，刚度、强度不足的面常用筋、肋、箍来加强，采用适当的圆角半径和均匀的壁厚，以减少应力集中；另一方面从制件成型的角度考虑其结构，如有些零件要有一定的锥度和合适的分型面，以便于脱模。具体锥度数据可根据塑料的成型收缩率等决定。此外，根据工程要求和塑料的成型性选择合适的尺寸公差也是重要的，因为过高的公差要求，使成型加工成本大大提高。对于那些各向异性的模压制件，如长纤维增强的模压塑料件等，在进行制品设计时，除了考虑上述问题外，还要考虑更多的方面，如在制件转角处，纤维务必要连续；纤维的铺层方向要有确定的方案等。这一切在塑料成型加工过程中，都应得到解决。

那些不能用模压和注射方法加工的非模制结构件，通常用塑料型材加工制造。

能经得起较大载荷的塑料结构件只能使用增强塑料，特别是长纤维增强塑料，如纤维单向铺层、双向铺层或按不同的角度铺层的玻璃纤维或碳纤维复合材料。它们的力学性能特点明显地表现为各向异性，例如，单向玻璃钢的第二向（横向）强度有时不到第一向（纵向）强度的 5%。

这类材料强度和弹性模量在很大程度上取决于所需的纤维含量及其分布方向。这使人们能够在一定程度上设计出在不同方向具有不同强度和弹性模量的材料或制件，这就是纤维增强塑料的可设计性。易于成型和优良的可设计性是纤维增强材料的两个优点。它们使人们在结构形状设计和材料性能设计上有较大的自由。然而与金属材料比较，相对低的弹性模量和特别低的层间强度是玻璃纤维增强塑料的两大主要缺点。它们使零部件的连接及某些刚性结构的设计增加了难度。

由于单向或双向玻璃钢材突出的各向异性，因此在进行结构设计时，除了满足第一主向载荷之外，还必须同时考虑次要的第二向载荷。在各向同性的材料中，主向强度满足了要求，在第二向上比它小的载荷就一定也满足要求了，可以不必多此一举。用单向长丝绕制的增强管，有内压作用时，由于有强大的周向强度而不会产生周向破坏，而有可能因轴向应力超过轴向强度而破坏，因而设计时在轴向也应配置一定数量的纤维，以增加轴向强度。同样，若用纤维作轴向辅层而得到的管子或支柱去承受横向弯曲载荷时，由平行于管轴的纵向纤维承受弯矩，但不能忽略由弯曲变形而引起的附加径向弯矩，它可能使圆管沿轴向开裂。因此，此时在沿周向也应配置一定数量的纤维。

总之，在设计上必须充分利用这类材料的可设计性和易成型性来解决各向异性带来的各种问题。

目前的玻璃钢设计法，基本上采用所谓的等代设计，即在形状、载荷和使用环境不变的条件下，用玻璃代替其他材料制作零件，所用的设计计算方法是沿用原来材料的设计计算方法，最多考虑一点玻璃钢材料的特点，有时甚至只作等强度或等刚度的替换。因此，弹性模量只有钢材的1/14～1/5、铝材的1/5～7/10的玻璃钢，若采用等刚度设计，则将大大超过原结构的重量；若不增加重量，可能刚度不够，因此，常常需要改变截面的形状，如采用夹层结构或增加梁肋等，以弥补其低弹性模量的弱点。对于那些薄壁构件，尽可能设计成封闭截面形状，以提高抗扭刚度。

玻璃钢具有特别低的层间强度，这给构件的可靠连接造成了困难。因此，在设计时，希望尽可能地减少连接点，以保证整个结构物的整体强度。

为了获得更高的比强度和比模量，近年来，在空天飞行器上越来越多地使用碳纤维增强的先进复合材料，取代金属材料和玻璃纤维增强的复合材料。

3.3.3 应用实例

受力结构件的使用，除了要有一般高分子制品的使用须知外，特别要注意如下几个问题。

① 防止环境温度超过设计温度，哪怕是短时间的超温或超温幅度不大。高分子材料的受力性能与温度的关系尤其密切，其使用温度范围比金属等传统材料要窄得多，温度的较小变化会带来性能的较大改变。尤其是热塑性高分子材料更是如此。

② 避免构件周围环境中出现原设计中未计入的影响塑料性能的化学品。因为很多化学品，如溶剂或其他活性物质，对处于应力下的高分子材料有导致开裂或龟裂的可能。如果难以避免的话，须密切关注其变化，以便必要时采取措施。

③ 对于齿轮轴承、机床导轨等在润滑条件下使用的部件，必须定时进行润滑保养，不能认为塑料具有自润滑性而忽视这项工作。有无润滑是一种工程设计条件，它与承载能力有密切的关系。

3.3.3.1 塑料齿轮

随着生产技术的不断发展，机械工业和仪器仪表工业中的齿轮有的已采用塑料来制造。塑料可用注射、模压、浇铸等方法一次成型齿轮零件。采用塑料齿轮，可大大简化加工工艺，提高生产效率，降低成本。此外，塑料齿轮的摩擦系数低，传动效率高，可在无油润滑或少油润滑的条件下运转，对于食品、纺织等需防油禁污的设备特别有用。塑料齿轮具有较好的弹性，一方面能吸振防冲击，故运转时噪声小而平稳；另一方面，能补偿加工和装配误差，可以降低制造和装配精度的要求。由于塑料耐磨性能好，当与金属齿轮成对使用时，可以延长磨损寿命，并节约大量的钢等耐磨金属。由于塑料齿轮对灰尘微粒有埋设作用，所以在开式传动中特别适用；由于塑料的重量轻，减少了惯性力和起动功率；因多数塑料有防腐能力，故可在腐蚀性介质的特殊环境中运转。这就是为什么塑料齿轮得到如此广泛应用的原因。当然它也有若干缺点，应用时需要注意。例如，载荷不能太大，使用温度不能太高，不易散热，成型精密度不够高等。在要求高精度成型尺寸时，只能采用切削方法加工，总之，应用塑料齿轮，要掌握塑料的特点，通过正确选材、合理设计和反复实践这几个环节，取得较好的效果。

齿轮用的塑料要尽可能满足以下要求：①高的弯曲和接触疲劳强度；②高的冲击韧性和一定的弹性；③低的热膨胀系数和吸水吸油率以及由此而致的尺寸、强度等性能变化；④低的摩擦系数和一定的耐磨性；⑤应力开裂倾向要小；⑥要有一定的耐热性；⑦成型工艺方便，收缩率要小而均匀；⑧不易老化；⑨价格便宜。

实际上不可能得到完全满足以上要求的塑料，只能根据矛盾的主次，酌情选取。有些未能如愿的要求，可以通过改变结构设计或采用其他补偿措施来克服的。常用的材料有尼龙、聚甲醛、夹布酚醛和PC等。在尼龙中，MC尼龙的强度、抗疲劳性和耐温等均优于其他尼龙，且能直接在模型中聚合成型，适宜浇铸和加工大型制件。尼龙-1010在尼龙类材料中具有较小的吸水率，适宜在湿度变化大的环境里工作。PC的耐疲劳性能低，耐磨性一般，还有应力开裂倾向，所以未增强的PC只用于轻载荷的仪表齿轮等。聚甲醛材料具有最好的抗疲劳性能和刚性，吸湿性低于尼龙，有利于尺寸稳定，适宜作重载结构齿轮。如果齿轮使用于能充分冷却，温度不高于50～60℃的环境中，聚苯醚是合适的齿轮材料，而且精密度较高，尺寸稳定。但不管哪种未增强的塑料，都不如纤维增强塑料优越。尼龙、PC等若经30%～40%的玻璃纤维增强后，刚度、强度、耐热性、抗疲劳能力，成型尺寸稳定性等明显提高，更适用于较高载荷和使用温度的场合。然而，玻璃纤维增强后，除氟塑料外，绝大多数塑料的耐磨性有所降低。这往往通过加入石墨、MoS_2 和 F4 等加以改进，以适应较高转速和少、无油润滑情况下的应用。

塑料齿轮的结构设计要注意如下几点，防止因结构不善导致的破坏。

① 齿轮材料配对时，常用一只金属一只塑料，其中大齿轮宜用塑料的。这样做是为了改善导热性，减轻磨损，充分地发挥塑料的特性。

② 塑料齿轮的齿侧和径向间隙都应比金属齿轮大些，以防温升或吸湿后发胀，导致咬死破坏。

③ 在精度要求不高，传递载荷不大的情况下，常采用全塑结构的齿轮。反之，用带金属嵌件增强的塑料齿轮为宜。

④ 在确定结构尺寸时，注意尽量避免由尖角和断面突变引起的应力集中，防止壁厚相差太远而导致成型收缩不均匀等。

⑤ 在与轴的连接上，往往要比金属齿轮具有较多的连接面，以适应塑料的低挤压应力。

⑥ 如果是金属嵌件齿轮，则嵌件上的塑料层要有足够的厚度，能经受不同材质所致的温变、内应力和残余应变。对PC等有应力开裂倾向的塑料要防止应力开裂。嵌件处最好用滚花加工，增加连接可靠性，防止松脱。

塑料齿轮除了因强度不足而破坏外，还可能因严重摩擦而破坏，表现为磨损过多，使齿的强度削弱；或者间隙增大，遭致冲击破坏；或者因摩擦生热过多而失效。这是一种因选材和使用不当引起破坏的典型案例，这些破坏形式通过选材和润滑可加以解决。

3.3.3.2 夹芯板

夹芯板广泛应用于现代交通工具上，如飞机、轮船、车辆和汽车的地板、舱壁、托架等。建筑行业通常考虑夹芯板的成本低，连接方便，用来制造门、墙板、天花板等。

(1) 夹芯板的刚性分析　板材在一些情况下，可简化为矩形截面梁。其最常见的载荷是承受弯矩作用，产生弯曲变形。在梁的纵向截面上，从拉应力经中性层变为压应力，如图3.1(a) 所示，如果材料的拉伸和压缩模量相等，则中性层在梁截面的几何中心层上。其应力大小与离中性层的距离成正比，最大值分别在梁的两表面上。如果拉伸和压缩模量不相同，则中性层的位置不在梁的中心层上。事实上，塑料的拉伸和压缩模量是不相等的，通常压缩模量大于拉伸模量。然而，塑料的拉伸和压缩模量的差别，相对于模量值是很小的。因此，在梁受到弯曲载荷时，可近似地，将拉伸与压缩应力及其应变视为相等。

由于塑料的黏弹性，梁的变形与时间有关。经受蠕变的梁，在其截面上的应力，有一个重新分布的过程。由于应力松弛的缘故，梁表层位置的高应力会减少很多，而里层减少甚

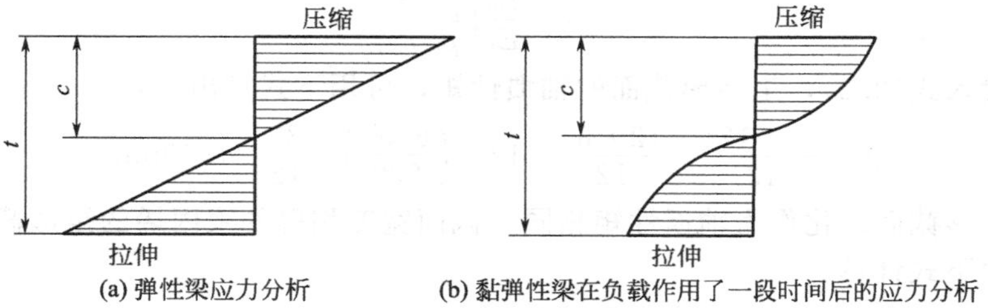

图 3.1　弹性梁和黏弹性梁在横截面上的应力分析

少。梁上弯矩持续了一段时间后，沿横截面高度方向呈三角形应力分布，会衰减成如图 3.1 (b) 所示的曲线分布，塑料板不仅存在短时载荷下的强度和刚度问题，对持久载荷下，应变随时间的增加，也是必须考虑的。由上述分析可知，塑料板在弯矩作用下，受压缩表层失效一般在受拉伸表层之后。因此，塑料板过量的挠曲变形是不允许的。

夹芯板为多层结构的板材。轻质的芯层居中，高模量壳层黏结在芯层的两表面上，如图 3.2 所示。壳层对夹芯板提供了大部分的强度与刚度，芯层传递了壳层所受的应力。

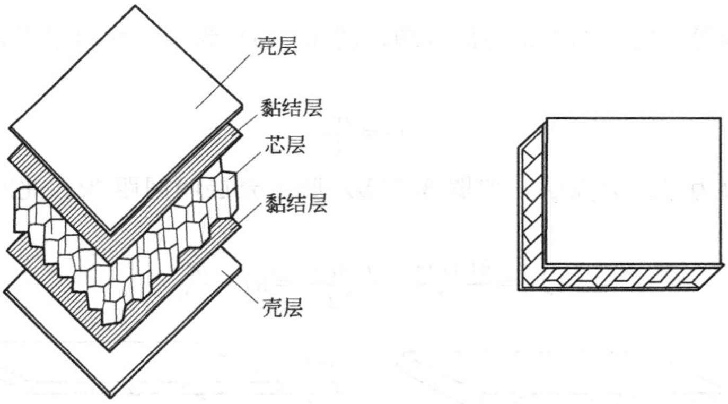

图 3.2　典型的夹芯板

现举例说明夹芯板结构的合理性及其良好的刚性。

有一聚丙烯的夹芯板，总厚为 12mm。两壳层各厚 2mm，密度 $\rho_f=909\text{kg/m}^3$。中间为泡沫塑料层，密度 $\rho_c=600\text{kg/m}^3$。该夹芯板在使用时可简化为简支梁。

如图 3.3 所示，先将不同质量的夹芯板壳层和芯层简化成同一质量的工字梁。假定夹芯板芯层材料就是工字梁的中间支柱的宽度 b。则有 $E_cJ_c=E_fJ_f$，从而得：

$$b=\frac{E_c}{E_f}B \tag{3.1}$$

式中，B 为原夹芯板宽度；E_c 是芯层材料的弹性模量；E_f 是壳层材料也是简化后工字梁材料的弹性模量；J_f 和 J_c 分别为夹芯板的壳层和芯层的轴惯性矩。

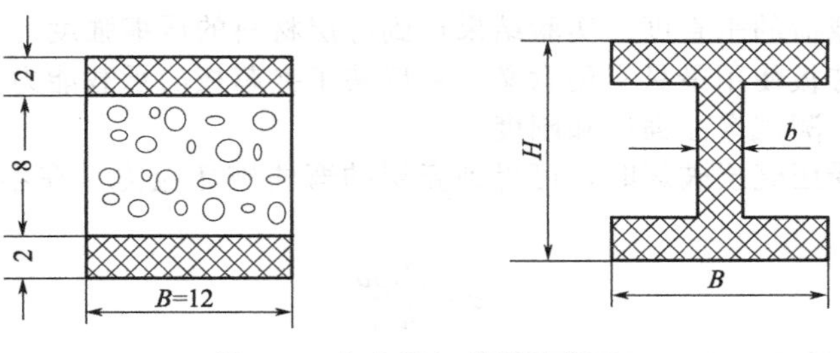

图 3.3　夹芯板与其当量截面

$$J=\frac{E_c}{E_f}\left(\frac{\rho_c}{\rho_f}\right)^2 \tag{3.2}$$

将式(3.1)代入式(3.2)，工字形截面的轴惯性矩，可用下式算出来：

$$J=\frac{12\times12^3}{12}-\frac{12\times8^3}{12}+12\times\left(\frac{600^2}{909}\right)\times\frac{8^3}{12}=1439\text{mm}^4$$

将该工字形截面，化作为轴惯性矩相同，截面宽度相等的聚丙烯的矩形截面，则该矩形截面高度 h 由下式计算：

$$\frac{12h^3}{12}=1439$$

求得 $h=11.3\text{mm}$。

因此，等效单一材料的矩形截面的单位长度质量为：

$$M_1=12\times11.3\times10^{-6}\times909=0.123\text{kg/m}$$

对应夹芯板的单位长度质量是：

$$M_2=(909\times2\times12\times2\times10^{-6})+(600\times12\times8\times10^{-6})=0.101\text{kg/m}$$

由以上计算结果可知，在相同轴惯性矩情况下，夹芯板结构比单一实芯板，质量可减少 17.8%。

从另一例子也可证明夹芯板结构的合理。图 3.4(a) 为单一材料平板，其横截面的轴惯性矩：

$$J_1=\frac{bt^3}{12} \tag{3.3}$$

将此平板一分为二作为壳层，如图 3.4(b) 所示壳层间间距 $3t$。此时，横截面的轴惯性矩：

$$J_2=\frac{b(4t)^3}{12}-\frac{b(3t)^3}{12}=37-\frac{bt^3}{12} \tag{3.4}$$

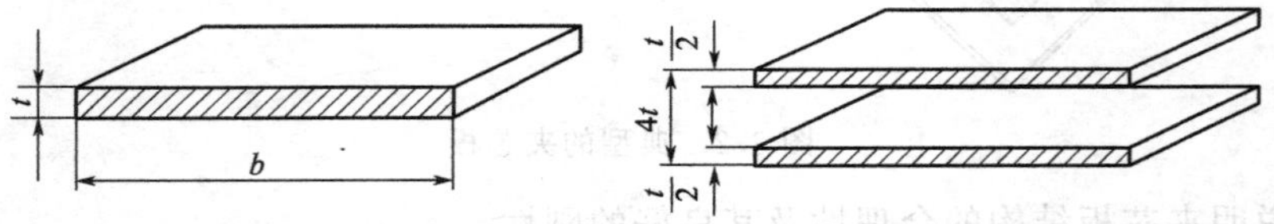

(a) 单一平板的轴惯性矩　　(b) 部分分距板的轴惯性矩

图 3.4　单一平板与剖分分距板的轴惯性矩比较

两壳层之间若不填芯层材料，已与前者相差很多。由此可知夹芯板结构，对提高刚性有惊人的效果。

(2) 技术性能指标　对夹芯板的技术要求，首先是黏结质量，其次是力学性能，还有就是阻燃性。不良的黏结，可通过平面拉伸或剥离试验进行鉴别。除了黏结性能试验外，还有夹芯板自身的力学试验。

平面压缩试验，是将夹芯板样品置于实验机平台上，在垂直方向施以压力。采用可调球铰链施力头以保证载荷的垂直度。实验结果得到芯层材料的压缩强度。

弯曲试验对夹芯板使用最具实用意义。它反映了夹芯板的承载能力。将试样作成简支梁夹持，并调节跨距，测试弯曲强度和刚度。

当跨距较大、受压壳层破坏时，可得到壳层的弯曲破坏应力。在不计芯部材料影响时，壳层应力可表示为：

$$\sigma=\frac{C_bpa}{ht_f} \tag{3.5}$$

式中　p——对夹芯板所施单位宽度的载荷，N/m；

a——夹芯板跨距，m；

h——两壳层中心层之间距离，即夹芯层厚度加一壳层厚度，m；

t_f——壳层厚度，m；

C_b——壳层的应力系数。

在上式中，抗弯截面模量 W 近似等于 ht_f，是从下式得来的。由于

$$J=\frac{(h+t_f)^3}{12}-\frac{(h-t_f)^3}{12}=\frac{1}{12}(6h^2t_f+2t_f^3) \tag{3.6}$$

相比之下，$2t_f^3$ 极小略去不计，得：

$$W=\frac{J}{h/2}=\frac{(h^2t_f)/2}{h/2}=ht_f \tag{3.7}$$

当跨距很短时，夹芯板的芯层因剪切应力过大而失效，平均剪应力应为：

$$\tau=\frac{C_sp}{h} \tag{3.8}$$

式中　C_s——芯层的剪切应力系数。

最大的剪切应力是该值的 1.5 倍，但考虑到芯部材料的黏弹性影响，可用式(3.8) 作校核依据。

蠕变和疲劳试验是费时的，要切合实际较为困难。一般用夹芯板最大载荷的 10%～30%作为试验载荷，测试能承受载荷的时间。

冲击试验通常用于测试夹芯板对冲击阻抗能力。用一定高度重物，落在测定点上，以击穿壳层为冲击强度极限。

阻燃性试验有重大意义。可采用建筑行业、航空行业等的阻燃试验标准，对夹芯板的点燃能力，冒烟量等进行测定。

(3) 材料选用

① 壳层材料　夹芯板壳层以很薄的厚度，提供了大部分的强度和刚度。它还必须在各种环境条件下，具有阻燃性、耐候性，并要有好的外观。表 3.4 列举了常用壳层材料及其性能数据。

表 3.4　若干夹芯板壳层材料及机械性能

夹层材料	屈服应力 $\sigma_s\times10^2$/MPa	弹性模量 $E\times10^4$/MPa	厚度 0.1mm 单位面积质量/(kg/m²)	弯曲模量修正系数 K_f
铝	1.0～5.0	6.9	0.264	1.0
低碳钢	3.5	20.7	0.754	0.35
不锈钢	4.1～13.8	20.7	0.754	0.33
钛合金	5.5～9.7	10.3～11.6	0.434	0.6～0.67
玻璃纤维增强层压塑料片材				
环氧片材	3.1	2.4	0.189	3.0
酚醛片材	2.4	2.3	0.189	3.0
聚酯片材	2.7	2.3	0.189	3.0
聚酰亚胺片材	2.1	2.1	0.179	3.3
层压木板	0.18	0.97	0.057	7.3

铝合金作为壳层主要用于飞机上，它的刚性与质量的比值是很高的。铝皮品种甚多，其屈服强度相差很大，且抗蚀性较差。低碳钢主要用于建筑行业，成本低而强度高，但质量大并需作防锈处理。不锈钢有高的强度与刚度，能在较高温度下工作，也有抗腐蚀能力，但在黏结芯部材料前的预处理相当困难和昂贵。钛合金有很高硬度，用于航天器上，其黏结困难，成本也高。

玻璃纤维增强塑料层压片材用于夹芯板的壳层，虽比金属壳层价格贵些，但质量轻，抗蚀性强，有良好缘性能。有多种树脂和形状各异的增强填料，加上片材的定向更能提高强度。有各种各样的强度、柔度、耐候性和阻燃性的壳层。增强环氧壳层的工作温度，有82℃至120℃的各种品级。玻纤增强酚醛片材的工作温度可达148℃。增强聚酯片材不但有高的强度，而且有最好的阻燃性。玻纤增强聚酰亚胺的工作温度，高达205℃。只有少数特种高强度增强塑料才用于飞机上，塑料壳层主要用于建筑、汽车、交通工具等方面。碳纤维增强的高性能环氧树脂和双马来酰亚胺树脂基层合复合材料，具有优良的力学性能和耐高温性能，已取代铝合金用于民用飞机和军用飞机机翼的蒙皮材料。

层压木板不能用于受载结构件的壳层，因其强度和耐候性差，多在室内使用，但由于成本低而应用颇广。

② 芯层材料　夹芯板的芯层，常用 32～320kg/m^3 的轻质材料制成。要求有承受压缩和抗剪切负载的能力，一定的疲劳强度和阻燃性能，以及所需的绝热性能。芯层材料的压缩和剪切强度，大致与其密度成正比。若干常用芯层材料与性能列于表 3.5 中。

表 3.5　若干常用芯层材料与性能

芯层材料	厚度/mm	密度 /(kg/m^3)	剪切强度 (长度/纬线方向) /MPa	剪切模量 (长度/纬线方向) /MPa	压缩强度 /MPa
铝箔制蜂窝体	3.2～10 (箔厚 0.018～0.1)	36.0～127	0.69/0.39 ～4.62/2.76	0.22/0.11 ～0.93/0.37	0.90～7.59
玻纤酚醛蜂窝体	4.76～6.35	55.0～86.4	1.17/0.69 ～2.55/1.31	0.62/0.24 ～1.31/0.59	2.75～5.17
芳纶纤维蜂窝体	3.18～6.35	28.3～141.4	0.44/0.25 ～2.55/1.66	0.0255/0.0138 ～0.11/0.062	0.59～11.03
纤质蜂窝体	6.35～12.7	23.6～78.5	0.31/0.19 ～1.32/0.59	0.05/0.02 ～0.21/0.05	0.62～2.76
聚苯乙烯泡沫		28.2	0.21	0.0068	0.17
		70.7	0.62	0.0172	0.90
		47.1	0.38	0.0117	0.41
聚氨酯泡沫		31.4	0.14	0.00156	0.18
		62.8	0.34	0.00157	0.52
		94.2	0.62	0.01034	0.97
		157.0	1.24	0.03103	1.86
		314.2	3.10	0.10343	5.86
聚氯乙烯闭孔泡沫		23.6	0.08	0.00207	0.23
		31.4	0.15	0.00448	0.31
		53.4	0.45	0.00827	0.66
		97.4	0.82	0.01517	1.38
		245.0	1.10	0.01793	4.00
胶合碎木		94.2	1.24	0.11032	5.17
		141.4	1.93	0.19306	11.03
		243.5	3.60	0.37923	15.17

蜂窝状芯层，是由成六角形微泡的金属板或浸渍树脂片材所制成，为夹芯板最适用的芯层材料。铝箔制造的蜂窝芯层，强度高但价格昂贵，常用在飞机上。玻璃纤维酚醛蜂窝体，耐热可达170℃，常用于雷达罩。玻纤聚酰亚胺耐高温，可达268℃。芳纶纤维蜂窝是用酚醛树脂处理聚酰胺纤维纸制成，有较好弹性。将纸质蜂窝体用酚醛树脂处理，改善了强度和抗潮性能。用纸质蜂窝做芯层的成本低廉。

夹芯板芯层使用较多的泡沫材料是聚苯乙烯、聚氨酯和聚氯乙烯泡沫。它们的特点是成本低，绝热性好。聚苯乙烯泡沫塑料的热导率小于 0.03W/(m・K)。聚氨酯泡沫在 0.017W/(m・K) 左右，聚氯乙烯闭孔泡沫热导率为 0.028W/(m・K)，泡沫塑料比蜂窝体的绝热能力大 1～2 倍。闭孔泡沫有更好的绝热性、较好的抗湿性，且容易被黏结。但是，泡沫塑料密度低，强度差，抗疲劳性不好，且易燃。因此，只有在添加阻燃剂后，才能用于建筑行业。

胶合碎木是最早的夹芯板芯层材料。吸湿和易燃是胶合碎木的缺点，抗疲劳性能比泡沫塑料稍好。

③ 胶黏剂　黏结性能关系到壳层和芯部结构的强度和耐用性，并与使用环境密切相关。粘结，须考虑到胶黏剂的选择。

胶黏剂选择除考虑夹芯板的使用要求外，还需考虑粘接的工艺性，包括已制成的夹芯板在二次加工时切割、刻挖时不会脱胶。

3.4 高分子电绝缘材料

电绝缘性是有机高分子材料的一项十分重要的物理性质。电器绝缘是一切电器设备的关键。在所有的电工产品中，由于绝缘材料的不同或变更，相应地影响到电气设备的容量和体积。现代电器设备都向着小体积大容量方向发展，其主要途径就是采用耐高温与综合电性能优良的塑料作为绝缘材料，这是发展耐高温高分子材料的动力之一。在电工电子线路中，绝缘材料是否正确选用，直接关系到电器线路运行的质量和寿命。实践证明，绝缘介质在电器设备或线路中，往往是一个薄弱环节。据有关统计资料分析，在电器设备故障事件中，有 90%以上是由于绝缘材料的损坏所引起的。所以，如何提高电器绝缘材料的质量与寿命是一个重大的课题。因此，为了实现电器设备的小型化和大容量化，为了提高绝缘材料的质量和寿命，必须从绝缘材料的正确选取、设计、施工和使用等方面着手。由于电器设备类型繁多，要求各异，故绝缘形态也是多种多样的。通常电器高分子材料的绝缘应用形态大致有无溶剂漆、胶、粉末涂料、薄膜、薄片、层压制品和压塑料等，可以适应不同的用途。

3.4.1 电气绝缘环境分析及材料选用

绝缘材料与其他材料不同之处，除了对其有热性能、力学性能、化学性能、耐环境性能要求之外，主要是材料应具有一定的电性能，来保障电机电器、电子器材的使用寿命和效率。实际上任何一种绝缘材料的性能都是多样性的，同时不同种类的电机和电气设备、电子器材上所使用的绝缘材料，所要求的性能也是明显不同的。因此，选取电气绝缘用高分子材料一定要根据工程要求和周围环境条件，结合绝缘材料的性能进行。在有些情况下，材料的电性能特别重要，有严格的指标要求。而在另外的情况下，电性能可能并不十分重要，重要的是材料的许多非电性能，它们对电气设备的长期可靠的运行具有决定性作用。

3.4.1.1 工频或直流低压

对于工频或直流低压电气设备和线路结构中所使用的绝缘材料，选材常常并不注重它们的介电性能，因为由这类绝缘体的介电性能直接引起的问题较少，一般的绝缘用塑料都有胜任低压绝缘的能力。选材时需要认真分析研究的是这类绝缘塑料的耐热性（耐热等级），环境适应性，如耐潮、耐油、耐溶剂及其他化学品和耐户外气候等性能；有时还要考虑材料的机械强度、刚度；在经常开、断的电器上，又要注意绝缘材料的耐电弧性和耐燃性。

在低压电机、变压器、电线电缆中，绝缘材料的耐热性是十分重要的选用指标，因为这类积热性电气设备和部件，其绝缘材料的破坏过程主要是热老化。绝缘材料长期在热和热氧的作用下，发生一系列的物理化学反应，最后导致脆化、开裂、气泡、脱壳等；有时在停止运转后，吸进了潮气，恶化了其电性能，使其在工作电压下击穿或短路而告终。设备的容量和体积要求决定了选用何种耐热等级的绝缘高分子材料。设备小，容量大，则温升也一定大，所以绝缘的耐热等级要求也高。一般说这种选择是不难做到的，只要按规定的材料耐热级别选取和规定的导线载流量和设备容量使用即可。不过，需要注意的是设备周围的环境热对绝缘材料的附加影响，如烘箱电气设备中的绝缘材料等。由于电机变压器等积热性电气设备在维修过程中，经常要更换其绝缘材料，所以注意绝缘材料耐热性的选择非常重要。

那些不积热的或者散热良好的电器绝缘材料，如电器的线间或对地绝缘部分，常常同时是电器的支承或结构体，以便承重及固定。这类材料选用时，更多地是要看有无支承和固定的能力。

许多牌号的填充酚醛塑料（电木）和氨基塑料（电压）是常用低压电器的主要绝缘材料。其中脲醛或胺酚醛塑料主要用于制造防爆电器、熔断器、开关等需灭弧的绝缘零部件。当这类电器需要更高的耐热性时，一般都采用耐热弧的增强有机硅塑料。

在高速运转的电机中，导线端、连接处，特别是直流电机中的绝缘材料有时要忍受强烈震动或离心力的作用，因而要求绝缘材料能承受一定的机械负载作用。

如果电气器材的绝缘是应用于潮湿环境里的，如水泵或潜水泵的电机和某些船用电器等，必须选取耐潮耐水材料作绝缘。这时，极性多孔的渗水、润滑、透浸材料是不适合的。一般说，纤维素塑料、尼龙-6 或尼龙-66、酚醛、脲醛以及纤维素、纸、未经化学处理的玻璃纤维增强塑料等都是不符合凝水或高湿环境的绝缘要求的，而其他绝大部分绝缘用树脂及其塑料都是可用的。对电气设备影响最大的气候是热带气候。它是一种高湿热环境，而湿热是电气设备失效或破坏的一个重要因素。因此，这时的绝缘材料应有耐湿热特性。此外，设备在长期高湿热作用下，某些塑料等有机材料会逐渐霉烂、变质，电气性能衰减。因此，在热带或类似环境使用的绝缘材料还必须具有耐霉变性能。有人称这种耐湿热和耐霉性能为耐热带气候性。通常环氧、酚醛（酚醛中的酚羟基大都已被环氧基反应掉）、有机硅、二苯醚、氟塑料、聚酰亚胺等树脂或塑料以及大多数热塑性塑料都是耐热带气候的绝缘材料。酚醛等材料在热带环境使用时，必须覆盖耐潮和含有防霉剂的涂层。

从耐候的观点来看，一般压塑料要比层压塑料优越，因为压塑料一次成型，无需补助加工，减少了填料与表面空气或潮气直接接触而恶化性能的机会。在非用层压制品不可时，最好将加工后的层压制品重新浸渍耐潮、耐候性涂层。如果绝缘材料用于户外，应选用有耐光能力的材料或配方。普通塑料导线及其他绝缘制品是不宜长期用于室外的，除非已加保护措施。

在很多情况下，必须考虑矿物油和工业溶剂对绝缘材料的影响。PVC、尼龙绝缘品的一个重要优点就是耐油，能在油污场地使用。

由于很多热塑性塑料在低压电器绝缘中应用，具有许多优良性能，因此近年来，热塑性塑料应用得越来越多。常用的主要有热塑性增强聚酯、聚碳酸酯和玻璃纤维增强的耐火尼龙等。聚烯烃塑料、聚酯塑料和纤维素塑料等不适用于经常出现电弧的电气设备和部件上，如开关、继电器等，因为它们既不耐弧又不阻燃。

虽然说，在低压电气绝缘中，材料的电性能并不十分重要，但这不等于说可以完全不加考虑。在有些场合，如大功率电缆接头和电气设备的引线端，常常由于电场过于集中、受震而不稳定和易污染等原因，绝缘材料易发生电晕放电，最后导致绝缘材料耐压强度不足。所以，此种绝缘设计和使用时要留有充分的余地，以尽量避免电晕发生。挑选耐电晕材料或者涂上抗电晕涂层可以改善其抗电晕性。绕制电机、变压器等最后总要进行浸渍处理，其目的之一就是为了防止电晕的危害。

3.4.1.2　中压和高压

在中压和高压（6kV 以上）条件下使用的绝缘塑料主要有两类。一类是高压电机电缆的绝缘，另一类是高压电器的绝缘。除了需要考虑材料的耐热性、环境适应性和机械强度等低压绝缘品所应考虑的问题外，还要认真分析绝缘材料的电气性能，如 E 值、ε 值、$\tan\delta$ 值和耐电晕性等。

在高压条件下，由于绝缘材料中存有气隙，常常要产生电晕，从而大大加快了材料的老化破坏。作为这类绝缘材料，都必须是质地均匀致密的抗电晕性良好的材料。这就是通常高压电缆绝缘充油和电机绝缘进行防电晕处理的主要理由。另外，在高压电场的作用下，绝缘材料的介电损耗发热已具有相当大的影响力。从介质损耗能量公式，$P=E^2 f_{频} \varepsilon\tan\delta$ 中得知，虽然频率 $f_{频}$ 不高，但由于电场强度 E 很高，而 P 与 E 成平方关系，所以 P（热量）上升很快。如果材料的介电常数 ε 和介质损耗因素 $\tan\delta$ 都较大的话，那么绝缘材料的介质损耗发热就十分可观了。加上有些导体本身的电阻发热（铜损）和电机的硅钢片发热（热损）等，足以使介质受热破坏，包括热击穿、熔化、软化和热氧化等。然而，一般绝缘体的体积总是希望尽量减少，旨在获得小型和大容量特性。因此，对于高压电缆等的绝缘，总是选用耐压强度高的，ε 和 $\tan\delta$ 都小的电晕的材料，如交联聚乙烯等。在较低的电压下可使用聚碳酸酯、聚烯烃和氟塑料薄膜等作为电缆绝缘。当用两种以上材料作绝缘时，要选用介电常数接近的材料。电缆纸与聚丙烯等塑料膜复合制得的超高压电缆在国外已进入了生产阶段。热塑性聚酯和氟塑料虽然耐电压强度很高，但往往不耐长时间高电压作用下的电晕破坏，因而只能用于较低电压作用下的电缆绝缘。总之，目前来说，大部分塑料由于抗电晕性差还不能作为高压绝缘之用。对于高压电机和变压器的绝缘不仅要求耐压强度高和 $\tan\delta$ 值小的材料，而且在复合绝缘结构中，要求几种材料的 ε 值尽量接近，以使绝缘的电场分布均匀，并且具有较高的抗大气过电压和内部过电压的能力。通过使用双酚 A 型环氧、脂环族环氧和线型酚醛型环氧等塑料作绝缘材料，加上合适的防电晕处理就可以满足此项要求。此外，由于受较大的电磁场震动和机械震动作用，还需要较高的绝缘结构刚度和强度。

对于高压电力电器绝缘和高压绝缘子等户外高压电器，除了具有高的介电强度和抗电晕放电性之外，都应有足够的机械强度和刚度，对空气和潮湿具有稳定性。户外的高压绝缘子还应有耐气候老化的能力。通常几万伏乃至十几万伏的高压绝缘子或高压开关、高压互感器、高压套管等户外高压电器及部件的最好材料是脂环族环氧树脂再加氧化铝等填料形成的环氧压制或浇铸塑料。在很多方面，它比高强度瓷绝缘子性能优越得多，并且经济效益显著。高压开关，断路器等高压电器，还应具有耐电弧的特性。很多塑料在电弧电火花的作用下表面产生"碳痕"即烧焦，这就限制了塑料在高压电器中的应用。较适宜和常用的高压电器塑料有聚酯纤维增强的环氧树脂热压塑料，无填充的环氧树脂浇铸体，脂环族环氧塑料，以及 F4 和 F46 等型材。如果要把热固性酚醛用于高压绝缘零部件，则在它们加工完毕后，一定要进行热处理，尽量使树脂完全向 C 阶段转化，并彻底排除其水分等小分子物质，从而获得高的介电强度和尽可能小的介电损耗值。

3.4.1.3　高频

随着近代科学技术的发展，高频技术已广泛地应用于工农业生产和国防科技事业中，如高频干燥、热处理、焊接、种子处理、塑料热合、高速通讯等。若从应用原理来分，不外乎高频感应处理和高频介质处理两个方面。前者的频率通常在数十千兆范围，后者在数兆到数十兆的范围。

在高频设备中，电磁感应、涡抗和介质损耗等问题比较突出。作为高频电气设备的绝缘体，主要的问题是附加容抗和介质损耗引起的影响。所以研究和选用高频设备中线路间或对地绝缘材料，是一个很重要的问题。在大功率的高频设备中，绝缘介质的介质损耗热很大，

因为从公式 $P=E^2\varepsilon f_{频}\tan\delta$ 中可以看到，若 ε 和 tanδ 稳定的话，则 $f_{频}$ 越大，发出的热量（P）越大。此外，在很多绝缘材料中，由于 $f_{频}$ 变大后，tanδ 也大大增加。所以，在高频绝缘材料中，总是要考虑其较大的损耗热的影响，从而选用那些 tanδ 尽量小的，ε 稳定或小的塑料作高频绝缘之用。较大的绝缘损耗热不仅有可能导致绝缘材料的破坏或不稳定，而且将大大降低高频功率设备的效率。例如，需要加热的物料达不到所要求的温度，通讯设备的通讯距离不够远等。若 ε 值较大时，由于大量介质寄生电容的存在，会使设备产生不必要的干扰和耦合，严重时还要影响设备的正常工作，因此，最好选用 ε 值较小的介质材料。

一般说来，聚烯烃、F4 和 F46 塑料以及某些纯碳氢的热固性塑料算是最为良好高频绝缘材料；聚酰亚胺在室温以上也有良好的高频适应性；有机硅、PPO 塑料也常在高频电器中使用。然而，大部分极性塑料和纤维素填充塑料是不宜使用的，至少在经过必要的某些处理之前是这样。在有些情况下，具有较大 ε 和 tanδ 值的热固性塑料，如某些酚醛、胺醛塑料，也可以用于高频电器中，但它们必须稳定，使用时绝缘层厚度宜大。

大功率高频装置，有时电压也很高。这种高频高压的绝缘材料是难以选择的，只有为数很少的材料适用，如交联聚乙烯。有时是 F4 及 F46 等较为适用。因为，在高频、高压下，电晕虽然比低频时有所减少，但还是存在的，所以还必须和高电压情况下的选材一样考虑。

在普通无线电电子设备中，由于功率很小，电场往往是较弱的。许多绝缘制件，如线路板、接插件、固定架及浸渍层等高频影响而导致坏的可能性很小。但材料选得不好，也会出现寄生振荡、耦合干扰等影响设备正常工作的情况。因此，仍要注意介质的高频特性。当然对材料的高频性能要求是不需要很高的，在这种条件下，材料的环境适应性反而成为更重要的要求。

3.4.1.4 电容器

塑料等绝缘材料的另一个重要的用途就是做电容器的介质。作为电容器介质材料，最好具有适当高的介电常数 ε 和高的耐压强度，以便获得电容器小体积大容量的特性，如陶瓷填充的 F46 材料。作为电容器介质材料还应有尽可能小的 tanδ 值，使其产生较小的介质损耗、小的介质功耗降低了对材料耐热性的要求。电容器介质材料还应均匀密实，以免造成不均匀电场和放电击穿等事故。这在高电压电容器中特别重要。此外，用作电容器的介质材料的介电性能不应有大的温度和频率依赖性。目前常用的电容器材料有涤纶膜、PS 膜、PP 膜、F4 膜、聚酰亚胺膜和酯交换法生产的 PC 塑料等。通常这些电容器容量都较小，适用于无线电、电视之类低压设备中。近年来，又有聚对二甲苯这种新的电容器材料问世，它具有优良的介电性能。

3.4.2 应用实例

3.4.2.1 印制线路板

“印制线路”系指由平坦的金属片条附着于硬的或柔韧的绝缘底板上，而形成电的连接导线。也可称为“印刷导线”。印制线路板用量很大，产值占整个电子产品的 7%左右。

(1) 工艺过程

① 层压板加工 制作印制线路板，首先须制造覆盖铜箔层压板。覆铜板基材（copper clad laminate，简称 CCL）是电子工业的基础材料，是将增强材料浸以树脂，一面或两面覆以铜箔，经热压而成的一种板状材料，主要用于制造印制电路板（printed circuit board，简称 PCB），而印制电路板已成为绝大多数电子产品达到电路互连的不可缺少的主要组成部件。

以常用酚醛树脂纸质层压板为例。先用甲醛与苯酚，在碱性催化下制成酚醛树脂预聚物。以该酚醛液将阻燃纸或玻璃布浸渍，经烘干处理，堆叠到所需厚度，并将铜箔涂上胶黏剂粘到板上，放在不锈钢板之间，在压机上加热施压固化。该铜箔是用电解法制成的，宽度可达一米多，常用厚度0.035mm。成卷的铜箔，一面光亮，一面粗糙，粗糙面可使粘接牢固。此种成品称为层压板，是印制线路板的基础材料。

② 印制线路板的制造工艺　以图形电镀蚀刻法为例，简单介绍双面板印制线路板的制造工艺。

在印制线路板制造厂的自动流水线上，经过如图3.5所示流程制成线路板成品。

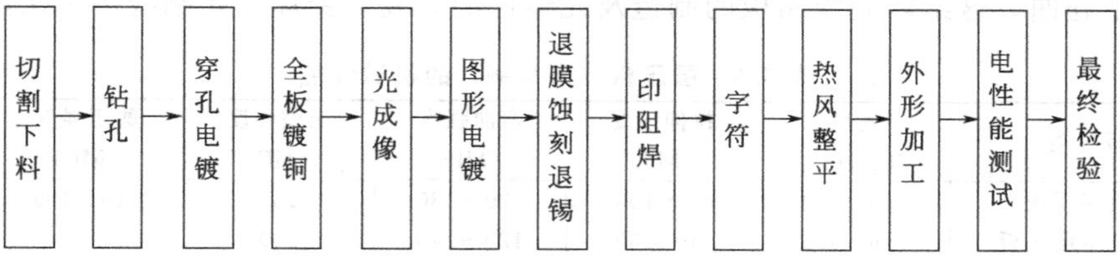

图3.5　印制线路板的工艺流程

具体工艺过程说明如下：①首先按印制线路板图纸的规定，加工相应尺寸大小的覆铜板。②钻孔，一般采用机械钻孔或激光钻孔。机械钻孔具有高稳定性、高可靠性、高速高精度的特点；激光钻孔主要针对高密度集成板（HDI），比如手机板、数码相机板等。③穿孔电镀，目的是使孔内和板面沉积一层薄铜，用以完成双面或多层层间导线的联通。④由于穿孔电镀孔内铜很薄，其可能在后图形电镀加厚的处理过程中——微蚀时会被蚀穿而形成孔内无铜或空隙，因此必须进行全板镀铜加厚。⑤光成像，目的是将绘底片上的电路图形转移到已沉铜的板子上，形成抗电镀的掩膜图像。⑥图形电镀，目的是确保孔内铜厚度，孔内铜层与导电图形良好连接。⑦退膜、蚀刻、退锡，目的是退出干膜，碱性蚀刻液蚀掉露出的铜。锡层作为抗蚀剂，蚀刻后，退除线路、焊盘、孔内的锡镀层，得到形成了图形线路的印制板。⑧印阻焊，目的是将阻焊剂涂复在不允许焊接的线路和基材上，防止PCB装配时线路桥搭以及用作化学防护等。

挠性印制线路板广泛应用于打印机、照相机。它是一种能弯折的线路板。它是在两层挠性塑料薄膜之间，黏结铜箔线路。常用挠性薄膜为聚酯、聚酰亚胺等制成，厚度为0.05mm左右。用挠性好的丙烯酸黏结剂将0.035mm铜箔热压在一层薄膜上，用上述方法腐蚀线路外的铜箔后，再黏结热压另一层薄膜。要求塑料薄膜耐热250℃以上，以便焊接导线。

多层印制板，又称三维立体线路。一般用环氧玻璃纤维布层压板做基板，先双覆铜箔，腐蚀成线路后，两块叠合，中间用半固化环氧树脂和玻璃纤维布固化成绝缘基板。以导电层计算，一般制成十层左右，最多可达50多层。多层印制板用于雷达和大型计算机。

③ 印制线路板组件装配　在电子设备的装配车间，工人在传送带旁将元器件插到印制线路板上，制成线路板组件。现代化生产是用数控插件加工中心，自动快速插入元器件。组件板在随行夹具上经预热后。进行自动钎焊，都采用波峰焊，即在熔池内，熔融的铅锡焊料由于泵的搅拌，强迫焊锡向上喷成浪花。印制成路板组件直线移动，其焊接面高效地完成铅焊。在这个阶段，塑料层压基板承受240℃高温，长达5～10s的热冲击。因此，印制线路板组件应有较大抗弯曲、抗热变形的能力。弯曲变形会使下一道切削线头工序难于进行。

（2）技术要求　印制线路层压板是电子设备的重要元件，技术要求涉及方面颇多。现就一些主要影响因素，进行讨论。

① 层压板的机械性能　印制线路板面积有大有小，大的有500mm×600mm。电路的密集程度也越来越大。印制板厚度，应根据印制板的电功能、所安装元器件重量、印制板插座规格、印制板外形尺寸和所承受的机械负荷来决定。层压板的厚度有0.2mm，0.5mm，0.6mm，0.8mm，1.0mm，1.2mm，1.5mm，1.8mm，2.0mm，2.5mm……多种规格，常用厚度为（1～2)mm。

印制线路板组件刚性，与其在整机中的安装位置及方向和与其固定方式及支承面积有关。印制板未覆铜箔时的机械性能，可参考表 3.6。同等级层压板的性能可能悬殊很大，玻纤布层压板尤其如此。实际性能应根据制品厂的测试为准。在机械性能方面，各种规格的玻纤布层压板明显地优于纸质板。

未覆铜箔层压板的翘曲量甚小。由于铜箔和层压板的热膨胀系数不一样，覆铜箔的层压板容易发生翘曲。这给印制线路板的制造及元器件的安装，铅焊，切割线头带来困难。

表 3.6 层压板（未覆铜）的机械性能

层压板种类	密度 /(g/cm³)	拉伸强度 /MPa	弯曲强度 /MPa	压缩强度 /MPa	剪切强度 /MPa	拉伸模量 /GPa
酚醛树脂纸质层压板	1.3～1.4	80～100	120～130	180	110～150	3～15
酚醛树脂玻纤布层压板	1.6～1.9	70～100	120～140	260	—	13～20
环氧树脂玻纤布层压板	1.7～2.0	280～400	370～450	450	140～180	21
聚酯玻纤布层压板	1.6～1.9	70～100	150～260	260	—	—
聚四氟乙烯玻纤布层压板	2～2.2	130～150	70～80	130	—	—

翘曲度是层压板的凹度值与测量直尺间距的相对比值。玻纤布增强层压板比纸质与棉布层压板的刚度高，所以翘曲度要小些。

对未覆铜箔层压扳和覆箔的层压板，均有尺寸公差要求。特别是印制线路板又是插接板时，对厚度有更高精度要求。层压板的厚度很难制造得精确。纸质层压板的公差一般取厚度的 20%左右，如 1.5mm 厚板子，公差±0.14mm。而玻纤布基本是不可压缩的，其层压板的厚度公差较纸质板大。

② 层压板的电性能　在电性能方面，对印制板更为苛刻。表 3.7 列出了几种层压板的电性能，供比较选用。印制层压板的电性能测试相当困难。

表 3.7 印制层压板的电性能

层压板种类	介电损耗角正切 $\tan\delta(10^6\,Hz)$ 干燥	介电损耗角正切 $\tan\delta(10^6\,Hz)$ 潮湿	介电常数 $\varepsilon(10^6\,Hz)$ 干燥	介电常数 $\varepsilon(10^6\,Hz)$ 潮湿	表面电阻 /Ω	耐电弧性 /s	电介强度 平行层压板/kV
酚醛树脂纸质层压板	0.026	0.027	4.2	4.3	5×10^{10}	10	40
酚醛树脂玻纤布层压板	0.010	0.019	4.2	4.3	2×10^{9}	4	50
环氧树脂玻纤布层压板	0.018	0.020	5.0	5.1	1×10^{10}	120	60
聚酯玻纤布层压板	0.016	0.042	4.2	4.5	$>10^{13}$	135	60
聚四氟乙烯玻纤布层压板	0.001	—	2.6	—	$>10^{12}$	180	—

通常，酚醛树脂类层压板，用于低频；环氧树脂层压板，用于高频；聚酯层压板介于酚醛树脂和环氧树脂层压板之间。超高频印制线路，如微波印制线路，应采用最优良的聚四氟乙烯层压板。在干燥条件下，这种材料的介质损耗异乎寻常地低，就是在极为潮湿的情况下，其介质损耗也不会高于其他材料。此外，四氟乙烯层压板的工作温度高，阻燃性好。

玻纤布增强层压板的电绝缘性能，比纸质或棉布增强层压板要好些。在介质损耗方面，也明显优越。

工业生产中，主要用表面绝缘电阻来度量印制板电性能，用合格与等级来评定。

③ 温度、频率对层压板电性能影响　这里给出三种层压板在不同温度、不同频率下的介电常数和介质损耗：图 3.6 为酚醛树脂纸质层压板；图 3.7 为环氧树脂玻纤布层压板；图 3.8 为聚四氟乙烯玻纤布层压板。这些参数关系，仅供比较对照用。因为即便同品种层压板，相互之间测得值也有较大差异。此外，还应注意到电场垂直还是平行层压板，不同方式测出的电性能数据完全不同。

④ 湿度对于覆铜箔层压板电性能的影响　层压板材料容易被潮气浸入。水分主要从冲剪毛边与孔中进入层压板。层压板在机械加工或化学处理中，水分也可以由表面浸入内部。纸质层压板最容易受潮。玻璃纤维布增强层压板防潮性能不够稳定。

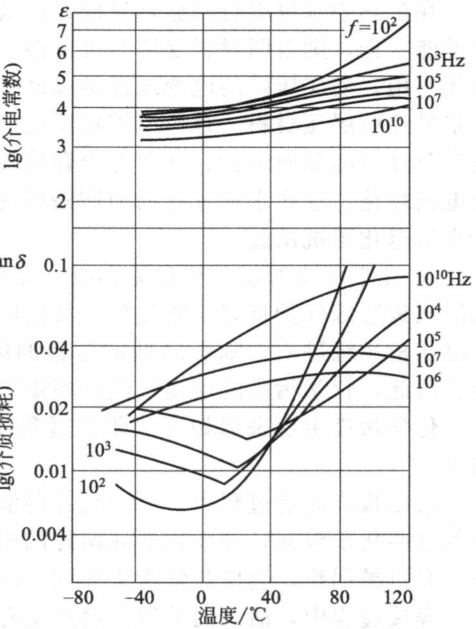

图 3.6　酚醛树脂纸质层压板的介电常数、介电损耗与频率、温度的关系曲线

（10^7 Hz 以下电场垂直于层压板；10^{10} Hz 时电场平行于层压板）

据对众多品种层压板湿热处理后，进行电性能对照试验，环氧树脂玻纤布层压板的电性能较稳定。其浸入 23℃水中，1.5mm 厚的层压板 24h 的吸水率为 0.2%左右。酚醛树脂纸质层压板防潮性很差，同样试验条件下吸水率达 0.6%左右。聚四氟乙烯玻纤布层压板的吸水率是 0.03%。需注意到，其防潮性不稳定，与聚四氟乙烯跟玻纤布的粘接强度有关。因为尽管四氟乙烯和玻璃纤维都是不吸水的，但聚四氟乙烯与玻璃纤维之间的黏性不如环氧树脂，潮气会从树脂与玻璃纤维之间毛细孔吸入。

另外，还有一些不常用的层压板，如聚乙烯玻纤布层压板，尽管电性能和防潮性突出，超过所有层压板，但因耐热温度太低，很少使用。有机硅树脂玻纤布层压板，在受潮后表面电阻急剧下降，体积电阻变化不明显，但因粘接困难、层压粘接强度差，亦少使用。蜜胺甲醛树脂玻纤布层压板，抗潮性极差，无实用价值。

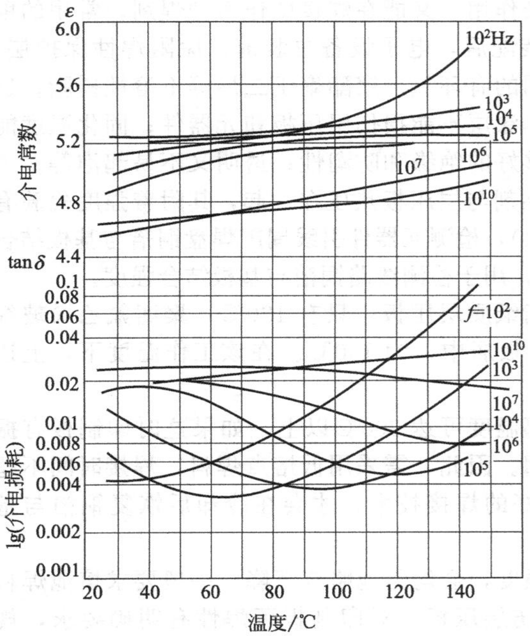

图 3.7　环氧树脂玻纤布层压板的介电常数、介电损耗与频率、温度的关系曲线

（电场情况与图 3.6 的相同）

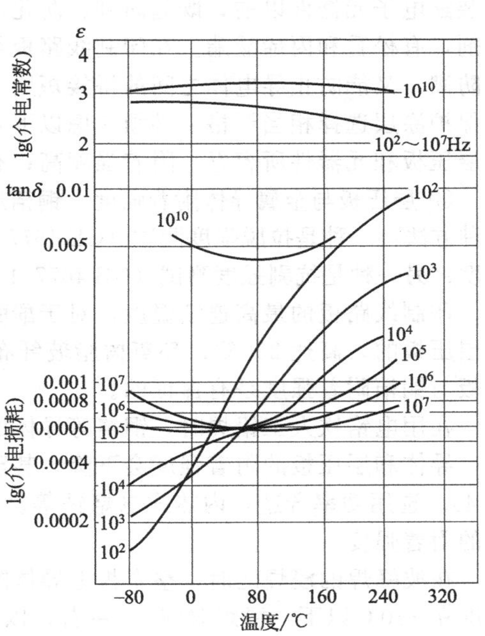

图 3.8　聚四氟乙烯玻纤布层压板的介电常数、介电损耗与频率、温度的关系曲线

（电场情况与图 3.6 的相同）

在湿热空气里进行试验，试样经过清洗和干燥处理后再进行试验，结果和试验前原来的电性能一样，则表明材料受潮有可逆性。但须注意，长期暴露在高温和高湿度，且存在酸和电场作用，使层压板的电绝缘性难以恢复，因为水解是缩聚物的特有问题。酚醛树脂、聚酯和聚酰亚胺层压材料，是典型缩聚反应产物，其分子链是由反应端基团脱水而成。这类反应适宜条件下能反向进行，从而把聚合物长链断开。被水解的层压板，其绝缘性显著变坏，会使电路短路。这个水解过程的前期是缓慢的，后期会快速进行。所以在特殊使用场合，需进行水解退化阻抗试验。

⑤ 化学污染对层压板性能影响　化学药品可能通过两种途径，使层压板遭到污染。如果层压板边缘保护良好，则化学污染仅限于印制板表面，其结果是降低表面电阻；如果化学药品从板边缘进入，则会降低层压板的体积电阻。在层压板受潮情况下，还会产生传导电流。因此，化学污染的层压板经彻底烘干后，在使用中仍会失常。

化学污染主要来源如下：印制过程中所用化学药品；焊接中所用的助焊剂；工作环境因素。

层压板在制造过程中，要受到各种清洗液、腐蚀剂或电解液的损害。因此，仔细选择和控制这些化学溶液，减少化学残留物的积聚，尽量缩短板子与化学溶液接触时间。另外，层压板有机械损伤，会使化学污染加剧，应予以避免。

焊接过程中，活泼的助焊剂会产生有害的残留物，因此，需选择妥当的助焊剂。如松香酒精和硬脂酸，被认为是较好的助焊剂。

经测试操作人员手指印，对四氟乙烯玻纤布层压板的污染表明，湿度从40%增至98%，指印能使表面电阻从 $10^{12}\Omega$ 直线下降到 $10^{6}\Omega$。在中等湿度下，厚的积尘，也会使绝缘电阻显著下降。

在印制线路板制造过程中，要涂各种保护层，以防止化学污染和受潮。常用保护层大致有三类：可焊性保护层、阻焊性保护层和防潮保护层。可焊性保护层用在印制板制造后，进入装配电子元器件以前，既起防潮、防化学污染作用，又能在焊接中作为助焊剂。常用的助焊剂，有松香和丙烯酸酯。在印制线路板组件装配后，电子设备总装前，涂阻焊性保护层，既防潮，又能防止导电体之间的桥接短路。常用的有环氧、聚酯聚丁二烯等不溶性树脂。这些保护涂层选择相当严格，必须考虑以下几点：涂层不能损伤层压板和元器件；固化温度能为层压板和元器件所容忍；附着强度高；有足够好的绝缘和防潮性；透明又不易起泡等。

⑥ 层压板与金属导体附着强度　铜箔经胶黏剂与层压板热压在一起，其附着强度检验有两种方法：一种是拉脱强度测试（GB 4677.3—84），检测元器件引线周围焊盘铜箔与基板结合强度；另一种是抗剥强度测试（GB 4677.4—84），用于检测线路铜箔与基板结合强度。

印制线路板的最高连续温度，对于酚醛树脂纸质层压板，只有120℃；聚四氟乙烯玻纤布层压板的，高达250℃；环氧树脂玻纤布层压板居中，为150℃。在该工作温度下，上述基板与铜箔附着强度是有保证的。

在用电铬铁人工铅焊时，铜箔等导体的局部温度可达300℃以上。如果这时印制板有振动，导体和层压板的附着强度会下降，甚至起翘。因此，需采用低熔点焊料，焊接时间不超过4s。选用功率合适，内热式电烙铁等。有良好的焊接技术，才会在冷却后恢复铜箔与基板的附着强度。

在波峰焊的浸焊之时，整个板上导体附着强度，会均匀地略有下降。一般要求熔池焊料温度在260℃以下，浸焊时间5s左右，以防烫伤层压板。对印制板可焊性有明确要求，规定了可焊性测试方法（见GB 4677.10—84）。即在一定条件和质量要求下，规定焊接时间。酚醛树脂纸层压板能耐焊接温度240℃下8s；环氧树脂玻纤布层压板在260℃下30s；聚四氟乙烯玻纤布层压板在260℃下60s。

印制线路板制造涉及塑料基板材料、粘接剂与保护涂层材料的选用，现将国内常用印制线路板制造涉及塑料基板材料选用列于表 3.8 中，供参考。

表 3.8　印制线路板基板材料选用

刚性印制板

性　　能	酚醛纸质	环氧纸质	聚酯玻纤布	环氧玻纤布	聚酰亚胺玻纤布	聚四氟乙烯玻纤布
机械性能	0	0/＋	＋	＋＋	＋＋＋	0/＋
电性能	0/＋	＋	＋＋＋	＋＋	＋＋	＋＋＋
耐高温性能	＋	0/＋	＋＋	＋＋	＋＋＋	＋＋＋
耐潮湿性能	0	0	＋	＋	＋	＋＋
耐焊接性能	＋	＋	＋＋	＋＋	＋＋	＋

挠性印制板

性能	聚酯薄膜	聚酰亚胺薄膜
电性能	＋＋＋	＋＋
耐高温性能	0/＋＋	＋＋＋
耐潮湿性能	＋	＋
耐焊接性能	－	0/＋

注：0——性能中等；＋——性能好；＋＋——性能很好；＋＋＋——性能最好；－——性能有问题。

随着电子工业发展，印制线路板设计和制造发展很快。其对印制电路板提出了更高的要求，即在保持其优异力学性能和电性能等常规性能以外，还要求其复合材料基板具有更好的加工性，比如钻孔等，以满足印制电路板向高密度方向发展的技术要求；要求复合材料基板无卤阻燃，满足环境友好型的发展趋势。为了满足上述加工性和无卤阻燃的发展趋势，目前主要采用环氧树脂为主要基体树脂，但环氧树脂尽管加工性优良，但其阻燃性能不佳。含溴环氧树脂就能较好地解决阻燃问题。但由于含卤素高分子材料热分解会产生致癌物质，因此这一阻燃技术方案逐渐被淘汰。为了解决这一问题目前开发了含磷环氧树脂，但印制电路板单纯使用含磷环氧树脂为原料，也存在吸水率偏高、耐热性能不佳和成本高的问题。针对这些问题，需要在印制电路板基体树脂配方中引入其他组分的基体树脂和添加物，比如加入苯并噁嗪树脂，利用苯并噁嗪树脂含氮量高、良好耐热性和低的吸水率的特点，使其体系存在氮-磷协同阻燃效应，提高基板的无卤阻燃性和整体性能，成为无卤阻燃的一种全新解决方案。

另外，在电子设备向高密度、精细化、薄、小等方向发展的过程中出现了挠性印制电路板。挠性印制电路不仅可以应用于活动的布线材料，而且还适用于电子设备箱体的弯曲和折叠等的三维安装。其特征如下：①薄型，可以自由弯曲；②组装在电子设备的狭小空间内；③小型、质量轻等。传统的挠性覆铜板（FCCL）主要使用由环氧树脂等粘接剂积层、聚酰亚胺薄膜和铜箔构成的三层型挠性覆铜板。近年来，加热融合铜箔和聚酰亚胺基材等的无粘接剂积层的二层型挠性覆铜板正在替代三层法 FCCL。由于两层型 FCCL 更有利于微细节距化或轻薄多层化，因而便携式电话的液晶驱动部分或折叠部分的布线等正在逐渐扩大采用高度集成化的 FCCL 覆铜板。

两层 FCCL 一般有以下三种制造方法。

(1) 涂布法　在铜箔上涂布聚酰亚胺前驱体聚酰胺酸，加热干燥使其酰亚胺化。其成为 FCCL 发展的主流制备方法。但其技术难度较大，需要解决聚酰亚胺薄膜同时具有低的热膨胀系数以及其与铜箔又具有良好粘接性的问题。目前主要通过分子设计、酰亚胺化工艺等的控制来进行解决。

(2) 层压法　采用薄而透明的热可塑性聚酰亚胺粘接剂，使聚酰亚胺薄膜与铜箔黏合。

实际上是传统三层法的改进方法。

(3) 金属化法　采用溅射法在透明的聚酰亚胺带上溅射 Ni-Cr 合金薄膜，成膜后再溅射铜膜，以铜膜植晶层施行电镀铜加厚的金属层（溅射-电镀法）。采用该方法制备的铜箔极薄而且平滑，蚀刻加工时引线线性优良，有利于微细线路的形成。

3.4.2.2　线缆包覆层

塑料用于电线电缆制造，越来越多地替代橡胶、油纸等材料起绝缘作用、屏敝作用和保护作用。线缆塑料是聚合物在电工应用中，又一重要方面。线缆包覆层设计涉及材料特性及选择、层厚计算与使用要求等内容。

(1) 概述　电线电缆品种繁多。按使用情况，可分为电力电缆、电气装备用电线电缆和通信电缆等。

电力电缆又可分为，中低压电缆和高压电缆。中低压电缆，一般指输电 35kV 及以下的电缆。塑料电缆品种，有聚氯乙烯电缆、聚乙烯电缆、交联聚乙烯电缆等。高压电缆，一般为 110kV 以上电缆。常用的塑料绝缘品种，有聚乙烯电缆和交联聚乙烯电缆等。电力电缆的主要结构组成为导线、绝缘层、护层和屏蔽层，见图 3.9。

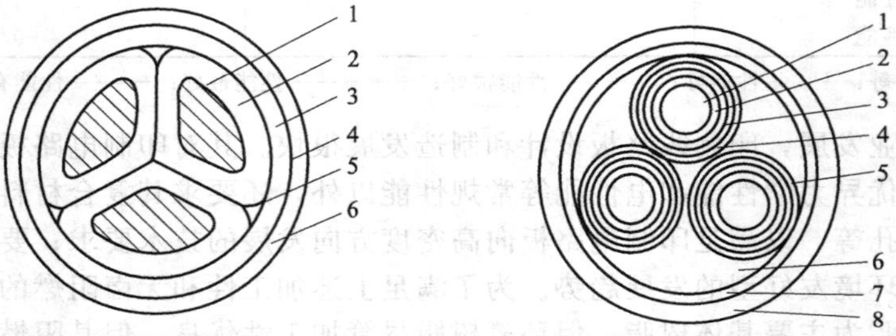

(a) 聚氯乙烯电缆结构

1—导线；2—聚氯乙烯绝缘；3—聚氯乙烯内护套；4—铠装层；5—填料；6—聚氯乙烯外护套

(b) 交联聚乙烯电缆结构

1—导线；2—导线屏蔽层；3—交聚聚乙烯绝缘层；4—半导电层；5—钢带；6—填料；7—扎紧布带；8—聚氯乙烯外护套

图 3.9　电缆结构

电气装置用电线电缆包括各种电气装置内部的安装连接线及与电源间连接用的电线电缆；控制系统用的电线电缆，以及低压电力配电系统用的绝缘电线等。除通用的电线电缆外，还有保护控制用、电机电器用、仪器仪表用、交通运输用、地质勘探和采掘用等特种规格。

通信电缆是传输电话、电报、电视、广播、传真数据和其他电信信息的电缆。多数埋在地下，所传输电流的频率较高，而电流和功率较小。为减少电缆损耗，应采用高频电性能好的介质绝缘材料，同时，又必须减少电缆内部干扰和电磁波的反射，防止电磁波从一个传输回路串入另一传输回路。按导线位置分，其结构类型有对称电缆和同轴电缆。

尽管电缆类型各异，但截面结构大体由导线、绝缘层、屏蔽层和护层组成。除导线外，塑料可制成绝缘层、屏蔽层和护层。塑料电缆的绝缘层由热塑性塑料挤塑而成，10kV 及以上的聚氯乙烯电缆和 6kV 及以上的交联聚乙烯及聚乙烯电缆的导线表面需有屏蔽层。屏蔽材料为半导电塑料，屏蔽层厚度通常在 0.5mm 左右。6kV 及以上的塑料电缆要有绝缘层外的屏蔽层。外屏蔽层由半导电材料同金属带或同金属丝组成。金属带（丝）的作用是保持零电位，并在短路时承受短路电流，以免短路电流引起电缆过高的温升。塑料电缆通常用聚氯乙烯护套，当电缆的机械性能需要加强时，护套分内外二层，二层之间用钢带或钢丝铠装。

由于塑料密度小，机械性能好，电绝缘性能优异和化学性能稳定，耐水耐油，成型加工方便，以及原材料来源丰富，因此，塑料电线电缆在国内外发展十分迅速。随着塑料材料性能改进和提高，塑料已成为制造电线电缆的重要材料。

电线电缆用量最多的塑料是聚氯乙烯和聚乙烯。近年来，氟塑料、聚丙烯、氯化聚醚等也日益广泛应用。

(2) 电缆用塑料材料

① 聚乙烯 聚乙烯除了制造特种细线和软线外，在塑料电力电缆方面，电压级已达35～400kV。聚乙烯的介电常数最小，被认为是通信电缆最好的绝缘材料。因为，它可以有效防止传送信号失真。

电缆工业大都采用0.917～0.930g/cm³范围的低密度聚乙烯。但为了提高机械强度，也常采用高密度聚乙烯。电缆工业所用聚乙烯的熔体流动指数，一般介于0.1～0.2g/10min之间。熔体流动指数在0.3g/10min以下的聚乙烯，耐环境应力龟裂性能优良，拉伸强度高，适宜加工。高密度聚乙烯比低密度聚乙烯耐应力龟裂强，所以海底电缆多用高密度聚乙烯制造护套层。

聚乙烯作为电缆绝缘材料，其电性能最完美，且吸水率低。聚乙烯在水中浸放一个月，吸水仅0.03%，浸泡一年吸水0.15%。

聚乙烯作为电缆料主要有以下品种。

a. 聚乙烯绝缘料 一般为加抗氧剂的、熔体流动指数在3以下的低密度聚乙烯。

b. 聚乙烯护套料 聚乙烯护套时，须克服耐候性差易老化，环境应力龟裂，蠕变与易燃等缺点。

c. 泡沫聚乙烯 即聚乙烯中存在有均匀封闭的微孔。通信电缆所用泡沫聚乙烯要求孔细，数量多，分布均匀一致，彼此间不通，而且表面光滑平整。同轴电缆使用的绝缘泡沫，发泡度要求55%～60%，电话电缆发泡度要求20%～30%。对通信电线，首先考虑的是绝缘材料的介质损耗，在相同的尺寸下，泡沫聚乙烯的讯号衰减值比聚乙烯的小，这是泡沫聚乙烯包含空气的缘故。泡沫聚乙烯与纸绝缘的衰减值相近。而且，泡沫聚乙烯能以很薄的厚度附着在各种直径的铜线上，最细可达0.32mm。因此，对电缆截面的结构设计极为有利。

泡沫聚乙烯，一般采用熔体流动指数0.5g/10min以下低密度聚乙烯发泡挤出。泡沫聚乙烯性能与发泡度有关。密度、拉伸强度、伸长率、介电常数和介电强度，随发泡度增加而显著下降。尽管泡沫聚乙烯的体积电阻率与实体聚乙烯相同，但由于吸水性强，受潮后体积电阻率下降。泡沫聚乙烯的强度与耐磨性较差，常加入高密度聚乙烯以改善性能。

d. 半导电聚乙烯 在高电压塑料电缆中，线芯与绝缘层之间如存在空隙，会产生局部放电，使塑料老化，影响电缆使用。导体与绝缘层之间，必须有半导电屏蔽层——内屏蔽层。内屏蔽的半导电层，与导体充分接触以保护等电位，又要与绝缘层坚固地黏结在一起，不致产生局部放电间隙；还要有良好的挤出工艺，均匀稳定的导电度，相近的热膨胀系数。绝缘层与外护套之间，也必须采用半导电屏蔽，称外屏蔽层。外屏蔽的半导电层应与绝缘层易于剥离，以免影响绝缘层的完整性。半导电聚乙烯是加一定数量的导电炭黑后获得，体积电阻率一般在1～10Ω·cm。加入大量炭黑后，聚乙烯变硬变脆，挤出加工时流动性差。因此，需采用熔体流动指数大的聚乙烯，或加入润滑剂如聚异丁烯、硬脂酸等，最有效的是采用乙烯与醋酸乙烯的共聚物。

e. 交联聚乙烯 聚乙烯用作电缆的绝缘材料有一些弱点。首先，其耐热性差、熔融温度低，当电缆过载或短路时，温度上升可使聚乙烯软化变形，导致绝缘性破坏。聚乙烯长期允许的工作温度仅70℃，在110℃左右会熔化。其次，聚乙烯的热膨胀系数大，收缩大。在电缆的制造和运行中难免产生气泡，而气泡是高电压绝缘的大敌。再次，聚乙烯由于存在残余应力，在环境作用下易应力龟裂。

用化学或辐射的方法，使分子链间相互交联，由线型分子链结构变成网状结构。这种交联聚乙烯有效克服了上述聚乙烯的多项弱点。

辐射交联的聚乙烯用γ射线、α射线或电子射线使聚乙烯大分子生成交联，也称物理交联。交联时放出氢气和低级烷烃气体，主链上产生少量C═C双键。有空气存在时，聚乙烯表面还会发生氧化。当辐射剂量甚高时，聚乙烯会变色。

辐射交联适合高速挤出半成品。通过辐射交联后，电性能等优于化学交联，无针孔、气泡。但交联度不能很高，一般50%～60%。由于辐射射线穿透能力关系，一般只适用于薄层绝缘的电线电缆。

化学交联是目前交联聚乙烯的主要生产方法，比如，采用有机硅交联试剂，适用于各种规格电缆生产，其性能与辐射交联性能相差不大，但交联度比辐射法高。该交联在高温高压下进行，温度越高，交联度越大。

② 聚氯乙烯　聚氯乙烯塑料电缆，从1956年开始在国内生产和使用，品种逐渐扩大，已成为最主要的电线电缆的品种。它的长期允许工作温度为65℃，通常用于10kV以上的电缆绝缘。不过，聚氯乙烯可通过改进配方设计，提高耐热性和电压等级，提高耐寒和耐老化，达到延长使用寿命目的。

聚氯乙烯虽为极性聚合物，但由于分子结构中不含亲水基团，电阻值很少受温度和浸水的影响。聚氯乙烯的导电性，是由于杂质离子产生的，因此，树脂的纯度，对绝缘性能影响很大。所以，电缆工业要求使用由悬浮法生产的纯度很高的聚氯乙烯树脂。

聚氯乙烯的介电强度和介电常数，比聚乙烯的差，但仍是较好的，只是介质损耗较大，不适合高频和高压条件下使用，如高压电缆和通信电缆等。

电缆用聚氯乙烯是多组分的塑料。根据不同使用条件，改变助剂配方和用量，可得到不同的电缆料。一般可分为聚氯乙烯绝缘级、护层级和半导电级。

电缆料绝缘级又分为若干品种。普通绝缘级要求体积电阻率在20℃，$\rho_v > 1\times10^{12}\Omega\cdot cm$；在70℃，$\rho_v > 1\times10^{9}\Omega\cdot cm$。耐热绝缘级要求在80℃时，$\rho_v > 5\times10^{9}\Omega\cdot cm$，或105℃时，$\rho_v > 2\times10^{9}\Omega\cdot cm$。高电性能绝缘级要求50℃时，$\rho_v > 5\times10^{14}\Omega\cdot cm$，70℃时$\rho_v > 5\times10^{11}\Omega\cdot cm$，且要求介电常数在20～55℃时，$\varepsilon < 7.5$，介电损耗角正切$\tan\delta < 0.1$。

护套用电缆料可分为普通、耐寒、柔软、耐油和耐热等品种。以聚氯乙烯树脂为基体，添加适量增塑剂、稳定剂、润滑剂、填充剂和着色剂等。

在聚氯乙烯护套料中，常用的填充料是碳酸钙。其主要作用，是降低产品成本。常用着色剂是炭黑，它同时又是紫外线吸收剂。

聚氯乙烯护套料的主要缺点是，在塑料中添加的增塑剂，在使用过程中容易发生挥发、迁移和抽出等现象，从而导致护套变硬变脆。这在架空敷设受日光曝晒的情况下，比较严重。改进方法是制成氯乙烯-醋酸乙烯共聚物护套料。引入醋酸乙烯单体起，“内增塑”作用，可减少护套的硬化现象，但由于拉伸强度、耐磨性、热稳定性和化学稳定性有所降低，采用甚少。

③ 氟塑料　含氟塑料与其他塑料相比，具有高度稳定的电绝缘性能，在高频或超高频时具有极小的介电常数和介质损耗，而且介电性能受温度影响很小。氟塑料用于制造特种电线电缆，常用于航天、航空、雷达、电子计算机等高频高温场合。氟塑料品种很多，这里只介绍电缆中常用三种。

聚四氟乙烯，不能采用一般热塑性塑料的挤出成型方法来制成电线电缆包覆层。常用的聚四氟乙烯电线加工方法有三种。一种是在金属导线上绕缠聚四氟乙烯生料薄膜，然后烧结成型。绝缘层直径可大于3mm。另一种是用柱塞将糊状聚四氟乙烯挤出成型，经干燥和烧结后，可得到连接管材，绝缘层直径在3mm以下，厚度为0.5～2.0mm。第三种是裸导线浸涂聚四氟乙烯悬浮液，再经烘干烧结而成。

聚四氟乙烯除了加工工艺性较差外，由于它的冷流性，使制品尺寸不稳定。高能射线对聚四氟乙烯的破坏作用较为明显，其结果是主链和碳氟键断开。

聚四氟乙烯绝缘同轴射频电缆用于无线电通讯、广播等电子装置的射频讯号输送。用于电子计算机等电子设备的聚四氟乙烯薄膜涂色小截面安装电线，是在镀银铜束线上绕缠0.035mm 的聚四氟乙烯薄膜，经烧结涂色制成。聚四氟乙烯绝缘低噪声电缆，可用于移动式控制检波及通讯器材的高阻抗装置中，是研究水下和空中爆炸，火箭发射，飞机发动机冲击气体能量及声学测量等不可缺的线缆。它本身噪声小，且能耐振动等外力作用。聚四氟乙烯薄膜，也是电缆中间接头，终端头包封时常用材料。

四氟乙烯-全氟丙烯共聚物（F46），又名聚全氟代乙丙烯，它是聚四氟乙烯的改性品种。既具有与聚四氟乙烯相近的特性，又具有热塑性塑料的加工性能。它能在普通挤出机上以较低速度挤出，进行电线包覆成型。由于具有优异的电绝缘、耐热、耐候及阻燃性能，因此广泛用于高频下使用的电线电缆包覆层材料。

四氟乙烯-全氟烷基乙烯基醚共聚物（PFA），它的长期使用温度和性能接近聚四氟乙烯。又能进行热塑性塑料的挤出和注射成型加工，因此，有可熔性聚四氟乙烯之称。用PFA 包覆的电线，可用作高温下水电流的导线。

电线电缆用氟塑料主要性能列于表 3.9 中。

表 3.9　电线电缆用氟塑料主要性能

性　　能	F4	F46(FEP)	PFA
密度/(g/cm^3)	2.1～2.2	2.14～2.17	2.13～2.16
拉伸强度/MPa	14～35	19～22	28～32
抗弯模量/MPa	420	560～600	670～700
长期使用温度/℃	260	200	260
体积电阻率/Ω·cm	10^{18}	10^{18}	10^{18}
介电常数 ε	2.1	2.1	2.1
介电损耗角正切 tanδ	0.002	10^3Hz,0.0002	0.0002
介电强度(短时)/(kV/mm)	17	10^6Hz,0.0007	20
耐电弧性/s	>300	>165	>180
耐辐射性	差	差	优

3.5　高分子防腐蚀材料

一般情况下，人们认为腐蚀主要发生在金属类材料领域，有机高分子材料天生就耐腐蚀，这是一种相对比较的结果。通常，有机高分子材料耐酸碱等的能力较金属类材料更强一些。随着有机高分子在各个行业的大量使用，其耐腐蚀性能逐渐得到重视。大多数的有机高分子材料处在大气环境中、浸在水或海水中或埋在地下使用，有的作为各种溶剂的储槽，在空气、水及化学介质、光线、射线及微生物的作用下，其化学组成和结构及各种性能会发生变化。在许多情况下，温度、应力状态对这些化学反应有着重要影响。特别是航空航天飞行器及其构件在恶劣的环境下工作，要经受高温作用和高热气流的冲刷，其化学稳定性至关重要。作为有机高分子材料，它既可通过与腐蚀性化学物质的作用而发生，又可间接通过产生应力作用而进行，这包括热降解、辐射降解、力学降解和生物降解。聚合物本身是有机物质，其可能被有机溶剂侵蚀、溶胀、溶解或者引起体系的应力腐蚀。因此，在选择防腐蚀材料时，需要考虑到材料使用的环境，比如温度、压力、化学介质、气氛氛围、受力状态以及成型工艺等。

3.5.1 全塑结构与加强结构及材料选用

随着石油化工的迅速发展，腐蚀与防腐蚀的矛盾十分突出。如何解决设备与管道防腐蚀问题，具体方法和途径较多。选用非金属材料替代金属材料是最为有效和常见的方法之一，其中选用有机高分子全塑结构材料则是其重点。

20 世纪 80 年代初，国内全塑结构防腐蚀制件仅限于硬 PVC 塑料和石棉酚醛等少数材料的制品，而且主要是小部件小设备，如泵、小口径管道、管件和阀门等。之后，逐步出现了玻璃纤维填充或增强的热固性模压塑料件，如增强酚醛、呋喃、环氧、聚酯等塑料，以及它们的改性体；热塑性塑料的防腐蚀构件也日益增多，除了硬 PVC 塑料制件外，还有聚三氟氯乙烯、氯化聚醚、填充氟塑料、聚丙烯、聚苯硫醚、超高分子量聚乙烯等防腐蚀制品。

采用全塑结构有使用可靠、简单，检修维护方便，节约大量钢料和贵重金属等优点。然而，由于热塑性塑料的结构刚度和强度往往不足，设备的进一步大型化和用于内压的情况受到了限制，许多常用的玻璃钢材料的耐腐蚀性还不够理想，特别是制作有高内压设备时，浸渗成为严重的缺点，到头来还得用硬 PVC 塑料、PP 塑料等热塑料作内衬。因而加强复合结构的出现势在必行。加强复合防腐蚀结构形式，主要有两种情况：①利用玻璃钢从外部来加强热塑性塑料制件或其他非金属防腐蚀制件。②全塑结构用钢框加强，称为鸟笼式结构。

材料实际上总是与防腐结构的选定一起进行的。用作全塑结构或整体玻璃钢结构的塑料必须具有相当高的机械强度、刚度和与腐蚀介质环境相适应的耐腐蚀性能。与其他结构相比，全塑结构有时还要有更高的抗热变形要求。就目前情况来说，聚丙烯、硬聚氯乙烯及其填充增强塑料是可以大量应用于全塑结构的材料。它们不仅耐蚀性良好，机械强度刚度也不算太低，而且货源充裕、价格低廉和成型加工不难。其中 PP 塑料比硬 PVC 塑料有较高的软化温度，并已广泛使用于化学工业及其他生产与使用腐蚀化学品的许多行业中，大量制作容器、浴槽、管道管件、风机、泵和其他设备部件。超高分子量聚乙烯是近年来发展起来的一种高耐磨防腐蚀材料，既可防腐又耐磨，且耐冲击、抗蠕变，被称为新一代耐磨用工程塑料。它是用来制造泵类的最理想防腐蚀材料品种之一。

在某些情况下，可以选用其他热塑性塑料，如填充聚四氟乙烯和聚全氟乙丙烯、聚三氟氯乙烯、氯化聚醚和聚苯硫醚等，它们一般宜做小部件，如管件、阀门密封件、泵体、叶轮、耐腐蚀摩擦件等。聚四氟乙烯用于高温和强烈腐蚀场合。鉴于 F46 易于热成型，而耐腐蚀性又与 F4 接近，因而在柔性部件上有更多的用途。聚苯硫醚也是一种优良的高温防腐蚀材料，适用于高温环境，以发挥它的特长。鉴于它的耐温性能好，又耐磨、不易变形等，因而作腐蚀介质中的端面密封磨块有良好的效果。氯化聚醚的最大用途就是易制作防腐蚀制品。聚乙烯虽有良好的耐腐蚀性，但缺乏足够的强度、高度，故通常不作结构件使用，而可作某些弹性部件或柔软部件之用。

还有不少热塑料塑料，如聚碳酸酯、尼龙、聚甲醛、聚苯醚、聚砜和聚酰亚胺等，有较高的强度、刚度和抗热变形性能，似乎非常适合作耐腐蚀结构件，但由于它们的耐腐蚀性能不高，且选择性很强，所以一般都不把它们用作通用防腐蚀材料，除非在少数情况下，如聚苯醚用作热水和水蒸气条件下的防腐蚀件，尼龙用于海水、稀碱和油类环境中的防腐蚀件等。

当介质温度较高，如大于 100℃，或者所需防腐蚀设备部件较大且存有内压时，通常需要介质的腐蚀性与材料的耐腐蚀能力相适应，选用玻璃钢整体结构是合适的。若其部件不大，也可选用有惰性填料，包括玻璃纤维填充的模压热固性塑料制件。大型的玻璃钢制作常用手糊和机械缠绕接触成型方法。其优点是设备大小不受限制，用户可以自行设计、制造或现场施工。当介质的腐蚀性为玻璃钢所不能承受时，必须使用内衬某些热塑性塑料的玻璃钢结构（或者说用玻璃钢外加强的热塑性塑料结构），以发挥各自的特长。氟塑料外敷玻璃钢防腐蚀设备是最为典型的。此时，由于氟塑料的不黏性，往往难以复合。有人用萘钠液先处理氟塑料表面，然后复以玻璃钢，收到了提高粘接力的效果。

耐腐蚀用热固性玻璃钢或玻璃纤维填充模压塑料常用的树脂有酚醛，环氧和聚酯等。有时也用呋喃类树脂的，但多数情况下，是改性过的。通用型聚酯树脂及其玻璃钢只适用于低温稀碱弱酸等介质条件下。然而，由于它具有在常温接触成型特性，所以不少场合还是使用它的。如石油工业中的输油储油设施，腐蚀性缓和的废酸废气设备或部件等。外加强结构中也常用的聚酯玻璃钢来增强 PVC 塑料和 PP 塑料设备与管道。不过增强前常需涂一层环氧底漆，以增加其黏结性。近年来投产的双酚 A 型聚酯树脂耐酸耐碱性有了较大的提高，有耐腐蚀聚酯之称，因而扩大了在防腐蚀方面的应用。

这些常用的玻璃纤维增强塑料，除了耐腐蚀性能有差异，应用于相应的介质环境中外，酚醛玻璃钢可以用于温度较高的场合，因为它是优良的高温耐酸材料；而环氧玻璃钢的黏结性和高强度是有名的，因而在外加强结构中用得较广，它可以不使用其他底漆直接进行敷设，缺点就是较贵。这也是环氧聚酯树脂经常互相改性使用的重要原因。近年来，尽管已有不少玻璃钢的新品种出现如丁苯玻璃钢、二苯醚玻璃钢和聚丁二烯树脂玻璃钢等，它们既有较好的耐热性，又有优良的耐腐蚀性，但离大量应用还有一段距离，目前只能在少数有条件的地方选用。

在玻璃钢的选材中，有时还需要选择合适的填料来改善主体树脂的操作和使用性能，如增加树脂的触变性，防止施工时流胶过多；减少成型收缩率，降低热胀系数；还可以某种程度上提高耐热性或机械强度等。固化剂的选择也必须加以考虑，它对性能有颇大的影响。总之，选材宜慎重周到。

热塑性塑料的全塑结构在选好材料之后的设计纯是一种机械设计。它们的腐蚀余度与强度、结构设计等可以忽略。玻璃钢整体结构的设计必须注意它的力学特性，如严重的各向异性对使用的影响等。目前全塑结构设计仍沿用金属材料使用的设计公式，只要把塑料的许用应力代入公式，求出尺寸后再适当作些修改而已。这种方法称为等代设计，这种方法到底有多大的实用意义还很难说，不过在行之有效的新方法研究出来之前，使用等代设计方法至少可以粗略地为设计指出方向来。化工上用得多的全塑设备是圆筒形的，如容器、管道。

对整体玻璃钢结构的设计，要认真设计结构的层次。防腐蚀用的结构常分为防腐蚀内层，强度层和外表层。其防腐蚀内层约 0.5～1mm 厚，通常具有较高的含胶量，如＞70％，以获得优良的耐腐蚀性。强度层是设备的主体层，用于承受载荷，外层是在强度层外面进行填平修刮，然后加上几层玻璃布形成的增强层，最后应涂漆，防止大气环境的老化作用。

对热塑性塑料设备或管道的加强复合结构，也要注意层间结构问题。如低层要考虑与热塑性塑料的黏结性，通常对 PVC 塑料内体设备及管道，除了去垢打磨外，还要涂刷环氧底漆或邻苯二甲酸二丁酯等，以增加玻璃钢和 PVC 塑料的黏结性、浸润性。

对于全塑结构，除了良好的结构设计外，精心施工和严格控制使用条件是搞好全塑设备应用的重要方面。有人认为，玻璃钢设备在生产上应用时，损坏往往是由于施工技术不稳定而引起的，而不是由于选材不妥所致的腐蚀损坏。

由于塑料对环境变化是敏感的，所以应严格控制使用条件。在使用中一旦发现裂缝、渗透等局部损坏，则可用简便法修补。PP 和硬 PVC 等塑料可以用焊接法敷上同种塑料，也用手糊法敷贴玻璃钢。若原是玻璃钢，则可用手糊法敷贴修补即可。

在玻璃钢设备和部件中，若材料经过了机械切削加工，则其加工面必须用适当的涂层材料覆盖处理。因为加工后会有外露的玻璃纤维出现，而它对防腐蚀是不利的，多数介质会沿着外露的玻璃纤维慢慢地渗透到材料内部，进而破坏材质。在有内压的设备中，这种危害性更大，然而成型或施工时，对玻璃纤维进行表面化学处理，常常可以减轻这类危害。

3.5.2 衬里结构及其材料选用

为了满足设备承受内压的需要，或者由于塑料的强度、刚度明显不能满足全塑结构的要求和其他原因，在防腐蚀工作上往往采用衬里结构。所谓衬里，就是用填充的树脂胶泥、玻璃钢或某些热塑性塑料板、片作为金属、水泥等设备基体的内衬，利用塑料的化学稳定性，从而达到防腐蚀的目的。有些设备如搅拌器、叶轮等外敷防腐蚀层，其形式与衬里类似。衬里设备的负载都由基体承担，因此衬里塑料的使用温度有时高一些也无妨。这类防腐蚀结构可以在老设备中简便地实施，只要在设备上衬涂即可。

由于衬里结构的载荷都由基体承担，因此衬里本身不必具有高的刚度，有时恰恰相反，柔软塑料比刚硬塑料更宜作衬里。如果硬的或软的 PVC 塑料，在抗腐蚀上都许可的话，可作软 PVC 塑料。原来认为不宜做防腐蚀结构材料的聚乙烯，在衬里结构中也找到了用武之地。即使从耐腐蚀角度说，需要刚硬塑料，也常常借用柔性塑料或橡胶等作衬里层的中间层，如需用硬 PVC 塑料和氯化聚醚作衬里时，常用氯丁胶做中介层。显然衬里低的弹性模量有利于降低热应力。若为玻璃钢衬里，可通过配方中添加增塑剂或柔顺固体剂、橡胶组分改性树脂来实现。在温度较高（如≥100℃）场合，用玻璃钢作衬里更是可取的。

设计衬里结构时还应尽量减少衬里材料的热膨胀系数 α。这可以通过增加材料中的填料比例来获得。在玻璃钢的实际施工中，可以尽量减少玻璃纤维的含胶量，以及尽可能地连续铺贴玻璃布（用连续铺设法）。因为逐层干燥后的铺设法，即分层间断铺贴法的树脂含量往往太高。但要注意的是树脂含量也不能过少，以免缺胶。填料也不能过多，以免影响层间黏合。增加填料和降低含胶量还能减少固化收缩率，同样可以减少导致衬里破坏的内应力（一般手糊法含胶量 60%左右，而压力成型的在 40%左右）。

衬里设计和选材的另一个重要方面就是提高衬里对基体的粘接力（τ）。这就要选择高黏附性的树脂及其玻璃钢作衬里。由于环氧树脂无论对基体还是玻璃钢都具有比酚醛、呋喃树脂高的黏附力，因此环氧混合物衬里用得最广。有人认为酚醛和呋喃树脂粘接力的差异，是由于它们的酸性固化剂对基体的腐蚀之故。环氧树脂也常用作玻璃钢或热塑性塑料衬里的底漆、腻子或过渡层，以增加粘接力。增加附着力也可通过机械的螺栓排点固定，以形成衬里变形的阻碍中心的办法来实现。

对于防腐蚀玻璃钢衬里，最好要设置面层，即有较高含胶量的上面几层，最后还要涂刷胶液漆，充分适应防腐蚀的要求。玻璃纤维外露于腐蚀介质是绝对不允许的。玻璃钢衬里的好处是简单易行，手糊法也能解决问题。它比常用的热塑性塑料具有较高的耐温等优点。常用的衬里玻璃钢有环氧、酚醛、呋喃和聚酯，它们各有特点。选材时要注意结合使用，以获得符合耐腐蚀、耐温和经济效果。由于环氧树脂不仅黏结性好，而且固化收缩率低，强度高，固化时无小分子物放出等优点，用得较多。

常用玻璃钢的耐腐蚀性终究还达不到能耐强腐蚀介质的要求，所以在强腐蚀条件下，只要不是温度很高，采用 PVC、PE、PP、氯化聚醚等塑料作为内衬自然更是合理的。其中 PP 和氯化聚醚有更高的软化温度。若温度相当高时，则只有采用高温耐腐蚀材料，而 F46 较为理想。因为 F46 除了耐热性稍低于 F4 外，其他的使用性能均与 F4 相仿。更为重要的，它是热塑性的，使用方便。显然，软质塑料比硬质塑料易衬，也易保证质量。

热塑性塑料衬里的施工方法大致有两种：机械固定法和粘贴法。对于 PVC 塑料衬里，国内使内粘贴法已超过机械固定法，因为机械固定法在耐内压上比粘贴法低，是由于衬里与基体在机械固定处存在着间隙，压力不易传递给基体，从而造成不能达到基体应有的耐压。粘贴法是使用胶黏剂将衬里与基体胶合起来的方法。国内常用三异氰酸酯三苯基甲烷和氯丁胶浆作为胶黏聚氯醚酯，三苯基甲烷和氯丁胶浆作为胶黏氯化聚醚衬里的胶黏剂；用聚氨酯或过氯乙烯胶粘贴 PVC 塑料衬里，胶接力≥70kgf/cm²。聚氨酯要在加热下固化，否则粘接强度不高。但对于大设备，加热固化是很麻烦的。

固定法也好，粘贴法也好，衬里工作的最后一步都得把各块衬里材料焊接成整体。

对于氟塑料、聚乙烯和聚丙烯等材料，由于至今缺乏可靠的胶粘剂将它们和基体粘贴起来，故粘贴法不多见。在无良好的胶黏剂时，人们常采用过渡层来解决，如国外使用 PP/GRP 和 PP/合成胶复合板。施工时，只要将复合板的合成胶或者玻璃纤维增强塑料（GRP）这一面与基体胶合起来即可。

近年来，国内采用一种“冷拔法”，解决了氟塑料的内衬问题。这就是预先将衬管冷拉到一定长度，使其直径变得细一些，接着就放进被衬的圆筒体内，稍经受热后，由于塑料的热松弛回复，直径重新变粗，正好紧贴被衬器壁上。

必须注意的是，衬里完成以后，都要用静电火花检测计法对针孔缝进行检查。

衬里层厚度是由介质对材料渗透腐蚀速率决定的。但事实上是由于各方面经验决定的。介质在高压下对玻璃钢有较大的渗透作用，因此，计算壁厚时，必须留有充分的余地。此外，在衬四氟塑料薄膜时要格外小心，因为这种塑料膜片的针孔缺陷较多，只有增加厚度，才会减少或避免穿透的危害性。根据多年使用硬 PVC 塑料硝酸吸收塔的经验，表明 50%硝酸在 50℃的情况下，对硬 PVC 塑料板的腐蚀深度大约在 0.2mm/年左右，可见设计厚度只要比此值大几倍就够了。常采用 2～5mm。衬里太厚也是不好的，因为太厚，万一出现鼓泡缺陷，就可能使鼓泡扩大，以致全部脱层。

3.5.3 涂层

某些热固或热塑性树脂，通过制备溶液，乳液或树脂涂料的形式、结合装饰、标志等作用，在被保护物的表面涂刷或喷上几种涂层，以防止大气环境中的腐蚀。尽人皆知，这种涂层只能作一般的防腐用。它对于工业生产过程中腐蚀介质的防腐蚀，往往是无济于事的。因为这种涂层一般很薄，经不起使用过程中的撞击、摩擦、流体冲刷等考验。此外，这些涂层在成膜过程中，由于溶剂的挥发与被涂表面免不了存在的沙眼和焊接部分的小缺陷，易造成微孔隙和针眼，往往失去涂层的连续性，最后导致渗漏腐蚀。因此，大大限制了它们在工业生产强腐蚀介质中的应用。即使个别地方作为临时措施来使用，也必须精心涂刷许多次以制取较良好的涂层。

然而，随着科学技术的发展和生产的需要，发现了不少新的制取涂层的方法，如静电喷涂，火陷喷涂和流化床浸涂等。它们可以将固体粉末塑料直接喷涂或涂覆于基体上，以制取质地紧密，厚度满足工业防腐蚀要求的涂层。这种涂层只要厚度适当，如 0.3～0.8mm，其耐腐蚀性能就与厚塑料差不多。这种技术叫做粉末涂料的涂装技术。近几年来，这种技术在国内外越来越盛行起来，甚至被誉为涂装技术上的一次革命。于是，在防腐蚀工程中，原来认为涂层结构起不了多大作用，现在却成了防腐蚀的重要方法。因为涂层防腐蚀简单易行，成本低廉。尤其是对于那些既有优良的耐腐蚀性能，而又缺乏合适的溶剂或不便使用溶剂的塑料，如聚乙烯、氯化聚醚、聚三氟氯乙烯和聚苯硫醚等来说，粉末涂装技术就很有意义了。这种方法的最大优点是不使用溶剂和涂层致密。因此，它不仅可以用于防腐蚀，也可以用于机电工业中制取和修理摩擦易损件或绝缘层。

单独一种材料构成的涂层，其材料必须既耐腐蚀又对基体有黏结性。环氧涂层对钢铁基体有较强的黏附性，可单独地应用。通常最好是使用复合涂层，其表面主要考虑耐腐蚀性，底层则主要考虑黏附性。这就是涂层结构设计中的所谓面、底配套性。热塑性塑料的黏附性与材料的结晶度有密切关系。对聚三氟氯乙烯、尼龙、氯化聚醚、聚苯硫醚和聚乙烯等涂层材料，通常为了获得具有较强黏附力和韧性的耐腐蚀涂层，尽量使涂层的结晶度降低。这就是为什么要在制取涂层时，等熔融塑化后进行淬火的主要原因。有些涂层还要添加增塑、增韧物质，如环氧、氯化聚醚等粉末塑料添加酯类增塑剂，聚乙烯中添加聚异丁烯等。为了保证质量和设计厚度，涂覆工作常分多次进行。常用的喷涂方法有火陷喷涂、静电喷涂、分散液喷涂、液化床浸涂和热熔敷涂。

不同的塑料虽然原则上各种喷涂方法都可用，但实际上由于制作适应性的不同和技术上的原因，往往仍要认真选取。另外各种材料也有其惯用方法，如环氧粉料惯用流化床浸涂；聚三氟氯乙烯惯用悬液喷涂；尼龙惯用火陷喷涂；氯化聚醚静电喷涂用得也较好；而聚乙烯差不多各种方法都用得很多。当然，这也不是一成不变的。随着技术的发展，也会发生变化的。此外，不同的喷涂方法获得的涂层厚度也不一样，这在涂层设计时也应有所考虑。

目前来说，常用于涂层的耐腐蚀高分子主要是环氧、氯化聚醚、聚乙烯、聚三氟氯乙烯和聚苯硫醚等。有时候也使用尼龙、聚四氟乙烯，其中热敏性强的聚氯乙烯和聚丙烯用得较少。四氟涂层往往因存在难免的小针孔缺陷，实际上用于防腐蚀涂层的也不多。但据说等离子喷涂提高了四氟涂层的质量，其涂层应用有所进展。尼龙常用造船工业上，工业腐蚀介质中不多用。至于如何按工程的耐腐蚀要求选哪种材料，与过去说的完全一样，这里不重复了。

涂层材料确定后，还得决定材料的分子量范围与配方。分子量太大，流平性差，不光滑，即使提高塑化温度，也是有限度的；分子量太低，涂层无韧性也不好。为了改善涂层质量或者达到某些工程上的特定要求，涂层原料中常需加入某些添加剂。这与塑料中的添加剂原理差不多。值得指出的是，由于涂层都是在有氧条件下熔化制成的，故塑料的热氧老化性能需引起关注。即使象氯化聚醚等塑料在普通注射成型中不必考虑其热稳定方法，而在喷涂时也必须加以考虑添加适当的抗氧剂或防老剂，否则涂层会脆化，不利于长期使用。此外，因为涂层工艺中都有一个熔融流平过程，所以原料中常常需要添加一点触变性填料，如细粉状氧化硅等，以利于操作。

最后还须指出，在强腐蚀介质中使用的涂层，在施工结束后必须用火花检测法或5000V兆欧表法，进行严格的检查，以便发现针孔等缺陷。如有缺陷，一定要返工，加以克服。

3.6 高分子摩擦材料

摩擦材料在运动机械和装备中起到耐磨、传动、制动、减速、驻车等作用，广泛应用于汽车、化工、石油、电力、机械、冶金乃至航空、航天领域等。各种塑料及经填充、增强的复合材料的摩擦、磨损和润滑特性是有很大差异的，因此，它们只能分别用于各自能适应或者符合人们要求的地方。对一个特定的工程应用，合理选材用材，让材尽其用是特别重要的。一般情况下，摩擦材料应满足以下技术要求：①适宜而稳定的摩擦系数；②良好的耐磨性；③具有良好的机械强度和物理性能；④对偶面磨损较小等。因此，选材不仅要考虑材料的摩擦性能，而且要考虑到结构等其他方面的性能，比如力学性能等。

3.6.1 摩擦环境的分析与材料选用

3.6.1.1 摩擦环境分析

工程上有各种不同的摩擦环境，它们对材料的性能、摩擦副结构及其工作状态的要求是不一样的。因此选材工作始于对环境进行认真的分析并加以综合考虑。

从应用的角度讲，摩擦材料可以划分为两种基本类型：抗摩材料和摩阻材料。抗摩材料，又称减摩耐磨材料，是一类低摩擦系数的材料，主要包括滑动轴承、滚动保护架、动密封填料环、机械密封磨块、活塞环、导向环，阀干螺母、阀芯、齿轮和蜗轮等塑料摩擦件。摩阻材料则包括制动材料和传动材料，具有较高的摩擦系数，前者有机车的刹车片和离合器片及机床的制动装置等，后者则有传送带、鞋底，胶滚等。

不管那种摩擦环境，有一点是共同的，即都有一个估算摩擦副工作 PV 值［支撑面所承受的载荷（P）与接触面的速度（V）的乘积］的一步，然后根据它的大小，再综合其他条件或要求进行选材和结构设计（包括润滑系统）。倘若不同材料，不同结构型式和不同摩擦工况下的（PV）许用值都是已知的或容易算出的话，则材料选用就很简单。但是，实际上并非如此，迄今通过试验载入文献的各种情况下的（PV）许用数据十分有限，要满足多种工程的实际需要是不可能的。此外，大多数数据出自标准条件的试验，与应用实际有一定的出入。因此，摩擦塑料的选用工作，目前基本上还是经验性的，必要时还得由实地试验确定。

本体塑料作摩擦件，存在着前述不少缺点，因此，只在条件缓和或者要求不高的场合才应用。而在多数情况下，采用聚合物基复合材料。例如，纯四氟塑料蠕变严重、不耐磨和承载能力极低，很少单独使用，但它经玻璃纤维、铜粉等填充后性能大为提高，可用于较重负荷和较快速度的摩擦场合，特别是多种无油润滑的环境。含 20% F4 的聚砜塑料比纯聚砜塑料摩擦系数大大下降，耐磨性大为提高，从而使原来不能用的聚砜塑料可用于某些摩擦环境中。

3.6.1.2 抗摩材料的摩擦环境与选材

（1）无油润滑环境　一般来说，工程上苛刻的摩擦环境要算无油润滑了。此时大多存在较大的摩擦热和材料磨损，因此通常选用自润滑性良好的耐磨和耐热的塑料或塑料基填充材料作摩擦副，或者采用金属与塑料复合体的办法。例如在金属基体上烧结多孔青铜并浸渍耐磨的热塑性塑料；也可在金属基体上黏结和喷涂塑料（或填充塑料），最后制成摩擦件；有的干脆在零件表面涂覆某些塑料层；还有的则用现成的定型带、条膜和块状塑料产品，由用户黏结或机械紧固在零件摩擦上。在条件十分苛刻的场合，还要采用专门的甚至复杂的冷却装置，以防过热破坏。

工程上，对要求较高和条件苛刻的场合，如高压压缩机的活塞环等，常选用填充型四氟塑料、聚酰亚胺和其他耐热磨塑料作为无油润滑环境中的摩擦材料。在复合摩擦材料中常加入提高耐磨牲的填充料，如粉末铜、SiO_2、氧化铅、铅粉、氟化钙（钡）和玻璃纤维等。其中玻璃纤维的综合作用最大，耐磨性可提高 1000～2000 倍，极限 PV 值可提高 10 倍左右；聚酰亚胺和其他耐高温塑料，除了常添加某些增强与改善热物理性质和磨合作用的填充料之外，还常添加些减摩材料，如四氟塑料粉或纤维。

（2）有油润滑环境　工程上绝大多数摩擦场合是允许适当的润滑的。此时摩擦系数大幅度减少，因此，可适用的塑料就广泛得多了。填充四氟和聚酰亚胺等自润滑塑料不仅在机械产品中发挥着无油润滑和密封的巨大作用，而且也广泛地用于一般的润滑工况下的各种摩擦副，特别是高温环境中的摩擦副。氟塑料还特别适用于高腐蚀环境。作为一般用途除了四氟、聚酰亚胺及其填充物外，用得较普遍的是尼龙，特别是 MC 尼龙、缩醛和酚醛塑料或其填充复合体。其中聚缩醛和 F4 填充体可用于某种要求不高和条件缓和的场合。PPS、聚芳砜、聚对羟基苯甲酸酯、聚苯并咪唑和聚苯并噻唑等以及它们的 F4、碳纤维填充体可用于温度较高的场合。须注意的是，作为高温摩擦塑料，不仅要求有高的耐温性能，而且要有好的高温摩擦学特性。碳纤维增强塑料具有优良的摩擦特性，可望得到广泛的应用。氯化聚醚、PPS 等用于腐蚀环境中更为合适。在能使用高密度聚乙烯的情况下，使用聚乙烯塑料是最经济的。

（3）高（PV）值工况　在负载较重和运转速度较快的条件下，即（PV）工作较高时，一方面选用 PV 值较高的抗摩材料，另一方面必须选取和设计具有较高 PV 值的摩擦副结构与润滑工况，以钢为基体，尼龙和聚缩醛为衬层，中间介以多孔青钢的结构形态是一种重要而常见的复合摩擦材料，也是摩擦材料中普遍的应用形态，具有优良的 *PV* 特性。

(4) 动密封摩擦工况　在很多可以适当润滑的动密封摩擦场合，除了考虑摩擦作用外，还得考虑密封性能。然而摩擦与密封往往是矛盾的，因而需要认真地协调，此时常常希望获得边界摩擦工况因为它既不会因干摩擦而易损，也不会因液摩而泄漏。它的摩擦特点是具有较高的温升。因此，常用于动密封的摩擦材料是填充四氟、酚醛和聚酰亚胺等耐温材料。在条件缓和的情况下，也可以用尼龙等其他热塑性塑料，如速度较慢的往复式压缩机的活塞杆防漏密封等。但是，必须都以被密封介质和工作温度不影响摩擦塑料的正常工作为前提。对于作为涂层使用的摩擦件如机床导轨贴面等，选材时还要考虑材料对基体的附着力。强附着力的填充环氧树脂涂层是常用的导轨涂层材料。据说它有防爬行性好、静摩擦系数小于动摩擦系数，成型精确、方便、不必精加工等优点。典型的商品如德国的 SKC-3 环氧耐磨涂层。

(5) 高温环境　在高温环境下工作的摩擦塑料，必须是耐高温塑料，且在高温下仍具有较好的摩擦学特性。塑料一达到某一高温点，摩擦磨损现象突然严重恶化起来，例如在无油润滑和与碳钢对摩时，聚酰亚胺树脂在大于 100℃后有一突变上升的磨损量。

选材时，材料的其他物理机械性能也是不能忽视的。如不注意，往往要造成磨损破坏形式以外的破坏，如活塞环材料因机械性能差而发生提前断环等。此外，还需注意材料是否受环境中化学品的腐蚀，是否因吸水、吸油等而膨胀失效等。

3.6.2 应用实例

3.6.2.1 轴承

轴承是支持和约束轴旋转或摆动的零件，使轴承自身、轴套能在规定的寿命内，尽可能保持同心或有效地工作。

塑料作为轴承材料已获广泛应用，这不仅由于作为轴承材料的那些塑料，具有优异的摩擦和磨损性能，而且常常可以不用或少用润滑剂，还可以用模塑成型方法获得要求的形状和尺寸，节约工时和成本。塑料轴承具有弹性，工作平稳，可减少冲击和噪声。塑料良好的化学稳定性，使轴承工作时无腐蚀问题，可在各种水中（包括污水和海水）、化学试剂、溶液、食品饮料液中工作。因此，塑料轴承不仅在许多领域可代替传统的金属轴承，而且可在许多金属轴承不宜使用的领域使用。

作为轴承材料，塑料也有自身的缺点，强度低，导热性能差，耐热性低，膨胀系数大，遇水或油有膨胀现象等，这就使塑料轴承的设计比传统的金属轴承更为困难。塑料作为轴承材料的应用历史比金属晚，尚在发展之中。另外，橡胶轴承由于具有许多独特的优点，作为一种聚合材料轴承在某些工程部门也获得广泛应用。

(1) 轴承材料

① 酚醛塑料　酚醛塑料是在轴承中应用最早的塑料。作为轴承材料，酚醛塑料通常是以织物为填料的层压塑料形式使用。常用的织物有棉纤维、石棉纤维、纸和棉布、玻纤和玻布，也采用各种合成纤维。材料中常加有 10% 的石墨或二硫化钼，来改善材料的自润滑性能。酚醛轴承材料具有优异的机械强度和良好的耐磨蚀、磨损性，在无润滑的情况下，其 *PV* 设计值可高达 5.25×10^{5} Pa·m/s，也具有较高的耐冲击性和较低的摩擦系数。酚醛塑料轴承具有自润滑性，但也可采用润滑，且具有良好的边界润滑特性，这使它适于作工作条件既可能潮湿又可能干燥的轮船舵柱轴承（取决于轮船装货航行或空载）。

酚醛层压材料在压缩载荷下变形很小，可承受较大载荷，用硬质合金刀具切削时具有良好加工性，这些特点结合上述因素，使酚醛层压材料在轴承中应用范围较广，从钢厂中的大型重载的轧辊颈轴承到精密仪表中的小型轴承，轮船推进器、方向舵轴的轴承，汽车吊架用轴承，渠道闸门、配电装置开关等用的油脂润滑轴承，离心泵、传递装置、农用机械和挖土机、奶场机械、食品加工机械、纺织机械、铣床和刨床等设备的轴承中，都获得应用。

对于轴承承载较大的应力场合，如轧钢厂用轴承的载荷范围，高达 27.5MPa；大型配电装置开关轴承间歇载荷，高达 83.3MPa。必须采取充分有效的冷却（用冷却水或冷却油）及时散除摩擦热。因为酚醛塑料热导率小，若不进行充分冷却，会出现温升过高，引起碳化。酚醛轴承虽容易加工，但加工好的轴承零件容易翘曲变形，在水中工作时也会轻微溶胀。为防止咬死，设计时必须预留充裕的间隙。

② 尼龙塑料　尼龙除在齿轮中得到很广泛应用外，在轴承中应用也比较广泛。尼龙在目前所常用的几种塑料轴承材料中，摩擦系数虽然较高，但耐磨性却很优异。尼龙很容易注射成型为所要求的形状和尺寸，这方面更优于酚醛塑料。

尼龙主要是用于制造轻载轴承，代替酚醛层压塑料，在汽车中除发动机以外的轻载轴承，在仪器仪表、办公机械、家用机械、轻型交通工具、造纸机械、食品机械、纺织机械、各种玩具以及其他不宜使用油润滑的设备等用轴承方面，有广泛应用；也可用于冶金、船舶方面的轻载轴承。尼龙轴承具有良好自润滑性，但也可以用水或油润滑。尼龙轴承可以用于潜入水、乳类、果汁、油液等液体中工作机构的轴承，但应考虑到会产生一定的溶胀。

尼龙静摩擦系数和动摩擦系数比较接近，干磨条件下，分别为 0.37 和 0.34；用水润滑时，分别为 0.23 和 0.19。除加入石墨和二硫化钼可以降低摩擦系数外，加入聚四氟乙烯粉末，也可降低摩擦系数。

尼龙轴承连续干磨工作时，设计 PV 值为 $0.35\times10^5\text{Pa}\cdot\text{m/s}$；用油润滑的轴承，可在 PV 值为 $0.7\times10^5\text{Pa}\cdot\text{m/s}$ 下连续工作；用水润滑的轴承，可提高到在 $0.88\times10^5\text{Pa}\cdot\text{m/s}$ 下连续工作；加入填料，可提高尼龙轴承 PV 值。表 3.10 是加入填料对尼龙轴承 PV 极限值的影响。

表 3.10　填料对尼龙轴承 *PV* 极限值影响

材料名称	PV 极限值 /($\times10^5\text{Pa}\cdot\text{m/s}$)	材料名称	PV 极限值 /($\times10^5\text{Pa}\cdot\text{m/s}$)
尼龙-6、尼龙-66	9.3	聚四氟乙烯填充尼龙-6、尼龙-66	30.0
二硫化钼填充尼龙-6、尼龙-66	10.2	30%玻璃纤维增强尼龙-6、尼龙-66	14.7

大部分尼龙吸水后，会使轴承与轴的间隙变小，但不致引起工作情况严重恶化，设计时应留有充分间隙。

③ 氟塑料　聚四氟乙烯是一种很独特的轴承材料，其摩擦系数特别小，且随载荷增大而减少，工作温度范围宽－267～＋260℃，且耐化学药品和溶剂的性能特别优异，自润滑性良好。但未加填料的聚四氟乙烯耐磨性很差，承载时也易出现冷流现象。因此，作为轴承材料，主要是以加入各种增强和改性填料后的复合材料形式使用。典型的填料是玻璃纤维、石墨、二硫化钼和青铜。这些填料的加入，可以大大改善聚四氟乙烯的耐磨性，提高承载能力，克服冷流现象。填料也可改善聚四氟乙烯的导热性。表 3.11 是加入填料后对聚四氟乙烯 PV 设计值和磨损性能的影响。

除表 3.11 中的填料外，石棉、氧化铁、胶体水合氧化铝也是聚四氟乙烯提高耐磨性的良好填料。加入 0.4%的胶体水合氧化铝，即可大大改善其耐磨性。

聚四氟乙烯还可与其他塑料复合。将聚四氟乙烯粉末与少量液态热固性塑料混合成膏状，涂覆在金属轴瓦表面，经固化后，可机械加工到所需尺寸。聚四氟乙烯热固性树脂复合膜层厚度，以 0.2mm 左右为宜。向热塑性塑料如聚砜、聚碳酸酯中，加入 15%～30%的聚四氟乙烯，混合后模压成型，也能制得良好的复合轴承。这些复合轴承的 PV 设计值都在 $9\times10^5\text{Pa}\cdot\text{m/s}$ 左右。

表 3.11 填充聚四氟乙烯 *PV* 设计值和磨损性能

性能材料	PV 设计值/($\times10^5$Pa·m/s)			经 1000h 径向磨损(无润滑)0.127mm 后的 PV 值	径向磨损系数 K_r/($\times10^{-17}$m^2/N)
	0.05m/s	0.5m/s	5m/s		
纯聚四氟乙烯	0.42	0.63	0.875	0.007	5032
加入 15%玻纤	3.50	4.37	5.25	1.085	32.2
加入 25%玻纤	3.50	4.55	5.60	1.75	20.1
加 15%石墨	3.50	5.95	9.80	0.525	68.5
加 60%青铜	5.25	6.47	7.70	2.90	12.1
加(20%玻纤+5%石墨)	3.85	5.25	7.70	1.15	30.2
加(15%玻纤+5%MoS_2)	3.85	4.90	6.12	1.92	18.1
加 25%无定形碳	4.90	7.00	10.5	1.50	23.1
聚四氟乙烯浸渍玻纤	7.00	10.5	5.25	0.577	60.4
聚四氟乙烯纤维	17.5	11.2	1.75	0.875	40.3

如果将聚四氟烯不是以树脂形式，而是以纤维形式作为轴承材料使用，则可大大改善材料强度，使承载能力提高 30 倍，并有效地克服冷流现象。这种性能的改善，是由于在形成纤维的过程中分子高度取向的结果。聚四氟乙烯纤维可编织成各种规格的织物，经化学腐蚀后，可黏接到作为轴瓦的其他材料上。

④ 聚甲醛　聚甲醛本身具有优良的自润滑性，其摩擦系数仅高于聚四氟乙烯，但低于尼龙。为进一步提高材料的耐磨性和承载能力，加入各种添加剂。最常用的添加剂是聚四氟乙烯。例如在 100 份聚甲醛中加入 5 份聚四氟乙烯粉末，可降低摩擦系数 60%，耐磨耗性提高 1～2 倍。如果采用聚四氟乙烯纤维，效果更佳，可使 PV 极限值提高 80%。近年来，又采用聚四氟乙烯乳液型添加剂，其比粉状和纤维状聚四氟乙烯分散性更优，使聚甲醛的摩擦特性得到更大改善，可使无润滑条件下摩擦系数随载荷增大而有所下降，滑动速度增加时可基本保持不变。表 3.12 是摩擦系数与滑动速度的关系。

表 3.12 F4 乳液改性聚甲醛摩擦系数与滑动速度的关系

摩擦条件	滑动速度/(mm/min)								
无润滑摩擦	0	0.5	1	5	10	20	50	100	200
油润滑摩擦	0.115	0.106	0.103	0.106	0.108	0.109	0.110	0.109	0.108
	0.138	0.125	0.122	0.119	0.119	0.118	0.116	0.115	0.111

聚甲醛轴承在汽车、机械、化工、电气、电子、仪表、农机等方面都有所应用，特别适于不允许采用油润滑的情况。聚甲醛与钢件对磨时，动、静摩擦系数相等，故无滑黏性，更有利于用途的扩大。

⑤ 超高分子量聚乙烯　超高分子量聚乙烯具有格外优异的耐磨耗性，在所有轴承材料中名列前茅。表 3.13 是将超高分子量聚乙烯磨耗指数作为 1，与其他材料进行比较的数据。这种优异的耐磨耗性能，来源于它有特别高的分子量。一般将分子量超过 10^6 的聚乙烯，称为超高分子量聚乙烯。但随着分子量的继续增大，材料的许多物理性能仍在继续改善。超高分子量聚乙烯的分子量可达 $(4\sim6)\times10^6$。与普通聚乙烯相比，抗冲击性和耐蠕变性明显提高。由于分子量极高，熔融流动性极差，注射成型加工时，一般需要改性和需很高的注射压力。也可以采用与聚四氟乙烯类似的加工方法，冷压后再烧结成型。超高分子量聚乙烯在无润滑情况下与钢或黄铜对磨也不会引起发热黏着现象，机械加工过程中对热也不敏感。

表 3.13　超高分子量聚乙烯与其他材料磨耗性比较

材料名称	超高分子量聚乙烯	MC 尼龙	尼龙-66	聚甲醛	层压酚醛	碳钢	黄铜
砂磨耗指数	1	4	5	15	18	7	27

超高分子聚乙烯的摩擦系数大于聚四氟乙烯，但小于其他几种塑料轴承材料。由于耐磨性十分突出，用一般磨耗试验法（如 ASTM D1044 锥形磨耗试验法和 ASTM D1242 特朗试验法）无法测出磨耗量，必须采用砂浆磨耗试验法。砂浆由 2 份水、3 份砂组成。将试片放入砂浆中，以 900rpm 转速旋转 7h，并以碳钢片为基础，测出不同分子量超高分子量聚乙烯砂浆磨耗性。图 3.10 表示用砂浆法测得超高分子量聚乙烯的耐磨性与分子量关系。

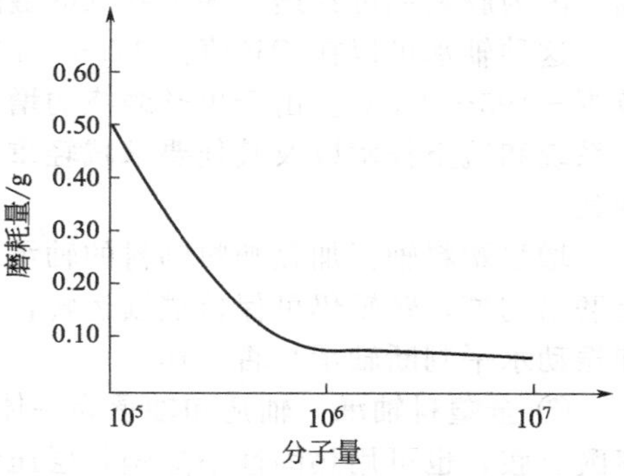

图 3.10　超高分子量聚乙烯磨耗量与分子量关系

超高分子量聚乙烯作为轴承材料，历史较短，但已在化工、纺织、造纸等机械方面和食品加工机械中得到应用。

⑥ 聚酰亚胺　聚酰亚胺是塑料轴承材料中耐热性最高的品种之一，在空气中长期使用，温度可达 260℃，在惰性气体中可达 300℃以上。在无润滑的情况下，聚酰亚胺对碳钢摩擦时的 *PV* 极限值大于其他塑料轴承材料的 *PV* 值。例如，均苯型聚酰亚胺，由于本身具有不熔性，*PV* 极限值仅受摩擦速率的限制，如在惰性介质中，在高载荷和高滑动速率下磨损量都极小。其摩擦磨耗性见表 3.14。

表 3.14　均苯型聚酸亚胺摩擦磨耗性能

项　目	数　值	项　目	数　值
摩擦系数	0.05～0.20	磨耗量/(mm/1000h)	
最大载荷/MPa	70	$PV=9\times10^5$Pa·m/s,空气中	7.6
最大滑动速率/(m/s)	50	$PV=35\times10^5$Pa·m/s,氮气中	0.013
PV 极限值/($\times10^5$Pa·m/s)	35		

均苯型聚酰亚胺需要模压成型，需先制成模塑粉。聚酰胺型酰亚胺可以注射成型，且具有比均苯型聚酰亚胺更高的 *PV* 极限值，可在更苛刻的条件下使用。

聚酰亚胺轴承配料中，也常加有石墨、聚四氟乙烯纤维、石墨纤维。由于聚酰亚胺轴承材料突出的耐磨耗性，特别适用于精密机械和仪器仪表中的轴承，例如复印机中的轴承。用聚酰亚胺代替青铜，经复印 1.5×10^5 次后，磨损量 0.0016mm/h，仅是青铜的 1/4。飞机发动机前框架耐磨轴承，用聚酰亚胺代替青铜，使用寿命提高 15 倍以上。聚酰亚胺轴承在汽车工业和航天技术中，具有广阔应用前景。

(2) 轴承类型　含塑料材料的自润滑轴承，目前有三种结构形式：金属轴瓦加氟塑料青铜轴衬、增强塑料轴瓦加氟塑料轴衬和全氟塑料轴承。

① 金属轴瓦加氟塑料青铜轴衬　金属轴瓦一般用钢质轴瓦，轴衬材料为多孔青铜结构用聚四氟乙烯浓缩分散液浸渍或涂覆。多孔青铜厚度一般为 0.25mm，聚四氟乙烯涂层厚度为 0.025mm。如果轴衬材料单纯用聚四氟乙烯，则耐磨损性能很差。

金属轴瓦加聚四氟乙烯青铜轴衬的轴承用作大容量载荷轴承，连续运转的设计 *PV* 值可达到 17.5×10^5Pa·m/s，短时运转的 *PV* 值可达 35×10^5Pa·m/s。如果采用液体润滑，*PV* 值还可有很大提高，轴速可以达到 300m/min，轴承工作温度范围为－200～280℃。这种轴承的破坏属硬破坏模式，即会出现由于轴的磨损或轴的损坏而突然卡死，引起其他零件损坏。

② 增强塑料轴瓦加氟塑料轴衬　这种轴承的轴瓦用增强塑料，增强塑料用定向玻璃纤维增强，一般采用单丝缠绕的增强塑料。轴衬材料用填充的聚四氟乙烯或聚四氟乙烯编织结构，轴瓦和轴衬间用粘接方法结合。为了提高粘接牢固程度，可对聚四氟乙烯编织物或填充聚四氟乙烯衬层进行化学浸蚀。更好的方法，是将聚四氟乙烯纤维与其他粘接性好的纤维（例如棉纤维、聚酯纤维等）互相编织在一起。采用聚四氟乙烯编织结构，轴瓦可以粘接牢固，因为胶黏剂可穿透到编织纤维的缝隙中去。

这种轴承可以在 PV 值为 17.5×10^5 Pa · m/s 下工作，轴速可达 150m/min，工作温度范围－195～205℃。由于单丝缠绕的增强塑料轴瓦有较高的比强度和良好的抗腐蚀性，在化工系统和航空技术以及其他要求减轻重量和抗腐蚀的环境条件下，代替钢质轴瓦和其他金属轴瓦。

增强塑料轴瓦加氟塑料轴衬的轴承破坏，属软破坏模式，当轴衬磨损后，增强塑料轴瓦上磨出沟槽，转轴仍可保持继续运转，但间隙增大，噪声和振动亦增大，操作者可根据噪声和振动水平判断轴承是否破坏。

③ 全塑料轴承　轴瓦和轴承为一体，用热塑塑料如尼龙、聚甲醛、超高分子量聚乙烯、聚酰亚胺，也可用热固性酚醛塑料层压制成。在这些塑料中都加有减摩和减磨损的填料，用注射或模压方法成型。填料除了石墨、二硫化钼、玻璃纤维、碳纤维外，也可以加入聚四氟乙烯粉和青铜粉。加有青铜粉的轴承在工作过程中，摩擦热使青铜粒子产生热斑，热斑又与其他填料反应生成氧化膜，起传热作用，又起润滑作用。

全塑轴承外表面带有轴向切槽安装在轴承座内，因此，在磨损后更换时比较方便，可以不用将轴卸下。

3.6.2.2　活塞环

活塞环在动力机械上是一个重要的零件，它直接关系到动力机械的性能指标。近年来，用塑料代替金属（铸铁、青铜、白合金等）活塞环，旨在利用塑料的自润滑和减摩耐磨特性，实现无油润滑或延长工作寿命。

在无油润滑条件下工作的活塞环选材要求较苛刻。因为既要无油润滑，又要有密封作用，即在活塞的来回运动中既要紧贴缸套又不损伤缸套镜面。在此种情况下，摩擦生热很严重，加上压缩机的被压缩介质都是有较高温度的，自然活塞环的工作温度也是很高的。因此，不仅要选用耐温高的塑料作为环的基材，而且要在基材中添加能改善材料热物理性能的填充料，如铅、铜等金属粉或石墨粉。此外，活塞环工作时磨损也比较严重，特别是磨合初期，甚至是成片地被磨蚀下来，转移到缸体镜面上，形成一薄层摩擦面，所以摩擦材料必须具有高的耐磨性和良好的磨合性。由于纯 F4 塑料是不耐磨的，因而常常添加填料以提高其耐磨性。国外有的学者经测定后认为填充四氟塑料比非填充纯四氟材料，耐磨性提高 1000 倍以上。再者，活塞环在动力机械中特别是在高压压缩机中，负载较重，运转也快，因此对环的机械强度也不能忽视。这就是说，强度不足的塑料中必须添加有增强作用以防环断裂或冷流变形引起泄漏的填料组分，如四氟塑料中添加玻璃纤维。此外，石墨、铜粉也有一定的增强作用。当然，玻璃纤维除了有增强作用外，尚有改善磨合的作用，可见活塞环的配方选用并不简单。如何缩短磨合时间，改进耐磨性能以及如何选用一材多用的填料等仍是需要认真研究的课题。

目前，用做活塞环的合适材料主要有填充氟塑料和聚酰亚胺（PI）等。典型的配方有：①PI 100，F4 20，石墨 5；②F4 65，Cu 粉 20，玻璃纤维 10，石墨 5。

塑料活塞环应有它自己的结构特点：径向厚度与轴向高度均比铸铁环大些，这是因为加大环的轴向高度有利于减少环在工作时因受力而产生的蠕变现象；而加大径向厚度有利于延长活塞的寿命。一般说，过大的磨损使环的周长缩短，造成搭口间隙过大，从而影响气体的温度、压力和机器的容积效率等。活塞环开口间隙和侧面间隙的确定必须充分估计塑料的热膨胀特性。具体数值的确定可套用前人的经验或先用热膨胀公式计算，然后进行模拟试验予以修正。在活塞环数目的配置上一般要多于金属环，因为塑料的受力性能低于金属。环的数目是根据 PV 值确定的。

$$\frac{(PV)_{工作}}{N} \leqslant (PV)_{许用}$$

式中，N 为环数；$(PV)_{许用}$ 因材而异。

而
$$P=\frac{K}{K-1}P_{进}\left[\left(\frac{P_{出}}{P_{进}}\right)^{\frac{K-1}{K}}\right]$$

$$N=\frac{Sn}{30}$$

式中，K 为绝热指数；$P_{出}$ 为出口压力；$P_{进}$ 为进口压力；S 为行程；n 为转速。

德国 Linder 公司的试验表明，填充四氟环的工作寿命随着作用于活塞环上的最大压差 ΔP 增大而急剧下降。

在使用多个环时，气体在活塞环组上的分布往往是不均匀的。当 ΔP 总超过 100kg/cm^2 时，沿活塞的轴向分配于环上的压力分布就将出现明显的不均匀。无论环如何设计，要借助一个环完全阻气不漏是不可能的。而在采用一组环时，也只能经过每道环的阻塞和节流作用，部分地降压一次。而面向排气端的第一道环常承受总压差的 3/4，所以它的寿命最短。如果通过控制贴合镜面的间隙将作用于环的 ΔP 均布于多个环上，必将大大提高环的寿命。显然，提高环的寿命还有多种方法，例如，改进支承结构，改善活塞的对中及导向，选择环的正确纤维方向，控制摩擦温度以保护润滑的连续性，设计新的复合环型以减少 ΔP 值等。采用塑料活塞环后，汽缸的其他部件有时要作适当的修正，如活塞与汽缸的间隙要增大些（通常为 $0.01\sim0.02D$）等。

3.6.2.3　刹车片

（1）摩擦环境与选材　汽车或火车上的最重要安全系统就是制动系统，车辆中制动系统的首要任务是保证行车安全，其中任何部件设计和材料选择以及其质量绝对不能有所折扣。制动摩擦片/蹄是整个制动系统中重要的环节之一，它会直接影响到整个制动系统的可靠性。车辆在制动时，整个制动系统需要承受巨大的压力。同时，制动时刹车片和刹车盘的温度会上升 300～400℃。因此，汽车摩擦片将受到高温、机械和化学等因素的综合考验。

刹车片的基本性能要求：①合适的摩擦系数。摩擦系数是摩擦材料的最基本的参数，它决定了刹车片的制动力矩。摩擦系数必须适当，太高会造成制动过程中的车轮抱死、方向失控和烧片；太低则制动距离过长。②可靠的耐温性能。刹车片在制动时会产生瞬时的高温，在高温状态下，摩擦片的摩擦系数会下降，称为热衰退性。热衰退性的高低决定了在高温或紧急制动时的安全性。③良好的机械强度。④良好的耐磨性，合理的寿命。⑤舒适性。舒适性是摩擦性能的直接体现，包括制动感觉、噪声、粉尘、烟气和异味等。

刹车片动态摩擦系数决定了制动力的大小，而且摩擦系数也对制动平衡及制动中车辆操作的稳定性起决定性作用。摩擦系数的降低会引起制动性能相当大的变化，也许会导致制动距离大幅增加。因此刹车片的摩擦系数必须保证在所有行驶条件（速度，温度，湿度，压力）下和整个使用寿命内的稳定。简单来说，所谓高性能的刹车片，摩擦系数必须足够高，而且在各种行驶条件下能保持稳定。

刹车片一般由钢背、粘接隔热层和摩擦层构成，其中隔热层是由热的不良传导材料及增强材料组成，摩擦层是由增强材料、胶黏剂及填料（摩擦性能调节剂）组成。有时还需要加上减震垫片、刷胶、开槽、磨斜等工艺处理，目的是为了增强刹车系统的效能。刹车片的摩擦材料主要由三部分组成，即有机粘接材料、增强材料、填充材料等。不同产品中这些材料所占的比例不一样，取决于不同的应用和不同的摩擦系数。

摩擦材料胶黏剂通常是有机高分子材料。作为胶黏剂的树脂无疑是摩擦材料组成的核心，它的性能对刹车片及离合器面片起着举足轻重的作用。树脂在摩擦材料中的首要作用是粘接作用，没有树脂的黏合作用，就不可能制成一个整体的摩擦产品。其次，在复合材料刹车片整体中，树脂除了部分承载负荷外，还起到传递载荷的作用，通过树脂/填料界面，可把填料、增强剂末端的集中载荷均衡地分布到临近的填料、增强剂上，以保证了刹车片必要的机械强度和摩擦性能。常用的摩擦材料胶黏剂主要包括：酚醛树脂、橡胶（天然橡胶、丁苯橡胶等）以及橡胶改性酚醛树脂等。

摩擦材料中的增强材料主要是各种纤维，以前大量使用的是无机石棉纤维，由于石棉有致癌性，以逐步不予使用。目前主要包括无机纤维（玻璃纤维、碳纤维等)、金属纤维（钢棉纤维、铝纤维等）和有机纤维（芳纶纤维等)。其主要作用是增强刹车片的机械强度和调节刹车片的摩擦系数等。填料是摩擦材料的主要组分，其包括多种摩擦性能调节剂和其他配合剂。它的主要作用是对摩擦材料的摩擦磨损性能进行调节，使摩擦材料制品能更好地满足各种工况条件下的制动要求。此外，通过加入不同的填料可以控制调节摩擦材料制品的硬度、密度、结构密实度以及改善制动噪音、降低制品成本等。按填料对摩擦材料性能的作用可将填料主要区分为：①增摩填料　大部分无机填料和部分金属填料为增摩填料，可起到提高摩擦系数的作用。②减摩填料　主要包括二硫化钼、石墨、滑石、云母、炭黑、铅与铜及其氧化物等。在摩擦材料中添加减摩填料，可起到降低摩擦系数和降低磨损率，提高摩擦稳定性和耐磨性，减少制动噪声的作用。

(2) 汽车刹车片实例　表 3.15、表 3.16 列举了一汽集团公司 CA141、CA150P 系列车型中重型载货汽车制动器衬片的主要性能要求。

表 3.15　制动器衬片摩擦磨损性能

等级	温度/℃	指定摩擦系数 μ	摩擦系数允许偏差 $\Delta\mu$	磨损率 $V/[\times10^{-7}cm^3/(N\cdot m)]$
优等品	100	0.45	±0.05	0.10
	150	0.45	±0.06	0.20
	200	0.45	±0.07	0.30
	250	0.45	±0.08	0.40
	300	0.45	±0.08	0.50
合格品	100	0.42	±0.06	0.20
	150	0.42	±0.07	0.30
	200	0.42	±0.08	0.40
	250	0.42	±0.09	0.50
	300	0.42	±0.10	0.60

表 3.16　制动器衬片物理机械性能

密度/(g/cm³)	1.7～2.1	弯曲强度/MPa	≥40
布氏硬度/MPa	196～490	内剪切强度/MPa	≥11.8
冲击强度/(kJ/m²)	≥4.5	热膨胀系数/%	≤3.5(200℃)
压缩强度/MPa	≥100		

(3) 火车闸瓦　另外，随着社会的进步和国民经济的快速发展，火车的运行速度不断提高，其对火车制动技术的关键部件闸瓦和制动圆盘/闸片的性能和设备技术提出了越来越严格的技术要求。因为列车的制动功率与车速呈 3 次方关系，即列车速度提高一倍，制动功率

需要增加 8 倍，对高速列车要在短时间内通过制动元件耗散制动所产生的巨大能量，就是一个突出问题。在列车时速大于 200km/h 的制动过程中，由于摩擦制动，列车的动能几乎全部转化为摩擦热，使摩擦副的温升很高，使常规以有机高分子材料比如酚醛树脂为胶黏剂的半金属基合成刹车片的摩擦系数不稳定、刹车老化、开裂、磨损加剧、使用寿命缩短，无法满足高速列车制动要求。现有的制动材料，无论是摩擦系数和列车运行平稳性，还是耐磨性、导热性、制动距离等均不能满足提速车辆的需要。为使提速列车获得平稳的制动性能，目前高速列车所用的摩擦制动的闸瓦和闸片材料主要有：铸铁摩擦材料、铁铜基粉末冶金摩擦材料、碳/碳复合材料、陶瓷材料等。比如瑞士、加拿大等国的高速列车、大功率机车和法国 TGV 高速列车主要采用铜基粉末冶金闸瓦。另外碳纤维复合材料刹车片具有强度高、弹性模量适中、耐热性好、重量轻、膨胀系数小、耐磨损等优点，也是高速列车刹车系统潜在的应用材料。

3.7 高分子建筑材料

3.7.1 高分子建筑材料简介

高分子建筑材料主要是指以聚合物（合成）树脂为主体的一类建筑材料，是继传统的水泥、玻璃、木材、钢材等建材之后发展起来的一类新型建材，包括建筑塑料（塑料地板、塑料门窗、塑料管材等）、建筑涂料、建筑防水材料、建筑胶黏剂、混凝土增强纤维以及各种复合材料等。高分子建材涉及领域十分广泛，品种极为丰富，目前已发展成为全球性的新兴产业。高分子建材具有轻质、耐腐蚀、能耗低、装饰效果好等优点，同时具有产品技术含量高，附加值高的特点。对于美化城市、节约能源、保护环境、改善居住条件和促进社会技术经济发展起着非常重要的作用。

3.7.1.1 建筑物环境领域对高分子材料的基本要求

建筑与人们的生活息息相关，是人们工作和生活的场所，因此建筑领域对高分子材料的选用十分严格，以保证使用的安全性和舒适性。具体说来有以下几个方面：

(1) 足够的力学强度　特别是对于结构材料而言，其力学强度直接关系到了整体结构的安全性。对于建筑用高分子材料，例如建筑门窗、给排水管道、各种复合板材等，足够的力学强是其安全使用的前提。这些材料若力学强度不足则可能导致诸如门窗断裂、水管爆裂、玻璃钢顶棚断裂、地板变形等问题，对人们的生活造成安全隐患。因此建筑高分子材料应在其使用条件下具备足够的力学强度。

(2) 良好的阻燃性　火灾防护是建筑领域必须考虑的问题。构成建筑物的主体材料例如钢筋、水泥等大多是不燃的，而大部分有机高分子材料都具有一定的可燃性，因此在建筑领域应用高分子材料时应充分考虑其阻燃性。目前，大量高分子材料用于建筑领域，对建筑的防火安全构成了一定的威胁，例如建筑保温材料所使用的泡沫聚苯板已导致了多次建筑物火灾或造成火灾蔓延。因此在各种高分子材料应用于建筑领域时应评估其阻燃性或对材料进行阻燃改性，以符合防火要求。

(3) 环保且无毒性　由于建筑是人们生产生活的场所，因而无毒、环保是建筑用高分子材料的基本要求之一。建筑用高分子材料除了要求聚合物本体无毒外，还要求材料施工过程无毒、长期使用无有毒气体释放、无有害物质析出、化学稳定、不致敏等。高分子材料大多本身无毒，但是聚合物中残留的单体、加工过程中加入的各类助剂溶剂、老化过程中产生的各种低分子物等往往具有毒性或腐蚀性，在对高分子材料的选用时应充分考虑这些因素。

(4) 耐腐蚀　建筑用高分子材料往往在酸碱性较强的环境中使用，因此建筑用高分子材料需具备良好的耐腐蚀性能。例如许多高分子防水材料往往与强碱性的水泥混合使用，这就要求材料必须具备优良的耐碱性，又如粪便管道中含有高浓度的氨气、硫化氢等腐蚀性气体以及高浓度的盐分，作为粪便管的高分子材料必须具有强耐腐蚀性，而保证长期使用。

(5) 耐老化性　建筑物大多具有长期使用的特性，其使用期限长达数十年至数百年。对于各类建筑用高分子材料，特别是对于建筑物外墙涂料、保温材料、防水材料以及一些暴露的塑料管道，长期的日晒、雨淋、风蚀等气候条件极易造成高分子材料的老化降解。因此这类材料的耐老化特性应予以充分重视，在加工过程中应加入抗老化助剂，或对这类材料的老化周期进行评估而定期更换此类材料。

(6) 耐温性　建筑材料长期处于春夏秋冬的温度变化环境中，冬夏的温差可达 30～80℃。建筑用高分子材料一方面需要在此温度范围内保持其力学性能，另一方面其由温度变化而引起的热膨胀率应控制在较低的范围内或与其他建筑材料相匹配。否则材料极易由于应力集中而损坏。

3.7.1.2　高分子建筑材料选用要点

建筑材料涉及的领域十分广泛，应用的环境也多种多样，因此对高分子建材的选用原则也是视其应用的具体环境要求而决定的。

(1) 根据使用性能选材　建筑物的外形千姿百态，使用功能多种多样。但绝大部分建筑是由基础、墙柱、楼地面、楼梯、屋顶、门窗、给排水系统等部分构成，只有分别了解这些部分的使用功能，才能按需选材。

建筑基础是建筑物埋在地面以下的部分。它承受着建筑物的全部荷载，并把这些荷载传给地基。故要求基础坚固、耐水、稳定、耐冰冻、耐腐蚀、防止不均匀沉降和延长使用寿命。

墙或柱承受屋顶、楼层传来的各种荷载，再传给基础。外墙同时也是建筑物的围护部件，抵御外界环境对室内的影响；内墙则起分隔作用。作为承重的墙或柱要求坚固、稳定，即强度与刚度应满足要求；非承重墙则宜尽量采用轻质、保温、隔声、壁薄的材料。

楼面是水平的承重和分隔部件，它将楼层的荷载通过楼板传给墙或柱。楼面对墙体还有水平支撑的作用，层高越小的建筑刚度越好。楼面由楼板、面层和顶棚组成。楼面要求坚固、刚度大、隔声好、防渗漏。地面是指首层室内地坪。地面仅承受首层室内的活载荷和本身自重，通过垫层传到土层上。

楼梯是楼房中联系上下层的垂直交通设施，也是火灾、地震时的紧急疏散要道。故应使楼梯有足够的通行能力和坚固、稳定、防火、防滑等保证。

屋顶是建筑物顶部的承重和围护结构，由承重结构和屋面组成。承重结构要承受自重、雪、风和检修荷载；屋面要承担保温、隔热、防水、隔气等功能。

门是供人们出入和搬运家具设备的出入口，也是紧急疏散口，兼有采光通风作用。窗是采光、通风、眺望等功能的设施。要求门窗隔声、保温、防风沙。

给排水系统是建筑内用水的管路系统，包括给水系统和排水系统。现代建筑的给排水管一般都在施工时直接植入建筑内部。给水管路要求无毒、耐压、耐冷、耐热、耐老化、便于检修。排水系统则更注重耐腐蚀、耐老化、耐磨、耐冲击等特性。

其他构件如通风道、垃圾道、烟道、电梯、阳台、壁橱等配件和设施，可根据建筑的使用要求设置。

建筑构件在正常的使用条件下，应完成设计规定的功能要求并达到设计使用寿命。材料的使用性能是指材料所能提供的使用性能指标对建筑构件的功能和寿命的满足程度。材料的使用性能是选材的首要条件。一般建筑构件所要求的使用性能主要是材料的力学性能。材料的力学性能指标与建筑构件的尺寸大小相配合构成建筑构件的承载能力，因而按使用性能原则选材的主要依据是材料的力学性能指标。建筑构件的使用条件不同，破坏和失效的形式不同，所要求的力学性能指标也不同。全面地定量确定力学性能的指标是选材的关键环节。如强度、硬度、塑性和韧性指标的确定是必不可少的。由于建筑构件的功能各不相同、所处环境复杂多变，故力学性能指标有时也并非是唯一的和最主要的。如防水材料、保温隔热材料、装饰材料等，选材的主要依据就分别是防水性能、保温隔热性能、装饰性能，以及相关的物理性质如耐久性和化学性质如抗老化性等。

（2）按施工性能选材　在高分子建材领域，施工性能主要指材料的成型加工性能和现场施工难易程度。良好的施工性能可以保证材料可以采用方便、经济、高效的方法和工艺制造出合格的建筑构件。某些情况下施工性能成为选材的关键因素，例如一些特殊尺寸及形状的构件，需要特殊的加工方法。

（3）按材料的经济性选材　经济性的原则是满足建筑的使用性能前提下尽可能地对材料和构件进行优化设计，从材料成本、施工成品、设计成本等多角度降低建筑成本。由于建筑领域对材料的使用量较大，因此材料本身的价值成本是选材的重要条件。

综上所述，高分子建筑材料选材应从应用环境所要求的使用性能出发，兼顾施工性能和经济性。合理的对材料进行选用、设计、施工。

3.7.1.3　常用高分子建筑材料

（1）板材　板材领域中，聚合物可直接制成板材也可以复合材料的形式制作成复合板材。高分子板材主要有泡沫聚苯乙烯板、泡沫聚氨酯板、PVC 板、有机玻璃装饰板、木塑复合板（密度板）、玻璃钢板等。建筑高分子板材主要用作隔热、隔音、防潮、装饰等材料。其具有热导率低、质轻、抗震、美观、易于安装等特点。

（2）管材　由于塑料管材质轻、耐腐蚀、易安装、能耗低，目前在建筑管道中应用的比例越来越高。从材质分有聚氯乙烯（PVC）、聚乙烯（PE）、聚丙烯（PP）、聚苯乙烯（PS）、丙烯腈-丁二烯-苯乙烯共聚-共混物（ABS）、聚酯等。从产品结构分有普通塑料管、单波纹管、中空波纹管、双管波纹管、嵌入金属弹簧波纹管、缠绕波纹管、有中间芯层发泡或无中间芯层发泡的复合管等。从应用范围分有上水管、灌溉管、气体管、原油输送管、压力废水管、真空管和工业用管等压力管；排水管、通气管、下水管、垃圾管、粪便管、电缆管、雨水管等非压力管。目前，开发比较成功的是给水管、排水管、雨水管和燃气管。

（3）门窗　建筑门窗有通风、采光、节能、隔音、装饰五个方面的功能要求，目前建筑门窗材料主要有木质、铝合金、PVC、铝塑复合窗四类。由于塑料门窗具有良好的隔热、密封、隔音、节能和装饰美观等优点，近年来的发展趋势很快。目前塑料门窗主要的品种有全塑、复合和聚氨酯三大类。全塑门窗是由硬 PVC 中空异型材拼装而成的。中空型材内可聚集大量空气，减少热量的传递，减少热膨胀，保证了异型材具有可靠的形状稳定性、隔热性、气密性和不漏水性，并对防止内部结露具有明显的效果。复合门窗可分 3 种：①内部结构是铝材，外表面用 PVC 包覆，起隔热保温作用；②芯材是 PVC 塑料，外表面用铝包覆；③PVC 窗框外表面用有机玻璃包覆。聚氨酯门窗是用聚氨酯代替 PVC 与聚丙烯酸酯共挤出包覆于空心钢材或铝材外部的空心门窗。

（4）建筑涂料　建筑涂料是涂料中的一个重要类别，我国一般将用于建筑物内墙、外墙、顶棚、地面、卫生间的涂料统称为建筑涂料。建筑涂料主要分为水性涂料和溶剂型涂料两大类。水性涂料是以水为溶剂，具有无毒、无味、不燃等环保特性，是未来建筑涂料的主要发展方向。水性涂料主要有：有机树脂乳液类（苯丙、纯丙、硅丙、醋丙、有机硅改性丙烯酸、水溶性聚氨酯等涂料）；无机高分子涂料类（硅酸盐、硅溶胶为基料配制的涂料）；有机无机复合涂料类。溶剂型涂料大多以各种芳香烃作为溶剂，VOC 含量较高，不利环保。但该类涂料的特点是硬度高、涂膜丰满、施工不受季节限制。随着脂肪烃或其他低毒溶剂的出现芳香烃溶剂被替代，既减少了污染，又保持了原有性能，使溶剂型涂料有较好的发展前途。溶剂型涂料可分为：丙烯酸类、低毒型丙烯酸类；聚氨酯类、丙烯酸类、聚氨酯类；有机硅丙烯酸树脂类；氟树脂类。

3.7.2 选材实例

3.7.2.1 塑料给水管

在国家明文禁止使用镀锌钢管为生活给水管材之后，新型给水管材有如雨后春笋般涌现出来。其中塑料给水管道因具有重量轻、不生锈、不结垢、制造能耗低、内壁光滑、阻力小、水质卫生、污染小、安装方便、施工费用低等优点，而在给水工程中被广泛采用。

塑料给水管在选用时应考虑其使用环境对其提出的要求，具体有以下几点。

(1) 承压性能 给水系统一般具有较高的压力以推动水流的输送。一般说来给水系统的压力在0.5～2MPa之间，在选用塑料给水管时应视使用条件而合理选择。塑料给水管承压性能所涉及的内容是在一定条件下塑料管材能够承受的内压力和恒压下的破坏时间。塑料给水管的耐压性一般进行两项试验：液压试验和长期高温液压试验。

(2) 卫生、安全性能 由于建筑给水管主要用来提供生活用水等，因此其卫生性要求应着重考虑。在聚合物材质选择时应考虑残留单体、加工助剂、施工过程、分解产物以及化学稳定性等因素产生的毒害物质的释放。

(3) 耐热性 塑料管道的耐热性各不相同，而给水工程中涉及到各种水温条件，热水管道和冷水管道对塑料管道材质要求各不相同。特别是热水管道需要选择高水温下力学性能和化学性能稳定的耐热管道。

(4) 热膨胀性能 在塑料管路中尤其是作为热水管，采用柔性接口，伸缩节或各种弯位等热补偿措施较多。施工安装时如果对此没有足够重视，并采取相应技术措施，极易发生接口处拉脱的问题。

(5) 热导率 塑料管的绝热保温性能优良进而可减少保温层的厚度甚至无需保温。不同塑料管之间绝热性的比较除热导率外，还同它们各自的管壁厚度有关。

(6) 耐老化性、耐腐蚀性能 一般说来，塑料管道的耐腐蚀性能较金属管道好，但塑料管道的耐老化性能较差，特别是对于明装的给水管道，耐老化性要求应予以足够重视。

(7) 施工性能 考虑到施工过程的便捷以及降低施工费用提高施工效率，应选用易于施工安装的塑料管道。塑料给水管道一般采用热熔焊接、胶水粘接、螺口连接的方式进行，其中热熔焊接由于施工方便、可靠性高而被广泛采用。

另外塑料给水管道选用时还需考虑其刚柔性、阻燃性、经济性等要求，在具体选用过程中应视具体使用环境合理选材。

目前市场上较为成功的塑料给水管有：硬聚氯乙烯管（PVC-U)，高密度聚乙烯管(PE-HD)，交联聚乙烯管（PE-X)，无规共聚聚丙烯管（PP-R)，聚丁烯管（PB)，工程塑料丙烯腈-丁二烯-苯乙烯共聚物（ABS）等。

PVC-U管化学腐蚀性好，具有自熄性和阻燃性，耐老化性好，内壁光滑，很难形成水垢，质量轻，阻电性能良好，价格低廉。但韧性低，线膨胀系数大，使用温度范围窄。PVC-U管加工过程中需要混入各种助剂，在高温下易析出，因此PVC-U管不适合输送热水。

PE-HD管绿色环保，化学稳定性好，使用寿命长，摩阻系数小，通过能力强，抗压能力强，使用便捷。

PE-X管使用温度范围广，质地坚实而有耐性，抗内压强度高，不生锈，耐化学品腐蚀性很好，管材内壁的张力低，无毒性，不霉变，管材的热导率远低于金属管材，良好的记忆性能，质轻，安装简便。

PP-R 管聚合物及加工过程不含有毒物质，符合国家卫生标准要求，耐热保温，连接安装简便且可靠性高，弹性好、防冻裂，环保性能好，线膨胀系数较大，抗紫外线性能较差，较适合暗敷或在室内使用。

PB 管耐热性好，热变形温度高，抗冻，脆化温度低，柔韧性好，弯曲半径仅为 R12，热导率低，隔温性好，绝缘性能较好，耐腐蚀，各方面性能在塑料管材中均属于较好水平，但其价格较高，难以普及使用。

ABS 管冲击强度高，耐压性优异，化学性质稳定，无毒无味，使用温度范围广，质轻、阻力小，管道连接方便，密封性好，颜色适宜。

以上介绍的各种塑料给水管的物理性能、承压性能以及它们的优缺点比较见表 3.17，表 3.18 和表 3.19。

表 3.17　主要塑料给水管的物理性能

物理性能	PVC-U	PE-HD	PE-X	PP-R	PB	ABS
密度/(g/cm^3)	1.50	0.95	0.95	0.90	0.93	1.02
热导率/[W/(m·k)]	0.16	0.48	0.40	0.24	0.22	0.26
热膨胀系数/[mm/(m·℃)]	0.07	0.22	0.15	0.16	0.13	0.11
弹性模量/MPa	3000	600	600	900	350	2500
拉伸强度/MPa	40	25	>25	28	17	40
硬度(R)	120	70		100	60	
使用温度/℃	0～60	－60～60	－60～95	－20～95	－20～95	－20～80

表 3.18　主要塑料给水管材的承压性能

管材	工作压力/MPa	试样试验压力/MPa	接头密封试验/MPa	爆破压力/MPa
PVC-U	1.6	40℃,10h,4.2MPa	De≤90,4.2MPa De>90,3.36MPa	
PE-HD	1.0/热水 1.6/冷水	60℃,10h,4MPa 20℃,10h,12MPa		
PE-X	1.0/95℃ 1.6/常温	1.2MPa 2.5MPa	3.5MPa 56MPa	
PP-R	2.0/常温 0.6/75℃	20℃,11h,16MPa 80℃,48h,4.8MPa 80℃,170h,4.2MPa		
PB	1.6～2.5/冷水 1.0/热水	60℃,10h,4MPa 20℃,10h,12MPa		
ABS	1.0	40℃,10h,3.8MPa		4～8

表 3.19　主要塑料给水管材优缺点比较

品种	优点	缺点
PVC-U	抗冲击性能强、耐腐蚀不结垢、安装方便、价廉等	抗震性较差、不适用于热水输送、接头黏合技术要求高且固化时间长
PE-HD	抗震性好、韧性好、抗疲劳强度高、耐温性能好、耐冲击强度高、质轻、使用寿命长等	需要电力熔接，机械连接，连接件大
PE-X	耐温性能好、硬度高、抗蠕变性能好	须金属件连接，不能回收重复利用
PP-R	具有较好的抗冲击性能、耐温性能和抗蠕变能力等	管壁厚、线性膨胀系数大、抗紫外线能力差等
PB	耐温性能好，可在 20～95℃安全使用、能长期承受高负荷而不变形，抗蠕变能力强，高柔韧性等	价格较高
ABS	强度大、耐冲击、不受电腐蚀和土壤腐蚀等	抗紫外线能力差，粘接固化时间长

3.7.2.2 塑料门窗

建筑门窗所需的特性：①强度高、耐冲击。门窗在使用过程中要长期经受推拉、风雨等作用，特别是高层建筑窗户，需承受较高的风压。因此材料需要具备高强度的特性；②耐候性、抗老化性能好。作为建筑和外界环境长期接触的部分，阳光、雨水、干燥、冰冻等环境无不加速着材料的老化，缩短材料的使用寿命，因此材料需具备良好的抗老化特性；③隔热保温性能好，节约能源。现代建筑对保温节能十分注重，因此倾向于采用热导率较低的材料作为门窗材料；④气密性、水密性好。良好的气密性和水密性可以阻止外界环境向室内侵入，维持室内环境稳定；⑤隔音性好，有利于隔绝外界噪声并保护隐私；⑥耐腐蚀性高；⑦防火性能好，火灾时可以起到阻隔火区的作用；⑧热膨胀系数低，低的膨胀系数可以使门窗在冬夏不至于形变过大而影响结构和密封。

在满足以上特性的基础上开展建筑门窗的选材。目前较为成功的塑料门窗大多采用PVC型材和金属型材（铝，钢，合金等）复合的复合型材。PVC作为一种工程塑料可以较好地满足以上条件。

由于采用与金属复合的方式，因此塑料门窗的强度得以提高，复合材料制成的门窗能耐风压1500～3500Pa，可以满足大部分建筑要求。

PVC配方中添加了光热稳定剂和紫外线吸收剂等各种辅助剂，使塑料门窗具有很好的耐候性、抗老化性能。可以在－10～70℃之间各种条件下长期使用，经受烈日、暴雨、风雪、干燥、潮湿之侵袭而不脆、不变质。实践证明硬质PVC老化过程是一个十分缓慢的过程，PVC窗框型材长期户外曝晒其老化过程仅在表面0.1～0.2mm范围内，这对壁厚在2.5mm以上的窗框型材性能不会造成明显影响。据专家预测，正常环境下塑料门窗可使用50年以上。

硬质PVC材质的导热系数较低，仅为铝材的1/1250，钢材的1/360。又因塑料门窗型材为中空多腔结构，内部被分成若干紧闭的小空间，热导率相应地又降低了，因此具有隔热、隔音和保温性。与钢、铝门窗相比，冬季可使室内温度提高5℃，可节省采暖能源消耗30 %左右，若安装双层玻璃则效果更佳。

硬质PVC材料不受任何酸、碱、盐、废气等物质的侵蚀，耐腐蚀、耐潮湿，不朽、不锈、不霉变，无需油漆。同时PVC的阻燃性极佳，不自燃、不助燃、离火自熄，是聚合物中少有的阻燃材料。PVC型材为优良的绝缘体，使用安全性高。PVC型材的热膨胀系数较低，据估算PVC门窗冬夏极端气候下尺寸涨落在1.4mm之内，不会对使用造成影响。

由于PVC在制造塑料门窗上具有以上优点，同时PVC具有原料价格低廉，成型工艺简单的特点，因此PVC被广泛选用于制备塑料门窗材料。

3.7.2.3 内墙涂料

在家庭装修中所使用的涂料主要是内墙涂料，由于内墙直接构成人们的生活环境，因此内墙涂料一般选用水性涂料。常规的水性涂料主要分为两大类，一类是由水溶性高分子作为主要成分，添加一定量的颜料和助剂经研磨分散后制备的水溶性内墙涂料，如106、107内墙涂料等。另一类是合成树脂乳液为主要成分，添加颜料和其他一些助剂后研磨分散得到的树脂乳液涂料，俗称乳胶漆。水溶性内墙涂料具有一定的装饰效果，干态下性能良好，且价格低廉，应用较广。但水溶性涂料不耐水、不耐碱、不耐静电、涂层易剥落，一般仅用于低档内墙装饰。乳胶漆除了与水溶性涂料一样采用水分散以外，其成膜后漆膜的质量在各方面均优于水溶性涂料，其漆膜具有耐擦洗、无毒、无味的特性。因此乳胶漆也逐渐成为人们进行家庭装修首选的内墙涂料品种。

(1) 乳胶漆的选用方法

① 涂布基面材料选择　对混凝土和水泥面应选择具有良好的耐碱性和遮盖性较强的乳胶漆。对木基面应是非碱性乳胶漆，因为碱乳胶漆对木基面有破坏性（木材表面变黄）。

② 地理位置和气候特点选择　在气候湿热的南方，乳胶漆不仅要有好的耐水性，而且应有好的防霉性。气候寒冷干燥的北方要求乳胶漆具有较高的耐冻融性和良好耐低温施工性能。雨季施工应选择易干和耐水的乳胶漆。

③ 按成本选择　选用时可根据具体情况作分析进行高低档次搭配使用。对于易受潮、易污染，要擦洗的部位，如墙面可选用高档乳胶漆；而顶面可选用低档乳胶漆。

④ 按装饰效果选择　除了室内的整体设计、色彩选择以外，乳胶漆装饰效果与其性能有相当大的关系如流平性、调色性、光泽、手感等都直接影响装饰效果、选择时应加以考虑。

⑤ 装饰部位选择　客厅是人们活动频繁的场所，应选用具有良好的耐老化性、耐污染性、耐水性、保色性和较强的附着性乳胶漆。卧室是人们休息的场所，应选用具有一般的防火、防霉、防沾污、易刷洗的乳胶漆。

(2) 常用乳胶漆品种　目前国内常用的乳胶漆主要有聚醋酸乙烯类和聚丙烯酸类乳胶漆。

① 聚醋酸乙烯乳胶漆　这类乳胶漆是以聚醋酸乙烯乳液和钛白粉、轻质碳酸钙为主要原料加工而成。具有良好的附着力、遮盖力。但其耐水性和耐碱性差，而且制成的漆膜都是无光的，品种单调，因而用量不大。

② 聚丙烯酸乳胶漆　纯丙烯酸系乳胶漆在性能和性质上与其他乳胶漆相比较理想，具有极好的耐污染性能，卓越的耐擦洗性能及装饰性能，漆膜丰满，手感细腻平滑。一般用于厨房、厕所等一些需要耐水性要求较高的场合，也可用于阳台等需要耐老化性能较好的部位。

③ 共聚物乳胶漆　聚醋酸乙烯-丙烯乳胶漆（简称乙丙乳胶漆）是由丙烯酸酯和醋酸乙烯酯共聚制得的，由于引入丙烯酸酯故在性能上比聚醋酸乙烯乳胶漆提高了很多，同时降低了成本。这类乳胶漆的耐水性和耐老化性要劣于纯丙乳胶漆，一般可用于卧室墙面，顶面等部位。

苯乙烯-丙烯酸乳胶漆（简称苯丙乳胶漆）是以苯乙烯代替部分丙烯酸酯聚合制成的。一般而言苯丙乳胶漆比乙丙乳胶漆耐水、耐碱、耐擦洗性好。具有优良的耐候性，可制成各种不同光型，价格较纯丙烯酸乳胶漆便宜，使用比较广泛。

3.8 高分子包装材料

高分子材料自问世以来就开始应用于包装领域，高分子包装材料无论从改善商品包装效果、降低包装成本、方便人民生活、提高人们生活质量，还是从节约资源、有利于可持续发展方面较传统的金属或纸木包装材料都是十分具有优势的。超级市场、大卖场等新型流通方式的兴起与运作，没有塑料包装的支撑是不可想像的。因此可以毫不夸张地说，塑料包装材料的广泛应用，是包装工业的一次革命性事件。

3.8.1 高分子包装材料的选用要点

可用于包装材料的高分子种类众多，而论牌号更是举不胜举。在实际应用中这些材料之间存在着相互复合，相互替代的情况，但是这些材料各自的特性也不容忽视，因此正确的选择合适的高分子包装材料并非易事。包装材料的选择需从其保护功能、展示功能、包装机械适应性和其他一些特殊应用需求等方面综合进行考虑。以下详细介绍一下包装材料的选用方法。

（1）根据保护功能进行选材　保护功能是包装材料对商品最为重要和基本的功能，因此首先应从其保护性入手对包装材料进行选用。不同的商品、不同的包装形式对高分子包装材料的保护性功能要求的侧重点各异，一般而言从保护功能出发应注意以下几点。

① 机械保护作用　包括防止商品泄露或外界物质进入对商品产生破坏和污染。直接反应机械保护功能的指标主要是材料的力学强度，如薄膜的拉伸强度、撕裂强度、冲击强度以及抗穿刺强度等，强度越大，保护功能越强。

② 焊接强度　高分子包装材料应用时往往是进行焊接封装的，因此，良好的焊接强度必不可少，否则焊缝将成为包装的致命弱点。塑料薄膜的焊接性能通常以焊缝强度表示，焊缝强度越高，表示其焊接性能越好。

③ 阻隔性能　阻隔性指薄膜防止各种物质、气体及气味透过的性能；一般多指对氧气、二氧化碳、氮气等非极性气体的阻隔性能。特别是对于食品类包装，薄膜阻隔性能的好坏，是所包装的食品能否长期、有效储存的重要条件。各种商品对塑料包装薄膜的阻隔性能的要求是不相同的。例如，熟食要求长期储存，必须选用阻隔性好的包装薄膜，阻止氧气进入薄膜袋中，以防止食物的氧化变质及抑制其中的微生物的繁殖；新鲜果蔬的包装则要求薄膜要有适度的透气性，使所包装的物品能够维持一定的新陈代谢而保持新鲜。塑料薄膜阻隔性的最常用的表示方法是采用一定温度、一定湿度条件下，单位面积薄膜在一定时间内透过某种物质的量来加以度量。

④ 遮光性　遮光性对一些商品的包装十分重要。光，特别是紫外线对很多物质具有加速氧化变质及产生变色褪色现象，因此许多包装材料对遮光性具有要求。遮光性以特定波长的透光率予以度量。

（2）根据包装的外观效果进行选材　包装材料位于商品的外部，直接面对消费者的眼睛，因此对于商品销售包装其外观效果对消费者的购买欲影响很大。影响包装的外观效果主要有透光率、雾度、光泽度、印刷性、抗静电性等。

① 透光率、雾度与光泽度　透光率与雾度是决定被包装商品是否可见及清晰度的重要指标。透光率与雾度均以百分率表示，透光率的值越大，表示薄膜的透明度越好；而雾度越大，表示透过薄膜观察物体的混浊度越大，即清晰度越差。光泽度表示材料在受光照时的反光能力，以样品在正反射方向，相对于标准表面反射光亮度的百分率表示。光泽度的数值越大，包装越显光亮。

② 印刷性　包装材料上常常需要印刷文字图片来展示商品，因此包装材料的印刷性也是不容忽视的。印刷性能的好坏是指薄膜是否容易获得牢固而美丽的印刷图案。印刷性和材料的表面性质直接相关，一般说来表面张力越大材料的印刷性较好，对于表面张力较小的材料可通过表面处理（表面电晕处理、等离子处理等）来改善其印刷性。

③ 抗静电性　直接影响塑料薄膜袋的吸尘性。抗静电性好的材料不易带静电而吸尘，包装材料的透明性、光泽度、以及印刷图案的清晰度不会因为吸尘而受到影响。因此包装材料的抗静电性对于持久地保持包装袋良好的展示效果是十分重要的。

（3）根据对包装机械的适应性选材　现代包装领域大多采用机械化进行高速包装，因此包装材料必须对包装机械具有良好的适应性。影响包装薄膜对包装机械适应性的指标，主要是薄膜的爽滑性及焊接性。

① 薄膜的爽滑性　良好的爽滑性有利于包装时薄膜在包装机械中顺利移动，避免其在移动中因阻力过大而破损。薄膜的爽滑性可以通过其摩擦系数的大小予以描述。摩擦系数越小，爽滑性能越佳。

② 热焊接性能　这里热焊接性能不仅指包装材料可否进行热焊接和焊缝强度是否足够

高，也包括进行热焊接时所需的温度、压力等条件是否与包装机械相匹配。有时虽然材料可以进行热焊接且焊缝强度足够高，但是焊接所需条件过于苛刻而不适于在包装机械上进行也是不可取的。

(4) 其他一些相关性能　一些特定的场合，特定的商品对包装材料有着一些特殊要求，这些要求一般属于特定范围，具有特殊性。举例来说有以下方面：

① 包装材料与被包装物之间的相容性　包装材料是否会被所包装的物质腐蚀、溶胀、溶解丧失强度、发生化学反应等。

② 耐温性能　某些商品或包装在使用或贮存过程中可能遇到高温或低温环境，需考虑包装材料在这些温度条件下是否能稳定和具有良好力学性能。

③ 介电性　一些电子器件的包装材料易于被静电击穿，因此这类商品包装一定要具有良好的介电性。

④ 卫生性　食品和医药包装一定要满足卫生无毒的要求，以免对内容物造成污染。

包装材料在满足以上功能性要求的前提下，选用时应尽量选用价格低廉的品种，以节约包装费用，降低商品成本，提升竞争力。目前资源和环境压力日益凸显，包装材料的环保性也逐渐成为一个重要的方面。高分子材料制品的密度较低，每年消耗的塑料包装材料体积十分庞大，而大部分包装材料多为一次性使用的产品。也就是说每年生产500万吨塑料包装材料，就意味着有近500万吨的塑料包装废弃物产生，而且塑料制品的化学性能一般十分稳定不易降解，由此造成的环境压力十分巨大。因此高分子包装材料在选择时其可回收性或者可降解性也应予以充分考虑。目前开发可降解的包装材料逐渐成为研究热点。如可降解的聚乳酸包装材料、淀粉共混高分子材料、纤维素共混高分子材料等，是未来环保包装材料的发展方向。

3.8.2 常用高分子包装材料

常见的包装材料有PE、PP、PVC、PS、PET、PA等，除此之外还有PVDC（聚偏二氯乙烯）、EVA（乙烯-乙酸乙烯酯共聚物）、PVA、EVOH（乙烯-乙烯醇共聚物）等。以下详细介绍几种常见的包装材料。

(1) 聚乙烯（PE）　聚乙烯是世界上产量最大的合成树脂，也是最大品种的包装材料，约占包装材料总量的30%。低密度聚乙烯具有透明度好、柔软、伸长率大、抗冲击性和耐低温性优良的特点，普遍用于各类包装材料，但其阻氧性能较差，因此用于食品包装存在不足。高密度聚乙烯具有较高的结晶度，使用温度相对较高，其硬度、气密性、力学性能、耐化学腐蚀性等均优于低密度聚乙烯。因此被大量用于吹塑制成中空容器，用于牛奶、奶制品、果汁等的盛装容器，但其保香性差，盛装食品不宜久藏。由于高密度聚乙烯具有热封性能好的特点，因此被大量用做复合薄膜的内层材料。

(2) 聚氯乙烯（PVC）　聚氯乙烯制成的塑料制品一般要加入增塑剂。而用于包装领域希望增塑剂越少越好，因此一般用于食品包装的是含增塑剂较少的硬质PVC塑料。另外，食品包装对聚氯乙烯中单体残留也要求较高，一般要求单体含量低于1×10^{-6}。

(3) 聚丙烯（PP）　PP的结晶度较高，渗透性为聚乙烯的1/4～1/2，光洁度好，易于加工，广泛用于制备塑料薄膜。目前，具有气密性、易热合性的聚丙烯薄膜以及PP与其他材料制得的复合薄膜在各类包装制品领域广泛应用。此外，PP制成的容器被广泛用于微波加热容器。

(4) 聚酯（PET）　PET是一种结晶性好、无色透明、无味、无毒、气密性好、强韧而易于加工的材料。PET的膨胀系数较小，成型收缩率低，仅0.2%，是聚烯烃的十分之一，因此制品尺寸稳定性好。PET薄膜的强度较高，是聚乙烯的9倍、聚碳酸酯尼龙的3倍，且其薄膜的防潮和保香性能优良。虽然聚酯薄膜具有以上优点，但其价格较高，热封困难，易带静电，所以单独使用较少，大多是与热封性较好的树脂制成复合薄膜。采用二轴延伸吹塑法制得的PET瓶具有良好的透明度、表面光泽，呈玻璃状外观，是玻璃瓶的良好替代者。PET瓶被广泛应用于茶饮料、果汁饮料等。

(5) 聚偏二氯乙烯（PVDC） PVDC的特点是柔软而具有极低的透气透水率，可以实现保香、保鲜、隔氧、阻湿等功能。适于长期保存食品。此外其耐酸、碱、化学药品、油脂性能优良，具有良好的热收缩性，适合做密封包装，是较好的热收缩包装材料。PVDC的缺点是过于柔软，结晶性强，易开裂穿孔，耐老化性能差，未反应完的单体毒性很强。因此PVDC往往和其他材料复合制备。

(6) 聚碳酸酯（PC） PC无毒、无味、阻紫外线透过、防潮、保香、耐温范围广，是一种理想的食品包装材料。利用PC耐冲击性能佳、易于成型的特点，可制造成瓶、罐等各种容器，用于包装饮料、酒类、牛奶等流体食品。PC的最大缺点是易产生应力开裂。生产中往往加入各种增韧材料进行共混加工。

3.8.3 选材实例

3.8.3.1 塑料啤酒瓶的选材

根据啤酒的特性，作为啤酒瓶的包装材料需要满足如下性能要求。

① 低二氧化碳的溢出速率，啤酒中富含二氧化碳，低二氧化碳溢出速率可以长时间保持啤酒口感。一般规定二氧化碳120天溢出率小于5%。

② 高阻氧性，啤酒对氧和光极其敏感，易于氧化变质。高阻氧性有利于延长储存期限。

③ 良好的耐热性，啤酒瓶材料的耐热温度要经得住巴氏灭菌温度所要求的75～80℃、处理时间15min。

④ 具有足够的刚度，可以经受住瓶内气压和码放时的压力。

⑤ 绝对无毒，不得含有对人体有害的物质。

⑥ 表面坚硬不易划伤，以保证可循环使用。

⑦ 可以回收再利用，以免丢弃在大自然中污染环境。

传统的啤酒灌装采用玻璃瓶和铝制易拉罐，但随着高分子工业的不断发展，塑料啤酒瓶将引发啤酒包装工业的一次变革。塑料瓶在啤酒封装中具有一些特殊优势。

① 质轻 塑料瓶的密度低、厚度薄。其总质量非常轻，便于啤酒的携带和降低运输成本。

② 不易破碎 塑料的耐冲击性能优于玻璃，一般强度的碰撞不易造成瓶子的破碎。可大大降低啤酒在运输和储存过程中的损失。

③ 不易爆炸 传统的啤酒瓶存在安全隐患，仅2002年国内就发生啤酒瓶伤人事件2000起。塑料瓶具有良好的耐压性，在瓶装啤酒的压力下其基本不会爆炸，安全性大大高于玻璃瓶。

④ 瓶盖可重复开关 塑料啤酒瓶一般采用旋口瓶盖设计，可以方便地进行开关，使啤酒可以间断饮用。

虽然塑料啤酒瓶具备以上优点，但是能完全满足啤酒瓶所需要求的塑料瓶品种较少，大多只能部分满足要求。塑料瓶主要在阻氧性、耐热性、循环使用性以及成本方面存在一定的不足，因此尚未进行大规模应用。不过由于塑料啤酒瓶的特殊优势，对其研究开发一直是热点。目前有几种塑料啤酒瓶已少量的应用于市场。

① 聚对苯二甲酸乙二醇酯（PET）瓶，PET来源广泛、易于加工、强度高、透明性好因此被广泛应用于制备汽水瓶、可乐瓶。但对于啤酒瓶，PET阻氧性、耐热性不佳极大地限制了其的应用。纯PET瓶的耐热温度只有70℃，低于巴氏杀菌、热灌装和热碱洗所要求

的75～80℃的要求。PET的阻氧性只有规定要求的1/5～1/2，采用纯PET瓶包装的啤酒易变质，保鲜期只有5～7天，不能满足啤酒的保存要求。因此PET应用于啤酒瓶需要进行一定的改性或复合加工方能满足要求。

在耐热性方面，可用一些耐热单体共聚的形式提高PET的耐热温度，如壳牌公司1999年开发出的Hipertuf89010，可耐巴氏杀菌，专用于生产500ml啤酒瓶。在提高瓶体阻隔性方面，又采用多层复合、表面涂层或共混改性等方法。多层复合属于塑料制品加工中一个比较成熟的工艺，通常采用3层或5层材料复合制瓶，内外层材料采用PET，中间层加入一些高阻隔性材料作为阻隔层，如EVOH、PA等。高阻隔材料大大降低瓶壁对O_2和CO_2的透过率。表面涂层法是在PET瓶的表面喷涂一层高阻隔层，如由美国研制的QLF瓶，其生产过程是用等离子喷涂技术，在PET表面喷涂石英薄膜，涂层厚度小于200nm。其抗氧能力比普通PET瓶高3～10倍，防潮能力提高2倍，透明度好，可微波加热，适用于目前的PET回收工艺。美国杜邦聚酯（Dupont）公司开发了一种新的两段式外涂覆技术，使PET瓶对O_2及CO_2的阻透性可提高30倍，且底涂层可用水分离，材料回收十分方便。杜邦公司开发的另一项被称为“透明的铝”的外涂覆技术，可使PET瓶的阻透性提高30～40倍，该技术已接近于商业化。另外，有些采用PET熔体插层复合制备纳米PET复合材料也可大大提高PET的阻隔性。

② 聚萘二甲酸乙二醇酯（PEN）瓶，与PET相比，PEN的阻隔性和耐热性都可满足啤酒包装的性能要求，其阻氧性比PET高6倍，对CO_2的阻隔性比PET高4.5倍，耐热温度可提高到118℃，适于进行巴氏杀菌处理。因此PEN十分适合应用于啤酒瓶的制造，但因PEN的价格比PET高出5倍以上，这使得PEN啤酒瓶难以推广普及。但是随着PEN单体制备提炼技术和合成技术的不断创新发展，其成本也在逐步降低，甚至有接近PET的可能，因此PEN有望成为塑料啤酒瓶的主流产品。

3.8.3.2 化妆品包装材料的选择

化妆品种类众多，可分为美容、美发、护肤、香水等几大类，按形态又可分为固态、流质、半流质等形式，化妆品大多具有一定的香味，并且不耐紫外线照射，在对其包装材料的选择上需充分考虑这些因素，另外，水性和油性的化妆品对包装材料的要求也不尽相同。由于塑料容器具有强度大、质量轻、不易破碎、易于携带、便于成型、易于印刷等特点，使得其在化妆品包装领域得以广泛应用。有关数据表明，塑料包装已占化妆品包装的八成以上，成为化妆品最主要的包装材料。中低档普通的化妆品的包装大多用塑料瓶，塑料袋或塑料管所替代。塑料获得青睐的主要原因在于塑料制品的多功能性，可支持最终用户产品的细分多元化。虽然塑料包装具有很多优势，但相对于玻璃，其阻隔性较差，这大大地限制了其在高档化妆品中的应用。对于保香性要求极高的香水领域，塑料包装更是难以涉足。因此，在对塑料包装进行选择时应充分注意这一点。

目前，大规模应用于化妆品领域的塑料制品主要有塑料瓶和塑料软管两种类型，按材质分主要有HDPE、PET、PP、PMMA等。HDPE在普通化妆品领域应用十分广泛，其形式从软管到瓶等多种多样，HDPE应用于化妆品领域具有无毒、稳定、价格低廉、加工性能好等优势。透明聚丙烯（CPP）是近几年国内外化妆品塑料包装瓶的一个热点。与其他透明树脂相比，CPP具有成本较低、光泽度高、透明度高、强度高等特点，发展前景广阔。PET包装容器在化妆品领域也具有广泛的应用。PET瓶具有容量范围广、透明度高、光泽度好、耐冲击、尺寸稳定性好、触感柔软，相对于普通塑料包装其阻气性也十分优良。PMMA塑料不仅具有很好的透明性，且耐候性、化学稳定性和抗紫外线能力也很强，同时具有优良的抗冲击性能，还可以产生磨砂效果，制成仿玻璃包装，其许多性能甚至优于玻璃包装。

3.9 高分子阻尼材料

3.9.1 阻尼特性

众所周知，巨大的冲击和频繁的震动都是十分有害的。它们除了造成机器零部件的损坏和缩短使用寿命以外，还会发出难受的噪声，恶化环境。所以减震与消音是互相联系的。

聚合物是一类黏弹性材料，当它受到外来的冲击震动或频繁的机振、声振等机械力作用时，材料内部产生黏弹内耗、将机械能转变为热能。这种能够以热量方式消耗机械能的材料本领或特性称为阻尼。阻尼的大小通常用阻尼系数或损耗因子来表征。橡胶、塑料的阻尼系数通常在 0.001～10.00 范围内。因此，工程上利用它们作为减震消音的阻尼材料。

高分子的阻尼性与其组成、分子链结构和聚集态结构，以及在外力作用下产生的变形、温度及外力作用时间等因素密切相关。阻尼性能决定于损耗因子的大小，损耗因子随交变应力的频率、预应力，环境温度等的变化而变化，其中，尤以温度的影响为最大。当聚合物的玻璃化温度与材料使用时的环境温度一致时，具有最大的阻尼效果。多组分的共聚物和聚合物共混体系可以在较广的温度范围内起较大的阻尼作用，适用于温度起伏较大的环境。据报道互穿聚合物网络体系在拓宽阻尼的温度范围方面具有较显著的效果。扩大高分子阻尼材料的工作温度范围的另一种方法是添加增塑剂及填料。增塑剂使玻璃化温度向低温方向移动；填料使玻璃化温度向高温方向移动，两者结合起来后，使玻璃化转变区间（黏弹态）向高、低温两侧扩大。

3.9.2 阻尼材料选用

高分子阻尼材料的应用形式主要有泡沫塑料、橡塑弹性体、塑料件、涂料等几种类型。在实际应用中，对于不同形式的机械冲击和振动波作用，应该使用不同的设计方案和阻尼材料，方可起减震消音作用。对于前者，常在冲击机组下面装置减震器或橡塑弹性垫，以减少或阻止冲击波传入；对于后者常用阻尼材料涂刷在振动薄板的表面，以减轻薄板的松动、降低噪声辐射。当选用泡沫塑料来防止冲击作用时，最好选用闭孔泡沫，以利用其气孔弹性作用和气体与壁面的摩擦阻尼作用达到减震的目的。如机械设备、仪器仪表在运输过程中用泡沫塑料防震就是典型例子。对于如齿轮传动中产生的冲击波引起的噪声，使用塑料齿轮后有明显的改善。为了防止某种振源导致的薄栅板频繁振动及由此引起的噪声——固体声的传播和辐射，如在汽车、飞机、船舰等薄板结构中发生的那样，可以在薄栅板间垫以一定厚度的阻尼塑料层或者于表面涂覆，使板体震动波透入阻尼材料时转化为热能散失掉。需要指出的是，板体结构设计很重要。结构刚度和重量的比以及用作阻尼材料的塑料都需认真选择，因为材料与材料薄板的刚重比会影响阻尼效果和阻尼频谱。一般认为，阻尼材料的动力学损耗因数越大，其刚度越接近于薄栅板的刚度时，可以收到的阻尼效果越大。不过，对于这种薄板型振动还是采用板间设置狭带，内充黏液或泡沫塑料的方法最为有效。这种方法在某种程度上也适用于外来噪声——空气声的绝缘，如隔绝纺织机械振动噪声等。因为声波是一种机械波，利用某些塑料与泡沫塑料的力学阻尼和气体摩擦特性，可以消音。

对于由空气中传来的环境噪声的隔绝，通常采用廉价的重质障碍物，而且越重越好。塑料是轻质的，一般不适用，除非采用充铅的塑料，如填充铅的 PVC 塑料。必要时，在隔音屏障外层再辅以吸声材料如泡沫塑料、棉花、玻璃纤维等多孔层，以吸收其声波的一部分，从而提高隔声效果。吸收的声波在气孔中因气体的摩擦转为热。用作吸声材料的聚氨酯泡沫最好是开孔型的，它吸收的声波在气孔中因受振动的空气摩擦而转化为热。常用的聚氨酯泡沫的吸声性能列于表 3.20 中。

表 3.20　聚氨酯泡沫的声学特性

厚度/m	容重/(kg/m³)	各种频率下的吸声系数 $\alpha=E_{吸}/E_{\lambda}$					
		125	250	500	1000	2000	4000
0.03	53	0.05	0.10	0.19	0.38	0.76	0.82
0.05	56	0.11	0.31	0.91	0.75	0.86	0.81

必须指出，优良的吸声材料用以隔声，效果可能是极差的；同样，优良的隔声材料也不一定是优良的吸声材料，不能乱用。

吸声塑料常用于建筑设计上，如在剧院、影院、音乐厅和某些特殊建筑物中，需要在重质围墙面壁的设计位置上覆以吸声材料，或者装置一定结构形状的吸声体以减小不必要的反射声干扰。在船舰、管道等设备上，有时也需要减轻流体摩擦声而装上吸声材料。在工业装置的进、排气口可以装上用吸声材料制作的消音器等，可见吸声材料应用也不少。根据各种工程要求，常常将吸声材料设计成专门的形式加以应用，如吸声尖劈和多层吸声板等。

阻尼涂料涂布于振动物体表面，主要是涂布在处于振动的平板状壳体，如航天器壳体，飞机壳体、汽车壳体、汽车底盘以及振动机械外罩等部位，以抑制壳体结构的振动及噪声的产生。

3.10　高分子光学材料

3.10.1　高分子材料的光学特性

3.10.1.1　概述

光学特性应该包括光的反射、折射、透过等传递特性和吸收、光热、光化、光电和光致变色、光显示等转换特性。利用塑料对光的透过性，已制成了品种繁多的线性光学制品，如安全玻璃，各种透镜、棱镜，太阳能利用装置的透明盖顶和建筑窗口等。随着通讯技术的发展，利用透明塑料的光曲线传播（折射与全反射）特性，开发了塑料光纤光缆。利用某些透明塑料的折射率随机械应力而变化的特性，开发了酚醛、环氧等光弹性塑料。随着激光技术的发展和大容量、高信息密度储存（记录）材料需求的日益迫切，导致塑料光盘的出现。利用塑料等高分子材料的光能吸收和转化特性，开发了一系列的光功能高分子材料，应用在许多领域如利用高分子材料的光化反应开发了电子工业和印刷工业上得到广泛应用的感光树脂、光固化涂料、胶黏剂、光刻胶和材料工业中应用的光稳定剂等；利用光热转换原理，制成了复合型塑料吸收器，作为太阳能装置中光热转换部件使用；利用某些 π-电子共轭结构高聚物经掺杂后出现光电转换特性，近年又开发了光电转换塑料，成为未来太阳电池的竞争者等。

在高分子材料的光学传递特性中，最有实用意义的是它的透明性和透光性，在本节将重点介绍。按通常的习惯，把光吸收转换特性及应用作为功能高分子处理，因此，有关内容放在光功能高分子材料章节中介绍。

3.10.1.2　透明性与透光性

许多塑料在物态结构上是非晶结构或晶粒细小的部分结构，在太阳光谱范围内特别是可见光和近红外区域无特征吸收，具有良好的透明性和阳光透过性。

聚苯乙烯（PS）、聚 4-甲基戊烯、聚甲基丙烯酸甲酯（PMMA）及聚甲基丙烯酸丁酯（PBA）等丙烯酸酯类材料，薄膜状的聚氟乙烯（PVF）、聚偏氟乙烯（PVDF），以及某些有机硅聚合物的阳光透过性优异，胜似玻璃；玻纤增强聚酯（GRP）、聚氯乙烯（PVC）、乙烯-醋酸乙烯共聚物（EVA）、聚乙烯醇缩丁醛（PVB）、聚碳酸酯（PC），薄膜状的聚对苯二甲酸乙二醇酯（PET）、聚四氟乙烯（PTFE）、聚乙烯（PE）、聚丙烯（PP）、尼龙以及纤维素酯类等材料也可以是良好的或者较好的透明材料。部分塑料的透光率列于表3.21和表3.22。

表3.21 几种塑料的透光率

塑料名称	透光率/%		塑料名称	透光率/%	
	初始的	老化1年后的		初始的	老化1年后的
PMMA	94	92	PS	90	90
聚丙烯酸酯类	92	91	醋酯纤维素	87	83

表3.22 部分塑料的透光性和耐光性

材料名称	厚度/mm	密度/(kg/m³)	折射率	透光率		耐光性
				λ=0.4～2.5μm	λ=2.5～40μm	
丙烯酸酯类	3.175	1189	1.490	0.900	0.020	优良
玻纤增强聚酯	0.635	1399	1.540	0.870	0.076	尚好
聚碳酸酯	3.175	1199	1.586	0.840	0.020	尚好
聚四氟乙烯	0.05	2148	1.343	0.960	0.256	优良
聚酯	0.127	1394	1.640	0.870	0.178	差
聚氟乙烯	0.101	1379	1.460	0.920	0.207(0.30)	优异
聚乙烯	0.101	910	1.500	0.920	0.810	差
聚偏氟乙烯	0.101	1770	1.413	0.930	0.230	优良
PVC	0.20	1360～1390	1.54～1.55	0.85～0.86	0.32	差～尚好
FEP	0.025～1	2000	1.33	0.95～0.97	0.54～0.58	优良
玻璃	3.175	2489	1.52	0.84	0.020	优异

需要注意的是，材料的透光率（或透光度）如果不注明波长或波长范围，则通常指可见光部分的平均透过率。详细了解透明材料的透过性，最好使用透射光谱曲线。

玻璃的透过谱上有一个近红外吸收区，而多数塑料却没有。这对于塑料用作太阳能集热器、温室和被动太阳房的盖板材料具有重要意义。因为在太阳光谱的总量中，约有一半是近红外辐射，而这种辐射恰恰具有很高的热效应，对于光热利用装置特别有用。此外，在2.5～40μm远红外辐射范围内，玻璃和少数合成材料几乎完全不透过，但大多数塑料具有不大的透过率，而像聚乙烯和聚四氟乙烯、FEP等非极性或弱极性材料具有较大的透过性。

影响塑料透明性的因素很多，除了材料结构本质外，材料的厚度、表面平整度和粗糙度都会影响材料的透明性。光从材料中透过与光在表面的反射和光在透过中被材料的吸收或散射有密切的关系。反射、散射和吸收多了，透过就少。光在表面的反射与材料的折射率n有关。假设不存在吸收，当光垂直入射时，材料表面的反射率R可用下式计算：

$$R=\left(\frac{n-1}{n+1}\right)^2$$

许多塑料的折射率接近1.5，则$R=4\%$，也就是说光线透过材料时，上表面和底表面的反射损失约为$(2\times4)\%=8\%$。若将材料表面加工成无数小峰后，则其反射明显降低，增大透过率。光在材料中的吸收，特别是红外区的吸收，与材料的结构有关，而且是特征性的。然而大多数塑料在可见光区和近红外光区无特征性吸收，因而有较大的太阳辐射透过性。此外，透过性还与材料内部的光散射有关，而光散射与材料的晶相结构有关。当晶粒尺寸大于入射光的波长时，材料会因较大的光散射而导致不透明或半透明。不少塑料是部分结晶或半结晶材料，它的结晶结构既与材料的成型加工条件有关，又与使用条件有关。成型制品时，冷却速率大，晶粒小，材料透明度高；反之则低。材料在使用中可能会继续结晶，特别是晶粒会增大。晶粒大到一定程度，透明度就下降。

不少塑料在加工、储存和使用过程中由于老化而生色、裂纹和起毛，也降低透明性。例如PS、PO、PMMA、PET和GRP（玻璃纤维增强聚酯）都有老化变质现象，在大气的作用下还会表面起毛和微裂化；而PVC常常先变黄后变红棕。当然这些变化都可以通过防老化措施而得到缓和或者大大改善。

此外，丙烯酸酯类材料的本体浇铸板比注射成型板更为明净纯洁，说明成型方法对某些塑料的透明度的影响。

至于材料厚度的影响，有两方面的原因。一是厚度大，材料对光的吸收增大因而透过就下降；二是随着厚度增加，成型加工时冷却速度小，像PET、PEP、PTFE、PP、PVDF、PE和尼龙-6等半结晶材料的透明性就低。

3.10.1.3　几种透明塑料简介

（1）聚丙烯酸酯类　聚丙烯酸酯类材料通常包括聚甲基丙烯酸甲酯、乙酯、丁酯等产品，用得最多的还是聚甲基丙烯酸甲酯及其共聚物。由于它们有优异的阳光透过性，从20世纪30年代就被用作窗口材料。2.5cm厚的平板太阳透过率为91%～92%，表面反射总损失为8%，吸收损失低于1%。它的透明性可与低铁玻璃或水晶玻璃相媲美。它对玻璃的优越之处是没有近红外区的吸收损失，因而是农业温室盖板的好材料。还和玻璃一样，对远红外辐射基本不透，因而符合集热器盖板材料的光谱要求。

（2）玻璃纤维增强塑料　目前，玻璃纤维增强的透明塑料或者透明玻璃钢主要是不饱和聚酯树脂中添加了细纹无碱玻璃布或无规的短玻璃纤维。从其透过曲线得知，它是优良的太阳光透过材料，在远红外区透过很少。总的说来，集热性能与玻璃接近。我国近年来研制出来的透明玻璃钢材料的透过率大于80%，年衰减率不大于2%。我国的丙烯酸双酯型透明玻璃钢的透紫外性能较好，故很适宜作种植番茄、茄子等高色素植物的温室盖板。

（3）聚碳酸酯　聚碳酸酯是一种热变形温度较高的强韧的本体透明塑料。它的最大透明性特点是在0.7～1.5μm的近红外区透过率最高，这有利于集热，也是它比玻璃的优越之处。

（4）聚氯乙烯　聚氯乙烯是优良的透明塑料，它的阳光透过性优良，符合透明盖板光谱要求。

（5）透明塑料薄膜　许多塑料制成较厚的膜片料，其透明性就变差甚至变得不透明。但若制成薄膜，就透明。聚酯薄膜是这种薄膜的典型，其表面反射率较大，总损失达10%～12%，对长波热辐射或远红外射线有一定的透过性。近年来国外发明了一种所谓高透聚酯膜，其透过率大于99%。更有意义的是以聚酯膜为基，在其表面上沉积一层或多层半导体或金属/介质膜之后变成的所谓选择性透过膜，它不但在可见光部分保持着适当的透明性，而且在红外或远红外部分有较大的反射性，因而可用作房屋建筑和车辆的透明热反射薄膜，具有节能和装饰作用。

3.10.2　高分子光学材料的应用

（1）光学仪器仪表及日用品　这类应用主要有塑料眼镜片、照相机上的塑料镜头、放大镜、望远镜中的塑料透镜、透过型或反射型复制光栅彩虹片等。塑料镜片一般不用普通有机玻璃制作，而是用经过表面增硬处理的丙烯酸类共聚材料制作。复制光栅型彩虹片必须采用低黏度可浇铸塑料如不饱和聚酯类塑料制作，否则达不到精密成型的要求。

将透明塑料用作光学仪器或聚光器中的透镜时，往往要求材料具有高的折射率。然而由于塑料的折射率都不太高，因而在这方面的应用是有限的。在太阳能利用中，有用PVC材料制作费尼尔透镜的，那是因为这类应用对聚光要求不高。有机玻璃的折射率（1.50）、不饱和聚酯的折射率（1.53）和聚碳酸酯的折射率（1.586）相对较高，因而有一定的应用。

(2) 工业、交通和包装　透明塑料用作航空玻璃和车辆、船舰挡风玻璃又是一个重要的应用方面。聚丙烯酸酯类塑料在飞机上可用作座舱盖；由 PVB 黏结制得的所谓安全玻璃有防弹功能。它们对材料的透明性耐候性有较高的要求。工业上用聚碳酸酯等透明塑料制作液位指示器和密闭容器的视镜也是不少的。视镜的选用须根据容器内的压力、温度、介质腐蚀性和是否会发生介质应力开裂等情况而定。材料一旦发生介质腐蚀和应力开裂，透明性就受到影响。道路照明灯罩和室内的灯罩都逐渐为透明塑料所替代，其中聚碳酸酯，改性聚苯乙烯和有机玻璃是常用的。现代化道路标志均采用逆向反光材料制作，而逆向反光材料是由精心配置的高耐候性透明塑料制造的。

透明塑料片、膜在日常生活中应用也很广泛，如服装、食品、玩具、工艺品、化妆品和某些药品的包装等。它们对材料的透明性要求较低，主要能显示被装物的外观、色彩，使人一目了然即可。常用的透明包装膜片材料有聚酯薄膜、聚乙烯和聚丙烯薄膜、无毒聚氯乙烯透明硬片等。透明塑料器皿如热塑性聚酯瓶和硬 PVC 瓶等替代玻璃器皿是包装上的发展方向。

(3) 建筑物和太阳能利用装置　在现代建筑和农业温室中，为了改进无机玻璃的笨重和易碎的缺点，开始采用透明玻璃钢和透明塑料作窗玻璃，尤其是顶窗玻璃。在美国，用 PVF 和涤纶透明膜涂上透明压敏胶作玻璃的强化膜。复合后用作某些房屋的天窗。但在普通房屋建筑中，因价格较贵而未被采用。在太阳能利用装置上，作为透明材料应用的塑料部件有温室、太阳房和太阳集热器上的盖板、透明蜂窝、农业大棚、阳畦的覆盖薄膜、用于植物根部的地膜、用于太阳能电池的透明封装材料和用作太阳聚光透镜（包括菲尼尔透镜）等。作为吸光材料应用的有添加过炭黑或硫化铅等吸光物质的聚丙烯等塑料吸收体或光热转换材料。作为反光材料应用的有真空镀铝聚酯薄膜等，这些材料不仅用作反射聚光器贴膜，还可作为反射型保温保冷材料使用。此外，通过化学法或物理法，将透明聚酯膜制成透明热反射薄膜包括彩色膜，用作车辆、房屋窗玻璃的隔热或装饰贴膜，具有显著的节能作用。

(4) 光导纤维　把光导纤维用于通讯，具有相对信息量大，不受电磁干扰，保密性强等优越性质。此外，与同轴电缆相比，它还具有重量轻，易施工和材料消耗少（每千米节约铜材 1.1t，铅 2～3t）等优点。因此用玻璃光纤进行光通讯发展很快。自本世纪 60 年代美国杜邦公司首次研制成功以聚甲基丙烯酸甲酯为纤芯的塑料光纤以来，其研制与开发也得到了迅速发展。至今塑料光纤的光导损失由最初的每千米数千 dB 下降到 100dB，重氢化的有机玻璃光纤损耗已达 20dB/km（660nm）。世界上已实现了塑料光纤的商品化，目前塑料光纤生产量在数百万公里以上。然而塑料光纤的光导损耗仍较大，这限制了其在长距离通讯上的应用。联邦德国的赫希斯林化学公司通过改变聚合物结构解决了严重的衰减问题，所制成的光纤已成功地用于交通工具和计算机的数据传输，特别是局部地区网络的话音和数据传输。其传输距离可达 1500m。我国也成功地制得了塑料光纤。一种以聚甲基丙烯酸甲酯为芯，以含氟聚合物为包覆层的光纤已试制出来，并具有良好的导光性能，在最佳情况下导光损耗为 192dB/km（590nm）。

塑料光纤具有加工容易、纤维直径大（0.1～3mm）、轻而柔软、数值孔径大、抗挠曲、抗冲击、耦合容易、耐辐射和价格低等优点，加之近年来光损的不断降低，各方面性能的日益提高，使其在装饰、汽车、短距离光信息传输、数据和图像传输、医疗器械和显示领域得到了广泛的应用。

目前，光纤芯材主要有聚甲基丙烯酸甲酯、α-甲基苯乙烯和甲基丙烯酸甲酯共聚物、聚碳酸酯等透明塑料，而包层材料主要采用含氟烯烃聚合物、含氟甲基丙烯酸甲酯类、和有机硅树脂。包层塑料主要选用折射率低于芯体的透明聚合物，以实现全反射光导。当然除折射率匹配外，加工可行性也是重要的选择指标，而且只有在拉伸时不产生双折射和偏光的透明塑料才适合作光纤。实践表明，耐光较差的 PS 也不宜作芯体。在实用上还需二次包覆，如用尼龙等硬质塑料包在最外层。包覆型塑料光纤的成型方法有管棒法和熔融纺丝法两种，而自聚焦型塑料光纤却有离子交换、共混和单体扩散聚合等三种成型制造方法，可以根据需要选用。

(5) 光盘　光盘和录音录像磁带、计算机磁盘一样，同样是信息数据的记录材料和元件。它是一具透明塑料的基盘，上面镀有极薄的一层（大约数百埃厚）金属。当用信号调制的激光照到旋转的圆盘上时，金属便熔化成一串椭圆形凹痕，这就代表着所要录制的信号已记录在光盘上，得到了原版光盘。大多数的光盘可以通过有机玻璃或聚碳酸酯等透明塑料复制而成。光盘的优点是信息储存密度大，是磁带的 4000 倍，磁盘的 250 倍，盒式录像带的 55 倍，是当今最先进的信息记录手段。

光盘有视频光盘和声频光盘之分。根据功能特性，可分为只读型、读写型和可抹型三种。这和音像磁带的分类和含义类似。不同类别的光盘，其尺寸和材料选用不尽一致。通常录像光盘的基材是直径 30cm 的有机玻璃，其结构是将两张基板以反射面作内侧黏合起来。录音光盘（激光唱片）根据声音再现所需容量，用 12cm 圆盘的单面记录就够了。因此不需将基板制成黏合结构，而大多选用不易受温度、湿度影响的聚碳酸酯作基板材料。聚碳酸酯常显示双折射特性，但双折射对光盘和光纤都是需要尽量避免的，因此通常将显示与之相反双折射性质的聚苯乙烯共混，以便把材料双折射特性减低至零。为了改进有机玻璃的吸湿性，常采用与疏水性单体共聚或加防水涂层的方法。常用光盘透明塑料基板的性能评价见表 3.23。

表 3.23　光盘基板材料性能评价

特　性	有机玻璃	聚碳酸酯	环氧树脂
批量性	优	优	良
透光率	优	优	优
双折射	优	差	优
耐热性	差	良	良
介质保护	差	良	良
硬　度	优	良	良
盘破裂	优	优	优
记录灵敏度	优	优	优

(6) 塑料温室和大棚　温室早在出现玻璃之前很久就有了，不过真正解决透光、保温和通风等功能的温室还是在有了玻璃之后出现的。温室是比较永久性的农业生产建筑物。

塑料等合成材料之所以能广泛应用温室，大棚和阳畦，是由于它的透明性和保暖性功能。此外，由于合成材料的迅速发展，由它建造的温室或大棚成本远低于玻璃温室。

无论温室还是大棚，选材、设计与结构走向都必须遵循充分接受太阳光照和最大限度地积累太阳热能这个原则。因为光是植物生长的基础，也是温室、大棚热能的主要来源。温室和大棚等不仅是个透光性建筑物，同时又是一个大型的太阳集热器，里面温度的提高，又可促进光合作用。作为温室用材料，不仅要在光化活性辐射范围内即 400～700nm 间有较高的透明度，以保证光合作用的进行，而且在太阳光潜的红外区即 700～2500nm 间有高的透明度，以得到较多的太阳热能。

温室可选用透明玻璃纤维增强塑料，聚碳酸酯和丙烯酸酯类硬片或硬板作为透光材料，因为它们都有高的太阳透过率（前面已介绍）。然而，由于国内这些材料还较贵，故除了透明玻璃钢有点应用外，其他很少使用。近年来，透明玻璃钢已引起我国建材部门和农业部门的高度重视，故发展较快。影响透明玻璃钢的阳光透过率的因素很多，包括合理选用玻璃纤维及其表面处理剂，树脂胶黏剂和稳定剂等。其中，最重要的一点是让玻纤的折射率尽量与树脂的折射率接近或相同。这固然可以通过选配树脂与玻纤来实现，但也可以通过选择玻纤表面处理剂来调整树脂与玻纤的折射率的差别。不饱和聚酯树脂的折射率随交联剂的变化而变化，所以也可以用改变交联剂成分的办法来制取折射率不同的树脂，以便与不同折射率的玻纤相匹配。由于玻璃纤维与树脂的折射率都随波长而下降，所以要使玻璃纤维与树脂的折射率-波长分布曲线相交于所需的光波波段范围内，且交点应尽量落在光源发光量最大，而接受器也最敏感的波长处；同时，要注意树脂折射率-波长分布线之斜率尽量与玻璃纤维接近或一致。只有这样，才可能有最好的阳光透过性。

相对于透明玻璃钢温室，多层薄膜温室和薄膜大棚就普遍得多了，因为它的成本低得多。常用的大棚薄膜有PVC（聚氯乙烯）和LDPE（低密度聚乙烯）薄膜，EVA（乙烯与醋酸乙烯共聚物）和PP（聚丙烯）薄膜用得较少。其中，LDPE与PVC比较，具有更耐低温、密度小、加工方便、价廉而无毒的优点。石油化工发展使LDPE获得了丰富的原料，所以国外的农业薄膜大多数以LDPE为主。聚乙烯宽幅薄膜，其幅宽为10～12m，适合大棚使用。国内外针对农用薄膜的高耐候要求，制成了所谓长寿薄膜，寿命由原来的一年延到二年或更长。由于聚乙烯薄膜的强度较聚氯乙烯要低，对于温室、大棚用材来说是一大缺陷。不过在薄膜制造时，只要选用熔融指数（MI）较小的聚乙烯作原料，其薄膜就有足够的机械强度了。此外，薄膜的厚度适当增加一点，如PVC使用0.1mm，LDPE用0.12～0.15mm二者就差不多了。国内农业薄膜中PVC薄膜还是不少的。PVC农膜有无滴薄膜和有滴薄膜之分，这与薄膜材料配方有关。无滴薄膜在国外已相当普遍，国内也正在发展之中。所谓无滴薄膜，就是在棚内高温高湿下，薄膜表面不出现水珠的薄膜。当水珠出现在这种薄膜的内表面时，它们即沿膜流入泥土，所以其膜始终显得透明。这对于需要尽可能多的阳光的棚内植物是十分有利的。而有滴薄膜在棚内高温高湿环境下，其内表面形成许多水珠，不能沿薄膜流走，只能等水滴增大到一定程度后滴落下来，并沾湿作物，使整个棚内充满雾汽。显然有滴薄膜的透光率就低，约低50%。且棚内湿度高，作物易生病害。因此，对于需要较多阳光的大棚，应选用无滴薄膜，而对于像秧苗等植物可用有滴薄膜，因为秧苗很需要高湿环境。过高的温度有时会热死秧苗的，而有滴薄膜上的水珠和雾汽迷蒙的膜内空间正可以通过漫反射而避免热死秧苗。

(7) 透明保护涂层　透镜和反光镜是发展聚光型集热器所必需的两类器件。实践证明，要使反光镜面和有机玻璃等塑料透镜具有长寿命，必须罩上透明性耐磨、耐候保护涂层。因此，保护涂层的研制成为研究镜面材料的重要组成部分。近年来有机保护涂层特别引入注目，只要花不高的代价就能获得良好的保护效果。

从太阳能装置的工程要求和反射镜的使用环境来分析，反射镜的保护涂层应具有如下性能：高的透明性、高的耐候性、与金属铝或银有高的黏附性和耐磨、抗静电等其他一些性能。而耐候是一个极为重要的性能，因为这种涂层很薄，而且光线两次通过，加速了老化。就有机涂料而言，透明的材料很多，但从耐候、耐磨、黏附和抗静电等多方面考虑能选用的就不多了。

许多资料表明，聚丙烯酸酯类涂层是优良的镜面保护涂层。它是一种玻璃状的无色透明物质，在很宽的光谱范围内透过太阳光，其透明性介于玻璃和石英之间。S-731和NS-810有机硅涂层材料是性能更为优良的镜面保护涂层材料。国外对有机硅镜面保护涂层的耐候、耐磨和静电吸污性能进行了大量的考察。研究结果表明，某些有机硅类材料确是耐候、耐磨的透明性保护涂层材料；然而它有易沾污和吸尘的缺点，以致还研究了专门的去除其尘污的清洁方法。树脂涂层的静电吸尘特性与树脂的化学结构有关。经研究表明，具有烷氧基侧链的有机硅树脂在较大的程度上克服了烷基侧基有机硅树脂的静电吸尘积污缺点。同时通过加入硅烷偶联剂或用硅烷偶联剂打底，解决了有机硅涂层与底层金属的黏附问题。

由于交联的有机硅涂层材料较有机玻璃有更好的耐磨性能，因此，也把它用作有机玻璃透镜（如菲涅尔透镜）的保护涂层。

3.11　光电磁功能高分子材料

3.11.1　概述

随着高分子材料研究、开发、应用等各领域的迅速发展，近年来，光电磁功能高分子材料引起了人们越来越多的关注。

光电磁功能高分子材料是光功能高分子材料、电功能高分子材料和磁功能高分子材料的总称。主要光电磁功能高分子材料的特性和应用示例如表 3.24 所示。

表 3.24　主要光电磁功能高分子材料的特性和应用示例

种　类	功 能 特 性	应　用　示　例
电功能高分子材料		
导电高分子材料	导电性	电极电池、防静电材料、屏蔽材料面状发热体和接头材料
超导高分子材料	导电性	约瑟夫逊元件、受控聚变反应堆超导发电机、核磁共振成像技术
高分子半导体	导电性	电子技术和电子器件
光电导高分子	光电效应	电子照相、光电池、传感器
压电高分子	力电效应	开关材料、仪器仪表测量材料、机器人触感材料
热电高分子	热电效应	显示、测量
声电高分子	声电效应	音响设备、仪器
电致变色材料	电光效应	显示、记录
磁功能高分子材料		
高分子磁性体	导磁作用	塑料磁石、磁性橡胶、仪器仪表的磁性元器件、中子吸收、微型电机、步进电机、传感器
磁性记录材料	磁性转换	磁带、磁盘
光功能高分子材料		
塑料光纤	光的曲线传播	通讯、显示、医疗器械
光致变色、显示和发光材料	光色效应和光电效应	显示、记录、自动调节光线明暗的太阳镜及窗玻璃等
液晶高分子	偏光效应	显示、连接器
光盘的基板材料	光学原理	高密度记录和信息储存
感光树脂、光刻胶	光化学反应	大规模集成电路的精细加工，印刷
荧光高分子材料	光化学作用	情报处理、荧光染料
光能转换材料	光电、光化学作用	太阳能电池

本节主要介绍磁性塑料，光热、光电和光化学高分子材料，热电和压电塑料以及导电高分子材料。

3.11.2　压电塑料

很多材料存在着压电效应（piezoelectric effect）。压电效应是指某些电介质在沿一定方向上受到外力的作用而变形时，其内部会产生极化现象，同时在它的两个相对表面上出现正负相反的电荷。当外力去掉后，它又会恢复到不带电的状态，这种现象称为正压电效应。当作用力的方向改变时，电荷的极性也随之改变。相反，当在电介质的极化方向上施加电场，这些电介质也会发生变形，电场去掉后，电介质的变形随之消失，这种现象称为逆压电效应，或称为电致伸缩现象。依据电介质压电效应研制的一类传感器称为压电传感器。

1880 年，法国物理学家 P. 居里和 J. 居里兄弟发现，把重物放在石英晶体上，晶体某些表面会产生电荷，电荷量与压力成比例。随即，居里兄弟又发现了逆压电效应，即在外电场作用下压电体会产生形变。

其实，不仅是晶体，有很多物料经机械操作时，如用其他物料与之接触或对它进行摩擦，或使之暴露于β射线或γ射线之类的电离辐射中，或放置在强电场内时，其表面都将会出现一些电荷。这种电荷的起因或者是由于内部极化，或者是由于所谓带电作用。一般地说，当原因除去时，电荷即迅速消失。可是在电介质固体中，电荷可以持久，这种带电材料称为驻极体。驻极体可能失去其表面电荷，而仍留存着深度俘获的电荷或稳定的偶极子取向。极化了的介电材料，即使失去了表面电荷，只要有可能用任何方法观察到它的持久极化，仍称驻极体——广义驻极体，即不带表面电荷的驻极体。这就是说，使电介质出现表面电荷，形成驻极体的方法可以是摩擦导致的表面静电，可以是电离辐射，也可以是电场作用。在高温下，受强电场影响而形成的驻极体叫热驻极体。任何电介质固体受到强电场作用时都可以变成驻极体。电场作用造成的表面电荷可以失去，但对许多塑料等高分子电介质来说内部极化依然存在。当此种电介质（薄膜）以角频率 ω 随时间按正弦规律变化时，在薄膜两面电极间观察到相同频率的开路电压或短路电流，这就是说压电效应也可以形成带表面电荷的驻极体（后面还要讲到热电现象也可以制成带表面电荷的驻极体）。有压电现象的塑料（或高聚物）称为压电塑料（或高聚物），常以薄膜形态存在。压电材料同样存在压电效应的反效应，即电致应变。

几乎所有的高聚物都有或大或小的压电效应。某些聚合物晶体没有对称中心，具有固有的压电性。由于很多聚合物薄膜由无数微晶组成，只有当微晶有较高取向时，才有压电性显示出来。在某些情况下，聚合物链在非晶区中也是取向排列的，形成一些中间区域或是类似液晶区域。这些区域与微晶相似，也能表现出压电性。

聚合物薄膜在高直流电场和高温下极化后，压电性大大增加。Kawai 等发现极性高聚物薄膜 PVDF、PVF、PVC、尼龙-11 和 PC 等，当它们经拉伸后，在高电流电场和高温（在玻璃化温度以上）下极化，然后保持在电流电场下冷却，这样就显示强的压电性。显然这种方法获得的压电性与处理的电场强度、温度、时间有关。因为这种极化处理方法是一个高聚物的松弛过程，具有松弛的一切特征。

在这些极性聚合物之中，PVDF 的压电性最强，获得的压电形变常数 d 值最大。表 3.25 表示了若干塑料等高聚物的压电形变常数 d。d 值越大，表明压电性越强。

表 3.25 部分高聚物的压电性

材　料	d/cm・g・s(静电单位)	材　料	d/cm・g・s(静电单位)
聚甲基丙烯酸甲酯	1.3×10^{-8}	PVC	4×10^{-8}
PVC	4×10^{-8}	PC	3×10^{-9}
尼龙-11	1.5×10^{-8}	PVDF	2×10^{-7}

随着处理压电体的方法的改进，压电形变常数不断提高。PVDF 的压电常数已提高到大于 10^{-6}（cm・g・s 静电单位）与锆酸铅等压电陶瓷处于同一数量级。

有趣的是，同样是极性聚合物，同样的处理方法，奇偶数碳原子尼龙，表现的压电性却很不相同：奇数尼龙如尼龙-11、尼龙-7 等的压电性要比偶数尼龙强得多。这是因为在极化处理中，偶数尼龙如尼龙-6，尼龙-12 等分子链的相邻极性基团具有相反的取向，在高压直流电场下不能排成一行，因此即使经过极化仍不能显示大的压电性。非极性的或弱极性的高聚物如 PE、PP 和 PTFE 等，即使经过加电场，并不显示强的压电性。这个事实证明压电效应主要是由于偶极子取向所引起。

对 PVDF 的进一步研究表明，PVDF 有 α 和 β 两种晶型，而 β 晶型为压电晶型，因此其压电性随着晶体的增加而增大。当然要真正弄清极化 PVDF 压电性的来源是很复杂的，可能不是单一的原因所致。

PVDF、尼龙-11 和 PVC 薄膜与粉末陶瓷（钛酸钡、PZT）的复合物在极化后压电性将大大提高。

PVDF 的压电性另一个特点是在室温下和在高温下（80℃）都是十分稳定的。PVDF、尼龙-11 等压电性显著的材料挠曲性好，成型加工容易，并能以大尺寸使用，因此可以有过去具有脆性而昂贵的晶体所不能实现的新用途。

拉伸 PVDF 的压电性是多向异性的，这与拉伸 PVDF 弹性模量的各向异性是一致的。此外，对于极化的 PVDF 膜观察到了类似于晶态铁电体的滞后效应，因此 PVDF 似乎还是一种铁电体。

最初 PVDF 曾被用作包装和绝缘材料以及抗放射性和耐腐蚀材料。自 20 世纪 60 年代末 70 年代初相继发现其压电性和热电性后，这种材料在声电换能器和热电检测器方面获得了应用。用这种压电元件做成的电声换能器和热电检测器结构简单，形状细巧、失真小、音质好、稳定性也高，特别适宜在立体声耳机和扬声器上应用。用 PVDF 压电元件做成的话筒结构与耳机相同。近年又开发了 PVDF 水声换能器，PVDF 的特征阻挠 3.5×10^6（rayl 瑞利）与水（1.5×10^6）相近。由于 PVDF 具有许多无机非金属材料、晶体物质所没有的优越性，因此应用在不断扩大。

3.11.3　热电塑料

将不同材料的导体连接起来，并通入电流，在不同导体的接触点——结点，将会吸收（或放出）热量。1834 年，法国物理学家佩尔捷（J. C. A. Peltier）发现了上述热电效应。1838 年，俄国物理学家楞次（L. Lenz）又做出了更具体的实验：用金属铋线和锑线构成结点，当电流沿某一方向流过结点时，结点上的水就会凝固成冰；如果反转电流方向，刚刚在结点上凝成的冰又会立即融化成水。

热电效应本身是可逆的。如果把楞次实验中的直流电源换成灯泡，当我们向结点供给热量，灯泡便会亮起来。尽管当时的科学界对佩尔捷和楞次的发现十分重视，但发现并没有很快转化为应用。这是因为，金属的热电转换效率通常很低。直到 20 世纪 50 年代，一些具有优良热电转换性能的半导体材料被发现，热电技术（热电制冷和热电发电）的研究才成为一个热门课题。

由于温度变化而引起某些材料内部正负电荷中心相对位移，使它们的自发极化强度发生变化，从而导致两个表面上出现符号相反的束缚电荷，这种现象称为热释电现象或热释放电效应。如果把这两个极面与外电路连接，可观察到电荷的释放。

传统的热电材料主要有 TGS（硫酸三甘肽）、$LiTaO_3$（钽酸锂）、$PbTiO_3$（钛酸铅）、PZT（锆钛酸铅）等。这些材料具有优良的热电性能，但它们也具有工艺繁杂、成本较高、质脆、易碎等缺点。随着人们对换能材料的深入研究和需求的增长，PVDF 等高聚物材料已成为引人注目的换能材料。

材料热电性与压电性一样，通常都是通过极化处理产生的。表征热释放电材料性能的主要参数是热释电系数 P_r，它是指 P_s 随温度 T 的变化率。

热电材料的热电性主要取决于分子偶极子所形成的 P_s，而 P_s 的大小又直接与分子结构排列有关。对合成高聚物，一般晶态高聚物的 P_r 较非晶态的大。

前已述及，PVDF 分子链上无支链，故分子规整性强，从而具有较高结晶度，约50%～70%。其中 β 晶型是强极性的，有大的 P_s。因此 PVDF 系列的均聚物、共聚物或复合材料都是优良的热电材料。

对用作热电元件的热电材料，不仅希望有较大的热释电系数，而且还要求材料的比热小、介电常数小、介质损耗小、热扩散系数小、材料居里温度高、容易加工成面积大而薄的薄膜。

陶瓷、晶体材料虽然有着较大的热释电系数，但也有着各自的缺点。它们都是脆性材料，容易破碎，并且加工十分困难。陶瓷材料的介电常数，热扩散系数太大；而 TGS 的居里温度 T_c 又太低（只有 49℃）。热释电材料超过居里温度后会发生退极化，P_s 变为零，热释电效应现象也将会消失。而热释电高聚物材料能克服这些不足并具有以下特征：①高分子材料是柔性材料，可做成厚度在 10μm 以下面积较大的薄膜，并可连续化生产；

② 介电常数 ε 小，体积比热容 C_v 小，热传导率 K 小是比较理想的热释电材料；

③ 复合材料可使热电系数 P_r 提高。

热电高聚物材料的不足是其热电系数比晶体和无机陶瓷材料要低。为了提高聚合物材料的热电性能，可选择热电系数大的无机陶瓷材料、有机单晶材料与 PVDF 制成复合材料。这样，既发挥了陶瓷材料、单晶材料热电系数高的优点，又提高了柔性，克服成型困难的缺点。用这种复合材料做成的热电薄膜，其热电系数有较大改善，其性能比较见表 3.26。

表 3.26　复合热电材料性能比较

材料		热电系数 $\frac{10^{-8}\times P_r}{C\cdot cm^{-2}\cdot ℃^{-1}}$	介电常数 ε	密度/(g/cm³)
PVDF-PbTiO₃	混炼法	1.3	50	5
	溶液法	0.8	22	~5
PVDF-TGS	1∶1	1.7	7.5	
	1∶4	1.9	7.6	
PVDF		0.4	11	1.8

热电高聚物材料具有耐冲击、元件制作工艺方便、易于加工成面积大或形状复杂的薄膜、量轻、成本低、频率响应好、机械阻抗低、热扩散系数小等优点。虽然开发研究仅有十多年的历史，却得到了迅速发展。利用其热电性，可做成各种热电换能器，应用于国民经济的许多领域，如红外摄像管的靶材，激光辐射探测器和红外探测器等。

3.11.4 磁性塑料

磁性塑料是指带有磁性的塑料制品。

早期磁性材料来源于天然磁石，以后才利用磁铁矿（铁氧化）烧结或铸造成磁性体。现在工业上常用磁性材料有三种，即铁氧体磁铁，稀土类磁铁和铝镍钴合金磁铁。它们的共同的缺点是比重大，既硬又脆，加工性差，无法制成复杂、精细的形状。

为了克服这种缺点，人们开始研究磁性塑料。普通的塑料没有铁磁性，但是用特殊的方法可以形成铁磁性塑料：一种是在普通的塑料中添加磁性粉末，成为复合的磁性塑料，这种方法制造的磁性塑料已经在我们的生活中大量应用；另一种是设法改变塑料的成分，使得它们具有磁性，这种方法还处于研究之中。

复合型磁性塑料主要由树脂及磁粉构成，树脂起粘接作用，磁粉是磁性的来源。用于填充的磁粉主要是铁氧体磁粉和稀土永磁粉。复合型磁性塑料按照磁特性又可分为两大类：一类是磁性粒子的易磁化方向是杂乱无章排列的，称为各向同性磁性塑料，性能较低，通常由钡铁氧体作为磁性材料。另一类是在加工过程中通过外加磁场或机械力，使磁粉的易磁化方向顺序排列，称作各向异性磁性塑料，使用较多的是锶铁氧体磁性塑料。

磁性塑料的主要优点是：密度小、耐冲击强度大，可进行切割、切削、钻孔、焊接、层压和压花纹等加工，使用时不会发生碎裂，它可采用一般塑料通用的加工方法（如注射、模压、挤出等）进行加工，可加工成尺寸精度高、薄壁、复杂形状的制品，可成型带嵌件制品，实现电磁设备的小型化、轻量化、精密化和高性能化。

3.11.4.1 复合型磁性塑料

复合型磁性塑料是高分子磁性材料中应用最广的一种。它采用铁磁粉末与树脂、助剂混合成型而得。常用的铁磁物质有价格低廉的铁氧永磁体和铸造成型的铝镍钴合金，近年开发了强磁力的钐钴合金永磁体。常用树脂有 PE、PP、PVC、EVA、氯化聚乙烯、PA、PPS、甲基丙烯酸等热塑性树脂与环氧、酚醛和三聚氰胺热固性树脂等。

塑料磁体兼有塑料和磁体的特点，因而可以借助于普通塑料成型设备及成型方法进行制备。它与烧结磁体比较列于表 3.27。

表 3.27　塑料磁体与烧结磁体比较

项 目	节能	尺寸精度	脆性	二次加工	小型化、薄壁制品复杂形状的成型性	轻量化
塑料磁体	好	高	小	毋需	好	好
烧结磁体	耗电大	收缩量大	大	需切削研磨	差	差

尽管塑料磁体的磁性、耐热性等还不及烧结磁体，但由于具有上述各种优点，仍使它有广泛用途。

制备塑料磁体的工艺流程如下（图 3.11）。

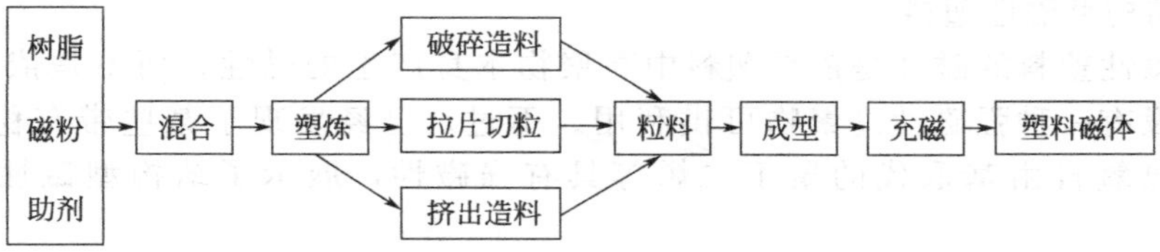

图 3.11　塑料磁体工艺

通过各种成型方法生产的各向同性磁体，磁性能较低，为提高制品的磁性能，需进行充磁。充磁是在成型时，通过特殊的模具结构来施加磁场的。当物料处于熔融态，磁性粒子能自由转动时，在外磁场作用下，磁性粒子便按磁场方向取向，于是在冷却固化后得到磁性能较高的各向异性塑料磁体。

制造塑料磁体，对原料有一定的要求。为了尽可能提高磁性能，磁粉的填充量相当高，均在 80%以上，因此，对树脂的熔融流动性要求较高，既要求树脂的分子量较低为宜，但又不要损伤磁性体的机械强度和冲击性能。这往往需要采用复合树脂或添加助剂来解决。树脂对磁性能也有一定的影响，如使用烯烃与乙烯醇共聚物时的磁性能较使用 PE 和 PP 差些。

虽然各种磁粉都可与塑料复合，但通常使用的还是以钡、锶、铁氧体为主。因为它们具有磁特性稳定、矫顽力高、电阻率高、密度小、价廉等优点。稀土类磁粉如钐钴和铈钴合金等比铁氧体的磁性能高得多，所制成的塑料磁体之磁性能可与烧结磁体匹敌，但价贵。由于塑料磁体成型后不能烧结，因此，选用磁粉必须结晶完整，反应完全，达到一定的密度、细度和粒度分布等。磁粉还须退火处理和活化处理，以消除内应力和增加与塑料的亲和力。

各种助剂的添加应遵循普通塑料助剂的添加原则和要求。

各种塑料磁体的磁性能列于表 3.28 中。由表所示，使用稀土类磁粉，磁性能最高。此外橡胶类磁体的磁性能较塑料类低些。

当前塑料磁体的应用比较广泛。铁氧体各向同性橡胶，或软塑料磁性体主要作冷藏车和电冰箱或冷库门的垫圈、密封条，文具和玩具的磁性板、条等；铁氧体塑料磁体主要用于家用电器和日用品磁性部件如电冰箱的密封条，还作为磁性元件用于电机、电子、仪器仪表、音响器械和磁疗等领域。稀土类塑料磁体可用于微机、流量计、行程开关等领域。据报道，日本 10W 以下的电机，几乎已全部采用塑料磁体作为永久磁钢，实现了成本低，质量好，效率高的目标。

表 3.28 各种塑料磁体的磁性能

类型	种类	剩余磁通密度 $B_r/\times10^{-4}T$	矫顽力 bH_c，/(7.9578×10A/m)	最大磁能积 $(BH)_{max}$ /(7.9578×10³T·A/m)	密度 ρ /(g/cm³)
铁氧体类	橡胶(各向同性)	1400	1000	0.4	3.6
	橡胶(各向异性)	2300	2200	1.4	3.5
	塑料(各向同性)	1500	1100	0.5	3.5
	塑料(各向异性)	2600	2400	1.7	3.5
稀土类	热固性塑料				
	压缩(1对5型)①	5500	4500	7.0	5.1
	压缩(2对17型)①	8900	7000	17.0	7.2
	热塑性塑材				
	注射成型(2对17型)	5900	4200	7.2	5.7
	挤出成型(1对5型)	5300	4400	6.2	6.0

① 稀土类塑料磁铁为各向异性，1对5型为 $SrnCo_5$ 型；2对17型为 Sm_2（Co、Fe、Cu；Zr、Ti、Hf)$_{17}$型。

3.11.4.2 结构型磁性塑料

结构型磁性塑料的磁性是依靠塑料中高聚物本身产生的磁性，而不是依靠填充磁粉。可惜至今还没有一种强磁性高聚物可供利用。不过，已经发现了某些带有稳定自由基的聚合物，如氮氧自由基取代的聚丁二烯等具有强磁性，展示了结构型磁性塑料的喜人前景。

物质磁性来源于电子的净自旋。物质具有磁性需要两个条件：原子具有固有磁矩是必要条件；电子间交换积分大于零是充分条件。因此制造分子的（而不是原子的）强磁体的诀窍是制备电子数为奇数的，至少有一个不成对电子的分子或分子单元。一旦利用聚合、结晶、氢键、掺杂等手段，加强其分子间的作用力，使分子有序排列和自旋有序取向，就能实现有机物质包括高聚物的宏观铁磁性。

有机分子中，电子往往成对出现，每对由反方向电子组成，因而没有净自旋，表现为抗磁性。但也有少数有机分子具有顺磁性。而且早已发现它们的居里温度都在室温以下很多，无实用意义。近年发现稳定的有机分子自由基如下所示。它们具有未被填满的电子壳层结构，表现为顺磁性。而且由于它们以异核双原子三电子键 N═O 的结构形式存在因而有特殊的稳定性。若把它们通过官能团反应连接到聚合物上或通过聚合物本身的氧化反应，将氮氧自由基引入聚合物或者将带有氮氧自由基的单体直接进行聚合，都可以得到具有强磁性聚合物的材料。最近美国和前苏联的科学家在这方面取得了突破性的进展。如前苏联科学家 Ovchinnikov 等人通过一个两端附着氮氧自由基的丁二炔（BIPO）在紫外光辐射下或 100℃左右聚合得到聚合物，在 150℃以下具有强磁性。不过至今它的聚合度还难以控制，且转化率很低，只有 0.1%的单体能转化为铁磁性物质。

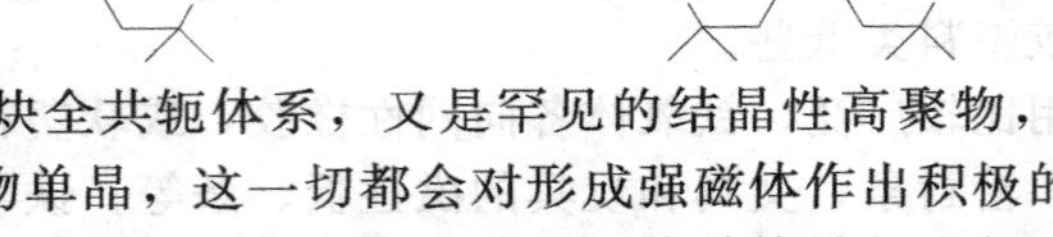

聚丁二炔本身为烯-炔全共轭体系，又是罕见的结晶性高聚物，能从单体晶体进行固相局部聚合直接获得聚合物单晶，这一切都会对形成强磁体作出积极的贡献。稳定的氮氧自由基是可靠的固有磁矩源，因此，氮氧自由基的丁二炔单体端基进行聚合后得到的聚合物产生铁磁性是完全有可能的。

除氮氧自由基外，稳定的有机自由基还有一些，而且在合成方面都在进行各种探索。要获得实用的材料估计还有一段相当长时间。

3.11.5 光功能高分子材料

3.11.5.1 光吸收与光热转化材料

塑料等合成材料中，聚合物本身对太阳光的吸收是极为有限的，在光可见区和近红外区无特征吸收。当然这种有限的吸收与其分子结构和晶体结构有关。与晶体结构有关的吸收大抵是光在晶体间散射引起的。图 3.12 表示，结构不同的材料之吸收光谱是不同的，而较大的吸收大多集中在紫外区。显然将它们直接用作太阳能光热转换材料是不行的。要令其大量吸收太阳光，只有在其中添加炭黑或 PbS 等半导体细粒之类吸光性物质才行。

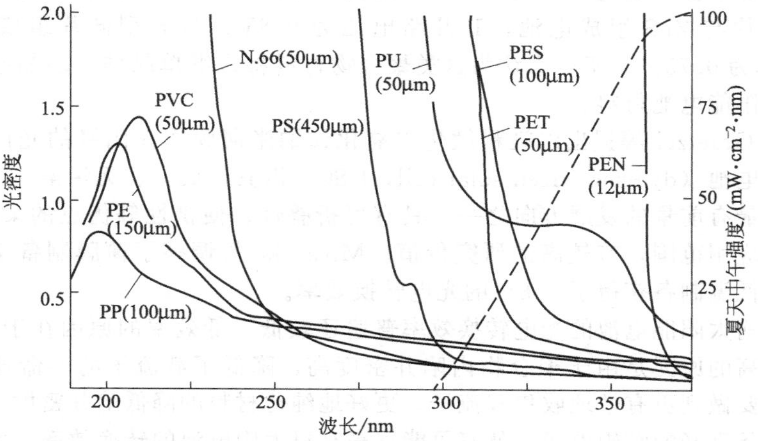

图 3.12　一些材料的紫外吸收光谱和自然阳光的紫外能分布

PU—聚氨酯；PES—聚醚砜；PEN—聚 2,6-萘甲酸乙二醇酯

添加炭黑的 PVC、PE（交联 PE）已有人把它用作低温平板热水器的吸收材料。集热器的吸收器将太阳光转化成热能，并把热传递给管内的流体。作为在此种条件下使用的管材，首先的要求是价廉，其次是优良的吸光性和相对大的热导率。

3.11.5.2 光电聚合物（太阳能电池）

一般来说，高分子合成材料是绝缘体。但有些有机聚合物在一定条件下可以成为半导体，良导体，甚至不久将来很有希望出现有机超导体。

1977 年，Heeger 等人发现聚乙炔（PA）经过碘掺杂具有导电性。随后的研究发现，具有 sp^2 共轭结构的聚合物在经过物理或化学掺杂后都具有很好的导电性，如聚噻吩（PTh）、聚苯撑乙烯类（PPV）、聚苯胺（PANI）等，于是人们就开始探索利用导电聚合物代替传统无机硅材料研制高分子太阳能电池。聚合物太阳能电池通常分为两类：由导电聚合物和其他非导电聚合物材料搭配分别作为电子给体（D）和电子受体材料（A）的电池称为半塑料太阳能电池；同时由导电聚合物作为电子给体和受体材料的太阳能电池则称为全塑料太阳能电池。

相对于传统的太阳能电池，高分子太阳能电池具有原料来源广、质量轻、生产工艺简单、成本低廉、加工性能优越、电池制作多样化等多种优势；同时，它能够在分子水平上进行设计，可以通过多种途径改变和提高材料光谱吸收能力和载流子的传输能力，还可以制备在柔性衬底上，这些优点使其能得到大面积的广泛使用，因此成为太阳能电池领域的研究热点之一。但目前高分子太阳能电池在光电转换效率等方面与传统的硅太阳能电池相比还存在较大差距。国内外在这方面的研究还有很大发展空间。

近几十年，人们研究发现，很多 sp^2 共轭聚合物，如聚乙炔（PA）、聚噻吩（PTh）等在经过掺杂等工艺处理后表现出半导体的性质。目前正在研究的有机半导体有酞花青、部花青、羟基喹啉类化学物、聚 α-乙烯吡啶-碘络合物、聚乙烯咔唑、聚吡咯、聚苯乙炔、聚苯硫醚、聚丙烯腈以及聚乙炔。其中大部分材料成本低廉，容易制成薄膜，便于大面积生产和运输，因而适合于制成光电器件。试验表明，聚丙烯腈和聚乙炔尤其具有作为太阳能电池材料的发展潜力。

作为光电半导体材料的聚乙炔，它的吸光范围能与太阳光谱范围很好的匹配，因此是很有希望的太阳能电池材料。加上该聚合物固有的许多优点，吸引了许多人投入科学研究工作，各国都在加紧投资研究和开发。有人将无机半导体材料与聚乙炔组成复合太阳能电池，如由 p 型聚乙炔与 ZnS 组成电池，其开路电压为 0.8V；与 n 型硅片组成的电池电压为 0.395V，效率为 0.75%。不少人认为这类聚合物材料将是继单晶硅、多晶硅和无定形硅之后的第三代太阳能电池材料。

1991 年，Graetzel 等提出以染料敏化二氧化钛纳米薄膜作光阳极的光伏电池以来，染料敏化太阳能电池（dye-sensitized solar cell，DSC）以其低成本、无污染、工艺简单等优点被认为是未来最有前景的发展方向之一。具有可折叠性、便携性等优点的柔性 DSC 进一步拓宽了电池的应用范围，有较高的研究价值。Miyasaka 等调整了薄膜制备工艺，采用刮涂法进行薄膜的低温制备获得了 5.8%的光电转换效率。

然而，目前太阳能电池的光电转换效率普遍还较低。低效率的原因在于量子效率不高，而量子效率不高的原因是由于聚合物内陷井密度高，降低了载流子的寿命迁移率和扩散长度。因此，只要做到更有效地收集载流子，更好地纯化材料的降低陷井密度，同时注意降低串联电阻和制备良好的欧姆电极，就有可能提高有机太阳电池的转换效率。此外，目前该类材料的电性能还不够稳定，易受氧化和潮湿而衰减。这可以从 π 键的化学活性得到解释。随着研究的深入，这些问题估计都是很快可以解决的。

2010 年 2 月，荷兰生命科学和材料科学公司帝斯曼集团旗下的帝斯曼功能涂料部曾宣布，其 KhepriCoat 太阳能防反射涂层系统在进一步优化后，使全球多晶硅太阳能电池板首次实现了 17%的转换效率。同年，日本三洋电机公司宣布，他们研发出一种新的 N230 太阳能电池板的光电转化效率为 20.7%，从而使其成为迄今为止转化效率最高的太阳能电池板。相信，随着科学研究的进展，太阳能电池的光电转换效率还会得到进一步的提高。

3.11.5.3 感光树脂

感光树脂就是在光作用下，短时间发生化学反应，并使其溶解性发生变化的高分子。当然，吸收光的过程可由具有感光基团的高分子本身完成，也可由与高分子共存的感光化合物（光敏剂）吸收光能引发反应。在印刷制版中采用感光树脂代替银盐的照相法，称为非银盐照相法。这种应用中的感光树脂应具有一定的感光速度、分辨力、显影性能和图像耐久性。

对感光树脂的分类有几种方法：①根据光反应类型可分为光交联型、光聚合型、光氧化还原型、光分解型、光二聚型；②根据感光基团的种类可分为重氮型、叠氮型、肉桂酰型、丙烯酸酯型等；③根据物性变化可分为光致不溶型、光致溶解型、光降解型等；④根据骨架聚合物种类可分为聚乙烯醇（PVA）型、聚酯型、尼龙型、丙烯酸酯型、环氧型、氨基甲酸酯型等；⑤根据聚合物的组分可分为感光性化合物、聚合物混合型化合物、具有感光基团的聚合物型化合物、光聚合组成型化合物等。

感光树脂在印刷工业中的应用分五类：凸版印刷、凹版印刷、PS 平版印刷、网印版印刷和照相化学腐蚀。

在电子工业中广泛使用的另一大类感光树脂是光致抗蚀剂，俗称光刻胶。即在光能作用下起化学反应（聚合、交联或降解）的高分子材料。把光刻胶涂于加工物，如半导体硅片上，用一定波长和能量的光或射线照射，使其进行光化学反应，即使被光照射的部分变得不熔或可熔，最后在加工物表面上留下所希望的图形。这在集成电路和超大规模集成电路的生产中得到了广泛的应用。光刻胶根据最后形成的图形分为正型和负型两种。根据使用的辐射源不同分为光致、远紫外线致和电子束致抗蚀剂。

在光致抗蚀剂中，广泛使用的是聚异戊二烯负型胶，常用的干法显影负型胶是聚甲基异丙基酮加双叠氮化合物。重氮化物一般作增感剂使用。

利用波长 200～300mm 的远紫外线曝光进行图形复印（光刻），分辨率高（大于 0.2μm），适于 2～1μm 及亚微米图形复印，而且曝光速度快，3～6s 可曝光一次，设备便宜，适于大规模工业化生产超大规模集成电路（VISL）。远紫外线抗蚀剂的感光不是依靠感光基团，而是利用高分子本身的光化学反应，即断链、分子量下降使溶解度变化。这类材料可分为五种：①甲基丙烯酸酯类，即聚甲基丙烯酸酯及其各种衍生物。在 215nm 波长时灵敏度最高，而波长在 260nm 以上则不敏感。此特征适于远紫外技术。②烯酮类，如聚甲基异丙基烯酮（PMIPK），是正型光刻版，在波长 100nm 时有强吸收峰，敏感度比聚甲基丙烯酸甲酯高 5 倍。③聚烯砜类如聚丁烯-1 砜（PBS），在 190nm 波长时有强吸收峰，灵敏度比聚甲基丙烯酸甲酯高 100 倍，但分辨率低，不适于亚微米图形复印。④环氧类（负型），如聚甲基丙烯酸缩水甘油酯（PGMA）、OMA 与丙烯酸乙酯的共聚物等。这类材料远紫外辐射时，断链反应超过交联反应，由负型变成正型，分辨率差，还易黏附模板，不大适用。⑤其他。

在电子束抗蚀剂中，正型有聚甲基丙烯酸甲酯（分辨率离达 0.1μm）、甲基丙烯酸甲酯-丙烯腈共聚物，聚甲基丙烯酸（2,2,2-三氯）乙酯丙烯酸甲酯-丙烯腈共聚物，聚甲基丙烯酸酰胺等。负型有聚甲基丙烯酸缩水甘油酯、氯甲基化 PS、碘化聚苯乙烯、含马来酯的甲基丙烯酸酯聚合物等。此外，还有软 X 射线抗蚀剂等。

光固体涂料由光聚合性树脂和光引发剂组成。树脂包括不饱和聚酯、聚丙烯酸酯类、环氧丙烯酸酯、螺环烃树脂、环氧树脂、聚硫醇多烯烃等。引发剂包括羰基化合物、硫化物、卤化物、氮化物、过氧化物等。光固体涂料主要应用于金属、塑料、电气绝缘涂层及封装、家具和建筑材料的涂层以及紫外光固化油墨和胶黏剂。

3.11.6　导电高分子材料

3.11.6.1　概述

高分子材料作为绝缘材料，在许多应用中遇到静电积聚、静电危害等一系列问题。当它们与其他材料或物体摩擦时就有可能产生静电，积累到一定程度后，有导致火灾、爆炸等重大事故的危险，因此，需要其具有适当的导电性或者表面导电性，以避免静电的危害。其次，随着电子电器、集成电路和大规模集成电路的迅速发展，包括微型化和高速化，其使用的电流大多是微弱电流，致使控制讯号功率与外部侵入电磁波噪声的功率接近，因此易产生误动作、图像障碍和音响障碍，妨碍通讯，造成卫星总装调试障碍等，对此必须采用屏蔽措施。导电高分子材料是理想的屏蔽材料，可作为电子器件设备的外壳来实现屏蔽。

导电高分子材料主要有导电塑料和导电涂料两种应用形式。从组成上讲、通常又分为两大类：一类是高聚物本身结构或经掺杂之后具有导电功能的材料，称之为结构型导电高分子；另一类是高聚物本身不具有导电性，但通过加入导电性填充物，使其获得了导电性的材料，称之为复合型导电高分子。

结构型导电塑料主要有如下：①π-共轭系高聚物如聚乙炔、聚苯乙炔、线型聚苯和面型石墨结构高聚物；②金属螯合型高聚物如聚酮酞菁等；③电荷转移型高分子络合物如吡啶与四氰基醌二甲烷（TCNO）的络合物及 *N*-甲基嘛啶与 TCNO 的络合物等。复合型导电塑料分为表面膜式导电塑料填充型导电塑料和层压型导电塑料三种类型。表面膜式导电塑料就是在基体材料的表面涂覆导电性物质或进行金属熔喷、金属镀膜等处理后形成的。填充或分散型导电塑料是在基体材料内部加有抗静电剂、炭黑、石墨、金属粉、金属纤维和碳纤维等导电性填料的一种或多种组合的材料。而层压型导电塑料则是将高聚物与金属网或碳纤维栅网等导电性织网一起层压，并使导电材料处于基材内部。其中最常见的，应用最广泛的导电材料就是填充型导电塑料。

3.11.6.2 复合型导电塑料

复合型导电塑料因功能不同可分为半导型材料、抗静电型材料、除静电型材料、电极材料、发热体材料、电磁波屏蔽材料等。如纺织器材、家用或矿用电子电器外壳等往往需要半导型材料来制作。半导型塑料主要依赖于添加或表面涂覆抗静电剂形成的。如防静电设备外壳，矿用塑料传输带与软管，导电轮胎和塑料辊，防爆电缆以及集成电路等电子电器的运输、保存过程中使用的盒、箱、托架和包装材料等，往往需要用防静电和除静电材料制作。该类材料主要选用添加炭黑填料的导电塑料。许多电子电器和通讯电缆要求进行电磁波屏蔽，填充炭黑或金属的导电塑料是新型的屏蔽材料。电极材料是重要的工业材料。添加炭黑的复合导电塑料，在此也有其用武之地。随着人们物质生活的改善，低温发热材料需求日见迫切。因此添加炭黑的导电塑料将有一个广阔的市场前景。

添加炭黑型导电塑料是目前应用最广的一种。这是因为炭黑价廉，并能根据不同的导电性要求有较大的选择余地。它的制品的电阻率可在 $1\sim10^8\Omega\cdot cm$ 变化，因而不仅可用于消除静电和防止静电，还可作面状发热体、电磁屏蔽材料甚至电极材料使用。此外，它的导电性持久、稳定，但它的色调单调——只有黑色，且由于填充量大，对材料原有物理机械性能有所影响，在选用时应该引起注意。

炭黑添加量 w（重量百分比）与材料的体积电阻 R 的关系可用下式表示：

$$R=\exp\left(\frac{a}{w}\right)^p \tag{3.9}$$

式中，a、p 为常数，由炭黑和塑料胶种类决定。

这关系式表明，炭黑达到一定含量，体积电阻不再降低。

金属填充导电塑料是最年轻的复合导电塑料。它有优良的导电性，体积电阻在 $10^{-3}\sim10^6\Omega\cdot cm$ 范围。它与传统的金属导电材料相比，具有重量轻、易成型、生产率高，总成本低等优点，作为电子设备的电磁屏蔽壳体材料最为合适。虽有时可以采用塑料壳体上喷涂或真空镀金属等办法实现屏蔽化，但它不如填充型导电塑料理想。所填充金属的种类、形态也是需要选择的。高电导性金属如银、铜、铝对电磁波的反射率大，而铁类金属有高的透磁率，对电磁波的吸收大，有利于屏蔽作用。不过需要注意的是，随着电磁波频率的上升，反射率变小，吸收变大。由于工艺原因，应用得最多的金属是纤维形状，而且是黄铜纤维，其次是铝纤维。金属纤维的填充量一般为12%～20%（体积百分数），长径比小的纤维导电性好，屏蔽效果也好。

碳纤维也是导电塑料有发展前途的填充材料，当填充量达20%～30%，体积电阻达 $1\sim2\Omega\cdot cm$ 完全符合屏蔽材料要求，但由于价贵，这种填充材料，通常只用于航空、航天领域。

3.11.6.3 结构型导电塑料

π-共轭结构是结构型导电塑料的一个重要特征。当前研究开发的主要品种有聚乙炔、聚亚苯基、聚噻吩、聚吡咯和聚苯硫醚等。

在20世纪70年代的初期，日本化学家白川英树开发了一种合成聚乙炔的新方法，可以控制顺式与反式异构物的比例，所得到的聚乙炔以一种黑色的膜附着在反应瓶的内壁。有一次，由于一个偶然的错误，加入了比平常多一千倍的催化剂，而令白川意外的是这一次竟得到了一个美丽的银白色的膜。白川受到这个发现的激励，近一步的研究显示这个银白色的膜是反式的聚乙炔，而在另一个温度所得到的则是一个具有铜般颜色的膜，后者几乎是纯的顺式聚乙炔。这种改变温度以及催化剂浓度的做法对后来的发展扮演了决定性的角色。

在世界的另一端，美籍化学家 MacDiarmid 与物理学家 Heeger 也正在进行一个无机聚合物硫化氮 $(SN)_x$ 的膜之研究。此后，白川与 MacDiarmid 和 Heeger 合作，发现掺碘的反式聚乙炔电导率增高了一千万倍。经碘的掺杂后，银色的聚乙炔变成金黄色、有铝箔的手感，电导率大大增加，通常在 10^{-8}～10^{-1}之间，最多可达 12 个数量级，达到 10^4 即良导体的水平。

倘若让带负电荷的负离子（给电子剂或还原剂）靠近聚乙炔的 π 电子键时，为了维护其整体中性，电子就要离开聚乙炔，于是聚乙炔带上负电。这时带正电或负电聚乙炔分别和负离子或正离子一起形成稳定状态，其电导率急剧上升，通常在 10^{-8}～10^{-1}之间，最高的可达 10^3。这就意味着聚乙炔可以用作蓄电池。据报道，至今已制得了体积电导率为铜的四分之一，质量电导率为铜的两倍的聚乙炔材料，其值约为 147000S/cm，是最有前途的电力传输材料。遗憾的是这些材料的性能稳定性还不太好，在空气中双键易氧化，性能稳定时间还不到一年。因此，今后的发展方向之一是寻求其性能稳定化。此外，由于聚乙炔不溶不熔，加工和成型困难，因此，研究聚乙炔等新的可溶可熔导电高聚物又是一个方向。

在 1977 年的夏天，Heeger、MacDiarmid、白川与工作伙伴们发表了他们的研究论文，2000 年，这三位科学家因在导电高分子材料方面做出的创造性贡献获得诺贝尔物理学奖。

除聚乙炔外，聚丙烯腈、聚酰亚胺和聚噁二唑等在高温下热解处理，生成近似面型石墨结构的物质，也具有 π-共轭结构特征，因而也是结构型导电材料。它们的优点是无需掺杂就有很高的导电性（高达 1100S/cm）而且性能十分稳定。

聚苯撑有与聚乙烯相似的巨大表面积，但目前还不能制成柔软的薄片，但它可通过模压粉末制成坚硬的电极板。它的优点是未掺杂时较聚乙炔稳定，当用于电池时比聚乙炔有更高的电压。

另一类重要的结构型导电塑料是电荷转移型导电塑料。它是由吸电子强的（电子受体）与供电子强的（供电子体）两部分络合而成的，电荷转移络合物型导电高聚物一般可用作小型、薄电池的电极和电解质薄膜等。近年发展较快的高分子电解质材料的典型类别是聚氧化乙烯-碱金属盐络合物（PEOMX）它具有较高的离子传导性和良好的成膜性，可以用作固体电池如高性能的二次电池、锂电池的电解质。

3.11.6.4 导电涂料

从用途上讲，导电涂料分为两种：一种是导静电涂料，一种是普通导电涂料。导静电涂料适用于既要防腐蚀又要防静电的设备，如汽油油罐等。而普通导电涂料则具有很高的导电性能，可用于地下电网的防腐，以及作为电磁屏蔽涂料。

从结构上讲，导电涂料也可分为掺合型导电涂料及结构型导电涂料，现阶段获得实际应用的主要是掺合型导电涂料。将导电涂料涂覆于绝缘体上、能够使绝缘体表面导电并排除积聚的静电荷。导电涂料的施工方法与一般涂料的施工方法相似，可以用喷（等离子喷涂、静电喷涂）、刷、流、滚等。

导电涂料广泛应用于现代电子工业中。例如，电视显像管上涂以导电涂料后，在关闭电钮后可排除剩余的能量。无线电电子器械中，电磁波屏蔽器、电极端子的引出线、录音机的调谐装置、电视天线、阴极射线管的外表面、波导体、无线电反射器、雷达截留抛物面的反射器等部件都使用导电涂料。

另外，可以利用导电涂层的导电能力，将电能转化为热能，用来加热住宅及工农业建筑物。这种加热漆的显著优点是不占空间，其使用方法是在导电涂层的两侧安装两个接头、接入电源，当电流流经涂层时产生热量。

3.12 高分子生物医用材料

3.12.1 高分子生物材料概述

3.12.1.1 高分子生物材料简介

高分子生物材料（polymeric biomaterials）亦称医用高分子（biomedical polymer），或生物高分子（biopolymer）。自1949年，美国首例用聚甲基丙烯酸甲酯作为人的头盖骨和关节的临床应用以来，至今60余年的发展历史中，高分子生物材料的应用已遍及整个医学领域，取得了瞩目的成就。在生物材料中高分子材料的用量也持续稳定增长。

现代医学的发展对材料性能提出了复杂而严格的多功能要求，这是大多数金属材料和无机非金属材料难以满足的；而高分子生物材料与生物体（天然高分子）则有着相似的化学结构。设计并合成出与生物体的化学、物理和生物特性相似或相同的高分子生物材料，部分取代或全部取代生物体中的有关器官，从理论上说是完全可以的。

高分子材料，原料来源丰富，能够长期保存，而且品种繁多，性能可变，范围广泛。例如，按照医学上的要求，高分子材料可以作到：坚硬如同牙齿和骨头、强韧类似筋腱和指甲、柔软而富于弹性有如肌肉组织、透明可制成角膜和晶状体等。此外，它可以加工成复杂的形状，甚至纤细的毛发，超薄的薄膜或包囊，可以说是千姿百态，变化多端。这些特性展示了它在医学领域中广阔的应用前景。

高分子材料的研究开发，经过通用材料、结构材料（工程塑料）和特种材料的阶段。目前正朝着更新的方向发展，它与生物科学结合，为医学和药学服务，正是其向着高技术化和功能化方向发展的必然趋势之一。

作为边缘领域，人工器官的发展依靠多方面科学技术的密切合作：医学、化学、生物学、物理学、机械加工与电子学等。因为除人工器官本身以外，还要有辅助装置、动力能源和自动控制等整体设备。然而，就人工器官本身而言，最为重要的是生物材料的研制与开发。不难想像，没有高分子生物材料为基础，人工器官就不能不断更新与完善。新产品、新材料的涌现，为人工器官的进一步发展准备了雄厚的材料基础，推动医学科学的现代化和药物学的革新。

高分子生物材料根据实际应用，大致可分为制作人工器官、修复人体缺陷和制作医疗器械三大类材料。

第一类为植入体内，永久性替代病变的人工脏器或部位，如人工血管、人工心脏瓣膜、人工食道、人工气管、人工胆管、人工尿道等。此外，在手术过程中，用于体外暂时替代使用的人工脏器有人工肾脏、人工心脏、人工肺、人工肝脏等。

第二类为修复人体某部分缺陷的人工材料。例如，人工皮肤、人工骨、人工关节、人工乳房、人工耳朵、人工鼻、假肢、角膜接触眼镜等。

第三类，用作医疗器械的高分子材料。例如，医用容器，有输液瓶、输液袋、输血袋、腹膜透析液袋、血袋等；一次性医疗用品有注射器、输液器、输血器、静脉导液管、各种插管、血液导管、检验用具、病人用具、手术室用具、诊疗用具和绷带等。

根据使用要求，以上这三大类高分子生物材料都必须具备生物功能性和生物相容性。所谓生物功能性，是指用生物材料或器械所替代、增强或者修复的人体所具备的天然功能。生物相容性是材料能与人体组织相容，不引起一些有害的反应，包括无毒性，不致敏，不致畸等。

针对医学方面的需要，选择适当的高分子材料或对现有材料进行生物功能化改造，是高分子生物材料制备的重要途径。目前常见的、适合于制备高分子生物材料的高分子材料有：聚甲基丙烯酸酯类，如甲酯、丁酯和羟乙酯等；有机硅类，如硅橡胶、硅油；聚氨酯、聚酯、聚乙烯、聚丙烯、聚四氟乙烯、聚氯乙烯、聚丙烯腈、聚苯乙烯、聚乙烯醇、聚丙烯酰胺类、聚乙烯基吡咯烷酮、聚酰胺、聚碳酸酯、聚砜及纤维素衍生物等。

3.12.1.2　生物材料与生物相容性

第六届国际生物材料大会对生物材料所下的定义为："生物材料是一类植入生命系统内或与生命系统相结合而设计的一类物质，与生命体不起药理反应"。生物材料的作用为替代、增强或者修复活体组织器官的功能。在生物材料中，高分子生物材料是最重要的一大类。简单地说，生物材料需满足三个条件：一是生物材料与人体内环境接触；二是生物材料需行使一定的生物功能（即生物材料具有生物功能性）；三是生物材料不是通过与人体的新陈代谢来调节生理功能，这是生物材料与药物的区别所在。

生物材料与人体内环境接触，一方面生物材料需要在人体内环境中保持稳定，至少是在其行使一定生理功能的时间内需稳定（如降解材料）；另一方面，人体需接纳材料。这两者都与生物相容性有关。所谓生物相容性，简单地说是指材料和人体组织互相接受，和谐共处。从材料学的观点看，人体内环境对材料来说是相当严酷的，人体体液（组织液和血液）的 pH 值约为 7.4，但在胃里 pH 值约为 1，皮肤 pH 值约为 5～6，骨修复时成骨细胞局部 pH 值可到 9。不同部位应用的材料，其耐受的酸碱环境是不一样的。人体在新陈代谢中将产生各种氧化性自由基（如氧负自由基·O_2^-，氢氧自由基·OH），这些自由基也会对材料产生破坏。尤其是在材料生物相容性不好的情况下，材料周围的炎性反应加剧，巨噬细胞释放大量的脂肪酸和自由基，甚至过氧化氢等物质，对材料产生破坏。有时候材料降解的小分子或颗粒又会加剧炎性反应。如此反复对材料产生严重的破坏。人体的力学环境也是很复杂的，如一般环境下，骨承受的应力为 4MPa。然而肌腱和韧带承受的峰值应力常可达到 40～80MPa。人体髋关节承受的平均负荷为三倍体重，在跳跃时的峰值负荷可以达到体重的 10 倍。一年中指关节和髋关节所承受的往复应力可达到百万次，心脏跳动约为 4 千万次。因此，对于应用于不同部位的生物材料，其承受的力学环境也是不一样的。人体内环境随年龄、性别、健康状况的变化也会不同。因此，生物材料可以看成为一类特殊的功能材料，它们能够在人体环境短暂或长期行使某种特定的生理功能。

生物相容性是生物材料区别于其他材料的最重要的性能。比较严谨的定义为：生物相容性是指材料在特定的应用中，伴随合适的宿主（指人体）反应的情况下，行使一定生物功能的能力。要深刻理解生物相容性的概念，需掌握三个方面的内容。首先，生物相容性是针对特定的应用来说的，单纯地说"某材料生物相容性好"是没有意义的。比如，聚四氟乙烯作为大直径人工血管材料，由于有较好的生理惰性和生物稳定性，是可以满足使用要求的。但如果将其作为人工髋关节的臼窝材料，由于其磨屑易引起炎症等异物反应，则不能满足使用要求。因此，不能笼统地说聚四氟乙烯生物相容好，而应说"聚四氟乙烯用于大直径人工血管时生物相容性是好的"。其次，所有的生物材料植入体内后都会引起一定的异物反应（即前文所指宿主反应）。如果异物反应过于强烈，比如，严重的炎性反应，或者引起严重的毒性反应，则材料的生物相容性是不可以接受的。因此，生物相容性强调"合适的宿主反应"，即材料植入后不应对人体造成明显的损害。早期人们认为惰性的生物材料（几乎不引起异物反应），如聚四氟乙烯、涤纶、金银等，是生物相容性好的材料；随着研究的深入，发现能引起良性生理反应的材料（即生物活性材料），生物相容性也不错。比如生物活性玻璃，可以引导骨细胞的生长、黏附，与骨区可以形成化学键的结合，这种材料的骨相容性是很好的。又比如聚乳酸材料作为缝合线，可以在人体内逐渐降解（水解和酶解），其降解产物乳酸可以参与人体代谢而排出体外。随着材料降解，周围的组织逐渐生长填充原缝合线的区域，最后导致伤口的愈合。因此，虽然聚乳酸缝合线有较强的异物反应，其生物相容性也是好的。

生物相容性是一个不断发展的概念，早期的生物材料主要用于长期替换或增强某种生理功能（如人工关节、人工血管），人们更注重材料的生理惰性（即生物稳定性）。现在生物材料已发展到如何引导人体组织器官的再生和修复，此时要求生物材料能够与人体组织有良好的相互作用，引导特定细胞的黏附、生长、分化（即具有生物活性），并逐渐降解，达到修复受损或病变组织器官的目的（再生医学）。最后，生物相容性强调材料及其制品必须能够完成一定的生理功能。再次以人工血管为例，其生理功能相当简单：保持血管的通畅。如前所述，聚四氟乙烯作为大直径人工血管，其通畅率很好。一旦作为小直径人工血管（内径小于 6mm），则很快发生凝血并堵塞。大直径人工血管内表面也会发生凝血，但由于血流速度大，血栓可被冲刷至血流，然后被血液中的纤溶系统溶解而清除。小直径血管血流慢，不可能将血栓冲走。虽然大、小直径血管的材料相同，在体内所引起的异物反应也类似，但两种情况下的生物相容性显然是不一样的。聚四氟乙烯材料作为大直径人工血管，其生物相容性好；但作为小直径人工血管，其生物相容性是很差的。

一种材料是否具有生物相容性取决于材料的化学结构、物理状态、表面形貌、机械性能以及所使用的部位。生物相容性可以分为表面和本体相容性。表面相容性是指材料的化学结构和表面物理性质（软、硬和表面形貌、粗糙度等）与人体的相容性。本体相容性是指材料的机械性能和人体组织的匹配性，包括材料的模量、强度、刚性以及植入体和组织之间的应力传导等。比较明显的例子是承力的骨折内固定材料。当用不锈钢作骨折内固定材料时，不锈钢的模量和强度远大于骨，导致应力大部分由不锈钢承担，新生的骨组织承力很小。当取出不锈钢内固定材料时，新生的骨组织不能承受很大的外力，易二次骨折（这种现象成为应力遮挡）。而选用高分子材料作内固定材料时，其强度和模量又比骨小，易折断。因此，复合材料（高分子加无机材料）成为骨材料的研究热点。必须指出的是，植入体在体内的成功应用不光取决于材料的生物相容性，还与植入手术（创伤的大小，消毒技术）和病人本身的身体状况密切相关。

现在生物相容性的研究已逐渐深入到分子水平，重点研究材料与组织之间的界面反应，包括蛋白吸附，细胞黏附等。只有全面了解生物材料和人体组织之间的相互作用，才能够设计性能更好的生物材料。理解并控制材料和组织的界面反应始终是生物材料研究的核心内容。

3.12.1.3 高分子的生物学性能

高分子生物材料除了理化性能、形态结构等方面应符合要求外，还必须具有良好的生物相容性。材料与肌体接触的部位和时间长短不同，对其生物学性能的内容及要求也不同。例如与体表接触只进行原发性皮肤刺激试验和过敏试验，证明对皮肤无刺激、不过敏即可使用；若与损伤体表接触，还要增加细胞毒性试验、急性全身毒性试验和皮内刺激试验，合格后才可用；植入人体内，与肌肉、组织、骨骼接触时，要进行细胞毒性试验、急性全身毒性试验、溶血试验、皮内刺激试验、短期或长期埋植试验、结膜刺激试验、过敏试验和热原试验等；若与血液直接或间接接触，还要增加血液相容性试验；若植入口腔，还要作口腔黏膜刺激试验。

（1）组织相容性　组织相容性（tissue compatibility）是指与心血管系统以外的组织和器官相接触的生物材料或人工器官与生物体组织之间相互容纳的能力，是生物材料和人工器官生物相容性的一个重要方面。

对生物材料组织相容性的考察，实际上涉及对材料的质量检验和安全性的评价，包括内容很多，各国已经建立了一整套的检验方法。已有的常规方法如下。

① 短期急性组织反应　可进行水或生理盐水的溶出物的数量、种类和毒性测定；材料中残存单体、中间体和添加物的抽出、提取和毒性试验。毒性试验是采用将材料的浸出液或提取液作动物体内注入、灌胃等方法测定，或对眼睛黏膜刺激性等进行检测。

② 中期　热原试验、溶血试验、细菌培养和细胞生长等。

③ 长期的组织反应的考察包括　皮下包埋、体内移植、排异性和致癌性等。此外，材料老化性、降解性和生物降解性也是试验的内容。关于材料的系统检验和测定的报道很多。有代表性的鉴别筛选过程可归纳为如图 3.13。

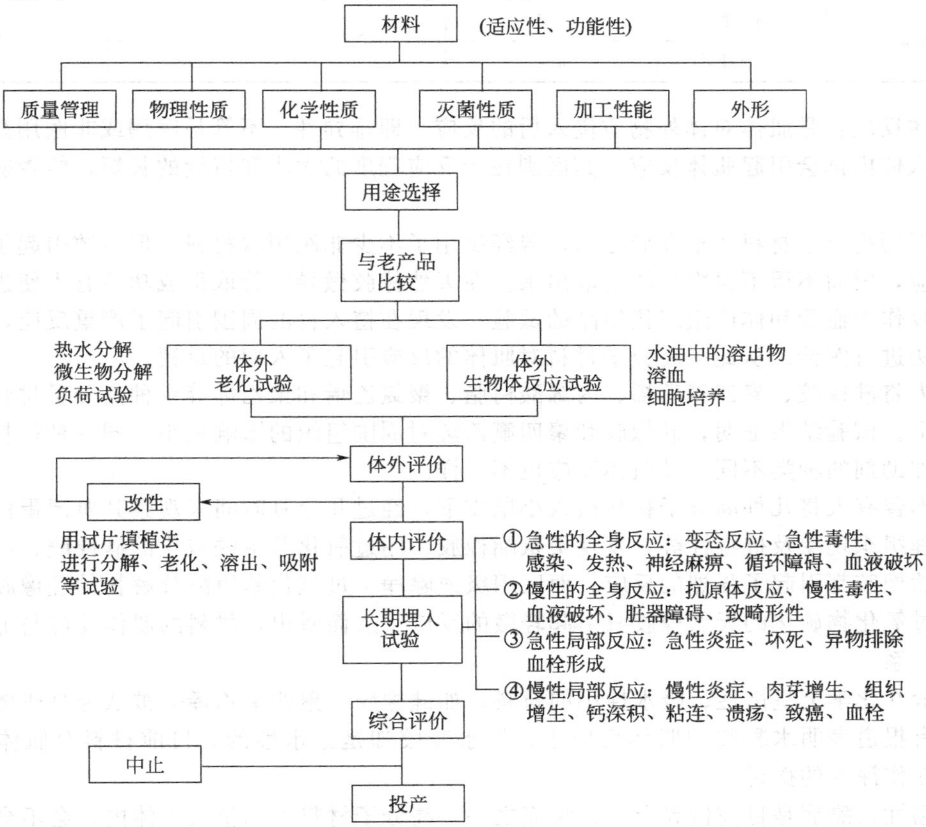

图 3.13　生物材料的鉴别筛选过程

耐生物老化性：人体内的环境是十分复杂的，既有像胃那样的酸性环境，也有像胸腔那样的碱性环境，还有包括血液在内的各种体液含有各种离子、蛋白质和酶等。要求高分子材料能够耐生物老化，就是要能经受住这些环境的影响，而不发生变化或变化尽量小。

将四种高分子材料在狗腹壁肌肉内埋植 17 个月后，取出测其性能变化见表 3.29。从该表看出，尼龙在体内埋植前的抗张强度最高，伸长率尚可，而埋植 17 个月后变化非常明显，强度降低了 44%，伸长率降低了 74%以上。说明尼龙的耐生物老化很差。硅橡胶虽然埋植前的强度比较低，而埋植 17 个月后变化很小，伸长率变化也很小。人工乳房用的硅橡胶埋植前的抗张强度为 2.8MPa，埋植 5 年后为 2.8MPa，9 年后为 2.6MPa，仅降低了 7.2%，推算可在人体内埋植几十年。这足以证明，硅橡胶耐生物老化性很好，可以作为体内长期植入的材料。

表 3.29 材料在体内埋植前后变化

材料名称	时间	拉伸强度/MPa	变化率/%	伸长率/%	变化率/%
聚乙烯	对 照	18.6	−28.5	780	−46.2
	17 个月后	13.3		420	
聚四氟乙烯	对 照	20.3	+26.1	320	−21.1
	17 个月后	26.6		250	
尼龙	对 照	64.1	−44.1	550	−74.6
	17 个月后	35.8		140	
硅橡胶	对 照	6.5	−2.1	800	+11.2
	17 个月后	6.4		890	

肌体反应：是肌体对体外物质侵入后的反应，即排异性。不管是医用或非医用高分子材料，植入体内都会引起肌体反应。其区别在于反应程度的大小和持续的长短，能否被患者所接受。

在医用高分子材料大量发展之前，曾经试用了不少非医用软材料，但多数引起了严重的肌体反应，因而不得不再次从体内取出来。在天然橡胶做导尿管取得成功后有人便进行了以天然橡胶作为血管和体内组织代用品的试验，发现在植入物的周围引起了严重反应，甚至使创伤无法进行医治。从此，高分子材料对肌体的反应引起了人们的重视。

有人将硅橡胶、聚四氟乙烯、丙烯酸树脂、聚氯乙烯和聚乙烯等十种高分子材料植入兔子的皮下。试验结果证明，硅橡胶和聚四氟乙烯对周围组织的影响很小。同一种材料加不加助剂和加助剂的种类不同，其肌体反应也不一样。

日本曾有人将几种高分子材料植入小鼠皮下，经过几个月时间来观察其血清蛋白质的情况、生理组织现象及抗毒性等，发现聚氨酯橡胶、用过氧化苯甲酰硫化的硅橡胶、用硫黄硫化的天然橡胶都引起了强烈的反应。而医用级或除净了过氧化苯甲酰分解物的硅橡胶、辐射硫化或过氧化物硫化的天然橡胶只引起轻微的反应。从而看出，材料的肌体反应与加工条件有很大关系。

一般在化学上呈惰性、吸水性小的材料，如硅橡胶、聚四氟乙烯等被认为是肌体反应小的。但有报道表明水凝胶的肌体反应小，但水凝胶却是亲水性的。目前材料对肌体反应问题，还在作深入的探讨。

致癌性：癌症是目前世界上三大难症之一。高分子材料长期植入人体内，会不会导致癌变，这是化学家和医学家十分关心和重视的。尤其近年来有关化学物质致癌的报道宣传越来越多，更增加了公众和患者的顾虑。

关于高分子材料和金属材料的致癌性，许多研究者进行了研究和报道；但还没有一个肯定的结论。现在一般认为，过多的担心是没有必要的。但是对于没有大量临床先例的材料，应用时必须慎重。

(2) 血液相容性 生物材料的血液相容性问题，是当前国际上最受重视的研究课题之一。因为无论是体内植入的材料，还是半体内应用的材料必然与血液接触，都存在着明显的血液相容性问题。

血液相容性（blood compatibility）是指与心血管系统、血液直接接触的生物材料或人工器官与血液相互适应的程度。

血液在血管（动脉、静脉和毛细血管）中的流动，在正常情况下是畅通无阻的。血液的异常，在以下两种情况下会产生：一是当血管，不论是动脉、静脉或毛细血管受到损伤，血液离开血管进入组织时，会自动凝血；另一种是当血液与异物表面接触时，可能发生溶血（hemolysis）或凝血（coagulation），从而形成血栓（thrombus），后种情况常出现在使用人工器官之时。显而易见，不解决这一问题，高分子生物材料就难以在心血管系统中应用。

20 世纪 60 年代初期，美国就将解决生物材料的抗凝血性能的问题列为人工器官开发中的重点研究课题，其他各国相继展开工作。目前，我国在这一领域的研究也十分活跃，各国每年都有大量文献报道，如血液的凝固所涉及血液成分的异物反应、血液在异物表面的凝固过程和材料表面结构对血液凝固的影响。

有人测定了 30 种材料的疏水性及泽塔（Zeta）电位，探索材料的血液凝固性。在直径为 10mm 长 30mm 的试管中采血，测其凝固时间和程度，结果在 30min 内都发生血栓。凝血性从小到大依次为：聚乙烯吡咯烷酮、硅橡胶、有机硅处理的玻璃纤维、聚氨酯泡沫、聚乙烯、涤纶、聚苯乙烯、玻璃纤维、尼龙。

血液的凝固性与血液的成分、流速、状态和接触材料都有关系。凝血过程首先是异物表面对血浆蛋白的吸附和变性，继而引起血小板的吸附、变形，从而凝集形成血栓。所以材料的表面性质对血液的凝固时间是有影响的。人们发现材料表面的可湿润性与凝血时间成反比（见表 3.30）。材料的表面张力小，接触角大，可湿润性小。

表 3.30 材料的表面性与凝血性（试管内）

材料	凝血率/%	凝血时间/min	接触角/(°)
多缩葡萄糖(低分子交联的)	0.71	5.5	57
尼龙-6	0.44	8	70
聚苯乙烯	0.46	10	86
芳香族聚酯	0.36	9.5	76
聚氨酯泡沫	0.28	10.5	88
硅橡胶(RTV)①	0.24	10	89
聚四氟乙烯	0.21	10	>90
硅橡胶(HTV)②(炭黑填料)	0.18	14	>90
硅橡胶(HTV)(SiO_2 填料)	0.12	14.5	>90

① RTV——室温硫化硅橡胶。

② HTV——高温硫化硅橡胶。

聚氨酯橡胶具有较好的抗凝血性。据报道，使聚氨酯材料的表面带有负电荷，能提高它的抗凝血性能。肝素能用来改进高分子材料的表面性能。肝素是一种天然的酸性多糖，通过离子键、共价键或共混等方法，把肝素接到高分子材料的表面赋予负电荷，能改进材料的抗凝血性能。

据报道，美国道康宁公司用有机硅季胺卤化物对高分子材料的表面处理后，再用肝素处理，可以得到不凝血的表面。例如，未处理的玻璃凝血时间为 15min，用有机硅季胺卤化物处理后可达 135min。再用 0.1～1.0mg/mL 浓度的肝素处理后，可使血液不凝固。若单用 0.1～1.0mg/mL 浓度的肝素处理，凝血时间只有 16～18min。

生物材料的抗凝血性还有很多问题没有研究清楚，目前仍然是生物材料研究中的一个难点问题。

3.12.2 医用对高分子材料的要求

（1）材料性能的要求　高分子材料的种类繁多，在工业方面有各种各样的用途，但不一定都可作为医用材料。在医学领域所选用的高分子材料要比工业上的要求高得多，尤其对植入人体的材料要求更高。对人体内部应用的高分子材料一般要求如下。

① 化学性能稳定，血液、体液等不能因材料的影响而发生变化；

② 组织相容性好，材料对周围组织不致引起炎症和异物反应等机体反应；

③ 无致癌性，不发生变态反应；

④ 耐生物老化，长期放置在机体内的材料，其物理机械性能不发生明显变化；

⑤ 不因高压煮沸、干燥灭菌、药液和环氧乙烷等气体的消毒而发生明显变质；

⑥ 材料来源广泛，易于加工成型。

除了上述一般要求外，根据用途的不同和植入部位的不同还有特殊要求。如若与血液接触要求不产生凝血；用作眼科材料对角膜要无刺激；用作人工心脏和指（趾）关节，要求能耐数亿次的曲挠；用作人工肾脏透析膜时，要求材料有较高透析效率；注射整形材料和注射粘堵材料，注射前要求流动性好，注射后固化要快等。

作为体外使用的材料，要求对皮肤无毒害、不使皮肤过敏、能耐唾沫及汗水的浸蚀、能耐日光的照射等。同时要能经得住各种消毒而不变质。不同的用处要附加许多特殊的要求，如用作人工皮肤的材料要能隔绝细菌浸入和水分损失，又能透过氧气。口腔材料不仅要求耐磨损，还要求承受冷热、酸碱条件的变化等。

(2) 材料生产加工过程的要求　尽管许多高分子材料本身的物理化学性能符合医用的要求，但是在合成和加工过程中会混进某些杂质，或部分未反应完全的单体、助剂及低分子物残留在材料中，在工业上应用是符合要求的，若用作医用材料，这些杂质或残留物质往往会带来不良后果。因此，对医用高分子材料的合成和加工过程，必须有清洁的环境和严格的工艺及其质量管理。以硅橡胶的加工为例，医用和工业用品的区别如下所述。

① 医用级要求非常清洁的聚合物合成和加工环境，而工业级要求一般。

② 医用级对重金属的含量有严格的限制，镍、钴、铁、钼、镁、铅、锰等含量不得超过十万分之一，铝的含量不得超过万分之一，而工业级却要求不严。

③ 医用级在配方的控制方面，不仅要满足对制品物理机械性能的要求，还要为医用所能接受，而工业级只根据物性和电性能要求决定配方。

④ 医用级的生产和研究要完全遵照卫生和药物管理部门的有关规范，而工业级无此要求。

⑤ 医用级产品每批都要进行测试，而工业品只作抽样测试。

⑥ 医用级对民用的原材料要进行跟踪，每批料都要取样保存待查，对于生胶和胶料均要进行过滤处理等，作为工业级就无此必要。

3.12.3 高分子生物材料的应用范围及材料选用

高分子材料的应用范围及材料选用分体内和体外两部分，见表 3.31 和表 3.32。需要指出的是，早期的医用材料都是将工业材料适当提纯后采用“试错法”筛选出来的，表中所列材料，大部分属于这一类材料。如表 3.31 所示，接触心血管系统的材料，大部分为聚氨酯、聚四氟乙烯、涤纶等在体内惰性的材料，其血液相容性也较好。如人工心脏，除要求材料具有较好的血液相容性和良好的体内稳定性外，还要求材料有很好的耐疲劳性和弹性。聚氨酯材料正因为有很好的耐疲劳性和弹性，而成为了人工心脏的首选材料。对于体内的管道系统，如人工食道等，要求没有心血管材料高，惰性的无毒的高分子材料就能满足要求，选材的范围就广一些。人工髋关节目前的主体材料还是钛合金，由甲基丙烯酸甲酯现场聚合将其固定在股骨内；其关节臼窝材料选用的是超高分子量聚乙烯材料，这种材料强度高、耐磨。非承力的骨材料，如人工耳小骨，一般选用惰性的高分子材料/羟基磷灰石的复合材料。羟基磷灰石为骨的无机成分，可以提高骨材料的生物相容性。人工脂肪可以看成是软组织的填充材料，一般要求材料惰性、多孔，有利于周围组织的长入。人工血浆和人工血液在二战期间用得较多。和平时期因为有充足的血液来源，就不需要人工血浆和人工血液了。氟碳化合物乳液因为有较高的氧气溶解度，而被作为血液替代品。

表 3.31 高分子生物材料体内应用范围及选用的材料

应用范围	材料名称
人工血管	涤纶、聚氨酯橡胶、聚四氟乙烯
人工心脏	聚氨酯橡胶
人工心脏瓣膜	聚氨酯橡胶、牦牛心包材料
人工大动脉心瓣	硅橡胶、聚氨酯橡胶
心脏起搏器	硅橡胶、聚氨酯橡胶
脑积水引流管	硅橡胶
人工食道	聚乙烯醇、聚乙烯、聚四氟乙烯、硅橡胶、天然橡胶
人工气管	聚乙烯、聚乙烯醇、聚四氟乙烯、硅橡胶
人工胆管	聚四氟乙烯、硅橡胶、涤纶
人工输尿管	聚四氟乙烯、硅橡胶、水凝胶
人工尿道	硅橡胶、聚甲基丙烯酸羟乙酯
人工头盖骨	聚甲基丙烯酸甲酯、聚碳酸酯、碳纤维
人工腹膜	聚丙烯、单面多孔性聚四氟乙烯、硅橡胶、聚乙烯
人工硬脑膜	多孔性聚四氟乙烯、硅橡胶、涤纶、尼龙
人工喉	硅橡胶、聚乙烯
人工膀胱	硅橡胶
疝气补强材料	聚乙烯醇、聚四氟乙烯、涤纶
人工骨及人工关节	聚甲基丙烯酸甲酯骨水泥、超高分子量聚乙烯、聚乙烯与羟基磷灰石复合材料、骨胶原与羟基磷灰石复合材料
人工指关节	硅橡胶、尼龙、硅橡胶涂聚丙烯
人工腱	尼龙、硅橡胶、聚四氟乙烯、涤纶
人工脂肪	泡沫硅橡胶、硅凝胶、聚乙烯醇泡沫、水凝胶、有机硅与甲基丙烯酸甲酯块状聚合物
人工血浆	右旋糖酐、聚乙烯醇、聚乙烯吡咯烷酮
人工血液	氟碳化合物乳液
人工眼球	泡沫硅橡胶
人工晶状体	聚丙烯酸酯水凝胶、硅凝胶、硅油
人工角膜	胶原与聚乙烯醇复合体、聚甲基丙烯酸羟乙酯、硅橡胶
视网膜修垫压带	硅橡胶
接触眼镜	聚甲基丙烯酸甲酯、聚甲基丙烯酸羟乙酯
人工齿及其牙托	聚甲基丙烯酸甲酯及其复合材料
人工耳小骨	聚四氟乙烯、聚乙烯与羟基磷灰石的复合体、胶原与羟基磷灰石复合体
人工耳及耳软骨	硅橡胶、聚氨酯橡胶、天然橡胶、聚乙烯、硅橡胶与胶原复合体、硅橡胶与聚四氟乙烯复合体
人工鼻	硅橡胶、聚氨酯橡胶、天然橡胶、聚乙烯
人工乳房	硅橡胶囊内充硅凝胶或生理盐水
人工输卵管	硅橡胶
宫内节育环和节育器	硅橡胶、尼龙、聚乙烯
输精、输卵管粘堵材料	室温硫化橡胶、丙烯酸酯胶黏剂、聚氨酯胶黏剂、硅橡胶
埋植式药物缓释材料	硅橡胶、聚乳酸、聚乙醇酸

表 3.32 高分子生物材料体外应用范围及选用的材料

应用范围	材料名称
膜式人工肺	聚丙烯膜、聚四氟乙烯膜、硅橡胶膜及管
人工肾	纤维素膜及空心纤维、聚丙烯膜、聚砜、聚醚砜
人工肝	纤维素膜
人工皮	硅橡胶与尼龙或涤纶复合物、聚氨酯泡沫、胶原
血液导管	聚氯乙烯、聚乙烯、尼龙、硅橡胶、聚氨酯橡胶
各种插管	聚乙烯、聚四氟乙烯、硅橡胶
采血瓶	聚乙烯、聚氯乙烯
消泡剂及润滑剂	硅油
绷带	聚氨酯泡沫、异戊橡胶、聚氯乙烯、室温硫化硅橡胶
注射器	聚丙烯、聚乙烯、聚苯乙烯、聚碳酸酯
各种手术器具	聚乙烯
手术衣	无纺织布
医用黏合剂	α-氰基丙烯酸酯

体外选用的高分子材料（表 3.32）要求没有体内的高。但膜式人工肺和人工肾也和血液接触，也要求材料有较好的血液相容性。聚丙烯中空纤维膜因为能较好的透过氧气和二氧化碳，同时又不透水（即血液不渗漏），而称为膜式人工肺的首选材料。聚砜和聚醚砜中空纤维膜材料因为有较好的血液相容性、可制成不同孔径及孔径分布的材料而在人工肾中应用较多。

现代的医用高分子材料已发展到根据特定的应用来设计并合成特定的材料，处于快速发展之中，但用于临床仍需严格的生物学评价。为了便于理解，我们将人工血管和创伤敷料的选材简要概述如下。

3.12.3.1 人工血管

冠状动脉硬化和腹主动脉瘤（血管壁变弱而逐渐膨胀，形成类似瘤状物，故称动脉瘤，其实并不是肿瘤。）是心血管系统的常见病。较好的治疗方式是使用人工血管代替病变血管。人工血管的功能看似简单——起联通作用。实际上，人工血管所处的体内环境是相当复杂的。首先，血流中存在着各种细胞和蛋白；一旦血管植入体内，血流中的蛋白（如纤维蛋白原）将吸附在血管内表面，发生变性，引起凝血、补体激活等反应。其次，作为异物，人工血管还会导致炎性反应，使肌体释放大量氧化性的自由基，这些自由基将对材料产生破坏。最后，人工血管的力学环境也很复杂。天然的血管能够通过脉动的方式输送血流。人工血管的力学性能应尽量和天然血管一致，否则会扰乱天然血管的脉动从而引起血液的紊流。因此，理想的人工血管应有良好的血液相容性、生物稳定性和力学匹配性。

对于人工血管材料，目前临床应用的主要为涤纶和膨体聚四氟乙烯。两种材料在体内都非常稳定，炎性反应很弱，基本上属于惰性材料。两种材料所制成的血管均为多孔纤维状的管体，植入体内后，管壁马上覆盖一层血栓，最后由平滑肌细胞和成纤维细胞覆盖并分泌胶原，逐渐将血栓转化为胶原。血管外围的组织也会长入人工血管的纤维之间，将人工血管和周围组织固定。血管内壁的胶原层连同少量的血栓形成伪内膜，血流不是直接和材料接触，而是和伪内膜接触。因此，不是材料本身的血液相溶性，而是伪内膜的血液相溶性决定了人工血管的使用性能。理想的情况是，伪内膜上覆盖一层血管内皮细胞，但这种情况在临床应用中几乎从未发生过。涤纶和膨体聚四氟乙烯之所以能成为人工血管材料，主要在于二者都具有良好的生物稳定性和生理惰性。目前，两种材料主要用于大直径人工血管（内径>6mm），血流大，可以将形成的少量血栓冲走，并由血液的纤溶系统溶解。因此，大直径人工血管在临床的应用已非常成功。

目前，小直径人工血管还没有一种材料能满足要求。主要原因是血流慢，所形成的血栓不易冲走，造成人工血管凝血堵塞。在体内完全不凝血并能满足人工血管力学性能的材料目前还在研制之中。聚氨酯弹性体材料由于具有弹性，其径向的柔顺性和天然血管差不多，成为小直径人工血管的最有潜力的候选材料。但聚氨酯在体内长期的血流作用下容易发生蠕变。同时完全不凝血的人工表面仍然是一个难题。因此，尽管经过了半个多世纪的努力，小直径人工血管仍未实现临床的应用。目前，小直径人工血管的研究从两个方面进行。一是尽量做到现有血管材料的内皮化；二是采用生物医学的技术体外培育类天然血管（称为组织工程化血管）。

3.12.3.2 创伤敷料

创伤敷料是应用面最广的一类生物材料。传统的创伤敷料为纱布，其优点为保护创面、吸收渗液和价格便宜。但存在明显缺点：易粘连伤口，换药时易造成二次伤害。1962 年温特发现封闭湿润的环境能加速伤口愈合，促进组织生长。温特的研究奠定了现代敷料的基础。湿润环境促进伤口愈合的机理为：调节氧张力与血管形成；有利于坏死组织与纤维蛋白的溶解；促进周围组织多种生长因子的释放；加快创面愈合；减轻疼痛；不增加感染率。需要特别指出的是，所有的创伤愈合都必须清除创面的淤血和坏死组织，这是在酶和巨噬细胞等的参与下进行的。只有在水相环境中，酶和细胞才能发挥其作用。容易产生误解的是，湿润环境可能有利于细菌的生长，从而增加伤口的感染率。事实正好相反，因为湿润环境有利于人体免疫系统发挥其功能，因此降低了感染率。

根据温特的研究结果，现代敷料大多设计成水性敷料，即由亲水性高分子做成，主要有羧甲基纤维素钠、淀粉、海藻酸钠、聚丙烯酸钠以及聚乙烯醇等。在水性敷料中，常用的有两类：一是水凝胶敷料（hydrogel dressings)，其含水率可以高达70%～80%；另一类为水胶体敷料（hydrocolloid dressings)，可以吸收伤口渗液从而形成凝胶状的敷料。其他的敷料形式有薄膜，泡沫和无纺布等。

敷料的选择取决于伤口的种类，以及对创伤的修复过程和敷料的性质的全面而深刻的理解。对于不同的伤口和伤口的不同愈合阶段，都应采用不同的敷料进行治疗。为此，我们将伤口简单分为四个类型，并对相应的合适敷料进行简单概述。

(1) 坏死的伤口（necrotic wounds） 这类伤口表现为干燥、硬、颜色黑；是由于创伤组织长期暴露于干燥环境中脱水后形成的。伤口收缩压迫周围的健康组织，常常造成疼痛。对于这类伤口的治疗，首先必须让伤口重新水化。可以选择水凝胶敷料对伤口进行湿润，重新活化人体自身对坏死组织的清除能力。为了防止水分的流失，有时还在水凝胶敷料外面包裹一层不透水的薄膜敷料。伤口的再水化，防止了伤口的收缩，从而缓解了疼痛。对于大块的坏死组织，伤口的再水化常导致坏死组织从伤口创面脱离，通常留下黄色的腐肉创面。

(2) 腐肉创伤（sloughy wounds） 这类创面通常为黄色组织，常常由于感染而发出异味。这种组织不是坏死组织，而是由纤维蛋白、脱氧核糖核酸、渗液、白细胞和细菌等组成的混合物。对于这类伤口的治疗，主要是控制感染和清除腐肉。可以选用的敷料为含碘或抗生素的水胶体敷料，可以吸收渗液（从而清除一些细菌)，创造湿润环境，有利于人体清创。如果渗液严重，可以采用吸液能力强的敷料，如亲水性聚氨酯泡沫敷料。为了消除异味，有时敷料中还含有活性炭。对于严重的腐肉组织，可以采用含活性酶的敷料，也有报道用食腐的虫子进行伤口的清除。不管采用何种方法，一旦腐肉被清除，伤口将逐渐形成肉芽组织。

(3) 肉芽伤口（granulating wounds） 这类伤口既可以是由于创伤修复形成肉芽组织而得，也可以是创面深入皮下肉芽组织而得。肉芽组织通常由胶原和多糖组成，由于富含毛细血管而呈现红色。这类创伤在大小、形状和渗液方面差别很大，很难用一种敷料进行治疗。对于孔洞型创伤（cavity wounds)，通常采用浸有碘或双氧水的海藻酸盐的纤维敷料填充。对于浅表性的严重渗液伤口，如脚部的溃疡，海藻酸盐无纺布是很好的选择。如果渗液不严重，也可以采用水胶体敷料。

(4) 上皮化伤口（epithelialising wounds） 这是创伤修复的最后一个阶段，由皮肤表层开始形成，颜色为粉红色。通常这类伤口渗液很少，但烧伤和供皮区伤口通常渗液很多。对于后一种情况常采用海藻酸钠和水胶体敷料。对于渗液少的伤口，常采用聚氨酯薄膜敷料，该敷料能透过水蒸气，而水滴不能透过（通常称为可呼吸的敷料)，也可以采用黏胶纤维的无纺布进行覆盖。

需要指出的是，影响敷料选择的因素还有很多，包括伤口的感染情况、伤口的位置、病人的要求（如经常洗澡）等。我们只是非常简单的对敷料的选择进行了概述。随着科学的发展，必将提供更多更好的敷料造福于病人。敷料的进一步发展是在可降解材料中引入多种生长因子，促进皮肤的再生。

3.13 化学功能高分子材料

化学功能高分子材料是一类具有化学反应功能的高分子材料，它是由高分子链为骨架并连接上具有化学活性的基团而构成的。下面侧重介绍离子交换树脂、高分子催化剂和固定酶、高吸水性树脂。

3.13.1 离子交换树脂

离子交换树脂是一种网状结构的大分子中含有活性基团而能与其他物质进行离子交换的树脂。直观地说，它是一种不溶性的高分子电解质，一般是颗粒状或球形固体。

离子交换树脂按照交换基团的种类、作用，通常可分为以下几类。

（1）阳离子交换树脂　其中以$—SO_3H$为离子交换基团的树脂，称为强酸性阳离子交换树脂；以$—COOH$、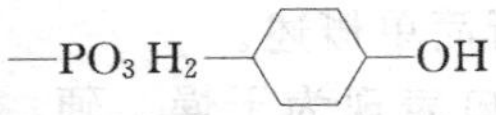、$—PO_2H_2$、$—ASO_3H_2$、$—SeO_3H$等为离子交换基团的树脂，称为弱酸性阳离子交换树脂。

（2）阴离子交换树脂　其中以季胺和叔胺为交换基团的称为强碱性阴离子交换树脂；以氨基为交换基团的称为弱碱性阴离子交换树脂。

（3）螯合树脂　在交联高分子结构中引入螯合基团的树脂，称为螯合型离子交换树脂，或简称螯合树脂（chelate resin）。螯合树脂也有称为选择性离子交换树脂。这类树脂选择性地吸附金属离子的本领很大，所以能用于海水提铀，回收其他贵金属，清除有害重金属。此外，还可导致催化、交联、导电等功能。目前所研究的品种主要有具有偕胺肟基的MR型螯合树脂，具有膦基的MR型螯合树脂，具有平面六配位结构的大环状六酮、大环状六羧酸、大环状二硫代氨基甲酸酯、大环状三磷酸等的螯合树脂。

（4）离子交换树脂　氧化还原型离子交换树脂。其离子交换作用与一般的氧化还原反应相似。这类树脂可以使与其交换物质的电子数改变，故又称电子交换树脂。在有机化合物中，苯环上的酚基、硫醇基和醛基等均有还原性。将这些官能团引到某些高分子结构中，即可进行还原反应，如聚乙烯硫醇和聚苯乙烯硫醇。

（5）两性离子交换树脂及热再生树脂　把同时具有酸性阳离子交换基团与碱性阴离子交换基团引进到某种高分子结构中就可得到两性离子交换树脂。其中，最有意思的可算“蛇笼树脂”（snake cage reaim）。蛇笼树脂是优秀的吸附剂，因它的分子结构恰似笼中之蛇而得名。若同时含有弱酸性和弱碱性交换基团，交换后用热水而无须用酸、碱即可使基团再生的树脂称热再生树脂。

离子交换树脂之所以具有各种奇异的功能，是和它的特殊的化学结构有关。如前所述，不论何种离子交换树脂，它的分子结构都是由交联结构的高分子基体与能离解的化学反应基团两个基本组分所构成的。其中，化学反应基团由两种电荷相反的离子组成，一是以化学键结合在交联结构的高分子基体上的固定离子，另一是以离子键与固定离子结合的反离子。反离子在溶液中可以离解，并在一定条件下可与其他符合的离子发生交换反应。因离子交换反应一般可逆的，在一定条件下被变换的离子可以解吸，使离子交换树脂又恢复到原来的离子式，这一逆交换过程称为再生。所以，离子交换树脂可以通过交换、再生过程反复利用，从而达到分离和精制、纯化溶液的目的。

3.13.2 高分子催化剂

高分子催化剂是近十多年来很活跃的研究领域。它具有很高的催化活性和选择性，可以使现有的化工流程变得十分简单和减少浪费，而且能制造出全新的产品，因而引起人们很大的兴趣。

所谓高分子催化剂，简单地说，就是含有催化活性基团的功能高分子，泛指天然高分子催化剂（即生物酶）和合成高分子催化剂两大类。

(1) 天然高分子催化剂——酶催化具有以下的特点。

① 高效　酶可以在平常温度和压力下，让复杂的化学反应很快地进行。

② 专一　就是说一种酶只催化一种化学反应，产生一种产物。如蛋白质酶只能使蛋白质水解，对于淀粉、脂肪概不过问；而淀粉酶，则只能促使淀粉水解，对蛋白质、脂肪的变化从不插手。

酶是一种在和缓的条件下催化某些特殊反应的具有优良特性的天然高分子催化剂，但酶也有许多弱点，如较脆弱、易变性失活，使用寿命短及水溶性酶在反应后不易分离，不能重复使用等，这些阻碍了它的工业应用。为了扩大酶的使用范围，从 20 世纪 60 年代后半期起，有关生物酶的改性，特别是酶的固定化技术方面的工作令人注目。关于酶的固定化方法大体上可以分为：把酶结合于不溶性高分子载体的方法，用交联剂把酶进行交联的方法及把酶封入高分子基质的方法等。最近已不限于酶，微生物菌类（含有多种酶）本身也可以固定化，这可简化酶从微生物中精制出来的工序。

受酶作用机理的启示，以酶的结构和功能为参考，用人工合成的方法，将具有催化功能的基团或活性中心连接于聚合物分子结构上生成的功能高分子材料，均叫做合成高分子催化剂。目前，合成高分子催化剂一般包括采用离子交换树脂作为催化剂，高分子金属催化剂和高分子金属络合物催化剂，以及希望开发稳定的具有或超过天然高分子催化剂（即酶）那样活性和选择性的新型高分子催化剂——合成酶（synzyme）。

(2) 合成高分子催化剂

① 离子交换树脂催化剂　目前离子交换树脂作催化剂在工业上应用已有许多实例，可适用的反应种类有加水分解、水合、缩合、加成、烷基化、异物化、聚合等反应。通常多用强酸型离子交换树脂，高分子载体主要是交联聚苯乙烯。利用包含羟酸基的弱酸型阳离子交换树脂作催化剂，可用于烯烃的环氧化、胰岛素的加水分解，但这方面例子不多。也有利用阴离子交换树脂作为碱性催化剂，例如，用于氰醇合成、醇醛缩合、诺文格尔缩合、酮或醛的卤素化等反应。但离子交换树脂作为工业催化剂的最大的问题是树脂的允许使用温度相对较低，如凝胶型阳离子树脂，只有在 120℃以下才能长期使用，短期也只能承受 150℃；大孔型阳离子树脂比凝胶型树脂稍高，可在 150℃下较长期使用；弱碱性阴离子树脂长时间使用必须在 60℃以下，短期使用也不能超过 90℃。为此，正在开发耐热性更高的离子交换树脂作为催化剂。

② 高分子金属催化剂　若把有机金属络合物固定在高分子化合物上面就可以成为多相催化剂的高分子金属络合物，即所谓高分子金属催化剂。很多研究结果证明，高分子金属催化剂不但稳定性高，容易回收使用，而且其催化活性和选择性也比较高。这被认为是和具有高度的活性和选择性的天然高分子催化剂“酶”一样，由其特殊的高级结构所引起的高分子效应所致。

目前，可作为高分子金属催化剂的高分子金属络合物可分为两大类，一类是以C—C 键为主链的有机高分子作为配位体的金属络合物，另一类是以 Si—O 键为主链的有机硅高分子作为配位体的金属络合物。目前，国外市场上已有高分子金属催化剂商品供应。高分子金属催化剂可用于加氢、转化、硅氢加成、醛化、分解、齐聚、聚合、不对称合成等很多反应。

(3) 固氨酶　现已查明，固氮酶是两种蛋白质构成的。其中一种含铁，叫铁蛋白，它是 17 种 273 个氨基酸的缩聚物，还含有 4 个铁原子、4 个硫原子，相对分子质量在 50000 左右；另一种含铁和钼，叫做铁钼蛋白，是18种共1980个氨基酸的缩聚物，还含有2个钼原子、33个铁原子、27个硫原子，分子量在60000左右。在固氮过程中，根瘤菌细胞里的三磷酸腺甙（ATP）供给能量，固氮酶给氮气传递电子。传递一对电子，就会打开氮分子中一个共价键，传递三对电子，氮分子中的三个共价键就会全部打开。形成二个活化氮原子。于是，氮原子被氢还原成氨。反应是在一瞬间完成的，效率比工业合成氨要高出千百倍，但整个过程的细节，还需要深入研究。

20世纪90年代以来，经过许多科学家的不懈努力，发现酶分子并不是全部都参与催化作用，而只是其中的一小部分。这一小部分叫做酶的活性中心。如果把酶分子的其他部分切除，活性中心仍有催化作用。因此，揭开酶活性中心的奥秘，这就成为模拟生物酶，合成酶的关键。化学模拟一旦成功，可使生物固氮完全变成人工控制下的工业化生产，那时不仅给农业生产供应充足廉价氮肥，对酶作用机理的研究也将产生深远影响。

合成高分子催化剂是人们试图对生物界的酶促反应的模拟。但要合成出各种类酶的高分子催化剂并付诸于工业生产，还需进行大量的研究工作。

3.13.3 高吸水性树脂

20世纪70年代中期，美国农业部北方研究中心首先开发了一种高吸水性树脂，它能吸收超过自身质量500～2000倍的水，这种树脂的吸水作用不同于海绵等物理吸收过程，它同水形成胶体，即使加压，水也不会被挤出，并具有反复吸水的特性。

（1）高吸水性树脂的分子结构和吸水机制　美国农业部首先研制成功的高吸水性树脂，是用淀粉与丙烯腈接枝聚合水解产物。由于它组成中的淀粉-聚丙烯酸盐是具有一定交联度的高分子电解质，分子中含有羧基等强的亲水基团，所以它不溶于水，只在水中溶胀，并有惊人的吸水能力。

P. J. Flory对高吸水性树脂的吸水机理进行了理论研究，认为可用高分子电解质的离子网络理论来解释。即在高分子电解质的立体网络构造的分子间，高分子电解质吸引着与它成对的可动离子和水分子。由于内外侧吸引可动离子的浓度不同，内侧产生的渗透压比外侧高。由于这种渗透压及水和高分子电解质间的亲和力，从而产生了异常的吸水现象。而抑制吸水因素的是高分子电解质网络的交联度。这两种因素的相互作用决定了高吸水性树脂的吸水能力。

（2）高吸水性树脂的基本特性

① 高吸水性　根据Flory公式，吸水能力除与产品组成有关外，还与产品的交联度、形状及外部溶液的性质有关。

在制备过程中交联反应很重要。未交联的聚合物是水溶性的，不具有吸水性；而交联度过大也会降低吸水能力，为此应控制适度的交联度。

高吸水性树脂的产品形状对吸水率有很大影响，将它制成多孔性或鳞片状等粗颗粒来增加其表面积，可保证吸水性。

高吸水性树脂是高分子电解质，其吸水能力受盐水和pH值的影响。在中性溶液中吸收能力最高，遇到酸性或碱性物，则吸水能力降低。这也是今后需要解决的重要问题。

② 加压下的保水性　它与普通的纸、棉的吸水不同，它一旦吸水就溶胀为凝胶状，在加压下也几乎不易挤出水来。这一优越特性特别运用于卫生用品、工业用的密封剂。

③ 吸氨性　高吸水性树脂是含羧基的聚合阴离子材料，因70%的羧基被中和，30%呈酸性，故可吸收像氨类那样的离子，具有除臭作用。

（3）高吸水性树脂的种类和合成方法　1983年，世界高吸水性树脂的产量已达到6000t，出现了方兴未艾的好势头，也出现了五花八门的高吸水性树脂。

① 淀粉与丙烯腈水解产物　这是由美国农业部首先开发成功的。用硝酸铈铵为引发剂，

利用玉米淀粉与丙烯腈接枝共聚后，用碱水解而成。这种树酸的吸水率较高，可以达到自身重量的千倍以上，可用作农林业的保水剂和卫生材料。但美中不足的是它的保水性比较差。

② 淀粉与丙烯酸酯的交联产物　这也是用玉米淀粉与丙烯腈接共聚后生成的，只不过它不用引发剂，而用交联剂，也是一种吸水率高而保水性不大理想的树脂。

③ 羧甲基纤维素系　这是由日本赫格里斯公司开发的。它是先将纤维素与单氯醋酸反应得到羧甲基纤维素，然后再用交联剂交联得到的。这类树脂的吸水能力不如以上两种树脂。

④ 醋酸乙烯与丙烯酸甲酯共聚体的皂化物　这是日本伦克化学公司开发的。它是由醋酸乙烯与丙烯酸甲酯共聚后用碱皂化而得到的。这种树脂有三大特点，一是在高吸水状态下，仍具有很高的强度；二是对光和热有很好的稳定性；三是具有优良的保水性。

⑤ 聚丙烯腈水解产物　这种树脂是将聚丙烯腈用碱水解后，再用甲醛交联而得到的。如用氢氧化铝交联腈纶废丝的皂化产物而得到的高吸水性树脂，吸水能力可以达到自身重量700倍。

⑥ 聚丙烯酸钠的交联产物　日本制铁化学公司用这种办法生产的高吸水性树脂的吸水能力为自身质量的1000倍，吸尿能力为自身质量10倍，在世界上享有很高声誉。

⑦ 异戊二烯与马来酸酐的共聚物　这种树脂是由日本可乐丽异戊二烯公司开发的。它的特点有两点，一是初期吸水速度快；二是具有长期的耐热性和保水性，是一种适于工业用的高吸水性树脂。

(4) 高吸水性树脂的应用

① 在农业应用方面　由于高吸水性树脂具有惊人的吸水性和保水性，所以让它充当土壤的保水剂，那是再好不过了。只要在土壤中混入0.1%的高吸水性树脂，土壤的干、湿度就会得到很好的调节，使作物长势旺盛，产量提高，节省劳力。

高吸水性树脂可用于保护植物如蔬菜、高粱、大豆、甜菜、灌木等种子所需要的水分。其处理方法是将高吸水性树脂加工成凝胶，再涂布于种子上（涂布量很重要）。

水果蔬菜的保鲜也是生活中急需解决的问题。现用高吸水树脂已开发出一种可调节水分的包装薄膜用于蔬菜、水量的保鲜，效果很好。

还可以考虑用作吸收农药、化肥等的担体，使其与水慢慢地释放出来以提高药效和肥效。

② 在工业应用方面　由于高吸水树脂具有平衡水分的功能，在高湿度下能吸收水分，在低湿度下能释放水分。为此可制造含高吸水性树脂的无纺布，用于内墙装饰防止结露。含有该树脂的涂料用于电子仪表上可作为防潮剂。

在许多建筑工程和地下工程中，高吸水性树脂的应用越来越受到重视。将它混在水泥中胶化可用作墙壁连续抹灰的吸水材料。将它混在堵塞用的橡胶或混凝土中可作堵水剂。利用水性树脂的吸水性与溶胀性，把它与聚氨酯、聚醋酸乙烯乙酯或各种橡胶、氯乙烯等树脂配合，在吸水状态下，耐候性特别好，已用作水密封剂，提高了不透水性。还可用于水泥管的衔接等。在油田勘探中，为防止泥浆溅出，可用作钻头的润滑剂、泥浆的凝胶剂，克服了钻头因黏附泥土而不能继续钻探的困难。在铺设输油管道工程中，用它和少量膨润土的水溶液代替原来的膨润土泥浆水作润滑剂，可提高速度一倍。将它添加在泥浆中，可使泥浆固化，有利于泥浆的运输。高吸水性树脂还推广应用到用于道路的保水性能和地下电缆的防潮等。

油中或有机溶剂中如果有分散的水存在，可以加高吸水性树脂除去。将80g煤油和20g水加入乳化剂使之乳化后，再向其中加入0.2g吸水树脂，搅拌混合3h，其中的水分几乎都可以除去。

高吸水性树脂是以碱金属的羧酸盐形式存在的，对pH值为5～10的含水体系来说，它是一种优良的增稠剂，可用于水溶性涂料、纺织品印染、化妆品生产。在奶制品生产中，它还可以提高奶品的固体含量，在发酵工业中，可以作它用为α-淀粉酶的固定床载体。

把香料分散在加了吸水性树脂的水凝胶中，可以提高香料的持久性，改善保水性能。这时即使气温冷却到冰点以下也不会有游离的水被分离出来。

③ 在医用材料方面 高吸水性树脂最早被开发的用途是作吸收体液的卫生巾、尿布等。为这种用途通常是预先把吸水树性脂制成吸收薄膜。例如，在吸收纸上撒布吸水树脂粉末，上面再放上吸收纸做成夹层，通水蒸气使吸水树脂成糊状，再经滚筒干燥使树脂固定在纸上。含 0.4g 吸水树脂的这种纸制品（总质量 5.5g）可以保持 121g 的水，吸收人造尿 20g。随着人民生活水平的不断提高，用高吸水性树脂制成的妇女卫生巾、纸尿布一定会受到欢迎，若能占领这个市场，将会给造纸行业带来很大的经济效益。在外科临床使用中，可减少换药次数，提高疗效，用于病床垫褥还可避免褥疮等。除此之外，人们还正在研究把高吸水性树脂用于能调节血液中水分的人工肾上。

3.14 汽车用高分子材料

在现代社会里，汽车已经成为了人们生活的重要伴侣。然而随着能源的日益紧缺，汽车的轻量化研究已经变得十分的重要了。人们发现，汽车质量每减少 100kg，每一百公里的油耗可以降低 0.7L。汽车轻量化的最为主要的途径就是在汽车制造过程中以密度低的有机高分子材料代替传统的金属材料和无机非金属材料。因此，世界各大汽车制造商们都在不断研究新材料和新技术，以降低汽车的重量，高分子材料在汽车制造中的应用越来越广泛，用量越来越大。目前汽车用塑料零部件主要分为内饰件、外饰件和功能结构件三类。内饰件以安全、环保、舒适为应用特征，用可吸收冲击能量和震动能量的弹性体和发泡塑料制成，以减轻碰撞时对人体的伤害，提高汽车的安全系数。主要有仪表盘、车内门板、座椅、方向盘、顶棚、后围、发动机罩、地垫、遮阳板、门手柄、侧窗防霜器、杂物箱及盖、吸音衬里等。外装件以塑代钢，可减轻汽车质量，达到节能的目的。主要有汽车保险杠、脚踏板、散热器格栅、挡泥板、侧防撞条、进气道、导流板、灯具等。功能结构件是必须能满足特殊使用功能的制件，所以对其有特殊要求。主要有暖风器、空调、燃油箱、燃油管、挡位标牌、暖风操纵面板、操作按钮、导光块、烟灰缸、缸体、盖板等。同时，在电子元件、油路连接管上也大量运用了塑料。目前，国外汽车的内饰件已基本实现塑料化，并正在向外装件、车身和结构件扩展。今后的重点发展方向是开发结构件、外装件用的增强塑料复合材料、高性能树脂材料与塑料，这样还能大大减轻汽车的自重，汽车的经济性能又将大大提高。在汽车制造中选用高分子材料要考虑以下几个方面的问题。

① 技术安全性 很多高分子材料都是作为结构和安全部件来使用的。如汽车保险杠、汽车轮胎、汽车油路系统、汽车离合系统等都和汽车的安全性相联系，因此这些部件在使用时要考虑的首要因素就是使用安全性问题。

② 耐久性 汽车对于大多数消费者而言，仍然是高档消费品，需要有足够长的使用寿命，作为其中部件的高分子材料也必须考虑其使用寿命与汽车的使用寿命相适应。因此，在使用和设计中必须考虑紫外线、氧气以及热对高分子材料使用寿命的影响。

③ 美观性 汽车是现代人的生活伴侣，在购买汽车时除了考虑使用性能和安全性能以外，汽车的美观性也是人们考虑的一个因素，而且是一个非常重要的因素。

④ 舒适性 汽车中的某些结构部件会直接或者间接与人体长期接触，因此，必须考虑其舒适性，这种舒适性能不仅仅关系到舒适问题，对于汽车来讲，这种舒适性往往也关系到

安全问题，如汽车的方向盘、仪表台板、汽车座椅等这些部件，如果设计方面的舒适性考虑不好，往往容易让驾驶人员容易感到疲劳，从而引发安全问题。

3.14.1　汽车外饰件

汽车外饰件以前多用金属材料生产，近年来大量使用高分子材料生产。汽车外饰件包含的种类也是非常的多。主要包括汽车保险杠和挑口饰、散热器护栅、挡泥板、柱形装饰板、门拉手、后保险杠、车玻璃、前后灯罩等部件。

汽车保险杠是吸收缓和外界冲击力，防护车身前后部的安全装置。以前，轿车前后保险杠都是以金属材料为主制成的。而随着汽车工业的发展，汽车保险杠做为一种重要的安全装置也走向了革新的道路上。现在的轿车前后保险杠除了保持原有的保护功能外，还要追求与车体造型和谐与统一，追求本身的轻量化。塑料保险杠具有随时拆卸、可焊接、涂装性能好，强度、刚性强的特点，在轿车上的用量越来越多。从安全上看，塑料保险杠可在汽车发生碰撞事故时起到缓冲作用，保护前后车体，从外观上看，可以很自然地与车体结合在一块，浑然成一体，具有很好的装饰性，已成为装饰轿车外型的重要部件。汽车保险杠和作为车体一部分的挑口饰是分别成型的，使用的材料主要有 PP 和 PU，根据车型和生产国的不同而有所不同，日系车主要使用的是 PP。以前 PP 的主要问题是不耐低温，为此开发了耐低温的 PP 和各种弹性体（如乙丙橡胶和 POE）改性的聚丙烯，以适应汽车保险杠的需要。同时由于 PP 的涂装性能较差，所以高档轿车一般不用聚丙烯，而选用聚碳酸酯以及聚碳酸酯和 ABS 的合金材料，如奥迪和宝马汽车均采用聚碳酸酯以及聚碳酸酯和 ABS 合金制造保险杠，宝马公司甚至在其生产的中档汽车中也用聚碳酸酯和 ABS 的合金制造保险杠。日本在研究 PP 的抗冲击性能和耐低温性能方面较早，而美国，尤其是福特汽车公司在研究 PP 的涂装性能方面拥有更加先进的技术。除了上述材料外，能与金属车身一起做烤漆处理 PPE/PA 也用于制造保险杠和挑口饰。

散热器护栅是汽车外饰件中塑料化比较早的部件，在材料方面主要使用电镀级的 ABS 来制作。近年来也有采用透明高分子材料制作的趋势，特别是耐冲击性能良好的聚碳酸酯的使用量大幅度增加。

车门拉手主要是采用 POM，PC，PC/PET 合金等材料制作。通过电镀或者喷涂以后可以获得非常良好的效果。如果通过电镀，最好的材料是使用 PC/ABS 合金。

对于汽车车窗，人们都知道是玻璃制造的，但是玻璃不仅重，而且易碎，不安全。塑料化已经成为必然，以塑料代替玻璃制造汽车车窗玻璃最为核心的是耐划伤问题以及在光照老化后的透明度降低问题。国外用透明高分子材料制造除驾驶窗以外的车窗玻璃以及遮阳顶板。材料主要选用聚碳酸酯以及聚丙烯酸酯，这些材料通过表面改性提高耐划伤性能和耐候性能。主要的改性方法是采用含硅涂硬剂。德国 Bayer 公司开发的经过表面改性的塑料窗在经过 8 年的试验后未见到明显的划伤。

汽车灯饰是现代汽车的重要外饰件之一，在很大程度上影响汽车的美观和使用性能。汽车灯罩当然首先要求透明。在选用材料中比较适合的是 PMMA 和 PC 以及 SAN。PMMA 具有良好的外观和耐老化性能，在车灯上应用非常多。SAN 也很广泛地应用于车灯的装饰件的制造中。PC 在近年来使用迅速增加，尤其是卤灯的使用，使车灯灯罩更多的使用 PC。卤灯具有亮度高的优点，但是相应的发热量也大，这就要求车灯灯罩能耐更高的温度。由此人们在选择材料方面更多地倾向于选择聚碳酸酯。

在其他汽车外饰件中。汽车的挡泥板主要采用 PP，PU 或者改性 PP 弹性体制造。汽车发动机罩子采用 SMC 制造。而汽车制造中的立柱均采用高刚性的聚丙烯制造。

3.14.2　汽车油箱

另外，由于汽车使用汽油作为燃料，防止在特殊情况下的失火、爆炸等也是必须考虑的问题，车用油箱材料的选择和制备至关重要。金属油箱容易产生电火花，而且一般是焊接成型的，有焊接缝，在受到撞击时容易发生断裂而漏油。塑料油箱则不存在这个问题，它采用一次性吹塑成型的，具有更好的抗冲击、防变形开裂的性能，在汽车经历过严重的撞击事故后，塑料油箱除发生变形外，不会发生开裂漏油现象，意外失火的可能性大大降低。另外，塑料油箱还具有更好的防外界环境腐蚀及防油料侵蚀性能，长期使用后仍可保持良好的性能。所以目前塑料油箱在汽车上的使用已经非常普遍，特别是轿车，使用率已经达到，在国外这一比例甚至高达 90%。

在汽车油箱中使用的高分子材料主题是高密度聚乙烯，但是由于高密度聚乙烯本身的渗透率太大，容易造成汽油泄漏，因此实际上都是经过改性的。改性方法包括在聚乙烯中添加各种层状高分子材料和采用多层共挤出的方式进行成型。

① 在高密度聚乙烯中加入 7%阻隔尼龙片，可以使材料对燃油的渗透性比纯 HDPE 燃油箱减少 97%，该产品已用于 Lous Elan 车上，但制备工艺复杂，成本高。

② Solvay 公司开发出以聚亚烷基酰胺为阻隔层的层状掺混技术。

③ 日本昭和电工公司把耐乙醇溶胀和高度阻透含乙醇燃料的高腈树脂作阻隔层，运用层状掺混技术加工油箱。

④ 美国 Du Pont 公司于 80 年代初研究成功 SelarRB 层状掺混技术。其方法为将阻隔材料（改性 PA 或非晶尼龙）与 HDPE、少量相容剂干混，再用挤出机挤出吹塑，从而得到由 PA 分散相颗粒伸展后形成的很多平行且不连续叠加的层状结构合金油箱。该技术对石油烃类的阻渗性能有极大提高，如 HDPE 中仅掺混 4%的 Selar RB-Ⅲ就能减少 75%～85%的泄漏量。目前，Du Pont 公司还开发出适用于含甲醇燃料的 Selar-RB-Ⅲ型（聚乙烯醇）阻隔树脂。

总的来讲，由于层状掺混技术简便、安全、成本低阻隔效果较为明显，日本的三井、法国的 Plastic Omnium、德国的 Kautex Solvay 等公司都已开始采用这种层状掺混技术，且福特、通用、大众、雷诺、雪铁龙、克莱斯勒等汽车公司都已使用该技术生产的油箱。

⑤ 另一种途径是采用多层共挤技术，即 HDPE 层、黏结层、阻隔层（PA 或 EVOH）、黏结层、HDPE 层 5 层共挤出成型，其中阻隔层用的树脂有尼龙或乙烯-乙烯醇共聚物等，相对来说，它们具有很好的阻隔性；黏结层用的胶黏剂对阻隔材料和 HDPE 有较强的黏结力、良好的黏结耐久性能和加工性能；HDPE 作为内层和外层，起成型、强度、骨架等作用。该方法的优缺点是：成品质量优良，特别是抗燃油渗透性能优异。但这一方法对设备要求高，工艺控制困难，要求专用的多层中空吹塑成型机。随着世界汽车工业的迅猛发展，以及防止大气污染等，美国环保局提供了新的严格的对烃的渗透极限，要求碳氢化合物的排放量低于 0.2g/24 h，为达此要求必须采用具有高阻隔性的燃油箱，因此，广泛使用多层复合塑料燃油箱替代金属燃油箱和单层塑料燃油箱将成为 21 世纪世界汽车工业发展的趋势。

3.14.3 进气歧管

发动机是汽车的心脏，其重要性不言而喻。汽车的动力性、经济性、环保性都是检验发动机的重要指标。汽车发动机进气歧管原来是用金属制造的，由于歧管的形状复杂，内壁粗糙，进气时阻力很大，致使燃烧不充分，动力下降，噪声大，废气排放多。改用塑料制作进气歧管，可减轻质量 40%～60%，且内外表面光滑，进气速度加快，使可燃气体与空气混合充分，燃烧迅速、彻底，从而提高燃油效率，改善发动机性能；塑料进气歧管具有很好的阻燃性，能承受很高的发动机温度，低热传导率，燃烧效率提高，同时油耗降低；而且，塑料进气歧管的运用还可以在发动机冷机、催化剂活性较差时，降低废气的排放，从而起到降低污染的作用。另外，用塑料制成的发动机摇杆质量减轻，在高速运动的过程中大大降低发动机的功率消耗，有效地提高了发动机的功率。更为重要地是，一些高性能的工程塑料和复合材料被用来代替铸铁，制造发动机机体。它们具有投资小、制造周期短和收效快等特点，势必会带来一场汽车发动机史上的新的革命。

从 20 世纪 80 年代开始，欧洲开始使用失芯法制造进气歧管，所采用的采用主要是玻璃纤维增强的尼龙-66 或者玻璃纤维增强的尼龙-6。但是这种方法使歧管内壁尺寸难以准确控制。近年来由于振动焊接技术的发展，对于大尺寸的玻纤增强 PA-66 的焊接技术日趋成熟，为此，歧管可用注射成型为二片歧管零件，经振动焊接而成为一体。目前，全球多数汽车制造商使用此法生产歧管，使金属制歧管塑料化。由于发动机周边的零件要求在 220℃的高温下仍有高模量、高强度；在−40℃下仍有良好的机械性能和无碎裂的韧性，对于玻纤增强尼龙来说已不是最优秀的材料。目前，国外已采用 PPA 树脂模塑成型来制造汽车歧管，并已应用到克尔维特、卡麦罗、火鸟车型的 LS1 和 LS6 发动机用进气歧管。该类型的进气歧管通常设计成三个部分，通过螺栓固定到发动机上。在高温高湿状态下，PPA 的抗拉强度比尼龙-6 增加 20%，比尼龙-66 更高。此外，PPA 材料的挠曲（弯曲）模量比尼龙高 20%，硬度更大，更能抵抗长时间的拉伸蠕变；PPA 的耐汽油、耐油脂和冷却剂的能力也比 PA 强。最重要的是减轻质量。用铸铝制造的进气歧管的质量达 11.7kg；而用 PPA 树脂分三片模塑而成的同类型进气歧管仅重 5.0kg，并能多产生 25%的气流。何况铸铝制品还会因加热吸入空气而降低功率，而塑料是热的不良导体，具有隔热作用。

3.14.4 汽车内饰件

汽车内饰件是车内多种装饰及其结构部件的总称。用于制造内饰件的塑料要求具有很高的居住性和安全性。由于发动机功率的不断提高，要求仪表台板等具有较高的耐热性。而且要求在经受高温后仍然具有可居住性。目前，一般汽车厂商对于内饰件的最高耐热温度为 115℃。

仪表台板以前是采用玻璃纤维增强的 SAN 为芯材，表面上在覆上一层 PVC。后来，各个厂商逐步以 ABS 为生产仪表台板的主要材料。ABS 具有良好的综合物理力学性能和外观。但是近年来，由于人们的环保意识的增强，以 PP 为基材的仪表台板得到了迅速的发展，成为现在家用车的首选材料。由于聚丙烯是结晶高分子材料，存在收缩性大，可能存在装配性能和尺寸精确性方面的问题，因此，在一些高档轿车的制造中，仪表台板仍然选用 ABS 及其合金材料来制备。例如，宝马车的仪表台板的主题材料是选用 ABS 和 PVC 的合金。面上覆盖层是发泡的聚氨酯。由于仪表台板跟驾驶员近距离接触，为了驾驶安全，一般要求具有哑光特性，所以国外很多公司都在开发低光泽的聚丙烯专用料。Visteon 公司开发的低光泽聚丙烯使光泽度降到了 3%以下，该材料生产的仪表台板用于 Ford 公司的 Escape 车型上面。Visteon 公司还开发了专用于仪表台板的聚烯烃弹性体。马自达和日本本田公司许多车型上都采用这种弹性体制造仪表台板。这种仪表台板具有重量小，耐久性好，而且易回收等特点。

车内的很多附件都主要采用聚丙烯来制造。车内的杂物箱和工具箱都采用改性聚丙烯制造。对于诸多的欧系车辆，这些部件普遍采用滑石粉改性的聚丙烯制造。而对于日系车，这些部件比较倾向于以云母粉改性的的聚丙烯制造。

汽车顶棚材料要求绝热、隔音、吸音，可以选择的材料品种非常多。为了提高隔热效果，可以选用带有空气夹层的片材。可以选用的材料包括 PP、PC 等，由于价格方面的原因，选材以 PP 为主。材料的隔音和吸音效果与材料的比重有关，比重越大，效果越好，由于聚丙烯的比重较小，所以一般都采用玻璃纤维进行增强，以提高其比重。当然，为了车辆的美观性和乘坐舒适性，在顶棚的表面一般还需要采用植绒或者织物进行覆盖。

车内的暖风机壳体、风门板以及汽车蓄电池壳体也都是采用聚丙烯为机体材料来制造的，暖风机壳体和风门板采用滑石粉填充聚丙烯来制造，滑石粉主要提高聚丙烯的刚性和耐热温度，这些部件都要求热变形温度大于120℃。蓄电池壳体采用弹性体改性聚丙烯制造，弹性体可以改善聚丙烯的抗冲击韧性，尤其是低温韧性。蓄电池壳体要求在－40℃不脆化。

汽车门板也大多数采用高分子材料制作。为了有效地扩大车内的可利用空间，如今设计师们往往采用车门内板与车门扶手一体化的造型。材料采用改性PP或ABS做骨架，再复合软性装饰材料制成整体式车门内板。近年来，为了满足对气候适应性的要求，已经采用热塑性弹性体与PP泡沫板相叠加的结构，日本一家公司的设计师和工艺师们开发了一种加压成型连续生产的PP车门内饰板的技术，包括PP内衬板、PP泡沫衬垫层和PP/EPDM皮层结构；奥迪公司TT车的车门内护板采用Bayer公司专门为其研制的Lustran2443ABS聚合物，这种材料具有良好的流动性，注射成型中不易产生质量问题，被用来加工形状复杂的流线型内护板时，可将内护板的各种凹槽整体浇注成型。这种材料还具有良好的冲击性能，不容易撕裂等优点。Daimler-Chrysler公司Sebring敞篷车采用Johnson Controls公司提供的车门内护板，这种内护板由50％天然纤维和50％PP热压而成，可使车门减轻、成本降低和隔音性能改进。长纤维（20mm）提高了车门板的强度，发生侧面碰撞时，这种材料会自行粉碎而不产生碎片，有利于保护乘员的安全。雪佛兰的Corvette和通用汽车的Satun开始使用SMC制面板和骨架层，费用比钢铁制的低很多，并且从现有生产线转向SMC生产线也不需作很大的变更，表面质量可以和钢铁媲美，而且抗腐蚀性、抗刮擦性优于钢铁。

参考文献

[1] 俞翔宵，俞赞琪，陆惠英．环氧树脂电绝缘材料［M］．北京：化学工业出版社，2006.

[2] 蔡积庆．挠性印制电路（FPC）的市场［J］．电子信息材料，2010，6（2）.

[3] 王文广．塑料材料的选用［M］．北京：化学工业出版社，2001.

[4] 汪多仁．现代高分子材料生产及应用手册［M］．北京：中国石化出版社，2002.

[5] 游长江，贾德民．国内外新型高分子建筑材料的发展［J］．广东建材，1997，（6）：21-28.

[6] 王重生．建筑材料选用原则及其应用［J］．攀枝花大学学报，1997，14（4）：66-71.

[7] 成素霞．建筑塑料给水管的选用与施工［J］．科技情报开发与经济，2007，17（7）：175-177.

[8] 杨杰．建筑塑料给水管的选用及施工应注意的问题［J］．工程建设，2009，41（2）：47-50.

[9] 马继忠．塑料门窗的选用［J］．山西建筑，2003，29（18）：92-94.

[10] 王润球．试论选用包装的主要原则［J］．株洲工学院学报，1996，10（4）：1-5.

[11] 吴胜鲁．高分子包装材料的发展趋势［J］．杭州化工，1997，27（4）：10-13.

[12] 王文广．塑料啤酒瓶材料的性能及应用［J］．塑料制造，2007，（3）：69-74.

[13] 李冬梅．PET啤酒瓶研究现状及应用［J］．塑料包装，2007，17（6）：23-27.

[14] 杨玲，郑全成．浅谈聚酯啤酒瓶的应用及阻气性的研究［J］．甘肃科技，2006，22（12）：107-108.

[15] 海涛．塑料瓶在化妆品包装上的应用［J］．中国包装，2006（2）：92-93.

[16] 赵美丽，韩永生．现代化妆品包装材料的发展［J］．塑料包装，2009，19（4）：42-44.

[17] 顾宜．高分子材料设计与应用［M］．成都：四川大学出版社，1998.

[18] 赵文元，王亦军．功能高分子材料［M］．北京：化学工业出版社，2008.

[19] 徐建军．Polymeric Materials and Their Application［M］．四川大学教材，2005.

[20] 李青山．功能高分子材料学［M］．北京：机械工业出版社，2009.

[21] 奚廷斐．生物医用材料现状和发展趋势［J］．中国医疗器械信息，2006，12（5）：1-4.

[22] 付小兵，王德文．现代创伤修复学［M］．北京：人民军医出版社，1999.

[23] 顾汉卿．生物医学材料的现状及发展（一）［J］．中国医疗器械信息，2001，7（1）：45-48.

[24] Thomas S. A structured approach to the selection of dressings［OL］. World Wide Wounds，http://www.worldwidewounds.com/1997/july/Thomas-Guide/Dress-Select.html.

[25] Ramakrishna S，Mayer J，Wintermantel E. & Leong K W. *Biomedical applications of polymer-composite materials：a review*［J］. Composites Science and Technology，2001，61：1189-1224.

[26] Griffith L G. *Polymeric Biomaterials*［J］. Acta Materials，2000，48：263-277.